让 我 们 一 起 追 寻

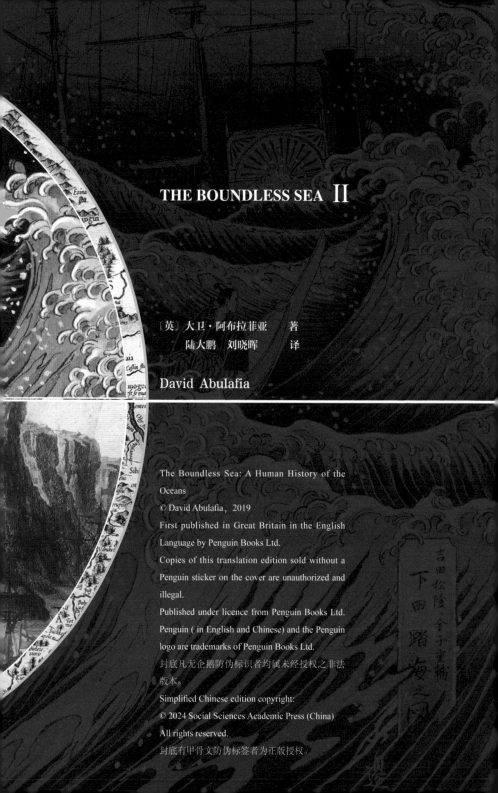

THE BOUNDLESS SEA II

〔英〕大卫·阿布拉菲亚　著

陆大鹏　刘晓晖　译

David Abulafia

无垠

世界大洋人类史

A Human History of the Oceans

之海

THE BOUNDLESS SEA

社会科学文献出版社
SOCIAL SCIENCES ACADEMIC PRESS (CHINA)

目　录

上　册

第三部　年轻的大洋：　大西洋，　公元前 22000—公元 1500 年

下　册

第四部　对话中的大洋，1492—1900 年

第四部

对话中的
大洋

1492—1900 年

第二十八章

大加速

　　到目前为止，本书关注的是单独的大洋。诚然，无论是通过
泰米尔和马来航海家，还是通过中国航海家，太平洋西部沿岸和
印度洋都在中世纪通过海上贸易建立了密切的联系。然而，这些
水手从未将太平洋的广阔空间作为目标。在 13 世纪末从意大利到
佛兰德和英格兰的定期海路开通之后，人们通过红海和地中海建
立了印度洋和大西洋之间的联系。在 15 世纪 90 年代，西欧与被欧
洲人想象为印度的地方之间的接触大大加速。欧洲人在两次远航
中发现的地方根本不是印度，但哥伦布的航行导致 "印度" 一词
被用于指代两片美洲大陆的广袤陆地，其居民被认为是 "印度人"
（印第安人）。欧洲人试图到达印度的三次尝试是：克里斯托弗·
哥伦布的远航，他于 1492—1504 年四次前往新大陆；[1] 约翰·卡博
特的远航，他于 1497 年向西航行，寻找中国和印度；[2] 瓦斯科·
达·伽马的远航，他对真正印度的第一次探索也在 1497 年启动。
在哥伦布之后航行的亚美利哥·韦斯普奇（Amerigo Vespucci）写

过关于西方土地的文章，而且他的写作往往是有倾向性的，最终却是他的名字，而不是哥伦布的名字，被用来命名美洲。[3]葡萄牙人前往印度的第二次远航也应该被列入这个清单，因为正是在这次航行途中，葡萄牙人于 1500 年意外发现了巴西，并且这次航行将四大洲联系在一起。在 16 世纪，等到为西班牙服务的葡萄牙船长费尔南·麦哲伦（Ferdinand Magellan）、发现加利福尼亚的西班牙人胡安·罗德里格斯·卡布里略（Juan Rodríguez Cabrillo）和为英格兰服务的弗朗西斯·德雷克等先驱者绘制出从大西洋到太平洋的路线图，三大洋的连接就指日可待了。正如一本描述德雷克航行的书夸耀的那样，世界现在已经被"囊括"了。[4]1565 年，随着第一艘马尼拉大帆船的起航，太平洋西部（以及更远的中国）与墨西哥，以及最终与大西洋贸易网络联系起来，三大洋的联系达到了巅峰。考虑到这些发展，接下来的章节将主要集中描述各大洋之间的航海家、航线和货物的流动，而不是继续描绘三个单独大洋的历史。那么，从哥伦布和卡博特开始讲起似乎很奇怪，因为他们的探险只限于一个大洋，不过他们认为欧洲和非洲附近水域与中国和日本附近水域是同一个大洋的组成部分，用现代的话来说就是太平洋与大西洋的结合。

经常有人指出，加那利岛民、加勒比海的台诺印第安人（Taíno Indians）、巴西的图皮南巴印第安人（Tupinambá Indians）以及其他所有之前不为欧洲人所知的民族，对自身是非常了解的，因此所谓的"发现"是双向的。当瓦斯科·达·伽马于 1498 年进入印度洋时，已经了解东非侧翼斯瓦希里（Swahili）海岸的阿拉伯

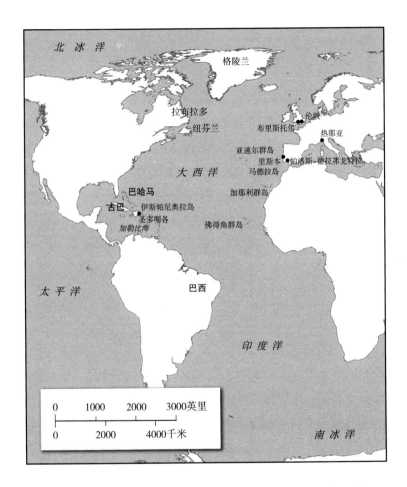

商人对遇见他感到惊讶，但他们知道，在伊斯兰教的土地之外，还
有基督教的土地。达·伽马甚至遇到了一些了解地中海的商人。
"发现"不是一个纯粹的欧洲现象，可那些跨越大洋、开辟新航线
的人，确实是欧洲人。

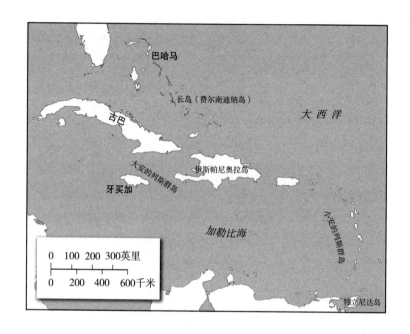

※ 二

　　到目前为止，本书将大西洋的历史展现为大西洋东北部的历史，以及欧洲人（在中世纪末）沿着非洲大西洋海岸一路航行的历史。事实上，大西洋上还有另一个航海网络，位于加勒比海内外。哥伦布的航行会让欧洲人了解这个"新世界"，但它其实是一个非常古老的世界，最早在公元前5千纪就有人定居，而且不断有定居者从南美洲来到这里。[5]与加那利群岛（那里的八个孤立岛屿甚至互相之间都没有接触，更不用说与非洲大陆接触了）不同，加勒比海和巴哈马群岛是互动活跃的地区。太平洋上的小岛也是这样被旅行者不断来回运送货物的活动联系起来的，不过当然了，哥伦布并不知道这些。

关于加勒比海原住民的身份，有很多讨论，而且越来越清楚的一点是，考古学家低估了前哥伦布时代加勒比地区的民族复杂性。欧洲观察者在描述加勒比海的人口时划分了两个群体，考古学家通常以此为划分依据，将原住民分为好战且食人的加勒比人（Caribs）和一些大岛（特别是伊斯帕尼奥拉岛和波多黎各）上较和平的居民。后一类中的一些人被称为"台诺人"（Taínos），这个名字在这些岛屿的主要语言中意为"高贵的人"。[6]"加勒比人"的名字源自神话中的加勒比岛，据说那里的居民全部是男性（传说还有一个居民全部是女性的岛）。台诺人起初怀疑哥伦布和他的船员是否来自加勒比岛。然而，西班牙人留下了关于加勒比海岛民的负面形象，将所有在 15 世纪划着大划艇北上前往伊斯帕尼奥拉岛的岛民统称为食人的"加勒比人"。他们确实很可能偶尔吃人肉。这些加勒比人是另一拨阿拉瓦克（Arawak）血统的移民，他们是希望在大安的列斯群岛（Greater Antilles）郁郁葱葱的岛上安居乐业的武士。而小安的列斯群岛（Lesser Antilles），即从南美海岸向波多黎各延伸的一线岛屿，可能已经人口过多，所以岛民正在寻找新的土地来定居。问题是，其中一些土地，特别是伊斯帕尼奥拉岛，已有非常稠密的人口。这引发了激烈的冲突。

虽然西班牙人将加勒比海的原住民分成两类，一类被视为卡斯蒂利亚君主的合法自由臣民，另一类是来自南方的敌对的食人族入侵者，因此西班牙人可以合法地奴役他们，但当地的实际情况相当不同。在最大的岛即伊斯帕尼奥拉岛上有多种语言，这说明有来自南美洲的多批移民。[7]牙买加在公元 600 年前后才有人定居；巴哈马也是如此，在考古学家称为"第一次重新定居"（First Repeopling）时期的末尾才有人定居。尽管学界对最早的定居者可能采用的路线还不确定，但从陶器中得到的证据表明，这一阶段的主要路线是沿着小安的列斯群岛由南向北。就像在太平洋地区一样，人口流动是缓慢的。而且就像"美拉尼西亚人"、"波利尼西亚人"和"密克罗尼西亚人"有所重叠和混合一样，在加勒比海，最早的定居者的人数，最终被一拨与南美洲北部的阿拉瓦克人有亲缘关系的移民的人数超过。在第一批欧洲探险家到达时，这些与阿拉瓦克人有亲缘关系的移民在伊斯帕尼奥拉岛创造了一些特别复杂的社会。台诺人的神像（cemís）通常是用石头雕刻的，这证明存在一种有活力的文化。该文化依赖一种营养相当丰富的淀粉食物（木薯），并组织成小的政治单位，在主要岛屿上争夺权力。[8]

这是一个联系紧密的世界。海洋是他们精心创造的神话的中心，他们的神话中有一个奇怪的故事，说海洋中所有的鱼和水都是从一个大葫芦里流下来的。哥伦布曾派一位名叫拉蒙·帕内（Ramon Pané）的修士到伊斯帕尼奥拉岛的内陆地区，去了解岛民的宗教信仰，帕内备感困惑地记录了这些故事。[9]伊斯帕尼奥拉岛是一个相当大且多山的岛，肯定有台诺人和其他群体在内陆生活，与海洋没有什么关系。他们希望实现自给自足，而且大体上做到了，这使得偶尔一些欧洲人对他们的社会赞不绝口。斐迪南和伊莎贝拉宫廷的意大利学者彼得·马特（Peter Martyr）认为，"他们［台诺人］生活在黄金时代"，并描述了一个没有嫉妒和财产，也不需要法律和法官的社会。彼得·马特实际上没有亲自考察过伊斯帕尼奥拉岛，但他的话在托马斯·莫尔（Thomas More）的脑海中引发了一些奇妙的想法，这些想法后来在《乌托邦》中也能找到。[10]然而，这不是说加勒比海没有贸易。巴哈马群岛的居民被称为卢卡亚人（Lucayos），他们熟悉南面的更大岛屿，经营的商品包括彩色石头、食品、棉线和雕刻的神像。1492 年 10 月 13 日，即哥伦布抵达新大陆的第二天，他的部下在与土著交易时支付了一些玻璃珠和钱币。10 月 15 日，哥伦布在长岛［费尔南迪纳岛（Fernandina）］附近遇到了一艘土著船，哥伦布惊讶地发现，两天前的那些玻璃珠和钱币已经被这艘船带到南方了，这艘船还带去了一些干叶和食物。不仅是欧洲的货物，关于衣着奇怪的访客乘坐速度极快的船到来的消息，也以最快的速度传遍了整个岛链。

一条海上"高速公路"从古巴一直延伸到特立尼达岛（Trinidad）和南美大陆。岛际贸易是通过由桨推动的独木舟进行的，这从哥伦布与卢卡亚台诺人接触的那一刻起，就吸引了他的注意。这些独木舟中最大的一艘是用巨大的树干制成的，可以容纳多达一百名台诺人，而且酋长的船可能被特别涂上颜色，船上还有一个被天篷遮盖起来的区域。制作这些船的过程是漫长而复杂的，需要大量村民的团队合作，他们要将树干劈开，用焚烧和劈砍的手段将其挖空。哥伦布的原始记录表明，这些船的外部被修整过，并"以土著的风格进行了精心雕刻"。[11]最小的船只能容纳一人，但适航性很强，能够在岛屿之间穿梭。土著的 *canoa*（独木舟）一词进入了西欧语言，这很有意义。在 1492 年，加勒比海地区的文化并非植根于几个世纪不变的传统习俗的静态文化，这一地区是个不断流转的小世界。[12]

※ 三

　　马可·波罗笔下的繁华帝国拥有众多大城市，加勒比世界显然不是那样的发达地区，顶多是其外围。从欧洲人的角度来看，达·伽马抵达印度的航行才是真正的成功故事。哥伦布和卡博特确信他们已经到达亚洲的边缘，但哥伦布的第一次航行并没有像他自信地向阿拉贡国王斐迪南和卡斯蒂利亚女王伊莎贝拉承诺的那样，找到中国和日本的丝绸与香料。他带回了一些金箔条（而不是一船金子）、一些漂亮的羽毛和一些有趣但令人费解的加勒比居民。哥伦布不得不承认，这些人的技术水平与同时期被征服的仍处于石器时代的加那利岛民差不多。他到达的岛屿似乎盛产棉花，而非黄金。谜团依然没有解开：马可·波罗在两个世纪前向西方基督教世界介绍的那些由大汗统治、港口挤满了大型帆船的繁华城市，究竟在哪里？[13]卡博特在 1497 年的航行更不令人满意。他肯定知道，布里斯托尔的船曾经漂向纽芬兰附近的遥远海岸，但他在回国后不得不承认，最好的获利机会不是来自富裕的港口和宫廷，而是来自鳕鱼。纽芬兰丰富的鳕鱼资源使得英格兰渔船不再需要航行到冰岛。[14]

　　我们不要忘记，欧洲人前往美洲的第一批航行的本意是抵达亚洲，打通获取东方香料的商路。所以这些航行是根据找到黄金和香料的期望来筹划的。当时的欧洲人错误地认为，他们到达的水域是太平洋西部的一部分。他们确实发现了一些黄金和香料，不过这不是卡博特的功劳。因此，尽管看似很奇怪，但欧洲人这么操作是有道理的：遵循哥伦布的地理认知，假设他们发现的路线的确通往亚洲，并认为西班牙人在加勒比海获得的货物确实来自"印度"。只有这样，我们才能理解西班牙人为何将越来越多的精力投入跨大西洋的航行。在哥伦布到达加勒比海之后的十年内，这种航行变得相当常见。即使是亚美利哥·韦斯普奇在 16 世纪初声称取得的发现，也没有明确推翻南美洲与亚洲有某种联系的观念。直到 19 世纪末，各大洲之间可能存在陆地桥梁的观点才被决定性地否定。南北美洲和亚洲乃至非洲东部一直都被认为是"印度"（*las Indias*）。在听说达·伽马成功抵达卡利卡特之后，哥伦布甚至考虑要继续向西航行，在印度与葡萄牙人会合。据他的儿子（兼传记作者）费尔南多说，哥伦布不愿意尝试环游地球的原因是船上缺乏补给，而不是认为环游地球是不可能的。[15]

就像葡萄牙人一样，哥伦布和卡博特的指导思想是绕过红海，消除对跨越印度洋运送香料的阿拉伯三角帆船交通的依赖。哥伦布等人的目的不仅是赚取丰厚的利润：哥伦布与葡萄牙人一样，希望通过将东印度的香料直接运往基督教国家，来破坏伊斯兰世界的经济。他与葡萄牙国王曼努埃尔一世（以及斐迪南和伊莎贝拉）一样，都有一种弥赛亚式的期望，即希望发现一条通往印度的新航线，从而为大规模攻击伊斯兰世界提供资金，最终通过有史以来最伟大的十字军东征来重新征服耶路撒冷；也热切地希望东方的各个基督教国王能参与其中。在这些新式十字军战略家的思维中，祭司王约翰一直是很重要的。在理想的情况下，基督教海军将强行打通红海，扫清通往地中海的道路。这是香料之路，也是通往耶路撒冷圣墓的道路。哥伦布的末世思想受境遇影响很大，他在陷入困境时，通常会特别执迷于他的神圣使命感。他始终抱有对物质的贪婪，也始终相信自己是天选之人。无论他在"印度"获得什么样的财富，他都将其理解为上帝的馈赠。物质和精神就像一根绳子上的线一样，密不可分。[16]

　　哥伦布始终没有真正怀疑他已经到达亚洲，即使事实证明，他抵达的所谓"印度"的地理环境比他阅读现有地图之后所理解的要神秘得多。这并不是要否认哥伦布私下产生过怀疑：他让他的水手发誓古巴是亚洲大陆的一部分（如果拒绝，就罚款 1 万马拉维迪①，并割掉舌头），这表明他在潜意识里对自己究竟到了什么地方其实也是不确定的。[17]然而，现有的关于大西洋彼岸陆地的证据，似乎证实了亚洲近在咫尺的假设。在爱尔兰海岸曾经发现了一些奇怪的尸体，其外貌特征很像鞑靼人，换句话说，就是西方人通过政治关系和从黑海到地中海的奴隶贸易已经有一定了解的"东方人"。可以肯定，这些是被冲到海上的北美原住民的尸体。哥伦布年轻时可能到过冰岛，或许听说过诺斯水手到过的西方土地的故事。在布里斯托尔，他也可能听过关于西方土地的传闻，因为有几个冰岛人在布里斯托尔居住，而且英格兰探险队在 15 世纪 80 年代曾深入大

---

　　① 马拉维迪是 11—19 世纪伊比利亚半岛多种货币和记账单位的名称，币值非常混乱。

西洋。此外，他似乎还读到了马德拉岛附近圣港岛的佩雷斯特雷洛家族（他的妻子属于这个家族）拥有的一些神秘文件，这些文件进一步提供了关于西方土地的证据。[18]

15世纪的几位地图绘制者在其作品中加入了在整个中世纪流传的大量谣言，并在地图中的大西洋上随意画了一些想象的岛屿。哥伦布的家乡热那亚的公民安德烈亚·比安科（Andrea Bianco）就是这样一名地图绘制者，他在1436年和1448年绘制了一些地图。不过，在这些地图上，欧洲与亚洲之间的距离看起来还是很遥远的，除非人们遵循佛罗伦萨地理学家保罗·托斯卡内利（Paolo Toscanelli）提出的观点，即有一条狭窄的大西洋将欧亚两块大陆隔开，这样就缩短了西欧和远东之间的距离，但这一观点同时拉长了从葡萄牙到中国的陆路距离，使其比托勒密假设的要远。[19]哥伦布将托斯卡内利版本的大西洋与马可·波罗对日本的描述整合起来，并得出结论，日本位于从欧洲出发后相对容易到达的地方。此外，日本几乎是用黄金铺就的：

> 其岛甚大，居民是偶像教徒，而自治其国。据有黄金，其数无限，盖其所属诸岛皆有金，而地距陆甚远，商人鲜至，所以金多无量，而不知何用。①[20]

据说日本天皇有一座用金子做屋顶的宫殿，"与我辈礼拜堂用铅者

---

① 译文借用《马可波罗行纪》第三卷第一五八章，第387页。

相同"，还有用大金板铺成的黄金地板，"由是此宫之富无限，言之无人能信"。①²¹可以想象，这一描述或许是基于中国人关于京都金阁寺和其他装饰精美的寺庙的传言。

除了哥伦布和托斯卡内利，还有别的人相信日本就在哥伦布的远航路线上。马丁·倍海姆（Martin Behaim）是一名德意志制图师，他的运气很好，因为他决定不参加 1487 年范·奥尔曼在亚速尔群岛以西的命运多舛的航行。倍海姆制作了现存最早的真正地球仪，它现藏于纽伦堡日耳曼国家博物馆，其制作年代大约是哥伦布第一次航行的时候，因此不包括他的发现。不过，倍海姆的地球仪显示日本位于大西洋西部，大约在横跨大西洋的路程的三分之二处；如果叠加在现代地图上，则位于圭亚那的上方。而在它的东南方，有一连串较小的岛屿通往"小爪哇"和"锡兰"，而孟加拉湾无迹可寻。尽管没有证据表明哥伦布和倍海姆互相认识，但他们对大西洋西部的看法惊人地相似。从这个意义上说，哥伦布并不像最初看起来那样是个古怪的幻想家。²²

哥伦布毕竟是热那亚的公民，这个港口的居民与海洋有不解之缘。尽管有许多反驳意见，但哥伦布是热那亚人这一点是毫无疑问的，因为热那亚的档案证明他是织工多梅尼科·哥伦布（Domenico Colombo）的儿子。哥伦布是一个魁梧威严的人物，身高六英尺，红发，有时显得魅力十足，有时又暴跳如雷。²³代表西班牙、葡萄牙和英格兰国王开拓大西洋的先驱者中有三位是意大利人，这很

---

① 译文借用《马可波罗行纪》第三卷第一五八章，第387页。

引人注目。约翰·卡博特似乎出生在热那亚，但他在威尼斯生活了很长时间，获得了威尼斯公民身份。毕竟，在那个时期要获得威尼斯公民身份总是需要一个漫长的过程。[24]托斯卡纳人亚美利哥·韦斯普奇住在佛罗伦萨和皮翁比诺（Piombino，一个沿海且很小的航海国家），人脉很广。前文已述，热那亚人在大西洋岛屿的殖民活动中非常活跃，这就解释了为什么哥伦布在圣港岛拜访佩雷斯特雷洛家族时受到热烈欢迎。[25]哥伦布当时还年轻，他在生涯的那个阶段就像许多在大西洋航行的热那亚人一样，对蔗糖贸易感兴趣。

在资助跨大西洋航行和葡萄牙探险方面，以里斯本和塞维利亚为基地的富裕意大利商人发挥了至关重要的作用。阿拉贡国王和卡斯蒂利亚女王表示，他们在征服伊斯兰格拉纳达的战争中花光了所有的钱，现在已经没有资金了，于是哥伦布开始依赖佛罗伦萨的赞助者。解决办法是将佛罗伦萨人的资金支持，即超过 100 万马拉维迪（比听起来要少，因为这是一种低价值的钱币），与生活在塞维利亚的意大利人，特别是一个叫詹奈托·贝拉尔迪（Giannetto Berardi）的人的资助结合起来。这样，哥伦布就能够为他的小舰队的准备工作多投入 50 万马拉维迪。[26]约翰·卡博特从佛罗伦萨古老而显赫的巴尔迪（Bardi）家族经营的银行的伦敦经理那里得到了资金支持，用于寻找"那片新土地"（"那片"这个词表明卡博特事先知道新土地的存在，但也可能是指哥伦布在更南边的发现）。[27]至于亚美利哥·韦斯普奇，他曾是贝拉尔迪银行的代理人，所以曾与哥伦布接触，他们互相尊重。[28]

那么，这些意大利人为什么不自行出发，跨越大洋呢？政治是一个重要因素。到 15 世纪 70 年代，葡萄牙人和西班牙人已经在争夺大西洋水域的控制权，因此孤独的外来者要自己承担风险。在向大汗递交辞藻华丽的信件（就像哥伦布在第一次远航时携带的那种信件）时，如果这些信件是以欧洲最伟大的君主，即卡斯蒂利亚女王和阿拉贡国王的名义发出的，而不是以很小（尽管极具影响力）的热那亚共和国或佛罗伦萨共和国的名义发出，效果肯定更好。哥伦布携带的信件是写给卡斯蒂利亚女王和阿拉贡国王的"亲爱的朋友"的，但信件上留有空白，所以他可以填写他拜访的任何一位统治者的名字。[29]此外，生活在意大利之外的意大利人可能更有条件筹集资金和承担风险。15 世纪 90 年代是意大利的动荡年代，法国对意大利半岛发动了大规模侵略，萨伏那洛拉（Savonarola）在佛罗伦萨发动了革命。最后一点是，几百年来，意大利人一直在向葡萄牙和卡斯蒂利亚的国王出售他们的航海技术。

卡博特和韦斯普奇都没有哥伦布那样的末世情结。英格兰国王亨利七世手头拮据，在他的宫廷里服务的卡博特很明白国王期望从可能发现的土地获得良好的经济回报。文艺复兴时期的佛罗伦萨人韦斯普奇非常有文化，尽管他喜欢夸大自己的成就，但他并没有吹嘘说他的发现将结束土耳其的威胁，或在耶稣再临之前迎来世界末日。当哥伦布幻想他如何发现世界上所有大河的源头并正在接近伊甸园时，韦斯普奇即使在最浮夸的时刻（如描述食人族的盛宴时），也只是热衷于震撼他的受众，而不是道德说教。哥伦布自视为十字军战士，韦斯普奇则不然。

※ 四

哥伦布第一次远航的船队由两艘卡拉维尔帆船和一艘稍大的克拉克帆船"圣马利亚号"组成，于 1492 年 8 月从安达卢西亚的帕洛斯-德拉弗龙特拉（Palos de la Frontera）出发，途经加那利群岛，于 10 月 12 日到达第一站巴哈马。[30]他的船员中有至少一名改宗犹太人，即路易斯·德·托雷斯（Luís de Torres），他最大的长处是懂希伯来语和阿拉伯语，因此应当能与东方各民族交流。奇怪的是，尽管哥伦布在其航海日志（该日志的一个经过深度编辑的版本留存至今）中称，他的目标之一是"确定应采取何种方法，使他们皈依我们的神圣信仰"，但船上没有一个神父或修士。不过，船队里没有教士这一点，恰恰使哥伦布更加坚信不疑，他自己就是上帝在这次航行中的代理人。此外，船队还缺少可以提供给大汗的贵重商品。然而，巴哈马和加勒比海的土著居民非常乐意得到珠子、小红帽和其他不值钱的物品。如前文所述，这些物品立即进入了台诺人的贸易网络。

在接下来的几个月里，哥伦布探索了巴哈马群岛和古巴海岸，但判断他称之为伊斯帕尼奥拉的大岛（今天的海地和多米尼加共和国）最适合作为基地。虽然他与这些地方的台诺人的早期关系大体上是友好的，而且他非常正面地写道，他们是多么可爱、温顺、美貌和纯真，可他很难将他们纳入自己的世界观。他们是裸体的，而哥伦布心目中的中国皇帝或日本天皇的臣民肯定是穿丝绸服装的。

他能找到的与台诺人最接近的例子是加那利岛民，他们也是赤身裸体的岛民，不会使用金属工具（尽管他很高兴地报告说，台诺人熟悉一种叫作 *guanín* 的金铜合金）；台诺人也是没有任何"律法"的多神教徒，他的意思是他们不是基督徒、穆斯林或犹太教徒。一些早期的记载和地图将新发现的岛屿称为"新加那利群岛"（Novas Canarias），这反映出一种观点，即哥伦布在加那利群岛的纬度上发现了更多相同的岛屿，但距离更远。[31]他试图在伊斯帕尼奥拉岛的北部建立一个小型定居点。他于 1493 年 3 月返回欧洲，在经历穿过亚速尔群岛的艰难航行后，被海浪冲到了里斯本。葡萄牙国王若昂二世在得知他的发现后深感不安，因为他之前认为哥伦布不过是个狂人。[32]

　　哥伦布真的到了印度吗？至少他确实有新的发现。哥伦布在向巴塞罗那宫廷的斐迪南和伊莎贝拉做了汇报，并展示了他带回来的台诺人之后，得到了第二份委托，于 1493 年 9 月带着一支由 17 艘船组成的更强大的舰队出发了。这次船上带了神父。他的大部分精力花在了征服伊斯帕尼奥拉岛的内陆上，卷入了岛上不同酋长之间的争斗。他在伊斯帕尼奥拉岛北部的伊莎贝拉（La Isabela）建立了一个新的基地（后文会详述）。他严酷地勒令台诺印第安人用黄金纳贡。对哥伦布昏庸无能的指控传到了西班牙宫廷。

　　当第一位审查员胡安·阿瓜多（Juan Aguado）于 1495 年被派往伊斯帕尼奥拉岛时，哥伦布十分不满。通常情况下，这种审查是在总督卸任时进行的，但天主教双王已经任命哥伦布为"大洋总司令"和所有新发现土地的终身总督。哥伦布是一个擅长钻营的人，他期望从天主教双王愿意分配给他的那份印度财富中大赚一笔。他的自命不凡当然不会得到卡斯蒂利亚宫廷的喜欢。尽管热那亚人对卡斯蒂利亚的经济，特别是塞维利亚的经济，以及对卡斯蒂利亚海军的建立做出了至关重要的贡献，可他们在西班牙并不受欢迎。西班牙人原本敌视犹太人，而犹太人在哥伦布开始第一次远航的时期被驱逐，于是西班牙人把针对犹太人的积聚多年的敌意转移到了意大利人身上。哥伦布还被指控大搞裙带关系，将他的兄弟和儿子提拔为伊斯帕尼奥拉岛的高官，并利用伊斯帕尼奥拉岛的资源为自己敛财。争议在于，他在法律上是否有权获得发回西班牙的货物总价值的十分之一，或者只是王室对发回西班牙的货物征收的五分之一税收的十分之一，即总价值的仅仅五十分之一。[33]

　　所有这一切的结果是，哥伦布于 1496 年匆匆返回西班牙。[34]他在天主教双王面前很难自证清白，但考虑到他作为航海家的能力是毋庸置疑的，他在 1497 年被允许第三次出海。这一次，他进一步向南航行，穿过佛得角群岛，希望能在伊斯帕尼奥拉岛以南的某个地方找到一条通往远东的路线。他发现了"一片非常庞大的大陆，直到今天还不为人所知"，即南美洲的北岸。不过需要注意的是，他用的"大陆"一词只是指一大片陆地，表明它可能仍然与亚洲相连，或者就在亚洲的近海。然而，远方陆地的神秘感还是进一步加深了。哥伦布坚信自己已经到达伊甸园的外围。正如《创世记》解释的那样，伊甸园由手持火焰之剑的天使看守，任何人不能进入。哥伦布认为，伊甸园位于一个巨大的凸起的顶部，"像女人的乳头一样"，所以地球不是圆的，而是梨形的。[35]有时他认为，他发现的不仅是印度，也是天堂。那里的台诺居民驯顺而美丽，毫无顾忌地赤身露体，似乎处于人类堕落之前的纯真状态。

回到伊斯帕尼奥拉岛后，情况发生了变化：与台诺人的冲突同哥伦布与其他欧洲人的纠纷交织在一起，他的西班牙副手们发动了一系列反叛。这些反叛最终让朝廷派了一个有点可疑的人物——博瓦迪利亚（Bobadilla）对哥伦布进行又一次正式调查，导致哥伦布被捕。1500 年，他戴着镣铐被送回西班牙。直至来到御前，他一直拒绝卸下镣铐。令人惊讶的是，他到了此时仍然有足够的魅力，能够取悦天主教双王。[36]即便如此，君主会批准他第四次出航还是出人意料。这一次，君主对他可以在哪里停留做了规定，因为他如果去伊斯帕尼奥拉岛的话就会惹麻烦。他只筹到了 4 艘船的经费，而伊斯帕尼奥拉岛的总督尼古拉斯·德·奥万多（Nicolás de Ovando）则带着 30 艘船先他一步驶向西印度。[37]1502 年 6 月，哥伦布的船队停在圣多明各（Santo Domingo）附近，这是欧洲人在伊斯帕尼奥拉岛定居的第三次尝试，圣多明各此时是该岛的首府。但是，哥伦布不得不等待风暴平息，因为他无权踏上这个他发现并曾经治理的岛。

在他的最后一次航行期间，他更加坚信不疑，自己得到了上帝的召唤，注定会有更伟大的发现。1503 年，他的事业陷入低谷，因为他希望在巴拿马建立一个殖民地，却被那里的印第安人打退。但恰恰是这时候发生的一件事情，让他更加相信自己是上帝的代理人。他发着高烧，对自己的失败深感沮丧，辗转反侧，这时，他听到一个来自天堂的声音说：

你这愚昧的人啊，竟如此迟钝，不肯信任和侍奉你的上帝，全能的上帝！他为摩西和他的仆人大卫做的，难道比为你做的更多吗？自从你出生以后，上帝一直无微不至地照顾你。当看你到了让他满意的年龄，他就让你在这片土地闻名遐迩。如此富饶的印度，他把它赐给了你；你随心所欲地分割它，他准你这么做。大洋的强大屏障是用如此强大的锁链封闭的，而他把钥匙给了你。[38]

在巴拿马和哥斯达黎加海岸，哥伦布收集了关于内陆的一个富裕文明的信息。这些信息可能混合了对若干个世纪以前玛雅人的辉煌的记忆（他的部下发现了一些建筑，几乎可以肯定是玛雅人的），以及对墨西哥的阿兹特克帝国的模糊认识。当地印第安人佩戴的纯金装饰品就是证据，其中一些肯定是从内陆地区交易而来的。这些黄金再次唤起了哥伦布及其追随者的贪欲。他再次试图在他推测富含黄金的土地上建立一个定居点，然而被土著打退。他的船队遭遇了另一场风暴，被海浪冲到了牙买加的海岸，这是一个他隐约知道但从未试图征服的岛。从 1503 年 6 月起，他在牙买加煎熬了整整一年，因为伊斯帕尼奥拉岛的西班牙总督乐得让他自生自灭。不过，他的一个已经逃离牙买加的同伴给他送来了一艘船。1504 年 11 月初，他回到了西班牙，发现他热情的赞助人伊莎贝拉女王已经奄奄一息。她的丈夫有其他的关注对象，主要是意大利（一年前，他征服了那不勒斯），所以哥伦布再次遭到冷遇，但至少他在西班牙境内（而不是在荒岛上）。一年半后，他在西班牙去世。[39]

如前文所述，哥伦布认为台诺人是纯真的、美丽的，与一些人预测在南方会发现的狗头怪物完全不同。在他的航海日志中，哥伦布写道："在这些岛屿上，直到现在，我还没有像许多人期望的那样发现怪物。相反，他们都是外表非常美丽的人。"偶尔他也会想起葡萄牙人在非洲的所作所为（他去过埃尔米纳），并推测台诺人这么温顺，应该可以成为优秀的奴隶或仆人，但伊莎贝拉女王坚决认为，台诺人是她的自由臣民，所以绝不能奴役他们。[40]西班牙人对向台诺人传播基督教只是半心半意的。一位修士被派往伊斯帕尼奥拉岛内陆地区，去了解他们的生活方式，然而在 2006 年披露的证据显示，哥伦布在传教方面毫无帮助，甚至加以阻挠。[41]他思想中的这些暧昧和矛盾一再出现。他仍然相信存在怪物民族，特别是当他听到食人的加勒比人的故事时。Cannibal（食人者）一词的词源就是 Caribs（加勒比人），而 cannibal 的前几个字母与拉丁文 *canis*（狗）相呼应。据说这些加勒比人乘坐战船，从南方入侵台诺人的土地，抓走男孩，把他们阉割后养肥了吃掉，或者抓走妇女，让她们生下孩子，这些孩子将面临同样的可怕命运。[42]

加勒比人或台诺人是否偶尔会吃人肉，已经成为一个有争议的问题。给自己打上"后殖民主义"标签的历史学家和文学学者认为，说美洲印第安人会食人，是欧洲人对他们的诬陷，用于证明欧洲人对美洲印第安人的征服是合理的。但另外，如果认为加勒比人或台诺人具有与（无论是今天的还是 16 世纪的）西欧人相同的道德观，也肯定是极度居高临下的殖民主义思想。我们没有理由怀疑，一些美洲印第安人，无论是在加勒比地区还是在巴西，确实偶尔会吃掉他们的俘虏。[43]有关这类恐怖行为的传说，导致哥伦布将新大陆的居民划分为善良的台诺人和邪恶的加勒比人，前者是天主教双王名义上的自由臣民，后者则是合理的奴役对象。"当两位陛下命令我给你们送去奴隶时，我希望主要从这些人［加勒比人］中获取奴隶。"

哥伦布一直向西班牙的天主教双王承诺提供大量黄金，他自己也抱着这样的希望，但台诺人并没有大量黄金。因此，他让台诺人在日益恶劣的条件下从事在沙中淘金和开采金矿的劳动，这就为监护征赋制（encomienda）奠定了基础。该制度不仅奴役了加勒比海的印第安人，而且在后世也奴役了墨西哥和秘鲁的印第安人。严格来讲，台诺人不是奴隶，在法律上是自由人。不过与其他臣民一样，他们必须为统治者提供一些服务。哥伦布勒令台诺人进贡金粉，每个台诺人必须缴纳足以填满一个猎鹰铃铛的金粉。西班牙王室偶尔试图改善台诺人的生活条件，欧洲奴隶主却并不怎么努力去区分"善良的"台诺人和"邪恶的"加勒比人。第一项有利于台诺人的重要立法，即"布尔戈斯法"，可以追溯到哥伦布首次到达加勒比海的二十年后。然而，那时要拯救台诺人已经太晚了。由于不习惯繁重的劳动，并被驱赶到定居点，家庭经常被拆散几个月之久，台诺人的人口开始锐减。出生率下降，受到西班牙主人的虐待，甚至被屠杀，导致台诺人迅速消亡。伊斯帕尼奥拉岛的金矿对劳动力的需求导致外围岛屿的人口减少，因此，到1510年，巴哈马群岛基本上已经被废弃。如后文所示，台诺人的灭绝促使西班牙人从非洲进口廉价劳动力。这些黑奴甚至不是西班牙统治者名义上的臣民，比台诺人更加得不到保护。西印度群岛的经济可行性只有通过当地的非洲和欧洲人口的急剧变化才能维持。

哥伦布在作为西班牙新土地总督的职责和作为上帝代理人的使命感之间纠结，忽视了伊斯帕尼奥拉岛的民众，因为他仍然相信自己站在神奇东方的边缘，他将会打开那扇大门，帮助基督教的陆海军到达耶路撒冷。他对如何到达亚洲的看法与他同时代的大多数人截然不同，但这并没有使他成为"文艺复兴时代的通才"。当他利用古典作家塞内卡的著作来证明欧洲将压倒西边不远处的"印度"时，他把塞内卡看作一位先知，甚至是一位基督教先知，因为人们经常说，塞内卡是憎恨基督教的尼禄皇帝宫廷里的一个秘密基督徒。[44]哥伦布的思想既植根于中世纪的十字军东征和基督教救赎的思想，也植根于中世纪热那亚的商业世界观。

※ 五

哥伦布第一次出航时带了三艘船，而约翰·卡博特只有一艘船，即名为"马修号"（*Matthew*）的"布里斯托的船"。这是一艘大约五十吨的中型船，甚至不是新船，而是一艘旧商船，在卡博特接管之前，可能已经去过爱尔兰和法国做生意。[45]之所以说"可能"，是因为关于卡博特的证据非常零散。卡博特的早期生涯充满了失败和丑闻：他似乎为了躲债而逃离威尼斯；在巴伦西亚和塞维利亚，作为港口工程师的他从未完成任何项目，这令人怀疑他的能力。[46]一位受人尊敬的英国历史学家宣布，她正在写一本能彻底修正前人观点的卡博特传记。她这本书似乎不仅会阐明卡博特与意大利银行家的关系，而且会描述他探索北美海岸的大片土地，甚至在该海岸安置修士和其他人的尝试。不过，她在这本书写完之前就去世了，并留下了坚定的指示，要求销毁她所有的笔记和草稿。[47]因此，人们对卡博特的出身、职业和影响仍有很多猜测。让这些猜测变得更加混乱的是，有人认为他才是美洲的真正发现者，因为哥伦布在1498年才到达美洲大陆（并且是南美洲，而不是北美洲），并感到身体不适，无法亲自踏上大陆，但他确实派部下上岸了。实际上，美洲的"发现"是一个渐进的过程，欧洲人发现两块庞大的大陆挡住了通往另一大洋（太平洋）的道路，而太平洋对航海家的挑战甚至比大西洋的挑战还要艰巨。

卡博特非常清楚哥伦布在西方发现了土地，但卡博特的航行旨在证明西班牙人在寻找亚洲的过程中向南航行得太远。西班牙人之所以走这条路线，部分是因为渴求黄金，他们相信在低纬度的热带，太阳能够使黄金形成。[48]米兰驻伦敦大使报告说，卡博特正在寻找真正的日本，因为他不相信古巴或哥伦布发现的其他土地就是日本。大使说，卡博特"相信世界上所有的香料都起源于"日本，据说这是因为他年轻时曾无畏地前往麦加，探求香料的起源地。[49]如果卡博特的预感是正确的，伦敦将成为比亚历山大港更重要的香料市场。1496年3月，亨利七世国王欣喜地授予约翰·卡博特广泛的征服权、贸易垄断权和对他将发现的土地的统治权，"无论是哪些异教徒的岛屿、国家、地区或省份，无论在世界的哪个地方，只要是所有的基督徒都不曾知道的地方"。不过亨利七世国王自己不掏钱，而是让其他人来资助这次远征。近几十年收集的证据表明，佛罗伦萨的巴尔迪家族为卡博特提供了重要的支持。[50]国王明确指出，给予卡博特的是以前未知的土地，这就避免了与哥伦布以及卡斯蒂利亚王室和葡萄牙王室的利益发生直接冲突。[51]英格兰人简单地认为，英格兰的基督徒探索者可以在他们抵达的任何非基督教土地上升起英格兰旗帜，而无须考虑当地居民或教廷的想法。如后文所示，教廷已经将全球划分为西班牙和葡萄牙的势力范围。

在1496年的第一次尝试中，卡博特被糟糕的天气和船员的悲观情绪打败了。1497年，他的第一次完整航行显然把他带到了"新发现的土地"（纽芬兰，也可能是拉布拉多）。[52]如前文所述，这些地方没有香料，但有数量惊人的鳕鱼。一般认为，卡博特发现了更多的岛屿，而不是一片大陆。米兰公爵通过自己的关系得知，卡博特发现了七城之岛。[53]英格兰人约翰·戴写信给"海军司令大人"（几乎可以肯定，这指的是哥伦布，当时他回到了西班牙，处于第二次和第三次航行之间），描述了卡博特的航行。戴满怀爱国情怀地声称，"过去发现'巴西'的布里斯托尔人，后来发现了上述陆地的海角，这一点阁下很清楚"。哥伦布对此有何看法，我们不得而知，他从未尝试这条偏北的横跨大西洋的路线。戴报告说，卡博特在1497年6月下旬到达陆地，然而只有零星的线索表明那里有人类居住。[54]因此，认为卡博特发现的地方是日本或中国的说法完全不符合事实。

1498年，约翰·卡博特带领另一支规模更大的探险队出发了。这一次，他更愿意参考哥伦布的发现，因为据我们所知，卡博特向纽芬兰岛进发，打算让船队向南驶往热带地区，也许是为了寻找一条通往印度，或者至少是通往日本和中国的路线。约翰·卡博特本人失踪了，不过他麾下的一些水手有可能带着三个印第安人回到了欧洲。[55]根据《伦敦大编年史》的记载，在 1501 年或 1502 年，"在新发现的土地抓获的一些人被带到国王面前"，"这些人穿兽皮，吃生肉，说的语言没人能听懂，而且他们的举止像野兽一样"。[56]约翰·卡博特的儿子塞巴斯蒂安也是一位北美探险家，他警告说，这是一片"非常贫瘠的土地"，栖息着北极熊、驼鹿（"像马一样大的雄鹿"）、鲟鱼、鲑鱼、一码长的龙䖴和无穷无尽的鳕鱼。[57]因此，这并不是哥伦布充满诗意地描绘的近似天堂的乐土（那里四季如春，农作物不需要人的劳动，几乎自动从土壤中长出）。海洋和河流，而不是土壤，是这片新发现的土地最重要的资产。

有迹象表明，卡博特或后来的布里斯托尔来客曾向南走了很远。1501 年 6 月，哥伦布的竞争对手之一阿隆索·德·奥赫达（Alonso de Hojeda）收到了斐迪南和伊莎贝拉的委托，两位君主指示他"沿着你发现的海岸线前进，这条海岸线看来是从东向西的，因为它朝着据说英格兰人正在探索的地区延伸"。奥赫达奉命竖立相当于西班牙的发现碑的标志物，公开宣示卡斯蒂利亚对这一海岸线的主张，"这样就可以阻止英格兰人在这一方向的探索"。[58]虽然都铎王朝通过阿拉贡的凯瑟琳与西班牙结成了婚姻联盟，但西班牙人还是要阻止英格兰人的探索。这些探索可能是由布里斯托尔商人执行的。1527 年，休·埃利奥特（Hugh Elyot）和罗伯特·索恩（Robert Thorne）都被认为在几年前就发现了纽芬兰岛。这与其说是对卡博特家族的冷落，不如说是对 1500 年前后航海家到达更多新土地的认可，而被带回亨利七世宫廷的美洲印第安人可能是在这些较晚的航行中被发现的，这些航行似乎一直持续到 1505 年或其前后。[59]尽管一位爱国的英格兰历史学家声称，卡博特清楚地表明了北美不是亚洲的事实，可实际上欧洲人继续将北美与亚洲混为一谈。在欧洲人看来，北美既是新大陆，是出乎欧洲人意料的存在，同时又以某种方式与旧大陆相连。北美的居民生活在远离旧大陆的地方，他们甚至可能是上帝单独创造的。然而他们同时是"印度人"（印第安人），与旧大陆的各民族有共同的祖先。这一切都完全说不通。

当格陵兰再次进入西欧人的视野时，他们清楚地认识到，将大量的新信息与现有知识联系起来是多么困难。英王亨利七世对来自亚速尔群岛的加斯帕·科尔特-雷阿尔（Gaspar Corte Real）于 1500 年重新发现格陵兰的消息很感兴趣，这个消息是来自亚速尔群岛特塞拉岛的葡萄牙水手若昂·费尔南德斯·拉夫拉多尔（João Fernandes Lavrador，Lavrador 的意思是"农民"）带给亨利七世的。拉夫拉多尔从英格兰国王那里得到了一项特权，并成立了一个英葡联合组织，从布里斯托尔出发，探索大西洋西部。[60]科尔特-雷阿尔等人随后以生命为代价，探索了拉布拉多海岸，一直航行到纽芬兰岛。令人困惑的是，他们没有把拉布拉多这个名字用于加拿大的大西洋海岸，而是用于格陵兰。[61]于 1502 年在里斯本绘制的地图，即坎蒂诺平面球形图（Cantino Map），给格陵兰附上了图说，将其描述为"由最高贵的君主，葡萄牙国王曼努埃尔一世授权发现的土地，据说是亚洲的半岛"。[62]

　　有足够多的报告传回了葡萄牙，证实纽芬兰海域非常适合捕鱼，但那片土地除了冰之外几乎一无所有。[63]有人认为，这些探险家的真正动机是在加拿大的北面找到一条通往亚洲的西北水道，这将成为航海家们长久执迷的对象。不过，更有可能的是，他们对卡博特发现的东西感到好奇，想进一步了解，而且他们同意当时普遍的看法，即格陵兰是从亚洲伸出的一个部分。

注　释

1. 关于哥伦布，见 F. Fernández-Armesto, *Columbus* (Oxford, 1991); W. D. Phillips and C. Phillips, *The Worlds of Christopher Columbus* (Cambridge, 1992); E. Taviani, *Christopher Columbus* (London, 1985); S. E. Morison, *Admiral of the Ocean Sea* (new edn, New York, 1992); V. Flint, *The Imaginative Landscape of Christopher Columbus* (Princeton, 1992)。

2. 关于卡博特，见 J. Williamson, ed., *The Cabot Voyages and Bristol Discovery under Henry VII* (Cambridge, 1962); J. Williamson, *The Voyages of John and Sebastian Cabot* (London, 1937); P. Pope, *The Many Landfalls of John Cabot* (Toronto, 1997); E. Jones, 'Alwyn Ruddock: "John Cabot and the Discovery of America"', *Historical Research*, vol. 81 (2008), pp. 224–54; E. Jones and M. Condon, *Cabot and Bristol's Age of Discovery: The Bristol Discovery Voyages 1480–1508* (Bristol, 2016)。

3. 关于韦斯普奇，见 L. Formisano, ed., *Letters from a New World: Amerigo*

Vespucci's Discovery of America (New York, 1992); F. Fernández-Armesto, *Amerigo: The Man Who Gave His Name to America* (London, 2006)。

4. *The World Encompassed by Sir Francis Drake, being his Next Voyage to that to Nombre de Dios formerly imprinted, Carefully collected out of the notes of Master Francis Fletcher* (London, 1628); 这 个 短 语 被 用 作 Geoffrey Scammell, *The World Encompassed: The First European Maritime Empires, c. 800–1650* (London, 1981) 的书名; H. Kelsey, *Juan Rodriguez Cabrillo* (2nd edn, San Marino, Calif., 1998)。

5. W. Keegan and C. Hofman, *The Caribbean before Columbus* (Oxford and New York, 2017), p. 23.

6. D. Abulafia, *The Discovery of Mankind: Atlantic Encounters in the Age of Columbus* (New Haven, 2008), pp. 115–30.

7. Keegan and Hofman, *Caribbean before Columbus*, pp. 11 – 15; P. Siegel, 'Caribbean Archaeology in Historical Perspective', pp. 21 – 46, 以及 W. Keegan, C. Hofman and R. Rodríguez Ramos, *The Oxford Handbook of Caribbean Archaeology* (Oxford and New York, 2013) 中的其他论文; J. Granberry and G. Vescelius, *Languages of the pre-Columbian Antilles* (Tuscaloosa, 2004); F. Moya Pons and R. Flores Paz, eds, *Los Taínos en 1492: El debate demográfico* (Santo Domingo, 2013); I. Rouse, *The Tainos: Rise and Decline of the People Who Greeted Columbus* (New Haven, 1992)。

8. S. Wilson, *The Archaeology of the Caribbean* (Cambridge, 2007), pp. 95–136.

9. Abulafia, *Discovery of Mankind*, p. 140; Ramon Pané, *An Account of the Antiquities of the Indians*, ed. J. J. Arrom and transl. S. Griswold (Durham, NC, 1999), ch. 10.

10. Abulafia, *Discovery of Mankind*, p. 181.

11. W. Keegan, *The People Who Discovered Columbus* (Gainesville, 1992), pp. 49-51; also Abulafia, *Discovery of Mankind*, p. 146.

12. Wilson, *Archaeology of the Caribbean*, pp. 137-54.

13. Abulafia, *Discovery of Mankind*, pp. 175-6.

14. Williamson, ed. , *Cabot Voyages*, pp. 208-9, no. 23; Abulafia, *Discovery of Mankind*, p. 219.

15. Abulafia, *Discovery of Mankind*, p. 199.

16. D. C. West and A. Kling, eds. , *The Libro de las profecías of Christopher Columbus* (Gainesville, 1991).

17. Abulafia, *Discovery of Mankind*, p. 13.

18. Fernández-Armesto, *Columbus*, pp. 17-20.

19. Flint, *Imaginative Landscape*, p. 40, plate 12.

20. Henry Yule and Henri Cordier, transl. and eds. , *The Travels of Marco Polo: The Complete Yule-Cordier Edition* (3 vols. bound as 2, New York, 1993), vol. 2, p. 253.

21. Ibid. , pp. 253-5.

22. *Focus Behaim-Globus* (2 vols. , Nuremberg, 1992); Fernández-Armesto, *Columbus*, p. xxi; Phillips and Phillips, *Worlds of Christopher Columbus*, pp. 79-80.

23. Fernández-Armesto, *Columbus*, p. 1.

24. Jones and Condon, *Cabot and Bristol's Age of Discovery*, p. 21.

25. Fernández-Armesto, *Columbus*, p. 17.

26. C. Varela, *Colombo e i Fiorentini* (Florence, 1991), pp. 55-60.

27. F. Bruscoli, ' John Cabot and His Italian Financiers ', *Historical Research*, vol. 85 (2012), pp. 372-93; and Jones and Condon, *Cabot and Bristol's Age of*

Discovery，pp. 33-4，都由布里斯托尔大学的"约翰·卡博特项目"出版。

28. Varela，*Colombo e i Fiorentini*，pp. 44-100（关于韦斯普奇和哥伦布，见该书第 75—81 页）。

29. Abulafia，*Discovery of Mankind*，p. 28.

30. Ibid.，pp. 105-7.

31. Fernández-Armesto，*Columbus*，p. 97.

32. Ibid.，pp. 72-94.

33. Abulafia，*Discovery of Mankind*，p. 238.

34. Fernández-Armesto，*Columbus*，pp. 102-14.

35. Abulafia，*Discovery of Mankind*，pp. 216-17.

36. Fernández-Armesto，*Columbus*，pp. 124-51.

37. E. Mira Caballos，*La gran armada colonizadora de Nicolás de Ovando, 1501-1502*（Santo Domingo，2014）.

38. C. Jant，ed.，*The Four Voyages of Columbus*（2 vols.，London，1929-32），vol. 2，pp. 90-93.

39. Fernández-Armesto，*Columbus*，pp. 161-83.

40. Abulafia，*Discovery of Mankind*，p. 112.

41. C. Varela，*La caída de Cristóbal Colón: El juicio de Bobadilla*（Madrid，2006）；Pané，*Account of the Antiquities of the Indians*.

42. C. Rogers，'Christopher Who?'，*History Today*，vol. 67（August 2017），pp. 38-49；Keegan and Hofman，*Caribbean before Columbus*，pp. 8，14.

43. Abulafia，*Discovery of Mankind*，pp. 190-92.

44. Ibid.，pp. 13，179.

45. E. Jones，'The *Matthew* of Bristol and the Financiers of John Cabot's 1497 Voyage to North America'，*English Historical Review*，vol. 121（2006），pp. 778-

95; Williamson, ed., *Cabot Voyages*, p. 206, nos. 19 - 20; A. Williams, *John Cabot and Newfoundland* (St John's, Nfdl., 1996); J. Butman and S. Targett, *New World, Inc.: How England's Merchants Founded America and Launched the British Empire* (London, 2018), pp. 25-7.

46. Jones, 'Alwyn Ruddock', pp. 230-31.

47. Ibid., pp. 224-6, 253-4.

48. N. Wey Gómez, *The Tropics of Empire: Why Columbus Sailed South to the Indies* (Cambridge, Mass., 2008).

49. Williamson, ed., *Cabot Voyages*, p. 210, no. 24; Williamson, ibid., p. 41; Jones, 'Alwyn Ruddock', p. 230.

50. Bruscoli, 'John Cabot and His Italian Financiers'; Jones, 'Alwyn Ruddock', pp. 231-2, 235-6.

51. Williamson, ed., *Cabot Voyages*, pp. 204-5, no. 18.

52. Jones and Condon, *Cabot and Bristol's Age of Discovery*, pp. 39-48.

53. Williamson, ed., *Cabot Voyages*, pp. 208 - 9, no. 23; Jones and Condon, *Cabot and Bristol's Age of Discovery*, p. 18.

54. Williamson, ed., *Cabot Voyages*, p. 213, no. 25.

55. Jones and Condon, *Cabot and Bristol's Age of Discovery*, pp. 49-56.

56. Williamson, ed., *Cabot Voyages*, p. 220, no. 31 (i); cf. Williamson, *Voyages of John and Sebastian Cabot*, p. 15.

57. Williamson, ed., *Cabot Voyages*, p. 207, no. 21.

58. Ibid., p. 233, no. 40; also Williamson, ibid., pp. 109 - 11; Jones, 'Alwyn Ruddock', pp. 244-5.

59. Williamson, ed., *Cabot Voyages*, p. 202, no. 15; also Williamson, ibid., pp. 26-9.

60. S. E. Morison, *Portuguese Voyages to America in the Fifteenth Century* (Cambridge, Mass. , 1940), pp. 51–68.

61. Ibid. , pp. 68–72.

62. Ibid. , p. 52; cf. Williamson, *Voyages of John and Sebastian Cabot*, pp. 14–15; Williamson in *Cabot Voyages*, pp. 132–9.

63. 关于丹麦人支持的可疑说法，见 S. Larsen, *Dinamarca e Portugal no século XV* (Lisbon, 1983)。

第二十九章

前往印度的其他路线

迪亚士发现托勒密是错的，印度洋的南端是开放的。在迪亚士发现这一点之后，欧洲人花了九年时间才开始利用这个相当惊人的发现。拖了这么久的一个因素是，葡萄牙人再次对在摩洛哥作战产生了兴趣，不过他们的插手继续刺激着卡斯蒂利亚人。卡斯蒂利亚人向摩洛哥的地中海沿岸派出了一支远征军，于 1497 年占领了梅利利亚（Melilla），并一直占据它到今天。葡萄牙国王身边的许多质疑者指出，葡萄牙君主国即使拥有黄金、糖和奴隶带来的利润，其资源也绝非取之不尽用之不竭；集中精力使这些利润最大化肯定更有意义。葡萄牙人也很容易认为，他们对印度洋及其周边地区的政治状况所知甚少。除了保持如此漫长的贸易路线畅通很困难之外，葡萄牙人对那个被认为会来帮助他们的基督教君主祭司王约翰同样所知甚少，尽管四个世纪以来，欧洲人一直反复提到他。

为了准备新的航行，葡萄牙派间谍去伊斯兰国家，希望他们能进一步渗透，一直到印度和埃塞俄比亚。1487—1491 年，若昂二世国王的间谍佩罗·达·科维良（Pero da Covilhã）探索了通往印度的陆路，最后死在埃塞俄比亚。他对印度的描述通过在开罗做生意的葡萄牙犹太人传回里斯本。[1]葡萄牙朝廷还运用了技艺高超的犹太天文学家亚伯拉罕·萨库托（Abraham Zacuto）的知识，他在 1492年被驱逐出西班牙之前曾任教于萨拉曼卡大学。[2]萨库托是一位伟大的星历表专家，星历表对长途航行至关重要。葡萄牙朝廷派科维良去印度的目的不是开辟一条陆路（因为在土耳其人和马穆鲁克王朝的阻挠下，这显然是不可能的），而是窥探印度的城市，了解在那里可以买到什么，并对印度洋沿岸土地的地理情况有所了解。

　　葡萄牙人对跨大西洋的西行路线的兴趣不大。哥伦布在向葡萄牙人推销通往亚洲的短途跨大西洋航线时，并没有得到认真对待。在迪亚士绕过好望角并给葡萄牙人带来通往印度的航线的美好希望后，葡萄牙人就更不把哥伦布当回事了。哥伦布对地球尺寸的计算根本不可信，他认为日本距离加那利群岛很近的想法也没有道理。[3]葡萄牙王室支持了斐迪南·范·奥尔曼 1487 年的西行探险，但没有投资，而且范·奥尔曼音信全无。[4]因此，当哥伦布于 1493 年结束抵达加勒比海的第一次航行，载着台诺印第安人返回欧洲时，葡萄牙国王感到震惊。有一个问题是，新发现的哪些土地应该属于哪个王国的统治范围。1494 年的《托尔德西利亚斯条约》（Treaty of Tordesillas）商定的解决方案是将大西洋，乃至全球，从大洋中间垂直划分；该条约由教宗亚历山大六世·博吉亚（Alexander VI Borgia）调停促成，他借此机会表达自己对整个世界的总体权威。西班牙被授予分界线以西的权利，葡萄牙被授予分界线以东的权

利。因此，在 15 世纪 90 年代，葡萄牙人仍然被限制在大西洋的
东侧。

从航海的角度来看，这是暴风雨前的宁静。1495 年末，新国王
曼努埃尔一世（Manuel I）继承了葡萄牙王位。他是若昂二世的堂
弟。他既受到葡萄牙在反伊斯兰斗争中的弥赛亚思想的驱使，也支
持如今很富裕的里斯本贸易团体。他受过方济各会修士的教育，这
些修士使他心中充满了弥赛亚的使命感。当他出乎意料地成为堂兄
的王位继承人时，这种感觉就更加强烈了。[5]曼努埃尔一世于 1497
年决定将犹太人和穆斯林赶出他的王国，这反映了他对人类历史的
末世观：在犹太人成为基督徒，以及在基督徒打败了国内、耶路撒
冷以东和亚洲的异教徒摩尔人之后，基督就会重返人间（最终，在
曼努埃尔一世关闭港口以防止犹太人离开之后，大多数犹太人被迫
皈依基督教，结果是出现了一个庞大而繁荣的新基督徒群体，他们
往往秘密地忠于他们的旧宗教）。基督徒前往亚洲中心地带的航行
将使东方的黄金和香料远离伊斯兰世界的中心地带，并有助于削弱
马穆鲁克王朝在中东以及奥斯曼人在土耳其和巴尔干地区的势力。

1497 年 7 月，在盛大的庆典中，瓦斯科·达·伽马率领四艘船
出发了，一开始是沿着葡萄牙的经典路线，即沿着非洲西海岸，经
过佛得角群岛。[6]其中两艘船不是卡拉维尔帆船。葡萄牙人花了很大
精力去研发一种更坚固的配有方帆的船，它更适合迪亚士发现的那
条大胆的航线。这条航线将使船队穿过强劲的风，跨越远离陆地的
开阔大洋，而不是康采取的沿海路线（利用卡拉维尔帆船在内河逆
流而上航行的能力）。迪亚士对新船型的设计提出了建议，但国王神

大 西 洋

里斯本 ●

加那利群岛

佛得角群岛

埃尔米纳 ●

巴西

太 平 洋

大 西 洋

好望角

南

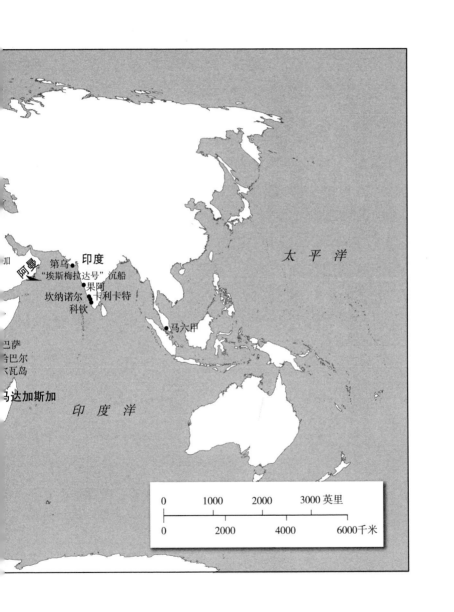

加

阿曼

印度
第乌
"埃斯梅拉达号" 沉船
坎纳诺尔
科钦
果阿
卡利卡特

巴萨
哈巴尔
瓦岛

马达加斯加

太平洋

马六甲

印度洋

| 0 | 1000 | 2000 | 3000 英里 |
| 0 | 2000 | 4000 | 6000 千米 |

秘地选择了达·伽马（一个没有海上指挥经验的小贵族）来领导探险队。曼努埃尔一世更想让一个或许有能力与外国统治者谈判的人担任探险队队长，而不是迪亚士这样的资深老水手。[7]达·伽马牢记迪亚士的建议，过了佛得角群岛之后就驶向开阔大洋，走的路线长度是克里斯托弗·哥伦布1492年航程的三倍。达·伽马的船被劲风吹到了现代纳米比亚和南非海岸的某处。在那里，他们遇到了赤身裸体、肤色黄褐的布须曼人（Bushmen），后者对香料、黄金或珍珠一无所知，这令葡萄牙人很失望。[8]再往南，瓦斯科·达·伽马的编年史家描述了一些人，他们的相貌和行为更像北边很远地方的非洲黑人。[9]葡萄牙人用三个手镯从这些人手中买了一头牛，大快朵颐了一番。这头牛的脂肪很肥，口味和家乡的美食一样好。在连续吃了好几周的腌猪肉和硬饼干之后，牛肉真是美味。[10]好消息是，当他们绕过南部非洲时，葡萄牙人开始意识到，当地居民并不是与世隔绝的：他们"英俊潇洒，身强体健"，而且知道铁和铜。葡萄牙人遇到了一个人，他告诉他们，他曾在海岸的远处旅行，在那里他看到过大船。

　　葡萄牙人越是沿着海岸深入印度洋，就越是觉得这里不是基督教世界，而是伊斯兰世界。这是有道理的，因为几个世纪以来，阿拉伯商人一直驾驶着他们的阿拉伯三角帆船在东非海岸从事贸易。[11]东非海岸的许多居民，不管肤色如何（因为阿拉伯人和非洲人之间多有通婚），都讲阿拉伯语。这些人穿着亚麻布和棉布的衣服，戴着丝绸头巾。他们积极地与北方的"白皮肤摩尔人"做生意，阿拉伯船停在港口，船上堆满了黄金、珍珠和香料。葡萄牙人一直在向他们遇到的每个人询问这些东西，包括印度群岛的胡椒。土著商人吹嘘说，在葡萄牙人要去的地方，珍珠和宝石非常丰富，人们只需收集它们，而不需要提供货物作为回报。[12]葡萄牙人像海绵一样吸收了他们听到的所有传闻：北方有一些基督教王国，正在与摩尔人交战；埃塞俄比亚的祭司王约翰的王国在三个世纪后仍然忙于保卫基督教。这一切都太美妙了，不像是真的。达·伽马在到达今天肯尼亚南部的蒙巴萨时，就进入了一个他更熟悉的君主和商人的世界。蒙巴萨的两名商人自豪地向葡萄牙人展示一些图画，葡萄牙人相信那是圣灵的图像，所以达·伽马甚至相信自己遇到了基督徒。[13]在一名自愿的领航员（经常被错误地认为是伊本·马吉德，即好几篇关于航海的文章的穆斯林作者）的帮助下，达·伽马终于能够前往印度的卡利卡特；他于 5 月 20 日抵达。[14]

在这里，他进入了一个与他的家乡有密切联系的世界。他发现了两个来自突尼斯的摩尔人，他们会说西班牙语和意大利语，他们向葡萄牙人打招呼时并不热情："让魔鬼把你抓走！谁带你来的？"尽管如此，葡萄牙人还是相信他们到了一个基督教国度。这肯定不是穆斯林统治下的土地。葡萄牙人对一座建筑肃然起敬，认为它是教堂。它是用石头建成的，有修道院那么大，门口有一根巨大的铜柱。"教堂"内有一座宏伟的"礼拜堂"，"在这座圣殿内有一尊小雕像，他们说是代表圣母的"。这座雕塑中的人物带着一个孩子，因而可以确定她代表圣母。于是，瓦斯科·达·伽马和他的一些同伴走进院子，做了祈祷。当地祭司向葡萄牙访客泼洒圣水，并赠送用牛粪、灰烬和檀木制成的"白土"，当地基督徒习惯于用白土来涂抹自己。当地基督徒也尊崇数量极多的圣徒，圣徒的形象被画在教堂的墙壁上，有些人有好几只手臂或有巨大的牙齿。[15]

当然，这一切都是天大的错误。葡萄牙人丰富的想象力将他们与印度教诸神的第一次相遇转化为与圣母和圣婴的邂逅。画在墙上的一众神灵被解读为基督教圣徒。[16]所谓的圣母和圣徒可能是黑天（Krishna）①被他的母亲提婆吉（Divaki）喂奶的形象。葡萄牙人知道这些人不是"摩尔人"，因为摩尔人的崇拜场所没有图像，其语言和习俗也很容易辨认。如前文所述，伊斯兰教只是在达·伽马启航的那一年才在葡萄牙被禁止。[17]然而，印度是一个有许多国王、有诡计多端的摩尔人且无疑非常富庶的地方，葡萄牙人在这里不受欢迎。达·伽马与当地统治者谈判的尝试处处受挫，而且他不断诉诸暴力（这已成为葡萄牙征服者的标志），这使他更难赢得当地统治者的尊重并建立贸易站。不过，达·伽马还是满载着胡椒和其他货物的样品离开，并于 1499 年 9 月返回里斯本。

葡萄牙国王开始乐观地自称"葡萄牙国王，几内亚领主，埃塞俄比亚、阿拉伯、波斯和印度的征服、航海及商业的领主"。这个称号并不像它听起来那样空洞：在五年内，葡萄牙从里斯本向印度派遣了 81 艘船，数量惊人。在佩德罗·阿尔瓦雷斯·卡布拉尔（Pedro Àlvares Cabral）的指挥下，第二支舰队于 1500 年出发。这

---

①　黑天是印度教诸神中最广受崇拜的一位，被视为毗湿奴的第八个化身，是诸神之首。关于黑天的神话主要源自《摩诃婆罗多》和《往世书》。在艺术上，黑天通常被展现为蓝黑色皮肤、身缠腰布、头戴孔雀羽毛王冠的形象。他代表极具魅力的情人，因而常以在一群女性爱慕者簇拥下吹笛的牧人的形象出现。

支舰队由 13 艘船组成，在大西洋上绕了一个很大的弯，在南美洲登陆，那里即葡萄牙人所说的"圣［或真］十字之地"，不久后被改称巴西。这片土地恰好位于六年前《托尔德西利亚斯条约》规定的分界线的葡萄牙那一侧。尽管常有人认为，葡萄牙人在此之前已经秘密掌握了关于巴西的知识，所以卡布拉尔知道他要去的地方，但当时的报告表明，这是一个意外的发现。葡萄牙人过了很长时间才开始开发巴西。[18]

卡布拉尔特意带了阿拉伯语译员，其中有一个叫加斯帕尔·达·伽马（Gaspar da Gama）的人，他的名字来自他的教父瓦斯科·达·伽马。加斯帕尔是一个热情、消息灵通的波兰裔犹太人，他在印度流浪时被瓦斯科·达·伽马发现并带回了葡萄牙。卡布拉尔说服卡利卡特的扎莫林（Samudri，即国王）做生意的手段极其粗暴：击沉载有数百名乘客的船只；炮轰卡利卡特城；不留俘虏；屠杀大象和人（大象被吃掉了）。最后，卡布拉尔得到装载香料的许可，尽管他拿到的香料不足以装满所有船舱。卡布拉尔之所以能够获得这些货物，是因为他利用卡利卡特统治者和科钦王公之间的激烈竞争。科钦王公把葡萄牙人看作装备精良的盟友，所以对这些闯入者更有好感。[19]七艘葡萄牙船最终返回里斯本，但只有五艘载着货物。有一艘船迷失方向，抵达马达加斯加，这是欧洲人第一次在该岛登陆。1500 年 6 月，卡布拉尔舰队在非洲海岸遇到了一支载着意大利探险家亚美利哥·韦斯普奇的舰队，看来这个广阔的世界在某种意义上依旧很小，在这些巨大的空间里，欧洲人仍然能够以某种方式相遇。韦斯普奇的目的地是南美洲的北岸，然而他完全明白这些葡萄牙人的航行的意义。他给佛罗伦萨发了一封长信，讲述了卡布拉尔舰队的成就，并向他的赞助人（美第奇家族的一位成员）描述了亚洲海洋的地理。韦斯普奇认为卡布拉尔在南美洲到访的土地是哥伦布和其他人打着西班牙国旗发现的土地的延伸，而葡萄牙人认为巴西是一个大岛。[20]

曼努埃尔一世国王被热情冲昏了头脑，甚至在卡布拉尔回来之前，就在 1501 年 3 月派出了另一支舰队，由加利西亚人若昂·德·诺瓦（João de Nova）指挥。德·诺瓦设法了解了卡布拉尔的情况：卡布拉尔在非洲南端附近的一棵树上悬挂的一只鞋子里留下了信息。令人惊愕的是，德·诺瓦居然发现了这条信息，其中警告说应该对敌视葡萄牙的卡利卡特扎莫林保持警惕。德·诺瓦用大炮击退了卡利卡特船只的攻击，还俘获了几艘货船，其中一艘属于陷入困境的扎莫林。事实证明科钦和坎纳诺尔（Cannanore）是很好的香料来源，但困难在于印度人对葡萄牙人带来的货物兴趣不大。不过，德·诺瓦还是设法在坎纳诺尔为葡萄牙人建立了一个"贸易站"，即仓库和办公室。这正是达·伽马在卡利卡特的目标，然而他在那里大开杀戒，所以不可能建立一个永久基地。德·诺瓦得以在 1502 年 9 月带着数十万磅的胡椒、肉桂和生姜返回葡萄牙。毫无疑问，其中一些货物是从被俘的科钦船只上抢来的。长期以来，在印度洋沿岸的许多居民眼中，葡萄牙人是海盗和侵略者，我们不可能不同意这种观点。[21]

1502 年，达·伽马第二次出征印度，就在德·诺瓦离开印度水域时出发。达·伽马这次有 20 艘船，分为三支分舰队：一支分

舰队由 10 艘船组成，负责收集香料；一支分舰队负责消灭海上的
敌视葡萄牙人的阿拉伯商人；一支分舰队负责留在印度，保护在
那里居住的葡萄牙人。葡萄牙人的自信心令人印象深刻。他们认
为，尽管存在与卡利卡特统治者发生战争的危险，而且穿越风浪
和经过东非许多潜在的敌对城镇的旅程非常困难，但从里斯本起
航的船最终会回来，当然会有一些损失。对非洲东海岸的重要港
口基尔瓦的到访为这次远征定下了基调。在基尔瓦，达·伽马威
胁要炮轰城市，迫使当地统治者宣布自己是葡萄牙国王的附庸，
并缴纳了大量的黄金贡品。[22]葡萄牙人一直牢记，他们可以通过暴
力达到自己的目的。进入印度海域之后，葡萄牙人的暴力活动就
升级到可怕的程度：烧毁一艘从麦加返回的满载男女老少的商船
只是一个可怕的插曲，因为达·伽马还炮轰多个城镇，醉心于葡
萄牙人的强大火力，一心想要羞辱卡利卡特的扎莫林，并强行闯
入印度的香料市场。潜在的朋友也受到了骚扰，如坎纳诺尔的王
公。葡萄牙人发现他与穆斯林商人勾结，于是警告他，绝不能妨
碍在他的港口驻扎的葡萄牙商人。[23]

　　这些行动甚至促使达·伽马的敌人，即卡利卡特的统治者开
始谈判，不过他是希望困住达·伽马并摧毁他的舰队。1503 年 2
月初，葡萄牙人和卡利卡特的海军发生冲突，达·伽马赢得了一
场漂亮的胜利。卡利卡特战败的原因之一是扎莫林无法说服阿拉
伯商人借给他船只，所以他的海军只有几十艘由印度臣民提供的
船。葡萄牙人这次带回家的货物异常丰富，有超过 300 万磅的香
料，主要是胡椒，也有大量气味香甜的肉桂。一些色彩鲜艳的鹦

鹉被带回葡萄牙，它们被描述为"不可思议的生灵"。如果这种情况能在更和平的条件下年复一年地重复，世界贸易路线就会发生根本性的变化。[24]

即使这些先驱者能够在船上装满胡椒，这些航行的高风险，以及多达一半船只的损失，也开始让葡萄牙国内对其可行性产生怀疑。在 1998 年被发现的一艘沉船（尽管其位置一直被保密到 2016 年）很可能是达·伽马的船之一"埃斯梅拉达号"（*Esmeralda*），它在阿曼近海沉没。它是已知最早的地理大发现时代欧洲船只的残骸。这是考古证据和文献资料完美结合的案例之一，因为这艘船的失事是众所周知的，这要归功于当时的编年史和寄给曼努埃尔一世国王的一封信中的报道。[25]1568 年的一份手抄本描绘了"埃斯梅拉达号"及其姊妹船"圣佩德罗号"（*São Pedro*）的沉没，可见这些事件多么出名。这两艘船被派往阿拉伯半岛近海，去追踪阿拉伯船只，但不熟悉风浪给葡萄牙船带来的损害，远远大于与阿拉伯三角帆船的冲突造成的损害。"埃斯梅拉达号"被风暴从靠近近海岛屿的下锚地点刮走，被抛向岩石。船长维森特·索德雷（Vicente Sodré）的名字被刻在船上装载的用于战斗的石弹上，以示纪念。索德雷是达·伽马的舅舅，如果达·伽马在远征途中死亡，索德雷将接替他的位置。一个带有数字"498"（1498 年）的钟和一些在葡萄牙铸造的克鲁扎多钱币有助于确认这艘船的身份。其中一枚是曼努埃尔一世国王的银质"印第奥"（indio）钱币，除此之外只有一个存世的样品，可它在当时是一种著名的钱币，是为与东印度的贸易而铸造的。[26]前不久在

"埃斯梅拉达号"上发现了一个航海星盘，这种器具的存世样品极少，而且年代没有这么古早的。

葡萄牙人在印度洋的航行经验不断增加，航行的危险就随之减少，而不断增长的利润增加了这些远航对想要发财的人的吸引力。威尼斯作家们开始恐慌，（错误地）担心他们一直通过亚历山大港购买的所有胡椒会消失。他们还不安地得知，"没有办法买到［达·伽马］那次航行的航海图。［葡萄牙］国王规定，对泄露航海图的人处以极刑"。[27]威尼斯人吉罗拉莫·普留利（Girolamo Priuli）在他的日记中不断重复着对未来的担忧：

> 一些非常睿智的人倾向于认为，这件事可能是威尼斯国家毁灭的开始，因为毫无疑问，威尼斯城每年在那里进行的航行和商品贸易，是共和国赖以生存的养料……在葡萄牙国王的这次新航行之后，所有应该从印度的卡利卡特、科钦和其他地方运到亚历山大港或贝鲁特，然后再运到威尼斯的香料……都将被葡萄牙控制。[28]

威尼斯迅速采取行动，将自己的桨帆船从地中海派往佛兰德，倾销在黎凡特获得的香料，试图阻止葡萄牙的竞争。[29]

葡萄牙的胡椒很充足，但当它被送到欧洲时，往往泡了水，所以葡萄牙并没有在一夜之间获得香料贸易的霸主地位。当葡萄牙国王未能从 1501 年带回的胡椒中赚到多少钱时，威尼斯人松了一口气。达·伽马取得的突破在几年后才显现出效果。1503 年后，欧洲市场上的香料价格下跌，反映出经好望角航线运来的香料的影响。威尼斯确实受到了负面影响，但并没有发生突然的灾难性崩溃，甚至在16世纪末威尼斯还经历了复苏。[30]葡萄牙的成功依赖北欧市场的强劲需求。安特卫普是葡萄牙的救星，这个市场靠近北欧的各城市和宫廷，葡萄牙可以在安特卫普卸货，并以较低的价格打压威尼斯从地中海派来的船队的贸易活动。不过我们要记住，印度香料的主要海外市场不是西方，而是东方，如中国对印度香料的消费量极大，即使明朝试图将香料生产集中在域内；而印度本身消费的香料远远超过整个欧洲消费的香料，甚至在莫卧儿人将他们的美食带到南亚次大陆之前，印度就已经有大量的辛辣食物可供享用。欧洲对香料的需求并没有对东印度的香料价格产生很大影响。葡萄牙开辟通往印度及其他地区的航线具有重大意义，为欧洲第一个伟大的海洋帝国奠定了基础。然而，我们不能夸大欧洲香料贸易对亚洲经济的影响。

不过，一些意大利商人确实从新的机会中受益。巴尔托洛梅奥·马尔基奥尼（Bartolomeo Marchionni）是一个非常富有的佛罗伦萨商人。当达·伽马第一次起航时，马尔基奥尼已经在里斯本生活了近三十年。他从事糖、奴隶和小麦贸易，并在马德拉和几内亚海岸做生意，然后他成为远航印度的项目的热心支持者。他是一个归化的葡萄牙公民，相信自己家庭的未来在蓬勃发展的里斯本。到1490年前后，他是该城最富有的商人。在达·伽马远航的很久之前，马尔基奥尼就开始支持远航印度的事业了。当佩罗·达·科维良去东方执行间谍任务时，马尔基奥尼曾为他提供可兑换现金的信用证。马尔基奥尼是卡布拉尔的船之一"圣母领报号"（*Annunciada*）的主人，该船载着从印度获得的宝石返回。马尔基奥尼还资助了德·诺瓦的探险。[31]

※ 二

斯瓦希里海岸也进入了葡萄牙人的视野。尽管斯瓦希里人对出海没多大兴趣，但葡萄牙人很难阻止阿拉伯三角帆船在东非海岸从事贸易。阿拉伯、印度以及很可能是马来的船经常到访东非海岸的各港口，在基尔瓦、蒙巴萨和其他城镇停留。根据 16 世纪初葡萄牙作家多默·皮列士的说法，这些城镇的远途联系一直延伸到马六甲。[32]葡萄牙人的主要目的是恐吓当地的穆斯林统治者，从而自由通过这些统治者的水域。葡萄牙人需要停靠点，在那里检修船只，堵塞漏洞。最重要的是，他们希望封锁红海，切断将东印度香料运到亚历山大港的供应路线。在东非海岸，有一个地方吸引了葡萄牙人：位于现代莫桑比克的索法拉，它是将黄金从非洲内陆运往海岸的终点之一。通过控制莫桑比克海岸，葡萄牙人能够阻止阿拉伯人进入索法拉，而且一旦季风吹向正确的方向，从索法拉到印度的航行就会出奇地容易。葡萄牙人对在东非海岸可以买卖的东西并不感兴趣，因为他们已经对印度香料的香味上瘾了。[33]

大多数关于达·伽马及其后继者的史书对葡萄牙在东非的作为关注甚少，然而，如果葡萄牙人要掌控通往印度的路线并在一定程

度上控制离家如此遥远的大洋，在东非的成功是至关重要的。如果
不用强大的联盟和坚不可摧的要塞（这些要塞将提醒当地统治者不
要招惹葡萄牙人）来保护经过非洲的航线，那么在印度（如在坎纳
诺尔和科钦，以及后来的果阿和第乌）建立基地就没有任何意义。
同样的政策指导葡萄牙人沿着摩洛哥海岸南下，一直到了埃尔米
纳，所以在远离家乡的地方建造要塞是他们骨子里的想法。早在
1503 年，当曼努埃尔一世派遣安东尼奥·德·萨尔达尼亚
（António de Saldanha）率领三艘船进入印度洋时，葡萄牙人就清楚
地知道如何将东非融入他们更广泛的计划。仅有三艘船的舰队可能
看起来微不足道，但葡萄牙人的火力是非常可怕的。他们船上的大
炮是 16 世纪初的大规模杀伤性武器，正如萨尔达尼亚的一位船长
在夺取驻扎在蒙巴萨的一些船，然后封锁桑给巴尔时展现的那样。
不过，对桑给巴尔的攻击是一个完美的例子，说明葡萄牙人未经深
思熟虑就鲁莽地行动了。桑给巴尔的苏丹从来没有反对过葡萄牙
人。可是，葡萄牙人炮轰海滩，杀死了苏丹的儿子，还缴获了三艘
停在桑给巴尔港口的船，于是苏丹不得不签署一项屈辱的和平协
议，包括每年缴纳大量黄金和 30 只羊的贡品，以及为被扣押的一
艘船支付巨额赎金。[34]

当地统治者希望，葡萄牙人一旦发现穆斯林和印度教统治者是
多么不愿意接待他们，就会在几年内离开印度洋，让印度洋重归相
对的和平。然而，葡萄牙人不断地回来索取更多的东西，并开始在
索法拉和基尔瓦建造要塞，从而在东非扎下根来。被派去修建这些
要塞的指挥官弗朗西斯科·德·阿尔梅达（Francisco de Almeida）

利用了这样的事实，即当地的酋长们已经接受了葡萄牙国王的宗主权；但很明显，酋长们只有继续缴纳贡品并帮助葡萄牙人，才会被允许继续掌权。[35]这种类型的关系受到了中世纪西班牙和葡萄牙的基督教统治者与穆斯林君主缔结的投降条约的启发：一方面是强迫穆斯林君主与基督教统治者结盟，另一方面是前者对后者的松散臣服，同时两方面相结合。

阿尔梅达成为葡萄牙在印度洋的第一位副王。他在被派往印度洋时率领着到当时为止规模最大的葡萄牙舰队：22 艘或 23 艘船上共有 1500 人，船上的人包括葡萄牙的许多达官显贵和对这些水域有经验的船长（如若昂·德·诺瓦），因为国王在一套 3 万字的指令中规定的目标是控制印度洋西半部分。[36]阿尔梅达原本愿意与基尔瓦的酋长达成妥协，但当他发现这位酋长不太欢迎他时（酋长说不能见阿尔梅达，因为一只黑猫在自己面前过了马路），阿尔梅达对酋长显而易见的拖延战术大为震怒，于是命令葡萄牙军队攻打该城。阿尔梅达的部下占领了基尔瓦，酋长从一座后门逃走。第二天，胜利的阿尔梅达开始在基尔瓦建造要塞。不过，他还必须为可能变得动荡不安的基尔瓦城设立新的政府。一个被葡萄牙人称为安科尼（Anconi）的顺从的穆斯林领袖被任命为基尔瓦国王。阿尔梅达带来了一顶曼努埃尔一世要送给科钦王公的王冠，现在这顶王冠被用于安科尼的豪华加冕礼（这倒是很方便），葡萄牙指挥官们都盛装出席。[37]

葡萄牙人对蒙巴萨的攻击也是一个类似的令人憎恶的故事：恐吓之后是无情的炮轰，军队登陆，抢劫和焚烧城市，屠杀了许多居民。蒙巴萨苏丹写信给另一位阿拉伯统治者："这座城市里死尸的臭味让我不敢进城。"胜利者瓜分了战利品，其中一些来自遥远的波斯，包括黄金、白银、象牙、丝绸、樟脑和奴隶，还有一张精美绝伦的地毯，它被作为礼物送给曼努埃尔一世国王。缴获的东西太多，以至于装船都要花上两个星期。[38]葡萄牙人选择让别人畏惧他们，而不是爱戴他们。他们对索法拉特别感兴趣，因为它有黄金贸易中心的美誉，尽管它的港口很难进入，使它不太适合作为补给站。葡萄牙人凶残的恶名迅速传播，年约80岁且双目失明的索法拉酋长无法抵抗他们，特别是他们提出要保护索法拉免受来自内陆的非洲袭掠者攻击。酋长允许葡萄牙人在索法拉建立一座要塞兼商业基地，它是在1505年秋天的几个月里建造的。就这样，他们控制了索法拉的黄金贸易，阿拉伯商人则被排挤出去。

葡萄牙人也开始垂涎莫诺莫塔帕（Monomotapa）这个庞大的内陆帝国，这是他们渴望的黄金的主要来源。1506年，一名葡萄牙间谍的报告表明，黄金的来源是一个首都名为津巴（Zimbaue）的王国，需要大约三周的时间才能到达那里。这是欧洲人第一次提到大津巴布韦（Great Zimbabwe）帝国的继承者，大津巴布韦帝国的统治者曾经统治了非洲东南部的大片地区。显然，葡萄牙人从这一地区（后来成为葡属莫桑比克殖民地）获取的黄金越多，他们就越容易购买印度的香料。于是，一个活跃的交换网络发展起来，将葡属索法拉与印度联系起来，并向非洲输送印度纺织品和地毯，包括最好的丝绸和亚麻衬衫。[39]

葡萄牙人在印度洋的这次接管行动的一个最突出的特点是，他们在对自己建造要塞的土地的地理和资源还所知甚少的情况下，就自信地夺取了控制权。达·库尼亚（da Cunha）舰队中的一艘船偶然在马达加斯加靠岸，那里已经被葡萄牙人发现，但仍是未知的土地。当看到岛上的年轻男子戴着银手镯，并意识到在那里也能找到丁香和生姜时，葡萄牙人变得非常兴奋。也许没有理由大老远跑到印度去与穆斯林和印度教徒打仗，因为在马达加斯加也可以获得印度的香料和贵金属，并且这个巨大岛屿的居民普遍比较友好。若昂·德·诺瓦告诉曼努埃尔一世国王，"大船"每隔一年就会从更远的东方抵达马达加斯加，因此葡萄牙人既可以开发岛上的财富，也可以利用马达加斯加和远东的马六甲之间的贸易。如一位历史学家所说，"这将是一个利润巨大、回报迅速的案例"。曼努埃尔一世兴奋不已。1508 年，一支探险队奉命去评估这些想法的可行性。但是，他们在马达加斯加没有发现白银和丁香。有趣的是，葡萄牙人得出结论，他们看到的丁香是从一艘爪哇帆船的残骸中收集的。在 1500 年前后，东印度群岛和东南非洲（特别是马达加斯加）之间的交通仍在继续，马达加斯加与遥远东方的群岛还有联系，马达加斯加自己的人口就来自那些岛屿。[40]

葡萄牙人在东非和印度取得了显著的成功。不过，印度洋的水域永远不可能完全属于他们：不仅要考虑爪哇帆船，还要考虑阿拉伯三角帆船和奥斯曼帝国的作战桨帆船，因为正如后文所示，土耳其人在这个广阔的舞台上也有自己的野心。

注　释

1. C. R. Boxer, *The Portuguese Seaborne Empire 1415–1825*（London, 1991）, pp. 35-7.

2. M. Kriegel and S. Subrahmanyam, 'The Unity of Opposites: Abraham Zacut, Vasco da Gama and the Chronicler Gaspar Correia', in A. Disney and E. Booth, eds. , *Vasco da Gama and the Linking of Europe and Asia*（New Delhi, 2000）, pp. 48-71.

3. D. Abulafia, *The Discovery of Mankind: Atlantic Encounters in the Age of Columbus*（New Haven, 2008）, pp. 24-30.

4. C. Verlinden, *The Beginnings of Modern Colonization*（Ithaca, NY, 1970）, pp. 181-95; S. E. Morison, *Portuguese Voyages to America in the Fifteenth Century*（Cambridge, Mass. , 1940）, pp. 44-50.

5. S. Subrahmanyam, *The Career and Legend of Vasco da Gama*（Cambridge, 2007）, pp. 54-7.

6. 广为流传的说法见: R. Watkins, *Unknown Seas: How Vasco da Gama Opened the East*（London, 2003）; N. Cliff, *The Last Crusade: The Epic Voyages of Vasco da Gama*（London, 2012）; R. Crowley, *Conquerors: How Portugal Seized the Indian Ocean and Forged the First Global Empire*（London, 2015）为最佳。

7. L. Adão da Fonseca, *Vasco da Gama: O Homem, a Viagem, a Época*（Lisbon, 1998）, pp. 9-80; G. Ames, *Vasco da Gama: Renaissance Crusader*（New York, 2005）, pp. 17-21.

8. E. Ravenstein, ed. , *A Journal of the First Voyage of Vasco da Gama 1497-1499* (new edn with introduction by J. M. Garcia, New Delhi and Madras, 1998), pp. 6-7.

9. Ibid. , pp. 11, 13.

10. Ibid. , pp. 17-20.

11. Ibid. , p. 23.

12. Ibid.

13. Ibid. , p. 36.

14. Fonseca, *Vasco da Gama*, pp. 149-52.

15. Ravenstein, ed. , *Journal of the First Voyage*, pp. 48, 53-5; Fonseca, *Vasco da Gama*, pp. 142-3.

16. Ravenstein, ed. , *Journal of the First Voyage*, pp. 52 n. 3, 53 illustration, 53-4 n. 2, 54 n. 2.

17. Ibid. , p. 36 n. 1.

18. 'Letter of Pedro Vaz de Caminha to King Manuel, 1 May 1500', in W. Greenlee, ed. , *The Voyage of Pedro Álvares Cabral to Brazil and India from Contemporary Documents and Narratives* (London, 1938); Morison, *Portuguese Voyages to America*, pp. 119-42.

19. Greenlee, ed. , *Voyage of Pedro Álvares Cabral*, pp. lxvii-lxix; Crowley, *Conquerors*, pp. 101-17.

20. 'Letter of Amerigo Vespucci to Lorenzo de' Medici', in Greenlee, ed. , *Voyage of Pedro Álvares Cabral*, pp. 153-61.

21. Crowley, *Conquerors*, pp. 113-14; Subrahmanyam, *Career and Legend*, pp. 182-4; Ames, *Vasco da Gama*, pp. 84-5.

22. Subrahmanyam, *Career and Legend*, pp. 201-2, 206-10; Ames, *Vasco

da Gama, pp. 86, 89-90.

23. Ames, *Vasco da Gama*, pp. 93-4.

24. Subrahmanyam, *Career and Legend*, pp. 221-5; Ames, *Vasco da Gama*, pp. 93-100.

25. Subrahmanyam, *Career and Legend*, pp. 229-31.

26. D. Mearns, D. Parham and B. Frohlich, 'A Portuguese East Indiaman from the 1502-1503 Fleet of Vasco da Gama off Al Hallaniyah Island, Oman: An Interim Report', *International Journal of Nautical Archaeology*, vol. 45 (2016), pp. 331-51.

27. Girolamo Priuli cited by Crowley, *Conquerors*, p. 116.

28. 'The Diary of Girolamo Priuli', in Greenlee, ed., *Voyage of Pedro Álvares Cabral*, p. 136; also p. 134.

29. See also 'Letters sent by Bartolomeo Marchioni to Florence', in Greenlee, ed., *Voyage of Pedro Álvares Cabral*, p. 149.

30. K. O'Rourke and J. Williamson, *Did Vasco da Gama Matter for European Markets? Testing Frederick Lane's Hypothesis Fifty Years Later* (IIIS Discussion Paper no. 118, Dublin, 2006); E. Ashtor, 'La Découverte de la voie maritime aux Indes et le prix des épices', *Mélanges en l'honneur de Fernand Braudel*, vol. 1: *Histoire économique du monde Méditerranéen* (Toulouse, 1973), pp. 31-48; F. C. Lane, 'Pepper Prices before da Gama', *Journal of Economic History*, vol. 28 (1968), pp. 590-97.

31. 'Letters sent by Bartolomeo Marchioni to Florence', in Greenlee, ed., *Voyage of Pedro Álvares Cabral*, pp. 147-9; F. Guidi Bruscoli, *Bartolomeo Marchionni 'Homem de grossa fazenda' (ca. 1450-1530)* (Florence, 2014), pp. 135-86; K. Lowe, 'Understanding Cultural Exchange between Portugal and Italy in the

Renaissance', in K. Lowe, ed., *Cultural Links between Portugal and Italy in the Renaissance* (*Oxford*, 2000), pp. 8-9; M. Spallanzani, *Mercanti fiorentini nell'Asia portoghese* (Florence, 1997), pp. 47-51.

32. Armando Cortesão, transl. and ed., *The Suma Oriental of Tomé Pires* (London, 1944), vol. 2, p. 268; M. Pearson, 'The East African Coast in 1498', in Disney and Booth, eds., *Vasco da Gama*, pp. 116-30; M. Pearson, *Port Cities and Intruders: The Swahili Coast, India, and Portugal in the Early Modern Era* (Baltimore, 1998), pp. 40-43.

33. Pearson, *Port Cities and Intruders*, pp. 131-4.

34. E. Axelson, *Portuguese in South-East Africa 1488 - 1600* (Cape Town, 1973), p. 35; E. Axelson, *South-East Africa 1488-1530* (London, 1940), p. 59.

35. S. Welch, *South Africa under King Manuel 1495 - 1521* (Cape Town and Johannesburg, 1946), p. 133.

36. Axelson, *South-East Africa*, p. 61.

37. Ibid., pp. 64-73; Welch, *South Africa under King Manuel*, pp. 138-41; Crowley, *Conquerors*, pp. 164-6.

38. Axelson, *South-East Africa*, pp. 73-8; quotation from Crowley, *Conquerors*, p. 170.

39. Axelson, *South-East Africa*, pp. 79 - 87, 110 n. 2, 112, 118 - 20; Axelson, *Portuguese in South-East Africa*, pp. 38-52.

40. Axelson, *South-East Africa*, pp. 98-107.

第三十章

去对跖地

看来，欧洲人可以从两个方向到达亚洲。但渐渐地，他们的疑虑开始积累。亚美利哥·韦斯普奇的著作在欧洲的传播和翻译甚至比哥伦布的著作还要广泛，这要归功于日益活跃的印刷厂。韦斯普奇的著作指出，确实有一个新大陆，它甚至可能与亚洲没有联系。韦斯普奇声称自己参加了四次跨大西洋的航行，这不一定是真实的。他描述新大陆的信件（其中一些以手抄本形式存世，一些以印刷形式存世）有部分内容是事实，但也有倾向性很强的部分，因为他对受众有绝佳的洞察力，他的读者对食人族的盛宴和世界地理同样感兴趣。韦斯普奇信件的印刷版本对这一主题进行了特别耸人听闻的渲染，这部分也很可能经过了他的编辑的改写。真正的问题不是韦斯普奇是否看到了他声称看到的东西，而是他的作品如何影响了欧洲人。当时欧洲人越来越清楚地意识到，通过大西洋去亚洲的海路被巨大的大陆所阻隔。韦斯普奇的崇拜者之一是托马斯·莫尔爵士，他创造了一个虚构叙述者拉斐尔·希斯拉德（Raphael

Hythloday）来描述大西洋某处的理想社会，希斯拉德"陪同亚美利哥·韦斯普奇进行了四次航行中的后三次，关于这些航行的描述如今已成为家喻户晓的读物"。[1]

韦斯普奇声称，他于 1497 年加入了一支由阿隆索·德·奥赫达率领的横跨大西洋的西班牙探险队。奥赫达奉命指挥一支小舰队，首次打破哥伦布对探险的垄断。[2]奥赫达舰队前往的地区在哥伦布前两次航行开辟的区域之外，因此并不自动属于天主教双王授权哥伦布去探索和治理的区域。这些与哥伦布竞争的航行引起了哥伦布家族和王室之间的诉讼，诉讼持续了一代人的时间。哥伦布家族认为加勒比海属于他们，新来的人是外来的插足者。很有可能韦斯普奇实际上并没有与奥赫达同行，韦斯普奇第一次横渡大西洋是在两年之后。不过，无论他的第一次航行是在 1497 年还是 1499 年，他都是被加勒比海南部有珍珠捕捞场的消息吸引过去的，他对自己的定位可能是珠宝商人。[3]但他后来发现，真正的利润来源不是珍珠，而是奴隶贸易。他的船队掳走了超过 200 名奴隶。[4]

奥赫达的舰队在沿着加勒比海南岸航行时，来到了一片土地，那里的土著在水上的村庄居住，就像威尼斯一样。这就是"委内瑞拉"（Venezuela）这个名字的由来，它的意思是"小威尼斯"。[5]当然了，这些房屋并不是威尼斯的那种豪华宫殿，而是建在木桩上的小茅屋，互相之间用吊桥连接，有危险的时候吊桥就会升起来，像奥赫达舰队到来的这一次，吊桥就升了起来。[6]当印第安人表现出敌意时，韦斯普奇淡淡地报告说，有必要屠杀他们，不过探险家们抵制了烧毁村庄的诱惑，"因为对我们来说，这似乎会给我们的良知

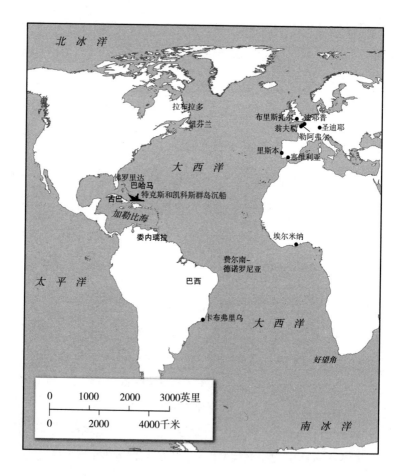

带来负担"。[7]他们在村庄里发现的物品价值不高，于是他们继续前进。[8]但总的来说，这个地区的人们很友好，会给探险家提供食物，表演舞蹈。"我们在那里过夜，他们向我们提供女人，我们无法拒绝。"[9]然而，这些土著确实遭受了富有侵略性的邻居的袭击，那些邻居也袭击了欧洲人。奥赫达觉得自己已经看到了足够多的东西，

现在应当带着奴隶返航了。

当欧洲人研究他们发现的动植物时，这个新大陆给他们带来的新鲜感特别明显。因为这是一片肥沃的土地，有众多野生动物，如"狮子"（美洲豹）、鹿和猪，尽管它们与旧大陆的品种在外形上有很大的差别。[10]在韦斯普奇的航海生涯中，欧洲人对南半球的了解只是零星的。在1499年第二次（也可能是第一次）远航时，韦斯普奇可能仍然认为美洲大陆只是亚洲的延伸。他在接下来的几年里才认识到新大陆不是与亚洲连在一起的。在他的第三次（或者其实是第二次？）远航期间，他似乎沿着南美洲的海岸向南走了很远，所以有机会欣赏到悬挂在夜空中的南十字座。如果他真的像他说的那样到了那么远的地方，那么他肯定既有成就感，也备感失望。他到访了欧洲人之前根本不知道的一些土地，那里有许多人，他们在似乎密不透风的森林的边缘过着简朴的生活。但那里没有大城市。通往中国和日本的路线在哪里？那些似乎总是来自"山的那一边和远方"的黄金究竟在哪里？

最终，韦斯普奇得出结论，他到的地方就是南方大陆。"我们了解到，这块土地不是一个岛，而是一片大陆，既因为它拥有漫长且笔直的海岸线，也因为这里有不计其数的居民。"[11]如前文所述，"大陆"一词在当时并不具有其今天的含义。在一般意义上，"大陆"表示一大片土地，可能是亚洲、非洲或欧洲（现代意义上的三个大洲）的一部分。不过，韦斯普奇的结论是，这确实是一块独立的陆地。他确信这就是"对跖地"（Antipodes），即地理学家偶尔提到的南方大陆，但鉴于南方气候的炎热，地理学家认为南方大陆不仅无人居住，而且不适合居住。韦斯普奇写道："我在这些南方地区发现了一块大陆，在那里居住的人和动物比在我们的欧洲、亚洲或非洲居住的人和动物更多。"[12]那么人类最初是如何抵达那里的呢？随着谜题的增加，后来的评论家有时会提出，上帝一定是单独创造了南方大陆的人类；即使他们是全人类共同的祖先挪亚的后代，他们也不是有完全理性的人，而是注定要作为"天然奴隶"为欧洲主人服务。在 17 世纪仍有人鼓吹这些观点。[13]韦斯普奇对食人族的描述加强了这样一种印象，即南方大陆的居民在外形上是人类，行为上却像怪物。

其他一些人在唯利是图的商人本能的刺激下，得出了这些土地不是中国，也不是日本的结论，因为在美洲买不到东方的丝绸和香料。然而，掳掠奴隶的远征变得越来越频繁。比森特·亚涅斯·平松（Vicente Yáñez Pinzón）曾在哥伦布的第一次航行中担任"尼尼亚号"（Niña）的船长。1499 年，他获得了朝廷的许可，出发前往新大陆。他奉命不得将加勒比海土著作为奴隶带回，但如果他进入大西洋东部水域，就可以奴役非洲人。他从新大陆带走了 36 名奴隶。[14]最猖獗的奴隶贩子是格拉兄弟。路易斯·格拉（Luis Guerra）和一个同行在 1500—1501 年去了巴西，从"图皮亚"（Topia，即图皮印第安人居住的地方）带走了一些奴隶。他们在西班牙以 6000 马拉维迪的价格卖了一个叫桑贝（Sunbay）的女孩。这是一个特别高的价格，不过并不是一笔好交易，因为桑贝生病了。格拉兄弟肆无忌惮地突袭图皮亚，这片土地属于葡萄牙的管辖范围，因此土著无权得到西班牙君主的保护。[15]这些俘虏被称为 *indios bozales,*

bozales 一词表示他们是原始的，甚至是野蛮的，也被用于指代来自西非的未经训练的黑奴。1504 年，格拉兄弟被允许去任何地方掳掠奴隶，除了属于哥伦布和葡萄牙国王的土地。格拉兄弟集中力量于加勒比海南部的加勒比人土地。西班牙历史学家奥维多（Oviedo）对此表示疑虑："我不知道，这些商人获得授权去奴役那片土地上的人，是因为那些人是偶像崇拜者、野蛮人、鸡奸者，还是因为他们吃人肉。"[16] 一种可悲的掠夺奴隶的惯例由此形成。

在掳掠奴隶的同时，西班牙人也在孜孜不倦地寻找黄金的来源。西班牙探险家胡安·德·拉·科萨（Juan de la Cosa）在南美洲海岸遇到了一些赤身裸体的人，不过其中的男人戴着阴茎鞘，有的是用黄金制成的。[17] 探险家们从他们身上讨要了一些黄金，而当土著要求归还时，探险家明智地同意了。欧洲人听到了关于一座有镀金偶像的大神庙的传言，表明真正的财富在内陆更远处。这些传言凝聚成了黄金国（El Dorado）的故事，西班牙人相信这个王国遍地都是黄金。德·拉·科萨曾陪同哥伦布、奥赫达和韦斯普奇航行到新大陆，最让德·拉·科萨出名的是他在 1500 年绘制的信息量极大的世界地图，这幅地图显示了南美洲海岸的大片区域，并敢于把看起来像得克萨斯海岸的土地和更北的地区也包括在内。卡博特声誉的捍卫者认为，奥赫达或其他人深入那条海岸线是为了遏制英格兰人。即便不同意这种观点，我们仍然可以看到德·拉·科萨有聪明的直觉：他意识到古巴不是日本，也不是亚洲大陆的一部分，因此将古巴画成一个驼背的岛，看起来与它的真实形状没有很大的区别。

这些不确定因素刺激了进一步的探险，欧洲人逐渐绘制出北美以及南美部分海岸的地图。欧洲船出现在后来成为美利坚合众国的地区的海岸线上，不可避免地产生了一个荒谬的问题："谁首先发现了美国？"围绕这个问题，出现了一整套体系。一般认为，在后来的美国土地上首次登陆的功劳（如果可以说是功劳的话）属于胡安·庞塞·德·莱昂（Juan Ponce de León），他是残酷的西班牙征服者的时代中较有吸引力的人物之一，不过毫无疑问，奴隶袭掠者肯定比莱昂更早到达后来的美国土地。[18]伟大的印第安人权捍卫者、多明我会修士巴尔托洛梅·德·拉斯·卡萨斯（Bartolomé de las Casas）讲述了西班牙奴隶主的失望，因为他们在已经荒芜的巴哈马群岛找不到奴隶，那里的人口已经被先前的袭击清空了；于是奴隶主进一步向北走到拉斯·卡萨斯所知的佛罗里达，并从那里带回了在北美大陆捕获的第一批奴隶，这些奴隶应该属于相对先进的卡卢萨人（Calusa）或蒂穆夸人（Timucua）。[19]

在西半球发现的最古老的沉船，位于靠近巴哈马群岛的特克斯和凯科斯群岛（Turks and Caicos Islands）附近，它很可能是奴隶贩子的船。虽然它的确切年代不详，船名也不为人知，并且只有一小部分船体幸存下来，但在船上发现的陶器和火器表明，该船是在1510—1530年触礁的。在沉船上没有找到属于水手的个人装备，这表明他们得以幸存，并打捞了自己的财产。从粗糙的餐具来看，船上的生活显然是非常简朴的。在沉船上发现的小玻璃珠应该是用来与台诺印第安人交易的。一些用来束缚俘虏的脚镣体现了西班牙贸易更黑暗的一面。船上的压舱物，即在建造过程中放置在船体底部的大石头，尤其具有启示意义。分析表明，这些石头来自不同的地方：布里斯托尔附近，大西洋中部的岛屿，而最重要的是来自里斯本。这并不能证明这艘船到过这些地方，不过确实显示了船舶的组成部分是如何被回收利用的，以及什么样的海上联系在1500年前后主导了大西洋东部的贸易。[20] 1503年，西班牙朝廷在塞维利亚设立了西印度贸易总署（Casa de Contratación），负责管理与新大陆的贸易。朝廷对这些航线非常感兴趣，可这并不意味着朝廷对它们的监督非常有效。有很多外来者插手西印度贸易，而且不仅是西班牙人。[21]

庞塞·德·莱昂代表了欧洲与美洲贸易更官方的一面。他的主要支持者——阿拉贡国王斐迪南的命运浮沉在一定程度上塑造了他的职业生涯。斐迪南把钱花在了与意大利的战争上，通过战争控制了那不勒斯，但也越来越深地陷入意大利政治的泥潭。同时，他还试图维持自己在卡斯蒂利亚政治中的影响力，这种影响力由于他的妻子伊莎贝拉在1504年去世而受到遏制。他不得不将卡斯蒂利亚的控制权让给他短命的女婿——勃艮第的腓力，以及精神状况不稳定的女儿胡安娜，她后来被称为"疯女胡安娜"。仿佛这些麻烦尚且不够，斐迪南还知道伊斯帕尼奥拉岛的局势正在恶化，因为总督奥万多正在努力阻挠哥伦布家族实现诉求；西班牙政府在加勒比地区的每一步行动似乎都会受到克里斯托弗·哥伦布的儿子迭戈的挑战，理由是天主教双王早在1492年就非常慷慨地赋予了克里斯托弗·哥伦布极大的权利。[22]

如果伊斯帕尼奥拉岛是这样一个噩梦，那么解决办法就是去加

勒比海的其他大岛寻找黄金，首先是波多黎各，而古巴在 1511 年
才被入侵。庞塞在 1508 年就到了波多黎各，说不定更早。他在波
多黎各建立了一座西班牙城镇，他的石屋屹立至今。他试图鼓励台
诺印第安人与他们的新主人合作，并开始收集黄金，在 1511 年向
国王上缴了价值 1 万比索的贡品。但庞塞很难逃避迭戈·哥伦布的
干涉。卡斯蒂利亚的御前会议为了显示自己相对于斐迪南的独立
性，判定庞塞正在践踏迭戈·哥伦布的合法权利，而庞塞意识到他
现在几乎没有机会在波多黎各开辟领地。他肯定知道以前有人试图
探索波多黎各以北的大陆，而且他知道关于北方一个叫"比米尼"
（Bimini）的岛的传说。1511 年，斐迪南在伊斯帕尼奥拉岛的专员
邀请庞塞向北航行。对庞塞来说，这似乎是摆脱王室支持者、哥伦
布家族支持者和印第安酋长之间错综复杂的政治斗争的黄金机会。
这些政治斗争正在毁掉伊斯帕尼奥拉岛，并已蔓延到波多黎各。

　　一个更有争议的说法是，庞塞·德·莱昂被衰老的阿拉贡国王
派去寻找"青春泉"。[23]青春泉可以恢复国王的性能力，使他有机会
与第二任妻子热尔梅娜·德·富瓦（Germaine de Foix）生下孩子，
从而在阿拉贡有一个继承人（不过，他与热尔梅娜的孩子不能继承
卡斯蒂利亚，因为卡斯蒂利亚将传给疯女胡安娜的儿子，未来的哈
布斯堡皇帝查理五世）。斐迪南宁愿选择只要阿拉贡、不要卡斯蒂
利亚，也不愿让哈布斯堡家族的人统治整个西班牙。这就是关于
"青春泉"的幻想的实际层面。这个幻想借鉴了印第安人和欧洲人
的神话，并提醒人们，奇迹和怪谈仍然是欧洲人关于新大陆的看法
的重要组成部分。

※ 二

　　与此同时，欧洲人对韦斯普奇描述的土地的地图需求越来越大。在名义上的那不勒斯国王、洛林公爵勒内二世（René Ⅱ）的赞助下，一小群对地理学感兴趣的学者聚集在洛林山区的小镇圣迪耶（Saint-Dié）。他们重印了韦斯普奇最受欢迎的一本小册子，并在其中加入了马丁·瓦尔德泽米勒（Martin Waldseemüller）于 1507 年出版的巨幅世界地图。该地图将新大陆描绘成与欧洲、亚洲和非洲这些相连的大陆相分离的一对大陆。南方大陆的一小部分被标为亚美利加（AMERICA），以纪念亚美利哥·韦斯普奇。[24]南美洲的西海岸被画成了一条直线（因为缺乏相关信息），地图也只显示了北美洲的部分地区，而且在主图上（地图边缘的缩略图中不是这样），北美洲和南美洲被一条较短的水道（接近哥伦布第四次航行时探索的土地）分开，当然，哥伦布没有找到这样一条水道。韦斯普奇向南探索，发现了许多条大河，但没有发现可以通往亚洲的海路。欧洲人越来越清楚地认识到，迄今为止尝试的跨大西洋航线不曾，也不可能到达真正的印度。瓦尔德泽米勒对太平洋的辽阔没有概念，他乐观地认为，日本离南美洲很近。他至少比今天保存在克拉科夫雅盖隆大学（Jagiellonian University）的小地球仪的制作者判断得更准确，该地球仪被认为是在 1510 年前后制作的。在该地球仪上，一片类似南美洲的大西洋彼岸的大陆被标为"新大陆"、"圣十字之地"和"巴西"，而印度洋东部的一块不规则的土地则被标为

"新发现的美洲"。制作该地球仪的制图师对韦斯普奇在"印度"探索未知土地的消息感到非常困惑。[25]

在所有这些关于如何到达印度的困惑中，约翰·卡博特的儿子塞巴斯蒂安于 1509 年，即亨利八世统治初期，带着两艘船和一份王家许可证，开始了前往拉布拉多的航行，希望能找到通往亚洲财富的路线。他的推断是，纽芬兰岛挡住了通往亚洲的道路，但他在该岛以北发现的海峡（可能是一个世纪后被称为哈得孙湾的大片海域的入口）到处都是冰，他的船员拒绝继续前进。[26]无论如何，亨利七世对海洋不感兴趣，他的儿子亨利八世则对建造一支能胜过法国的舰队更感兴趣。可以想象，当法国国王建造了一艘带有网球场和风车的大船时，亨利八世很恼火。而当这艘船被证明太重所以无法漂浮时，亨利八世就幸灾乐祸。美洲土地在 16 世纪下半叶才进入英格兰人的视野，当时西班牙是英格兰的不共戴天之敌，而英格兰人对美洲的殖民直到 1607 年詹姆斯敦（Jamestown）建立时才真正开始。到那时，信奉新教的英格兰没有理由接受教宗把世界分给西班牙和葡萄牙的做法。

法国人也试图加入向西航行、获取印度香料的竞赛。据报道，法国船第一次横跨大西洋的旅程，与卡布拉尔的航行一样，是偶然发生的。这艘法国船的船长比诺·波尔米耶·德·戈纳维尔（Binot Paulmier de Gonneville）与卡布拉尔一样，目的不是横跨大西洋到达陆地，而是到达印度的港口。"据报道"这个短语很重要，因为有人怀疑现存的关于戈纳维尔远航的叙述是在 17 世纪编造出来的，目的是支撑法国对马达加斯加或者南美洲，又或者其他一些土地

（如被认为囊括了世界底部的巨大的温带"南方大陆"，它与北半球的各大洲相平衡）的权利主张。戈纳维尔船长的一个后裔在发表了戈纳维尔的航行记录后，得到了他渴望的回报，并在 1666 年被提名为教宗在南方大陆的代理人。[27]因此，下面的内容也许是事实，也许是幻想。

据说，150 吨的"希望号"（*Espoir*）于 1503 年起航；船长来自诺曼底，名叫比诺·波尔米耶·德·戈纳维尔。在此之前，"希望号"去过最远的地方就是汉堡。这是一次私人远航，而不是朝廷委派的远航。戈纳维尔的人脉极广，他说服了一批来自翁夫勒（Honfleur）的商人为他的冒险事业投资。[28]戈纳维尔对葡萄牙人在印度取得的成就有一定的了解，他甚至招聘到两名去过印度的葡萄牙领航员，他们如果落入葡萄牙政府手中，很可能被处决。[29]为了抵御大西洋或印度洋上的敌人，"希望号"装载了充足的武器装备，包括大炮、火绳枪和火枪；有足够的咸鱼、干豌豆、本地苹果酒和水，可使用一年多，还有足够维持两年的压缩饼干。然后是商品：鲜红色的布，棉亚麻混纺粗布，一块天鹅绒布，一块绣着金线的布，但也有更简单的商品，如 50 打小镜子、刀、针和其他五金器具，以及银币。

经常有人说，诺曼底水手［尤其是迪耶普（Dieppe）的水手］对大西洋的了解与布里斯托尔水手一样多，甚至更多。还有人说，在哥伦布第一次抵达美洲的若干年前，诺曼底水手就在一个叫让·库桑（Jean Cousin）的人指挥下，驾船抵达美洲。然而，像所有类似的说法一样，这只是对非常模糊的证据的乐观解读。就库桑而言，所谓的证据出自 1785 年。[30]考虑到戈纳维尔无论如何都是在试图绕过非洲，这样的简单事实更为重要：诺曼底的各港口在 15 世纪末正经历着活跃的复兴，因为与英格兰的战争已经结束，而且西欧的经济在经历了一个半世纪的瘟疫和混乱之后正在恢复稳定。[31]到 1540 年，迪耶普已经有了一所地图制作学校，不过我们可以假设该城在更早的时候就有地图制作者，因为这里是雄心勃勃的商人和水手的家乡。尽管葡萄牙人极不情愿让别人看他们的海图，但迪耶普的许多地图似乎剽窃自葡萄牙人的作品。[32]

根据存世的记述，1503 年 6 月 24 日，"希望号"从翁夫勒出发。为了避免在西班牙的加那利群岛登陆，该船沿着非洲海岸航行，幸运地通过了葡萄牙的佛得角群岛，没有遇到任何阻挠。船员们在非洲海岸的佛得角待了十天。在那里，他们用铁制品从非洲人那里换来一些鸡和"一种米"（couchou），换句话说，就是今天那里的人们仍然在吃的厚厚的古斯米（couscous）。然后，"希望号"驶向大海，希望能赶上贸易风，像之前的达·伽马那样被风吹向东方。可是，尽管船员们确信他们处于正确的纬度，可以经过好望角，但"希望号"像卡布拉尔的船一样，被猛烈的大风卷向西方。他们看到了"天鹅绒袖子"（Manche-de-velours），即企鹅。有人（无疑是葡萄牙领航员）认为企鹅是生活在非洲南端的鸟。他们被风浪折腾了几个星期，然后随波逐流。不过，1504 年 1 月 5 日，"他们发现了一块巨大的土地"，这让他们想起了诺曼底。[33]水手们觉得他们已经走得够远了，船也承受不了了。他们劝说戈纳维尔，告诉他试图找到前往印度的路线是毫无意义的。

　　这片土地的居民对他们在船上看到的一切都很着迷："哪怕这些基督徒是来自天堂的天使，也不可能从这些可怜的印第安人那里得到更多的喜爱。"刀子和镜子等普普通通的物品对印第安人的意义，就像金子、白银甚至贤者之石对基督徒的意义一样。印第安人特别着迷于看到纸上的文字，因为他们不明白纸怎么能"说话"。但戈纳维尔并没有忽视精神层面的问题。诺曼底水手们在1504年复活节前建造了一个巨大的木制十字架，戈纳维尔和他的高级船员抬着它赤脚游行，印第安人国王阿罗斯卡（Arosca）和他的儿子们欢快地陪伴着，其中一个儿子后来登上戈纳维尔的船，被带回欧洲并娶了戈纳维尔的女儿。戈纳维尔在他的十字架上刻下了法国国王路易十二和教宗的名字，从而确定了法国对这些土地的某种主张。[34]

　　"希望号"在回程中的运气并不比出航时好。恶劣的天气迫使这艘船在巴西海岸停靠了两次，才得以穿越大西洋。他们发现了一些他们觉得比阿罗斯卡的追随者更原始的印第安人，那些人是残忍的食人族（aureste, cruels mangeurs d'hommes）。阿罗斯卡的族人没有受到这样的指控。同样不寻常的是，有证据表明这些食人族在近期与基督徒有过一些接触，因为他们拥有一些肯定来自欧洲的饰品。尽管他们很清楚欧洲大炮带来的威胁，可他们在看到"希望号"时并不感到非常惊讶。戈纳维尔很可能是到了过去几年里奴隶贩子到过的地区。诺曼底水手们急于离开，并尽快扬帆起航。经过亚速尔群岛回家的航程很慢，但在他们接近家乡之前，还算顺利。在进入泽西岛（Jersey）和根西岛（Guernsey）附近的水域时，"希望号"成了两名海盗的猎物，他们是普利茅斯的爱德华·布朗特

（Edward Blunth）和布列塔尼的穆里·福尔廷（Mouris Fortin）。经过这么长时间的航行，"希望号"已经没有能力逃跑了。海盗们追上了这艘船，将其洗劫一空并击沉。许多水手被杀，只有28人活着到达翁夫勒。其中有戈纳维尔和他未来的女婿埃索梅里克（Essomericq），后者引起了人们极大的好奇，"因为从来没有人从如此遥远的地方来到法国"。[35]不过，航海日志随船沉没，人们直到19世纪才在档案中发现了关于这次航行的详细叙述。戈纳维尔曾向阿罗斯卡国王承诺，他将在"20个月"后回去，可他一直没有回去，所以阿罗斯卡不知道他消失已久的儿子到底怎么样了。

由于得不到法国国王的支持（国王更关心对米兰和那不勒斯的主张），戈纳维尔无法推动法国对他到达的巴西部分地区的主张。目前，葡萄牙的首要目标仍然是非洲和印度，葡萄牙对巴西的殖民进展缓慢。不过，还是有一小批面向巴西的商业活动。1501年的一支探险队报告说，坦率地讲，除了巴西木之外，巴西几乎没有什么可以装上船的东西。巴西木是一种珍贵的染料，能产生华贵的红色，所以第二年，身为新基督徒的富商费尔南·德·诺罗尼亚（或罗洛尼亚）（Fernão de Noronha or Loronha）获得了朝廷许可，每年派六艘船到巴西采集巴西木。1504年，他还带回了一些鹦鹉。我们也听说有猴子被送回里斯本。诺罗尼亚已经了解了大西洋东部，通过圣多美和埃尔米纳从事黄金和奴隶贸易，因此他是将非洲、欧洲和南美洲这三大洲联系在一起的先驱。在他第一次前往巴西的旅程中，诺罗尼亚发现了一个美丽的近海岛屿，这个岛至今仍然以他的名字命名。

曼努埃尔一世国王也想知道已发现土地的更多情况。很明显，卡布拉尔关于"圣十字之地"只是一个相当大的岛的假设，与韦斯普奇和其他人发回来的消息不符：海岸线绵延不绝。因此，韦斯普奇被命令每年探索 300 里格（leagues）① 的海岸线。而葡萄牙人决定在巴西建造一座小型要塞，那里要向王室缴纳的赋税逐年增加，第一年免税，第三年要缴纳四分之一的税。1503—1504 年，葡萄牙人在靠近现代里约热内卢的卡布弗里乌（Cabo Frio）建造了这样一座要塞兼贸易站，它位于卡布拉尔到访过的地区的南面。这个要塞兼贸易站有 24 名工作人员。[36]这些船很快就每年运回约 3 万根原木（约 750 吨）。船上经常载有黑奴和其他劳工，他们的任务是修剪和切割巴西木。因此，巴西与非洲的联系可以追溯到巴西本身的起源。在这方面，对非洲奴隶贸易很有兴趣的诺罗尼亚发挥了关键作用。图皮族的印第安人也愿意帮忙。为了换取小镜子、梳子和剪刀等普通物品，他们很乐意把原木装到葡萄牙人的船上。[37]巴西奴隶的小规模贸易同样得到了发展，奴隶的来源是图皮族的战俘。他们原本的命运是被隆重地杀死，并在食人族的宴会上被吃掉。他们对逃离烹饪锅却沦为奴隶有何想法，我们不得而知。[38]

1511 年 2 月，一艘名为"贝托阿号"（Bertoa）的船出发前往位于巴西卡布弗里乌的贸易站，在那里待了两个月才返回，于同年 10 月到达里斯本。幸运的是，一份列出船上物品的舱单保存至今。

① 里格是一个古老的长度单位，在英语世界通常定义为 3 英里（约 4.828 公里，适用于陆地上，即大约等同一个人步行一小时的距离），或定义为 3 海里（约 5.556 公里，适用于海上）。

对这次航行的记述表明，前往南美的旅行已经成为常规操作："贝托阿号"从加那利群岛出发，经几内亚海岸和亚速尔群岛返回，最大限度地利用了当时的风向。不足为奇的是，"贝托阿号"远航的主要投资者包括葡萄牙人费尔南·德·诺罗尼亚和以里斯本为基地的意大利人巴尔托洛梅奥·马尔基奥尼，尽管他们没有随船出海。不过，马尔基奥尼的一个仆人和一个黑奴随船往返。葡萄牙王室对这次在王家许可下进行的远航有浓厚的兴趣，这意味着，与同时代前往埃尔米纳的航行一样，去南美的航行的每个阶段都得到严格的管理和记录。指示非常明确：每一寸可用的空间都要装满巴西木的原木，这似乎没有给要带回来的奴隶、野猫和鹦鹉留下什么空间，但他们还是被带回来了。最后，"贝托阿号"装载了 5008 根原木和 36 个奴隶，其中一个被马尔基奥尼的仆人买下。这名仆人还带回了猫、猴子和鹦鹉（包括长尾小鹦鹉）。"贝托阿号"被命令不要在回国途中的岛屿或沿海地区逗留，而是直接前往里斯本。命令还包括不准伤害巴西土著。即便是坚持要来葡萄牙的印第安人，也绝不允许他们登船，因为如果他们死在欧洲，图皮人会认为他们被葡萄牙人吃掉了，"就像他们［图皮人］自己习惯做的那样"。亵渎神明的水手在回到里斯本后，将被铁链锁在监狱里，直到他们缴纳高额的罚款。[39]

当时，巴西是一条副线，在一定程度上受到重视，但作为利润来源，仍然无法与埃尔米纳或印度的贸易相比。不过，伐木工人来到巴西是将葡萄牙帝国的这一角落与欧洲、非洲和亚洲的土地结合起来的第一阶段。公元 1500 年后，葡萄牙在四大洲和两大洋都有利益。

※ 三

如前文所述，法国人计划前往印度洋，却抵达巴西。到 1500 年，迪耶普的触角在一个方向已经延伸到了塞维利亚，在另一个方向则延伸到了丹麦的厄勒海峡。这一时期运抵迪耶普的产品包括从葡萄牙送来的马德拉糖，诺曼底人的船甚至还涉足摩洛哥和几内亚的贸易，葡萄牙人无法将这两地完全封锁起来。戈纳维尔的远航，如果真的发生了，就是打破葡萄牙人对跨洋交通的垄断的许多尝试中的一个特别雄心勃勃的例子。诺曼底人擅长搞海盗活动，也擅长贸易。在 15 世纪 70 年代，诺曼底人利用法国国王和勃艮第公爵之间的竞争，袭击和掳掠与勃艮第治下的佛兰德做生意的船只。葡萄牙人经常认为诺曼底人是"贼"，指责他们贪得无厌并且嫉妒葡萄牙不断增长的财富。[40]与此同时，布列塔尼人作为渔民，建立了吃苦耐劳的声誉。他们有可能像布里斯托尔人一样，甚至在卡博特第一次航行之前就偶尔前往纽芬兰大浅滩寻找鳕鱼。1514 年，当博波尔（Beauport）①的僧侣对从纽芬兰运回布列塔尼的鳕鱼征税时，布列塔尼水手肯定已经到达纽芬兰。1508 年，一个叫让·奥贝尔（Jean Aubert）的诺曼底人从迪耶普出发，最远到达纽芬兰，并带回了七名米克马克印第安人，他们是法国土地上的第一批北美人。[41]

————————————————————

① 指博波尔修道院（Abbaye de Beauport），位于法国西北部布列塔尼大区阿摩尔滨海省的潘波勒（Paimpol）。潘波勒于中世纪末建城，因该地渔民擅长捕捞鳕鱼和牡蛎而闻名。

　　迪耶普的安戈（Ango）家族在法国商船队的建立过程中发挥了特别突出的作用。老让·安戈（Jean Ango the Elder）是一个相当典型的商人，他在 15 世纪 70 年代和 80 年代经营鲱鱼、大麦和其他普通产品，也做糖的生意。他的儿子，也叫让，极大地扩张了家族生意。他对海洋的兴趣是知识性的，也是商业性的，因为他似乎在地理学、水文学、数学和文学方面接受了良好的教育。他在英格兰和佛兰德的贸易为他带来了巨大的财富。1541 年他还活着，当时一份关于他的活动的报告被发给了神圣罗马皇帝，描述安戈是"极其富有的人"，并指出"由于他的贸易事务，人们称他为迪耶普子爵"。这也使安戈的船成为葡萄牙人攻击的目标：他在几内亚附近损失了一些船，但他没有什么可抱怨的，因为他闯入葡萄牙与印度的贸易或马德拉的糖贸易的方式，是对从这些地方返回的满载贵重货物的葡萄牙船发动海盗式袭击。战利品包括源自孟加拉和中国的丝绸和珠宝。在 1520—1540 年，安戈麾下的海盗至少获得了价值 100 万杜卡特的战利品。[42] 安戈被引见给法国国王，并成为国王的姐姐纳瓦拉王后玛格丽特（Marguerite of Navarre）的宠臣，她就是著名的《七日谈》（*Heptaméron*）的作者。

　　法国国王对通过大西洋西部进行亚洲香料贸易的可能性越来越感兴趣。到了 16 世纪 20 年代，弗朗索瓦一世决心从跨大西洋贸易中分一杯羹，于是支持乔瓦尼·达·韦拉扎诺（Giovanni da Verrazano）的计划。韦拉扎诺是佛罗伦萨的航海家，他也得到了让·安戈和一些意大利商人的支持（这不奇怪），即便这些意大利商人来自里昂而不是迪耶普。韦拉扎诺的出发地是欣欣向荣的诺曼底新港口勒阿弗尔

（Le Havre）。[43]今天的一座连接布鲁克林和斯塔滕岛（Staten Island）的大桥就叫韦拉扎诺大桥，以纪念这位航海家，尽管他探险的目的不是探索北美海岸，而是找到一条通往亚洲的航路："我这次航行的目的是到达中国和亚洲最东边的海岸，但我没有想到会遇到那么大的障碍，它是一片崭新的土地。"[44]他得出结论，他在 1524 年到达的大陆比欧洲或非洲更大，甚至可能比亚洲还要大。他曾希望能找到一条绕过新发现大陆的顶部的路线，即西北水道。他很可能知道麦哲伦前不久探索了美洲的最南端，那里似乎并没有一条通往印度的路线。1513年，西班牙指挥官巴尔沃亚（Balboa）站在"达连（Darien）的山峰上"，已经窥见了美洲以西的大洋（太平洋）。[45]但是，如果人们可以绕过美洲的底部，那么或许也可以绕过美洲的顶部。这个想法表明，人们已经开始不再相信"美洲是一个巨大的地峡，从亚洲伸出来"的假设。韦拉扎诺是"印度舰队的司令"（*chapitano dell'Armata per l'India*），航行前往"印度香料之乡"（*espiceryes des Indes*）。就目前来看，走这条路的想法是他自己原创的。[46]

历史学界对韦拉扎诺的看法有分歧。1875 年，亨利·墨菲（Henry Murphy）仔细研究了文献，认为韦拉扎诺对其航行的描述是根据更早的对新大陆海岸和各民族的描述捏造的。[47]在一段时间内，这似乎就是定论了，韦拉扎诺丧失了历史地位。但在 1909 年发现了一份新手抄本，证明墨菲对韦拉扎诺所讲故事进行的系统性批判失之偏颇。现在我们不能再怀疑韦拉扎诺在 1524 年的航行的真实性。然而，这并不是说他的信中包含了准确的信息。他很可能像韦斯普奇那样添油加醋，以打动他的受众，特别是如果受众包括虚荣的弗朗索瓦一世国王的话。墨菲可能并非完全错了。我们明确知道的是，韦拉扎诺于1526年第二次出航。他的四艘船的舰队分散开来，他到达巴西，在那里装载了巴西木。可是，他的一艘船进入了印度洋，显然是想去马达加斯加。结果它被风吹向苏门答腊岛，然后经过马尔代夫回到了莫桑比克，那里的葡萄牙总督扣押了这些船员，并惊恐地向里斯本报告。[48]韦拉扎诺显然已经放弃了寻找西北水道的想法，显而易见的替代方案则是打破葡萄牙对连接印度洋和大西洋的香料贸易的垄断。不过，韦拉扎诺的这次航行很难说是成功的。在1528年的第三次航行中，据说韦拉扎诺被食人族吃掉了，不过他的兄弟毫无畏惧，于次年进行了另一次非凡的航行，从勒阿弗尔到巴西，然后穿过地中海到亚历山大港，再回到勒阿弗尔。[49]韦拉扎诺兄弟都进行了漫长而雄心勃勃的航行去寻找香料。

韦拉扎诺兄弟的故事发生在16世纪。不过，他们巧妙地汲取了上一代人积累的信息，如老让·安戈的信息。安戈与哥伦布和卡博特是同一代人。韦拉扎诺兄弟与哥伦布和卡博特一样，得到了佛罗伦萨商人的支持，这些商人愿意为这些航行产生有价值回报的可能性（而且是越来越大的可能性）赌上几千个杜卡特。在哥伦布首次抵达巴哈马之后的三十年里，大西洋上出现了越来越多的商船队（数量比漫游的探险家多得多），他们的船员清楚地知道自己要去哪里，并对节令有足够的了解（这在飓风肆虐的加勒比海地区至关重要），可以安全到达目的地。虽然有人认为，在这几十年里，印度航线上大约有五分之一的船最终沉没，但这一数字并不意味着每五次航行中就有一次以灾难告终，因为受损的船会得到重新使用、修理并获得新生。许多船最终被拆解，其木材被回收利用。跨越大西洋的航线已经成为一条贸易路线。

注 释

1. Thomas More, *Utopia*, ed. G. Logan and R. Adams（Cambridge, 1989）, p. 10.

2. L. Formisano, ed., *Letters from a New World: Amerigo Vespucci's Discovery of America*（New York, 1992）, app. E, p. 128.

3. F. Fernández-Armesto, *Amerigo: The Man Who Gave His Name to America*（London, 2006）.

4.［Vespucci,］*Letters from a New World*, app. E, p. 151.

5. Ibid., ep. VI, p. 67；*Lettera di Amerigo Vespucci delle isole nouamente trouate in quattro suoi viaggi*（Florence, 1505）, f. 5v.

6.［Vespucci,］*Letters from a New World*, ep. VI, p. 68；*Lettera di Amerigo Vespucci*, f. 5v.

7.［Vespucci,］*Letters from a New World*, ep. VI, p. 69；*Lettera di Amerigo Vespucci*, f. 6r.

8.［Vespucci,］*Letters from a New World*, ep. VI, p. 69；*Lettera di Amerigo Vespucci*, f. 6r.

9.［Vespucci,］*Letters from a New World*, ep. VI, p. 71；*Lettera di Amerigo Vespucci*, f. 7r.

10. Cf.［Vespucci,］*Letters from a New World*, ep. I, p. 11.

11. Ibid. , ep. V, p. 47.

12. Ibid. , p. 45.

13. D. Abulafia, *The Discovery of Mankind*: *Atlantic Encounters in the Age of Columbus* (New Haven, 2008), pp. 287 - 92; D. MacCulloch, *A History of Christianity* (London, 2009), p. 783.

14. G. Eatough, ed. , *Selections from Peter Martyr* (Turnhout, 1998), section 1: 9: 8.

15. W. Phillips, ed. , *Testimonies from the Columbian Lawsuits* (Turnhout, 2000), section 13: 4.

16. L. Vigneras, *The Discovery of South America and the Andalusian Voyages* (Chicago, 1976), p. 124.

17. Ibid. , pp. 103-4.

18. R. Fuson, *Juan Ponce de León and the Spanish Discovery of Puerto Rico and Florida* (Blacksburg, Va. , 2000); D. Peck, *Ponce de León and the Discovery of Florida: The Man, the Myth and the Truth* (Florida, 1995).

19. J. Milanich, *Florida's Indians from Ancient Times to the Present* (Gainesville, 1998); J. Milanich, *Florida Indians and the Invasion from Europe* (Gainesville, 1995).

20. D. Keith, J. Duff, S. James, et al. , ' The Molasses Reef Wreck, Turks and Caicos Islands, B. W. I. : A Preliminary Report ', *International Journal of Nautical Archaeology and Underwater Exploration*, vol. 13 (1984), pp. 45 - 63; D. Keith, ' The Molasses Reef Wreck ', in *Heritage at Risk, Special Edition - Underwater Cultural Heritage at Risk: Managing Natural and Human Impacts*, ed. R. Grenier, D. Nutley and I. Cochran (International Council on Monuments and Sites, Paris, April 2006), pp. 82-4.

21. P. Chaunu, *Séville et l'Amérique aux XVIe et XVIIe siècles* (Paris, 1977), pp. 75-6.

22. T. Floyd, *The Columbus Dynasty in the Caribbean 1492 - 1526* (Albuquerque, 1973).

23. A. Devereux, *Juan Ponce de León, King Ferdinand and the Fountain of Youth* (Spartanburg, 1993).

24. T. Lester, *The Fourth Part of the World: The Epic Story of History's Greatest Map* (London, 2009).

25. "新大陆"、"圣十字之地"、"巴西",以及"新发现的美洲",见雅盖隆大学（克拉科夫）的收藏；还可参见 S. Missinne, *The Da Vinci Globe* (Newcastle upon Tyne, 2018) 的主张。

26. J. Williamson, *The Voyages of John and Sebastian Cabot* (London, 1937), pp. 17-18.

27. 对戈纳维尔的叙述持高度怀疑态度的观点，见 J. L. de Pontharouart, *Paulmier de Gonneville: Son voyage imaginaire* (Beauval-en-Caux, 2000), and the *Australian Journal of French Studies*, vol. 50 (2013), special issue edited by M. Sankey: M. Sankey, 'The Abbé Jean Paulmier and French Missions in the *Terres Australes*', pp. 3-15; J. Truchot, 'Dans le miroir d'un cacique normand', pp. 16-34; J. Leblond, 'L'Abbé Paulmier descendant d'un étranger des *Terres australes* ?', pp. 35-49; J. Letrouit, 'Paulmier faussaire', pp. 50-74; W. Jennings, 'Gonneville's *Terra Australis*: Too Good to be True?', pp. 75-86; M. Sankey, 'L'Abbé Paulmier and the Rights of Man', pp. 87-99。

28. Paulmier de Gonneville, *Relation authentique du voyage du Capitaine de Gonneville ès nouvelles terres des Indes*, ed. M. d'Avézac (Paris, 1869), pp. 88-91。其他版本见: L. Perrone-Moisés, ed., *Vinte Luas: Viagem de Paulmier de Gonneville*

ao Brasil: *1503-1505* (São Paulo, 1992); *Le Voyage de Gonneville(1501-1505) et la découverte de la Normandie par les Indiens du Brésil* (Paris, 1995); I. Mendes dos Santos, *La Découverte du Brésil* (Paris, 2000), pp. 121-42。

29. Gonneville, *Relation authentique*, p. 88.

30. B. Diffie and G. Winius, *Europe and the World in an Age of Expansion*, vol. 1: *Foundations of the Portuguese Empire 1415-1580* (Minneapolis, 1977), p. 449.

31. M. Mollat, *Le Commerce maritime normand à la fin du Moyen Âge: Étude d'histoire économique et sociale* (Paris, 1952).

32. P. Whitfield, *The Charting of the Oceans: Ten Centuries of Maritime Maps* (London, 1996), pp. 54-8.

33. Gonneville, *Relation authentique*, pp. 93, 95.

34. Ibid. , pp. 99-102.

35. Ibid. , pp. 105-6, 109.

36. Dos Santos, *Découverte du Brésil*, p. 28.

37. Ibid. , pp. 147-8.

38. Ibid. , p. 29.

39. Ibid. , pp. 143-59.

40. Mollat, *Commerce maritime normand*, pp. 120-21, 195, 215-21.

41. H. Touchard, *Le Commerce maritime breton à la fin du Moyen Âge* (Paris, 1967), pp. 288-9; L. Wroth, *The Voyages of Giovanni da Verrazzano* (New Haven, 1970), pp. 8-9, 25-7.

42. Mollat, *Commerce maritime normand*, pp. 498-507.

43. Ibid. , p. 501; Wroth, *Voyages of Giovanni da Verrazzano*, pp. 10 - 11, 57-64.

44. Cited by G. Masini and I. Gori, *How Florence Invented America: Vespucci,*

Verrazzano, and Mazzei and Their Contribution to the Conception of the New World (New York, 1998), p. 101.

45. Wroth, *Voyages of Giovanni da Verrazzano*, pp. 14-16, 28-9.

46. M. Mollat du Jourdin and J. Habert, *Giovanni et Girolamo Verrazano, navigateurs de François Ier: Dossiers de voyages* (Paris, 1982), pp. ix-x, 53, 66-7, 99.

47. H. Murphy, *The Voyage of Verrazzano: A Chapter in the Early History of Maritime Discovery in America* (New York, 1875).

48. Wroth, *Voyages of Giovanni da Verrazzano*, p. 228.

49. Ibid. , pp. 255-62; Mollat du Jourdin and Habert, *Giovanni et Girolamo Verrazano*, pp. 117, 122-3.

第三十一章

诸大洋的连接

※ 一

然后是第三个大洋。第一个看到它并意识到新大陆与日本和中国之间有另一片水域的人,是巴斯科·努涅斯·德·巴尔沃亚（Vasco Núñez de Balboa）。他是一个西班牙征服者,1513 年曾试图在巴拿马海岸建立西班牙定居点。约翰·济慈用下面的诗句纪念了他的发现（不过搞错了名字）：

> 或者像壮汉科尔特斯,用一双鹰眼
> 凝视着太平洋,而他的全体伙伴们
> 都面面相觑,带着狂热的臆想——
> 站在达连的山峰上,屏息凝神。[1]1

---

① 译文借用〔英〕约翰·济慈《初读恰普曼译荷马史诗》,载《夜莺与古瓮：济慈诗歌精粹》,屠岸译,北京：人民文学出版社,2008,第43—44页。

在得知站在那座山峰上的人是巴尔沃亚而不是科尔特斯（Cortés）之后，济慈仍然保留了科尔特斯的名字，以免毁掉诗歌的韵律。不过，墨西哥征服者科尔特斯在这个故事里确实有自己的角色：此时，他是古巴总督的秘书。西班牙人在 1511 年入侵古巴，而且，随着前往中美洲海岸的航行越来越频繁，内陆某地有一个盛产黄金的文明的消息开始传播。²庞塞·德·莱昂发现佛罗里达，也表明北方的广袤大陆与南方的广袤大陆之间可能有陆路连接。

如果没有穿越中美洲的路线，那么有三个选择。如果亚洲和北美洲没有像欧洲人通常认为的那样连接在一起，那么在美洲顶部或许有一条可通行的冰冷的西北水道。这个想法促使塞巴斯蒂安·卡博特尝试跟进他父亲的发现。1845 年，当约翰·富兰克林爵士（Sir John Franklin）率领他那命途多舛的探险队进入加拿大北部的浮冰区时，欧洲人仍然在寻找西北水道。³16 世纪中叶的英格兰探险家想到了另一条北极路线，他们想知道，从俄罗斯的顶部一直到中国的东北水道是否可行。⁴对于这两种想法，或者说是幻想，我们将在另一章探讨。但还有第三种可能性，它是基于韦斯普奇对南美洲漫长海岸线的观察（有的观察是准确的，有的则不然）。14 世纪和 15 世纪的加泰罗尼亚和葡萄牙探险家想象一条水道或河流可能直接穿过非洲，而西班牙探险家当时希望有一条更直接的路线通往香料群岛，而不是绕过南部非洲、在敌方控制的水域长途跋涉（后文会探讨，在那些水域，奥斯曼海军与葡萄牙稀少而分散的舰队争夺控制权）。绕过南美洲的航线可以为西班牙提供主导香料贸易的机会，即把香料从印度向东带到美洲，然后再带到欧洲。

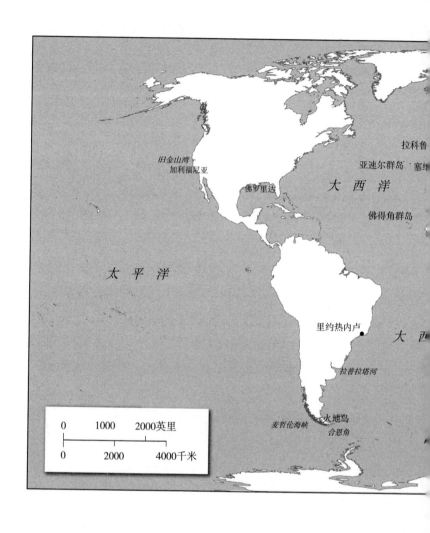

拉科鲁

旧金山湾
加利福尼亚

亚速尔群岛 塞纳

佛罗里达

大 西 洋

佛得角群岛

太 平 洋

里约热内卢

大 西

拉普拉塔河

火地岛
麦哲伦海峡
合恩角

| 0 | 1000 | 2000英里 |
| 0 | 2000 | 4000千米 |

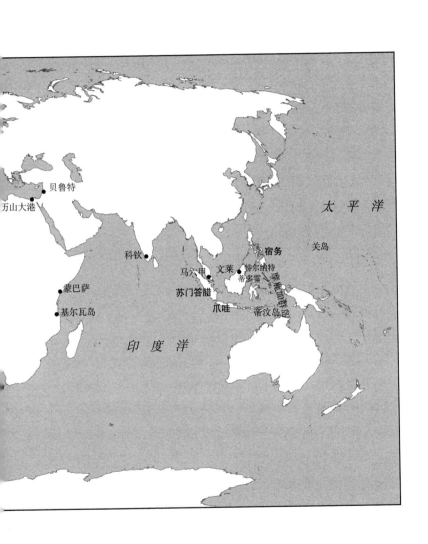

太平洋

印度洋

贝鲁特

万山大港

科钦

蒙巴萨

基尔瓦岛

马六甲 文莱

苏门答腊

爪哇

宿务

特尔纳特

蒂多雷

帝汶岛

关岛

阿拉贡国王斐迪南在他生命的最后时刻，对如何挑战葡萄牙在大洋香料贸易中的主导地位提出了几个想法。使用"大洋"这个修饰语是有道理的，因为尽管奥斯曼土耳其人对埃及和叙利亚的征服增加了欧洲人去亚历山大港和贝鲁特购买香料的风险，但此时在地中海东部仍有香料可供购买。1512年，斐迪南支持一项计划，即效仿葡萄牙人，派船绕过好望角；目标是摩鹿加群岛，"它位于我们的势力范围内"，最终目的地是中国。然而，该计划在印度洋对葡萄牙人的挑战过于明显，所以从未实现。三年后，斐迪南委托同一位指挥官胡安·德·索利斯（Juan de Solís）领导一次向西的航行，希望找到一条绕过南美洲底部或穿过南美洲中部的航路。索利斯在1516年发现了拉普拉塔河（River Plate），并认为这是一片淡水海，可以把他带到香料群岛。后来，索利斯与印第安人发生争执并被杀害，他的船队的幸存者返回了西班牙。[5]

※ 二

当费尔南·麦哲伦向西班牙朝廷提出通过西南航道到达香料群岛的建议时，与索利斯英雄所见略同的想法激励着他。麦哲伦是葡萄牙的一名小贵族。他对印度洋水域也有亲身体验，于1505年在葡萄牙指挥官弗朗西斯科·德·阿尔梅达的领导下出海前往印度，去过蒙巴萨（当地的统治者被葡萄牙人粗暴地废黜）、基尔瓦（被葡萄牙人洗劫）和科钦（在那里，麦哲伦看到东方的香料被装上船）。1507年，麦哲伦再次出海，显然在印度洋待了几年。他所在的舰队到访马六甲，葡萄牙在 1511 年占领了该地。他得到了一个苏门答腊仆人，以"恩里克"（Enrique）的名字为其洗礼，并在 1512 年前后将其带回欧洲。[6] 麦哲伦的同伴之一是弗朗西斯科·塞朗（Francisco Serrão），他是一名葡萄牙军官，在与土著敌对势力的交战中名声大噪。

在香料群岛的诱惑下，塞朗向东航行，到达摩鹿加群岛，发现岛上肉豆蔻的丰富程度几乎令人难以置信。摩鹿加群岛位于香料群岛的东端，在新几内亚以西、爪哇岛东端的东北方和菲律宾以南。即使按照东印度群岛古代贸易路线的标准来看，摩鹿加群岛也很偏远。然而，偏远并没有削弱它的名气。恰恰相反，摩鹿加群岛被视为所有香料岛屿中最令人向往的地方。在经历了一系列冒险之后，塞朗失去了他的船，接管了一艘追击他的海盗船，解决了摩鹿加的特尔纳特（Ternate）苏丹和蒂多雷（Tidore）苏丹之间的激烈争端，这两位苏丹都是穆斯林。特尔纳特苏丹对塞朗的印象很好，于是任命这个葡萄牙基督徒为他的维齐尔①。塞朗从马六甲给麦哲伦写信，介绍了他在特尔纳特苏丹宫廷的奢华生活，并描述了他现在生活的满是珍贵香料的繁盛国度："我在这里发现了一个比瓦斯科·达·伽马的世界更繁荣、更伟大的新世界。"[7] 印度与葡萄牙之间的海路距离已经很远，马六甲就更远了。葡萄牙人到达摩鹿加群岛，意味着他们已经绕了地球半圈。塞朗很可能是第一个抵达摩鹿加群岛的欧

----

① 维齐尔最初是阿拉伯帝国阿拔斯王朝哈里发的首席大臣或代表，后来指各伊斯兰国家的高级行政官员。

洲人，而他的非凡事迹很少得到关注，这是地理大发现时代的诸多讽刺之一［意大利旅行家卢多维科·迪·瓦尔泰马（Ludovico di Varthema）也有可能是最早抵达摩鹿加群岛的欧洲人。他于 1503—1508 年在亚洲广泛旅行，声称看到丁香生长在一个他称之为莫诺克（Monoch）的地方，那里可能是摩鹿加群岛的岛屿之一］。[8] 塞朗证明了，控制马六甲固然很好，可马六甲本身只是来自更遥远东方的香料的主要转运点；而且，虽然南印度的胡椒是极好的商品，但香料群岛的丁香、肉桂和樟脑可以在其原产地获得，无须去马六甲。此时，葡萄牙人仍然依靠中间商在马六甲购买香料。只有直接到达香料群岛，所有那些寻找香料来源地的努力才算真正成功。

因此，麦哲伦从个人经验和他朋友热情洋溢的信中，对他试图到达的土地有了很多了解；而且，瓦尔泰马的游记已经在 1510 年出版。不过，尽管麦哲伦经验丰富，但他在葡萄牙宫廷不受欢迎，因为他被指控与北非的摩尔人进行非法贸易；并且曼努埃尔一世国王决心深入印度洋，从而推进已经取得的成果。[9] 葡萄牙人于 1511 年攻占马六甲，似乎确保了他们能够借助印度洋航海家在过去几个世纪里遵循的传统路线来获取香料群岛的产品。对葡萄牙人来说，没有必要去寻找一条从葡萄牙向西的路线，特别是因为这样的探险会耗费宝贵的资源，而葡萄牙人需要资源来维持供应线的畅通，该供应线要经过几内亚、非洲南部和葡萄牙贸易站所在的印度港口。[10]

因此，对麦哲伦来说，向卡斯蒂利亚的新国王根特的查理① 推

---

① 即后来的神圣罗马皇帝和西班牙国王查理五世。

销这一计划，比向曼努埃尔一世国王推销要容易一些。我们要清楚地认识到，尽管麦哲伦有那么多非凡的成就，但他从来没有想过要环游地球。[11]他远航的目的是到达东印度群岛，在船上装满香料，然后原路返回。他与哥伦布共同的根本性错误是，严重低估了从欧洲向西航行到亚洲的距离。此外，麦哲伦是在菲律宾的东经 124 度处遇难的，并没有进入印度洋（不过，在其生涯早期，他曾向东航行到东经 128 度，因此他是在不同的旅程中环游世界的）。[12]真正从塞维利亚出发并返回塞维利亚的船长是巴斯克人胡安·塞巴斯蒂安·埃尔卡诺（Juan Sebastian Elcano），他在麦哲伦被杀后负责指挥探险队，并设法驾驶着一艘漏水且腐烂的船穿过印度洋和大西洋返回西班牙，一共穿越了四个大洋，因为他两次航行穿过大西洋。麦哲伦也没能开辟一条连接西班牙和菲律宾的固定航线。如后文所述，如何到达菲律宾这一问题的解决方案与麦哲伦的构想完全不同。虽然有这些保留意见，但我们仍然承认，1519—1522 年麦哲伦与埃尔卡诺的航行是地理大发现时代最雄心勃勃和令人印象深刻的航海壮举。然而，就像哥伦布一样，计划的内容和最终实现的结果是完全不同的。

　　麦哲伦远航的基础肯定是卡斯蒂利亚国王和葡萄牙国王之间由教宗调解达成的协议。不过，我们也可以看到过去的协议在细节层面上的影响：正如哥伦布的情况一样，麦哲伦和一位名叫法莱罗（Faleiro）的制图师将享有对他们发现的土地的贸易垄断权，但卡斯蒂利亚朝廷已经从先前的错误中吸取了一点教训，所以这种垄断权被限定为十年，以免发生纠纷（比如哥伦布的继承人仍在坚持进行的无穷无尽的诉讼）。麦哲伦和法莱罗还获得了丰厚的税收优惠（首次航行的利润的20%），以及他们为西班牙获得的新土地的世袭总督职位，然而要始终牢记不得干涉葡萄牙统治下的土地。这才是真正麻烦的问题。麦哲伦和法莱罗成功地说服了查理国王，摩鹿加群岛属于西班牙的势力范围，前提是可以将托尔德西利亚斯线穿过南北两极并环绕世界，但葡萄牙朝廷不可能接受这一点。法莱罗被描述为"疯子"，"一个绝顶聪明但精神错乱的人"。在他的鼓励下，麦哲伦低估了太平洋的宽度，就像哥伦布低估了从西班牙到日本和中国的距离。[13]

※ 三

查理国王同意派五艘船在麦哲伦的指挥下寻找通往亚洲的航道。1519年，当他们从塞维利亚出发时，船上有260名身份背景各异的船员，包括40名巴斯克水手，其中有后来的指挥官埃尔卡诺，还有葡萄牙人、非洲黑人、德意志人、法国人、佛兰德人、爱尔兰人、意大利人和希腊人，以及一个英格兰人（布里斯托尔的安德鲁，他是主炮手），再加上麦哲伦的苏门答腊仆人恩里克。[14]这些船员五花八门的身份提醒我们，发现之旅不仅是葡萄牙人、卡斯蒂利亚人和偶尔出现的意大利人的工作，也有其他国家的人参与其中。麦哲伦的船上有一个意大利人：来自维琴察（Vicenza）的贵族安东尼奥·皮加费塔（Antonio Pigafetta）报名成为乘客。他是继维斯普奇和瓦尔泰马之后，又一个愿意冒着生命危险去看世界未知部分的好奇的意大利人。皮加费塔记录了整个航行，他的作品至今仍然是麦哲伦远航的主要史料。[15]皮加费塔是麦哲伦的忠实崇拜者，所以他的记录有倾向性。他在航行中幸存下来，在埃尔卡诺的指挥下继续向西航行。他非常不喜欢埃尔卡诺，在叙述中甚至从未提及后者的名字。

　　麦哲伦面临的挑战不仅是控制住对他抱有敌意的船员（除了皮加费塔），也不仅是找到一条通往印度的未知航道；他还需要在航行中避开自己的同胞，因为葡萄牙的巡逻队正在搜寻西班牙人和其他外来闯入者。尽管曼努埃尔一世国王从未相信过麦哲伦的计划，但麦哲伦为西班牙服务并远航的消息还是激怒了葡萄牙朝廷。麦哲伦横跨大西洋的旅程遵循一条奇特的路线，在令人担忧的无风水域紧贴几内亚海岸航行，然后又在 11 月的风暴中颠簸，试图到达南美洲。麦哲伦沿着非洲海岸的非正统路线激怒了他属下的西班牙军官，他们原本以为会从西班牙控制的特内里费岛出发前往新大陆。他们和麦哲伦之间缺乏信任是一个贯穿全程的问题，而卡斯蒂利亚人对葡萄牙邻居的一贯厌恶让这个问题雪上加霜。1519 年 12 月，这支小舰队安全抵达里约热内卢附近，此时南半球正值盛夏，这让人感到有些欣慰。然而，当拉普拉塔河的河口被决定性地证明不能提供一条穿越南美洲到亚洲的路线时，大家又开始对麦哲伦的能力表示怀疑。1520 年 2 月，舰队从拉普拉塔河的河口向南航行，遇到了夏末的风暴。他们走得越慢，食物耗尽的危险就越大。船员们的口粮濒临告罄。军官们要求麦哲伦告诉他们，他计划走什么样的路线。只能盲目服从命令而不知道麦哲伦做出决定的原因和理由，这种挫折感进一步削弱了大家对麦哲伦能力的信任。

所有这些都导致了水手的哗变，其中埃尔卡诺被判处死刑，不过后来他获得赦免，甚至得到晋升。[16]麦哲伦非常清楚，他不可能把自己的 40 名船员作为哗变者处死。主要的惩罚是象征性的。"维多利亚号"（*Victoria*）的叛变船长已经在麦哲伦的支持者和哗变者的战斗中死亡。他的尸体被倒挂在桁端，以儆效尤。这次叛乱给了麦哲伦任命葡萄牙军官指挥船只的借口，其中一个人，若昂·塞朗（João Serrão），是他的老朋友弗朗西斯科·塞朗的兄弟或堂兄弟。如前文所述，弗朗西斯科·塞朗成了特尔纳特苏丹的维齐尔。麦哲伦决心在到达香料群岛后见一见弗朗西斯科。与此同时，皮加费塔对水手们在南下过程中遇到的巴塔哥尼亚（Patagonia）"巨人"非常着迷。能够在如此寒冷的气候中几乎赤身裸体地生活，只是他们的显著特点之一。又高又瘦的巴塔哥尼亚人已经很好地适应了寒冷，因为他们的体表面积实际上比更北边的更矮但相对肥胖之人的要小。他们愿意吃在船上发现的老鼠（而且未剥皮），这让探险家们感到惊讶和相当厌恶。[17]

不过，最大的挑战发生在麦哲伦舰队到达一道海峡时。他正确地判断这是一条绕过南美洲南端的通道，后来它被称为麦哲伦海峡。皮加费塔声称，麦哲伦早就对这道海峡了如指掌，因为他在葡萄牙国王的宝库中看到了一张由"波希米亚的马丁"制作的航海图。这一定指的是马丁·倍海姆，他于 1492 年前后制作的地球仪今天保存在纽伦堡，但没有显示美洲的任何部分。倍海姆于 1507 年在里斯本去世，所以麦哲伦完全可能见过他。然而，一个 1515

年的德意志地球仪确实带有推测性质地展示了南美洲和一片广袤南方大陆之间的水道。这个地球仪是由约翰内斯·舍纳（Johannes Schöner）制作的，他和倍海姆一样，是纽伦堡人。舍纳的地球仪还包括一条介于北美和南美之间的水道，并将日本置于美洲以西仅几度的地方。[18]麦哲伦没有认识到，他南面的那片土地只是一个中型岛（后来被称为火地岛，因为他看到那里有火，可能是巴塔哥尼亚居民点燃的），其最南端是一个大海角，即合恩角。在他看来，这似乎是另一块巨大的陆地。这种想法一直存在，以至于著名制图师墨卡托（Mercator）1538 年绘制的第一张世界地图将麦哲伦海峡标记为两块大陆之间的水道，其中一块大陆，即"南方大陆"（*Terra Australis*），覆盖了整个世界的南端，就像一个巨大的放大版的南极洲。[19]

在惊涛骇浪中航行，穿过通往不同方向的水道，并不断受到所谓威利瓦飑（williwaw winds）的冲击（这些强劲的冷风不知道是从哪里吹出来的），麦哲伦既需要直觉，也需要运气。他的一位船长决定返回西班牙。"圣安东尼奥号"的逃跑使他的舰船数量减少到三艘，因为之前有一艘在探索南美海岸时失事了。到 1520 年 11 月底，他已经进入了一片新的大洋。皮加费塔写道："在这三个月零二十天里，我们在一个海湾里航行了四千里格，穿越了太平洋，这个名字很恰当，因为在此期间我们没有遇到风暴。"[20]后来的航海家的经历使"太平洋"这个名字显得很荒唐，但所有大洋中最大的那个终于有了欧洲名字，而且更重要的是，人们清楚地看到这个大洋是多么巨大：麦哲伦于 1520 年 11 月 28 日离开火地岛，在 1521 年

3 月 6 日才抵达关岛。这是麦哲伦在太平洋第一次真正意义上的登陆，因为奇怪的是，他的三艘船在前往大家望眼欲穿的摩鹿加群岛时，并没有遇到波利尼西亚和密克罗尼西亚的岛屿和诸民族。并且，在抵达关岛之前，他们似乎也没有遇到任何太平洋岛民，这些岛民乘坐的是绚丽的、配有舷外浮材的船。这足以证明太平洋的浩瀚，然而也表明，习惯于大西洋水域（与太平洋迥然不同）的欧洲航海家的陆地观察技能与波利尼西亚人的技能有很大的不同，波利尼西亚人可以毫不费力地在太平洋上找到哪怕是很小的陆地。

麦哲伦的船员在穿越太平洋时面临的真正困难不是恶劣的天气，而是缺乏新鲜食物，所以水手们只能以老鼠肉和泡过水的牛皮为食，不管什么东西，只要能吃就行。坏血病使这些漫长的航行成为死亡陷阱，这不仅是因为坏血病对人的皮肤、骨骼和血管有巨大影响（这些组织都会崩溃），而且因为它的另一种副作用：坏血病患者的牙龈严重肿胀，无法进食。在穿越太平洋期间，有 31 人死于坏血病或其他疾病，包括一个巴塔哥尼亚巨人和一个巴西印第安人。当船最后到达陆地时，土著岛民蜂拥上船，抢劫船只，最后被击退。患病的水手要求得到在这次交战中死亡的岛民的内脏，他们相信吃了这些内脏，"会立即痊愈"。真正的救星就在眼前：当船员们开始吃新鲜水果和蔬菜时，牙龈的肿胀就消退了。此外，船上的军官由于饮食比较奢侈，基本上逃过了坏血病，因此，皮加费塔"一直都很健康"，他观察了坏血病的影响但自己没有染病："感谢上帝的恩典，我没有生病"，他一直到返回西班牙都很健康。[21] 1746—1795 年，人们经过试错，发现柠檬或青柠可以防治坏血病，于是英国皇家海军开始在水手的饮食中加入柠檬或青柠。直到 20 世纪初科学界确定了抗坏血酸（维生素 C）的作用，才解释了青柠为何如此有效。[22]

※ 四

当麦哲伦到达太平洋西部的岛屿时，他发现那里的文化和社会结构与他在巴塔哥尼亚看到的截然不同。诚然，他到达的第一批岛屿（关岛周边）的社会不使用金属，人们几乎赤身裸体地走来走去。岛民在西班牙船只上肆意妄为，抢走了他们能带走的一切，所以麦哲伦的手下把这个地方称为"盗贼之岛"。皮加费塔说，这里的岛民认为自己是世界上仅有的人类；但皮加费塔承认，他依靠手语与岛民交流，而岛民表达的意思无疑是，他们不相信巨大木船上那些蓬头垢面的欧洲水手与他们是同一类生物。这些岛民是海洋民族，他们的船装饰着棕榈叶制成的帆和舷外浮材，"就像海豚一样在波浪间跳跃"。[23]

不过，麦哲伦的船渐渐驶过了拥有大量的鸡、棕榈酒、椰子和甜橙的岛屿。甜橙是一种新奇的东西，因为此时西方人知道的橙子只有阿拉伯人引入西班牙的苦涩的塞维利亚橙。这些岛上甚至还有一些黄金，被用来装饰岛民的匕首。1521 年 3 月和 4 月，随着麦哲伦的船深入菲律宾岛链，他们在当地王公中找到了新的朋友。麦哲伦的苏门答腊仆人恩里克能够用马来语与其中一位王公交谈，并传情达意，这非常有帮助。王公向麦哲伦赠送了装满大米的瓷罐，而且提供了黄金和生姜作为礼物。麦哲伦送给王公一件红黄相间的长袍，"是按照土耳其的风格制作的"。王公为麦哲伦的军官们组织了一次招待会，皮加费塔不得不在耶稣受难日吃肉，"因为非这样不可"。然而，发现这些岛屿的统治者是"多神教徒"而不是"摩尔人"，也是一种安慰。比与王公共进晚餐更奢侈的是有机会睡在用芦苇席做成的柔软的床上，还能享用垫子和枕头。

本着过去西班牙旗下的探险家的精神，皮加费塔记载道，这位王公的一个兄弟统治着一个邻近的岛，那里有"金矿，可以从地里挖出像核桃和鸡蛋一样大的金块"，所以王公当然要用金盘子吃饭。[24] 在这里以及他们后来到访的岛屿能看到中国的瓷器，这无疑表明他们离几十年来探险家们一直试图达到的那个富庶的帝国不远了："瓷器是一种非常洁白的陶器，被加工之前要在地下埋五十年，否则就不会有好的效果。父亲会埋下瓷器，留给儿子。如果把毒药或毒液放进一个精美的瓷罐，它会立即破裂。"[25] 这是中国港口和香料群岛之间有贸易往来的证据，但麦哲伦更愿意找到一条通往盛产丁香的摩鹿加群岛的路线；毕竟，他的舰队的名号是"摩鹿加舰队"（*Armada de Molucca*）。

目前来看，前景一片光明。但是，麦哲伦的船越是深入这个岛屿世界，这位总司令就越是意识到，他仍然很难赢得王公们的信任。宿务（Cebu）的王公希望得到贡品或税收，他向所有停靠在他海岸的船征收这些费用。在麦哲伦到达宿务的四天前，一艘中式帆船（*iunco*）从 Ciama（越南或爪哇）驶来。宿务王公把麦哲伦麾下的一名军官介绍给一个乘这艘中式帆船到达宿务的穆斯林商人，而这个商人向王公发出警示：

> 国王啊，您要小心，因为这些人就是征服了卡利卡特、马
> 六甲和整个印度的人。如果您好好接待他们，善待他们，对您
> 会有好处；但如果您不善待他们，对您就不利了。不妨看看他
> 们在卡利卡特和马六甲做了什么。[26]

幸运的是，苏门答腊裔的译员恩里克听懂了他们的话，并"告诉他
们，他的主人的国王在海上和陆地上都比葡萄牙国王更强大，并宣
称自己是西班牙国王和整个基督教世界的皇帝"，这也说得过去，
因为查理已经当选为神圣罗马皇帝，即查理五世。西班牙人一方面
做出这样的反驳，另一方面又威胁要入侵，所以西班牙的查理听起
来比葡萄牙国王曼努埃尔一世更危险。

这些威胁并没有破坏麦哲伦和王公之间日益友好的关系。如果
皮加费塔的话是可信的，那么王公向西班牙国王宣誓效忠，并参加
了数百名岛民的大规模洗礼仪式，那个爱发牢骚的摩尔商人也受洗
了。自不必说，这并没有导致宿务的基督教化。当西班牙船离开
后，宿务的居民又重拾他们的"多神教"生活方式，而对查理国王
的忠诚很容易被遗忘。不过，在审视探索之旅时，我们很容易忽视
欧洲人对传教的坚持。他们确实有传播信仰的真诚愿望。同时，这
些岛屿的王公的皈依，有助于将他们与名义上的宗主西班牙国王更
紧密地联系在一起。[27]

宿务给麦哲伦的小舰队带来了灾难。一些外围岛屿拒绝接受麦

哲伦的要求，即他们应臣服于宿务王公，而宿务王公从此成为西班牙国王的代表。换句话说，真正的问题不是西班牙国王的权威（岛民不可能关心这个问题），而是麦哲伦热心支持的盛气凌人的宿务王公的权威。1521 年 4 月，麦哲伦不顾若昂·塞朗的建议，坚持加入对这些岛屿之一的麦克坦岛（Mactan）的武装进攻。在那里，入侵者遇到了顽强的抵抗，麦哲伦丧命。[28]不久之后，宿务的王公与西班牙人反目成仇，屠杀了他邀请赴宴的 27 人，其中包括若昂·塞朗。除了知道此地有香料，西班牙人对这个世界确实所知甚少，卷入当地的争斗是一个愚蠢的错误。毕竟，麦哲伦并没有把宿务当作目的地，他仍然在寻找传说中的摩鹿加群岛。显然，是时候继续前进了，1521 年 7 月，西班牙舰队到访婆罗洲的文莱，船长们仍然决心找到一条通往摩鹿加群岛的航道。埃尔卡诺很快就成为返回欧洲的残兵败将的领袖。当时和今天一样，文莱有一个富裕的宫廷。埃尔卡诺骑上了大象，并被告知拜见王公时所需的复杂礼节。他不可以直接向王公讲话，而是应当把话告诉廷臣，廷臣告诉王公的兄弟，王公的兄弟通过传声管向王公低声传话，所以话传到王公耳边的时候有时会与原话有出入。西班牙人完全没有被庄严的觐见吓倒，而是觉得这些规则很滑稽。[29]

西班牙人随后启程前往美妙的摩鹿加群岛，并于 1521 年 11 月抵达。蒂多雷的苏丹拉贾·苏丹·曼苏尔（Rajah Sultan Mansur）告诉访客，他在很久以前做了一个奇怪的梦，预示着有船从遥远的地方来到摩鹿加群岛。他很友好，甚至提议，出于对西班牙国王的爱，将蒂多雷更名为"卡斯蒂利亚"。皮加费塔对丁香树兴致盎然，并了解了如何收获香料，还对居民如何用西米制作面包很感兴趣。西米是一种从棕榈茎中提取的淀粉类食物，是摩鹿加群岛的主食，今天在东南亚仍然深受欢迎。但是，有一个关于弗朗西斯科·塞朗的噩耗。他成为与蒂多雷敌对的特尔纳特统治者的军队指挥官，在两个苏丹国之间的冲突中，他掳走了蒂多雷的许多显赫人物作为人质。两国议和后，他访问了蒂多雷，购买丁香。然而，蒂多雷人非常恨他，给了他有毒的蒌叶咀嚼，导致他在数日后死亡。这发生在仅仅八个月前，当麦哲伦从西班牙出发时，塞朗还活着。[30]

"摩鹿加舰队"现在已经到达以马六甲为基地的葡萄牙人也在探索的水域，尽管葡萄牙人只是零星地出现在这里，其探索是非正式的。西班牙人在蒂多雷遇到了一个名叫佩德罗·阿方索·德·洛罗萨（Pedro Afonso de Lorosa）的葡萄牙商人。他是乘坐当地的船（prao）来的。和已故的塞朗一样，佩德罗·阿方索住在特尔纳特。他声称在印度待了十六年，在摩鹿加群岛待了十年。他知道有一艘"马六甲的大船"在不到一年前抵达摩鹿加群岛，由葡萄牙船长特里斯唐·德·梅内塞斯（Tristão de Meneses）指挥。梅内塞斯已经听说西班牙国王从塞维利亚派出一支舰队前往摩鹿加群岛。洛罗萨是个讨人喜欢且健谈的人，他很不善于保守秘密。他告诉西班牙人，葡萄牙国王对麦哲伦远航的消息做出了激烈的反应，派船到拉普拉塔河和好望角去拦截麦哲伦的舰队，因为国王不知道麦哲伦舰队究竟会走哪条路线。葡萄牙国王还鼓励他在印度洋的一位指挥官带着六艘全副武装的船驶向摩鹿加群岛，寻找麦哲伦。不过，当这位指挥官听说奥斯曼土耳其人正计划远征马六甲时，就转而朝西驶向阿拉伯半岛的海岸，并改为派出一支较小的船队，但它因逆风而被迫返回。佩德罗·阿方索声称，摩鹿加群岛已经效忠于葡萄牙，而一向行事隐秘的里斯本朝廷只是不想让任何人知道它在那里的成功。[31]

也许佩德罗·阿方索想象这一切会让埃尔卡诺望而却步。然而事与愿违。埃尔卡诺在一艘名为"维多利亚号"的船上装满丁香，从印度洋出发前往西班牙，船上有 47 名坚持到这个阶段的水手。不过由于他们在航行中带上了一些土著居民，所以总共有 60 人。少数水手被留在蒂多雷，以便在那里建立一个西班牙基地。另一艘适航的"特立尼达号"（Trinidad）将带着 53 名船员和近 50 吨丁香走跨太平洋路线回家，但不是通过麦哲伦海峡。他们的想法是把船送到巴拿马，然后把船上的货物通过陆路运过中美洲，进入加勒比海（假设这艘船能找到路，而且在巴拿马有人接应）。"特立尼达号"努力寻找海路，流落到日本的纬度上，然后又折返蒂多雷。不幸的是，葡萄牙的一支奉命搜寻西班牙船队的小舰队已经到过蒂多雷。葡萄牙人关闭了西班牙人在蒂多雷的贸易站，在特尔纳特设立了自己的贸易站，并找到了"特立尼达号"，扣押了它的货物。同样重要的是，葡萄牙人缴获了在"特立尼达号"上发现的海图。葡萄牙人决心对这些水域的知识保密。实际上，正是西班牙探险队将葡萄牙人引向了香料群岛的更深处。最终，一名西班牙幸存者逃脱，另外三名幸存者被送回里斯本，等待他们的是牢狱之灾；其中一名幸存者的妻子以为他已经死在海上，于是再婚了。[32]可是，正如后来的事件表明的那样，西班牙要想通过太平洋与东印度群岛保持联系，唯一的办法就是通过中美洲，而不是通过麦哲伦海峡，这个想法是正确的。

埃尔卡诺也面临着葡萄牙人的威胁。他回家的路线将直接穿过达·伽马的后继者正试图支配的水域。埃尔卡诺可能会遭遇葡萄牙人的巡逻队，不可能在沿海站点停靠以获取水和食物。不过，他的航行起初很顺利，他对帝汶岛（Timor）进行了一次卓有成效的探访，在那里可以买到上好的檀木。1522 年 2 月初至 5 月初，他从帝汶岛驶向非洲南端，向南远行，避开爪哇岛和苏门答腊岛，因为众所周知，葡萄牙人在这两地从事贸易。船上的肉已经腐烂，而他们在非洲南部只停靠在了一个没有食物的不毛之地。根据埃尔卡诺回国后写给西班牙国王的信，"离开最后一个岛后，我们只靠玉米、大米和水，维持了五个月的生计"。15 名欧洲人和 10 名香料群岛的居民在这段路上死去。更糟糕的还在后面，因为"维多利亚号"还得绕过葡萄牙在西非的基地。解决物资匮乏问题的唯一办法是在佛得角群岛的首府大里贝拉停靠。西班牙船员们告诉葡萄牙海关官员，他们在从加勒比海返回时迷路了。但是，当他们试图用丁香换取食物和奴隶（作为额外的劳动力）时，葡萄牙人识破了他们，认定这艘船一直在葡萄牙人的专属势力范围内"偷猎"。埃尔卡诺足够警觉，意识到他必须立即起航，可他仍然需要应对当时的风向。风向要求他走一条曲折的路线，经过亚速尔群岛到达伊比利亚半岛。9 月 4 日，他的瞭望员发现了圣维森特角。9 月 8 日，船体饱受虫蛀的"维多利亚号"停靠在了塞维利亚的码头。18 名欧洲人在这次旅行中幸存下来。[33]

埃尔卡诺带回了他在摩鹿加群岛和菲律宾找到的作物样品，并描述了他看到的作物及其分布情况。查理五世皇帝被打动了，给他的姑姑奥地利的玛格丽特写信说："我们的一艘船回来了，船上满载着丁香和其他各种香料的样品，如胡椒、肉桂、姜、肉豆蔻，还有檀木。此外，我还收到了四个岛的统治者递交的表示臣服的信物。"[34]埃尔卡诺也带回了比大宗货物更有价值的东西，那就是关于在香料群岛东端可以找到什么的情报。他带回的货物的实际重量约为2.08万公斤，其中二十分之一以上属于埃尔卡诺。这意味着收回了远航的成本，并有少量的利润（与埃尔卡诺的份额大致相同）。5%—6%的回报是相当少的，但很显然，如果这能成为一条稳定的海路，利润就会高得多。[35]

※ 五

如何开辟这样一条海路，仍然是个问题。葡萄牙人继续阻挠，否认太平洋西部的大片岛屿属于西班牙的势力范围。西班牙人与葡萄牙人开会商讨两国势力范围的分界线究竟在哪里，但会谈毫无建树，因为双方甚至无法就分界线在大西洋上的位置达成一致。对于应该用分布较广的佛得角群岛中的哪一个岛作为标记，双方的意见就很不一致。[36]此外，并非所有人都对埃尔卡诺作为船长的行为感到满意，大家对麦哲伦的行为更是不满，所以西班牙朝廷要对埃尔卡诺和麦哲伦开展调查。这就推迟了沿同一路线绕行南美洲的第二次探险计划的实施。埃尔卡诺对自己的生命安全感到担忧，主要是因为他知道葡萄牙人为了保住他们的垄断权不惜杀人，于是查理五世为他指派了保镖。[37]1525 年 7 月，一支新的远征队在加西亚·霍夫雷·德·洛艾萨（Garcia Jofre de Loaísa）领导下出发了。洛艾萨不懂航海，因此要依靠他的领航员埃尔卡诺。舰队由 7 艘船组成，载有 450 人，其中 4 人曾在麦哲伦麾下效力，现在又来自讨苦吃。他们被派遣到新的探险队里，是对他们的惩罚。但是，这些人已经看到了远东能提供什么东西，便热切地希望去远东发财。并且，欧洲财力最雄厚的银行家，奥格斯堡的银行世家富格尔（Fuggers）家族愿意为这次远航投资。毫无疑问，这是一次投机。富格尔家族很清楚这样的远航非常危险，因为远征队随时可能遭遇自然灾害或敌人的攻击。然而富格尔家族足够富有，可以拿 1 万杜卡特金币赌一把。西班牙人的梦想是将加利西亚的拉科鲁尼亚（A Coruña）变成新的里斯本，以拉科鲁尼亚为基地，将东印度群岛的香料运往安特卫普，再从那里运往更广阔的欧洲市场。[38]

虽然吸取了很多经验教训，但七艘船中只有四艘真正到达了麦哲伦海峡，洛艾萨本人也死了，于是埃尔卡诺再次成为舰队负责人。不过，他掌管舰队的时间只有一个星期，因为他同样没能在穿越太平洋的旅程中幸存下来，他的三个兄弟也死在了这次航行中。埃尔卡诺一直希望实现克里斯托弗·哥伦布的伟大抱负：找到通往日本的路线。埃尔卡诺的计划是先去日本，然后向南转向摩鹿加群岛。洛艾萨和埃尔卡诺所乘的船的船员到达蒂多雷，却发现葡萄牙人已经在蒂多雷附近的宿敌特尔纳特那里安营扎寨，并且在不久前洗劫了蒂多雷。另一艘西班牙船遭遇灾难，艰难地到达墨西哥，并与征服者埃尔南·科尔特斯（Hernán Cortés）取得了联系。科尔特斯不仅是这些遭遇海难的西班牙人的救命恩人，也是洛艾萨的船的救星，这艘船最终停在了蒂多雷，幸存者在那里抵抗葡萄牙人。他们没有想到，在被送回家之前，他们最终会在这些岛屿上度过十多年。

　　科尔特斯已经与西班牙朝廷就通往印度的路线做了沟通，朝廷很想让他了解洛艾萨的船出了什么事。考虑到作为香料贸易的中间人能够获得巨额利润，科尔特斯认为从墨西哥到香料群岛的路线比绕过南美洲底部的漫长路线更有意义，因为走后一条路线的船有可能在巴西附近的葡属水域被拦截。西班牙人真正想要的是运走一些丁香树，并在墨西哥重新种植，那样的话葡萄牙人绕过非洲的香料路线就变得多余了。科尔特斯向太平洋派遣了三艘船，这些船由他的亲戚萨韦德拉（Saavedra）指挥。萨韦德拉向蒂多雷进发，目的是运走洛艾萨船上的幸存者（共约 120 人）。萨韦德拉的两艘船在夏威夷岛附近沉没；第三艘船"佛罗里达号"（*Florida*）的船员到达蒂多雷，看了看那里正在发生的情况，认为那里需要营救的人太多了，于是把自己的船装满了丁香，而没有营救同胞。这种行为在当时可以算是很典型了。"佛罗里达号"试图返回墨西哥，但没有取得任何进展，被迫返回蒂多雷。几次起航的尝试都因风向不利而受挫，所有这些西班牙人在东印度群岛煎熬了多年，不情愿地成为葡萄牙人的客人。葡萄牙人不知道该如何处置他们。最终，在 1534年，这些西班牙人中的大多数被送到里斯本。当时在船上记录了整个事件经过的安德烈斯·德·乌尔达内塔（Andrés de Urdaneta）直到 1536 年才到达西班牙，我们将在后面的章节中再次谈到他。[39]

　　西班牙人渴望了解麦哲伦进入的大洋的更多情况，特别是关于他们不断扩张的美洲帝国（不仅包括墨西哥，还包括秘鲁）的太平洋沿岸。科尔特斯和新西班牙①副王门多萨（Mendoza）也热衷于赞助沿着美洲海岸线上下的航行，所以西班牙人在 1539—1542 年绘制了下加利福尼亚海岸和上加利福尼亚②海岸部分地区的地图。使上加利福尼亚向西班牙航运开放的头号功臣是胡安·罗德里格斯·卡布里略，不过，圣巴巴拉周围的丘马什印第安人仍然在阻挠西班牙人完整地了解这条海岸线。卡布里略带着三艘船出发，其中最大的是一艘名为"圣萨尔瓦多号"（San Salvador）的盖伦帆船，排水量约为 200 吨。在许多方面，卡布里略最令人印象深刻的成就是在美洲太平洋沿岸一个荒凉的河口建造了这些船，并为其他探险家建造船只。他带来了西班牙工匠，使用土著劳动力，让非洲奴隶做最辛苦的工作——把沉重的锚从大西洋海岸拖到位于危地马拉的船厂。危地马拉的最大优势是有大量的优质硬木可供使用。

　　卡布里略测试"圣萨尔瓦多号"及其船员素质的手段，是带着这艘盖伦帆船前往秘鲁做生意，他在那里以非常高的价格出售马匹。在十多年前皮萨罗（Pizarro）的征服军队到来之前，马匹在秘鲁一直不为人知，所以在卡布里略抵达秘鲁的时候，马匹仍然非常

---

　　① 新西班牙是西班牙帝国的一个副王辖区，1521 年设立，延续到 1821 年墨西哥独立；其管辖范围非常广袤，包括今天的墨西哥、美国的一部分、古巴、加拿大的一部分、危地马拉、洪都拉斯、菲律宾等国家和地区，首府为墨西哥城。

　　② 下加利福尼亚在今天是墨西哥最靠北的州，与美国的加利福尼亚州接壤。上加利福尼亚的范围包括今天美国的加利福尼亚州、内华达州、犹他州、亚利桑那州北部和怀俄明州南部。

昂贵。[40]沿着连接中美洲和秘鲁的海岸线，交通体量持续增加，因此，在西班牙人掌握了横跨太平洋的航行技术之前，他们就已经善于在太平洋的东岸航行。卡布里略的加利福尼亚之行最远到达旧金山湾以北，然而，他没有发现希望找到的东西：一条能让船横穿北美大陆的水道。它有一个名字叫亚泥俺海峡（Strait of Anían），可它并不存在。虽然他们没有找到水道，但有一个神话中的王国在诱惑他们，那就是卡拉菲亚（Calafia）女王的王国。神话里讲道，她统治着一群黑皮肤的阿玛宗人，她的王国盛产黄金，吃人的狮鹫被用来搬运沉重的货物。[41]

埃尔卡诺和“维多利亚号”已然跨越了三个大洋。有些葡萄牙人已经一路穿过了大西洋和印度洋，并深入太平洋，一直来到香料群岛的东部。但是，驾驶一艘船环游世界，仍然需要惊人的耐力、决心和毅力。所以，以消极的语气结束这一章似乎很奇怪，这不仅是因为麦哲伦、埃尔卡诺和洛艾萨在计划他们的探险时没有想到要环游世界，而且因为“维多利亚号”走的路线被证明并不真正可行。西班牙人还需要更多地思考如何将西班牙的统治权扩张到整个太平洋，以及如何利用从墨西哥到香料群岛的路线，将丝绸、香料和瓷器从远东运往美洲和欧洲。

注　释

1. John Keats, 'On First Looking into Chapman's Homer'.

2. D. Abulafia, *The Discovery of Mankind: Atlantic Encounters in the Age of Columbus* (New Haven, 2008), pp. 302-5.

3. G. Williams, ed., *The Quest for the Northwest Passage* (London, 2007); H. Dalton, *Merchants and Explorers: Roger Barlow, Sebastian Cabot, and Networks of Atlantic Exchange 1500-1560* (Oxford, 2016).

4. J. Evans, *Merchant Adventurers: The Voyage of Discovery That Transformed Tudor England* (London, 2013).

5. R. Silverberg, *The Longest Voyage: Circumnavigators in the Age of Discovery* (Athens, Oh., 1972), pp. 98-9; H. Kelsey, *The First Circumnavigators: Unsung Heroes of the Age of Discovery* (New Haven, 2016).

6. T. Joyner, *Magellan* (Camden, Me., 1992), pp. 38-49.

7. A. Pigafetta, *Magellan's Voyage: A Narrative Account of the First Circumnavigation*, ed. and transl. R. Skelton (2 vols., New Haven, 1994), vol. 1, p. 116; Joyner, *Magellan*, pp. 48-51; S. E. Morison, *The Great Explorers: The European Discovery of America* (New York, 1976), p. 553; M. Mitchell, *Elcano: The First Circumnavigator* (London, 1958), p. 69.

8. G. Badger, ed., and J. Winter Jones, transl., *The Travels of Ludovico di Varthema in Egypt, Syria, Arabia Deserta and Arabia Felix, in Persia, India, and Ethiopia, A. D. 1503 to 1508* (London, 1863), pp. lxxvii, xcii-iii, 245-6; Joyner, *Magellan*, pp. 311-12 n. 50.

9. M. Camino, *Exploring the Explorers: Spaniards in Oceania, 1519-1794* (Manchester, 2008), pp. 23-4.

10. M. Meilink-Roelofsz, *Asian Trade and European Influence in the Indonesian Archipelago between 1500 and about 1630* (The Hague, 1962), pp. 123-35.

11. 注意下面这部著作颇具误导性的书名，L. Bergreen, *Over the Edge of the*

World: Magellan's Terrifying Circumnavigation of the Globe (London, 2003)。

12. Morison, *Great Explorers*, p. 553; Kelsey, *First Circumnavigators*, pp. 25-7.

13. Silverberg, *Longest Voyage*, pp. 97, 116-17; Mitchell, *Elcano*, pp. 41-2.

14. Mitchell, *Elcano*, p. 51.

15. A. Pigafetta, *The First Voyage around the World, 1519-1522: An Account of Magellan's Expedition*, ed. T. Cachey (Toronto, 2007); Pigafetta, *Magellan's Voyage*, vol. 1, 基于耶鲁大学拜内克图书馆（Beinecke Library）收藏的法文版, 有第二卷的影印版；麦哲伦的航海日志、热那亚领航员的记述以及其他史料, 见 *The First Voyage round the World by Magellan translated from the Account of Pigafetta and Other Contemporary Letters*, ed. Lord Stanley of Alderley (London, 1874)。

16. Mitchell, *Elcano*, pp. 54-7.

17. Pigafetta, *Magellan's Voyage*, vol. 1, pp. 46-50.

18. Morison, *Great Explorers*, pp. 599-600 配有舍纳的西半球地图。

19. M. Estensen, *Discovery: The Quest for the Great South Land* (London, 1999), pp. 8-9; N. Crane, *Mercator: The Man Who Mapped the Planet* (London, 2002), pp. 97 - 100; A. Taylor, *The World of Gerard Mercator: The Mapmaker Who Revolutionized Geography* (New York, 2004), pp. 88-90.

20. Pigafetta, *Magellan's Voyage*, vol. 1, pp. 51-2, 57, 155.

21. Ibid. , pp. 57, 60, 148.

22. Bergreen, *Over the Edge of the World*, pp. 211-14, 374-5, 381.

23. Pigafetta, *Magellan's Voyage*, vol. 1, pp. 60-62.

24. Ibid. , pp. 67-9.

25. 例如, ibid. , pp. 95, 101, 103 （引文来源）。

26. Ibid. , p. 75.

27. Ibid. , pp. 79-84.

28. Ibid. , pp. 87-9; Joyner, *Magellan*, pp. 191-6; Camino, *Exploring the Explorers*, p. 25.

29. Pigafetta, *Magellan's Voyage*, vol. 1, p. 100; Mitchell, *Elcano*, p. 65.

30. Pigafetta, *Magellan's Voyage*, vol. 1, pp. 113, 116.

31. Ibid. , pp. 119-20, 169; Joyner, *Magellan*, pp. 214-15.

32. 'Genoese Pilot's Account', in Pigafetta, *First Voyage round the World*, pp. 26-9; Morison, *Great Explorers*, pp. 660-62; Camino, *Exploring the Explorers*, p. 27.

33. 1522 年 9 月 6 日埃尔卡诺写给查理五世的信, 见 Mitchell, *Elcano*, pp. 87 - 9; Pigafetta, *Magellan's Voyage*, vol. 1, pp. 146 - 7; Morison, *Great Explorers*, pp. 664-8。

34. 查理五世的信 (1522 年 10 月 31 日), 引自 Mitchell, *Elcano*, p. 106。

35. Mitchell, *Elcano*, p. 105.

36. Silverberg, *Longest Voyage*, pp. 229-30.

37. Mitchell, *Elcano*, p. 115.

38. A. Giráldez, *The Age of Trade: The Manila Galleons and the Dawn of the Global Economy* (Lanham, 2015), p. 49.

39. Ibid. ,pp. 49-50; D. Brand, 'Geographical Exploration by the Spaniards', in D. Flynn, A. Giráldez and J. Sobredo, eds. , *The Pacific World: Lands, Peoples and History of the Pacific*, vol. 4: *European Entry into the Pacific* (Aldershot, 2001), p. 17 [original edition: H. Friis, ed. , *The Pacific Basin: A History of Its Geographical Exploration* (New York, 1967), p. 121]; Camino, *Exploring the Explorers*, pp. 28 - 9; M. Mitchell, *Friar Andrés de Urdaneta, O. S. A.* (London, 1964).

40. H. Kelsey, *Juan Rodríguez Cabrillo* (2nd edn, San Marino, Calif. , 1998) , pp. 65-78; *An Account of the Voyage of Juan Rodríguez Cabrillo* (San Diego, 1999) , pp. 18-19.

41. Brand, 'Geographical Exploration', p. 25 (original edition: p. 129) ; *Account of the Voyage of Juan Rodríguez Cabrillo*, pp. 23, 29, 32; Kelsey, *Juan Rodríguez Cabrillo*, pp. 125-6; N. Lemke, *Cabrillo: First European Explorer of the California Coast* (San Luis Obispo, 1991) ; L. Gamble, *The Chumash World at European Contact: Power, Trade, and Feasting among Complex Hunter-Gatherers* (Berkeley and Los Angeles, 2008) , pp. 38-9.

第三十二章

新的大西洋

※ 一

尽管哥伦布花了很长时间才踏上美洲大陆，并且他很快在伊斯帕尼奥拉岛成为不受欢迎的人，但他的远航彻底改变了大西洋上的航行。西班牙水手们抓住机会，满怀热情地在新大陆追寻利润。伊莎贝拉女王不断警告他们不得奴役土著，至少在那些被西班牙王室宣称拥有的岛屿不得奴役土著。这样的警告恰恰提供了明确的证据，表明到 1500 年，确实越来越多地发生了奴役土著的现象。巴哈马群岛的人口在 1520 年前后完全消失（被带到伊斯帕尼奥拉岛的金矿和甘蔗种植园劳动，或者被奴隶贩子抓走），也表明奴役土著的现象很常见。即使没有人能够预测到欧洲疾病（如天花）会消灭数万甚至数十万的台诺人，后来又在美洲大陆造成了更严重的破坏，欧洲人与伊斯帕尼奥拉岛和邻近岛屿的台诺人的关系史，也让我们必须对西班牙在新大陆的政策提出严厉的控诉。哥伦布及其继任者对台诺人提出了越来越多的要求，这破坏了他们的社区：在金矿区的艰苦工作需要更多的能量，这不是他们以木薯面包为主的简单饮食能够提供的；男性与家庭分离导致出生率下降。这些因素以及其他变化，导致台诺人在哥伦布到达新大陆后的三十年内完全灭绝。多明我会修士蒙特西诺斯（Montesinos）和拉斯·卡萨斯坚持不懈的恳求，以及印第安人惨遭虐待的可怕故事（拉斯·卡萨斯说他们被当作"粪便"对待），在加勒比海地区无人理睬。最后，拉斯·卡萨斯得到了西班牙国内一些良心不安的廷臣的聆听，然而为时已晚。伊莎贝拉的外曾孙腓力二世坐上了西班牙王位，而台诺人早就销声匿迹了。[1]

今天，多米尼加共和国（占伊斯帕尼奥拉岛的大部分）居民的基因图谱揭示了这一人口崩溃的真实情况：总的来讲，现代多米尼加人有29%的南欧血统（包括0.5%的尼安德特人血统），只有3.6%的台诺人血统。多米尼加人DNA中最大的单一元素来自西非人，占近45%，还有一些来自非洲中部和南部的DNA。[2]加勒比海地区的西班牙领主失去了土著劳工，于是开始进口成千上万的西非人。通过大西洋彼岸的葡萄牙贸易站，很容易获得西非奴隶。西班牙人对来自撒哈拉以南非洲的奴隶已经非常熟悉，公元1500年前后在塞维利亚的街道上可以看到许多这样的奴隶。当时黑奴最多的欧洲城市就是塞维利亚这个大港口，它与大西洋和地中海的贸易路线都是连通的。[3]

公元1500年后，购买奴隶并强迫他们在矿场和种植园从事苦力劳动的现象变得越来越普遍。那些在横跨大西洋的旅程中幸存的奴隶，很可能是格外健壮和吃苦耐劳的，而且非洲劳动力不断流入加勒比海地区（葡萄牙人在决定开发巴西的资源之后，也大量引进非洲劳

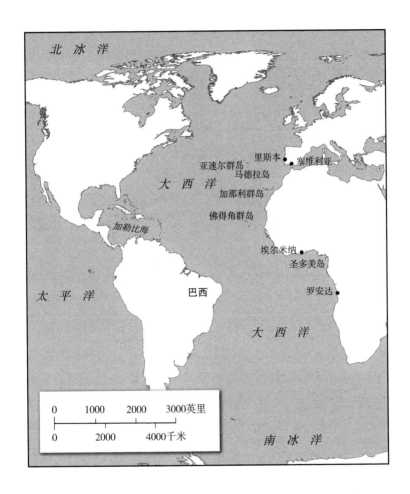

动力到巴西），这意味着非洲劳工的高死亡率不再被视为一个问题。他们可以被替换，因为劳动力的来源，即非洲战俘和西非内部冲突的其他受害者，似乎是无穷无尽的。在其生涯的大部分时间里，拉斯·卡萨斯对美洲印第安人的命运如此执迷（他有充分的理由这么做），

以至于他没有注意到非洲奴隶贸易的可怕现实。他知道，印第安人在法律上是西班牙朝廷的自由臣民，但他对那些作为奴隶来到新大陆的非洲人没有那么多的同情。那些人从来不是西班牙国王的臣民，他们在被葡萄牙人沿着贸易路线运输之前就已经丧失自由。

由于葡萄牙人在西非建立了基地，这种可耻贸易的基础设施已经到位。加纳的埃尔米纳在哥伦布到达新大陆的十年前就成为黄金和奴隶贸易的中心。葡萄牙人的非洲盟友将战俘（包括贵族战俘、农民、妇女和儿童）送到埃尔米纳和非洲西海岸的各贸易站。埃尔米纳本身的关押设施很有限，但佛得角群岛是跨大西洋奴隶贸易的完美基地，这个收集点坐落在一条通往加勒比海的常用航线的必经之地。因此，美洲的西班牙殖民者没有必要去里斯本或塞维利亚的奴隶市场购买奴隶。对非洲奴隶日益增长的需求，使得佛得角群岛的经济发生了变化。最初，许多非洲奴隶被留在佛得角群岛，殖民者希望这些奴隶能让岛上的贫瘠土壤焕发生机。这个希望落空了。从佛得角群岛到美洲的过境贸易于 1510 年正式开始。此后，岛上的奴隶被分为三类："贸易奴隶"，将被运往葡萄牙的奴隶市场，后来被越来越多地运到美洲；"劳动奴隶"，用于佛得角群岛的甘蔗种植园和其他作物的种植园；以及家奴，为佛得角定居者的家庭服务，这些家奴当然是最幸运的。考虑到其日益增长的重要性，大里贝拉（它一点也不"大"）于 1533 年被授予"城市"地位，并成为负责西非事务的葡萄牙主教的官邸所在地。即便如此，在这座小城过夜的大多数人是途经这些岛屿的商人和奴隶。即使在 16 世纪末，整个佛得角群岛可能也只有大约 1700 名定居者，而奴隶的数量大约是其六倍。[4]

伊斯帕尼奥拉岛的城镇具有不同的特点。在科尔特斯及其后继者征服美洲大陆的大片土地之前，伊斯帕尼奥拉岛就是西班牙人在美洲的终点了。哥伦布在建造新城镇的时候运气不佳。在 1492 年圣诞节用"圣马利亚号"的木材建造的拉纳维达（La Navidad）的居民遭遇了灾难。当哥伦布回到伊斯帕尼奥拉岛时，拉纳维达的所有西班牙定居者都死了，因为他们遭到了台诺酋长及其手下的攻击。一年后，以伊莎贝拉女王的名字命名的下一个定居点伊莎贝拉城在该岛北部建立，但这个地方的自然条件不卫生，而且定居者之间争吵不休。伊莎贝拉城的运气比拉纳维达的略好，这座城市维持了四年。哥伦布并没有把这座城市视为西班牙一个新省份的首府，而是仿照西非的埃尔米纳，把它看作一个贸易站（feitoria）。就像埃尔米纳的功能是将非洲内地的大量黄金输送到葡萄牙一样，伊莎贝拉城也将成为西印度群岛黄金和香料的收集点。[5]

伊莎贝拉城的定居者既要吃饭，又要做买卖，他们的人数比维持埃尔米纳生意的葡萄牙人的人数要多得多。在伊莎贝拉城的发掘表明，西班牙人在建造它的过程中考虑到了防御的需求，毕竟他们刚刚经历了拉纳维达的惨剧。伊莎贝拉城主要是用压紧的土建造的，但建造者也使用了数量有限的石头，而且一栋房子（可能是哥伦布自己的住宅）有个石头门洞。许多殖民者不得不使用与台诺人房屋类似的茅草屋。然而，西班牙人试图尽可能地自力更生：这里有一个相当大的工匠社区，不仅有泥瓦匠，还有木材和金属加工工人、制造瓦片和砖头的工匠以及造船匠。一些人住在河对岸的卫星城拉斯科雷斯（Las Coles），定居者希望这将有助于养活新的城镇，因为拉斯科雷斯的主要产业是农业和制陶业。西班牙人对台诺人的食物（木薯面包以及偶尔的鬣蜥、海牛、海螺和大型啮齿动物）不甚满意。拉斯·卡萨斯认为西班牙人一天吃的东西相当于台诺人一个月吃的东西，并补充说："想想他们四百人的消耗量吧！"印第安人对定居者的贪食感到惊奇，并怀疑他们如此饥饿是不是因为家乡的食物已经被吃完。[6]

伊莎贝拉城的西班牙人和围墙外的印第安人保持着距离。但是，在早期的伊斯帕尼奥拉岛，西班牙妇女非常少，所以混血的孩子一定很常见。不过，就当时而言，两个社区之间维持着鲜明的界线。西班牙人对台诺人的产品没有什么兴趣，也很少使用台诺人的陶器。在伊莎贝拉城遗址发现的西班牙陶器的比例实际上比在同时期的西班牙考古遗址发现的要高，因为在同时期的西班牙遗址通常会出土大量的意大利商品和其他外国商品。在伊莎贝拉城遗址发现的西班牙商品的风格是典型的西班牙南部的阿拉伯化风格，出土物包括大量的锡釉彩陶，是在伊莎贝拉城短暂的存续期间从塞维利亚及其姊妹港口运来的。[7]哥伦布试图以西班牙朝廷的名义掌控定居者与印第安人的所有贸易。在伊莎贝拉城的遗址没有出土任何黄金物品，这座城市的黄金工艺品或金块都通过殖民地迅速流向旧大陆。另外，在伊莎贝拉城发现了一百多枚西班牙钱币，主要是用低质量的银合金制成的低价值钱币，被称为 billon。真正的银币非常罕见。这些钱币不仅有来自西班牙的，还有来自热那亚、西西里、葡萄牙和其他地方的，这反映了中世纪晚期塞维利亚的贸易世界是多么多元化。[8]因此，很显然，伊莎贝拉城的居民互相之间做生意，经营一种以货币为基础的小规模经济，而与台诺人的交往很少。

※ 二

1498 年，伊斯帕尼奥拉岛的西班牙定居者越来越清楚地认识到，伊莎贝拉城永远不会繁荣起来，于是克里斯托弗·哥伦布的弟弟巴尔托洛梅奥·哥伦布（Bartholomew Columbus）做出了一个命运攸关的决定，将西班牙在伊斯帕尼奥拉岛的大本营从伊莎贝拉城搬迁到岛另一端的加勒比海岸边。为了尊重兄长，他起初把这个新首府命名为新伊莎贝拉，但它后来被称为圣多明各（Santo Domingo），这个名字一直延续到 1936 年，当时残酷无情的多米尼加独裁者特鲁希略（Trujillo）"谦逊"地把它改名为特鲁希略城。特鲁希略倒台后，它的名字又被改回圣多明各。哥伦布家族没有把新首府建设好。这座城市位于奥萨马河（River Ozama）上，奥萨马河在当时是一条宽阔的水道，为从塞维利亚来的船提供了一个说得过去的港口。然而，巴尔托洛梅奥的城市被飓风吹得粉碎，几年之内，这座城市搬迁到了河对岸一个被认为更安全的地方。[9]在那里，1502 年接替克里斯托弗·哥伦布担任西印度群岛总督的尼古拉斯·德·奥万多决定建造一座真正的西班牙城市。他和他的继任者从西班牙北部带来了石匠和木匠，以最新潮的伊比利亚风格建造恢宏的宫殿和教堂。奥万多长期以来是哥伦布的竞争对手，在奥万多抵达新大陆时，随行的水手、士兵和定居者的人数是到当时为止最多的，有超过 2000 人。[10]

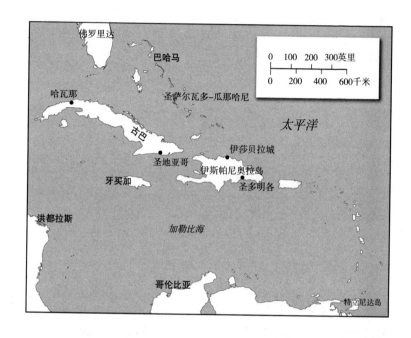

奥万多的目标不仅是建立一座葡萄牙风格的贸易站，而且是创造一座拥有宽阔街道、石制房屋，尤其是拥有永久人口的城市。圣多明各的殖民城（*Zona Colonial*）是美洲最古老、最大、保存最完好的殖民地时代建筑群。奥万多的宫殿在今天是一家豪华酒店，我们仍然可以从中感受到他对恢宏的品位。除此之外，他还建造了至少 14 座规模相当大的石制房屋。他的继任者，克里斯托弗·哥伦布的儿子迭戈·哥伦布于 1509 年上任。迭戈建造了一座特别气派的宅邸，可以饱览港口和大海的美景。这些西印度总督（后来被冠以副王头衔）非常希望将他们的首府置于新大陆的中心位置。起初，他们只能将目光投向西班牙；但随着新的探索和征服首先在

1511 年开辟了古巴，然后是墨西哥（其首都于 1520 年落入科尔特斯手中，他是圣多明各的老住户），奥万多的城市似乎即将成为整个大西洋西部贸易网络的中心。

要让圣多明各成为一个有效的中心，可谓困难重重。在早期，食品供应匮乏。西班牙定居者依赖从西班牙远道而来的进口粮食，不过这对西班牙商人来说是个好消息，因为他们需要在从西班牙港口出发的船上装满可销售的东西。小麦是富人的口粮，玉米是相对贫穷的人的食物，木薯则留给社会底层的人，底层人当然不是西班牙人。[11]朝廷官员在圣多明各就位，在那里建立了一个宏伟的总部。他们的职能是记录货物进出港口的情况，特别是从矿区运来的黄金，同时注意确保王室获得应得的那一份利润。哥伦布曾指出，黄金匮乏的地区盛产棉花。可是，欧洲没有人对新大陆的棉花非常感兴趣，因为地中海地区就有大量棉花。哥伦布也意识到了这一点，并争辩说，中国和日本的居民肯定会抢购西印度的棉花。这是一个很好的例子，说明他的脑子里经常会有幻想。[12]后来，盐成为伊斯帕尼奥拉岛北部的宝贵资产，被那些按理说无权到访西班牙土地的荷兰船运走。然而此时，黄金、黄金和更多的黄金才是西班牙人追求的东西。

到 1508 年，每年有 45 艘船来到伊斯帕尼奥拉岛，圣多明各稳固地确立了西属西印度殖民地主要停靠港的地位。一些定居者来自人脉良好的家族，如塞戈维亚（Segovia）的达维拉（Dávila）家族。圣多明各的许多石制建筑让人想起塞戈维亚的建筑，这并非巧合。[13]圣多明各吸引了塞维利亚最忙碌的两位企业家的注意，他们是热那亚裔的胡安·弗朗西斯科·德·格里马尔多（Juan Francisco de Grimaldo）和加斯帕·森图里翁（Gaspar Centurión）。1513年和1517年，他们向驶往新港口圣多明各的商人和船主提供的贷款越来越多，其中一笔贷款价值21.4万马拉维迪。诚然，起初，定居者需要的产品是比较普通和廉价的，如鹰嘴豆、醋、纸、粗布，就像人们最初定居加那利群岛或佛得角群岛时的情况一样。但是，人们完全有希望从圣多明各带回黄金。到16世纪中叶，新殖民地对奢侈品的需求开始增加，包括来自欧洲各地的精美布匹，以及越来越多的非洲奴隶，所有这些都帮助更多的热那亚家庭发了财。斐迪南国王有一项不太受欢迎的规定是对殖民地进口的欧洲商品征收7.5%的税，这些商品包括丝绸衬衫、天鹅绒帽子和西班牙精英的其他奢侈品。如果将伊莎贝拉城的出土遗迹与奥万多的圣多明各城的宏伟景象做比较，就可以看出殖民地精英的生活水准是如何开始大幅提升的。

在早期，台诺印第安人只是在河床上淘金，但到了一定阶段，大块的金子基本上被淘完了，加勒比海地区的其他土地开始看起来更有希望成为黄金的来源。在哥伦布的最后一次远航期间，他发现有证据表明中美洲某个地方的民族拥有大量黄金。西班牙人决心以新的方式改造伊斯帕尼奥拉岛的经济，并始终关注欧洲的需求：马德拉群岛、加那利群岛和圣多美已经成为糖的主要产地，伊斯帕尼奥拉岛似乎没有理由不成为类似的制糖基地。[14]伊斯帕尼奥拉岛的热带气候保障了充足的降雨量，水在蔗糖生产过程中是至关重要的。新来的非洲奴隶被认为比正在灭绝的台诺人更能适应糖厂内异常恶劣的条件：煮糖时温度高得吓人，更不用说在田里用小刀或大砍刀切割粗壮的纤维状甘蔗茎的劳动是多么繁重。然而，伊斯帕尼奥拉岛的制糖史可以说是喜忧参半。1493 年，哥伦布显然把甘蔗从加那利群岛的戈梅拉岛（La Gomera）带到了伊斯帕尼奥拉岛，不过要在尝试好几次之后，加勒比海的制糖业才开始起飞。

1503 年，伊斯帕尼奥拉岛的殖民者第一次开始认真尝试制糖。1514 年，在一个名叫贝略索（Velloso）的西班牙地主的倡议下，岛上建立了第一家正式的糖厂。这家糖厂发展缓慢，因为它发展得好不好，取决于能否找到称职的专家就糖厂所需的机器提出建议。有些专家是贝略索从加那利群岛带来的。[15]一个更重要的问题是缺乏资金，在热那亚人和韦尔泽（Welsers）家族参与之前，资金一直短缺。一家技术先进的糖厂可能需要 1.5 万杜卡特金币的投资，这远远超出了贝略索的经济能力。不过，他确实与当地富有的官员建立了伙伴关系，他的项目很快就启动了。哲罗姆会的修士也投资制糖业，到 1518 年，他们对伊斯帕尼奥拉岛政府的影响已经非常大。他们向王室请愿，要求王室投资他们宣传的黄金机遇。在王室贷款的帮助下，几十名定居者在 1520 年前后建立了一家糖厂，他们几乎没有努力去还贷。整个制糖业负债累累，欠了王室、热那亚投资者和塞维利亚商人大笔债务。[16]后来，糖厂遍布全岛，制糖业收入一度相当可观：16 世纪 80 年代，制糖业每年出口大约 1000 吨糖，可获得超过 50 万比索的利润。劳动力供应仍然是个问题，因为非洲奴隶在过度劳累和疾病的摧残下很少能活过七年。解决办法是增加进口奴隶的数量。一些最大的庄园拥有 500 名奴隶劳工，许多庄园拥有 200 名奴隶。[17]

　　加那利群岛的制糖业先驱中有些人后来去了加勒比海，在那里发展制糖业，如热那亚商人里贝罗尔（Riberol，当地人仇外心理的受害者），以及来自奥格斯堡的德意志银行世家韦尔泽家族，他们热切希望从大西洋彼岸的新发现中获利，并派遣探险队深入委内瑞拉，寻找被西班牙人称为"黄金国"的拥有大量黄金的国度。在 1526 年，韦尔泽家族银行暂时满足于在圣多明各设立一家分行，并将其交给两名德意志人管理，其中一人后来成为委内瑞拉的总督。他们不仅把圣多明各作为糖等货物的来源地，还把它作为西属西印度的首府，在这里，他们可以与副王和西班牙国王的其他代表并肩工作。[18]

　　欧洲人对西属美洲发展的参与远远不止这些，这是因为当时的西班牙国王同时也是神圣罗马帝国的统治者，即查理五世。他先是欠了德意志银行家的债，后来又欠了热那亚商人的钱。奥格斯堡的韦尔泽家族热情地参与西属美洲的建设，尽管这使他们手中的资源消耗到了极限，甚至超过了极限。从 1518 年开始的十七年间，有 1044 艘船从塞维利亚驶向圣多明各（平均每年有 61 艘），其中 93 艘为韦尔泽家族所有，一些船被用于加勒比海内的贸易，去往委内瑞拉。[19]韦尔泽家族在委内瑞拉和伊斯帕尼奥拉岛过度扩张，他们在显然无法找到黄金国并利用其巨大的财富来偿还不断增加的债务时，于 1536 年关闭了在这两个地方的分支机构。[20]

　　然后，对墨西哥和秘鲁的征服将西属西印度的重心向西拉得更远，因此到 16 世纪中叶，圣多明各虽然是政府所在地，但在贸易方面不仅输给了墨西哥，而且（如后文所示）输给了新征服的古巴。圣多明各不再是西班牙帝国在西印度的焦点，其总督们正在寻找新的办法来维持伊斯帕尼奥拉岛的地位和财富，有一个选择是进口牛并尝试经营畜牧业来获利。[21]在大西洋彼岸出售产自伊斯帕尼奥拉岛的牛皮成了一门大生意，然而，从事养牛业也意味着印第安人（反正人口已经很少了）过去那种精耕细作的农业消亡了，并导致岛民越来越依赖岛外食物（肉类除外）的供应。如果西班牙人愿意改变他们的饮食习惯，可能会有不同的结果。但是，就像英国殖民地官员在印度期望得到英国食物一样，西班牙人对加勒比海食物适应得很慢。一旦牧场建立起来，肉就成了所有白人的日常食品。有人说，在伊斯帕尼奥拉岛，一盘牛肉的价格是在西班牙的百分之一。不久之后，岛上牛的数量达到人口数量的 40 倍。由于西班牙需要的是皮革，而不是鲜肉（鲜肉很难在横渡大西洋的过程中保质，不过有些被带到船上供水手食用），所以伊斯帕尼奥拉岛的牛肉出现了过剩。1584 年，伊斯帕尼奥拉岛出口了近 5 万张牛皮，可这只是加勒比诸岛出口牛皮数量的四分之一，因为除了伊斯帕尼奥拉岛之外，各殖民地的西班牙人都对畜牧业有极大的热情。[22]

圣多明各城陷入了僵化。它宏伟的哥特式主教座堂恰好在经济开始衰退时竣工，其建筑保存至今，恰恰印证了圣多明各的衰退，而不是兴旺。其他港口正在抢占先机，如墨西哥的韦拉克鲁斯（Veracruz）和巴拿马的农布雷德迪奥斯（Nombre de Díos）。[23]只要圣多明各还是运往欧洲的货物的再分配中心，它就可以发挥一些作用。然而有一个强大的对手出现了，它更适合处理墨西哥的财富，那就是古巴的新首府哈瓦那。

※ 三

到 1571 年，哈瓦那在西属西印度的突出地位已经显而易见。这一年，一位英格兰观察家写道：

> 哈瓦那是西班牙国王在西印度的所有港口中最重要的一个，因为所有来自秘鲁、洪都拉斯、波多黎各、圣多明各、牙买加和西印度其他地区的船在返回西班牙途中都会在哈瓦那停靠，这是它们获取食物和水以及最大一部分货物的港口。[24]

这并不是因为古巴能够提供重要的资源。它的制糖业发展缓慢（不过古巴制糖业最终变得非常有名），而且总的来讲，古巴在西班牙世界里一直都发展得比较迟缓，因为在哥伦布发现它的二十年后，它才被西班牙人征服。如果拉斯·卡萨斯的话是可信的，那么这次征服期间发生了可怕的暴力事件。即便如此，征服者迭戈·贝拉斯克斯（Diego Velázquez）似乎是一个有教养的人，他做了一些努力去善待土著居民。毕竟，此时西班牙人已经清楚地认识到，他们对伊斯帕尼奥拉岛土著的虐待已经导致彻底的灾难和人口崩溃。贝拉斯克斯意识到古巴没有什么黄金，于是试图引进牛和猪，希望在这片土地上重新创造出西班牙故国。后来，古巴牛皮的生产和出口甚至超过了伊斯帕尼奥拉岛，但付出的代价是一样的：没有什么能保护古巴的台诺印第安人不受疾病影响，他们也在几十年内绝迹了。[25]

哈瓦那建于 1519 年。它的真正优势在于它位于墨西哥湾流附近，这使它成为南北美洲和欧洲之间的理想中转站。[26]哈瓦那优良的天然港口和附近河流的优质淡水都吸引了定居者。哈瓦那取代了古巴原来的首府圣地亚哥。圣地亚哥距离圣多明各较近，但在哈瓦那的竞争面前迅速萎缩。[27]来自加勒比海各地的船队，包括那些运来墨西哥和秘鲁白银的船队，都在哈瓦那会集，这也使它成为对海盗非常有诱惑力的目标。早在 1538 年，一名法国海盗就袭击过哈瓦那。1555 年，另一名海盗成功洗劫了该城。老哈瓦那是用台诺人的劳动力建造起来的，而新哈瓦那是由非洲奴隶建造的，因为那时已经缺乏土著劳动力了。[28]然后，哈瓦那蓬勃发展。它是各殖民地之间航运（西属西印度内部的贸易）的重要中心，尤卡坦半岛（Yucatán Peninsula）、佛罗里达、洪都拉斯、哥伦比亚、特立尼达和伊斯帕尼奥拉岛的船纷至沓来。哈瓦那也接收来自非洲、加那利群岛、西班牙和葡萄牙的货物（有的货物是奴隶）。殖民地之间的贸易得到了跨大西洋贸易联系的滋养。比如，在当时以葡萄酒闻名的加那利群岛，也是一些通过哈瓦那从事贸易的最活跃的商人的基地。在 16 世纪的最后十五年里，加那利群岛中拉帕尔马岛（La Palma）的弗朗西斯科·迪亚斯·皮米恩塔（Francisco Diáz Pimienta）在本埠开展的贸易的体量达到 180 万雷阿尔。他主要是葡萄酒商，但也买卖从安哥拉来的奴隶。

墨西哥是哈瓦那的第二大贸易伙伴，仅次于塞维利亚。在后面的章节中，我们将看到中国货物如何从澳门和马尼拉一路到达墨西哥，其中一些货物被送到了哈瓦那，从那里可以被转手到西班牙。

有的货物只是普通的陶瓷，既是商品也是压舱物，但有的货物是精美丝绸或精致瓷器。同时，哈瓦那也是造船业中心。[29]

因此，哈瓦那是一个以服务国际贸易为生的城市。相比于早期古巴殖民地那个狭窄和贫穷的小世界，哈瓦那更紧密地拥抱了西班牙控制下的大西洋商业的大世界。在哈瓦那出现了一个由西班牙地主、官员和商人组成的精英阶层，他们通过婚姻和共同的经济利益紧密地联系在一起。他们都坚决否认自己有犹太人或摩尔人血统。如果你想对某人进行最严重的侮辱，你就叫他"该死的托莱多犹太人"（*puto judío toledano*）。但是，也有一些葡萄牙商人被严重怀疑是秘密的犹太教徒，他们到哈瓦那定居是为了尽可能远离宗教裁判所。这座城市虽然具有相当重要的战略和经济地位，总人口却比人们预期的少得多：1570 年的公民为 60 人，1620 年为 1200 人。还有一些地位较高的奴隶，因为并不是所有的奴隶都在糖厂或建筑工地劳动。就像在古罗马一样，一些奴隶得到主人的信任，主人也认可他们的才能，于是送他们到国外办事。[30]1583 年，哈瓦那有 125 名属于王室的奴隶。他们大多源自上几内亚，后来被卖到佛得角群岛的奴隶站，再被运到哈瓦那。公元 1600 年前的大多数奴隶来自上几内亚。其他一些王室奴隶被从安哥拉的罗安达（Luanda）运到圣多明各和哈瓦那。因此，从非洲西南部到加勒比海的奴隶贸易产生了双重效果，既加强了葡萄牙对安哥拉的控制，也加强了西班牙对加勒比海的控制，特别是在 1580 年之后，西班牙国王同时拥有葡萄牙的王位。并不是所有的非洲人都被长期奴役：在加勒比诸岛逐渐出现了自由黑人，甚至有一些拥有奴隶的黑人牧场主。[31]

总而言之，加勒比海地区与哥伦布满怀信心地期望找到的世界截然不同。大西洋内出现了一系列新的联系。大西洋东部的产糖岛屿，特别是马德拉和加那利群岛，向大西洋西部的产糖岛屿传授必要的技能。这些岛屿群之间不断来往。加勒比海的城镇，特别是圣多明各和哈瓦那，是从一个大洲到另一个大洲的航运的补给站，就像佛得角群岛和亚速尔群岛为船提供肉类和乳制品一样。从这个意义上说，哥伦布在加勒比海地区发现"新加那利群岛"的说法有一定的道理。奴隶贸易和奴隶劳动使加勒比诸岛得以维持，不仅在西班牙的统治下如此，而且在后来的几个世纪里，当英国人、荷兰人、法国人和丹麦人在加勒比海地区提出他们自己的主张时，亦是如此。这个新大西洋是用旧大西洋的资源构建而成的。

注 释

1. D. Abulafia, *The Discovery of Mankind: Atlantic Encounters in the Age of Columbus* (New Haven, 2008), pp. 201 – 12; P. Chaunu, *Séville et l'Amérique aux XVIe et XVIIe siècles* (Paris, 1977), pp. 80–86.

2. 'ADN dominicano: 49 per cent de origen africano', 多米尼加报纸 *Diario Libre*, 6 July 2016, p. 4 报道了多米尼加历史学院领导下的研究。

3. R. Pike, 'Sevillian Society in the Sixteenth Century: Slaves and Freedmen', *Hispanic American Historical Review*, vol. 47 (1967), pp. 344 – 59, 部分重印为 'Slavery in Seville at the Time of Columbus', in H. B. Johnson, ed., *From*

Reconquest to Empire: The Iberian Background to Latin American History (New York, 1970), pp. 85–101。

4. M. L. Stig Sørensen, C. Evans and K. Richter, ' A Place of History: Archaeology and Heritage at Cidade Velha, Cape Verde ', in P. Lane and K. McDonald, eds. , *Slavery in Africa: Archaeology and Memory* (*Proceedings of the British Academy*, vol. 168, 2011), pp. 422–5; A. Carreira, *Cabo Verde: Formação e Extinção de uma Sociaedade escarvorata(1460–1878)* (3rd edn, Praia de Santiago, 2000) ; T. Hall, ed. and transl. , *Before Middle Passage: Translated Portuguese Manuscripts of Atlantic Slave Trading From West Africa to Iberian Territories, 1513–26* (Farnham, 2015).

5. K. Deagan and J. M. Cruxent, *Archaeology at La Isabela: America's First European Town* (New Haven, 2002) ; K. Deagan and J. M. Cruxent, *Columbus's Outpost among the Taínos: Spain and America at La Isabela, 1493–1498* (New Haven, 2002) ; V. Flores Sasso and E. Prieto Vicioso, ' Aportes a la historia de La Isabela: Primera ciudad europea en el Nuevo Mundo' , *Centro de Altos Estudios Humanísticos y del Idioma Español adscrito a la Universidad Nacional Pedro Henríquez Ureña*, *Anuario*, vol. 6 (2012–13), pp. 411–35.

6. Deagan and Cruxent, *Columbus's Outpost*, pp. 53, 57, 96–7, 180–81; Abulafia, *Discovery of Mankind*, pp. 202–3.

7. Deagan and Cruxent, *Columbus's Outpost*, pp. 146, 191–2.

8. Ibid. , pp. 194–8.

9. T. Floyd, *The Columbus Dynasty in the Caribbean 1492–1526* (Albuquerque, 1973), p. 55.

10. E. Mira Caballos, *La gran armada colonizadora de Nicolás de Ovando, 1501–1502* (Santo Domingo, 2014) ; E. Pérez Montás, E. Prieto Vicioso and J. Chez

Checo, eds. , *Basílica catedral de Santo Domingo* (Santo Domingo, 2011).

11. Chaunu, *Séville et l'Amérique*, pp. 87–8.

12. Abulafia, *Discovery of Mankind*, p. 156.

13. R. Pike, *Enterprise and Adventure: The Genoese in Seville and the Opening of the New World* (Ithaca, NY, 1966), pp. 52 – 9; Floyd, *Columbus Dynasty*, pp. 67–8.

14. G. Rodríguez Morel, 'The Sugar Economy of Española in the Sixteenth Century', in S. Schwartz, ed. , *Tropical Babylons: Sugar and the Making of the Atlantic World, 1450–1680* (Chapel Hill, 2004), pp. 85–6; Pike, *Enterprise and Adventure*, pp. 128–33.

15. M. Ratekin, 'The Early Sugar Industry in Española', *Hispanic American Historical Review*, vol. 34 (1954), pp. 3–7.

16. Ibid. , pp. 6, 9 – 11; Rodríguez Morel, 'Sugar Economy of Española', pp. 90–93, 105–6.

17. Ratekin, 'Early Sugar Industry', p. 13; Rodríguez Morel, 'Sugar Economy of Española', pp. 103–4; Chaunu, *Séville et l'Amérique*, pp. 88–9.

18. J. Friede, *Los Welser en la conquista de Venezuela* (Caracas and Madrid, 1961), p. 91.

19. Friede, *Los Welser*, pp. 91, 580 n. 16.

20. J. Denzer, 'Die Welser in Venezuela-das Scheiten ihrer wirtschaftlichen Ziele', in M. Häberlein and J. Burkhardt, *Die Welser: Neue Forschungen zur Geschichte und Kultur des oberdeutschen Handelshauses* (Berlin, 2002), pp. 290, 308, 313.

21. J. del Rio Moreno, *Los Inicios de la Agricultura europea en el Nuevo Mundo, 1492 – 1542* (2nd edn, Santo Domingo, 2012); J. del Rio Moreno, *Ganadería, plantaciones y comercio azucarero antillano: Siglos XVI y XVII* (Santo Domingo, 2012);

Pike, *Enterprise and Adventure*, p. 133.

22. Chaunu, *Séville et l'Amérique*, pp. 90−91.

23. 展示了贸易额的绝佳地图，见 Chaunu, *Séville et l'Amérique*, pp. 301−9。

24. Cited by A. de la Fuente, *Havana and the Atlantic in the Sixteenth Century* (Chapel Hill, 2008), pp. 67−8.

25. Chaunu, *Séville et l'Amérique*, p. 100.

26. Abulafia, *Discovery of Mankind*, pp. 209−302; H. Thomas, *Rivers of Gold: The Rise of the Spanish Empire* (London, 2003), p. 282; A. de la Fuente, 'Sugar and Slavery', S. Schwartz, ed., in *Tropical Babylons: Sugar and the Making of the Atlantic World, 1450−1680* (Chapel Hill, 2004), pp. 117−19.

27. Chaunu, *Séville et l'Amérique*, p. 99.

28. De la Fuente, *Havana*, pp. 1−5; J. S. Dean, *Tropics Bound: Elizabeth's Seadogs on the Spanish Main* (Stroud, 2010).

29. Table 2∶2 显示了 1587—1610 年的进出口情况，载 de la Fuente, *Havana*, p. 15; 加那利葡萄酒见 ibid., pp. 22, 90−92; 中国商品见 ibid., pp. 44−5; 造船业见 ibid., pp. 127−34。

30. Ibid., pp. 94, 96, 98, 159, 186, 200, 223 − 4; Chaunu, *Séville et l'Amérique*, p. 102.

31. D. Wheat, *Atlantic Africa and the Spanish Caribbean, 1570−1640* (Chapel Hill and Williamsburg, Va., 2016), pp. 29, 64, 77, 84, 121−3, 209−15.

第三十三章

争夺印度洋

※ 一

里斯本和塞维利亚档案中丰富的证据使 16 世纪的航海史看起来是多个不断扩张的海外帝国的故事，仿佛这些帝国必然会建立起运作良好、有利可图并延伸到全球各地的贸易网络。因此，通常认为，葡萄牙人面对的挑战者首先是西班牙人，后来是法国人、英国人，以及荷兰人。不过，在 16 世纪初，欧洲商人和海军在印度洋面临的主要挑战来自另一股政治势力，这股势力部分属于欧洲，已经深度介入地中海，并开始将注意力转向红海和印度洋——那就是奥斯曼帝国。[1] 在 1453 年攻占君士坦丁堡后，奥斯曼统治者从伊斯兰世界西部边缘的伊斯兰勇士变成了逊尼派皇帝，他们认为自己的使命不仅是将土耳其的势力扩张到意大利和西欧，而且是将奥斯曼帝国的统治强加于邻近的伊斯兰国家。1516 年，奥斯曼人占领了自 13 世纪末以后由埃及马穆鲁克苏丹统治的叙利亚。次年，奥斯曼人将埃及置于其管辖之下。他们小心翼翼，没有完全摧毁马穆鲁克国家，而是利用它精心设计的税收制度，从通过红海进行的香料贸

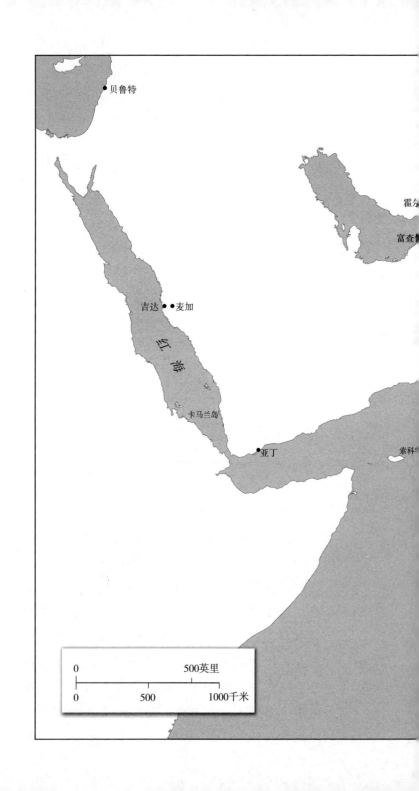

易中获利。但是，奥斯曼人对埃及和叙利亚的占领引起了在亚历山大港和贝鲁特购买香料的威尼斯商人的关注，就像葡萄牙人对印度洋的渗透引起了威尼斯人的关注一样。印度洋沿岸港口的印度和阿拉伯居民的反应就比较难判断了，因为大部分已知的情况出自葡萄牙人的报告，偶尔也有来自奥斯曼帝国的报告。

在达·伽马首次从里斯本出航之后的二十年里，马穆鲁克王朝仍在努力控制红海。他们不仅面临着来自奥斯曼人和也门叛军的政治挑战，而且面临着葡萄牙舰队突破曼德海峡，威胁吉达甚至麦加的危险。使这些困难显得更加严重的是，来自威尼斯贸易的收入（得到威尼斯与马穆鲁克王朝一系列条约的保护）是埃及苏丹的一个重要收入来源。甚至在奥斯曼人入侵他们的土地之前，埃及苏丹对其统治了两个半世纪的国度的政治控制力就已经衰弱了。1505—1506 年，贝都因人连续多次发动袭击，以至于通过叙利亚到麦加的朝圣路线被迫暂时中断。这对贸易产生了连锁影响，因为贝都因人的袭击破坏了人们对马穆鲁克王朝保持商路畅通的能力的信心。威尼斯人很聪明，他们未雨绸缪，开始跟奥斯曼人眉来眼去。不管怎么说，自君士坦丁堡陷落以后，威尼斯人与奥斯曼人的商业关系相当融洽。然而，目前只有马穆鲁克王朝能够确保大规模地获得威尼斯所需的香料。马穆鲁克王朝并没有加强控制，而是试图通过增加亚历山大港的税收，以及不断扭曲规则来为他们打击贝都因人和其他敌人的活动筹资。马穆鲁克官员，无论是为自己还是为政府，都会恣意增税，扣押货物，这让意大利商人的日子很难过。1510 年，驻开罗的威尼斯领事被投入监狱，并被指控密谋反对马穆鲁克政权。早在 1502 年（也就是说，甚至在葡萄牙人闯入印度洋的影响突显之前），埃及历史学家伊本·伊亚斯（ibn Iyas）就认为，马穆鲁克王朝的这些政策正在毁掉亚历山大港。[2]不过，他的悲观情绪可能是爱琴海海战的结果，这些海战导致威尼斯香料船队在 1499—1503 年暂停前往亚历山大港。威尼斯船队暂停运作带来的影响，恰恰证实了亚历山大港的繁荣依赖其与欧洲的香料贸易。

尽管如此，威尼斯人知道他们必须与马穆鲁克王朝合作，至少目前是这样；所以威尼斯人在 1504 年听说葡萄牙人开始运回印度胡椒时，就派了一位名叫泰尔迪（Teldi）的信使去拜见开罗的苏丹。泰尔迪冒充珠宝商来到开罗，设法混入王宫，警示马穆鲁克政府，在葡萄牙人进入印度洋之后，埃及和威尼斯都会面临危险。泰尔迪有一整套论据：如果马穆鲁克王朝不帮助镇压葡萄牙人，威尼斯就会将其香料贸易转向西方，派船去里斯本而不是亚历山大港（这是一种虚妄的吹嘘，因为威尼斯寻求的是对欧洲内部分销的近似垄断，而它在里斯本永远不可能建立这种垄断）。泰尔迪提出，马穆鲁克王朝至少可以向科钦和坎纳诺尔派遣大使，命令它们的统治者（也是穆斯林）不要再与葡萄牙人打交道，因为葡萄牙人不久之后肯定会通过红海威胁伊斯兰教的圣城。[3]马穆鲁克苏丹慢慢地采取了行动。1505 年，他加强了吉达的防御设施，以保护麦加。1507—1509 年，一支马穆鲁克舰队终于冒险出击，去对付葡萄牙人。这样做是明智的，因为葡萄牙人想出了一个夺取索科特拉岛的计划。该岛位于也门以南，自希腊-罗马贸易时代以后，一直是从印度洋通往阿拉伯半岛、红海和东非的交通的商业"瞭望台"。拿下索科特拉岛似乎对葡萄牙人十分有利。不过，葡萄牙人很快就发现索科特拉岛是一片荒芜的土地，而且离红海入口太远，无法带来他们寻求的战略优势，因此在四年后放弃了它。[4]索科特拉岛真正的重要性不在于葡萄牙人的短暂占领，而在于该岛对马穆鲁克王朝产生了吸引力，让他们看到也门附近水域的防御变得多么重要。

冷酷无情的葡萄牙海军将领阿方索·德·阿尔布开克（Afonso de Albuquerque）的儿子曾指出，有三个地方可以控制印度洋的市场：马六甲、霍尔木兹和亚丁。[5]此时，葡萄牙人对伊斯兰世界的威胁越来越大，而爆发点是霍尔木兹。霍尔木兹坐落在进入波斯湾的狭窄水道靠近伊朗一侧的岛上，对冲突双方来说都是一级战略要地。[6]霍尔木兹城本身是一个尘土飞扬的港口，没有自然资源，但人口众多，在 16 世纪初可能有 4 万居民，甚至比人口稠密的亚丁还要多。1583 年来到霍尔木兹的英格兰旅行家拉尔夫·菲奇（Ralph Fitch）写道："那里除了盐之外没有任何东西生长。他们的水、木材、食品以及所有必需品都来自波斯，波斯距离那里大约 12 英里。"可是，他也看到了成堆的香料、从巴林运来的"大量珍珠"、丝绸和波斯地毯。[7]霍尔木兹控制着印度洋沿岸的交通（连接着今天的阿曼和巴基斯坦），也控制着经霍尔木兹海峡到伊拉克巴士拉的交通。从巴士拉开始的陆路路线一直延伸到叙利亚北部的阿勒颇。霍尔木兹的统治者将其权力沿阿拉伯半岛海岸扩张至马斯喀特，并沿波斯湾向北扩张到巴林。

1507 年，阿方索·德·阿尔布开克以惯常的恐怖暴力袭击了霍尔木兹在阿曼沿海的一些外围地区，连妇女儿童都不放过，从而迫使霍尔木兹屈服。这次他率领着 6 艘船，共有 460 人。阿尔布开克将霍尔木兹的王位正式授予 12 岁的傀儡统治者赛义夫·丁（Sayf ad-din），并为这位年轻的国王指定了一名维齐尔和一名监护人。然而这一点，再加上霍尔木兹向葡萄牙进贡，不过是在名义上确立了葡萄牙的宗主权，因为霍尔木兹已经被王室内部的权力斗争搞得四分五裂，更别提波斯国王也正在插手它的内政。波斯国王在寻求一个出海口，他甚至给霍尔木兹国王送去了一顶礼帽，表示波斯对霍尔木兹的宗主权。[8]当时，葡萄牙人和波斯人之间有结盟的可能性，因为据说波斯的什叶派国王同样有自己的野心，想占领麦加。他在西方被称为"大苏非"（Great Sophy），意思是苏非派（Sufi）。自 15 世纪晚期以后，欧洲人就一直在谈论波斯与天主教世界结盟的可能性，因为欧洲人意识到逊尼派土耳其人无法忍受波斯这个什叶派对手。葡萄牙人酝酿了一个项目，希望在波斯国王的帮助下，通过波斯湾而不是红海运送香料，并鼓励波斯国王一路进军开罗，届时红海路线可能会重新投入使用。[9]毫无疑问，这是一个令人神往的幻想，但当奥斯曼人在 1514 年的查尔迪兰（Çaldıran）战役中大败波斯人时，葡萄牙人开始对大苏非产生疑虑。

阿尔布开克决心提高葡萄牙在印度洋的地位。他于 1515 年再次来到印度洋，此时他已成为"印度总督"。这次他带着 1500 名葡萄牙官兵，深刻地证明了葡萄牙在印度洋的渗透规模之大。霍尔木兹先前的屈服没有得到任何回报。维齐尔被杀，霍尔木兹要塞被葡萄牙人驻军，就连波斯国王也对葡萄牙人占领霍尔木兹感到震惊，因为他认为霍尔木兹是自己的附庸国。但是，波斯国王不得不接受新的现实，特别是当阿尔布开克给了他一个不错的台阶下，提议波斯和葡萄牙结盟对抗他们共同的敌人——埃及的马穆鲁克苏丹和土耳其的奥斯曼苏丹时。[10]不久之后，令人生畏的阿尔布开克去世了，然而葡萄牙人在霍尔木兹坚守了一个多世纪。他们给霍尔木兹带来了一些好处：1518年，葡萄牙人派出一支舰队前往波斯湾，捍卫霍尔木兹苏丹对巴林的宗主权。葡萄牙人忠实于他们在霍尔木兹的附庸。[11]获得霍尔木兹使葡萄牙能够建立一条由若干港口和要塞组成的防线，保卫其通往印度的航路。富查伊拉（Fujairah，今天阿联酋面向印度洋的部分）海岸线上点缀着粉褐色的葡萄牙要塞，其坚固程度令人印象深刻。在葡萄牙人决定将于1510年占领的果阿作为葡属印度的政府所在地之后，建立上述的要塞防线显得尤为重要。[12]

　　葡萄牙人依靠的是纯粹的蛮力。他们很清楚，如果有人与他们竞争，他们的香料贸易就永远不会繁荣。尽管他们成功地将大量胡椒和其他香料运到欧洲，在里斯本和安特卫普销售，但其质量与通过红海运输的香料相比并不理想，因为漫长的航程和灌满污水的底层货舱损害了货物的品质。因此，他们寻求尽可能全面的垄断。考虑到他们在大西洋和印度洋上维持联系所面临的后勤难题，全面垄断是一个极其宏大的目标。就香料贸易而言，葡萄牙人在印度洋与马穆鲁克王朝和奥斯曼人的冲突，是生死攸关的斗争。葡萄牙人为海战做了充分的准备，可结果喜忧参半。1508年，马穆鲁克海军战胜了第一任葡属印度总督阿尔梅达的舰队①，然而随后在印度北部的第乌（Diu）遭受耻辱的惨败，尽管一些印度王公向马穆鲁克海军提供了援助。[13]1511年，威尼斯人甚至敦促马穆鲁克王朝与奥斯曼人共同对抗葡萄牙人，因为威尼斯人看到，埃及缺乏造船用的木材，这是一个大问题，也是埃及历史上一贯的问题。所以威尼斯人建议马穆鲁克王朝从土耳其人那里获取木材，同时也从威尼斯向马穆鲁克王朝供应木材。[14]

威尼斯人这么做，有两个目标：将葡萄牙人排除在香料贸易之外，同时保卫红海，因为局势越来越明显，葡萄牙人希望通过后门强行进入红海，并通过亚历山大港掌控香料贸易。对葡萄牙人来说，绕过非洲的航路只是权宜之计。一旦征服了印度洋（仿佛这是有可能办到的），葡萄牙人就梦想着恢复红海航线，放弃代价高昂而且危险的好望角航线，然后不仅成为亚历山大港的主人，还要成为耶路撒冷的主人。葡萄牙人在追寻香料的同时并没有忘记自己的十字军圣战历史。[15]每当葡萄牙人派遣舰队进入红海时，他们都试图与埃塞俄比亚皇帝取得联系，他们认为埃塞俄比亚皇帝就是真正的祭司王约翰，是将要加入他们伟大的十字军圣战的那位基督教国王。葡萄牙人试图向被认为是埃塞俄比亚海岸的地方派遣两艘卡拉维尔帆船，结果遭遇了灾难，其中一名船长在他的小艇到达海岸之前就被杀死了。不过在1518年，葡萄牙人与埃塞俄比亚有了一些

①　严格地讲，马穆鲁克海军打败的不是第一任葡属印度总督弗朗西斯科·德·阿尔梅达，而是他的儿子洛伦索。

直接接触，于是他们做起了与埃塞俄比亚联手征服埃及和耶路撒冷的梦。[16]

凶暴而令人生畏的葡萄牙指挥官阿尔布开克早在 1510 年就想好了要强行进入红海。他的计划是一直航行到苏伊士，摧毁停泊在那里的马穆鲁克舰队；但最后，他转向了果阿。红海仍然是优先事项，也是阿尔布开克在 1513 年的目标，当时他再次进攻亚丁，这次带着 24 艘船、1700 名葡萄牙官兵和 1000 名印度士兵。他的目标是建立一道封锁线，切断前往亚历山大港香料市场的航线。葡萄牙人占领了卡马兰岛（Kamaran Island），该岛比索科特拉岛更靠近红海入口，可他们无法长期坚守卡马兰岛。[17]这就是核心问题：葡萄牙人如果要建立他们寻求的垄断，就必须找到办法，年复一年地维持封锁。即使葡萄牙人未能在红海达成目标，他们也造成了极大的破坏。1517 年，一支由 33 艘战舰组成的葡萄牙舰队运载 3000 名士兵袭击了吉达。葡萄牙人确实对麦加构成了威胁。在吉达城下，葡萄牙人被击退，损失了 800 人和几艘船。[18]尽管如此，据说在 1518 年和 1519 年，开罗、亚历山大港和贝鲁特的香料市场仍然是空荡荡的。阿尔布开克在这次战役期间详细记录了红海的地理布局，并坚信不疑，在葡萄牙人打赢第乌战役之后，不会再有马穆鲁克舰队来挑战他的霸主地位了，此时马穆鲁克海军在苏伊士只有 15 艘轻型帆船（pinnaces）。阿尔布开克告诉葡萄牙国王："如果您在红海占据强势地位，您将拥有世界上所有的财富。"[19]

※ 二

　　然而最后，波斯人和葡萄牙人都没有获得对红海的控制权。在1517年土耳其人入侵埃及之后，红海落入奥斯曼帝国的统治范围。历史学界未免对奥斯曼人为什么在与波斯国王于中东积极竞争的同时要夺取埃及的问题有些大惊小怪。其实在穆罕默德二世征服拜占庭帝国并进攻意大利的时候，奥斯曼帝国对世界统治权的主张就已经很明确了。对奥斯曼人来说，占领埃及这样一个位于伊斯兰世界心脏位置、富庶且人口稠密的国家，是理所当然的。[20]奥斯曼帝国对埃及的征服鼓励威尼斯人继续与土耳其人合作，土耳其人基本上愿意保护威尼斯人的航运。威尼斯人通过君士坦丁堡和亚历山大港从事贸易，而奥斯曼人热情地推动其首都的经济复兴（在拜占庭晚期的统治下，君士坦丁堡已经萎缩为一系列的村庄）。奥斯曼帝国入侵叙利亚和埃及的主要动力，来自奥斯曼苏丹日益强烈的作为世界统治者的自我认知。这种认知源于拜占庭观念中的罗马皇帝、土耳其人观念中的大汗，以及穆斯林观念中的哈里发。奥斯曼苏丹开始越来越频繁地使用哈里发的头衔，他们自称是先知的同伴（Companions of the Prophet）的后裔，可这层关系说得好听些也是难以证明的。虽然苏丹此时对连通印度洋的水域的直接控制局限于红海的吉达港，但他开始在原本就已经很长的头衔清单里增加对也门、阿拉伯半岛、埃塞俄比亚和桑给巴尔的主张。这无疑是对葡萄牙国王曼努埃尔一世的冒犯，他也采用了大量头衔，尽管他并没有控制与之相关的土地和海岸。不过，从战略上讲，占领埃及是有意义的：这使土耳其人能够获得麦加和麦地那，他们现在可以声称自己是这两地的保护者；土耳其人占领埃及便可以控制红海，去面对葡萄牙人的入侵。作为红海的主人，土耳其人也被卷入了争夺香料贸易控制权的斗争。作为埃及的统治者，他们将获得香料贸易的利润，前提条件是香料能够真正到达埃及。[21]

　　奥斯曼帝国的这一转向受到了它在印度洋的盟友的鼓励。古吉拉特的伊斯兰王国不仅在印度西北部，而且在整个印度洋的政治和贸易中发挥着核心作用，因为它的主要港口第乌已成为整个地区的重要商业中心之一，并且是马穆鲁克王朝和后来的土耳其人的重要盟友。[22]第乌的总督马利克·阿亚兹（Malik Ayaz）的出身不明，他甚至有可能出生在杜布罗夫尼克。他见证了马穆鲁克王朝在 1508年战胜葡萄牙人之后未能乘胜追击，也见证了次年阿尔梅达舰队在第乌打败马穆鲁克海军。马利克·阿亚兹是政治领袖，也是商人，所以他对香料贸易有浓厚的兴趣。他很幸运，葡萄牙指挥官阿尔梅达对占领第乌不感兴趣。阿尔梅达的主要诉求之一是穆斯林雇佣兵投降，他们受到了最可怕的惩罚：被砍掉手脚，然后被扔到巨大的火葬柴堆上；或被迫互相残杀；或被绑在大炮口，然后被炸成碎片。[23]这是达·伽马、卡布拉尔、阿尔梅达及其之后的阿尔布开克散播恐怖气氛的又一个例子，他们认为这是征服印度洋诸城市的最佳手段。

　　葡萄牙人的这些手段，只会鼓励马利克·阿亚兹把目光投向别的方向：马穆鲁克王朝是个失败国家，处于混乱状态，可奥斯曼帝国肯定是未来的大国，不仅在地中海而且在印度洋都将是强大的势力。此外，在奥斯曼帝国的胜利之后，红海沿岸的吉达的新总督写信给马利克·阿亚兹和古吉拉特的统治者（马利克·阿亚兹的上级），并告诉他们，曾经属于马穆鲁克舰队的 20 艘船目前在吉达，奥斯曼苏丹塞利姆一世（Selim Ⅰ）已经下令再建造 50 艘："蒙真主保佑，很快他将率领众多兵将，前来惩罚这些奸诈的恶棍，让他们的命运陷入黑暗。"[24]阿尔布开克甚至向葡萄牙国王发出警示，说奥斯曼人可能即将入侵印度。阿尔布开克说，尽管就在几年前，当他占领马六甲时（1511 年），一切都很平静，但如今奥斯曼人已经进军埃及，整个印度洋都处于动荡之中。当苏丹塞利姆一世向威尼斯和杜布罗夫尼克做出和平姿态时，葡萄牙人的担忧得到了证实。塞利姆一世还向也门派遣了一支远征军，希望控制红海出入口，显然打算恢复红海的胡椒商路。然而他于 1520 年驾崩，所以这一计划未能落实。[25]

在塞利姆的继任者苏莱曼（Süleyman，历史上被称为"大帝"）的领导下，奥斯曼人进入印度洋的计划得到了进一步推进。苏莱曼最仰仗的重臣是其最亲密的朋友帕尔加勒·易卜拉欣帕夏（Pargalı Ibrahim Pasha），他出身于希腊-阿尔巴尼亚边境地区的一个希腊东正教家庭，在还是个小男孩的时候就被作为奴隶带到了君士坦丁堡。在那里，苏莱曼与他结识，两人甚至睡在同一间卧室，这让许多廷臣瞠目结舌。易卜拉欣在宫廷获得了极大的权力，成为大维齐尔，并制定了苏莱曼在印度洋和其他地区的政策，还参与了同法国国王的谈判，在 16 世纪 30 年代缔结了臭名昭著的法国-奥斯曼联盟。[26] 易卜拉欣简化了在埃及征收的商业税，使商人们不再被迫以虚高的价格从政府代理人那里购买一定数量的胡椒。取而代之的是征收 10% 的基本税。易卜拉欣的目标是使埃及成为一个有吸引力的香料贸易中心，因为欧洲正在同时通过好望角航线和红海接收香料。结果是，埃及香料贸易的收入相当高，以至于在 1527 年，埃及的奥斯曼行政机关似乎从香料贸易中获得了比葡萄牙王室所获更多的收入。有人认为从达·伽马时代开始，通过红海的香料贸易就枯竭了，葡萄牙在 16 世纪初占据了绝对的领先地位。这只是一个迷思。[27]

减税是促进商业发展的明智手段，但首先必须确保货物能够到达亚历山大港。所以易卜拉欣重新拾起征服也门的计划。1525 年，易卜拉欣手下的海盗塞尔曼雷斯（Selman Reis）① 报告说：

> 目前也门没有领主，是一个空荡荡的省份。它理应成为一个富饶的行省。要征服它，应当很容易。如果征服了它，我们就有可能掌握印度的土地，并每年向君士坦丁堡输送大量的黄金和珠宝。[28]

事实证明，控制也门比塞尔曼想象的要困难得多。由于包括塞尔曼在内的奥斯曼指挥官们沉浸于谁是一把手的争吵（这是奥斯曼陆军和海军的一个经常性问题），也门再次陷入无法无天和无主的状态。

---

① 雷斯是"船长""舰长"的意思。

当塞尔曼的竞争对手于 1528 年在塞尔曼的帐篷里刺杀他时，也门已经丢失，葡萄牙人得以再次突袭红海。葡萄牙人还有一个优势，那就是苏莱曼大帝一直专注于在欧洲开展大规模的陆战，一直打到了维也纳城下。将葡萄牙人赶出印度洋似乎是不可能的，所以奥斯曼人不得不集中精力保卫红海，因为红海不仅是一条贸易路线，也是通往麦加和麦地那的路线。[29] 1531 年，在亚历山大港和贝鲁特很难找到香料，威尼斯人最后不得不用谷物和豆子装满了船舱。[30] 然而风云难测。1538 年，奥斯曼人终于占领了亚丁，确保了对红海通道的控制。1546 年，他们占领巴士拉，从而控制了波斯湾。不过六年后，他们没能夺取霍尔木兹，即波斯湾的门户，葡萄牙人自 1515 年以后一直统治着它。在霍尔木兹战败之后，奥斯曼人暂时对印度洋海战失去了兴趣。苏莱曼现在把目光投向其他方向：他越来越想夺取塞浦路斯，并挑战哈布斯堡王朝在地中海的海军力量，另外，奥斯曼帝国与波斯的关系也在继续恶化。[31]

我们在研究葡萄牙人在印度洋的成功时，必须考虑到马穆鲁克王朝和奥斯曼帝国的反击。同理，把注意力集中在土耳其人和埃及人身上，而把印度本土商人排除在外，是没有道理的。印度本土商人也在挑战葡萄牙人，但更多是通过贸易手段而不是出动舰队。在葡萄牙人登场之前，古吉拉特人一直在印度洋的贸易路线上享有巨大的成功，主要是通过他们在第乌的繁荣港口。在马六甲于 1511 年被阿尔布开克占领后，古吉拉特人与东方香料贸易的联系变得更加困难。然而，只要葡萄牙人的封锁仍然是断断续续的，那么对古吉拉特人来说，朝西看向红海和亚历山大港，仍有大量的利润可图。葡萄牙人时不时地袭击古吉拉特的海岸，不过第乌位于坎贝湾的一个岛上，戒备森严，易守难攻，所以古吉拉特的统治者和葡属印度之间的暧昧关系成为常态。

直到16世纪30年代，葡萄牙人才第一次获得了古吉拉特沿海的一个小港口，包括渔港孟买，随后是第乌本身。1535年，古吉拉特的统治者授予葡萄牙人对第乌海关的控制权，葡萄牙人获准在第乌建造一座要塞。古吉拉特统治者这么做的动机是自卫，因为他已经被从北方入侵印度的莫卧儿军队打败了，正在第乌避难。但是，他绝不希望莫卧儿人或葡萄牙人，"陆上的蒙古人和海上的异教徒"，成为他的主人。莫卧儿人的威胁缓解之后，他就呼吁苏莱曼派出海军，夺回第乌的要塞。苏莱曼认真对待这一请求，不仅是因为古吉拉特特使向他献上一条华丽的镶满珠宝的腰带和250个共装有1270600"金币"的箱子。[32]在之前的十年里，奥斯曼人没有关注印度洋，葡萄牙人趁机占据了印度沿海地带，现在苏莱曼要将目光再次投向印度洋。于是奥斯曼人组建了他们有史以来最强大的印度洋舰队，由90艘船和2万名士兵组成。他们试图建立一个泛阿拉伯联盟，从而永久性地粉碎葡萄牙的势力，然而结盟的努力并不总是成功的（对亚丁的统治者而言，夹在奥斯曼人和葡萄牙人之间可谓前狼后虎。他吓坏了，于是逃离亚丁）。奥斯曼人的目标既明确又简单：

　　　　第乌是印度所有海上贸易路线的中心，无论何时我们都可以从那里向葡萄牙人的所有主要据点开战，那些据点都无法抵挡。这样的话，葡萄牙人将被逐出印度，贸易将恢复过去的自由，而通往穆罕默德圣地的路线将再次免遭他们的袭掠。[33]

奥斯曼海军攻打第乌的作战貌似必胜无疑，因为第乌只有一支小规模的驻军在防守。不过，派遣这样一支庞大远征军的问题是，必须保障淡水和口粮的供应，但向奥斯曼人求援的那个古吉拉特统治者巴哈杜尔（Bahadur）已经被葡萄牙人消灭了，古吉拉特的现任统治者不会给奥斯曼人提供任何支持。谣言开始传播，说一支葡萄牙舰队随时会从果阿抵达，解救第乌。20天后，土耳其指挥官哈德姆·苏莱曼帕夏（Hadım Süleyman Pasha）认定他对第乌的围攻是徒劳的，于是转身返回苏伊士港。[34]令人惊愕的是，哈德姆·苏莱曼在这次耻辱的失败之后回国时竟然没有被斩首，后来还会参战。即使在这次失败和1546年对第乌的另一次围攻失败后，葡萄牙人与古吉拉特的关系也没有完全破裂：1572年，大约有60名葡萄牙人在坎贝地区生活，其中许多人参与了当地贸易，并与当地妇女结婚，就像葡萄牙定居者在西非娶当地女子为妻一样。[35]

葡萄牙人开始看到，他们彻底垄断香料贸易的梦想是不可能实现的。奥斯曼人不会乖乖让出红海；他们在1538年占领了亚丁，确保一些船能继续从红海前往埃及，这就挫败了葡萄牙人封锁红海的企图。大约在1540年之后，红海香料贸易经历了一次复兴。土耳其人于1546年占领巴士拉，获得了面向波斯湾的基地，不过可惜是在"错误"的那一侧，因为他们真正需要的是控制经过霍尔木兹的通道。然而，随着欧洲对香料的需求不断增加，以及香料产量为满足这一需求而增加，显然需要多条航线，将印度洋与里斯本、安特卫普和其他大西洋港口连接起来。[36]葡萄牙人向印度商人妥协：只要印度商人从葡萄牙人那里购买许可证（cartaz），并于葡萄牙在印度洋的三个主要贸易站——霍尔木兹、果阿和马六甲缴纳关税，就可以运送货物。葡萄牙人很清楚，尽管他们于1513年在马六甲海峡战胜了一支爪哇海军，但他们无法控制马六甲以东的交通。1513年的这次胜利有利于保障葡萄牙船自由前往特尔纳特和蒂多雷，弗朗西斯科·塞朗发现这两个地方是丁香和其他昂贵香料的贸易中心。可是，引用查尔斯·博克瑟（Charles Boxer，中文名为谟区查）的话说，"葡萄牙在这一地区的航运，仅仅是马来—印度尼西亚港口间贸易现有路线中的一条"。[37]

1511年，阿尔布开克征服了马六甲，但葡萄牙并没有因此掌控马六甲海峡，因为被驱逐的马六甲苏丹仍然控制着马六甲对面苏门答腊的土地。葡萄牙在马六甲的土地只有一座人口稠密的城镇及其港口。随着时间的推移，印度尼西亚人学会了完全绕过马六甲海峡，通过巽他海峡（Sunda Strait，苏门答腊岛和另一个大岛爪哇岛之间的开口），绕过苏门答腊岛的南端来运输香料。在香料群岛形成了一种共存方式：葡萄牙人不能垄断香料贸易，然而对印度尼西亚人来说，让葡萄牙人前来购买香料会带来足够多的好处，所以印度尼西亚人允许葡萄牙人进入这些岛屿。一旦西班牙人进入摩鹿加群岛和菲律宾，当地统治者就学会了如何利用葡萄牙人与西班牙人之间的矛盾。一般来说，印度教王公更愿意与葡萄牙人接触，而穆斯林苏丹则对葡萄牙人深表怀疑，这是有原因的。在许多方面，里斯本最大的担忧不是土著商人的竞争，而是有些葡萄牙私贸商不断试图打破王室对最珍贵的香料的垄断。在南海和摩鹿加群岛的许多葡萄牙船是私人拥有的，葡萄牙王室也不得不忍受这种情况。葡萄牙人还不得不面对一个简单的现实，即在东印度群岛收获的大部分香料不是被送往印度洋，而是越过南海被送往中国，几个世纪以来一直是这样的。诚然，在明朝远航结束后的一个世纪里，很少有中国人冒险穿越该海域，但来自爪哇的帆船维持着与中国的联系。[38]如后文所示，所有这些情况在葡萄牙人试图与中国，甚至与日本建立联系时，起到了诱惑作用。

奥斯曼帝国与葡萄牙交锋的影响，在遥远的太平洋西南角的香料群岛也可以感受到。16世纪下半叶，奥斯曼帝国的舰队甚至在东印度群岛向葡萄牙人发起挑战。1581年，马六甲遭到奥斯曼舰队的攻击。[39]虽然对奥斯曼人来说，在地中海与西班牙哈布斯堡王朝的冲突占据了优先地位（最终，奥斯曼人于1571年在勒班陀大败），但奥斯曼人与葡萄牙人之间的冲突在印度洋继续进行。双方都自视为信仰的战士，即使他们是在为控制有利可图的贸易路线而战斗。

※ 三

在16世纪初，土耳其人对印度洋的了解并不像人们想象的那样充分。塞尔曼雷斯在1525年写道，"可恶的葡萄牙人""从印度教徒手中"夺取了马六甲，但其实马六甲在穆斯林统治下已经有几十年了。[40]不过，有一个人拥有足够的好奇心和人脉，能够帮助奥斯曼帝国在更广阔的世界中争取自己的地位，那就是皮里雷斯（Piri Reis），他是海盗、海军将领、制图师和优秀的地理学家。[41]他出生于奥斯曼帝国的主要海军兵工厂所在地加利波利（Gallipoli），出生年代不晚于 1470 年。他在还是个孩子的时候就开始在叔父凯末尔（Kemal）的舰队中服役。凯末尔是当时最成功的巴巴利（Barbary）海盗①之一，在奥斯曼苏丹的支持下袭击了巴利阿里群岛、撒丁岛、西西里岛、西班牙和法国。[42]在 1499—1502 年奥斯曼帝国与威尼斯的激烈战争中，皮里在他叔叔领导的舰队中指挥自己的船只。在这场战争中，地中海东部的一些重要的威尼斯要塞落入土耳其人手中。皮里曾短暂跟随所有海盗中最令人畏惧的海雷丁·巴巴罗萨（Hayrettin Barbarossa），后回到加利波利，并在 1513 年绘制了一张世界地图，对于这一点我们稍晚再谈。

接下来，皮里看到世界局势的发展方向，于是来到奥斯曼帝国宫廷，与易卜拉欣帕夏（前文已经谈到过他）一起航行到新征服的埃及。在那里，皮里向苏丹塞利姆一世献上他的世界地图。但是，作为地理学家，皮里还有更远大的抱负。1521 年，他完成了《航海之书》（*Book on Navigation*）的第一版，它很快得到了易卜拉欣帕夏的重视。[43]在一场风暴中，易卜拉欣看到皮里正在查阅自己成堆的笔记，这给易卜拉欣留下了深刻印象。易卜拉欣对皮里说："完成这本书，把它带给我，我们将把它献给世界的伟大统治者，立法

① 欧洲人称为巴巴利而阿拉伯人称为马格里布的地区，就是今天的摩洛哥、阿尔及利亚和突尼斯一带。此地的海盗曾经很猖獗，他们袭击地中海及北大西洋的船只和沿海居民，又从欧洲及撒哈拉以南非洲掳走人口作为奴隶贩卖。

者苏莱曼苏丹。"（此时塞利姆一世已经去世。）1526 年，皮里向苏莱曼大帝提交了该书的修订版，两年后又提交了第二份世界地图。皮里在七十多岁时仍然很活跃，指挥停泊在苏伊士的红海舰队。1552 年，他向霍尔木兹发起了期待已久的攻击。起初，一切都很顺利：奥斯曼军队在霍尔木兹岛登陆并包围了葡萄牙人的要塞，可事实证明要塞坚不可摧，奥斯曼军队的大炮没什么用。皮里听说一支葡萄牙舰队正向他驶来，便谨慎地躲到波斯湾深处的巴士拉，然而这被视为怯战。他不顾奥斯曼帝国的巴士拉总督的禁令，带着一堆战利品独自驶向苏伊士，在那里受到了叛国的指控。现在，没有易卜拉欣的庇护，他在朝堂上的敌人群起而攻之。在 16 世纪早些时候，哈德姆·苏莱曼在把奥斯曼帝国的海军计划搞得一团糟之后仍然得以幸免，不过皮里雷斯就没那么幸运了。一切都取决于苏丹的心血来潮。1554 年，皮里雷斯在伊斯坦布尔被斩首。[44]

据我们所知，皮里雷斯著作的第一个版本至少有 26 份抄本，其中大部分是在 17 世纪复制的，但有一份抄本可以追溯到 1554 年，今天藏于德累斯顿；另一份在牛津，年代为 1587 年。在修订版的 16 份抄本中，有几份的日期也很晚。它们被认为主要是赠送给别人的礼品，有人认为第一版的抄本在外观上不那么美观，是给航海者在海上使用的。[45]这让人觉得该书在几十年间得到广泛阅读并产生了影响。然而，令人惊讶的是，他的地图和著作在后世的影响力很有限。我们不清楚它们是否塑造了奥斯曼人对世界的观念。这可能是奥斯曼文明的一个奇怪特点造成的：尽管犹太人和基督徒被允许在加利利（Galilee）的采法特（Safed）等地创办印刷厂，可几个世纪以来，奥斯曼帝国禁止印刷土耳其文和阿拉伯文的书籍。[46]
当时，托勒密的《地理学》（当然了，这本书有很多错误）的印刷
版本，更不用说瓦尔德泽米勒描绘"美洲"的巨大世界地图，都在
欧洲广泛传播，而绝大部分土耳其读者无法了解有关世界其他部分
的信息。奇怪的是，皮里雷斯用土耳其文写作，这恰恰将他的著作
与那些可能运用其信息的更高贵的读者隔绝开了，因为此时奥斯曼
世界的高级文化语言是阿拉伯语和波斯语。我们甚至不清楚皮里是
否会写阿拉伯文。他的第二语言可能是通用语（*lingua franca*），即
在地中海航道上用于同商人和奴隶交流的、以西班牙语和意大利语
为基础的混合语言。[47]

　　在15世纪中后期，自征服者穆罕默德二世的时代起，奥斯曼
朝廷就对西方文艺感兴趣。但是，皮里雷斯与西方的关系更深，因
为他能接触到秘密信息。他的资料来源非常广泛，绝不单纯是伊斯
兰世界的资料。奥斯曼人非常熟悉加泰罗尼亚人、热那亚人和威尼
斯人制作的波特兰海图，有大量皮里雷斯时期的土耳其版本波特兰
海图存世。[48]皮里在地中海西部当海盗的时候应当就很熟悉这种海图
了。他说，为了完成其1513年的地图，他参考了二十张单独的地
图以及几张世界地图，其中包括阿拉伯人绘制的一张印度地图和葡
萄牙人绘制的一张印度和中国的地图。[49]我们不知道他是如何获得这
些地图的，特别是因为葡萄牙人非常谨慎地封锁有关他们的地理发
现的信息，尤其是地图。奥斯曼人获得了西欧地图的进一步证据来
自1519年在葡萄牙制作但今天保存在伊斯坦布尔托普卡帕宫图书
馆（Topkapı Palace Library）的一幅非凡的世界地图。该地图显示

了以南极为中心的圆形投影。因此，它是一幅南半球的全图，可能是由葡萄牙宫廷制图师佩德罗·赖内尔（Pedro Reinel）在里斯本绘制的，预示着麦哲伦和埃尔卡诺后来走的路线。麦哲伦首先在曼努埃尔一世国王的宫廷、后来在查理五世皇帝的宫廷试图获得关注时，应该展示过类似的地图。[50]这张地图是如何到达奥斯曼宫廷的，是一个很大的谜。有人将矛头指向威尼斯间谍，也有人认为是犹太裔的葡萄牙新基督徒把地图带到了奥斯曼宫廷，这些新基督徒背井离乡，来到苏丹的都城这个更安全的地方。该地图的失窃和抵达伊斯坦布尔，肯定有资格成为奥尔罕·帕慕克（Orhan Pamuk）小说的主题。

现存的 1513 年和 1528 年的皮里雷斯地图是偶然保存下来的，只是显示整个世界的大地图的碎片，尺寸可能占原图的四分之一和六分之一，很可能是原图中被认为不太有趣的部分，而显示印度洋的部分则磨损得不成样子。[51]这些碎片都显示了新大陆，但其显示方式会让土耳其人觉得不必担心西班牙或葡萄牙航海家会向西穿越大西洋，从而找到前往香料群岛的后门。皮里雷斯地图中的南美洲向东南倾斜，与一片广袤的南方大陆相连，大西洋沿岸的任何地方都没有中断，所以从地图来看，船不可能通过巴拿马附近的某个地方进入太平洋。[52]1513 年的地图显示了一些绘制精美的船，如热那亚人安东先生（佛得角群岛的发现者安东尼奥·达·诺里）的船。[53]一艘停在南美洲海岸的船带有这样的文字标签："这是来自葡萄牙的三桅帆船（barque），它遇到风暴，来到了这片土地。"地图上的另一个文字标签描述了一艘前往印度的葡萄牙船是如何被吹到一片新土地的海岸的。皮里知道，有一艘船被送回葡萄牙，带去了发现巴西的消息，不过他不知道有一支更大的葡萄牙舰队继续前往印度。还有一个文字标签在南美洲与南方大洲的交会点上，其开头写道："据葡萄牙异教徒说，在这个地方，白天和黑夜最短的时候只有两个小时。"这表明皮里雷斯在使用葡萄牙的信息来源，而且是非常早期的信息来源，那时麦哲伦还没有起航，韦斯普奇则声称自己已经到达南美洲海岸的很远处。[54]

皮里雷斯意识到哥伦布的重要性，所以专门为他写了文字标签，这是地图上最长的一个。不过，皮里有不少误解。他写道，"库伦布"（Qulunbu，即哥伦布）向"热那亚的达官显贵"提出穿越大洋的想法，热那亚人回答道："愚蠢的人啊，在西方只能找到世界的尽头和边界。那里充满了黑暗的迷雾。"但是，皮里的叔叔凯末尔雷斯手下有一个西班牙囚犯，此人声称曾三次与库伦布一起到过新发现的土地。在对库伦布到访过的土地做了长篇描述之后，皮里雷斯写道："如今这些地区已经向所有人开放，并且广为人知……这张地图上的海岸和岛屿都是从库伦布的地图上复制的。"[55]皮里试图给出他画的所有海岸和大西洋岛屿的地名。他明白这些信息的重要性：它们不仅对奥斯曼帝国对付西班牙和葡萄牙的大战略非常重要，而且是关于世界的宝贵知识。在这个意义上，皮里雷斯尽管是用土耳其文写作的，但他是文艺复兴时期西班牙和意大利地理学家的同行。然而，这并不意味着他对基督徒入侵印度洋会心如止水，也不意味着他对葡萄牙人有任何好感（他一直在利用葡萄牙人的地图）：

> 要知道，霍尔木兹是一个岛。有许多商人去那里……但现在，朋友，葡萄牙人已经到达那里，在它的海角上建立了一个据点。他们控制着这个地方，收取关税，你看那个省已经沦落到什么地步了！葡萄牙人已经征服了当地人，葡萄牙商人挤满了那里的仓库。现如今，无论在什么季节，如果没有葡萄牙人，贸易就无法进行。[56]

因此，皮里雷斯明白，欧洲人对印度洋的入侵极大地改变了奥斯曼帝国与世界其余部分之间的政治和商业关系。可矛盾的是，他之所以能够发出关于葡萄牙人的警告，是因为他从西班牙和葡萄牙地图中获取了相关知识。奥斯曼人和伊比利亚人都对一个由海路连接起来的世界有了更多的认识。

注　释

1. P. Brummett, *Ottoman Seapower and Levantine Diplomacy in the Age of Discovery* (Albany, NY, 1994); S. Özbaran, *Ottoman Expansion toward the Indian Ocean in the 16th Century* (Istanbul, 2009); G. Casale, *The Ottoman Age of Exploration* (New York, 2010).

2. Brummett, *Ottoman Seapower*, pp. 32 - 3, 41, 143 - 70; K. Fleet, *European and Islamic Trade in the Early Ottoman State: The Merchants of Genoa and Turkey* (Cambridge, 1999).

3. Brummett, *Ottoman Seapower*, p. 34; K. N. Chaudhuri, *Trade and Civilisation in the Indian Ocean: An Economic History from the Rise of Islam to 1750* (Cambridge, 1985), p. 67.

4. Z. Biedermann, *Soqotra: Geschichte einer christlichen Insel im Indischen Ozean bis zur frühen Neuzeit* (Wiesbaden, 2006), pp. 68-76.

5. Chaudhuri, *Trade and Civilisation*, p. 69.

6. Özbaran, *Ottoman Expansion*, pp. 9, 40-41; W. Floor, *The Persian Gulf: A Political and Economic History of Five Port Cities* (Washington DC, 2006), pp. 7-24, 30-49, 89-106.

7. Cited in C. R. Boxer, *The Portuguese Seaborne Empire 1415-1825* (London, 1991), p. 62; Floor, *Persian Gulf*, pp. 15-16.

8. Floor, *Persian Gulf*, pp. 91-3; Manuel I of Portugal, *Gesta proxime per Portugalenses in India Ethiopia et alijs Orientalibus Terris* (1507; exemplar in John Carter Brown Library, Brown University).

9. Brummett, *Ottoman Seapower*, pp. 45, 167; see also *Epistola Potentissimi Emanuelis Regis Portugalie et Algarbiorum etc. de Victorijs habitis in India et Malacha ad sancto in Christo Patrem et Dominum nostrum dominum Leonem decimum Pontificem maximum* (1513; exemplar in John Carter Brown Library, Brown University).

10. Floor, *Persian Gulf*, pp. 101-6.

11. Özbaran, *Ottoman Expansion*, pp. 53-4, 57.

12. Chaudhuri, *Trade and Civilisation*, pp. 69, 71.

13. Brummett, *Ottoman Seapower*, pp. 34-5, 42; R. Crowley, *Conquerors: How Portugal Seized the Indian Ocean and Forged the First Global Empire* (London, 2015), pp. 202-41.

14. Brummett, *Ottoman Seapower*, pp. 42-3.

15. Casale, *Ottoman Age of Exploration*, p. 33; Özbaran, *Ottoman Expansion*, pp. 47, 51-2, 70.

16. 'A letter from Dom Aleixo de Meneses to King Manuel I; the Portuguese expedition to Jiddah in the Red Sea in 1527', in Özbaran, *Ottoman Expansion*, app. 1, pp. 325-9.

17. Özbaran, *Ottoman Expansion*, pp. 49-50.

18. Ibid., p. 51.

19. Brummett, *Ottoman Seapower*, pp. 44-5; Crowley, *Conquerors*, pp. 324-38, 引文见 p. 337。

20. Özbaran, *Ottoman Expansion*, p. 61, 内容与 F. Braudel, *The Mediterranean and the Mediterranean World in the Age of Philip II* (2 vols., London, 1972-3), vol. 1, p. 389 呼应；S. Özbaran, *The Ottoman Response to European Expansion: Studies on Ottoman-Portuguese Relations in the Indian Ocean and Ottoman Administration in the Arab Lands during the Sixteenth Century* (Istanbul, 1994), pp. 89-97。

21. Casale, *Ottoman Age of Exploration*, pp. 25-6, 31.

22. Özbaran, *Ottoman Expansion*, p. 9.

23. Crowley, *Conquerors*, pp. 203-4, 227-39; Casale, *Ottoman Age of Exploration*, pp. 26-7.

24. 信件内容引自 Casale, *Ottoman Age of Exploration*, p. 28。

25. Casale, *Ottoman Age of Exploration*, pp. 29, 31.

26. David Abulafia, *The Great Sea: A Human History of the Mediterranean* (London, 2011), pp. 418-23.

27. Casale, *Ottoman Age of Exploration*, pp. 40-41.

28. 'The report of Selman Reis written in 1525: The Ottoman guns and ships at the port of Jiddah, the description of the Red Sea and adjacent countries together with

the Portuguese presence in the Indian Ocean', in Özbaran, *Ottoman Expansion*, app. 2, pp. 334–5; cited in Casale, *Ottoman Age of Exploration*, p. 43; Özbaran, *Ottoman Response*, pp. 99–109.

29. P. Risso, *Merchants and Faith: Muslim Commerce and Culture in the Indian Ocean* (Boulder, 1995), p. 58.

30. Casale, *Ottoman Age of Exploration*, pp. 41–7, 49; Özbaran, *Ottoman Expansion*, p. 8.

31. S. Soucek, *Studies in Ottoman Naval History and Maritime Geography* (Istanbul, 2008), pp. 79–82.

32. Casale, *Ottoman Age of Exploration*, p. 56.

33. 写给奥斯曼指挥官的信，葡萄牙语版本，引自 Casale, *Ottoman Age of Exploration*, pp. 57, 218 n. 17。

34. Özbaran, *Ottoman Expansion*, pp. 83–4; Casale, *Ottoman Age of Exploration*, pp. 59–63.

35. Chaudhuri, *Trade and Civilisation*, pp. 71–3; Özbaran, *Ottoman Expansion*, pp. 80–84; Casale, *Ottoman Age of Exploration*, p. 76.

36. Boxer, *Portuguese Seaborne Empire*, pp. 61–2.

37. Ibid., pp. 48–9.

38. M. Meilink-Roelofsz, *Asian Trade and European Influence in the Indonesian Archipelago between 1500 and about 1630* (The Hague, 1962), pp. 136–72; also L. F. Thomaz, *De Ceuta a Timor* (Algés, 1994), pp. 291–9, 513–65; also Armando Cortesão, transl. and ed., *The Suma Oriental of Tomé Pires* (London, 1944), vol. 2, pp. 229–89.

39. Casale, *Ottoman Age of Exploration*, pp. 133, 159.

40. 'Report of Selman Reis', in Özbaran, *Ottoman Expansion*, p. 333.

41. S. Soucek, *Piri Reis: Turkish Mapmaking after Columbus* (2nd edn, Istanbul, 2013); M. Özen, *Pirî Reis and His Charts* (Istanbul, 2006).

42. Soucek, *Piri Reis*, pp. 47-63.

43. Ibid. , pp. 102-11, 114-25, 128-31.

44. G. McIntosh, *The Piri Reis Map of 1513* (Athens, Ga. , 2000), pp. 5-7; Özen, *Pirî Reis*, pp. 3 - 10; Casale, *Ottoman Age of Exploration*, pp. 98 - 9; Soucek, *Studies in Ottoman Naval History*, pp. 57-65.

45. Özen, *Pirî Reis*, pp. 20-22; Soucek, *Piri Reis*, p. 110.

46. Soucek, *Studies in Ottoman Naval History*, pp. 35-40, 45, 47.

47. Abulafia, *Great Sea*, pp. 486-7; Soucek, *Piri Reis*, p. 78.

48. Soucek, *Piri Reis*, pp. 30-41.

49. Soucek, *Studies in Ottoman Naval History*, p. 57; Soucek, *Piri Reis*, p. 79; McIntosh, *Piri Reis Map*, pp. 122-40.

50. Casale, *Ottoman Age of Exploration*, pp. 38-40, and fig. 2:1, p. 38; 这不是记录麦哲伦航行路线的地图，作者的推测是错误的。

51. Cf. Soucek, *Piri Reis*, p. 65.

52. 图片见 Özen, *Pirî Reis*, pp. 69-70; 1528 年地图见 Soucek, *Piri Reis*, pp. 96-7, 132; McIntosh, *Piri Reis Map*, pp. 52-68 提出了关于从更高级文明传递下来的信息的说法，应当忽略。

53. Soucek, *Piri Reis*, pp. 68-9.

54. McIntosh, *Piri Reis Map*, pp. 45-6.

55. Text ibid. , pp. 70-71; also in Soucek, *Piri Reis*, p. 75.

56. Piri Reis, *Kitab-i Bahriye* [' Book of Navigation '], cited by Soucek, *Studies in Ottoman Naval History*, p. 58.

第三十四章

马尼拉大帆船

※ 一

　　并非只有奥斯曼人希望葡萄牙人在印度洋上倒霉。安德烈斯·德·乌尔达内塔在东印度群岛被葡萄牙人拘留了十一年多。他于1536年到达位于巴利亚多利德（Valladolid）的查理五世宫廷时，并没有因自己的悲惨经历而消沉。他当时28岁，还算年轻。因为葡萄牙人没收了他的所有地图和文件，所以他只能向查理五世做口头报告。博学的博物学家奥维多（Oviedo）见证了乌尔达内塔在皇帝面前的汇报。据奥维多说，"他［乌尔达内塔］的消息非常灵通，能够一五一十地讲述他看到的一切"。[1] 自哥伦布从西班牙向西出发寻找香料群岛以后，已经过去四十四年，乌尔达内塔渴望证明向西的航线仍然可行，即使美洲大陆阻断了这条航线，而且西班牙人还没有掌控太平洋。他告诉皇帝："如果陛下愿意下令与摩鹿加群岛保持贸易往来，每年可以从那里运来6000多担［大约60万磅］丁香，有些年份的收获可超过1.1万担。"此外，在那里也可以找到黄金、肉豆蔻和肉豆蔻皮。"在摩鹿加群岛周围有许多富饶而有价值的地方可供征服；还有许多生意兴隆的国度，包括中国，我们可以通过摩鹿加群岛与之交流。"[2] 当时西班牙人尚不清楚摩鹿加群岛是属于 1494 年条约规定的西班牙势力范围还是葡萄牙势力范围，但在七年前，查理五世放弃了西班牙对摩鹿加群岛的权利主张，换取葡萄牙的 35 万杜卡特现金，因为查理五世忙于意大利战争，急需用钱。[3] 随着西班牙人在科尔特斯领导下巩固了对墨西哥的控制，以及在皮萨罗领导下巩固了对秘鲁的控制，很明显，西班牙可以从新大陆榨取大量白银，而且热那亚人愿意预支资金给西班牙，然后西班牙用美洲白银还款。[4] 所以，查理五世有理由相信自己手头拮据的问题即将得到彻底解决。

这能解释为什么西班牙人在太平洋西部划定他们想控制的地区的工作进展相当缓慢。渐渐地，他们了解到太平洋上有许多岛屿，但他们对这些岛屿兴趣不大。1536 年的一支西班牙探险队进入南太平洋，看到了基里巴斯群岛（Kiribati Islands），可船长格里哈尔瓦（Grijalva）决定宁可返回南美，也不继续航行去香料群岛。不过，他的船员叛变并杀死了他。格里哈尔瓦有充分的理由避开摩鹿加群岛，因为他知道查理五世已经把对这些岛屿主张的权利让给了葡萄牙人，而与葡萄牙人交战一直是西班牙指挥官在前往东印度群岛时最害怕的事情。格里哈尔瓦的水手们最终还是到了摩鹿加群岛，大多数人被愤怒的岛民屠杀，但有两个人落入了葡萄牙人手中，格里哈尔瓦远航的悲惨故事才得以流传至今。[5] 然而，西班牙人的太平洋地图上的空白逐渐被填补起来。1542 年，西班牙人将他们的野心一直扩展到琉球群岛，如前文所述，琉球群岛是与中国和日本开展贸易的活跃中心。西班牙人心中萌发的想法是，他们可以将菲律宾（当时还没有这个名字）作为与东亚开展贸易的基地。他们对菲律宾本身的评价并不高，因为他们渴望丁香和肉豆蔻，这两样东西在安特卫普市场上价格惊人，而他们失望地发现，菲律宾不产这两种香料。

1542 年，新西班牙（墨西哥）副王派遣他的亲戚①比利亚洛沃斯（Villalobos）前往菲律宾。比利亚洛沃斯的船员起初很沮丧地发现，菲律宾居民满足于维持生计，不屑于也不需要生产作为商品的食物，所以没有任何食物可以提供。不久，比利亚洛沃斯的水手们就沦落到以蚱蜢、致幻的蟹肉和鲜艳但有毒的蜥蜴为食。不过，西班牙人可以看到菲律宾的潜力：不是作为财富来源，而是作为面向婆罗洲、中国和马六甲的战略要地。他们对在萨兰加尼岛（Sarangani，西班牙船员在那里饥饿地度过了七个月）看到的市场印象深刻。在那里可以买到丝绸、瓷器和黄金。在一位住在邻岛的土著国王向西班牙人提供了大量的食物和水，并向他们展示了他的木制宫殿以及收藏的中国陶器和丝绸之后，比利亚洛沃斯决定，从今以后，这个岛群将被称为菲律宾，以纪念卡斯蒂利亚的王位继承人，即后来的国王腓力二世。这一荣誉对西班牙哈布斯堡王朝的意义远大于对这位国王的意义。[6]可是，探险家们对太平洋风向规律的无知又一次阻碍了他们。他们在试图前往墨西哥时，没有取得任何

---

① 原文为 brother-in-law。实际上，两人的具体关系不详，比利亚洛沃斯肯定不是门多萨的姐妹的丈夫。

进展，比利亚洛沃斯于 1544 年死在了新几内亚以西的安汶岛
（Amboyna）。然而，西班牙人开始看到，菲律宾虽然没有东印度群
岛的某些地方那么先进，但并不完全是荒漠。菲律宾的土著民族戴
着用当地黄金制成的饰品；这里有肉桂；还有姜，长期以来它是东
方第二大香料，在菲律宾群岛生长。菲律宾居民分成多个民族，该
地区在遥远的过去曾由马来航海家定居，菲律宾居民使用的不同语
言与马来语和波利尼西亚语有联系。菲律宾的沿海诸民族往往保留
了太平洋各民族著名的航海技术。[7]

　　问题是，对西班牙人来说，菲律宾似乎遥不可及。直到 16 世
纪 50 年代，西班牙国王腓力二世才认为发动新远征的时机已经成
熟。他的决定可能受到了香料市场价格短期上涨的影响：1558—
1563 年，老卡斯蒂利亚①的香料价格涨了两倍，而丁香和肉桂受到
的影响尤其严重。为什么会出现这种情况，并不清楚。一种解释是
安特卫普香料市场的投机行为失控。[8]到达菲律宾的计划非常好，但
问题是，有没有人对太平洋有足够的了解，可以引领新的远洋冒
险。有一个人拥有足够的知识，那就是安德烈斯·德·乌尔达内
塔，并且他确信菲律宾位于西班牙的势力范围，这一点也很有帮
助。不过，乌尔达内塔已经五十多岁了，而且进了奥斯定会的修道
院。没有一个头脑正常的人愿意参加如此危险的远航，所以许多船
员根本不是西班牙人，而是葡萄牙人、意大利人、佛兰德人，甚至

---

　　①　老卡斯蒂利亚是相对于新卡斯蒂利亚而言的，两者都是西班牙的地区名。老卡斯
蒂利亚在北，新卡斯蒂利亚在南，新卡斯蒂利亚是比老卡斯蒂利亚更晚从穆斯林手中收
复的。

希腊人。然而，西班牙国王亲自向乌尔达内塔发出呼吁，说服他离开修道院，担任高级领航员，辅佐舰队总司令米格尔·洛佩斯·德·莱加斯皮（Miguel López de Legázpi）。[9]

按照计划，舰队将由两艘盖伦帆船和三艘较小的船组成。第一个问题是墨西哥的太平洋沿岸没有能够建造大型盖伦帆船的造船厂。一切都必须从零开始，包括劳动力，而且必须获得合适的木材并将其拖到海岸。建造这支小舰队的费用是 700 万比索。[10]舰队于 1564 年末从纳维达（Navidad）启航，这是墨西哥太平洋沿岸的一座港口。[11]舰队中一艘被称为"轻型帆船"（patache 或 pinnace）的小船脱离了舰队，但它自己到了菲律宾的棉兰老岛（Mindanao）。在耐心等待其他船只后，它的船长阿雷亚诺（Arellano）判断自己没有足够的食物再待下去，于是返回墨西哥。在离开纳维达的八个半月后，他回到了墨西哥。这是第一次真正成功的回程，因为阿雷亚诺明智地去寻找能将他的船吹回美洲的东风。在这个过程中，他发现了一条从菲律宾返回墨西哥的路线，之前很多人就是因为不知道这条路线而无法抵达墨西哥。不过，这个故事有一个卡夫卡式的结局：阿雷亚诺被指控抛弃了指挥官，并且在菲律宾没有努力寻找指挥官。莱加斯皮在回到墨西哥后，向新西班牙的检审庭（Audiencia）提交了一份申请，要求审判阿雷亚诺。阿雷亚诺被迫在检审庭前为自己的行为辩护，然而，他从未因其所谓的罪行而受到实际惩罚。[12]

莱加斯皮在确立西班牙对菲律宾的统治方面取得了良好的进展。当地的统治者，包括穆斯林统治者，在看到美洲白银的光芒时，都愿意与他签订协议，因为白银在对华贸易中是非常宝贵的。如果菲律宾人反对，西班牙人就用强大的火力镇压他们。与葡萄牙人进入印度洋时相比，西班牙人在亚洲杀人较少，但当莱加斯皮认为需要展示实力的时候，他也可以做到残酷无情。不过，他的远航并不全是为了征服当地。他告诉腓力二世国王，中国和日本商人年复一年地在菲律宾的吕宋岛（Luzon）和民都洛岛（Mindoro）从事贸易。可莱加斯皮也意识到，葡萄牙商人偶尔会来菲律宾。为了阻止他们，他需要在菲律宾建立一个基地，而且他需要说服当地的苏丹，虽然苏丹们是穆斯林，但接受西班牙的宗主权是一件好事。[13]

　　与阿雷亚诺一样，莱加斯皮的部下也找到了返回墨西哥的路。事实再次证明乌尔达内塔是一名能干的领航员，他绘制的地图这次没有被葡萄牙人抢走，而是在随后几十年内被不断复制。他找到了一条比阿雷亚诺的路线好得多的路线，但即便如此，从菲律宾到墨西哥的航行也比从墨西哥到菲律宾的航行长得多。西南季风把"圣佩德罗号"（San Pedro）盖伦帆船［有时被称为"圣巴勃罗号"（San Pablo）］带到了日本所在的纬度，船进入了北太平洋的风系，这使船向东画了一个巨大的弧线，最终抵达加利福尼亚附近的圣巴巴拉海峡。[14] "圣佩德罗号"花了四个月多一点的时间，于1565年10月抵达阿卡普尔科（Acapulco）。仅仅叙述它走的路线并不能说明水手在漫长的回程中经历的苦难。与达·伽马舰队的情况一样，坏血病夺去了一些人的生命（16人在途中死亡，但船员总人数超过200人，所以死亡率比早期许多航行的死亡率要低得多）。莱加斯皮远航一般被认为是马尼拉大帆船贸易的开始。马尼拉大帆船贸易从 1565 年到 1815 年，一共持续了二百五十年，不过在冲突时期或发生海难后，偶尔会中断。[15]这些大帆船的排水量往往达到1000 吨，它们可能是当时世界上最大的商船。

一旦处于西班牙的统治之下，菲律宾就被视为新西班牙副王辖区的一部分，换句话说，是墨西哥的延伸。而菲律宾的居民，就像美洲土著居民一样，被不加区分地称为"印第安人"（Indios）。在菲律宾群岛的某些地方有大量穆斯林，他们被称为"摩尔人"（Moros）。这些都是传统的、非常粗略的民族分类，西班牙人将大部分原住民划分为这些类别。

※ 二

虽然环球航行者，特别是麦哲伦和埃尔卡诺，以及后来的德雷克，吸引了大量的关注，但真正重要的环球航行是在马尼拉大帆船航线开通后开始的（并且是分阶段进行的），这一点被有些历史学家忽略了，真是咄咄怪事。[16]菲律宾与中国和日本相连，也与墨西哥和秘鲁相连。跨越中美洲运输的货物到达墨西哥湾的韦拉克鲁斯，被船运到哈瓦那，然后跨越大西洋被运到塞维利亚和加的斯。在相反的方向，尽管西班牙殖民者和葡萄牙人之间长期存在敌意，货物还是被从马尼拉运输到澳门、马六甲、果阿，然后进入葡萄牙的香料贸易网络，一直到里斯本和安特卫普。三大洋已经连通，而把这个网络维系起来的钉子，就是上述的这些城市。中国丝绸和陶瓷可能途经墨西哥或好望角到达西班牙的餐桌。在墨西哥的西班牙贵族和土著精英可以用中国的瓷餐具吃饭，并穿上大帆船每年从马尼拉运来的精美丝绸制成的服装。[17]随着西班牙人和他们的葡萄牙竞争对手深入南海的贸易网络，他们一方面寻求更多的香料，另一方面也渴求中国和日本的充满异域风情的产品。1567 年，明朝皇帝决定允许中国商人从事海外贸易，这助长了西班牙人和葡萄牙人的野心（在此之前的一个半世纪里，大明朝廷一度强烈反对对外贸易）。[18]

为了实现自己的目标，西班牙人必须找到位置最佳的港口，作为开展贸易的基地。1570 年派出的一支探险队取得了可喜的成果，马尼拉（吕宋岛上的一个定居点）的苏丹以传统的方式与西班牙人歃血为盟（饮用含有协议双方代表血液的液体）。不过，宣誓缔结友好关系和臣服还是有区别的，当马尼拉的苏丹苏莱曼（Soliman）意识到西班牙人现在认为他是他们的臣民，并需要向西班牙国王纳贡时，就很不高兴。于是西班牙人诉诸武力。1571 年，他们正式将马尼拉确立为菲律宾殖民地的首府。1595 年，腓力二世国王确认了菲律宾这一名称。当时，这座蓬勃发展的城市被认定为菲律宾之"首"（Cabeza）。[19]中国人对马尼拉建城有自己的说法：

> 时佛郎机强，与吕宋互市，久之见其国弱可取，乃奉厚赂遗王，乞地如牛皮大，建屋以居。王不虞其诈而许之，其人乃裂牛皮，联属至数千丈，围吕宋地，乞如约。①[20]

---

① 《明史》卷三二三《外国四·吕宋》，第 8370 页。

这很像迪多（Dido）建立迦太基的故事，也许是葡萄牙旅行者把这个故事传播到了中国。[21]然而莱加斯皮的消极观点是，"这片土地不能靠贸易维持"，他的意思不是说在马尼拉建立贸易基地会失败，而是说菲律宾的资源不足以维持马尼拉的生存。马尼拉的未来取决于它能否成为太平洋贸易的中心。它没有让大家失望。[22]

值得注意的是，马尼拉大帆船（通常每次只有一艘非常大的船）是在马尼拉的西班牙人的主要收入来源。连接马尼拉和墨西哥的生命线很脆弱，很容易断裂。即便如此，水手和定居者还是愿意冒险走这条路线，以追逐利润，有时也是出于好奇心。佛罗伦萨商人弗朗切斯科·卡莱蒂（Francesco Carletti）留下了关于前往马尼拉的旅程的生动描述。他于 1594 年出发，环游世界，当时他大约 21 岁。他之前一直和父亲在塞维利亚生活，学习"商人的行当"，在那里生活了三年后，父亲建议租用一艘大约 400 吨的小船，航行到佛得角群岛，在船上装载黑奴，然后把黑奴运到西印度群岛。很遗憾地说，这是当时很常规的操作，只不过卡莱蒂父子是意大利人，按理说只有西班牙的臣民才被允许在这些航线上行驶。因此，他们必须找到一个西班牙支持者。他们找到了一个来自塞维利亚的女人，她嫁给了一个比萨商人，同意为这次远航提供支持。[23]卡莱蒂父子安全抵达加勒比海，为那些（据说）因吃鲜鱼而死亡后被扔进海里的奴隶感到惋惜。他们心血来潮，深入新大陆，到达巴拿马和秘鲁；然后到了墨西哥，探访阿卡普尔科；接下来带着一批白银跋涉到墨西哥城，一路做生意，并记录下他们看到的美妙景象，因为弗朗切斯科决定将他的航行记录寄给托斯卡纳大公费迪南多·德·

美第奇（Ferdinando de' Medici）。这位大公热心扶助贸易，曾授予里窝那（Livorno）自由港许多特权，使亚美尼亚人、犹太人和其他人能够在该城定居。

卡莱蒂父子的想法是在墨西哥购买货物，然后将其带回利马。沿着从秘鲁到墨西哥的海岸线的海路此时已经完全正常运作了。这条海路是西班牙人开辟的，因为阿兹特克人和印加人之前几乎完全不知道彼此帝国的存在。但是，卡莱蒂父子在墨西哥待的时间越久，卡莱蒂的父亲就越相信，他需要去菲律宾，所以目前只走了一半路程而已。然而只有西班牙人可以去菲律宾，于是他们又一次不得不想办法。不过，在船上工作的人不受上述规定的限制，毕竟船员中包括大量菲律宾人、中国人，甚至还有非洲黑人。卡莱蒂父子被任命为船上的军官，但船长同意找两个水手来履行他们的职责，只要他俩放弃军官的薪水。西班牙官方还规定，每艘船带到菲律宾（用于购货）的在秘鲁和墨西哥开采的白银的价值不得超过 50 万金埃斯库多（escudos），因为西班牙王室想把马尼拉贸易作为王家垄断行业。但实际上有很多机会能把钱偷运到菲律宾，然后把货物偷运出去。船长是这种"走私"活动的同谋，因为"他习惯于为各种运钱的人帮忙"，结果船上的白银价值高达 100 万埃斯库多。船长有权从中抽取 2% 的佣金，所以我们可以理解他为什么愿意违抗西班牙当局的命令，尽管当局威胁要没收走私者的货物，甚至施加更严厉的惩罚。[24]

从墨西哥前往菲律宾的旅程一般来说不是很困难。卡莱蒂父子于 1596 年 3 月出发后，享受了一次"顺利和愉快的航行"。一直顺风，所以旅程仅需 66 天，而回程则可能需要 6 个月。船在马里亚纳群岛（Marianas），即麦哲伦称为"盗贼群岛"的地方补充了淡水。淡水是用非常粗壮的竹节装的。马里亚纳居民想要的只是一些铁块，对他们来说铁块比黄金还要珍贵。"他们用最友好的方式询问，用手掌沿着他们的心脏边缘摩擦，说'朋友，铁，铁'（Chamarri，her，her）。"弗朗切斯科·卡莱蒂对马里亚纳岛民建造的船只的印象特别深刻，那些船是"用最薄的木板精心制造的，涂着巧妙地混合起来的各种颜色。没有钉子，木板被以一种随性而美丽的方式和风格缝在一起。这种船如此轻盈，仿佛在海上飞翔的鸟儿"。他很欣赏那些能够保证船永远不会翻倒或沉没的舷外浮材（它们能使船保持浮力），还有那些"制作方法像草席一样的"狭长船帆。[25]他对这些"野蛮人"本身的印象不佳，那些男人赤身露体地行走，不知羞耻。

从许多方面来看，接近马尼拉是航行中最危险的阶段。马尼拉位于菲律宾北部大岛吕宋的西侧。要到达马尼拉，船必须通过台湾岛和吕宋岛之间的吕宋海峡，然后穿过狭窄的水道，经过浅滩，进入马尼拉湾。在载着卡莱蒂的盖伦帆船经过台湾之前，刮起了台风。他们不得不降下船帆，盖伦帆船在淡水短缺的情况下止步不前18 天之久。卡莱蒂描述了水是如何配给供应的。船长下令不煮任何食物，理由是这会让人们喝更多水（船上的肉是用盐腌制的）。大家只能吃用水和油浸湿并撒上糖的压缩饼干。风暴减弱之后，船停泊在吕宋岛附近，大家吃到了新鲜的鱼和美味的水果，之前的苦难似乎就成了遥远的回忆："在我看来，那个地区的香蕉是世界上最美味的水果之一，尤其是某种香蕉有非常微妙的气味，让人欲罢不能，没有比这更受欢迎或更美味的了。"[26]

卡莱蒂对马尼拉的印象并不像他对菲律宾香蕉的印象那么好。他认识到马尼拉的布局和房屋风格与他在墨西哥城看到的相似，不过墨西哥城要大得多。然而他认为马尼拉的防御力更强，因为它有厚厚的城墙和由 800 名西班牙士兵组成的驻军。马尼拉戒备森严是有道理的，因为那里的居民要在包含约 1.2 万个岛的海域面对许多敌人。他对西班牙定居者能够获得的利润印象深刻："从被中国人运到马尼拉然后被运到墨西哥的商品中，他们［西班牙定居者］仍然能赚到 150%—200% 的利润。"

> 这些岛屿缺少的东西，都是从外界运来的。从日本运来小麦面粉，他们用它制作面包，供西班牙人食用。从日本还运来许多其他东西，他们用船将其运走出售。中国人每年也会带着大约 50 艘船来到这里，这些船满载着纺成天鹅绒、缎子、织锦缎或塔夫绸的生丝，以及大量棉布、麝香、糖、瓷器和许多其他种类的商品。他们用所有这些商品与西班牙人开展利润丰厚的贸易。西班牙人从他们手中购买这些商品，然后将其运到新西班牙的墨西哥城。[27]

卡莱蒂到达的那一年，在马尼拉港口里只有十几艘这样的中国帆船，它们运来的所有商品都被迅速抢购一空。卡莱蒂将中国货物的缺乏归因于马尼拉华人区的一场大火。但是，如后文所述，还有其他干扰因素：海盗袭击、华人定居者的暴乱等。

　　卡莱蒂并不只是报告商机。他还对菲律宾人本身非常着迷："摩尔人"喜欢在斗鸡场上赌博，而多神教徒居民，即有大量文身的比塞欧人（Bisaios），他们之中的男人在阴茎上穿刺并安装饰钉，这在某种程度上增加了他们的"淫欲之乐"，尽管至少起初，饰钉让他们的女性伴侣感到非常不舒服。他对菲律宾赞不绝口："这些岛屿的一切都很好。"[28]卡莱蒂父子意识到西班牙政府的政策使外商很难到马尼拉做生意，所以设想了一个计划，取道日本航行到中国、东印度群岛、果阿和里斯本。这并不比把商品装到开往阿卡普尔科的船上更容易。卡斯蒂利亚人被禁止进入葡萄牙的贸易区，违者将被没收货物和监禁。葡萄牙国王塞巴斯蒂昂于 1578 年在与摩洛哥人的战争中死亡，他的继任者也在几年后去世，没有留下子嗣，于是西班牙国王腓力二世在 1581 年继承了葡萄牙的王位，然而禁止卡斯蒂利亚人进入葡萄牙贸易区的法规仍然有效。这是一种在拥有共同君主但没有共同目标的两国人民之间维持和平的方式。

　　解决卡莱蒂父子面临的问题的办法，是在夜间携带银条溜出马尼拉，登上一艘日本船，因为日本是"葡萄牙人和卡斯蒂利亚人都不统治的自由地区"。这艘船类似于中式帆船，卡莱蒂对其船帆很着迷，但对它的功能并不完全信任。他说，船帆像扇子一样折叠起来，可实际上很脆弱。他还对脆弱的船舵很感兴趣。[29]葡萄牙船每年都会从中国沿海的澳门来到长崎，因此卡莱蒂在考察日本部分地区（当时日本没有对外商闭门）之后，前往南海不会有很大的困难。卡莱蒂在日本见识了茶叶和温热的米酒。后文将讨论他在日本的经历。[30]卡莱蒂对马尼拉的描述清楚地表明，该城是连接西属菲律宾与墨西哥（并通过墨西哥与西班牙相连），以及连接西属菲律宾与中国（当中国帆船抵达时）和日本的网络枢纽。实际上，葡萄牙人在马尼拉并不总是不受欢迎的。作为一个交流中心，马尼拉与整个已知世界的海上贸易中心都有联系。

※ 三

马尼拉拥有良好的港口和肥沃的腹地，是一座国际化的大都市，不过这并不是说那里的许多民族之间的关系总是很融洽的。西班牙征服者是天主教徒，他们与穆斯林、佛教徒、道教徒和多神教徒不断接触，使自身的处境变得复杂。1650 年，马尼拉的西班牙定居者人口为 7350 人，他们将自己限制在一座被称为"城墙内"（Intramuros，中文世界一般称之为"王城区"，它至今仍是马尼拉老城区的名称）的设防城市内，而马尼拉的郊区生活着许多华人、日本人和菲律宾人。[31]在菲律宾人称为 Maynila（马尼拉）的地方曾经有一个定居点，西班牙人曾想过把这座城市命名为"耶稣之美名"，但旧名字 Maynila 的西班牙语版本似乎更简单实用。[32]西班牙征服者首次抵达马尼拉的时候，华人已经在菲律宾生活很长时间了。在宋代（从 10 世纪中叶到 13 世纪末），中国帆船经常到访菲律宾，因为在这一时期，朝廷鼓励私营贸易。即使在明朝前期皇帝的严厉政策下，私营贸易仍在非正式地进行。菲律宾是郑和船队到访的地方之一，因为永乐帝渴望把菲律宾纳入他的统治，并在 1405

年派了一名官员到吕宋岛，期望能掌管这个地方。[33]两年后，郑和下西洋的船队抵达菲律宾，在那时和其他一些时候，中国从菲律宾得到的贡品包括黄金、宝石、珍珠。菲律宾的船继续前往中国。逃避朝廷贸易禁令的中国商人在菲律宾收集来自爪哇和摩鹿加群岛的香料。在欧洲人到来之前中国和菲律宾之间密切接触的最明确证据，是皮加费塔关于麦哲伦航行的描述，其中说菲律宾土著酋长用瓷器吃饭。即使是在远离海岸的菲律宾高地的考古发现也表明，中国陶瓷被作为礼物，将高地酋长与低洼地区强大的达图（datu，意思是地方统治者）联系起来。诚然，达图们把最好的瓷器留给了自己。[34]

　　人们很快就明白，马尼拉不能没有中国，就像它不能没有阿卡普尔科一样。在 1603 年针对华人的大屠杀之后，一位西班牙评论家抱怨道，马尼拉没有食物，甚至没有鞋子，因为华人不仅是商人，还是工匠："没有华人，这座城市确实无法生存，也维持不下去。"[35]西班牙人把华人称为 Sangleys（"生理人"或"常来人"），这是 seng-li 一词的变形，在汉语的厦门方言中，"生理"是"生意"的意思。[36]"生理人"是乘坐大型中式帆船来的，一艘船上有多达 400 名乘客，其中一些人可能会留在马尼拉，在八连（Parían，华人聚居区）定居。中式帆船与欧洲或菲律宾的船截然不同：中式帆船的首尾两端都是方形的，甲板上有用棕榈叶做屋顶的小木屋；船舱被隔板分隔开来，因此，如果船漏水，每次只有一个隔舱会被淹没。商人租赁这些隔舱的空间，存放货物，租金为货物价格的 20%。另外 20% 或更多的费用给了马尼拉的华人经纪人，他们帮助管理销售业务，必要时会向西班牙官员行贿，尽管在官方层面是通过批发议价的制度来销售货物的，这种制度满足了西班牙商人的需要。由于对中文几乎一无所知，西班牙商人仍然对华人的议价能力表示怀疑。[37]在西班牙人抵达菲律宾之前，中国帆船对老马尼拉就已经很熟悉了。在西班牙人的城市建立起来之后，中国帆船来得越来越多，有记录的抵达数量从 1574 年的 6 艘上升到 1580 年的 40 艘或更多。只要中国人得知有马尼拉大帆船带着结账所需的白银进港，那么每年抵达马尼拉的中国船至少有 30 艘。为了应对季风和台风的危险，中国人的到访时间很短：3 月从中国出发，6 月初离开马尼拉。[38]

　　这种贸易的商品以丝绸和瓷器为主。起初，一些西班牙人在谈论中国丝绸的质量时相当不屑一顾，然而一旦中国人对他们试图接触的遥远市场有了很好的认识，情况就改变了。他们仿制安达卢西亚的丝绸，而对于中国和安达卢西亚的丝绸哪个更好，西班牙人意见不一。塞维利亚商业界对从中国到马尼拉以及从马尼拉到墨西哥的丝绸贸易的扩张持反对态度，因为他们认为墨西哥将是塞维利亚商人的专属市场。中国的瓷窑和织布机一样，表现出很强的适应能力。在 17 世纪，中国陶工知道欧洲人和日本人想要什么，并相应地修改了设计。结果是西班牙和欧洲其他殖民者对中国商品产生了特殊的品位，中国生产者为满足购买者的文化偏好而进行了巧妙的调整。这是中华文明与西方文明相遇的一个重要时刻。安东尼奥·德·莫尔加（Antonio de Morga）是 16 世纪末马尼拉检审庭的庭长，他对这些中式帆船运来的货物做了列举：

　　　　成捆的生丝，细度为两股，以及其他质量较差的丝；未缠

　　绕的细丝，有白色和其他各种颜色，缠绕成团；大量的天鹅
绒，有些是素色的，有些带有各种图案、颜色和风格的刺绣，
有些是镶金和绣金的；编织的料子和锦缎，在各种颜色和有各
种图案的丝绸上织以金线和银线；大量的缠绕成团的金线和银
线；织锦缎、缎子、塔夫绸和其他各种颜色的布料……[39]

　　这只是丝绸。中国人还运来了亚麻布、棉布、幔帐、被子、挂
毯、金属制品（包括铜壶）、火药、小麦粉、新鲜水果、果干、有
装饰的文具盒、镀金长凳、活鸟和驮兽。每艘中式帆船一定都相当
于 16 世纪的浮动百货商店。中国人对马尼拉和墨西哥市场需求的
反应如此灵敏，以至于他们有时会得出错误的结论。一个西班牙人
可能是由于性病，失去了他的鼻子，他委托一个来访的中国工匠制
作一个木制的假鼻子，并给了工匠慷慨的报酬。工匠以为找到了生
财之道，于是在下一次去马尼拉的时候，运来了一整批木制的假鼻
子，结果发现马尼拉的西班牙人已经有自己的鼻子了。工匠早该注
意到这一点才对。[40]

　　西班牙人购买所有这些货物，用的是每年由大帆船从阿卡普尔
科运来的大量秘鲁白银，以及少量的墨西哥白银。据估计，1500—
1800 年开采的美洲白银数量为 15 万吨。其中只有一部分被马尼拉
大帆船运往西面的菲律宾（1597 年有价值 1200 万比索的白银被运
往马尼拉，大多数年份为价值 500 万比索的白银），但即便如此，
美洲白银的大量流入也对缺少白银的中国经济产生了巨大的影响。[41]
明朝皇帝曾试图延续蒙古人发行纸币的做法，从而解决域内白银匮

乏的问题。外邦统治者在向明朝纳贡之后收到纸币形式的礼物，很可能会怀疑这是不是公平的交换，特别是当（如 1410 年）来自菲律宾的使团向皇帝献上黄金贡品时。[42]另一种可能的解决办法是以谷物的形式收税，然而明朝官员对白银的流入做出反应，接受白银为支付手段，因为它更容易运输。然后在 1570 年前后，大明朝廷决定将一系列的税收合理化，施行所谓的"一条鞭法"，使白银支付成为常规。从长远来看，中国的金银兑换率变得不那么极端。1600年前后，广州的金银兑换率为 1∶5.5，而在同时代的西班牙可能高达 1∶14。在中国和在欧洲一样，大量金银的输入推高了商品价格，导致"大通胀"。另外，白银的大量输入大幅提高了货币供应量，推动了明朝的经济发展。[43]中国的金银兑换率比其他地方的对外商更有利，外商可以用白银廉价地购买黄金。商人在世界各地将白银从出产丰富的地方转移到出产贫乏的地方，就有机会赚取可观的财富，热那亚人和威尼斯人在早先几个世纪就知道这个秘诀了。[44]一个葡萄牙商人在 1621 年评论道："白银在世界各地流动，然后涌向中国，并留在那里，仿佛中国是白银的天然中心。"[45]

　　中国贸易除了给马尼拉带来货物，还带来了人员。16 世纪末，一位菲律宾总督单独划出一个华人区（八连），供华人居住。八连这个名字是对中文"组织"一词的讹误音译①。[46]华人区位于西班牙

---

　　① 　此说存疑。参考另外两种说法：Parían（八连）源自他加禄语，意为"去（那里）"；源自菲律宾华侨的闽南语，意为"板顶"，指楼上。蔡惠名在其博士论文《菲律宾咱人话研究》中认为八连是西班牙语中"市场"一词的闽南语译音。许壬馨发表在《暨南史学》上的论文《菲律宾早期的唐人街——八连（Parian）的商业活动及其沿革（1582—1860）》认为"八连"系翻译名词，应该不是中文。

殖民者居住的王城区的围墙之外，发展非常迅速。到 1600 年，华人区有 400 多家商店，马尼拉的华人人口据说达到 1.2 万人，主要是男性，因为他们从中国来时往往没有带妇女。不过，许多华人男子娶了菲律宾妻子。西班牙人对八连的居民颇为猜忌。有些华人成了天主教徒，可有一次，华人反叛西班牙人的领导者是一个幻想破灭的基督徒。腓力三世国王相信，马尼拉的华人造成了"极大的危险"。[47]当马尼拉受到中国船只的威胁时，紧张局势会加剧，1574 年就发生了这种情况。那一年，中国海盗在林凤的指挥下，乘坐 70 艘大型中式帆船，占领了马尼拉的大部分地区。直到西班牙援军在胡安·德·萨尔塞多（Juan de Salcedo，菲律宾的开拓者莱加斯皮的外孙）的得力指挥下从海上抵达，才艰难地打退了中国海盗。林凤及其手下被赶出马尼拉后，西班牙船追上他们，歼灭了他们的舰队。然而，殖民地内部也出现了麻烦。1593 年，西班牙总督①和他的西班牙船员被他的桨帆船上的华人桨手暗杀。总督的儿子和继任者②向澳门和马六甲发出呼吁，希望能缉拿凶手。一些华人水手被从马六甲送到马尼拉处决，但他们可能只是替罪羊。同时（按照一部中国文献的说法），中国人出于对贸易的热爱，继续住在马尼拉。③[48]

---

①　指的是戈麦斯·佩雷斯·达斯马里尼亚斯（Gómez Pérez Dasmariñas，1519—1593 年），他于 1590—1593 年担任菲律宾总督，于 1593 年死于马尼拉华人的反叛。

②　指的是路易斯·佩雷斯·达斯马里尼亚斯（Luis Pérez Dasmariñas，1567/1568—1603 年），他接替遇害的父亲，成为菲律宾总督。

③　"然华商嗜利，趋死不顾，久之复成聚。"见《明史》卷三二三《外国四·吕宋》，第 8371 页。

在 16 世纪末和 17 世纪，紧张局势平均每十四年就会爆发一次。中国与西班牙之间紧张关系最离奇的例子发生在 1603 年，甚至在当时，西班牙人都怀疑他们看到的是一场闹剧还是严肃的政治谈判。三名中国官吏抵达马尼拉，① 被隆重地抬到西班牙总督府。中国官吏说，他们正在寻找不远处的产金岛屿卡维特（Cabit），该岛不属于任何统治者。马尼拉附近确实有一个叫甲米地（Cavite）的港口，它是通往首府马尼拉的门户。中国官吏被带到那里，看到那里并非遍地黄金。⁴⁹不过，甲米地有一座海军船坞，所以中国官吏想看的其实肯定是这个。中国官吏的到来引发了关于他们真实意图的谣言。西班牙定居者认为他们是间谍，并且中国人正在准备一支庞大的舰队，将运载十万大军前来，把西班牙人赶出菲律宾。除此之外，有谣言说八连的华人即将发动反叛。西班牙人和华人之间互不信任已经不是什么新鲜事了，但由于马尼拉驻军中的日本雇佣兵威胁要通过屠杀华人来阻止反叛，华人的不满情绪也随之高涨。在 1603 年 10 月发生了一系列可怕的事件，华人发动反叛，烧毁了马尼拉城的郊区，杀死了包括总督在内的一些西班牙精锐军人。② 另一次，华人驱散了令人生畏的日本雇佣兵。反叛者甚至屠杀了拒绝加入反叛的华人同胞。直到西班牙援军从菲律宾的其他地方赶来，

---

① "乃遣海澄丞王时和、百户干一成偕巤往勒。"见《明史》卷三二三《外国四·吕宋》，第 8372 页。

② 在 1603 年马尼拉华人反叛中，时任菲律宾总督的佩德罗·布拉沃·德·阿库尼亚（Pedro Bravo de Acuña）并未死亡。他于 1602—1606 年担任菲律宾总督，卒于 1606 年。这里作者指的应当是路易斯·佩雷斯·达斯马里尼亚斯，他死于 1603 年的马尼拉华人反叛。

反叛才得以平息。西班牙援军在所有地方追杀华人叛军，一部中国史书称死亡人数高达 2.5 万人①。[50]

即使成千上万的华人遭到屠杀，西班牙与中国也没有决裂：贸易继续进行，6000 名华人定居者在接下来的两年内回到了八连。新任总督禀报腓力三世国王："我们原本担心中国人再也不来了，但看到他们选择继续从事贸易，这个国家得到了极大的安慰。"不足为奇的是，中国人的说法的重点稍有不同："其后，华人复稍稍往，而蛮人利中国互市，亦不拒。"②[51]

※ 四

腓力二世国王有更宏伟的计划，远远超出了对华贸易。早在 1573 年，就有西班牙人提出了入侵中国的想法。墨西哥和秘鲁的例子似乎证明，规模小但精锐的西班牙军队在武器供应充足的情况下，可以战胜强大的帝国。众所周知，日本人憎恨明朝，西班牙人可以说服他们加入入侵。西班牙人轻蔑地认为明朝防卫不力、不堪一击。与伊比利亚人的其他征服一样，物质追求和精神追求是交织在一起的。如果能征服这片异教徒的土地，并使其居民皈依天主教信仰，必然会给基督教世界带来极大的好处。1575 年 6 月，一支探险队从马尼拉出发，船上的许多人幻想自己是征服者，将会掌控具

①　"伏发，众大败，先后死者二万五千人。"见《明史》卷三二三《外国四·吕宋》，第 8373 页。

②　《明史》卷三二三《外国四·吕宋》，第 8373 页。

有传奇色彩的中国财富。不过，首要任务是说服明朝皇帝，请他允许西班牙修士在中国传教。另一个话题是在台湾岛对面的海岸建立一个西班牙贸易基地，中国人很乐意批准，特别是如果西班牙舰队能帮助清剿菲律宾和中国之间水域的海盗的话。中国人和西班牙人一样讨厌惹是生非的林凤。[52]在随后的一些年里，腓力二世的朝廷多次提出入侵中国的计划，这些计划虽然很有吸引力，但西班牙无敌舰队于 1588 年被英格兰海军打败，于是腓力二世变得务实起来。休·托马斯（Hugh Thomas）提出的一个问题是，如果腓力二世没有在那一年丧失他的舰队，入侵中国的计划是否会落实。另外，腓力二世位于欧洲北部的属地尼德兰日益激烈的叛乱也严重消耗了西班牙的资源。[53]

腓力二世明白，他在亚洲的首要任务是促进西班牙在太平洋西部的商业利益，而不是征服另一个帝国。他的西班牙臣民（不仅在马尼拉，而且在墨西哥、秘鲁甚至欧洲）都对中国商品很着迷。[54]在他们的商业野心背后，隐藏着一个古老的问题：不是与中国商人的竞争，而是与葡萄牙商人的竞争。西班牙人知道，他们的葡萄牙对手已经成功地在中国的边缘扎营。在通往广州的珠江的河口，葡萄牙人建立了前哨据点澳门，下一章会探讨澳门的建立。[55]1580 年之后，腓力二世除了继续当卡斯蒂利亚国王，还登上了葡萄牙王位，于是西班牙人似乎有机会通过澳门从事贸易。不过，国王并不热衷于此，所以在 1593 年禁止西班牙人到访澳门。几年后，他允许西班牙人到访中国沿海地区。西班牙人效仿葡萄牙人，试图在一个他们称为"松树林"（El Piñal）的地方建立自己的基地，那里也靠近珠江，可能位于现代香港的某处。葡萄牙人果然大声抱怨，而一位不得不在"松树林"忍受 1598 年寒冬的西班牙官员则抱怨说，不仅是葡萄牙人，中国人也给西班牙人制造了无穷无尽的麻烦。中国人不是用暴力抢劫西班牙人，而是用更巧妙的手段，"用其他更糟糕的手段"来抢劫他们，换句话说，就是通过精明的贸易行为。[56]"松树林"并没有存在多久。随着时间的推移，澳门和马尼拉之间的联系越来越多。马尼拉学会了同时向西和向东看。到 1630 年，从澳门运往马尼拉的货物价值达到 150 万比索。[57]从马尼拉定居者的角度看，最重要的是中国帆船持续来到马尼拉，除此之外还有菲律宾的舷外浮材船只、葡萄牙船只，以及日本帆船（这很重要）来马尼拉做生意。

※ 五

对马尼拉的繁荣发展来说，与日本的联系并不像与中国的联系那样关键，但仍然举足轻重。一旦葡萄牙人、西班牙人和后来的荷兰人进入日本水域，日本当然不可能始终切断与欧洲人的联系。两个多世纪以来，除了在长崎（荷兰人于 1641 年在那里建立了一个小型贸易站），日本停止与欧洲商人通商。然而在日本锁国之前，日本与这些来自世界另一端的访客进行了密切但有戒备的接触。欧洲人对日本人感到困惑，正如日本人对欧洲人感到不解。在 1639 年之前，葡萄牙人在日本的丝绸贸易中一直很活跃。不过，当耶稣会传教士（也是葡萄牙人）开始在日本南部积极传教时，就有麻烦了。幕府将军认定，不仅是传教士，皈依基督教的日本人也对幕府构成了政治威胁。一名到达日本的西班牙领航员带来了一张世界地图，上面标明了西班牙帝国的许多土地。日本人很想知道这些征服是如何发生的。

> "没有比这更容易的了，"领航员答道，"我们的国王首先向他们想要征服的国家派遣修士，修士让那里的人皈依我们的宗教。当修士取得相当大的进展时，我们的国王就会派出军队，新基督徒会加入他们。然后，就不难解决余下的问题了。"[58]

据说，这次不够明智的谈话促使日本摄政者丰臣秀吉开始迫害日本基督徒，后来发生了一系列迫害运动。

正如马尼拉的例子显示的那样，在 16 世纪晚期，日本雇佣兵是一种大家都熟悉而且令人生畏的形象。他们训练有素，装备精良，作为凶悍的战士享有盛誉，所以那些寻找有偿军事服务的人很重视日本雇佣兵。在摄政者兼太政大臣丰臣秀吉统一日本大部分地区的大约十年后，德川家康于 1600 年击败了自己的敌人。在那之后，外国雇主很容易找到日本雇佣兵，因为他们在日本本土无事可做，而外国的机会在向他们招手。偶尔，对日本人的钦佩会让西班牙人嗅到危险的气息。也许本领高强的日本军人会受到诱惑，入侵菲律宾？毕竟在 16 世纪 90 年代，马尼拉就有很多日本商人。

出于这个原因，马尼拉的西班牙总督决定，日本人和中国人一样，应当有自己的聚居区，即迪劳（Dilao）："为了缓解我们对城市里有这么多日本商人的焦虑，最好是在收缴他们的所有武器之后，给他们分配一个位于城外的定居点。"到 1606 年，有超过 3000 名日本人在迪劳居住。后来，它吸引了大量的日本基督徒，因为对他们来说，在日本的生活变得越来越艰难。迪劳是日本之外最大的日本人定居点。直到 17 世纪 30 年代，随着菲律宾和日本之间直接贸易的减少，迪劳的居民才收拾行李离开。西班牙总督还对居住在马尼拉的大量日本仆人感到担心，因为他们可以自由进入城内的房屋，并可能在马尼拉纵火。安东尼奥·德·莫尔加（前文提到过这位检审庭庭长）于 1609 年写道，日本人"品行端正，有勇气……有高贵的风度和气质，非常注重仪式和礼节"。他认为，"维持［菲律宾］群岛和日本之间的友好关系是明智之举"。[59]

西班牙人对日本人既钦佩又畏惧。所以，日本船基本上是安全的，西班牙人不会干涉它们。1610 年，就在西班牙舰队和荷兰舰队在菲律宾近海交战时，一艘携带"朱印"（保证船得到幕府的保护）的日本商船抵达马尼拉。当这艘船平静地穿过战场时，欧洲人暂停交火，双方都没有试图登上那艘日本船。这并不是因为他们害怕日本人的火力，因为这种商船不可能携带大炮。西班牙人和荷兰人都知道，日本人会向幕府报告欧洲人的任何干涉行为，而幕府将对侮辱日本帝国臣民的国家发动报复。1629 年，一名西班牙船长在暹罗附近扣押了一艘日本船，随后发生的事情表明了如果幕府受到冒犯，将会出现怎样的麻烦：日本人在长崎扣押了一艘葡萄牙船作为报复，将葡萄牙人（当时是西班牙国王腓力四世的臣民）卷入了这场纷争。两年后，日本派往马尼拉的使团毫无建树，菲律宾与日本的联系也随之中断，而日本的基督徒遭受了进一步的迫害。西班牙和葡萄牙试图在日本传播基督教，更是对局势火上浇油。1636 年，菲律宾总督抱怨道："与日本的贸易被某些宗教人士的轻率行为破坏了。"[60]

除了强悍的雇佣兵，日本还有其他的吸引人之处。在幕府时代，封建领主们在日本占据统治地位。16 世纪，在封建领主的鼓励下，养蚕业范围扩大了，新的丝织中心也建立起来。封建领主看到了在丝绸业中获利的好机会，同时想用华丽的织物来装扮自己。他们还鼓励建立市场。丰臣秀吉清剿了国内的土匪，消灭了海盗，并通过废除国内税卡来鼓励货物的自由流动。他试图尽可能地控制金银的产出，支持对外贸易，鼓励对朝鲜进行贸易考察，并控制了长崎这个重要港口。当一艘所谓的外国"黑船"到达他的海岸时，他抢购了船上所有的生丝（以公道的价格支付），而当一艘满载陶瓷的西班牙船从菲律宾来到长崎，或葡萄牙船运来黄金时，他采取了同样的做法。他的继任者德川家康非常热衷于促进与西班牙人的良好关系，以至于在 1604 年，菲律宾总督禀报腓力三世，"与日本国王的和平与友谊将会继续下去"（幕府将军实际上不是国王）。

※ 六

德川家康善于思考和观察，他意识到马尼拉与阿卡普尔科的联系对马尼拉有多重要，于是也想从马尼拉与墨西哥的贸易中分一杯羹。他希望日本商人获得前往新西班牙的权利，同时希望马尼拉大帆船在前往阿卡普尔科的途中绕道在某个日本港口停靠。西班牙人对此支吾其词，但德川家康在 1609 年抓住了机会，当时"圣方济各号"（*San Francisco*）在日本近海失事，船上载着前任菲律宾总督。这位官员与德川家康签订了条约，但其实他已经从菲律宾总督的岗位卸任，所以他没有权力这么做。德川家康甚至承诺允许传教士在日本传教。[61] 1610 年，这位前总督被送回墨西哥，乘坐的是一艘在日本建造但符合欧洲标准的船（这艘船的建造，部分要感谢幕府的贷款）。德川家康很清楚，日本在航海技术上落后于欧洲人，他非常希望能按照欧洲的模式建立一家造船厂。这艘船是在一个英国造船匠兼商人，或许应该说是海盗的指导下建造的。此人名叫威廉·亚当斯（William Adams），他设法到了日本，在日本被称为三浦按针。亚当斯也经历过海难。他乘坐荷兰船"慈爱号"（*De Liefde*）从鹿特丹（Rotterdam）起航。该船于 1598 年雄心勃勃地出发，走了一条精心设计的路线，途径佛得角群岛、西非和麦哲伦海峡，最后被海浪冲到了日本的海岸。这支探险队更擅长掠夺而非贸易。在佛得角群岛，船员希望获得食物和水，便占领了主岛圣地亚哥的普拉亚城。结果并不令人惊讶，葡萄牙总督告诉他们，如果不是他们的恶劣行为，他原本会送来补给，然后他们就被打发走了，两手空空（葡萄牙人对弗朗西斯·德雷克于 1585 年洗劫当时的佛得角首府大里贝拉仍然记忆犹新）。他们到达巴塔哥尼亚，与据说有 11 英尺高的巴塔哥尼亚印第安人发生了争吵。经过麦哲伦海峡时，他们认为原路返回太难了，于是决定以日本为目的地，因为他们携带的是沉重的荷兰细平布。他们后来才发现，在热带的东印度群岛，没有人会想买这种布。[62]

　　德川家康接见了亚当斯，对他的印象不错。但是，德川家康对荷兰和英国来访者的意图表示怀疑，所以一度把亚当斯关进监狱。怀疑是有道理的，因为荷兰船员可能对寻找西班牙宝船更感兴趣（就像弗朗西斯·德雷克爵士几年前成功做到的那样），而无意开辟一条通往香料群岛或日本的新航线。好在德川家康相信亚当斯拥有建造西式船只所需的技能。亚当斯抗议说，他其实对造船所知不多，可即便如此，他和他的同事还是成功建造了一艘适航的船。[63]这艘船载着一位大使和若干日本商人启航了。1611 年，它载着一位西班牙大使返回，不过大使竭力打消日本人远航经商的念头。不管怎么说，德川家康对西班牙的野心有所怀疑。然而，日本人还是多次尝试建立日本—阿卡普尔科航线，航线由日本船只掌控，但两国之间的敌意导致直接接触很快就结束了。1616 年，日本人最后一次航行到阿卡普尔科。

　　不过，一支日本官方队伍的经历更精彩。他们于 1613 年从日本出发，途经墨西哥，一路前往欧洲，1620 年才回国。由于远藤周作的《武士》一书，这趟旅程至今仍然吸引着日本文学的读者。[64]日本人来到塞维利亚，带来一封建议开辟日本—塞维利亚贸易路线的信，甚至承诺日本将接受新的信仰。日本人的到来引起了极大的轰动。他们随后前往马德里。在那里，西班牙宫廷错愕地发现这封信不是天皇或幕府将军写的，而是出自一个级别较低的官员之手。对等级制度非常执迷的日本人应该能理解西班牙人的惊愕。西班牙朝廷以接待意大利公爵的大使的礼节接待这些日本人。日本使团的领导人支仓常长在西班牙接了王家神父的洗礼，然后使团前往罗马，在那里，支仓常长被授予贵族和元老的头衔，并得到了教宗的接见。具有讽刺意味的是，这一切都发生在德川家康开始对日本基督徒发动又一次迫害的时期，所以他让日本人皈依基督教的承诺是空洞的。[65]在这趟非凡的旅程结束时，除了对新大陆和欧洲有所了解外，日本人并没有取得什么成绩。如果非要说有的话，他们深度体验了腓力三世治下基督教帝国的社会风貌，但这让他们对天主教世界更加怀疑。[66]

日本政府向南下经商的日本船发放"朱印"，这是幕府大力推行的经济政策的另一个方面。大约有14艘船年复一年地出发，到访了18个国家，其中以越南为首选。在17世纪初，最频繁到访日本的外国人是葡萄牙人，第一艘荷兰船于1609年抵达日本，四年后，一艘英国船来到日本。荷兰和英国的目标都是在九州岛建立贸易站。[67]但是，随着局势越来越紧张（特别是在天主教传教士的问题上），日本政府转而敌视外国人，于1616年禁止荷兰人和英国人入境，所以他们在日本逗留的时间很短。然后，幕府开始压制那些冒险走出国门的日本商人。1624年，幕府勒令日本商人停止在马尼拉的贸易，所剩无几的外贸活动集中在长崎和平户。被授予朱印的商人越来越少，都是能接触到幕府的精英。值得注意的是，其中包括威廉·亚当斯，这表明德川家康对他的能力和知识非常重视。1613年，亚当斯是德川家康和希望在日本建立贸易基地的英国船长萨里斯（Saris）之间很有价值的中间人。[68]不过，幕府对外贸的禁令逐渐变得更加严格：1638年，西班牙人被禁止进入日本，违者将被处以死刑；一年后，葡萄牙人也被禁止入境。[69]

日本与菲律宾的贸易在其存续期间，是有利可图的。船向马尼拉运送粮食、咸肉、鱼和水果，这些都是至关重要的物资。船还运送军用物资，包括马匹和军备。精美的日本工艺品包括漆盒和彩屏风，以及高品质的丝绸。1606 年，仅丝绸贸易的价值就估计达到 11.13 万比索。在另一个方向，中国的丝绸、茶叶罐、玻璃，甚至西班牙的葡萄酒，以及从东印度群岛运来的香料，都向北传到了日本。日本人到马尼拉是为了获得中国产品，这一事实凸显了马尼拉作为贸易中心的重要性，它吸引了来自四面八方的货物。只要马尼拉能够继续作为中国商品流向墨西哥的渠道（一直持续到 19 世纪初），马尼拉对日贸易的消亡和马尼拉日本人社区的消失就很容易承受。西班牙盖伦帆船最后一次从墨西哥去马尼拉是在 1815 年。那时，西班牙政府已经放松了对亚洲各港口和墨西哥之间货物流动的限制，因此马尼拉丧失了曾经的中心地位。比盖伦帆船小的船只，有时悬挂着其他国家（包括美国）的旗帜，在太平洋西部（包括马尼拉）和墨西哥海岸的各个港口之间来回穿梭。只要西班牙的垄断地位还在，马尼拉大帆船就一直存在，然而一旦垄断被打破，大帆船就不再航行了。[70]

注　释

1. M. Mitchell, *Friar Andrés de Urdaneta, O. S. A.* (London, 1964), pp. 75, 77.

2. Cited in Mitchell, *Friar Andrés de Urdaneta*, pp. 73-4.

3. M. Mitchell, *Elcano: The First Circumnavigator* (London, 1958), pp. 118, 124, 126 – 59; R. Silverberg, *The Longest Voyage: Circumnavigators in the Age of Discovery* (Athens, Oh., 1972), pp. 230–33.

4. R. Canosa, *Banchieri genovesi e sovrani spagnoli tra cinquecento e seicento* (Rome, 1998), pp. 12 – 13; R. Carande, *Carlos V y sus Banqueros*, vol. 3: *Los Caminos del Oro y de la Plata* (2nd edn, Barcelona, 1987).

5. M. Camino, *Exploring the Explorers: Spaniards in Oceania, 1519 – 1794* (Manchester, 2008), pp. 29–30; Mitchell, *Friar Andrés de Urdaneta*, p. 78.

6. W. Schurz, *The Manila Galleon* (New York, 1939), p. 21.

7. A. Giráldez, *The Age of Trade: The Manila Galleons and the Dawn of the Global Economy* (Lanham, 2015), pp. 51 – 2; Schurz, *Manila Galleon*, p. 23; Mitchell, *Friar Andrés de Urdaneta*, pp. 80–84; H. Kelsey, *The First Circumnavigators: Unsung Heroes of the Age of Discovery* (New Haven, 2016), pp. 59–100.

8. E. Hamilton, *American Treasure and the Price Revolution in Spain, 1501–1650* (Cambridge, Mass., 1934), pp. 232–3.

9. Mitchell, *Friar Andrés de Urdaneta*, pp. 99–105; Kelsey, *First Circumnavigators*, pp. 101–27.

10. S. Fish, *The Manila – Acapulco Galleons: The Treasure Ships of the Pacific* (Milton Keynes, 2011), pp. 60–61.

11. Mitchell, *Friar Andrés de Urdaneta*, pp. 117–18.

12. Giráldez, *Age of Trade*, p. 52; Mitchell, *Friar Andrés de Urdaneta*, pp. 142–4.

13. Giráldez, *Age of Trade*, pp. 51–8; Schurz, *Manila Galleon*, p. 25; H. Thomas, *World Without End: The Global Empire of Philip II* (London, 2014), pp. 241–50.

14. B. Legarda Jr, 'Two and a Half Centuries of the Galleon Trade', in D. Flynn, A. Giráldez and J. Sobredo, eds., *The Pacific World: Lands, Peoples and*

History of the Pacific, vol. 4: *European Entry into the Pacific* (Aldershot, 2001),
p. 37 [original edition: *Philippine Studies*, vol. 3 (1955), p. 345]; Mitchell,
Friar Andrés de Urdaneta, p. 135.

15. 'Annotated List of the Transpacific Galleons 1565 – 1815', in Fish,
Manila-Acapulco Galleons, pp. 492-523; 以及 P. Chaunu, *Les Philippines et le Pacifique
des Ibériques, XVIe, XVIIe, XVIIIe siècles* (2 vols., Paris, 1960 and 1966), vols. 1 and 2
中的数据和表格。

16. See now Giráldez, *Age of Trade*; also Schurz, *Manila Galleon*; Flynn,
Giráldez and Sobredo, eds., *European Entry*; Chaunu, *Philippines*; P. Chaunu,
'Le Galion de Manille: Grandeur et décadence d'une route de la soie', in Flynn,
Giráldez and Sobredo, eds., *European Entry*, pp. 187 – 202 [original edition:
Annales: Économies, Sociétés, Civilisations, vol. 4 (1951), pp. 447 – 62]; Fish,
Manila-Acapulco Galleons.

17. Han-sheng Chuan, 'The Chinese Silk Trade with Spanish-America from the
Late Ming to to the mid-Ch'ing Period', in Flynn, Giráldez and Sobredo, eds.,
European Entry, pp. 241-59 [original edition: L. Thompson, ed., *Studia Asiatica:
Essays in Asian Studies in Felicitation of the Seventy-Fifth Anniversary of Professor Ch'en
Shou-yi* (San Francisco, 1975), pp. 99-117].

18. R. von Glahn, *The Economic History of China from Antiquity to the Nineteenth
Century* (Cambridge, 2016), p. 308; T. Brook, *The Confusions of Pleasure:
Commerce and Culture in Ming China* (Berkeley and Los Angeles, 1998), pp. 204-
5.

19. Giráldez, *Age of Trade*, p. 57; Thomas, *World Without End*, p. 251.

20. B. Laufer, 'The Relations of the Chinese to the Philippine Islands', in
Flynn, Giráldez and Sobredo, eds., *European Entry*, pp. 65-6, 89-91 [original

edition：*Smithsonian Institution*，*Miscellaneous Collections*，vol. 50，no. 13 （1907），pp. 258-9，282-4].

21. David Abulafia，*The Great Sea: A Human History of the Mediterranean* （London，2011），p. 74.

22. Schurz，*Manila Galleon*，pp. 23，27-9，34-42.

23. F. Carletti，*My Voyage around the World*，ed. and transl. H. Weinstock （London，1965），pp. 4-5.

24. Ibid.，pp. 69-70.

25. Ibid.，pp. 71，74-6，78.

26. Ibid.，pp. 79-80.

27. Ibid.，pp. 82，89.

28. Ibid.，pp. 83-8.

29. Ibid.，pp. 96-7.

30. Ibid.，pp. 90-91，100.

31. 地图见 R. Bertrand，*Le Long Remords de la conquête: Manille – Mexico – Madrid, l'affaire Diego de Ávila(1577-1580)* （Paris，2015），pp. 58-9；Giráldez，*Age of Trade*，p. 84；Fish，*Manila-Acapulco Galleons*，pp. 65-72。

32. Thomas，*World Without End*，p. 252.

33. Laufer，'Relations of the Chinese'，pp. 55-65 （pp. 248-58）.

34. Giráldez，*Age of Trade*，pp. 26-8；Fish，*Manila-Acapulco Galleons*，p. 111.

35. Laufer，'Relations of the Chinese'，p. 85 （p. 278）.

36. Ibid.，p. 75 n. 1 （p. 268 n. 1）；Schurz，*Manila Galleon*，p. 63 n. 1.

37. 威廉·丹皮尔 （William Dampier） 的描述 （广州，1687 年），见 Schurz，*Manila Galleon*，pp. 70 – 71；Giráldez，*Age of Trade*，p. 160；Schurz，*Manila Galleon*，pp. 74-8。

38. Schurz, *Manila Galleon*, pp. 71 - 2; Giráldez, *Age of Trade*, p. 161; Fish, *Manila-Acapulco Galleons*, pp. 109-10.

39. Cited in Schurz, *Manila Galleon*, pp. 73-4.

40. Diego de Bobadilla, cited in Schurz, *Manila Galleon*, p. 74.

41. C. Boxer, ' *Plata es Sangre*: Sidelights on the Drain of Spanish-American Silver in the Far East, 1550 - 1700 ', in Flynn, Giráldez and Sobredo, eds., *European Entry*, p. 172 [original edition: *Philippine Studies*, vol. 18 (1970), p. 464]; D. Flynn and A. Giráldez, ' Arbitrage, China, and World Trade in the Early Modern Period ', in Flynn, Giráldez and Sobredo, eds., *European Entry*, pp. 261 - 80 [original edition: *Journal of the Economic and Social History of the Orient*, vol. 38 (1995), pp. 429-48].

42. Laufer, ' Relations of the Chinese ', p. 63 (p. 256).

43. Flynn and Giráldez, ' Arbitrage, China, and World Trade ', pp. 262-3 (pp. 431-2); von Glahn, *Economic History of China*, pp. 308-9.

44. Giráldez, *Age of Trade*, pp. 31-2.

45. Cited in von Glahn, *Economic History of China*, p. 308.

46. Fish, *Manila-Acapulco Galleons*, p. 115.

47. Schurz, *Manila Galleon*, pp. 79-81.

48. Schurz, *Manila Galleon*, pp. 83 - 4; Laufer, ' Relations of the Chinese ', pp. 68-9 (pp. 261-2); Fish, *Manila-Acapulco Galleons*, p. 126.

49. 关于甲米地, 见 Fish, *Manila-Acapulco Galleons*, pp. 128-42, 156-86。

50. Schurz, *Manila Galleon*, pp. 85-90.

51. 安东尼奥·德·莫尔加 (Antonio de Morga) 的著作和《明史》的摘录, 转引自 Laufer, ' Relations of the Chinese ', pp. 74-9 (pp. 267-72); Schurz, *Manila Galleon*, p. 91 and n. 6。

52. Schurz, *Manila Galleon*, pp. 68 – 9; Thomas, *World Without End*, pp. 260–82; Laufer, 'Relations of the Chinese', p. 68 (p. 261).

53. Thomas, *World Without End*, p. 282.

54. J. L. Gasch-Tomás, *The Atlantic World and the Manila Galleons: Circulation, Market, and Consumption of Asian Goods in the Spanish Empire, 1565–1650* (Leiden, 2018).

55. A. Coates, *A Macao Narrative* (2nd edn, Hong Kong, 2009), pp. 17–30; R. Neild, *The China Coast: Trade and the First Treaty Ports* (Hong Kong, 2010), pp. 25–31, 94–5.

56. Schurz, *Manila Galleon*, pp. 66–7.

57. Chuan, 'Chinese Silk Trade', p. 250 (p. 108).

58. Schurz, *Manila Galleon*, pp. 100–102.

59. R. Kowner, *From White to Yellow: The Japanese in European Racial Thought, 1300–1735* (Montreal, 2014), pp. 152, 154; Schurz, *Manila Galleon*, pp. 116–18; Giráldez, *Age of Trade*, p. 106.

60. Kowner, *From White to Yellow*, p. 177; Schurz, *Manila Galleon*, pp. 111–13.

61. Schurz, *Manila Galleon*, pp. 108–12.

62. W. de Lange, *Pars Japonica: The First Dutch Expedition to Reach the Shores of Japan* (Warren, Conn., 2006); G. Milton, *Samurai William: The Adventurer Who Unlocked Japan* (London, 2002), pp. 65–87.

63. Giráldez, *Age of Trade*, pp. 107 – 8; Milton, *Samurai William*, pp. 109, 122–4.

64. S. Endo, *The Samurai*, transl. Van C. Gessel (New York, 1980).

65. Van C. Gessel, 'Postscript: Fact and Truth in *The Samurai* ', in Endo,

Samurai, pp. 268-70.

66. Schurz, *Manila Galleon*, pp. 125-8; Giráldez, *Age of Trade*, pp. 107-9.

67. T. Toyoda, *History of pre-Meiji Commerce in Japan* (Tokyo, 1969), pp. 37-46, 59.

68. Milton, *Samurai William*, pp. 174-205.

69. Schurz, *Manila Galleon*, p. 120.

70. Schurz, *Manila Galleon*, p. 115; Giráldez, *Age of Trade*, pp. 106, 189-90.

第三十五章

澳门的黑船

※　一

对于 16 世纪和 17 世纪几个航海帝国的历史，经常有人抱怨，即便这些历史的主题是果阿、马六甲、澳门或马尼拉，它们也仍然是以欧洲为中心的。这种抱怨在很多方面是有道理的。这部分反映了里斯本、塞维利亚、阿姆斯特丹和其他欧洲城市历史档案（相对于亚洲史料）的丰富；部分反映了一种预设，即葡萄牙人及其继承者能够掌控货物的长途运输，并排除竞争对手。但是，事实并非如此。葡萄牙人最多只能封锁红海，因为如前文所述，他们尽管可以控制通过狭窄的霍尔木兹海峡的交通，却无法强行进入红海，也无法闯入波斯湾。而封锁需要花费大量的金钱来维持，并且没有任何收入。把葡萄牙的要塞视为亚洲商人必须通过的海关站点，这样更为合理。红海确实保持开放。只要古吉拉特人、马来人和其他人花钱从葡萄牙人手中购买贸易许可证，他们就能在没有欧洲人进一步干扰的情况下开展业务。欧洲人则更有可能相互对抗（在荷兰人于 1600 年前后抵达印度洋之后），而不是干扰亚洲人的航运。对亚洲人来说，购买许可证带来了一定程度的保护。有一种很有道理的说法是："葡萄牙人闯入了一个既定的贸易世界，但他们并没有彻底改变欧亚贸易。"[1]

葡萄牙人的手段植根于传统的中世纪做法。他们建立了若干贸易基地，他们在亚洲贸易世界的节点是霍尔木兹、果阿、马六甲和澳门，这些基地得到了沿海要塞和穿越印度洋并进入南海的葡萄牙舰队的支援。而西班牙人确实征服了许多整块的土地，正如在菲律宾、加勒比海、墨西哥和秘鲁发生的那样。随着秘鲁和墨西哥的银矿向马尼拉和塞维利亚输送大量白银，西班牙征服者对跨洋商业联系的兴趣与日俱增，同时，他们也被阿兹特克人和印加人的黄金传说所吸引。因此，这两个伊比利亚帝国呈现出截然不同的特征：一个更侧重海洋，另一个更侧重陆地。实际上，葡萄牙人通过对亚洲航运征收税款和自己的亚洲内部航线赚到的钱，比他们从连接东印度群岛与里斯本和安特卫普的香料贸易中赚到的钱更多。葡萄牙人的主要利润来源不是胡椒、肉豆蔻和丁香，而是来自印度西部的棉花和白棉布（calico），这些商品被向东运到今天的印度尼西亚，葡萄牙人能够用这些商品的收益购买香料；而在另一个方向，他们把这些货物运到东非，换取象牙和黄金。[2]葡萄牙人在澳门和日本之间建立的贸易路线，最为显著地体现了他们担当亚洲（甚至非洲）各港口之间中介的能力。

葡萄牙人对日本的认识是分阶段的。马可·波罗对日本的传统描述将日本帝国置于离亚洲海岸太远的地方，而葡萄牙人在1511年攻占马六甲之后的主要兴趣在于对华贸易。甚至当葡萄牙人抵达日本时，他们可能也没有意识到自己已经到了马可·波罗描述的土地。直到 16 世纪 40 年代，葡萄牙人对太平洋西部的地理仍然不是很了解。葡萄牙人派往中国的大使多默·皮列士（他写了一本关于远东的巨著《东方志》）在阿尔布开克占领马六甲不久后就抵达南京。皮列士知道马六甲与外界的联系指向三个方向：印度、香料群岛，以及这些岛屿之外的中国，因为在马六甲经常可以看到中国帆船。我们已经介绍过，郑和下西洋以及其他远航是如何将 15 世纪的马六甲置于中国皇帝名义上的统治之下的。在阿尔布开克夺取马六甲之后，被废黜的马六甲苏丹敦促中国人帮助他恢复对马六甲的控制。这引起了葡萄牙人的恐慌：中国皇帝会坐视不管，任凭葡萄牙人掌握如此宝贵的财产吗？多默·皮列士在中国度过了一段令人沮丧的时光。他在南京与正德皇帝弈棋，然后先于皇帝前往北京，希望通过谈判达成贸易协议，但皇帝在回到京城不久后就驾崩了。新皇帝对这些蛮夷的兴趣不大，便把他们送回了广州。葡萄牙人再次开始担心中国人的意图。[3] 然而，没有中国舰队前来攻打马六甲，于是葡萄牙人试探性地通过南海进入太平洋，越走越远。他们开始意识到，不仅可以从东印度群岛的香料中获利，还可以从中国沿海的土地获利。他们对琉球岛链产生了兴趣。正如前面某一章介绍的那样，琉球拥有自己的发达文化，并且是太平洋西部贸易路线的十字路口。葡萄牙人听说琉球盛产贵金属和贱金属，多默·皮列士在他的书中对这些岛屿做了描述，尽管他对日本所知甚少。[4]

　　葡萄牙人对日本的发现（如果"发现"一词有什么意义的话）并无事先计划，但肯定不是意料之外的。要了解当时正在发生的事情，有必要先谈谈葡萄牙为打入中国市场所做的一系列尝试。在攻占马六甲之后，葡萄牙商人开始装备中式帆船，或偶尔（从 1517 年起）装备欧式船只，并到达华南海岸。1517 年，皮列士所在的由八艘船组成的小舰队被允许沿珠江航行，并在广州停靠，在那里，他们能够观察到，这座城市吸引了来自各地的船只，包括日本帆船。不幸的是，在这些和平的葡萄牙人之后，还有其他一些葡萄牙人无视葡萄牙国王关于不得干涉他国船只的指示，"占领岛屿，抢劫船只，恐吓民众"。根据中国史料，他们是"一群暴徒"，设立了"界石"，这一定是指葡萄牙人一路从西非到亚洲竖立的发现碑。葡萄牙人和中国人在香港附近水域不断发生小规模冲突。中国人巧妙地利用了火船，这种战术要归功于一个叫汪铉的人，今天他在香港的青山仍被当作一个小神来供奉。[5]这片海岸上还有倭寇在兴风作浪，前文已经提到过他们。"倭寇"这个词主要指日本海盗。葡萄牙人与他们有一些接触，因此对日本人有所了解，尽管并不是很清晰。[6]

　　1543 年，三个来自葡萄牙的私贸商乘坐一艘满载皮毛的船从暹罗大城前往泉州。他们绕了很大一圈，因为他们知道，在 16 世纪初的事件（一名葡萄牙大使鞭打一名中国官员）之后，葡萄牙人在广州深受"憎恨和厌恶"。[7]一位葡萄牙作家描述了他们出乎意料地抵达日本的情况：

　　　　这艘中式帆船在驶向泉州港时，遇到了一场可怕的风暴，当地人称之为台风［tuffão］。这场风暴凶猛而可怕，声势极

大，惊天动地，仿佛所有的地狱亡魂都在呼唤波涛和大海，它
们的愤怒似乎让天空中出现了火光。我们的船如同被秋风扫得
打转的落叶，以至于在短短一小时里，罗盘的指针扫过了每一
寸刻度。[8]

葡萄牙人被吹到种子岛的海岸上，这是日本最南端的九州岛之外的
一个小岛，那里的居民对他们照顾有加。葡萄牙人来到了"我们通
常所说的日本"。日本人对葡萄牙人携带的武器非常着迷。在这个
时候或者后来的某个时期，日本人获得了一些枪支，并开始仿制。
日本制造的多种枪支被称为"种子岛铳"，因为那里是日本人学习
造枪的地方，也是经常制造枪支的地方。[9]在其他方面，日本人感到
难以理解欧洲人。一位日本编年史家记录了在种子岛居民和葡萄牙
来访者之间充当中间人的中国译员的意见：

他们［葡萄牙人］用手指，而不是像我们一样用筷子吃
饭。他们毫无自制力地表达自己的情感。他们不懂文字的含
义。他们是一生都在四处游荡的人，没有固定居所，用他们有
的东西换取他们没有的东西。但总的来说，他们是无害的
民族。[10]

这段话揭示了中国人和日本人对识字能力的一种非常特殊的态度。
然而，这些葡萄牙人并不是无害的。

※ 二

澳门在 16 世纪下半叶成为日本与更广阔世界之间的贸易渠道。澳门于 1557 年建城,在那之前,葡萄牙人曾多次尝试在珠江畔建立基地,均以失败告终。葡萄牙人在 16 世纪上半叶典型的侵略姿态对他们的这些尝试十分不利。后来,葡萄牙人避开珠江,悄悄进入广州以外的其他港口,如泉州和杭州附近的宁波,甚至把货物卸到了海上的中国帆船上。[11]因为很难获得去中国经商的许可,所以他们抓住了与日本通商的新机遇。日本有蕴藏量丰富的银矿,而日本人大量消费中国丝绸,认为中国丝绸比他们自己的优质产品更好。[12]葡萄牙人知道,他们在马六甲和日本之间需要一个中转站,在那里他们可以靠岸休整,接收用日本白银购买的中国货物,并对船进行改装。因此,他们试探性地在离珠江口约 50 英里的地方安营扎寨,贿赂当地官员,在他们称为"圣约翰岛"的地方建立营地。起初,大明朝廷试图驱逐欧洲船只,因为佛郎机人(法兰克人)是"内心肮脏的人",是海盗。但是,香料的短缺和贸易收入的损失开始让皇帝的廷臣担心。因此,到了 1555 年,葡萄牙人终于获准到访广州,只要缴税就行。[13]

葡萄牙人对圣约翰岛并不满意。它离珠江太远了,所以他们在三年后就离开了。关于他们的基地即后来的澳门的建立,传统的说法是,葡萄牙人通过击败一个危险的中国海盗而赢得了大明朝廷的批准。在 16 世纪 50 年代,倭寇一直在骚扰该地区。[14]但是,给予葡萄牙人的许可也产生了一个难题。明朝不可能真的允许葡萄牙人把这块土地当作自己的领地。同样，中国人也非常清楚，葡萄牙国王并不打算向天朝皇帝臣服。解决办法是保留明朝的税务官员，他们特别（但并非唯一）关心的是对到澳门的中国人征税。明朝并没有正式将这片土地交给葡萄牙人管理，这就使葡萄牙人控制澳门的"法理"基础非常脆弱，中国人认为该土地应该被归还中国（澳门最终于 1999 年回归中国）。葡萄牙人似乎收到了一份纪念他们帮助打败海盗的卷轴和一份允许他们建立贸易站的文书。这份文书曾经被誊刻在木头和石头上，并保存在澳门的市政署大楼（Senate House of Macau），然而市政署大楼后来被烧毁了，并且没有人抄录过铭文的内容。澳门被允许"完全在朝贡体制的规则和先例之外"存在。换句话说，解决澳门地位问题的办法是，中国人基本上忽略这个问题。[15]

澳门的名字来自一个中文词，即粤语 *A-ma-ngao*（亚/阿-妈/马-港），阿妈是指妈祖，这位女神的庙宇在葡萄牙人到来之前就建起来了，至今仍然矗立在澳门原先内港的位置。在葡萄牙文件中，*A-ma-ngao* 变成了 Amacao 和 Amacon，尽管葡萄牙人原本按照他们的惯例打算给定居点取一个基督教名字，而不是中国名字：*La Povoação do Nome de Deos na China*，即"中国的上帝之名的城镇"，它后来被提升到"城市"（*Cidade*）的地位。[16]这个定居点起初只有一些相当简朴的木头和稻草房屋（在远东被称为棚户）。[17]佛罗伦萨旅行家卡莱蒂于 1598 年乘坐日本船到访澳门，他将澳门描述为"一座没有城墙的小城市，没有要塞，但有一些葡萄牙人的房子"。

今天雄踞于澳门老城区的宏伟要塞是在卡莱蒂之后的时代围绕耶稣会学院建造的，更多是为了防御荷兰人，而不是为了防备当地势力。[18]1562 年，澳门的人口为 800 人。[19]随着定居点的发展，一直保持警惕的大明朝廷试图禁止中国人在澳门过夜，不过他们总是有办法绕过这些禁令，而且有充当仆人的中国人住在澳门。大明朝廷担心澳门和日本的贸易关系会使葡萄牙人对日本人过于友好。在中国人的坚持下，1613 年有近 100 名日本人被逐出澳门。[20]

葡萄牙人被禁止越过澳门的围墙进入明朝其他地方，意味着这座不断发展的城市没有可为其提供食物的腹地。这对通过向澳门供应必需品而获利的中国商人有利，也对明朝官员有利，因为他们知道，如果与葡萄牙人的纠纷迫在眉睫，他们可以轻松地封锁澳门。[21]兴建壮观的圣保禄教堂（部分由日本工匠建造）和宏伟的玫瑰圣母堂（板樟堂）的伟大时代尚未到来，但即使在 1600 年之前，澳门也有一座主教座堂和三大修会（多明我会、方济各会和奥斯定会）的修道院，以及耶稣会学院，传教士从那里前往中国内地和日本。[22]1569 年，按照葡属亚洲其他地方建立的模式，澳门成立了一个慈善基金会，即仁慈堂（Santa Casa de Misericórdia）。葡属亚洲第一所这样的机构早在 1505 年就已于科钦建立。这表明，葡萄牙人认为澳门是一个稳定的业务基地，同时他们也认识到需要照顾孤寡和其他远离故乡的遇到困难的人群。[23]

澳门的首要任务是营利，而且它做得非常成功。澳门人运往日本和其他地方的丝绸产自广州。卡莱蒂记载道，每年两次，多达 8 万磅的丝绸被从广州运往澳门，商品还有汞、铅和麝香。只有一部分来自澳门的葡萄牙人被允许在广州登陆，他们必须乘坐中国船逆珠江而上。卡莱蒂对他们运到澳门的东西感到兴奋，急切地购买了丝绸、麝香和黄金。他注意到，黄金"实际上是一种商品，更多是用来给家具和其他物品镀金，而不是作为货币"，因此，金价根据季节性需求而波动。卡莱蒂决定将他的所有货物送到遥远尼德兰的米德尔堡，在那里出售。在他的货物中，有两个巨大的瓷瓶，里面装满了姜枝。这两个瓷瓶"可能是有史以来从那些国度运到欧洲的最大的瓷瓶"，购买它们的米德尔堡商人将其转交给托斯卡纳大公。最好的瓷器是留给神圣罗马皇帝的，"但最漂亮的是人们通常看到的青花瓷"。卡莱蒂购买了大约 700 件中国青花瓷，都是低价购买的，包括盘、碗和其他物品。葡萄牙瓷砖画（*azulejos*）以及后来的荷兰瓷砖画也开始使用蓝白相间的装饰，这并非巧合，尽管伊比利亚半岛有自己的悠久传统，在伊斯兰设计的基础上制作更为五彩斑斓的瓷砖。

英格兰旅行家拉尔夫·菲奇在 1590 年前后到过澳门，他解释了澳门人的简单策略：

> 葡萄牙人从中国澳门前往日本，携带了大量白色丝绸、黄金、麝香和瓷器，而他们从日本带回来的只有白银。他们有一艘大型克拉克帆船，每年都去日本，每年从那里带来超过 60 万克鲁扎多 [杜卡特]。所有这些日本白银，以及他们每年从印度带来的 20 万克鲁扎多白银，被他们拿到中国使用，这给他们带来极大的好处。他们从中国采购黄金、麝香、丝绸、

铜、瓷器，以及其他许多非常贵重和镀金的东西。[24]

一位又一位作家证实，"大型克拉克帆船"或（葡萄牙人所称的）"贸易之船"（*Não do Trato*）获得的利润确实巨大。迪奥戈·都·科托（Diogo do Couto）在 1600 年前后夸张地断言，"贸易之船"的利润达到"100 万金币"。1635 年，一个到澳门的英格兰访客认为，在澳门与日本或马尼拉之间往返航行一次，可以赚取 100% 的利润。[25]不过，葡萄牙人对日本工匠生产的精美物品并不感兴趣，在日本只购买了一些文具盒，偶尔购买一些装饰华美的兵器。到日本的葡萄牙人想要的，是从深矿中开采的白银。据估计，17 世纪早期，日本、中国和欧洲的船每年从日本运走的白银多达 18.75 万公斤。[26]

这些克拉克帆船与从马尼拉穿越太平洋的盖伦帆船相当不同。克拉克帆船往往更大、更宽、更慢，从 16 世纪中叶开始，载重量为 400—600 吨，到 1600 年增加到 1600 吨，偶尔也有被查尔斯·博克瑟称为"怪物"的 2000 吨的巨型船只。他解释道，"一个装载吨（shipping ton）是容积单位，而不是重量单位"，相当于 60 立方英尺，因此，一艘 2000 吨的克拉克帆船有 12 万立方英尺的载货空间。它们的火炮比盖伦帆船的少，一旦荷兰竞争者闯入中国和日本附近的水域，克拉克帆船的劣势就开始显现出来，导致它们被更小更快的船取代，这些船被称为"轻型桨帆船"（*galiota*，即 galliot），偶尔也有快速帆船（frigate）和轻型帆船。[27]所有这些船型都出自同一个基本模板，即中世纪晚期的加莱赛帆船（galleass），它的前桅配备三角帆，还有一整套方帆，军官生活区在船尾，不过克拉克帆船保留了中世纪船只的大型艏楼。与葡萄牙人相比，日本人对克拉克帆船和盖伦帆船的区分较少。它们看起来与日本人自己的中式帆船非常不同，被简单地称为"黑船"（kurofune），而 *galiota* 一词被转化为日语术语"かれうた船"（kareuta-sen）。日语一直对外国术语非常开放，有人说日语的"谢谢"一词"ありがとう"（读音为 arigatou）是葡萄牙语 *obrigado* 的讹误（这种说法似乎是错误的）。日本人对"黑船"的迷恋远远不止于它们的名字。富裕的日本家庭需要陈列带装饰画的丝绸屏风，其中一种流行的主题就是一艘巨大的黑船靠岸，船员（有时被画为猴子）蜂拥在索具上，葡萄牙商人穿着西式服装在码头上漫步，有时还会画一名耶稣会传教士，以增加真实感。[28]葡萄牙人热衷于利用一切机会用日本白银装满他们的船舱，而且经常雇用主要由中国水手操作的中式帆船。[29]葡萄牙人并不坚持使用欧式船只，何况这些船其实并不是在欧洲建造的，而是在印度洋沿岸的葡萄牙基地制造的，那里有现成的优质硬柚木。

与马尼拉的情况一样，澳门存在的理由是它的中介作用，而它自己的资源非常有限。澳门成功的秘诀在于，它不是由葡萄牙朝廷出资建立的，而是由私人出资创建的。葡萄牙国王没有为它花一分钱。澳门由自己的"市政署"（*Leal Senado*）管理，其成员主要对贸易利润感兴趣，利用澳门与里斯本之间的遥远距离来自治。[30]如前文所述，西班牙国王腓力二世登上葡萄牙王位，并没有导致西班牙和葡萄牙在太平洋或其他地方的贸易网络合并。从 1581 年起，果阿和马尼拉的总督都对西班牙势力范围和葡萄牙势力范围（将这两者分隔开的，是一条假想的分界线）之间的贸易仍然被视为非法的表示遗憾。但是，在太平洋的广阔空间里，两者之间的贸易仍在继续。富裕的墨西哥商人通过澳门和马尼拉从广州获得中国丝绸，葡萄牙人在澳门和马尼拉以非常可观的利润出售丝绸，然后货物沿着大帆船路线一直被运到阿卡普尔科。[31]通往日本的航线是澳门财富的基础，并且有一个很大的优势，那就是与从马六甲向西或者从马尼拉向东的航线相比，澳门与日本之间的航线较短。

随着葡萄牙人对日本海岸越来越熟悉，他们意识到需要在那里建立一个基地，就像他们在华南已经有一个基地那样。显而易见的可选项是九州岛的西南部，离博多等重要港口不太远的地方。一个非常有潜力的地点，是同情基督徒的大地主大村纯忠领地内的一个渔村。1569 年前后，一位耶稣会神父来到那里，当地人友好地请他在一座佛寺住宿。后来神父拆除了佛寺，用拆下的木材建造了一座教区教堂。他成功地让包括大村纯忠在内的当地所有居民皈依基督教。那里有一个大海湾，可以为一艘大黑船提供良好的锚地。由于当地的战争，一些难民来到这个村庄，使之不断发展壮大。而葡萄牙人在 1571 年将这里作为他们的首选港口更是使之越发欣欣向荣。这个地方的名字叫长崎，意思是 "长长的海岬"。[32]几年后，一艘载着沉重货物开往长崎的大型克拉克帆船遭受夏季台风的猛烈袭击，几分钟内就倾覆了。此事清楚地表明，在不熟悉的海域航行是有风险的。这艘船上有许多耶稣会的传教士，货物中有很大一部分是耶稣会运往日本的中国丝绸，他们计划在那里出售货物，用其利润来资助他们的传教活动。[33]一艘路过的由葡萄牙人指挥的马六甲帆船救上来两名幸存者，他们是阿拉伯人或印度人，其中一人在不久之后死亡。

对连接马来半岛、暹罗、柬埔寨、中国、菲律宾和日本等地的活跃海路的解释，都存在一个问题，那就是它们很容易变成对马六甲、澳门、马尼拉和长崎之间联系的描述，换句话说，对葡萄牙人或西班牙人建立基地的地方的描述。不过，从卡莱蒂对其环球航行的描述中可以看出，他看到并乘坐了非欧洲的船只，并且暹罗人、爪哇人和其他国家的人不断地来回穿梭，中国消费的香料远远多于运抵欧洲的香料。[34]在明朝统治下，中国是全球最大的经济体。大明朝廷仍然禁止中国自己的水手出海，但他们不惜违抗朝廷旨意，坚持出海，并且在南海周围建立了许多大型定居点。中国对白银的渴求不仅塑造了明朝的经济，也改造了更大的空间，包括日本和西属美洲。几乎所有方向的对华贸易都持续繁荣，直到 17 世纪 40 年代，在这十年里，明朝崩溃了，并且天气转冷，损害了全球的生产。[35]

进入这些水域的西班牙船只、葡萄牙船只和后来的荷兰船只（甚至包括在印度或墨西哥建造的船只）之所以特殊，是因为它们构建了一个世界性的网络，将安特卫普和阿姆斯特丹与马六甲、摩鹿加群岛和墨西哥联系起来。这些船上的水手是好几个帝国的代理人，这些帝国的版图横跨了人类历史上从未有过的超远距离，不管是主要由贸易站和臣属港口构成的葡萄牙海洋帝国，还是西班牙人土地广袤的帝国（包括南北美洲，并将菲律宾视为西属美洲的属地）。跨洋联系的一个特别重要的方面，是植物的洲际传播。显而易见的例子包括玉米和烟草从西属美洲抵达欧洲，在澳门的葡萄牙人也将一些"西洋蔬菜"输入中国：莴苣、水芹、菜椒、新型豆类。其中一些新的水果和蔬菜，包括木瓜和番石榴，并非原产于欧洲，但仍然是由欧洲人带到中国的。木瓜和番石榴都是原产于墨西哥的水果，木瓜原产于韦拉克鲁斯附近地区，马尼拉的大帆船就是从那里向西航行的。[36]欧洲的武器也来到了远东。这并不是说中国人或日本人自己没有火器，但他们很欣赏欧洲火器，而且自己拥有先进技术，所以很容易仿制葡萄牙人及其对手向他们展示的东西。在航海领域也是这样，葡萄牙人携带的先进的海图和航海手册（roteiros）给他们带来了明显的优势。葡萄牙的航海手册被翻译为日文。[37]

※ 三

在日本，如果没有帝国统治者的同意，任何事情都无法实现。不过，搞清楚谁实际行使权力并不容易。在 16 世纪中叶，天皇是傀儡，而大名（地方军阀）的权力仍然很强大。他们偶尔会向澳门发出信息，请求葡萄牙人帮助他们对付敌人。例如，大村纯忠曾写信请求供应硝石（火药的重要成分），同时对天主教会表示尊重。[38]大名的最大弱点是他们把所有资源都用于豢养武士，用产自庄园的大米作为实物工资支付给武士。没有武士，大名就无法维持自己的权力。总的来说，大名和武士都没有什么闲钱，只是靠大米、蔬菜和水果生活。从葡萄牙人的大船那里挣钱是不容错过的好机会。[39]然而，到了 1600 年，连续多位有才干、冷酷无情的幕府将军成功地从京都和他们自己的总部江户（今天的东京）对日本的大片地区实施了控制。尽管大名在日本的外围地区仍然拥有强大的势力，但幕府将军是葡萄牙人最需要讨好的人。可是，葡萄牙人和幕府之间的关系因为耶稣会士试图向日本传教而变得复杂，传教士的成功让幕府将军越来越坐立难安。恰恰在基督教的问题上，一些大名遵循的政策经常与中央政府的政策相左。大名大村纯忠就是这样的一个例子，他大力鼓励人们皈依基督教。[40]

已经有很多著作探讨了耶稣会士将基督教传入中国的尝试，以及耶稣会士为了让中国人更容易接受基督教，自己采用中国人的生活方式，并使其教义适应由儒家等级和荣誉思想主导的社会。澳门从一开始就有耶稣会士居住，他们在这里建造了雄伟的圣保禄教堂，其正面前壁如今是这座城市的象征（大三巴牌坊）。利玛窦（Matteo Ricci）和其他一些人从澳门开始向中国传教。在到达澳门之前，利玛窦已经在果阿待了一段时间。果阿是耶稣会在亚洲的主要中心，建有一所耶稣会学院，有一百多名成员，因此利玛窦在中国的传教活动可以算是葡萄牙贸易网络建立过程的衍生品。[41]不过，从航海史的角度来看，耶稣会在日本而非中国的活动具有特别的意义，因为澳门对日丝绸贸易与传教活动紧密相连，这导致传教有时非常危险。[42]

传教士们很清楚，日本人的皈依是自上而下地发生的。意大利耶稣会士范礼安（Alessandro di Valignano）在日本领导的耶稣会传教活动长达三十二年，他认为日本的基督教化与葡萄牙大船抵达九州之间有直接联系。他建议教宗以绝罚相威胁，禁止葡萄牙大船到访"那些迫害基督教或不愿让其臣民皈依的领主的港口"。[43]范礼安热衷于促进对日本的丝绸贸易，因为耶稣会在该领域投资巨大。耶稣会利用这种贸易的利润为自己的传教活动提供了资金。除非有人每年能拿出 1.2 万杜卡特的活动经费，否则耶稣会将不得不继续追求利润，不管发过守贫誓言的方济各会修士或指责耶稣会虚伪的新教徒会怎么说。[44]范礼安在 1580 年写的一篇文章中，阐明了葡萄牙大船在使日本皈依的伟大计划中变得多么重要：

> 　迄今为止，我们在传教方面得到的最大帮助是［葡萄牙］大船提供的……因为如前所述，日本的领主们非常贫穷，而当大船来到他们的港口时，他们得到的利益非常大，所以他们努力吸引大船到他们的领地。由于他们相信大船会去有基督徒和教堂的地方，以及神父希望大船去的地方，所以，他们［日本的领主们］中的许多人，即使是异教徒，也试图让神父来到他们的领地，建造教堂和修道院。他们相信，通过这种方式，［葡萄牙］大船将帮助他们从神父那里获得其他好处。因为日本人非常听命于他们的领主，当领主告诉他们这样做时，他们很容易改变信仰，而且相信自己是自愿的。[45]

范礼安认为，作为"白人"，日本人"拥有良好的理解力，举止得体"。日本人的白人身份是当时欧洲著作中的一个常见主题。我们可以将白人身份理解为理性的隐喻，当时的一些欧洲人否认美洲印第安人、非洲黑人和其他民族具有理性。范礼安阐述了一套种族等级制，在这个等级制中，白皮肤的欧洲基督徒自然处于顶点，但他出于对日本文化和礼仪的尊重，把他的东道主也摆在了非常高的位置。[46]

16 世纪 80 年代，日本的主宰者织田信长和他的继任者丰臣秀吉，都担心耶稣会士是葡萄牙人占领日本的秘密先锋队。他们对传教士的敌意在 1587 年和 1597 年表现出来。1587 年那一次，他们命令神父离开日本，但在几年内，耶稣会士又设法卷土重来。于是，丰臣秀吉发动了对日本基督徒的残酷迫害，在长崎及其周边地区钉死了许多男人、女人和儿童。不过，人们仍然怀疑，丰臣秀吉此举主要是为了将往往同情基督教的九州大名置于他的控制之下，而不是出于他对基督教根深蒂固的敌意，因为在符合他的利益时，他也可以向基督徒示好。丰臣秀吉大力迫害不同教派的佛教僧侣这一事实支持了上述解释。他把佛寺视为政治对手，因为佛寺是处于他试图建立的中央集权国家之外的机构。据范礼安观察，在这些迫害之后，大约有一百名僧人的佛寺减少到只有四五座。有一次，一些佛教僧侣怀疑当地的基督徒大名计划摧毁他们寺庙中的佛像，于是向丰臣秀吉求助。丰臣秀吉不仅没有支持佛教僧侣（即使他的妻子恳求他这样做），还把这些佛像带到京都，劈碎了当柴烧。还有一次，丰臣秀吉参观了一座教堂，并表示，他不愿意成为基督徒的唯一原因就是基督教奉行一夫一妻制："如果你们能在这一点上让步，我也会成为基督徒。"他在 1586 年前后对基督教采取友好态度的另一个原因是，他不仅计划征服朝鲜，还打算征服中国。他想租用两艘葡萄牙克拉克帆船，并向耶稣会士承诺，如果他的作战成功，他将在中国各地建造教堂。当耶稣会的一名使者同意帮他搞两艘船时，丰臣秀吉的热情无以复加。他授予了耶稣会士在日本传教的权利，以及比佛教徒更多的特权。

丰臣秀吉非常喜欢喝葡萄牙的葡萄酒，葡萄牙人送酒给他，无疑也有助于发展双方的友好关系。1587 年的一个晚上，当丰臣秀吉饮酒时，他的医生劝告他，基督徒不安好心，因为他们破坏了佛寺和神道教的神社，吃牛和马（这些牲畜可以有更好的用途），并把他们奴役的日本仆人带到海外。如果这个故事可信的话，丰臣秀吉在一夜之间就从基督徒的朋友变成了他们的死敌。突然间，他驱逐了传教士。然而值得注意的是，他没有驱逐葡萄牙的大船："因为大船是来做生意的，这完全是两码事。葡萄牙人可以不受干扰地继续从事贸易。"不过，耶稣会士继续在丰臣秀吉控制范围之外的基督徒大名的土地上传教，很少有耶稣会士离开日本。日本当局容忍耶稣会士留在境内，让他们担任日本当局和葡萄牙商人的中间人，因为葡萄牙商人不懂日语，对日本的生活方式也所知甚少。[47]范礼安写道，丰臣秀吉迫害耶稣会士，"不是因为他喜欢日本的伪神，而是因为他什么都不信，而且他在消灭伪神的神庙和佛教僧侣方面做得比我们更多"。[48]耶稣会士和佛教僧侣似乎都对中央权威构成了威胁。佛罗伦萨旅行家卡莱蒂的说法证实了范礼安的观点："这位国王［丰臣秀吉］不信奉任何教派。他经常说，建立法律和宗教，只是为了规范人们的行为，迫使他们以谦逊和文明的方式生活。"卡莱蒂严厉地提醒他的读者，因为丰臣秀吉缺乏对来世的信仰，此时此刻他正在地狱之火中煎熬。[49]

同时，织田信长及其继承者给日本带来了更高程度的和平，并且他们重视日本与外界的贸易。他们将葡萄牙人以及后来的荷兰人视为有价值的奢侈品来源，这些产品在他们（织田信长及其继承者）自己的宫廷特别受重视，在全国范围内也是如此（这意味着它们产生了有价值的税收）。尽管从现代人的角度来看，国际收支对日本极为不利，但在日本的土壤中很容易开采白银，因此流向中国的金银（无论是葡萄牙船还是亚洲船运载的）似乎并没有给日本经济带来压力。日本并没有将自己与外界隔绝，欧洲商人只是由日本、朝鲜和中国商人主导的更广泛的贸易网络中的一小部分，该网络将日本与其邻国联系起来。

佛罗伦萨旅行家弗朗切斯科·卡莱蒂并不畏惧大海。他描述了横跨太平洋的航线，这些航线将阿卡普尔科与马尼拉、澳门和长崎连接起来，并通往太平洋之外的果阿和里斯本，仿佛这些海上交通是完全规律和非常安全的。[50]正当丰臣秀吉开始凶残地迫害基督徒时，卡莱蒂踏上了日本的土地。他的好奇心在访问一开始就发生了病态的变化：他的船一到长崎，"我们就立即去看那六个可怜的圣方济各会僧侣……他们和二十个日本基督徒一起被钉在十字架上……其中有三个人穿上了耶稣会的僧衣……于 1597 年 2 月 5 日被钉死"。他详细描述了日本人钉死犯人用的十字架的设计，并指出，整个家庭可能因为一个亲戚甚至一个邻居的错误而被处决。[51]

卡莱蒂给托斯卡纳大公带回了一份关于日本饮食、礼仪和产品的详细报告。令人惊讶的是，其中许多东西至今仍未改变。他谈到了日文、榻榻米、日本屏风以及日本房屋的其他许多特征。他对日本人吃的食物特别着迷，包括温热的米酒和一种他称为味噌的酱汁，这种酱汁由发酵的大豆制成，"有一种非常辛辣的味道"。"他们不管吃什么都用两根小棍子"，他们在吃东西时，把碗靠近嘴，"然后，能够用这两根棍子以惊人的敏捷和速度把自己的嘴巴填满食物"。大米，而不是面包，是日本人的主食。他们生产的大部分小麦被加工成面粉，送到菲律宾，由西班牙人烘烤成面包。日本商人在这些交易中获得了高达 100% 的利润。卡莱蒂指出，日本人确实有铜币，并在对华贸易中使用，然而许多付款是用称重过的大块碎银进行的。这些白银中的一部分被用来购买每年由葡萄牙船从澳门运来的丝绸制品和生丝。[52]

> 最尊贵的大公殿下，我认为日本是世界上最宜人、最美好和最适合通过贸易来赚钱的地区之一。但是，我们应该乘坐自己的船只，与自己的水手一起去那里。这样一来，我们就会很快赚取令人难以置信的财富，这是因为日本人需要各种制成品，而且他们拥有丰富的白银和生活必需品。[53]

卡莱蒂描绘的不是一个封闭的日本，而是一个岛屿帝国，其精英非常喜爱来自暹罗和柬埔寨的香木和鲨鱼皮。卡莱蒂的雄心壮志是看到他的佛罗伦萨同胞蜂拥而至，从对日贸易中获利；可惜托斯卡纳大公没有能力满足他的这个心愿。

关于日本与其邻国之间的日常接触，一些最有力的证据来自陶瓷而不是编年史。日本人对茶的喜好可以追溯到 8 世纪。到中世末期，不仅是佛教僧侣，在俗的精英人士也会用精心挑选的杯子饮用高档茶。朝鲜的茶碗从 14 世纪开始在日本流行。1322 年，在一艘于朝鲜海岸附近因暴风雨而沉没的船的残骸中，有大约 1.5 万件中国陶器，都是运往日本市场的。随着对茶叶需求的不断发展，茶碗的时尚也在不断演变。但是，日本人对异国茶具的兴趣始终如一，因此，在朝鲜和其他地方并非为饮茶而制作的质朴陶瓷制品在日本变得特别受欢迎。这种品位的转变发生在 16 世纪末，是在武野绍鸥的影响下发生的。武野绍鸥是一个来自堺市的商人，他的门徒千利休是织田信长和丰臣秀吉的茶道老师，也是浓郁抹茶的爱好者，抹茶在今天仍然是日本茶道的特色。两位统治者都利用茶会把政治盟友吸引到自己身边。在 16 世纪，武士们虽然很贫穷，却依然用中国陶瓷餐具吃饭，佛寺也拥有瓷质餐具。到了 17 世纪 20 年代，日本商人直接从中国内地的景德镇瓷器厂订购货物。在十年或二十年内，景德镇专门为日本市场开发了新的款式，即被称为"祥瑞瓷"的钴蓝色瓷器。[54]

　　17 世纪初，日本人学会了制造瓷器，但来自中国和其他国家的大宗陶瓷贸易仍在继续。日本陶瓷的发展见证了跨黄海的海路在传播思想、技术和运输货物方面的重要性。故事是围绕一个被日本人称为李参平的朝鲜陶工展开的。他于 16 世纪 90 年代日本入侵朝鲜的战争期间被带到日本，关于这场战争我们稍后再谈。传说和事实很难区分，不过，在据说是李参平于 1616 年开始生产瓷器的地方进行的考古发掘表明，那里的瓷器的年代比 1616 年稍晚，而且似乎在李参平开始生产之前，日本已经有人忙着生产中国和朝鲜风格的瓷器。关于一位陶艺大师的文献显示，他的祖父曾为丰臣秀吉制作瓷器，并且在 1616 年之前的一些年就有一家瓷窑在运作。所以，也许李参平是商人，而不是实业家。然而，他如今已经成为日本和韩国的民族英雄，并成为日本制瓷业创建的象征。因为无法进口大量的中国黏土，所以日本制瓷业依赖日本高岭土的发现。通过创新，日本人开发出了美丽的"伊万里烧"瓷器，后来，荷兰商人将其带出日本。[55] 在所有这些发展过程中，丰臣秀吉的名字经常出现。他可能很残忍，脾气也很暴躁，但他对国内外广泛经济活动的大力推动，使他的统治时期成为日本经济史上的一个黄金时代。

※ 四

丰臣秀吉感兴趣的不仅是贸易。在控制了许多大名之后，他梦想自己可以在大海对面取得类似的成果。他仍然梦想着征服朝鲜并最终征服中国，所以在 1592 年发动了一次大规模的海上远征。卡莱蒂说这一次出动的日本陆军有 30 万人。[56] 在随后的陆战中，汉城和平壤落入日本人手中，但明朝军队将他们赶出了平壤，而且在明朝威胁要出动 40 万大军攻打汉城（"上国将举四十万兵，前后遮截，以攻尔等"① ）之后，日本人弃守汉城。[57] 1597 年，日本人在海上打败朝鲜海军之后，发动了第二次入侵。丰臣秀吉命令他的军队"不分男女老少，不管信教与否，战场上的士兵自不待言，甚至

① 原文出自《宣祖昭敬大王修正实录》二十六年四月条："上国将举四十万兵，前后遮截，以攻尔等。尔今还朝鲜王子、陪臣，敛兵南去，则封事可成，两国无事，岂不顺便？"

连山民，乃至最最贫穷、最卑微的人也不例外，全部杀光，把首级送回日本"①。[58]日本人没有砍掉敌人的首级，而是送回了堆积如山的从死者脸上割掉的鼻子。就像古埃及人割下死去的侵略者的阴茎一样，割鼻子是一种统计敌人死亡人数的有效方法："黑田长政：鼻子共三千个，已验。1597 年 9 月 5 日。"②[59]在陆地上，日军深入朝鲜境内，不过这次没有打到汉城。他们与朝鲜和中国军队交战，还在朝鲜海岸建立了基地，但未能实现他们寻求的突破。明朝皇帝对他的藩属朝鲜的支持使日本人很难打败朝鲜。在海上，日本人需要维持补给线的畅通，朝鲜海军很清楚这一点。

丰臣秀吉严重低估了朝鲜海军的战斗力。他认为，规模是最重要的。1597 年 9 月，在鸣梁海战中，事实证明朝鲜海军将领李舜臣率领的 13 艘船有能力阻挡超过 200 艘船的整个日本舰队。在 15 世纪，朝鲜人开发了一种被称为"龟船"的加固战舰，其船舷和船顶都经过加固，几乎坚不可摧。到鸣梁海战的时候，这种船已经过时了，但李舜臣建造了新的龟船，船头装饰着一个令人印象深刻的龙头，重炮的炮口就从那里探出。龟船在左右舷和船尾都配备了大量火炮，颇像浮动的坦克。[60]龟船也被用于冲撞敌船，因为日本人的轻型船无法抵御龟船的重型船首。炮声隆隆，小小的朝鲜舰队视死如归，向日本舰队发起冲锋。朝鲜人的目标是日本旗舰，它在被点燃后沉没了。李舜臣将军满意地看到日本指挥官的

---

① 译文借用〔加〕塞缪尔·霍利《壬辰战争》，方宇译，北京：民主与建设出版社，2019，第 348 页。

② 同上书，第 357 页。

尸体被拖出水面：这具尸体被砍成碎块并挂在桅杆上，这样日本人就可以看到他们的首领是什么下场。这相当于朝鲜的萨拉米斯海战，在一条狭窄的航道上进行，朝鲜船毫发无损，日本人却损失了31艘船。[61]

到1598年，这场战争已经成为关乎丰臣秀吉荣誉的问题。那时，他的真正目的不是征服朝鲜（因为这显然是不可能的），而是羞辱明朝皇帝，因为丰臣秀吉要向世人证明，日本军队可以恣意入侵明朝的藩属朝鲜。[62]李舜臣一生中取得了许多辉煌的海战胜利，但一度被嫉妒他的人囚禁起来。1598年底，他在最后一场战役中死去，就像纳尔逊勋爵被子弹击中一样。经常有人将李舜臣与纳尔逊相比。据估计，在这场战役中被摧毁的日本船只数量在200艘左右，另有100艘被俘，500名日军阵亡，此外还有许多人溺水而亡。李舜臣甚至成为现代日本海军崇拜的英雄。一位日本海军将领在1905年大败俄国人，在他的胜利庆典上，有人将他与纳尔逊和李舜臣相提并论。他表示反对："我不介意被比作纳尔逊，但我比不上朝鲜的李舜臣。他太伟大了，没有人能够和他相提并论。"[①][63]

※ 五

朝鲜的这些事件似乎与日本和澳门之间的商路没什么关系。但是，由于在入侵朝鲜这场徒劳无功的战争中花费了太多时间和金

---

① 译文借用《壬辰战争》，第368页。

钱，丰臣秀吉更加倾向于支持贸易，希望能由此获得更多收入。濑户内海的贸易已经很活跃，日本各岛之间不仅运送货物，还运送香客。随着位于东京湾江户的新行政中心的崛起，一个新的大米与清酒（大米的副产品，备受赞赏）消费中心变得非常突出。在 17 世纪初，所谓的"桶船"（因运载酒桶而得名，不是因为其形状像桶）按照固定的时间表在江户与他处之间来回穿梭。[64]丰臣秀吉也对更远程的联系感兴趣。他热情地签发了"朱印"通行证，允许日本船在他的国度与外邦之间来回航行。早在 1587 年，他就向九州岛派出了一支由 30 万军队和 2 万匹马组成的远征军，而博多（古老的港口）和长崎（新港口）都在他的直接控制之下，这意味着他拥有了面向江户和京都之外遥远世界的窗口。丰臣秀吉仔细聆听关于外国船只的消息，购买葡萄牙的黄金，有一次还提出购买一艘西班牙船从菲律宾运来的所有陶器（吕宋的陶器虽然相当粗糙，但很受日本饮茶者的欢迎）。[65]日本并没有与外界隔绝，然而其统治者对他们愿意鼓励的接触是有选择的。葡萄牙人的重要性在于他们可以获得精美的中国丝绸，以及他们与澳门之外的马六甲和果阿之间的联系。

　　日本统治者也意识到，西班牙人对他们的土地很感兴趣。这些西班牙人不只是商人，前文已经介绍过他们将日本纳入马尼拉大帆船航线的尝试。杰出的多明我会修士胡安·科沃（Juan Cobo，中文名为高母羡）于 1588 年从墨西哥来到马尼拉。在于 1592 年 6 月前往日本萨摩之前，他迅速学会了 3000 个汉字。他来到日本，既是为了探查这片土地，也是为了代表西班牙国王腓力二世与丰臣秀吉的宫廷建立友好关系。只有在日本军队向腓力二世提供援助的情况下，西班牙征服中国的梦想才能实现。在萨摩，科沃遇到了一个来自秘鲁的商人，后者声称自己被葡萄牙人欺骗了，于是他们一起来到丰臣秀吉的军营，当时丰臣秀吉正在名古屋附近作战。丰臣秀吉对科沃展示的地球仪很感兴趣，这位修士在地球仪上描绘了西班牙帝国的疆域。但是，丰臣秀吉认为科沃在吹牛，因为他对科沃从菲律宾带来的微不足道的礼物感到失望，而且他将这些礼物视为贡品。丰臣秀吉给菲律宾总督写了一封信，大肆吹嘘自己在朝鲜的征服和对明朝军队的胜利。他认为，菲律宾"在我伸手可及的范围之内"。最后，他恩威并用地写道："让我们永远成为朋友，请写信给卡斯蒂利亚国王，向他表达这一点。让他不要因为身在远方，就轻视我的话。我从未见过那些遥远的土地，但通过我掌握的情况，我知道那里有什么。"科沃在台湾岛附近遭遇海难，被当地的猎头者杀害。[66]西班牙方济各会修士开始在日本与耶稣会竞争。其中一个方济各会修士，赫罗尼莫·德·赫苏斯·德·卡斯特罗神父（Fray Jerónimo de Jesús de Castro）于 1597 年秋天被赶出长崎，不过在次年夏天又回到了日本。刚刚上台的幕府将军德川家康认为，有一个西班牙修士来到他的土地，可能会鼓励西班牙人与日本达成贸易协议。于是，1599 年 5 月，赫罗尼莫神父被允许在江户建造一座教堂，可德川家康并没有允许他向日本人传教。耶稣会士既要忙于抵御与他们竞争的方济各会，又要讨好难以捉摸的幕府将军。[67]

从 1599 年的情况可以清楚地看出，与德川家康打交道是多么复杂。在长崎的葡萄牙船长弗朗西斯科·德·戈维亚（Francisco de Gouvea）认为，他可以通过援助正在与邻国交战的柬埔寨国王而致富。他招募了一支由日本人和葡萄牙人组成的混合部队，经澳门驶往柬埔寨。在那里，他的船与两艘来自马尼拉的西班牙船会合。戈维亚发财的愿望没能实现，他在柬埔寨丧命，不过他的许多追随者搭乘他的船逃出了柬埔寨。他们仍然希望从这次远征中赚一些钱，于是劫持了一艘从马来半岛驶过南海的船，并把它带到了长崎。他们的行为被认定为海盗活动；参与此事的所有日本士兵以及他们的妻儿都被逮捕，并被钉在十字架上，赫罗尼莫神父被带去做证人。耶稣会士进行干预，才避免了一场更严重的屠杀。戈维亚的妻子和孩子也被逮捕，但最终幸免于难。[68]德川家康统治的专断性质变得非常明显，特别是在他于 1600 年击败其日本敌人之后。[69]不久之后，赫罗尼莫神父死于痢疾，他的对手范礼安评论道："上帝给了他一个教训！"方济各会与耶稣会之间分歧的根源在于，方济各会认为耶稣会过于尊重江户政权对其活动的严格限制："因此，他们［耶稣会士］穿着日本服装到处走动，关起门来做弥撒和执行圣礼。"肯定更了解日本的耶稣会则确信，方济各会主张的公开传教会使日本的基督教陷入危险。[70]

1614 年，德川家康在日本明令禁止基督教。到那时，成千上万的日本人已经接受了这种信仰，主要是在九州。大名们被要求顺应潮流，放弃基督教，改信佛教。在接下来的四分之一个世纪里，发生了一些可怕的迫害运动。[71]所谓的日本"基督教世纪"在 17 世纪中叶结束了。葡萄牙人发现对日贸易越来越难做，并于 1639 年被逐出日本。次年，一个葡萄牙使团从澳门出发，希望恢复对日联系，但该使团的大多数外交官被斩首，日本当局的不妥协态度就非常明显了。[72]这不仅是耶稣会被禁止传教和被迫退出利润丰厚的中国丝绸贸易的结果，其他力量也在起作用：葡萄牙人在这些水域有了新的欧洲对手，即尼德兰人。他们和葡萄牙人一样，曾经处于性情严厉的西班牙国王腓力二世的统治之下，但在摆脱他的统治方面更成功。英格兰人也曾反抗腓力二世国王，后者在与玛丽女王结婚后，短暂地成为英格兰国王。在英格兰，然后在尼德兰和丹麦，人们正在宣传新的想法，即存在一些未曾探索的航路，可以绕过西班牙和葡萄牙控制的海域。在 16 世纪末和 17 世纪初，欧洲人坚持不懈地探索这些航路。

注　释

1. D. Massarella, *A World Elsewhere: Europe's Encounter with Japan in the Sixteenth and Seventeenth Centuries* (New Haven, 1990), p. 19.

2. C. R. Boxer, *Fidalgos in the Far East 1550–1770* (2nd edn, Hong Kong, 1968), p. 7.

3. J. Wills, 'Maritime Europe and the Ming', in J. Wills, ed., *China and Maritime Europe, 1500–1800: Trade, Settlement, Diplomacy, and Missions* (Cambridge, 2011), pp. 26–7, 29–31; A. Coates, *A Macao Narrative* (2nd edn, Hong Kong, 2009), pp. 11–12.

4. Armando Cortesão, transl. and ed. , *The Suma Oriental of Tomé Pires* (London, 1944), vol. 1, pp. 128 – 131: *Lequíos* and *Jampon*; Massarella, *World Elsewhere*, pp. 22–3; G. Kerr, *Okinawa: The History of an Island People* (2nd edn, Boston and Tokyo, 2000), pp. 84, 88, 90–94; C. R. Boxer, *The Christian Century in Japan 1549–1650* (2nd edn, Lisbon and Manchester, 1993), p. 14.

5. Cited by Boxer, *Christian Century*, pp. 16–17; see also Wills, 'Maritime Europe and the Ming', pp. 26–8.

6. Boxer, *Christian Century*, p. 27.

7. Coates, *Macao Narrative*, pp. 12–13.

8. Diogo de Couto (1597) in Boxer, *Christian Century*, pp. 24–5; also Massarella, *World Elsewhere*, p. 24; Kowner, *From White to Yellow*, p. 65.

9. Boxer, *Christian Century*, pp. 28, 30.

10. 日本编年史 *Yaita-ki*, 引自 Boxer, *Christian Century*, p. 29。

11. Wills, 'Maritime Europe and the Ming', pp. 32–4.

12. Coates, *Macao Narrative*, p. 50.

13. Wills, 'Maritime Europe and the Ming', p. 37.

14. Boxer, *Christian Century*, p. 255.

15. Coates, *Macao Narrative*, pp. 25 – 30; Boxer, *Fidalgos*, p. 3; Wills, 'Maritime Europe and the Ming', pp. 38, 41, 47–8; L. P. Barreto, *Macau: Poder e Saber, séculos XVI e XVII* (Queluz de Baixo, 2006), pp. 215–16; cf. F. Welsh, *A History of Hong Kong* (2nd edn, London, 1997), pp. 120–31.

16. Boxer, *Fidalgos*, p. 4; Wills, 'Maritime Europe and the Ming', p. 35.

17. Wills, 'Maritime Europe and the Ming', p. 37.

18. F. Carletti, *My Voyage around the World*, ed. and transl. H. Weinstock (London, 1965), p. 139.

19. Barreto, *Macau*, p. 116.

20. Wills, 'Maritime Europe and the Ming', p. 47.

21. Ibid. , p. 42.

22. Carletti, *My Voyage*, p. 140; Barreto, *Macau*, pp. 138−41.

23. Barreto, *Macau*, p. 117.

24. Cited in Boxer, *Fidalgos*, p. 6; also in Boxer, *Christian Century*, pp. 105−6.

25. C. R. Boxer, *The Great Ship from Amacon: Annals of Macao and the Old Japan Trade, 1555−1640* (Lisbon, 1959), p. 17.

26. Boxer, *Christian Century*, plate 14; N. Coolidge Rousmaniere, *Vessels of Influence: China and the Birth of Porcelain in Medieval and Early Modern Japan* (Bristol and London, 2012), p. 109.

27. Boxer, *Great Ship from Amacon*, pp. 13−14 and p. 13 n. 34.

28. 例如, A. Jackson, 'Visual Responses: Depicting Europeans in East Asia', in A. Jackson and A. Jaffer, *Encounters: The Meeting of Asia and Europe 1500− 1800* (London, 2004), pp. 202−3, plate 16. 1; Boxer, *Great Ship from Amacon*, p. 20 对页的图片; Boxer, *Christian Century*, plates 13, 15。

29. 例如, Boxer, *Great Ship from Amacon*, p. 35; also Boxer, *Christian Century*, p. 121。

30. Barreto, *Macau*, pp. 145, 160−61, 193, 220.

31. Boxer, *Great Ship from Amacon*, p. 47.

32. Ibid. , pp. 34−5; Boxer, *Christian Century*, p. 100; Barreto, *Macau*, p. 143.

33. Barreto, *Macau*, p. 141.

34. M. Meilink-Roelofsz, *Asian Trade and European Influence in the Indonesian*

Archipelago between 1500 and about 1630 (The Hague, 1962), pp. 104-5, 134.

35. R. von Glahn, *The Economic History of China from Antiquity to the Nineteenth Century* (Cambridge, 2016), pp. 308-11.

36. *Prodotti e tecniche d'Oltremare nelle economie europee, secc. XIII – XVIII* (Florence, 1998); Barreto, *Macau*, p. 273.

37. Meilink-Roelofsz, *Asian Trade and European Influence*, pp. 123-4.

38. Boxer, *Great Ship from Amacon*, pp. 33-4, 317-18 (doc. E. ii, 1567-8).

39. Ibid. , p. 115.

40. J. Moran, *The Japanese and the Jesuits: Alessandro Valignano in Sixteenth-Century Japan* (London, 1993), p. 67.

41. 关于利玛窦，见 R. Po-chia Hsia, *A Jesuit in the Forbidden City: Matteo Ricci 1552-1610* (New York and Oxford, 2010); R. Po-chia Hsia, *Matteo Ricci and the Catholic Mission to China, 1583 – 1610: A Short History with Documents* (Indianapolis, 2016); M. Laven, *Mission to China: Matteo Ricci and the Jesuit Encounter with the East* (London, 2011); also C. R. Boxer, *The Church Militant and Iberian Expansion 1440-1770* (Baltimore, 1978), pp. 53-6。

42. Barreto, *Macau*, p. 141.

43. Boxer, *Christian Century*, p. 97.

44. Ibid. , p. 120; Barreto, *Macau*, p. 141.

45. Cited in Boxer, *Christian Century*, p. 93.

46. Kowner, *From White to Yellow*, pp. 84, 128 – 35, 166 – 70; Barreto, *Macau*, p. 139 关于路易斯·德·阿尔梅达（Luís de Almeida）的内容。

47. Boxer, *Christian Century*, pp. 139-49, 152-3; also Carletti, *My Voyage*, pp. 116-25.

48. Moran, *Japanese and Jesuits*, pp. 58-9, 62-3, 70, 89-90.

49. Carletti, *My Voyage*, p. 116.

50. Ibid. , pp. 104-5.

51. Ibid. , pp. 105-8, 121-4, 127-35.

52. Ibid. , pp. 108-13; Barreto, *Macau*, p. 165.

53. Carletti, *My Voyage*, p. 132.

54. Coolidge Rousmaniere, *Vessels of Influence*, pp. 78, 81, 87-92, 101-3.

55. Ibid. , pp. 64, 130-35, 161; T. Nagatake, *Classic Japanese Porcelain: Imari and Kaikemon* (Tokyo, 2003), pp. 49-50, 60-63.

56. Carletti, *My Voyage*, pp. 114-16.

57. S. Hawley, *The Imjin War: Japan's Sixteenth-Century Invasion of Korea and Attempt to Conquer China* (Seoul and Berkeley, 2005), pp. 301-48.

58. Cited in Hawley, *Imjin War*, p. 465.

59. Hawley, *Imjin War*, pp. 475-6.

60. Ibid. , pp. 193, 195-9, 以及图片部分, pp. vi-vii。

61. Ibid. , pp. 482-90.

62. Ibid. , p. 515.

63. Ibid. , pp. 490, 554-5.

64. T. Toyoda, *History of pre-Meiji Commerce in Japan* (Tokyo, 1969), pp. 40-41, 49, 53-4.

65. Ibid. , p. 43.

66. 信件内容引自 Hawley, *Imjin War*, p. 402; Boxer, *Christian Century*, p. 161; Moran, *Japanese and Jesuits*, p. 91。

67. Moran, *Japanese and Jesuits*, pp. 83-4.

68. Ibid. , pp. 84-5, 89.

69. Barreto, *Macau*, p. 173.

70. Moran, *Japanese and Jesuits*, p. 86.

71. J. Clements, *Christ's Samurai: The True Story of the Shimabara Rebellion* (London, 2016).

72. Boxer, *Great Ship from Amacon*, pp. 158−61.

第三十六章

第四个大洋

※ 一

　　到目前为止，本书已经考察了三个大洋。不过，大多数地图显示存在五个大洋。其中之一，南冰洋或南极洋，实际上是大西洋、太平洋和印度洋向南的延伸，可能包括也可能不包括澳大利亚和新西兰的最南端。南冰洋的北部界线与 1494 年划分世界的西葡条约规定的界线一样随意。另一个大洋是北冰洋，到目前为止我们几乎完全没有提到它，因为即使是诺斯人前往格陵兰的航行也局限于大西洋水域。诺斯人的船偶尔沿着戴维斯海峡（Davis Strait）向北航行，或者（在诺斯人海洋世界的另一端）远航至斯匹次卑尔根岛，来到北极圈以北。然而，将格陵兰和巴芬岛分开的戴维斯海峡显然是大西洋的延伸。甚至在"发现"北美洲之前，遥远北方有什么的问题就引起了令人遐想的猜测，这些猜测是基于有关萨米人［Sami，或拉普人（Lapps）］的一星半点儿的知识。马丁·倍海姆的地球仪是在哥伦布第一次远航的时期制作的，它想象北极是被大洋包围的圆形岛屿，暴露了欧洲人对于格陵兰是什么的一贯困惑

（误以为它是欧亚大陆在挪威以外的延伸）。[1]在 1555 年之前，瑞典教士和地理学家乌劳斯·马格努斯（Olaus Magnus）到达挪威北部，写下了关于极昼、毛皮贸易和萨米人习俗的内容。[2]

对 16 世纪的欧洲水手来说，北极的诱惑并不在于北极圈内的土地，而在于可以带他们穿越北极、前往遍布香料岛屿的温暖水域的海洋。直到 21 世纪初，极地冰层的融化才使绕过北美洲顶部和俄罗斯顶部的航路显得可行。麦哲伦已经证明，绕过美洲底部的航路确实存在。但是，它几乎超出了人类的耐力，找到一条通往美洲以北或俄罗斯以北海域的航道从而将欧洲商人带到中国和东印度群岛的机会不容错过。至少英格兰人和后来的荷兰人不想错过这样的机会，因为他们希望避开西班牙和葡萄牙正在行使或声称行使统治权的土地。有的时候，英格兰人确实可以利用他们与西班牙的密切关系，进入远在伊斯帕尼奥拉岛的西班牙市场。不过，英格兰和西班牙之间的关系是非常跌宕起伏的。亨利八世与西班牙的联盟因为他与阿拉贡的凯瑟琳离婚而在争吵中瓦解，后来，腓力二世通过与凯瑟琳的女儿玛丽结婚而成为英格兰国王，但没过多久玛丽就去世了，于是腓力二世失去了对英格兰的影响力。在那之后，新教主宰了英格兰。

这不仅是商业和政治联盟的问题。在安达卢西亚从事贸易的英格兰商人在梅迪纳-西多尼亚（Medina Sidonia）公爵的赞助下，在塞维利亚的外港桑卢卡尔德巴拉梅达（Sanlúcar de Barrameda）建立了一个基地。梅迪纳-西多尼亚公爵们自成一派，在促进繁荣方面有各种创新的想法（包括 1474 年安排皈依基督教的犹太人在直

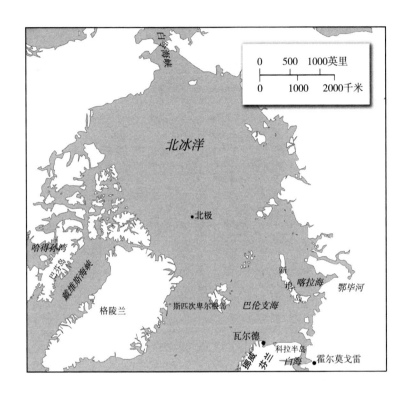

布罗陀定居)。当时，英格兰人声称他们已成为西班牙宗教裁判所的迫害对象，宗教裁判所已将其迫害范围从秘密犹太教徒和隐匿穆斯林扩大到那些拒绝接受教宗至高无上权威的人："我们国家［英格兰］的许多人被秘密指控而不自知，因此，我们所有人每天都生活在巨大的恐惧和危险之中。"[3]但是，英格兰人渴望获得印度的产品，而随着经济开始扩张，他们的这种渴望更加强烈。一种可能性是与摩洛哥统治者建立友好关系，这也许能满足英格兰人对糖的热切需求。英格兰与摩洛哥统治者的联盟还会把西班牙国王限制在西

班牙，并维持对葡萄牙人的压力，后者仍然控制着摩洛哥的几个港口。因此，从 16 世纪 50 年代开始，"巴巴利贸易"在英格兰得到发展。从 16 世纪 80 年代开始，它由伊丽莎白一世女王授权的巴巴利公司（Barbary Company）负责管理，公司总部设在伦敦。[4]

　　糖是一回事，但英格兰人想获得的是品类齐全的各种药物和香料。在这种情况下，两种类似的思路开始得到重视，即绕过北美洲北端的西北水道和绕过俄罗斯北端的东北水道。这些计划是布里斯托尔商人发起的，这一点也不奇怪，因为他们之前就深度参与过约翰和塞巴斯蒂安·卡博特的探险。布里斯托尔商人中最突出的是索恩（Thorne）家族，他们是富有的商人和慈善家。老罗伯特·索恩（Robert Thorne the Elder）创办的学校存续至今，即布里斯托尔文法学校。1530 年，他的儿子，也叫罗伯特，给英王亨利八世写了一封长信，说英王应该抓住机会，通过向"许多新的土地和王国派遣探险队来增进［英王的］权力和影响力。在那些地方，毫无疑问，陛下将赢得永久的荣耀，您的臣民将获得无限的利益"。小罗伯特·索恩此时以伦敦为基地，但据说他与自己的西班牙情妇在塞维利亚住过一段时间。他在给国王的信中将"无限的利益"摆在第二位，然而这对他来说是更重要的。索恩对冰雪和寒冷带来的危险轻描淡写，却强调了一个事实，即在北极夏季的极昼条件下可以持续航行，"这对航海者来说是一件大好事，因为可以随时看到周围的情况"。他似乎认为，最好的路线是将船带到接近北极的地方，直接越过世界顶部。罗伯特·索恩浮夸地描述道，英格兰船可以先到访"世界上最富饶的土地和岛屿，它们拥有黄金、宝石、香脂、香料和我们这里最推崇的东西"，然后随时可以选择经麦哲伦海峡或好望角返回。[5]

这些计划没有落实。1569 年，在格拉尔杜斯·墨卡托（Gerard Mercator）出版了他那幅非常有影响力的世界地图的新版本之后，一种观点开始传播，即直接通过极地的路线也许是不可行的，因为据说北极被四个紧密相连的岛包围。不过，西北水道和东北水道仍然是可行的，前提是它们没有被冰封住。有人说："《墨卡托地图集》中没有哪一幅地图比这一幅错得更离谱了。"并且，墨卡托轻信了一个名叫泽诺（Zeno）的中世纪晚期威尼斯人虚假的旅行记录，泽诺自称被海浪冲到了神话中的弗里斯兰（Frisland）① 和埃斯托蒂兰（Estotiland）的海岸，据说这些岛屿位于大西洋中央，人口众多。然而，墨卡托的这幅地图确实假定了今天被称为白令海峡（Bering Strait）的水道的存在，也就是说，认为绕过欧亚大陆顶端通往中国的路线是可行的。[6]

索恩的朋友塞巴斯蒂安·卡博特是北极航线的更热情的支持者，他耐心地等待人们认识到这是一个不容错过的机会。在他的父亲发现纽芬兰岛（但未能开辟通往中国的航线）的半个世纪之后，塞巴斯蒂安仍在鼓吹北极航线的可行性。塞巴斯蒂安在 1509 年为英格兰服务时探索过加拿大附近的水域，并可能进入了哈得孙湾。在为西班牙国王工作了三十四年后，他于 1548 年回到英格兰宫廷。[7]不过，他这一次的探险目标并不明确：他负责领导一个新成立

---

① 请注意，不要与真实存在的弗里斯兰（Friesland 或 Frisia）混淆。

的 "探索未知地区、领地、岛屿和地方的商人冒险家团队"。在理查德·哈克卢伊特（Richard Hakluyt）出色的 16 世纪旅行叙事集中，当时计划的航行被恰当地描述为 "一种新的、奇怪的航行"。远航的团队通过征集每人 25 英镑的捐款来筹集资金，筹得 6000 英镑，足以购买和装备三艘船。在东北航线和西北航线之间做选择时，该团队于 1553 年决定，最好的前景在俄罗斯方向。毕竟，已经向美洲西北部派出的几支探险队都没有发现水道。休·威洛比爵士（Sir Hugh Willoughby）和理查德·钱塞勒（Richard Chancellor）将领导这次探险，他们带着年轻的国王爱德华六世以传统的方式写给各种 "国王、王公和其他权贵" 的信件。船队在沿泰晤士河顺流而下，经过格林尼治的王宫时，引起了强烈的关注："廷臣们都跑出来了，老百姓也一拥而上，站在岸边，非常拥挤；枢密院成员从王宫的窗户往外看，其他人则跑到塔楼的顶层。"[8]

成立这个团队的人们的乐观情绪肯定是错的。在芬兰北海岸，风暴驱散了船队，威洛比的船和另一艘船一起进入巴伦支海（Barents Sea），它位于斯匹次卑尔根岛和被称为 "新地岛"（Novaya Zemlya）的一对狭长而荒凉的岛屿之间。然后，冰冷的气候条件迫使船队回到斯堪的纳维亚半岛附近的科拉半岛（Kola Peninsula）。他们被迫在那里过冬，全部 63 名水手和商人都无法在冰冷的条件下生存。几年后，威尼斯驻伦敦大使讲述了那些船员是如何被俄国渔民发现的：船员们被冻死了，但仍然坐在餐桌前，看上去或在写信，或在打开柜子。[9]毫无疑问，这些细节都是后人杜撰的。然而，东北航线的挑战变得更加清晰，威尼斯大使一定既惊恐又幸灾乐祸，因为他知道他的家乡在香料贸易中已经面临来自葡萄牙人的足够激烈的竞争。不过，第三艘船传来了更好的消息。钱塞勒的船最终停在了白海沿岸，钱塞勒从那里开始了雄心勃勃且成功的陆路旅行。他前往莫斯科，为英格兰和俄国之间成功的毛皮贸易奠定了基础，经营该贸易的是获得英格兰政府许可的"莫斯科公司"。英格兰人的报告表现出对俄国人的习俗和信仰的浓厚兴趣，莫斯科的伊凡雷帝和伦敦的伊丽莎白一世之间也发展了友好关系（这位精神病态的沙皇甚至向女王求婚）。除了这些，莫斯科贸易还开辟了其他的可能性：现在，通往波斯的道路开放了，却是陆路；通过这条漫长而迂回曲折的路线，东方的异国货物源源不断地到达英格兰。在莫斯科大公国取得的意外成功转移了英格兰人对东北水道的注意力。当 1555 年第二支英格兰探险队在俄国水手的引导下到达新地岛时，东北水道不可行的感觉更加强烈。由于北纬 70 度的环境太恐怖，英格兰人的轻型帆船不得不折返。不仅浮冰很危险，而且有一头巨大的露脊鲸在关注英格兰轻型帆船。露脊鲸"在水中发出可怕的叫声"，并在离船仅几英尺的地方游动。[10]

莫斯科公司继续为探险活动筹资，上述的挫折并没有打消英格兰人对穿越北极航行的热情。莫斯科公司幸运地选中了优秀的指挥官。1557 年出发的安东尼·詹金森（Anthony Jenkinson）是一位不屈不挠的中亚探险家，他到达波斯和布哈拉（Bukhara），并作为伊丽莎白一世女王的代表在喜怒无常的沙皇的宫廷中任职。伊凡雷帝真正寻求的是军事联盟，而不是贸易联盟。他希望能在波罗的海扩大权力，使瑞典人不敢轻举妄动。尽管他授予英格兰人的特权也包括在俄国控制下的波罗的海地区的贸易权，但除了出售军备的机会外，很难看出与俄国结成军事联盟会给英格兰带来什么真正的好处。1572 年，经常暴跳如雷的伊凡雷帝在一次发飙的时候废除了英格兰在俄国的贸易权，不过詹金森设法通过谈判恢复了英格兰的贸易权。他对沙皇的安抚非常成功，他带着"我［伊凡雷帝］对我亲爱的妹妹伊丽莎白女王的衷心赞扬"返回英格兰。[11]英格兰商人在霍尔莫戈雷（Kholmogory）建立了一个基地，那里距离白海岸边约 50 英里："在这个镇上，英格兰人有自己的土地，是［俄国］皇帝赐给他们的，还有漂亮的房子，里面有可存放大量商品的办公室。"[12]

　　莫斯科公司没有灰心丧气，并于 1580 年再次尝试。然而，公司派出的船显然很小，一艘 40 吨的三桅帆船有 10 名船员，另一艘只有 6 名，也许是因为公司认识到，驾驶威洛比和钱塞勒使用的那种大船通过冰海会更加困难。这次航行的真正目的可从船只的舱单中看出：船员们对到达中国充满信心，所以船上的货物包括"大幅伦敦地图，以展示你们的城市"；大量的英式服装，包括帽子、手套和拖鞋，更不用说来自英格兰和威尼斯的玻璃制品和大量铁器，这让人想到在此次远航的投资者中有锁、铰链和螺栓的制造商。探险家们的任务是，不仅要获得大量中国草药的种子（他们希望能在欧洲种植中国草药），也要获得一张中国的地图。他们还应该窥探中国人，仔细记录所到之处的防御工事和海军活动。当然，他们没有到达中国，不过在喀拉海（Kara Sea）的冰层迫使他们返回之前，他们确实深入到了新地岛之外很远的地方。此时，俄国水手已经知道如何沿着欧亚大陆的北岸进一步航行，直到宏伟的鄂毕河（River Ob）。[13]

英格兰人被冻结在北极之外，但其他人并不气馁。在 16 世纪末，荷兰航海家也在寻找一条横跨世界顶部的航线，从而在与西班牙冲突期间维持异域商品贸易。他们得到了尼德兰联省共和国①执政毛里茨亲王（Prince Maurits）的支持。他在尼德兰联省共和国扮演类似于总统的角色，于 1593 年确保了对这条航线的资金投入。这是一个打击天主教西班牙的机会，所以吸引了加尔文教派的牧师，如彼得勒斯·普朗修斯（Petrus Plancius）。他是强硬派分子，

---

① "尼德兰"和"荷兰"这两个概念有所重叠，在中文世界的使用非常混乱。这里仅做简单介绍。"尼德兰"这个词是音译，意思是"低地"，也称"低地国家"。历史上的尼德兰包括今天的荷兰、德国西部部分地区、卢森堡、比利时和法国北部部分地区。在中世纪，尼德兰分属勃艮第公国和神圣罗马帝国。后来由于复杂的联姻，尼德兰在哈布斯堡家族的统治下统一了。属于哈布斯堡家族的神圣罗马皇帝查理五世将西班牙和尼德兰传给儿子腓力二世。

在腓力二世时期，尼德兰爆发了反对哈布斯堡家族统治的起义，也称八十年战争。尼德兰的七个省脱离西班牙独立，建立"尼德兰联省共和国"（1581—1795 年），也就是中文世界里常说的荷兰共和国。严格意义上的荷兰仅是尼德兰联省共和国的七个省之一。但是，因为荷兰省的地位重要，所以外界常用"荷兰"来指代整个尼德兰共和国。

而没有脱离西班牙的那部分尼德兰土地，继续由西班牙统治，称为西属尼德兰，以布鲁塞尔为首都。于 1713 年根据《乌得勒支和约》割让给哈布斯堡家族的奥地利分支，则称为奥属尼德兰。

1795 年，尼德兰联省共和国灭亡，统治者奥兰治家族被民众（得到正在进行革命的法国的支持）推翻。随后建立的所谓巴达维亚共和国，是法国的傀儡，不过也给国家带来了许多民主进步。奥属尼德兰被法国占领。拿破仑称帝之后安排自己的弟弟路易于 1806 年 6 月成为荷兰国王，统治之前的尼德兰联省共和国和奥属尼德兰。在拿破仑倒台之后，奥兰治家族复辟，建立新的尼德兰王国（中文世界常称之为荷兰王国）。1831 年，新荷兰王国的南半部分（相当于之前的奥属尼德兰）独立，成为今天的比利时。

对地理和航海特别感兴趣，并就这一主题进行演讲和发表作品，如出版了勾勒穿越北冰洋的航线的地图。[14]然而，普朗修斯这样的制图师能做的不多。荷兰人真正需要的是一次远征。伟大的荷兰航海家威廉·巴伦支（Willem Barentsz）艰难地驶入北极水域，绘制了今天以他的名字命名的部分海域及其东部边缘的新地岛的地图。可是，就连他也把斯匹次卑尔根岛与格陵兰混淆了。1596—1597 年，他和他的船员不得不在用漂流木和船的一部分建造的木屋中忍受严寒的冬天。他们的船完全被困在冰里，所以他们被迫乘坐敞篷的小艇从新地岛一路航行到科拉半岛。巴伦支在途中死亡。虽然俄国水手偶尔会来帮助他们，但探险队居然有人幸存下来，还是很令人吃惊。早在 1598 年，关于这次戏剧性航行的畅销书就在书店里出现。通常情况下，这样的叙述是经过修饰的；但在 1871 年，一位挪威船长在北极的偏远角落偶然发现了一座小木屋的遗迹，所以我们知道，很显然，至少巴伦支远航的基本事实是真实可信的。小屋里仍然摆放着巴伦支远航的所有用具，有勺子和刀子、带有精致锁具的铁箱子、白镴烛台、"伊特鲁里亚造型的雕刻精美的水壶"、小型武器、荷兰文书籍和雕刻品（数量很多，显然是打算运到中国销售的），以及其他许多东西。[15]荷兰人的探险活动没有就此结束。从寻找东北水道的尝试得到的教训是，失败只会刺激胃口。荷兰人发现北极水域盛产鲸鱼，包括巨大的北极露脊鲸，于是荷兰"北方公司"来到了俄国以北的海域。一头露脊鲸可能有 60 英尺或 70 英尺长，从其尸体上可以提取至少 2000 磅的鲸须板，还有一大堆鲸脂。[16]

※ 二

如果像《墨卡托地图集》和其他地图显示的那样，北美洲与亚洲是分开的，那么西北水道也是值得考虑的。也许世界是这样构建的：西北水道实际上并没有经过北极。毕竟，当法国国王弗朗索瓦一世于1524年派乔瓦尼·达·韦拉扎诺远航（他经过了后来的新英格兰）时，他希望韦拉扎诺能在这些纬度的某个地方找到一条通往太平洋的航路。同样的想法也促使法国国王支持雅克·卡蒂埃（Jacques Cartier）对加拿大圣劳伦斯河（St Lawrence River）的探索。[17] 1530年前后在纽伦堡制作的一幅木刻画似乎反映了塞巴斯蒂安·卡博特的假设，即在格陵兰和中国北部之间有一条很长的、相当宽且可通行的北极水道（Fretum Arcticum）。在这幅木刻画里，格陵兰被描绘为一个伸出亚洲的半岛，因此亚洲正好越过了面积大幅缩小的北美洲的顶部。这一时期的一些地图和地球仪沿用了这一模式，并将发现西北水道归功于亚速尔群岛的科尔特-雷阿尔兄弟，他们在1500年前后重新发现了格陵兰和拉布拉多。越来越多的人相信西北水道确实存在，特别是因为这种观念有塞巴斯蒂安·卡博特的印记："一个叫塞巴斯蒂安·卡博特的人是这次旅行或航行的最主要发起人。"

莫斯科公司为自己保留了选择的空间，起初集中精力于东北水道，但也垄断了西北水道的探索工作。沃尔特·雷利（Walter Raleigh）的同母异父兄弟汉弗莱·吉尔伯特（Humphrey Gilbert）

在 1566 年的一篇题为《关于发现通往中国的新航道的论述》的文章中坚定地论证了通往中国的新航线的可行性："如果我在任何时候着手寻找乌托邦或任何想象中的国家，你就有理由指控我头脑不清醒；但中国不是这样的，它是世人熟知的真实存在的国家。"[18]吉尔伯特参加了伊丽莎白女王的宫廷活动，向女王提出了他的论点，并在文章中附上一张地图，显示南北美洲是相互连接的，不过若干水道将其与南方大陆和亚洲陆地隔开，并且图中的亚洲不包括格陵兰。他有一个设想，即一些大面积的开阔水域是通往太平洋的通道。同样重要的是，他敦促朝廷考虑探索这条路线将给英格兰带来的好处，因为在玛丽女王驾崩后，腓力二世失去了英格兰国王的地位，而英格兰与天主教西班牙的关系不断恶化。[19]

　　伊丽莎白女王在几年内都没有根据吉尔伯特的乐观建议采取行动。但是，在 1576 年，马丁·弗罗比舍（Martin Frobisher）开始探索西北水道的时候，吉尔伯特的建议被印刷出来，作为弗罗比舍航行的招股说明书分发。弗罗比舍对西非贸易有一些经验，可从本质上讲，他是那种富有冒险精神、不择手段的私掠船主之一，这样的私掠船主经常得到女王的默许。[20]所以，他是向西班牙和葡萄牙对香料贸易的主宰地位发起挑战的合适人选。一家"中国公司"应运而生，但它只筹集到 875 英镑，只够装备两艘 30 吨的三桅帆船和一艘小的轻型帆船，船员总数为 34 人。用研究这条航线的最重要历史学家的话说，这些"令人震惊的小船"从事的是"疯狂的冒险"。[21]这支小舰队于 1576 年夏季出发。那艘轻型帆船在格陵兰以西遭遇风暴并失事，船员无一生还，而三桅帆船之一"米迦勒号"

（*Michael*）中途折返。[22]

　　弗罗比舍驾驶自己的船"加百列号"（*Gabriel*）驶向巴芬岛南岸，船员们在那里第一次遇到了在海上划皮艇的因纽特人。弗罗比舍认为这片水域的北岸是亚洲的一部分，南岸是北美洲的一部分。他在近距离看到因纽特人时，认为自己的判断是完全正确的。他的同事，即"加百列号"的船长报告称："他们［因纽特人］看上去像鞑靼人，留着长长的黑头发，脸庞宽阔，鼻子扁平，肤色黄褐。"[23]这与哥伦布那一代的观察家所犯的错误相似，他们也将加勒比海和中美洲的原住民视为亚洲人。[24]起初，英格兰水手与因纽特人的关系相当好，因纽特人向船员提供鲑鱼和其他鲜鱼。一个因纽特人提出要把"加百列号"带回远海，五名英格兰水手把他带回岸上取皮艇，从此销声匿迹。但是，因纽特人关于英格兰人的记忆仍然非常清晰，毕竟这是他们第一次与英格兰探险家相遇：

　　　　口述历史告诉我，许多年前，当白人的船出现的时候，有五个白人被因纽特人抓走了。这些人在岸上过冬，度过了一个、两个、三个还是更多的冬天，我说不清楚。他们住在因纽特人当中，后来他们建造了一艘 *omien*［大艇］，在船上装了一根桅杆，还有风帆。在这个季节的早期，在出现大量的水之前，他们试图离开。在努力的过程中，有些人的手被冻坏了。可最后，他们成功地进入了开阔的水域，然后他们离开了，这是我们最后一次看到他们或听到他们的消息。[25]

因纽特人甚至记得，弗罗比舍的船曾三次到访。不过，英格兰人对这次航行的叙述就不是那么正面了：在 1577 年第二次远航时，弗罗比舍的水手占领了一处因纽特人营地，在那里发现了一些英格兰人的衣服，它们肯定是失踪的五名水手留下的，或者是因纽特人从他们身上抢走的。弗罗比舍倾向于认为杂食的因纽特人吃了这五名水手，而不是照顾他们，因为此时欧洲人与因纽特人的关系已经严重恶化，双方经常发生冲突。此外，吃人的美洲土著的形象在 16 世纪广泛传播。[26]

弗罗比舍错过了哈得孙湾的入口，沿着巴芬岛的一个峡湾（后来被称为弗罗比舍湾）航行了一段距离，判断这一定就是他寻找的水道。但最后，他在冬天来临之前返航了。到达伦敦时，除了一块相当小的黑色岩石，他没有拿得出手的东西。经仔细检查，这块岩石似乎含有一种明亮的金属碎片，伦敦的检测员乐观地认为这是黄金，估计这种岩石每吨价值 240 英镑。这使英格兰人的兴趣大增，以至于伊丽莎白女王愿意投资 1000 英镑，让这两艘船进行第二次探险。而佛兰德地理学家亚伯拉罕·奥特柳斯（Abraham Ortelius）据说曾心怀嫉妒地前往伦敦，企图窃取西北航线的秘密，因为这样的秘密肯定会让佛兰德的西班牙主子感兴趣。弗罗比舍的第二支探险队认识到，他们无法从即将进入的土地获得所需的食物，于是携带了 5 吨腌牛肉、16 吨压缩饼干、2 吨黄油（足够每人每天半磅）和超过 80 吨啤酒，这足以维持每人每天 8 品脱（4.5 升）啤酒的供应量。即便如此，船在有需要时还是能保持直线航行。[27]不过，任务的重点发生了微妙的变化，因为"中国公司"现在责成弗罗比舍收集更多的岩石样本。在北极的条件下，即使是 8 月，地面也是冰封的，所以采集岩石并不是一件轻松的事情，而且船必须在月底前起航，因为北极的夏天很早就结束了，冰层开始合拢。[28]然而，女王还是很满意。为了炫耀拉丁文水平，她甚至给弗罗比舍到访的土地取了一个新名字：*Meta Incognita*，即"未知的界限"，意为这是一片无主的土地，西班牙和其他任何国家对其都没有权利主张。[29]

在 1578 年有 11 艘船和 400 人参加的第三次大规模探险中，弗罗比舍收集了更多的岩石，并偶然发现了哈得孙湾的入口。他的目标是在那里建立一个永久定居点，专门开采黄金。[30]他认为，哈得孙湾很可能是"我们寻找的通往富饶国度中国的通道"，但所有人的注意力都转向了那些黑色的岩石碎块。弗罗比舍的项目得到大量投资，英格兰人在达特福德（Dartford）斥巨资建造了一座配有熔炉和研磨机的矿物加工厂，以处理岩石和提取黄金。只有弗罗比舍的旗舰"米迦勒号"的船体得到了加固，而其他船有可能被浮冰的重量压碎。[31]当弗罗比舍的那些在北极冰海中幸存下来的船返回时，矿物加工厂得到了 1250 吨岩石。加工之后，这些岩石主要产出了黄铁矿，即"愚人金"。虽然黄铁矿往往出现在可以找到真金的地方，但在炼金术大行其道、像约翰·迪伊（John Dee）这样学识渊博的人围绕宫廷活动的时代，英格兰人犯了这样一个低级错误，这仍然令人惊讶。因此，泡沫很快就破灭了，投资也蒸发得无影无踪。弗罗比舍并没有像黄金检测员那样名誉扫地：他进行远航的目的并不是在北美寻找黄金，而且他似乎是一位要求严格但鼓舞人心的领导者。当挖掘岩石成为主要工作时，他设法说服大家把有限的精力投入艰苦的体力劳动。他在第三次探险时，已经招募了数百名志愿者。

与寻找东北水道一样，寻找西北水道的工作尽管遇到了挫折，但仍在继续。毕竟，人们可以把假黄金的故事抛在一边，认为它只不过是对一直以来的真正目的（到达中国）的干扰。16世纪80年代，约翰·戴维斯（John Davis）追随弗罗比舍的脚步，进入了格陵兰和巴芬岛之间以自己的名字命名的海峡。[32] 17世纪初，亨利·哈得孙（Henry Hudson，他已经探索过东北水道）做了英勇的努力，试图摸清后来以他的名字命名的海域（哈得孙湾）的情况。面积那么大的海域仅仅被称为"湾"，实在是太低调了。1611年，哈得孙的努力以灾难告终。他的船员发动反叛，把他、他的儿子和少数几名船员放在一艘小船里，让他们在哈得孙湾最南端的詹姆斯湾（James Bay）漂流。哈得孙船长和他的朋友不太可能活下来，因为他们既没有食物，也没有暖和的衣服。[33]

弗朗西斯·德雷克爵士于1577—1580年乘坐"鹈鹕号"［*Pelican*，后改称"金鹿号"（*Golden Hind*）］进行的环球航行，为这些探险活动提供了一个注脚。[34] 他决定不仅沿着南美洲的太平洋海岸，而且沿着北美洲的太平洋海岸向北走很远，比西班牙经营的马尼拉大帆船的航线走得更远，他计划劫掠这些大帆船。此时西班牙人正在沿着南美洲和墨西哥的海岸线建造城镇，所以有西班牙船在这条海岸线上来回穿梭，结果其中一些船遭到德雷克的劫掠。"智利葡萄酒"是德雷克的手下最喜欢的目标。[35] 对于他坚持向北航行、进入凉爽海域，有一种解释是，他也在寻找一条连接太平洋和大西洋的水道。[36] 如果发现了这条传说中的水道，他就可以快速返回英格兰。他的目的实际上不是环游地球，而是在西班牙人的海域骚扰他们，首先是在加勒比海，然后是在太平洋。进入太平洋之后，他就有很大机会在西班牙人最意想不到会遇到挑战的地方捕获他们的运宝船。最后，德雷克在意识到无法从风暴肆虐的麦哲伦海峡返回英格兰时，就将目标改为好望角。[37]

十多年后，被北极打败的约翰·戴维斯于 1591—1592 年率领一支远征队，经麦哲伦海峡进入太平洋，希望通过追寻德雷克的路线沿美洲海岸北上，"从背面"解决西北水道的问题。由于与探险队的联合领导人意见相左，再加上天气恶劣，戴维斯在到达美洲南端不久之后就被迫返回了英格兰。[38] 如果他能从火地岛到达阿拉斯加，他的探险肯定会被列为 16 世纪最伟大的航行之一。戴维斯可能是第一个在马尔维纳斯群岛（Malvinas Islands）登陆的人，他的船员在回家路上被迫以企鹅肉为食。那些绘制未知海域海岸图的人难免会一直寻找穿越大陆的捷径。当初欧洲人努力寻找穿越非洲的捷径，现在又寻找穿越北美的捷径。

※ 三

并非只有英格兰人和荷兰人对这些北极航线感兴趣。丹麦人很清楚诺斯人涉足遥远北方水域的悠久历史。在 16 世纪初，丹麦人已经在斯堪的纳维亚半岛的北端开设了一个海关站点，他们称之为瓦尔德（Vardø），而英格兰人称之为沃德豪斯（Wardhouse），说它是"挪威王国的一个相当有名的避风港或城堡"。这里曾被选为休·威洛比和理查德·钱塞勒的船只的集合点，但他们进入北冰洋的远航失败了。[39]前往白海的船会在瓦尔德停靠，并向同时担任挪威统治者的丹麦国王缴纳关税。与此同时，丹麦国王制订了控制格陵兰的计划。弗雷德里克二世（Frederick II）国王希望说服马丁·弗罗比舍率领一支探险队前往格陵兰，克里斯蒂安四世（Christian IV）国王则雇用苏格兰和英格兰的船长来维护丹麦对这个巨大的冰封岛屿的统治。克里斯蒂安四世在大西洋西北部实现了自己的目标之后，就把注意力转移到东北水道上。他派遣富有进取心、经验丰富的海员延斯·蒙克（Jens Munk），在冰面情况允许的范围内航行到尽可能远的地方。在这条路线被证明无法通行之后，蒙克就被指派去寻找西北水道。他像英格兰人一样，梦想开辟一条通往中国的航线。1619年，蒙克率领一艘快速帆船和一艘单桅纵帆船（sloop）向巴芬岛和哈得孙湾的方向进发。蒙克的航行日志被誉为"北极文学中最生动、最感人的作品之一"。他的日志能够存世，是因为他和另外两人在可怕的条件下得以幸存。在漫长的冬天，由于食物匮乏，坏血病流行，原本总计64名船员中绝大多数人都死了。"肚子已经准备好了，"蒙克写道，"对食物有胃口，但牙齿不允许吃。"[40]很多时候，冰冻的地面太硬，无法埋葬死去的同伴。1717年，一支英国探险队抵达同一地点，发现那里堆满了未埋葬的丹麦水手的骨骸。蒙克的两艘船是在8月底抵达哈得孙湾的，他们不知道冰雪即将来临，应该赶紧离开才对。最后，蒙克和他的两个同伴驾驶着他们的单桅纵帆船回到了丹麦。国王为了表示对他的莫大感激，命令他再次出发，找到那艘被丢下的快速帆船，并绘制哈得孙湾其余部分的地图。毫无疑问，令蒙克松了一口气的是，没有人愿意参加这样的进入冰冷地狱的旅行。[41]

丹麦人在北极水域的野心被遏制了，不过，他们在这些年里创办了丹麦东印度公司，最终又组建了丹麦西印度公司。这提醒我们，海上贸易控制权的争夺并不局限于西班牙、葡萄牙、荷兰、英国和法国之间，更不用说印度洋上的奥斯曼土耳其人。然而，事实证明，在所有这些国家和民族中，荷兰人是西班牙和葡萄牙在远洋航线上主宰地位的最坚定、最无情的挑战者。

注 释

1. R. Vaughan, *The Arctic: A History* (Stroud, 1994), p. 36, plate 3.

2. Ibid., p. 37.

3. 引自 G. Connell-Smith, *Forerunners of Drake: A Study of English Trade with Spain in the Early Tudor Period* (London, 1954), p. 121 （可追溯至 1540 年）; R. B. Wernham, *Before the Armada: The Growth of English Foreign Policy 1485–1588* (London, 1966)。

4. T. S. Willan, *Studies in Elizabethan Foreign Trade* (Manchester, 1959), pp. 92–312.

5. H. Dalton, *Merchants and Explorers: Roger Barlow, Sebastian Cabot, and Networks of Atlantic Exchange 1500–1560* (Oxford, 2016), pp. 29–33, 49–62; 'Robert Thorne's Declaration', in Richard Hakluyt, *Voyages and Documents*,

ed. J. Hampden（Oxford, 1958）, pp. 17 – 19; G. Williams, *Arctic Labyrinth: The Quest for the Northwest Passage*（London, 2009）, pp. 7 – 8; H. Wallis, 'England's Search for the Northern Passages in the Sixteenth and Early Seventeenth Centuries', *Arctic*, vol. 37（1984）, pp. 453 – 5; N. Crane, *Mercator: The Man Who Mapped the Planet*（London, 2002）, 彩图, section 2, no. 4。

6. A. de Robilant, *Venetian Navigators: The Mystery of the Voyages of the Zen Brothers to the Far North*（London, 2011）.

7. Wallis, 'England's Search', p. 457.

8. Hakluyt, *Voyages and Documents*, pp. 40, 44 – 5; Williams, *Arctic Labyrinth*, p. 8; J. Evans, *Merchant Adventurers: The Voyage of Discovery That Transformed Tudor England*（London, 2013）.

9. Williams, *Arctic Labyrinth*, p. 9; K. Mayers, *The First English Explorer: The Life of Anthony Jenkinson（1529 – 1611）and His Adventures en Route to the Orient*（Northam, Devon, 2015）, p. 49.

10. Williams, *Arctic Labyrinth*, pp. 9 – 10; Vaughan, *Arctic*, p. 58; K. Mayers, *North-East Passage to Muscovy: Stephen Borough and the First Tudor Explorations*（Stroud, 2005）; S. Alford, *London's Triumph: Merchant Adventurers and the Tudor City*（London, 2017）, pp. 80 – 91, 130 – 41.

11. Mayers, *First English Explorer*, pp. 237 – 49; Alford, *London's Triumph*, pp. 132 – 41.

12. Mayers, *First English Explorer*, p. 244.

13. Vaughan, *Arctic*, p. 59.

14. 一份普朗修斯地图保存在巴伦西亚的王家圣体学院与神学院（Real Colegio Seminario del Corpus Christi）; J. Tracy, *True Ocean Found: Paludanus's Letters on Dutch Voyages to the Kara Sea, 1595–1596*（Minneapolis, 1980）, pp. 20–

23。

15. J. de Hond and T. Mostert，*Novaya Zemlya*（Rijksmuseum，Amsterdam，n. d. ）；物品清单引自 Vaughan，*Arctic*，pp. 62-3。

16. L. Hacquebord，*De Noordse Compagnie（1614 – 1642）: Opkomst, bloei en ondergang*（Zutphen，2014）；I. Sanderson，*A History of Whaling*（New York，1993），pp. 161，164。

17. Vaughan，*Arctic*，p. 64。

18. Wallis，'England's Search'，pp. 457-60。

19. Williams，*Arctic Labyrinth*，pp. 13 – 15；P. Whitfield，*New Found Lands: Maps in the History of Exploration*（London，1998），pp. 78-9（附有汉弗莱·吉尔伯特世界地图的插图）。

20. J. McDermott，*Martin Frobisher: Elizabethan Privateer*（New Haven，2001）；Alford，*London's Triumph*，pp. 158-76。

21. Williams，*Arctic Labyrinth*，p. 16；G. Williams，ed. ，*The Quest for the Northwest Passage*（London，2007），p. 7。

22. G. Best，*A True Discourse of the Late Voyage of Discovery for Finding a Passage to Cathaya*（London，1578），in Williams，ed. ，*Quest for the Northwest Passage*，p. 8。

23. Christopher Hall，'The First Voyage of Martin Frobisher'，in Hakluyt，*Voyages and Documents*，p. 153。

24. D. Abulafia，*The Discovery of Mankind: Atlantic Encounters in the Age of Columbus*（New Haven，2008），p. 245。

25. C. F. 霍尔（C. F. Hall）1865 年的报告，引自 Vaughan，*Arctic*，p. 69；Williams，ed. ，*Quest for the Northwest Passage*，pp. 19，30，529-30。

26. Hall，'First Voyage of Martin Frobisher'，in Hakluyt，*Voyages and*

Documents, pp. 153-4; 'The Second Voyage of Martin Frobisher', from Best, *True Discourse*, in Hakluyt, *Voyages and Documents*, pp. 175, 178; Best, *True Discourse*, in Williams, ed., *Quest for the Northwest Passage*, pp. 17, 18; Williams, *Arctic Labyrinth*, pp. 20, 22.

27. Wallis, 'England's Search', p. 461; Vaughan, *Arctic*, p. 67.

28. Williams, ed., *Quest for the Northwest Passage*, p. 20.

29. Williams, *Arctic Labyrinth*, p. 23.

30. Best, *True Discourse*, in Williams, ed., *Quest for the Northwest Passage*, pp. 23-31; J. McDermott, ed., *The Third Voyage of Martin Frobisher to Baffin Island 1578* (London, 2001); J. Butman and S. Targett, *New World, Inc.: How England's Merchants Founded America and Launched the British Empire* (London, 2018), pp. 127-35.

31. Williams, *Arctic Labyrinth*, pp. 25-9.

32. 见 Hakluyt, *Voyages and Documents*, pp. 303-34 中的文件和叙述; Williams, *Arctic Labyrinth*, pp. 32-8。

33. Vaughan, *Arctic*, pp. 65-7; Williams, *Arctic Labyrinth*, pp. 41-3; Whitfield, *New Found Lands*, p. 83 （关于巴芬岛和哈得孙湾的地图）。

34. Hakluyt, *Voyages and Documents*, pp. 192-224.

35. Ibid., p. 205.

36. Wallis, 'England's Search', p. 467.

37. 'Drake's Circumnavigation', in Hakluyt, *Voyages and Documents*, p. 210; D. Wilson, *The World Encompassed: Drake's Great Voyage 1577-1580* (London, 1977), p. 165.

38. Wallis, 'England's Search', p. 467.

39. 'The Expedition to Russia', in Hakluyt, *Voyages and Documents*, pp. 46-7.

40. Jens Munk in Williams, ed. , *Quest for the Northwest Passage*, p. 75; T. Hansen, *North West to Hudson Bay: The Life and Times of Jens Munk* (London, 1970，节选自 1965 年的丹麦版本)。

41. Vaughan, *Arctic*, pp. 72-4; Williams, ed. , *Quest for the Northwest Passage*, pp. 65-7; Williams, *Arctic Labyrinth*, pp. 55-9.

第三十七章

荷兰人崛起

在研究荷兰在大洋上的历史之前,需要对荷兰商船队的出现做一些说明。荷兰人成功地取代葡萄牙人,是他们针对旧秩序的几次非凡胜利之一,其他的胜利包括在波罗的海针对汉萨同盟的胜利和在家乡附近针对安特卫普的胜利。所有这些胜利是交织在一起的。安特卫普在葡萄牙人建立的亚洲贸易体系中发挥了重要作用,它向葡萄牙的网络输送白银,换取数量巨大的东方香料。但是,荷兰的航海史是从鲱鱼而不是香料开始的。如前文所述,随着荷兰人和英格兰人与汉萨同盟的竞争变得更加激烈,汉萨同盟开始丧失对波罗的海和北海贸易的控制。同时,德意志王公们正试图重建他们已被大幅削弱的领邦权力,并改善他们的财政状况,所以他们往往不愿意允许自己的臣属城镇加入汉萨同盟。当汉萨同盟制定了自己的对外政策并派遣舰队与丹麦人或英格兰人作战时,情况更是如此。

这些冲突,以及在佛兰德内部发生的政治斗争,对布鲁日产生了严重的影响。布鲁日在15世纪晚期失去了海上和陆上贸易重要交流中心的地位。布鲁日市民奋起反抗哈布斯堡家族的摄政者奥地利的马克西米利安①的中央集权政策，而马克西米利安的反击手段是在 1484 年和 1488 年命令所有外商离开该市。尽管他在不久之后与布鲁日握手言和，但驱逐外商的行动促使他们中的许多人，包括富有的意大利人，将生意转移到安特卫普，因为安特卫普的地理位置更好，更靠近大海，而连接布鲁日和远海的水道已经淤塞了。马克西米利安也鼓励商人选择安特卫普，因为在他与佛兰德诸城镇的冲突中，安特卫普一直支持他。¹当马克西米利安允许外国商业机构返回布鲁日时，它们也不肯回去。

葡萄牙人早在 1498 年，也就是在他们知道瓦斯科·达·伽马第一次印度之行的结果之前，就在安特卫普设立了一个代理机构，目的是销售他们在几内亚海岸获得的货物，包括梅莱盖塔胡椒。葡萄牙人为安特卫普的"黄金时代"奠定了基础。另一种葡萄牙产品是糖，先从马德拉岛，后来从圣多美岛被大量运到安特卫普。其中一些糖在安特卫普附近的精炼厂被加工。1560 年，葡萄牙输送到低地国家的糖的价值高达 25 万盾，不过这只占低地国家所有进口产品价值的 1.4%（其他葡萄牙香料价值 200 万盾，差不多占 11%）。²在布鲁日和安特卫普的大多数外国商业机构是银行或私营贸易公司的分支，而葡萄牙人在安特卫普的贸易站是由葡萄牙王室建立的，并

---

① 布鲁日当时属于勃艮第公国治下的尼德兰，奥地利的马克西米利安（哈布斯堡家族成员，1486 年成为罗马人国王，1508—1519 年为神圣罗马皇帝）娶了勃艮第公国的女继承人玛丽，但她于 1482 年去世，因此勃艮第的下一任统治者在法理上应当是玛丽与马克西米利安的儿子美男子腓力，可他当时尚且年幼，所以说马克西米利安是勃艮第的摄政者。

挪威海

北海

斯德海

米德尔堡

阿姆斯特丹

布鲁日

安特卫普

斯海尔德河

佛兰德

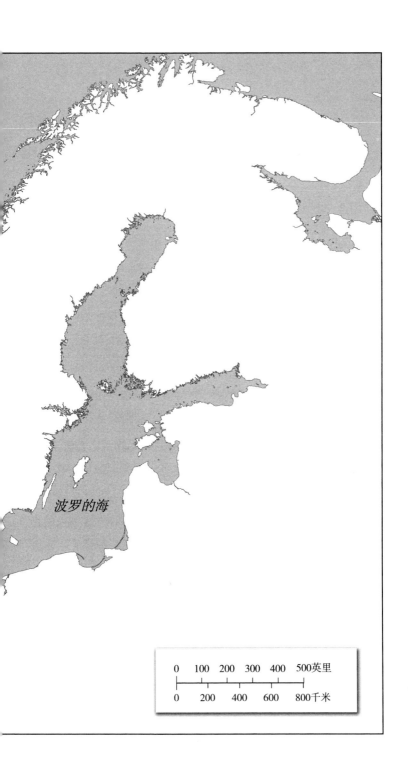

波罗的海

且那里的代理人一直由王室任命。到 1510 年，安特卫普已正式承认城里的葡萄牙社区。到那时，其他民族，包括热那亚人、加泰罗尼亚和佛罗伦萨人，都在关注流经安特卫普的胡椒，并建立了自己的商业机构。安特卫普的人口因为移民流入而增加，在 16 世纪中叶达到了约 10 万人的高峰。[3]

英格兰商人冒险家（English Merchant Adventurers）[①] 在安特卫普的街道上非常显眼，这是因为英格兰王室与佛兰德的哈布斯堡统治者之间的《大交流条约》（*Magnus Intercursus*）授予了英格兰商人慷慨的特权。他们从 1421 年开始在安特卫普活动，当时他们在城里建立了一个"固定市场"（staple）[②]，这意味着，他们的所有纺织品只能通过这个港口输送到欧洲大陆。[4]精明的亨利七世为他的臣民争取到了很好的条件，他们将英格兰布匹输送到欧洲大陆。当时英格兰正在扩大其纺织生产，而佛兰德的纺织业正在衰退。[5]英格兰商人冒险家包括伦敦绸布商同业公会（Mercers）的许多成员。安特卫普最杰出的英格兰经销商之一是托马斯·格雷沙姆爵士（Sir Thomas Gresham），他本人是一名伦敦绸布商同业公会成员的儿子，在圣保罗公学和剑桥大学冈维尔学院接受了一流的教育，

---

① 即伦敦商人冒险家公司（Company of Merchant Adventurers of London）是 15 世纪初在伦敦建立的贸易公司，将多名主要的商人联合成一个类似于同业公会的组织，主要业务是出口布匹、进口外国商品。该公司与汉萨同盟竞争，在北欧各港口活动，尤其是在汉堡。

② "固定市场"是贸易商存放商品并进行买卖的场所，设立固定市场的目的是规范重要商品的贸易，特别是羊毛、毛布、皮革和锡的贸易，并将贸易限制在少数几个有名的主要城镇，以征收通行费并维持贸易质量。固定市场作为一项机制，与整个中世纪欧洲的贸易和税收体系息息相关。

并且拥有杰出的商业才干。有人说，他同时拥有"政治影响力、外交手腕、对金融的把握，以及不择手段的惊人品质"。[6]他在安特卫普交易所（Antwerp Bourse）吸取了经验，后来在伦敦创办了皇家交易所（Royal Exchange）。他还创办了格雷沙姆学院（Gresham College），鼓励在那里举办关于商人或航海家可能需要的实用技能的讲座。

在此之前，威尼斯人与佛兰德做生意时一直将他们的桨帆船派往安特卫普，船上装载着通过亚历山大港和贝鲁特运来的香料以及地中海的奢侈品。1501年，第一批产自亚洲而非西非的香料从里斯本抵达安特卫普港口，此后，葡萄牙商人运到安特卫普的香料的体量不断增加。威尼斯人的桨帆船航运暂停了几年，不过在1518年恢复了，那时香料贸易已经恢复了一定程度的市场均衡。[7]当时，安特卫普吸引了南德商人，他们热衷于为纽伦堡、奥格斯堡和其他地方的消费者购买香料。富格尔家族、韦尔泽家族和伊姆霍夫（Imhofs）家族等银行世家从香料贸易中大发横财，然而一位现代历史学家曾描写他们"作为水蛭的恶名"。[8]他们用白银和铜作为支付手段，这些金属是在中欧开采的，通过安特卫普流向葡萄牙。传统上，这些金属原本是从中欧向南越过阿尔卑斯山流向威尼斯的，因此，香料的主要贸易港口从威尼斯变成安特卫普，这产生了广泛的影响，威胁到威尼斯共和国的货币供应。早在1508年，贵金属贸易就价值6万马克。安特卫普在1485年建造了一个可供商人进行交易的交易所之后，不得不在1515年建造一个更大的交易所，并在1531年建造又一个新的交易所，以应对不断增长的贸易。[9]

安特卫普人不能满足于既得的成就。哈布斯堡王朝与法国的竞争扰乱了海上贸易。在 1522 年和 1523 年，由于船未能从葡萄牙、意大利和西班牙抵达佛兰德，安特卫普没了香料供应。威尼斯人的势力在 16 世纪 30 年代反弹了，因为如前文所述，事实证明葡萄牙人无法切断红海航线，所以香料继续沿着这条航线流入地中海。对葡萄牙来说，白银一直是安特卫普的卖点，而一旦大量秘鲁白银在 16 世纪 40 年代开始运抵离葡萄牙较近的西班牙，安特卫普就失去了对葡萄牙人的吸引力，他们于 1548 年关闭了在该城的办事处。另外，佛兰德本地人填补了葡萄牙人留下的一些空白，不仅经营农产品，也经营挂毯、绘画、珠宝和任何一位有身份的公民家中都需要的其他高档商品。由于克里斯托弗·普朗坦（Christoffel Plantijn）的倡议，安特卫普成为一个重要的印刷中心。他解释了他从法国来到安特卫普的原因：

> 世界上没有任何一座城市能为我提供更多的便利来从事我打算从事的行当。安特卫普交通便利；许多民族在这个市场相遇；在这里也可以找到各行各业所需的原材料；所有行业的工匠都很容易找到，并可以在短时间内对其加以培训。[10]

而且城里还有很多外商，包括来自德意志和英格兰的新教徒，以及来自葡萄牙的犹太裔新基督徒。1550 年，安特卫普为英格兰的商人冒险家公司提供了一系列建筑，其中包含果园、花园和四个内院。汉萨商人在安特卫普的生意也做得很好：1568 年建造的宏伟的

"东方人之家"（Oosterlingenhuis）靠近斯海尔德河，有 130 个房间供来访的商人使用，他们在建筑群中到处游荡，因为只有少数德意志人经常使用它。[11]

实际上，安特卫普正在艰难地维持生存。查理五世皇帝一直高度依赖通过安特卫普的银行筹集的贷款。他的债务从 1538 年的 140 万盾猛增到 1554 年的 380 万盾。16 世纪 50 年代，法国、西班牙和葡萄牙的统治者明确表示，他们没有能力偿还从安特卫普的商业机构获取的贷款本金，不过他们慷慨地表示愿意支付 5% 的利息。这使奥格斯堡的富格尔家族破产，他们是当时最伟大的银行家，也是安特卫普经济繁荣的支柱。即使热那亚人能够在一定程度上填补这一空白，安特卫普的经济也遭受了沉重打击。[12]英格兰和西班牙水手之间的争吵扰乱了对英贸易。英格兰人扣押了前往低地国家途中的西班牙运宝船，船上载有西班牙官兵的军饷。英格兰商人冒险家们认为汉堡是一个更合适的基地，于是在 1569 年和 1582 年从安特卫普搬走了一段时间。甚至在安特卫普遭受下一轮冲击之前，贸易就已经开始衰退了。下一轮冲击是尼德兰总督、臭名昭著的阿尔瓦（Alva）公爵对新教徒的迫害，这也是 1572 年尼德兰起义爆发的原因之一。从 1572 年起，尼德兰的"海上丐军"，即奥兰治（Orange）家族授权的私掠船主，封锁了斯海尔德河，迫使安特卫普商人寻找其他出口路线，并成功地打击了西班牙航运。1576 年，西班牙军队因为领不到军饷，而向安特卫普发泄怒火。在围攻安特卫普一年多之后，西班牙军队于 1585 年占领该城。此事是向外商发出的最后信号，特别是对葡萄牙新基督徒，如果他们留下来，将面临宗教裁判所的威胁（1570 年，安特卫普有 97 名葡萄牙商人，不包括他们的家属）。这也是让大家在一个新的港口重新聚集的信号。人们的注意力逐渐集中于一座似乎有良好的天然防御和优良出海口的城市：阿姆斯特丹。[13]

※ 二

　　曾经穷困潦倒的葡萄牙的崛起，以及从巴西到摩鹿加群岛环绕半个世界的葡萄牙商业网络的建立，已经是出人意料的事情。荷兰海军和商业力量的崛起就更令人惊讶了。有人说，"这对一个小国的影响极其深远，甚至是历史上无与伦比的"，因为荷兰崛起的一个结果是出现了充满活力的城市文明，其体现就是 17 世纪荷兰的艺术和文化。[14]荷兰的崛起之所以令人惊讶，主要原因倒不是荷兰人所处的自然环境是泥泞且缺乏潜力的，而是他们在亚洲，甚至在南美，极其迅速地取代了葡萄牙人。毕竟，其他一些贸易大国也是在同样边缘化的环境中成长起来的，最明显的就是威尼斯。再往前追溯，弗里斯兰人从他们的贸易城镇（雄踞于海边的沼泽之上，与荷兰人处于同一个大区域）出发，掌控了中世纪早期北海的贸易，但没有进一步探索。不过，在 16 世纪末和整个 17 世纪，阿姆斯特丹及其邻近地区成为真正具有世界性的业务基地。阿姆斯特丹成为欧洲最大的贸易城市，它之所以成功，是因为它的船深入到大洋的最远端。正如乔纳森·伊斯雷尔（Jonathan Israel）所写，"一个成熟的世界转口港，不仅连接，而且主宰了所有大洲的市场，这是完全超出人类经验的事情"。[15]荷兰人不仅把欧洲与非洲、亚洲和南北美洲连接起来，还积极从事亚洲内部的贸易，在这方面他们比葡萄牙人更成功。

要解释荷兰人如何建立他们的主宰地位，我们必须从他们创办著名的贸易机构"东印度公司"之前的一个半世纪开始。15世纪，几个荷兰城镇在北海挑战汉萨同盟的霸权，但它们还没有准备好与吕贝克人和但泽人在后来被称为"奢侈品贸易"——丝绸、香料和其他在布鲁日或更远的地方购买、由德意志人通过厄勒海峡运往波罗的海的产品的贸易——的领域进行竞争。即使荷兰人来自没有加入汉萨同盟的港口（有些荷兰城镇在一段时间内加入了），汉萨同盟也不得不容忍荷兰人，因为他们承运的是波罗的海地区需要的日用品，特别是北欧的盐。没有盐就没有可食用的鲱鱼，因为如前文所述，鲱鱼一旦离开水就会迅速变质。到15世纪中叶，北海的鲱鱼渔业完全被荷兰人主宰。一个世纪后，荷兰诸港口有大约500艘捕鲱鱼的渔船（buss），这是一种很适合鲱鱼渔业的船。一般认为波罗的海鲱鱼的质量更好，可即便如此，北海鲱鱼还是有很大的市场。没有鲱鱼，汉萨同盟的一整个业务领域将处于危险之中，更不用说欧洲大片地区的食品供应，特别是在大斋期。在进入波罗的海之后，荷兰船也会受到欢迎，因为它们将船舱装满波罗的海地区出产的粮食（大部分是黑麦），运往西方。荷兰船往往是空船进入波罗的海，只携带压舱物。不过到了16世纪90年代，荷兰人已经了解到摩泽尔葡萄酒在北德沿海地带是多么受欢迎，更不用说通过米德尔堡运来的法国葡萄酒了。西属尼德兰政府于1523年将米德尔堡这座已经受到葡萄牙人喜爱的城市指定为法国葡萄酒官方固定交易的港口，然而这只是事后确认了米德尔堡自 14 世纪中叶以后作为一个重要的葡萄酒贸易中心的地位。[16]

正是出于这些原因，荷兰人建造了巨大、坚固的船只，它们适合运输笨重货物，需要大量船员来操作。随着人口从瘟疫的蹂躏中恢复，海运成了荷兰城镇居民良好的就业方向。这些船所载货物的性质意味着保险费率很低。到 16 世纪末，这些船已经演变成"福禄特帆船"（fluyt），这种船的效率很高，装备简单，但船舱很大。[17]利用荷兰的中间位置，荷兰船有可能南下去伊比利亚半岛运盐，然后直接去波罗的海，而不用回家。此外，这个时期德意志的经济重心从汉萨同盟主导的北方海岸线转移到南方的银行业中心（如纽伦堡和奥格斯堡），这些中心随时可以获得从威尼斯翻越阿尔卑斯山运来的香料。结果是，到 1500 年，荷兰人在北海和波罗的海找到了自己的市场定位，而德意志人基本上把这些活动区域让给了他们。一些简单的统计数据能够证明这一点。1497 年，有 567 艘荷兰船通过厄勒海峡，202 艘德意志船通过。此后，德意志船的数量有所恢复，可荷兰船仍然遥遥领先：1540 年，荷兰船有 890 艘，德意志船只有 413 艘。因此，德意志人很少能超过荷兰人，能超过的话也是因为西班牙试图在尼德兰强加权力而造成的政治危机。[18]

这些进步为荷兰国内的发展和海外的征服奠定了基础。在荷兰国内，各城镇很容易获得大量的进口鱼和粮食，所以能够吸收蓬勃发展的人口，并发展自己的纺织业。在黑死病疫情平息之后，人口重心已经从农村向城镇转移，但随着土地被转用于养牛，越来越多的人口被释放出来从事非农业活动。在中世纪晚期已经很兴盛的荷兰乳品业日益壮大，生产奶酪和其他乳制品，几乎成为现代荷兰的象征。荷兰农民给积水的土地排水，建立围垦区，然后种植蔬菜和水果，如李子和草莓（以前在荷兰十分罕见），或在不适合生产粮食的土地（因为它刚刚从大海变成陆地）饲养牲畜。[19] 荷兰人吃得好，所以身强力壮，非常健康，到 16 世纪 60 年代能够提供大约 3 万名水手。

几个世纪以来，波罗的海一直是荷兰商业的一个重点。荷兰人没有放弃他们历史悠久的波罗的海业务，并将其纳入他们在 1600 年前后建立的世界体系。他们扩大了自己的活动范围，将黑麦运到地中海，还在里窝那、士麦那（Smyrna）和其他地中海贸易节点开展业务。[20] 即便如此，荷兰人在 16 世纪 70 年代仍处于困难的境地，因为荷兰对其西班牙宗主的反对越发激烈。后来成为自由荷兰商业首都的阿姆斯特丹城对尼德兰起义持冷淡态度，阿姆斯特丹的波罗的海贸易也因其政治上的孤立而萎缩。安特卫普似乎在反弹，欢迎那些愿意返回该市并重建其财富的各种信仰的人。但是，在安特卫普于 1585 年被西班牙人占领之后，它的命运就迅速逆转了。荷兰海盗仍然守卫着斯海尔德河口，使安特卫普的船无法逃到远海。安特卫普的商界人士分散开来，不仅进入尼德兰北部，而且向西远至鲁昂，顺着莱茵河到科隆，向北到汉堡、不来梅和北德的其他汉萨城镇，向南到威尼斯和热那亚，甚至深入虎穴，在塞维利亚和里斯本居住。一个叫路易斯·霍代恩（Louis Godijn）的商人，以前在安特卫普，后来在里斯本做生意，他把南美的巴西木和糖运到北欧。

安特卫普并不是唯一受到尼德兰起义影响的地方。1585年，西班牙国王腓力二世对开往西班牙和他新获得的葡萄牙王国的荷兰船实施禁运。如前文所述，在过去，荷兰船会在伊比利亚装载盐，然后直接前往波罗的海。现在这几乎完全不可能。随着禁运的开始，走这条路线的荷兰船的数量急剧下降，从禁运前一年的71艘下降到1589年的3艘。禁运的主要受益者是汉萨商人，他们填补了空白。[21]另外，英格兰击败西班牙无敌舰队，让人们期望腓力二世会放弃他在北欧水域的过大野心。到1590年，腓力二世开始危险地沉迷于更靠近西班牙的法国的内战。如果属于胡格诺派的纳瓦拉的亨利（Henry of Navarre）成为法国国王，腓力二世就不得不在自家门口面对一个强大的、由新教徒统治的法国，这是西班牙国王最恐怖的噩梦。所以，荷兰人不再是腓力二世国王的首要目标。西班牙国王不得不放弃对西班牙水域的荷兰船只的禁运，因为他没有别的办法获得自己的舰队需要的粮食和船用物资。于是出现了一件怪事，荷兰人为敌人供货。这是战时贸易的一个特点，始终没有真正消失。这些货物中有许多来自波罗的海。荷兰商人抓住机会在塞维利亚、里斯本和其他地方装载从东印度群岛、中美洲及南美洲一路运到欧洲的货物。[22]

因此，随着荷兰商业的兴旺发展，自然就有大量移民涌入阿姆斯特丹和其他摆脱了西班牙枷锁的荷兰城市。不过，出人意料的是，移民越来越集中在阿姆斯特丹，而它的地理位置并不理想。这可以解释为什么其他许多荷兰城镇也成为重要的航海中心，并密切参与了荷兰东印度公司的创办。阿姆斯特丹面对的是须德海（Zuider Zee），而不是开放的北海。阿姆斯特丹的沼泽环境很像威尼斯，解决办法也和威尼斯人的一样：阿姆斯特丹建在木桩上，而且（像它的几个邻居一样）到处都是运河，这有利于将货物分配到两岸的仓库，但只能部分弥补其糟糕的入海条件。另外，莱茵河－马斯河入海口复杂的水道提供了进入内陆的路线，因此阿姆斯特丹受益于这样一个事实，即它是一个富裕的腹地和延伸到世界各地的海路的中间人。在 16 世纪中叶，阿姆斯特丹的船定期航行到挪威。1544—1545 年，挪威的生意占阿姆斯特丹贸易的 7%；可里斯本的生意是这个数字的两倍还多，所以阿姆斯特丹的长途联系已经很发达了。黑麦和纺织品被运往葡萄牙，香料则从反方向被运回。波罗的海一直处于阿姆斯特丹人的视野之内，他们利用与西班牙的所谓"十二年休战"（从 1609 年开始），每年通过厄勒海峡的运输超过2000 次。[23]

　　1590 年之后的显著特点是，阿姆斯特丹和其他地方的荷兰人也开始委托前往更远目的地的航行。这反映了随着较富裕的移民在该城定居，资本越来越集中。第一个新目的地是俄国，但不是经由汉萨商人已经运作了几个世纪的波罗的海航线。在征服了波罗的海港口纳尔瓦（Narva）之后，瑞典人妨碍了通往诺夫哥罗德的旧路线的恢复。此外，在伊凡三世及其继任者伊凡雷帝（伊凡四世）的统治下，莫斯科已经成为迅速扩张的俄国的首都。伊凡四世决定开发白海之滨的阿尔汉格尔斯克（Archangel），使之成为从西欧来的航运的终点站。如前文所述，到俄国的航运起初大多是由英格兰人进行的，他们的动机很复杂。与找到通往中国的捷径的希望相比，北极航线更直接的吸引力是可以获得俄国的森林产品，包括蜡、牛油和毛皮。[24] 阿尔汉格尔斯克建成之后，荷兰人就开始把英格兰人排挤出去。到 1590 年，英格兰人每年向莫斯科派出 15 艘船。到 1600 年，荷兰人已经超过了英格兰人，这一年有 13 艘荷兰船抵达，12 艘英格兰船抵达。在接下来的十年里，荷兰人更加果断地向前推进，推销他们开始从东方，或者至少从里斯本运来的胡椒，以及他们自己生产的布。他们对俄国产品如此渴望，以至于不得不用秘鲁白银来弥补差额。因此，在南美洲太平洋一侧开采的金属，被运到北欧最偏远的港口用于购物。[25]

同时，荷兰人梦想通过一条穿越巴伦支海、途经荒芜的新地岛、绕过西伯利亚顶端的路线到达东印度。英格兰人之前也有这个想法。如前文所述，巴伦支及其同事在冰封的北极熊国度留下了他们的名字，有时还留下了他们的尸体。荷兰人始终抱有这样的憧憬：将他们在世界地图上标出的所有地方结合起来，并用相互联系和有利可图的贸易路线覆盖整个地球。不过，荷兰人能否在亚洲，甚至在西非和南美取得突破，很大程度上取决于他们能否取代目前主宰着通往这些土地的海路的民族——葡萄牙人。

注 释

1. J. van Houtte, *An Economic History of the Low Countries 800-1800* (London,

1977），p. 175；P. Spufford，*From Antwerp to London: The Decline of Financial Centres in Europe* （Wassenaar，2005），p. 15；H. van der Wee，*The Growth of the Antwerp Market* （3 vols.，The Hague，1963）；J. Wegg，*Antwerp, 1477 - 1559* （London，1916），pp. 48-56，59.

2. W. Blokmans，*Metropolen aan de Noordzee: De geschiedenis van Nederland 1100-1560* （Amsterdam，2010），pp. 580-81；Wegg，*Antwerp*，pp. 66-8.

3. Blokmans，*Metropolen aan de Noordzee*，pp. 575，652.

4. Ibid.，pp. 571，575；Wegg，*Antwerp*，pp. 60-64.

5. O. Gelderblom，*Cities of Commerce: The Institutional Foundations of International Trade in the Low Countries, 1250-1650* （Princeton，2013），pp. 29-30；Spufford，*From Antwerp to London*，pp. 13-14.

6. J. Guy，*Gresham's Law* （London，2019）. pp. 11-13.

7. J. N. Ball，*Merchants and Merchandise: The Expansion of Trade in Europe 1500-1630* （London，1977），pp. 86-7.

8. Van Houtte，*Economic History of the Low Countries*，p. 176.

9. Spufford，*From Antwerp to London*，p. 16.

10. Cited in Spufford，*From Antwerp to London*，p. 17.

11. Ball，*Merchants and Merchandise*，pp. 87 - 8；Gelderblom，*Cities of Commerce*，pp. 55-6；Van Houtte，*Economic History of the Low Countries*，pp. 176，187.

12. Spufford，*From Antwerp to London*，p. 18；Blokmans，*Metropolen aan de Noordzee*，pp. 616-17.

13. Gelderblom，*Cities of Commerce*，pp. 32-3；Van Houtte，*Economic History of the Low Countries*，pp. 188-9.

14. J. Israel，*The Dutch Republic: Its Rise, Greatness, and Fall 1477 - 1806*

（Oxford, 1995）, p. 307; also S. Schama, *The Embarrassment of Riches: An Interpretation of Dutch Culture in the Golden Age*（London, 1987）.

15. J. Israel, *Dutch Primacy in World Trade*（Oxford, 1989）, p. 13.

16. Ibid. , pp. 22 – 4; Van Houtte, *Economic History of the Low Countries*, p. 106.

17. Israel, *Dutch Republic*, p. 316.

18. Ibid. , pp. 18–21.

19. Van Houtte, *Economic History of the Low Countries*, pp. 66–7, 70, 147–8.

20. David Abulafia, *The Great Sea: A Human History of the Mediterranean*（London, 2011）, pp. 460, 466, 468, 477.

21. Israel, *Dutch Primacy*, pp. 26–35.

22. Ibid. , pp. 38–42.

23. Ball, *Merchants and Merchandise*, pp. 98–102.

24. J. Evans, *Merchant Adventurers: The Voyage of Discovery That Transformed Tudor England*（London, 2013）, pp. 315–27.

25. Israel, *Dutch Primacy*, pp. 43–8.

第三十八章

海洋属于谁？

海洋本身的控制权属于谁？1603 年，一艘荷兰船在新加坡附近的海峡抢劫了满载货物的葡萄牙克拉克帆船"圣卡塔里娜号"（*Santa Catarina*），并将其装载的大量金银和中国货物运往阿姆斯特丹，在那里卖出了超过 300 万盾的价格。这之后就有人提出了上面的问题。葡萄牙人似乎被柔佛（位于马来半岛的南端）国王出卖了，他告诉荷兰人，"圣卡塔里娜号"正在路上，而且没有得到保护。荷兰人与葡萄牙人唇枪舌剑，各执一词。荷兰人对葡萄牙人的挑战既有务实层面的，也有理论层面的。[1]1609 年，荷兰学者和律师胡果·格劳秀斯（Hugo Grotius）博学而雄辩地论证了海洋是自由空间，所有人都有权进出。[2]他在一开始就提出，"荷兰人……航行到印第安人那里并与他们做生意，是合法的"。[3]他的观点遭到了英国人的反对。另一位论述海洋法的作家，圣安德鲁斯大学的民法教授威廉·威尔沃德（William Welwod），提出了有力的观点，认为英格兰或苏格兰的海洋是英格兰或苏格兰的专属区域。[4]即便如此，格

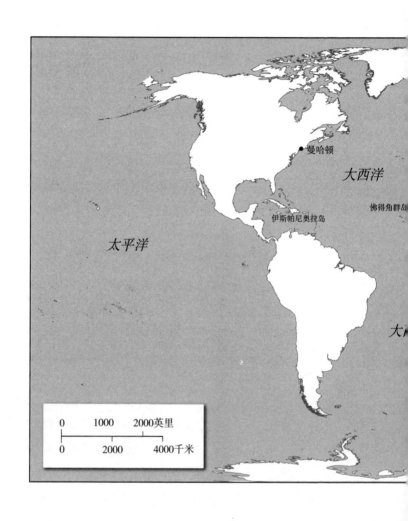

曼哈顿

大西洋

佛得角群岛

伊斯帕尼奥拉岛

太平洋

大

0	1000	2000英里
0	2000	4000千米

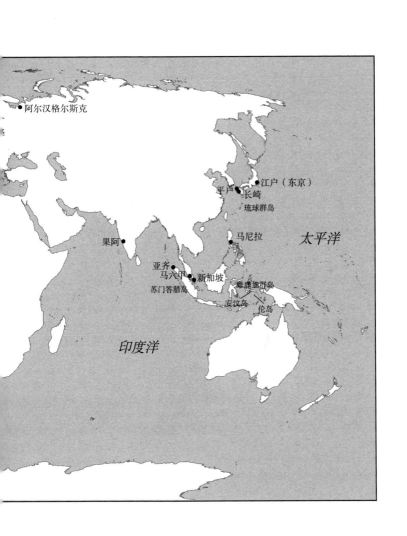

阿尔汉格尔斯克

江户（东京）

平户　长崎

琉球群岛

太平洋

果阿

马尼拉

亚齐

马六甲　新加坡

苏门答腊岛

摩鹿加群岛

安汶岛　伦岛

印度洋

劳秀斯在年轻时写的、最初匿名发表的作品，还是成为讨论海洋统治权主张的起点，并在今天继续发挥影响。格劳秀斯根据古典文献和《圣经》提出，任何人都无权禁止自由通行。这为古代以色列人和亚摩利人（Amorites）之间的战争提供了理由，因为以色列人试图在前往应许之地的途中通过亚摩利人的土地，却遭到阻挠。[5]格劳秀斯认为，葡萄牙人不是作为主人而是作为祈求者来到东印度的，他们能在那里待下去，是因为当地统治者愿意"接受他们的恳求"，允许他们在那里生活（格劳秀斯低估了葡萄牙人对任何抵制他们建立贸易站的土著的凶残攻击）。[6]葡萄牙人在东印度维持了要塞和驻军，但没有掌控大片土地。此外，葡萄牙人甚至不能声称自己发现了印度，因为古罗马人就已经知道印度了。

格劳秀斯引用了 13 世纪的托马斯·阿奎那和 16 世纪初雄辩的西班牙作家维多利亚（Vitoria）的观点，认为基督徒无权剥夺异教徒（如印第安人）的土地，除非基督徒能证明自己受到了异教徒的侵害。作为荷兰新教徒，格劳秀斯不承认教宗有权将世界划分给西班牙和葡萄牙，认为教宗的权力不能适用于不属于他的教会的人。而海洋是一个共同的或公共的领域："它不能被一个人从所有人手中夺走，就像你不能从我这里夺走属于我的东西一样。"[7]人类无法在海上建造房屋，海洋的任何部分都不属于任何民族。人们从海里捕鱼，就是从海洋提供的、由全人类共有的资源中获取鱼。威廉·威尔沃德最关心的是确保苏格兰渔民对自己水域的使用权不受质疑，而格劳秀斯用这样的话批判威尔沃德："不属于任何人的东西，它的使用权必然是向所有人开放的，而对海洋的使用方式之一就是捕鱼。"⁸格劳秀斯强调，他指的是广阔的大洋，而不是内海或河流，因为大洋覆盖了整个地球，并受制于人类无法控制的大潮汐，这个大洋"是拥有者，而不是被拥有者"。⁹

格劳秀斯的论点不仅涉及关于远海主权的理论问题。他热衷于为自由航行和自由贸易辩护，认为荷兰人完全有权进入西班牙和葡萄牙的水域从事贸易。¹⁰虽然格劳秀斯关于自由海洋的著作成为后来的国际法的标准参考书，但我们不应忽视一个简单的事实，即格劳秀斯是有倾向性的，他正在为自己的同胞辩护，他们不仅在陆地上挑战西班牙人，而且此刻正在海上挑战西班牙人和葡萄牙人（当时葡萄牙由西班牙国王腓力三世统治）。在他的其他著作中，格劳秀斯表明自己是荷兰在印度的贸易权利的顽强捍卫者，认为欧洲国家无论在哪里插旗，就都在那里建立了各自的专属统治权。此外，我们很难说荷兰人在新加坡附近捕获"圣卡塔里娜号"的行为不是无耻的海盗活动。因此，格劳秀斯关于自由海洋的论述有一些投机色彩；他的著作既受逻辑或理想主义的影响，也受具体环境的影响。

※ 二

在16世纪的最后十年和17世纪的第一个十年，荷兰登上了世界舞台。荷兰人和佛兰德人都开始在地中海露面，在粮食供应不足时填补市场空白。在16世纪90年代初，每年有多达300艘荷兰船向意大利输送粮食。意大利人是否欣赏波罗的海黑麦，是一个无意义的问题，因为黑麦不是他们喜欢的谷物。但是，荷兰人也将其他货物从阿尔汉格尔斯克一路运到意大利，包括蜂蜡和鱼子酱。他们与热那亚、威尼斯和托斯卡纳的商人做交易（在托斯卡纳，新近得到升级的里窝那港笑迎天下客），所以能够将来自伊奥尼亚群岛的醋栗和土耳其马海毛等异国货物带回阿姆斯特丹。我们不应当夸大荷兰人在此时的影响，他们还处于上升期的开端，而且不总是受欢迎的。在奥斯曼帝国的英格兰商人将荷兰人和佛兰德人混为一谈，并抱怨道："佛兰德商人开始在这些国家经商，肯定会毁掉我们的生意。"英格兰人已经将荷兰人视为国际贸易路线上的竞争对手。英格兰人原本是同情尼德兰起义的，可现在他们意识到荷兰人正在出乎意料地成为一支世界性的力量，于是英格兰人就不再同情他们了。荷兰人成功的另一个标志是他们日益垄断了里斯本的香料市场，成为整个北欧的主要香料供应商。然而，荷兰人对未来的憧憬很快就破灭了。在 16 世纪末，西班牙国王腓力三世重新禁止他的伊比利亚诸王国与荷兰之间的贸易，结果是到访里斯本的荷兰船数量骤减。1598 年，有 149 艘荷兰船访问葡萄牙；次年只有 12 艘。同样能说明问题的是，荷兰直达波罗的海的交通的体量急剧下降：1598 年超过 100 艘，次年只有 12 艘。汉萨商人享受了一个兴盛期，他们急切地填补荷兰人留下的空白，在 1600 年沿该路线派出了 153 艘船。[11]

与西班牙冲突的教训是，荷兰人必须把自己的事业扩大到波罗的海或地中海以外很远的地方。西班牙和葡萄牙对荷兰船只的禁运的一个特点是，它似乎并不适用于葡萄牙的海外属地。于是，荷兰人在 17 世纪初每年向葡萄牙在西非的贸易站派出大约 20 艘船。荷兰人在西非需要的基础设施已经被葡萄牙人建立起来了，因此可以说葡萄牙人帮了他们的忙。当荷兰船停靠在圣多美时，那里已经有了甘蔗种植园，并且有很多葡萄牙定居者渴望把他们的糖卖出去。[12]与此同时，只要禁运还在执行，荷兰人就几乎完全搞不到葡萄牙或西班牙的盐，所以他们只能去更远的地方寻找盐。没有盐，就不会有可食用的鲱鱼，而且盐必须是正确的类型。法国供应的盐通常含有锰，这会使鲱鱼变黑并破坏其口味。佛得角群岛的盐岛有大量的盐，那里是葡萄牙殖民地没错，但居民非常愿意把盐卖出去。荷兰人认为，更好的办法是夺取这些岛屿中的一些。16 世纪末，他们试图夺取佛得角群岛，并在 1600 年夺取圣多美。[13]

为了寻找盐，荷兰人一直走到了委内瑞拉海岸。从 1599 年夏天开始，在六年半的时间里，有 768 艘荷兰船驶向阿拉亚角（Punta de Araya）的盐湖。其中许多船是空船驶出的，只带了压舱物，目的是把船舱装满盐，然后将其带回荷兰。西班牙帝国和葡萄牙帝国的外围足够安全，荷兰人甚至在古巴和伊斯帕尼奥拉岛开展业务，在远离哈瓦那或圣多明各的地方停泊，并运走大量的动物皮毛。但他们必须保持谨慎，如果在西班牙主要定居点附近被俘就惨了，很可能会被毫不留情地处死。[14]

这些举措，以及在加勒比地区建立小型定居点的尝试，最终导致了荷兰西印度公司的成立。然而，荷兰人实现的最有利可图的突破在东方，时间是从 16 世纪末开始。1595 年，"远方公司"在阿姆斯特丹成立。参与创办这家公司的人大部分是荷兰人，尽管大量来自佛兰德、葡萄牙和其他地方的移民商人正在逐渐改变阿姆斯特丹的面貌，而这座城市正在迅速成为尼德兰联省共和国的经济首都。正如寻找委内瑞拉的盐是因为荷兰人被排除在伊比利亚半岛之外，寻找东方的市场是因为荷兰人被排除在里斯本的香料市场之外。一开始，这似乎是一门非常有利可图的生意，葡萄牙人被他们咄咄逼人的新对手逼到了角落。在被排挤出里斯本之后，荷兰人棋高一着，于1606年封锁了里斯本，阻止腓力三世在这一年派出他的香料舰队。荷兰人不可能每年都这么做，但当葡萄牙人和西班牙人试图联手将荷兰人赶出东印度群岛时，他们很快发现荷兰人很难对付，没办法把荷兰人赶出去。[15]

　　西班牙对荷兰实施贸易禁运的决定，是历史上经济政策适得其反的经典例子。到1601年，有65艘船从荷兰抵达东印度群岛，这些船被分成14个独立的探险队。派遣这些探险队的不仅有"远方公司"，还有它的几个竞争对手。大家都想要胡椒，结果是东印度群岛的供应商坐地起价，将价格提高一倍。不过，太多的胡椒到达荷兰，产生了相反的效果：欧洲内部的香料价格开始下降，所以很明显，东印度群岛的贸易已经陷入危机，产生的利润微乎其微。投资者势必会退出胡椒贸易，而起初如此轰轰烈烈的贸易也会逐渐消亡。解决的办法就是把所有不同公司的业务整合起来，在联省共和国议会的大力推动下，最终成立了一家公司，其中阿姆斯特丹的代表勉强占多数。这就是荷兰的联合东印度公司（*Vereenigde Oostindische Compagnie*，简称VOC）。从1602年起，荷兰东印度公司成为荷兰政府在东印度的官方机构，而且（考虑到荷兰与西班牙和葡萄牙的竞争）公司不仅被鼓励从事贸易，而且被鼓励在海上巡逻并在远东建造要塞。在三年内，荷兰人占领了摩鹿加群岛的蒂多雷和特尔纳特，这些地方是丁香、肉豆蔻和肉豆蔻皮的产地，也是葡萄牙人非常珍视的财产。[16]在整个 17 世纪上半叶，葡萄牙人在世界各地的基地连续遭到荷兰人的攻击和占领。葡萄牙自作自受，因为是它自己对荷兰人关闭香料市场的。而且，阿姆斯特丹和荷兰其他城市的葡萄牙商人群体日益壮大，虽然他们不是荷兰东印度公司的创始人，但他们往往是逃避宗教裁判所的难民，所以他们积极支持荷兰海外帝国的建立。在荷兰的葡萄牙商人群体将在后文专门介绍。

　　早期的成功并不容易维持。荷兰与西班牙的冲突在 1621 年再次爆发，对荷兰商船队产生了巨大的影响。荷兰人不得不再次到远方寻找盐和干果（此时干果已经成为整个北欧中产阶级的主食之一）。西班牙人对此很警觉，他们修建了一座要塞，阻止荷兰人进入委内瑞拉的盐田，并放水淹没海地的盐田，令荷兰人无法使用它。荷兰与西班牙的斗争蔓延到了低地国家的海岸线上，信奉天主教的佛兰德人再次给荷兰人制造了许多麻烦。1628 年，来自敦刻尔克的私掠船主击沉或俘获了 245 艘荷兰船或英格兰船。船舶和货物的保险费用急剧上升，也是自然而然的。和以前一样，主要受益者是汉萨商人。1621 年，他们从伊比利亚向波罗的海派出 22 艘船，荷兰人派出 36 艘。次年，汉萨商人派出了 41 艘船，荷兰人设法偷偷派出了 2 艘船（在后来的几年里，一艘都没有）。有一段时间，丹麦人也从此种局势中获益，从伊比利亚通过厄勒海峡运送货物，毕竟丹麦人控制着厄勒海峡。随着与西班牙冲突的加剧，荷兰人发现自己缺少鲱鱼，因为没有盐就没有鲱鱼。这不仅对荷兰人造成了困难，在更远的地方，依赖鲱鱼的消费者也受到了沉重的打击，如但泽的居民。1638—1639 年，丹麦国王决定提高对通过赫尔辛格（Helsingør）水道的船征收的过路费，这使荷兰人的处境更加困难。信奉新教的丹麦与信奉天主教的西班牙达成了共识，准备联手扼杀荷兰人。瑞典人于 1643 年入侵日德兰，才使丹麦人无法一门心思地与荷兰敌对。荷兰人决定，是时候直面丹麦人了，于是派出一支由 48 艘军舰和 300 艘商船组成的强大舰队经过丹麦国王居住的赫尔辛格城堡，进入波罗的海。克里斯蒂安四世国王没有办法阻止他们，不久之后，荷兰人就与他达成了一项协议，即丹麦国王对通过厄勒海峡的船征收较低的过路费。[17]

有一群人愿意帮助荷兰人，那就是法国西南部巴约讷的葡萄牙定居者。这些犹太裔的新基督徒发现他们的新家是逃避宗教裁判所的好地方，不过他们也与西班牙的犹太同胞保持联系。新基督徒只要在公开场合过天主教徒的生活，就仍然可以得到马德里宫廷的欢迎。大量西班牙货物通过比利牛斯山口被走私到巴约讷，然后交给荷兰人。在这一时期，没有任何禁运是密不透风的。葡萄牙北部维亚纳堡的居民曾因与荷兰的贸易而繁荣，现在他们也不打算执行禁运。西班牙政府试图加强对来访船只的监督，扣押了在西班牙港口发现的一些船只，理由是它们的航行是由荷兰人资助的。西班牙政府还与丹麦、英格兰和苏格兰签订协议，确保这些国家的船不承运荷兰货物。但是，西班牙人似乎很难区分丹麦人和荷兰人，没收了那些已经被西班牙政府派驻汉堡附近丹麦土地的官员批准放行的货物。[18]并且，要确定谁是荷兰商人的雇员并不容易，因为有很多葡萄牙人在周围转悠，这些流动人口在伊比利亚、法国西南部、荷兰，以及（后来）在英格兰和汉堡之间不断流动。

有一段时间，荷兰人的崛起貌似只是昙花一现。据乔纳森·伊斯雷尔说，在17世纪20年代和30年代，"荷兰人失去了波罗的海运输量的八分之一"。[19]但是，经济危机不局限于荷兰。这是德意志内战的时期，后来，英国和法国也经历了严重的动荡。实际上，荷兰人能够取得进展，可这些进展发生在远离家乡的地方。他们牢牢掌控了葡萄牙贸易帝国的若干碎片，甚至一度在巴西安营扎寨。他们在1625年被从巴西赶了出去，然而，这也有可能带来好处。皮特·海因（Piet Heyn）俘获了从墨西哥向西班牙运送金银的西班牙珍宝船队，荷兰西印度公司从中获利1100万盾，其他重要的战利品包括4万箱巴西蔗糖，据说价值800万盾。荷兰人在非洲的黄金海岸是一支重要的势力，甚至（在短期内）占据了埃尔米纳。考虑到埃尔米纳是葡属非洲王冠上的宝石，或者说是该王冠的黄金来源，荷兰人能够占领埃尔米纳确实是令人印象深刻的成就。通过这次短暂的征服，荷兰人昭告天下，他们在大西洋两岸都是厉害角色。诚然，荷兰西印度公司开销过大，这并不奇怪：公司必须维持一支舰队、若干要塞、步兵部队和整个贸易网络，而且在17世纪30年代和40年代，西印度公司的股价跌宕起伏。该公司的股票是一种糟糕的短期投资。不过，从摩鹿加群岛到巴西，荷兰的船长和商人们正在稳步夺取葡萄牙海洋帝国最珍贵的土地。葡萄牙人意识到自己的帝国正在被蚕食，这是1640年葡萄牙发动起义脱离西班牙获得独立的一个因素。[20]因此，荷兰人的前进不仅对全球经济很重要，在全球政治中也举足轻重。

※ 三

　　许多关于近代早期海上贸易和探险的历史书将葡萄牙人、西班牙人、荷兰人、英格兰人、法国人和其他对手的历史整整齐齐地分隔成多条互相平行的线索。但实际上，如果不把同一时期英格兰贸易的兴起纳入叙事，就无法理解荷兰人的崛起。英格兰人的目标与荷兰人的相同：在摩鹿加群岛、日本和印度海岸等遥远的土地建立贸易基地。起初，英格兰人试图通过一条向西的航线到达香料群岛。弗朗西斯·德雷克于 1577 年开始的环球航行，部分计划是对加勒比海和美洲太平洋海岸线上的西班牙航运进行持续攻击。1586—1588 年，托马斯·卡文迪许（Thomas Cavendish），或称坎迪什（Candish）领导了第二次环球航行，可这两次航行仅仅证实了麦哲伦海峡是难走的水域，是由寒冷刺骨的海水、波涛汹涌的水道组成的迷宫。这是坏消息。然而好消息是，卡文迪许带着一整艘马尼拉大帆船的战利品回国，战利品包括 12.2 万金比索、大量丝绸和香料，以及两个识字的日本男孩。这意味着卡文迪许希望尝试到达日本，并在那里开展贸易，不过最后他还是去了摩鹿加群岛。据说在返回普利茅斯时，英格兰水手们都穿着从敌人手中缴获的丝绸上衣。卡文迪许显然是一个正派人，因为他把马尼拉大帆船的船员和乘客安置在一个叫塞古鲁港（Porto Seguro）的地方，并给他们提供补给，包括足够的木材来制作一艘他们自己的小船。而他同时代的一些人则会对俘虏大开杀戒。

英格兰人詹姆斯·兰开斯特（James Lancaster）于 1591 年试图前往东印度群岛，走的是同时代人所说的葡萄牙路线，即绕过好望角，然后穿越印度洋。[21]兰开斯特决定追踪关于葡萄牙人即将在中国以北发现东北水道或西北水道的传言，这些水道仍然是当时英格兰人执迷的对象。但是，他的船员被坏血病折磨得筋疲力尽，他的领航员（是在印度洋找到的）显然也迷失了方向，所以兰开斯特没能深入到马来半岛西部的槟榔屿（Penang）之外。兰开斯特的一大战利品是"马六甲总督的船"，这是一艘从果阿驶往马六甲的葡萄牙船，船上装满了加那利葡萄酒、棕榈酒、天鹅绒、塔夫绸、"大量纸牌"和威尼斯玻璃，以及"一个意大利人从威尼斯带来的用来欺骗印度野蛮人的假宝石"，但英格兰水手未能如愿在船上发现财宝。此后，英格兰人一直在等待葡萄牙舰队从孟加拉抵达东印度群岛，据说该舰队将携带钻石、红宝石、卡利卡特布"和其他精美的工艺品"。然而不久之后，由于船长生病，船员们不再等待，并返回英格兰。[22]

荷兰人向东印度群岛派船的消息，使英格兰人重拾在香料贸易中为自己的王国抢占一席之地的计划。特别令英格兰人痛心的是，荷兰人挖了他们的墙脚，高薪聘请英格兰探险家约翰·戴维斯作为导航专家为他们服务。荷兰人还开始投标购买英格兰船只，以提升自己的运载能力。戴维斯是一个值得信赖的人，他可以准确地记录通往东方的航线和荷兰人到访的岛屿的特点。确定哪些岛屿盛产丁香和肉豆蔻成了荷兰人执迷的问题，因为这些产品只能从很小的地区获得，而荷兰人就像英格兰人一样，计划直接进入这些地区，然后控制它们，而不是依靠当地商人把香料运到苏门答腊、爪哇或其他更方便的地方。在兰开斯特第一次远航的几年之后，荷兰人在爪哇的万丹（Bantam）建立了一个贸易站，然后他们一直渗透到奈拉（Neira），它被称为"摩鹿加群岛的肉豆蔻之都"。[23]作为回应，英格兰人组建了"伦敦商人在东印度开展贸易的公司"（后来的英国东印度公司），它向东印度群岛的第一次远航被委托给了兰开斯特，这也许令人惊讶。他上一次前往东印度群岛的失败尝试并没有被视为一场代价高昂的灾难，而是吊足了伦敦投资者的胃口。组建英国东印度公司的直接结果是兰开斯特的第二次远航，而长期结果是荷兰东印度公司和英国东印度公司之间的长期角力。

在兰开斯特的第一次远航中，坏血病造成了恶劣的影响。在1601年前往东印度群岛的第二次远航中，兰开斯特高瞻远瞩地坚持要求每天给每个水手发放三勺柠檬汁，但这只是在他的旗舰上。在随行的船上，坏血病十分猖獗。当他的4艘船到达非洲南部时，兰开斯特手下已经有100多人死于疾病，这相当于一艘船的全体船员人数。[24]当时的欧洲人知道新鲜水果有治疗作用，却没有注意到它的预防作用。不过，兰开斯特的第二次远航确实带来了重要的观察结果，尽管这是葡萄牙人在一个世纪前就知道的事情。在抵达位于苏门答腊岛北端、面向印度洋的亚齐（Aceh）时，兰开斯特发现了"16艘或18艘来自不同国家的船"。这些船属于古吉拉特人、孟加拉人、马拉巴尔人（来自南印度）、缅甸的勃固人（Pegus）和暹罗的北大年人（Patanis）。²⁵兰开斯特与亚齐的苏丹阿拉丁（Ala-uddin）进行了几次卓有成效的会谈。伊丽莎白女王的信是由一头比魁梧的男人高一倍的大象运到苏丹那里的，"大象背上载着一座像马车一样的小城堡，铺着深红色的天鹅绒。中央有一个大金盆，铺着一块精妙绝伦的丝绸，女王陛下的信就放在丝绸之下"。²⁶阿拉丁的宴会上饮食丰盛，他对伊斯兰教的禁酒令毫不在意。然而，他的一个要求不容易被满足：他希望得到"一个美丽的葡萄牙少女"。此外，亚齐的香料价格比兰开斯特能够接受的要高。如果想获得廉价的香料，答案就是深入香料产地。即使在爪哇岛西端的万丹，也可以买到比亚齐的香料更便宜的香料。²⁷在这两个地方，英格兰人都获得了建立贸易站的权利和其他贸易特许权，因此，只要能遏制住竞争对手，东印度公司商人的投资似乎可以在几年内获得良好的回报。兰开斯特对葡萄牙航运发动了一些海盗式袭击，然后心满意足地返航了。可是，他留下了一艘轻型帆船，并指示其船员深入东印度群岛，寻找最好的香料的产地。

这使英格兰人（即使只是其中一小部分）与荷兰人发生了冲突。这是一种奇怪的情况：荷兰人有时表示他们非常感激英格兰在反对西班牙统治的斗争中给予联省共和国的支持（虽然不是一贯的支持），但荷兰与英格兰在北海的和平并不意味着英格兰人在南洋自动受到欢迎。荷兰人把英格兰人视为外来闯入者。正如东印度群岛的一个名叫约翰·茹尔丹（John Jourdain）的英格兰贸易站职员所写：

> 荷兰人说我们要去抢夺他们的劳动成果。恰恰相反，他们似乎要剥夺我们在一个自由国家从事贸易的自由。我们曾多次在这些地方做生意，而现在他们却要夺走我们长期争取的东西。[28]

所以格劳秀斯的理论也只是说说而已。1619 年，茹尔丹在发生于东印度群岛的与荷兰人的小规模冲突中丧生，此次冲突被认为"公然无视"了另一项英荷停战协议。[29]荷兰人在与葡萄牙人的斗争中取得重大胜利，于 1605 年占领安汶岛（Amboyna）。荷兰人打算将收益据为己有，在一个又一个岛上坚决地寻求垄断。英格兰冒险家试图为英格兰王室争取小小的伦岛（Pula Run），而詹姆斯一世国王被称为"蒙上帝洪恩的英格兰、苏格兰、爱尔兰、法兰西、普罗威（Puloway）和普罗卢恩（Puloroon）的国王"，其中最后两个地名指的就是出产香料的艾岛（Ai）和伦岛。[30]这引发了一场争夺伦岛控制权的丑恶战争，荷兰人无耻地砍掉了这个盛产肉豆蔻的岛上所有的肉豆蔻树。在荷兰人看来，与其让英格兰人拥有伦岛的肉豆蔻，不如让任何人都得不到它。伦岛的英格兰守卫者纳撒尼尔·考托普（Nathaniel Courthope）于 1620 年被枪杀，荷兰人接管了该岛，还驱逐了土著居民。可是，关于该岛未来地位的谈判拖了四十七年，直到荷兰和英国政府最终同意，如果英国人可以保留他们三年前从荷兰人手中夺取的远在北美的曼哈顿岛，荷兰人就可以保留伦岛。[31]对东印度群岛的居民来说，一批西方野蛮人和另一批没什么区别，他们很容易把荷兰人和英国人混为一谈。[32]

即使在占领伦岛之后，荷兰人仍在实施令人发指的暴行，以恐吓当下和将来的所有英国闯入者：1623 年，一群驻扎在安汶岛英国贸易站的无辜商人被荷兰人逮捕，被折磨得奄奄一息，然后被处决，理由是他们与日本雇佣兵密谋占领这个岛，日本雇佣兵也遭受了同样的命运。[33]"安汶岛大屠杀"破坏了英荷关系，荷属东印度总督扬·彼得斯佐恩·库恩（Jan Pieterszoon Coen）的高压手段也破坏了英荷关系。他是一个非常令人憎恶的人物，对消灭原住民、欧洲竞争对手或任何阻碍他的人都肆无忌惮，有时还无视荷兰政府给他的指示。库恩为杀死他的老对手茹尔丹而得意扬扬。不过，暴力手段确实大大巩固了荷兰在东印度群岛的地位，特别是在他们的总部转移到位置极佳的雅加达之后。雅加达被改名为巴达维亚（Batavia），即荷兰的拉丁文名称。

英国人的注意力从东印度群岛转向印度次大陆。在某种程度上，英国人之所以对印度感兴趣，是因为他们需要找到能够吸引东印度群岛居民的产品，而厚重的英国毛料织物并不是近乎赤裸的东印度群岛居民渴望的商品。印度白棉布比较轻，可以在东印度群岛找到市场。因此，英国人就像他们之前的葡萄牙人一样，成为被宽泛地称为"印度"的许多相距遥远的海岸之间的中间人。当时已经有了活跃的区域间海上贸易，所以英国人如果想在印度洋和其他地区受欢迎，那么，融入当地的海上贸易不仅是聪明的，而且是必要的。[34]

与荷兰人对抗的人力成本已经很高了，财政成本也令人难以承受。此时，英国东印度公司的运作方式已经与英国其他贸易公司

（如莫斯科公司和活跃在士麦那和地中海其他地区的黎凡特公司）的运作方式有很大差异。其他几家公司在本质上是旨在授权和推动加盟成员的贸易的"伞形机构"，而东印度公司是作为单一的业务组织，即"一个法团"（引用伊丽莎白女王在1600年授予公司的特许状），来从事经营活动的。公司董事会自行决定在何时何地从事贸易，不允许投资者在进行公司官方贸易的同时开展自己的远航活动。[35]随着时间的推移，在经历了一些危机之后，东印度公司演变成一家股份制公司。在1657年之后，奥利弗·克伦威尔（Oliver Cromwell）给东印度公司颁发了一份条件优厚的新特许状，这吸引了超过70万英镑的创纪录的投资，使公司实力大大增强。[36]

※ 四

荷兰人取得的最显著的成功，不是他们针对葡萄牙人的一系列胜利（因为葡萄牙的贸易帝国在1600年之前就已经遭受沉重的压力），也不是他们针对英国人的胜利，而是他们在日本建立了基地。1641—1853年，在长崎的荷兰商人是日本土地上唯一的欧洲商人群体，而且即使如此，他们也是住在离岸的出岛上的。[37]1800年前后荷兰人在出岛的生活在大卫·米切尔（David Mitchell）的一部小说中得到了精彩的描绘。[38]有人认为，日本人通过这一渠道获得了航海、医学和其他许多方面的科学知识，这一观点已得到广泛讨论。日本人将这些西方知识称为"兰学"，即"荷兰的学问"，这意味着兰学被视为一个连贯的系统，但今天，学界倾向于强调日本人在两百多年里获得的西方科技是多么杂乱无章。[39]这似乎更符合知识在海上贸易路线传播的特点：缓慢的渗透。宗教思想的传播也是这样，无论是基督教、伊斯兰教还是佛教。

　　荷兰人在日本的存在可以追溯到 1600 年"慈爱号"的航行，这艘船的领航员是英国人威廉·亚当斯，他后来赢得了日本幕府将军的信任。[40]其他英国商人也设法从幕府将军那里获得了特权。1613—1623 年，在平户有一个英国贸易站，不过英国人认为那里无利可图，因为虽然可以从那里获取铜，但把铜带到英国就像把煤带到纽卡斯尔，纯属多此一举。后来，荷兰人意识到，通过在亚洲海域兜售日本产的铜，可以获得丰厚的利润。[41]此时葡萄牙人和西班牙人在日本仍有一定的影响力，他们竭力破坏第一批荷兰访客与德川幕府之间的关系。然而荷兰人有一个特别的卖点：他们解释了自己是如何摆脱天主教西班牙的桎梏的，所以在日本人眼中，荷兰人不是基督徒。就在日本政府对耶稣会和其他传教士越来越有敌意的时候，荷兰人的反天主教立场对他们帮助很大。荷兰共和国的执政毛里茨亲王给德川家康写了一封礼貌的信，这封信于 1609 年送达。荷兰执政与幕府将军之间历史性的通信持续了一段时间。荷兰执政借这个机会斥责葡萄牙人和西班牙人的"狡猾与奸诈"，并将西班牙国王腓力三世描绘成一个贪恋权力的自大狂，说他企图利用基督教皈依者在日本引发革命。奇怪的是，德川家康没有回应毛里茨对腓力三世及其臣民的严厉指控。但是，外交手段发挥了作用，荷兰人获得了在平户的贸易权。[42]即便如此，在接下来的三十年里，荷兰人在日本的地位仍然不稳固。在德川家康去世后，荷兰人匆忙要求续展他们的权利，这引起了幕府的极大不满，因为荷兰人仿佛在暗示德川家康的儿子兼继承人要推翻父亲的决定，这就是不忠不孝。显然需要教训一下荷兰人，于是幕府开始限制他们在生丝贸易方面的自由。驻扎在巴达维亚的荷兰东印度公司总督对荷兰人应该如何行事有很好的理解：

> 你们不应该与日本人发生冲突，而是应当以最大的耐心等待一个好时机，那样才能得到一些收益。既然日本人不能容忍受到反驳，我们就应该在日本人面前假装谦卑，扮演贫穷和悲惨的商人的角色。我们越是扮演这种角色，我们在这个国家就越是得到青睐和尊重。这是我们多年来的经验。[43]

这些话是在 1638 年写下的。那时他可以看到明确的证据，表明耐心是有回报的。到 1636 年，除了在长崎出岛的贸易站，葡萄牙人已经被逐出了日本。而且出岛并非永久性的贸易站：葡萄牙人要带着货物来出岛做生意，然后离开，第二年再来。同时，幕府禁止日本人向海外派遣船只，违者将被处决。此外，幕府还注意防止葡萄牙人持荷兰通行证旅行，这种情况在这个时期经常发生。阿姆斯特丹的新基督徒在澳门甚至马尼拉都站稳了脚跟。[44]

　　日本人确实想保持一扇门的开放，但只是开一条小缝。当荷兰在台湾岛的要塞指挥官彼得·纳茨（Pieter Nuyts）扣押了一些日本船时，日本人深感受辱。他们没有断绝与荷兰人的一切关系，而是要求将纳茨送到日本。在那里，纳茨被扣为人质，直到 1636 年。

然而幕府将军很谨慎，没有驱逐荷兰人，因为那样的话日本的对外关系就全断了。同样，荷兰人也非常清楚，他们需要证明自己与葡萄牙人是完全不同的。1638年，他们很乐意支持幕府镇压叛军。叛军中有许多得到葡萄牙人支持的日本基督徒，他们的失败最终导致约3.7万人被屠杀，荷兰人从此落下了冷酷地背叛基督教教友的恶名。不过，此事证实了日本宫廷的看法，即荷兰人并不是真正的基督徒，或者说荷兰人是一种迥然不同的基督徒，不会试图传教。在《格列佛游记》中，主人公到访日本，假装自己是"荷兰人"。在江户（东京），他目睹了荷兰人践踏十字架。这对日本人来说是标准的仪式，可对荷兰基督徒来说，显然是更值得商榷的做法。[45]幕府将军震惊地得知，荷兰人在平户新建的、拥有美观山墙的仓库的正立面上有基督教历法的日期。由于得到预警说有人要屠杀平户的荷兰商人，荷兰人迅速拆除了这栋让日本人不悦的建筑。而日本政府急于消除基督教的所有痕迹，所以禁止荷兰商人在星期日休息（这是加尔文教派的宗教惯例）。[46]

最后，日本政府命令荷兰人去占领位于出岛的曾经属于葡萄牙人的基地，于是日本与荷兰的对峙得以解决。日本政府再次表示对荷兰人在日本的存在不屑一顾，然而其措辞恰恰暴露了日本人渴望有机会获取（但主要是为宫廷获取）外界的异域商品，无论是欧洲枪支还是中国丝绸：

陛下［幕府将军］责成我们通知你们，外国人来不来通商对日本帝国无关紧要。可是，考虑到德川家康授予他们的特许状，陛下乐意允许荷兰人继续经营，并把他们的商业特权和其他特权留给他们，条件是他们撤离平户，在长崎港建立基地。[47]

出岛的意思是"前岛"，因为它位于长崎的前方，[①] 不过现代长崎的开发已经将出岛完全涵盖在长崎市内。出岛是人工岛，呈弯曲的梯形，形状像一把扇子，据说是因为幕府将军在回答它应该是什么形状时打开了扇子。出岛不比现代阿姆斯特丹的水坝广场大，梯形的顶长 557 英尺，底长 706 英尺，两边长 210 英尺。[48]这个空间本来就很狭小，再加上它的铁钉栏杆，以及连接出岛与大陆的石桥上的哨兵会检查每个进出的人，就显得格外逼仄了。荷兰人试图建造尽可能与他们家乡的房屋相似的房屋，而且，身为荷兰人，他们自然会在小岛上为花圃找到空间。出岛的永久居民很少：若干日本官员、荷兰长官、首席商人、一名秘书、一名簿记员、一名医生和其他必要的工作人员，以及一些黑奴和白人工匠。荷兰人的人数远远少于日本官员的人数，在这些日本官员中不仅有警卫，还有大量的译员，在 17 世纪末有约 150 人。日本官员的人数之所以如此膨胀，是因为荷兰人必须支付日本官员的生活费。于是有许多闲差就不足为奇了。不过确实有一些日本官员极其认真地对待工作，仔细检查所有到达的货物，并特别注意基督教文献。荷兰人甚至不被允许在出岛做礼拜。与此同时，长崎在荷兰贸易和日本国内海上贸易的支

---

① 此说法存疑。另有说法，出岛的"出"是凸出的意思，指人工填海，使它凸出海面。

持下蓬勃发展。1700 年前后，长崎人口有约 6.4 万人。[49]

也许有人会问，为什么会有荷兰商人愿意在出岛居住。答案就是对日贸易的利润率很高。在 17 世纪末的荷兰贸易世界，长崎比荷兰东印度公司的其他任何基地都更有利可图。在 1670—1679 年的十年间，荷兰商人通过对日贸易获得了 75% 的利润（但这是高峰期的数字）。这是因为，除了荷兰人，没有人能够为日本提供五花八门的各色货物，包括糖、鲨鱼皮、水牛角、巴西木、显微镜和芒果，更不用说咸菜、铅笔、琥珀和水晶。然而，日本人最想要的是中国丝绸。在把这些商品卖给日本人之后，荷兰人就有资本在日本获取金、银、铜、陶瓷和漆器，但他们也没有忽视清酒和酱油。从荷兰人在日本销售的商品的情况可以看出，他们绝非单纯经营欧洲商品，而是汇集了来自印度、香料群岛、东非和大西洋的货物。独角鲸的长牙就是从大西洋来的，对日本人来说，它与犀角有类似的魅力，所以它是荷兰人热衷于通过出岛销售的产品之一。[50]因此，出岛给了荷兰人在日本的贸易垄断权。为了保持与幕府的接触，他们愿意忍受屈辱，生活在几乎是监狱的环境中。

出岛生活的诸多奇异元素之一是，荷兰长官（*Oranda Kapitan*）被视为一位名誉大名（幕府将军的高级附庸），并被要求"参勤交代"，即每年到访江户的宫廷，献上礼物，一丝不苟地遵守日本宫廷的严格礼节。当荷兰长官到达礼堂并有宣礼官洪亮地宣布荷兰长官驾到时，荷兰长官被要求爬着经过他的使团带来的成堆礼物，爬向幕府将军端坐的平台（不过有一扇格栅挡着，所以外人实际上看不到将军）。正如一位欧洲观察者所写的那样，参拜结束后，荷兰长官"像龙虾一样"匍匐回去。但在参拜当天晚些时候，往往会举办一次相对随意的会议，幕府将军和他的廷臣们，仍然在视线之外，盘问这些异国访客，询问他们家乡的情况。[51]历史学家对荷兰派往江户的使团得到的待遇是一种羞辱还是一种荣誉做了辩论。荷兰东印度公司曾得到德川家康的恩惠，而他的继任者也渴望看到这些特权继续维持下去。此外，对日本人来说，学习西方科学的机会不容错过。知识界的接触是通过翻译人员的工作来保持的，而且这种接触随着时间的推移变得越来越紧密，所以到了 18 世纪末，日本作家能够在自己的书中阐述西方医学。[52]

一位日本历史学家提出了一个合理的观点，即日本并不是唯一对欧洲商人关闭大门并试图阻止基督教传播的国家。在中国、琉球、越南和朝鲜也可以看到类似的举措。[53]葡萄牙人、西班牙人和荷兰人的暴行让他们臭名昭著。当葡萄牙人处于低谷并且被西班牙国王统治的时候，荷兰人抵达日本，使日本人有机会与欧洲贸易保持有限的联系。与通常的假设相反，日本人并没有将自己与外界完全隔绝。事实上，他们准确地选择了想要的那种联系，并将其限制在狭窄的范围内。

注　释

1. P. Borschberg, ed. , *Jacques de Coutre's Singapore and Johore 1594−c. 1625* (Singapore, 2015), pp. 64, 66; P. Borschberg, *Hugo Grotius, the Portuguese and*

Free Trade in the East Indies (Singapore, 2011); P. de Sousa Pinto, *The Portuguese and the Straits of Melaka 1575–1619: Power, Trade and Diplomacy* (Singapore and Kuala Lumpur, 2012), pp. 31-3, 107.

2. Hugo Grotius, *Mare Liberum* (Leiden, 1609); 借用理查德·哈克卢伊特的翻译，转载于 D. Armitage, ed., *The Free Sea* (Indianapolis, 2004), pp. 3-62。

3. Armitage, ed., *Free Sea*, p. 10.

4. Armitage in *Free Sea*, p. xi; W. Welwod, 'Of the Community and Propriety of the Seas', in Armitage, ed., *Free Sea*, pp. 65-74.

5. Armitage, ed., *Free Sea*, p. 12.

6. Ibid., p. 13.

7. Ibid., p. 26.

8. Ibid., p. 80, 出自格劳秀斯对威尔沃德的回应。

9. Ibid., p. 32.

10. Armitage in *Free Sea*, p. xvi.

11. J. Israel, *Dutch Primacy in World Trade* (Oxford, 1989), pp. 53-6, and tables 3.3 and 3.4, p. 57.

12. Ibid., p. 61.

13. G. Seibert, 'São Tomé & Príncipe: The First Plantation Economy in the Tropics', in R. Law, S. Schwarz and S. Strickrodt, eds., *Commercial Agriculture, the Slave Trade and Slavery in Atlantic Africa* (Woodbridge, 2013), pp. 62, 68, 75.

14. Israel, *Dutch Primacy*, pp. 63-4; A. de la Fuente, *Havana and the Atlantic in the Sixteenth Century* (Chapel Hill, 2008), pp. 21, 49.

15. J. Boyajian, *Portuguese Trade in Asia under the Habsburgs, 1580-1640* (Baltimore, 1993), p. 93.

16. Israel, *Dutch Primacy*, pp. 67-73; C. R. Boxer, *The Dutch Seaborne Empire*

1600–1800 （London, 1965）, pp. 49–54, 105, 109; G. Winius and M. Vink, *The MerchantWarrior Pacified: The VOC(Dutch East India Co.) and Its Changing Political Economy in India* （New Delhi and Oxford, 1991）, pp. 9–12.

17. Israel, *Dutch Primacy*, p. 129, table 5. 1, and pp. 140, 143, 146 – 9, with table 5. 9 on p. 147.

18. Ibid. , pp. 131–8.

19. Ibid. , p. 143.

20. Israel, *Dutch Primacy*, pp. 160 – 64, and table 5. 12, p. 163; C. R. Boxer, *The Portuguese Seaborne Empire 1415 – 1825* （London, 1991）, pp. 113–14.

21. 'Lancaster's Voyage to the East Indies', in Richard Hakluyt, *Voyages and Documents*, ed. J. Hampden （Oxford, 1958）, pp. 399–420; D. Wilson, *The World Encompassed: Drake's Great Voyage 1577–1580* （London, 1977）, p. 100; 加斯塔尔迪（Gastaldi）的地图（1546 年）和汉弗莱·吉尔伯特的地图（1576 年），见 P. Whitfield, *New Found Lands: Maps in the History of Exploration* （London, 1998）, pp. 76, 79。

22. 'Lancaster's Voyage to the East Indies', in Hakluyt, *Voyages and Documents*, p. 411; G. Milton, *Nathaniel's Nutmeg: How One Man's Courage Changed the Course of History* （London, 1999）, p. 50; J. Keay, *The Honourable Company: A History of the English East India Company* （London, 1991）, pp. 10–23.

23. Milton, *Nathaniel's Nutmeg*, pp. 52, 65.

24. Keay, *Honourable Company*, pp. 14–15.

25. Cited in Keay, *Honourable Company*, p. 16.

26. Cited in Milton, *Nathaniel's Nutmeg*, pp. 86 – 7; Keay, *Honourable Company*, p. 17.

27. Milton, *Nathaniel's Nutmeg*, pp. 90, 92, 94.

28. Cited in Keay, *Honourable Company*, p. 40.

29. Keay, *Honourable Company*, pp. 45 – 6, 114; Milton, *Nathaniel's Nutmeg*, p. 302.

30. Quoted by Keay, *Honourable Company*, p. 43; also Milton, *Nathaniel's Nutmeg*, p. 273.

31. Milton, *Nathaniel's Nutmeg*, pp. 305-6.

32. Keay, *Honourable Company*, p. 31.

33. Ibid., pp. 48-50; Milton, *Nathaniel's Nutmeg*, pp. 321-42.

34. Keay, *Honourable Company*, pp. 21, 36, 38, 53, 58-9, 125-6.

35. P. Stern, *The Company-State: Corporate Sovereignty and the Early Modern Foundations of the British Empire in India* (New York and Oxford, 2011), p. 7.

36. P. Lawson, *The East India Company: A History* (Harlow, 1993), pp. 19-24.

37. G. Goodman, *Japan and the Dutch 1600 – 1853* (Richmond, Surrey, 2000), p. 9.

38. D. Mitchell, *The Thousand Autumns of Jacob de Zoet* (London, 2010).

39. Goodman, *Japan and the Dutch*, p. 8.

40. A. Clulow, *The Company She Keeps: The Dutch Encounter with Tokugawa Japan* (New York, 2014), pp. 39-40.

41. G. Milton, *Samurai William: The Adventurer Who Unlocked Japan* (London, 2002); W. de Lange, *Pars Japonica: The First Dutch Expedition to Reach the Shores of Japan* (Warren, Conn., 2006); also D. Massarella, *A World Elsewhere: Europe's Encounter with Japan in the Sixteenth and Seventeenth Centuries* (New Haven, 1990) (关于英国); Clulow, *The Company She Keeps*, pp. 10-11。

42. Clulow, *The Company She Keeps*, pp. 25, 33–9, 47–58.

43. Cited in Goodman, *Japan and the Dutch*, p. 13.

44. Boyajian, *Portuguese Trade in Asia*, pp. 78–80; Goodman, *Japan and the Dutch*, pp. 10–13.

45. Jonathan Swift, *Gulliver's Travels*, ch. 25; Clulow, *The Company She Keeps*, p. 17.

46. Goodman, *Japan and the Dutch*, pp. 14–15.

47. Cited in Goodman, *Japan and the Dutch*, p. 16.

48. Goodman, *Japan and the Dutch*, p. 19; Toyoda Takeshi, *A History of pre-Meiji Commerce* (Tokyo, 1969), p. 46.

49. Takeshi, *History of pre-Meiji Commerce*, p. 50.

50. Goodman, *Japan and the Dutch*, pp. 240–41; Takeshi, *History of pre-Meiji Commerce*, pp. 63–4.

51. Goodman, *Japan and the Dutch*, pp. 28–9; Clulow, *The Company She Keeps*, pp. 18, 95, 106–20.

52. Goodman, *Japan and the Dutch*, pp. 69–70.

53. Takeshi, *History of pre-Meiji Commerce*, p. 46.

第三十九章

诸民族在海上

※ 一

渴望控制大洋航线的不同人群之间的复杂竞争（无论格劳秀斯对自由贸易和自由航行是怎么阐发的），很容易被过于简单化地理解为民族国家之间的冲突。在公开场合，西班牙贵族对贸易不屑一顾，仿佛他们是古罗马贵族。至少在官方层面，西班牙贵族将肮脏的生意留给热那亚和德意志金融家，如果没有他们，不仅西班牙王室，连塞维利亚城也会缺乏资源。实际上，金融家和贵族热衷于组成强大的联盟，他们之间的纽带通过婚姻得到了巩固。这一点从西班牙和葡萄牙的新基督徒家族与伊比利亚贵族世家的密切联系中可见一斑。当贵族世家的资金开始枯竭时，与有犹太血统的富裕家族联姻从而获取资金，就非常合理了，直到16世纪"血统纯正"（*limpieza de sangre*）的学说开始传播，这种婚姻才变得不受欢迎。在那之后，很多伊比利亚人竭力遮掩自己有犹太人或穆斯林血统的证据。

边疆地区往往会吸引投机分子、骗子、无业游民，但也会吸引那些寻找新的、可能有利可图的商机的冒险家。16 世纪晚期，西班牙和葡萄牙的海外殖民帝国成为无数民族的新家园，有布列塔尼人、巴斯克人、苏格兰人、胡格诺派法国人、加利西亚人和科西嘉人。巴斯克人来到了远在秘鲁的波托西（Potosí）①，从那里向西班牙和中国输送的白银貌似永不枯竭。有些人，如胡格诺派信徒，是为了逃避宗教冲突而背井离乡的难民。有些人则是为了寻找新的经济机遇。有些人是拖家带口地离开祖国的，而葡萄牙移民往往是男性，其家庭背景和社会阶层五花八门。这就是逃离迫害的难民和经济移民的典型组合，这两个群体之间的界限很模糊。[1]不管他们有多少人，欧洲移民并不是单独来到殖民地的。一艘又一艘奴隶运输船将非洲黑人散布到两个伊比利亚帝国的各个角落，如利马和马尼拉这样距离非洲很遥远的地方。[2]在很长时间里，从事奴隶贸易需要获得许可证（asientos），然而到 17 世纪晚期，太多奴隶被走私到美洲，以至于没有人再去购买许可证。[3]因此，欧洲人对西班牙及其竞争对手有权利主张的土地的殖民，并不是一种有序地强加权力的过程（尽管在殖民地随处可见西班牙和葡萄牙的官僚及军人），而是商人、宗教异见者、逃犯、贫穷农民和工匠以及奴隶的无序流动。可是，移民很难找到一个安全的避风港：在较小的加那利群岛，表面上的安定生活并不能保证避开宗教裁判所的监视，那些在 17 世纪的加那利群岛被指控秘密信奉犹太教的人就发现了这一点。[4]

———————————

① 这里的秘鲁指的是西班牙帝国的秘鲁副王辖区，该辖区覆盖今天南美洲的大部分地区。波托西今天位于玻利维亚境内。

移民群体内部的团结往往是通过社区教堂来维持的。在葡萄牙人那里，典型的例子是献给帕多瓦的圣安东尼（St Anthony of Padua）的教堂，他是圣方济各（St Francis）的伙伴，因为出生在里斯本，所以在当时和今天的葡萄牙都很受尊崇。这些教堂不仅是礼拜场所（毕竟，一些葡萄牙人对犹太教比对基督教更有好感），也是慈善救济的来源，还是人们交换消息和建立重要联系的地方。在今天哥伦比亚的卡塔赫纳（Cartagena de las Indias），葡萄牙移民非常富裕，有能力建造一所大型医院。[5]热那亚人和英国人喜欢以他们共同的主保圣人圣乔治来命名他们在海外的教堂，胡格诺派信徒则在安全的地方建造新教礼拜堂。

归根结底，贸易带来的利益通常能压倒人们对其他宗教的厌恶。例如，尽管葡萄牙早在 1497 年就禁止公开信奉犹太教，但葡萄牙君主国愿意容忍它统治的摩洛哥城镇中存在犹太社区。

※ 二

从 15 世纪开始，葡萄牙定居者就在大西洋彼岸参与建立了制糖业。然而，16 世纪晚期和 17 世纪初的葡萄牙侨民有一个特点，那就是大西洋、印度洋和太平洋地区的葡萄牙商人引起了怀疑，因为其中很大一部分人（到底有多少人，我们说不清）有犹太血统。这并不意味着他们的父系和母系血统都是犹太人。而且，虽然显赫的塞法迪（Sephardic）犹太人家族像安达卢西亚的阿拉伯精英和卡斯蒂利亚的贵族一样，小心翼翼地保存自家可以上溯很多代的家谱，

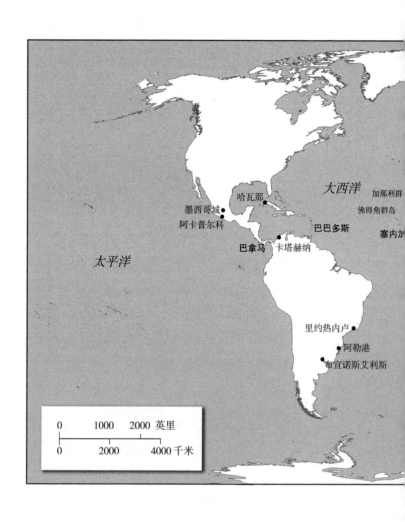

大西洋

太平洋

哈瓦那

墨西哥城
阿卡普尔科

巴拿马　卡塔赫纳

巴巴多斯

加那利群
佛得角群岛
塞内加

里约热内卢
阿勒港
布宜诺斯艾利斯

| 0 | 1000 | 2000 英里 |
| 0 | 2000 | 4000 千米 |

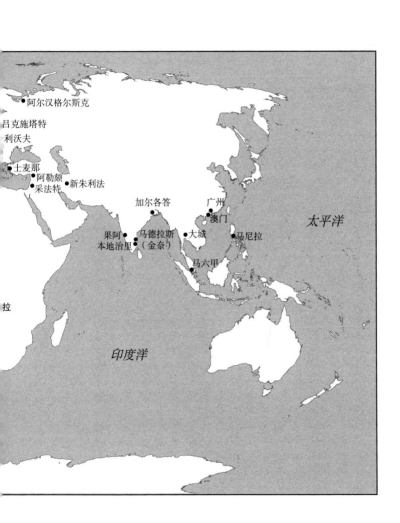

阿尔汉格尔斯克

吕克施塔特

利沃夫

士麦那

阿勒颇　新朱利法

采法特

加尔各答　广州

澳门

太平洋

果阿　马德拉斯　大城

本地治里　（金奈）　马尼拉

马六甲

拉

印度洋

但只有当一个人可以作为犹太人生活并为自己的犹太血统感到自豪时，保存家谱才有价值。西班牙和葡萄牙曾经有一个黄金时代，那时，塞法迪犹太人在宫廷可以攀升到显赫的位置，这种回忆太有吸引力了，不容易被遗忘。大多数新基督徒采用了葡萄牙或西班牙名字，往往是像洛佩斯（López）或达·科斯塔（da Costa）那样不显眼的名字，他们会觉得最好不要宣扬自己的犹太血统。到 16 世纪中叶，在宗教裁判所的压力下，在西班牙境内秘密进行的犹太教活动已基本消失。不过在葡萄牙，国王曾向犹太人承诺，他将等待整整一代人的时间，然后才允许宗教裁判所镇压犹太人。最终，葡萄牙国王于 1497 年强迫绝大多数犹太人皈依基督教。这些人中不仅有葡萄牙犹太人，还有五年前遭卡斯蒂利亚和阿拉贡驱逐之后作为难民抵达葡萄牙的西班牙犹太人。就这样，葡萄牙为秘密犹太教（crypto-Judaism）的实践和传播提供了肥沃土壤。然后，随着葡萄牙新基督徒越来越多地参与贸易和金融活动，他们出现在马德里宫廷和西班牙的其他地方，使得很多犹太裔西班牙人对其祖先的宗教重新产生了兴趣。

尽管葡萄牙商人并不都是犹太裔，但同时代的人有时会认为所有葡萄牙商人其实都是犹太人。而在 17 世纪，那些谈及葡萄牙"民族"（Nação）的人甚至可能会加上形容词 hebrea（希伯来人的）。[6]在那时，这个词虽然不完全合理，但也有一定的意义，因为在里窝那、阿姆斯特丹和伦敦，越来越多的新基督徒公开回归其祖先的宗教，而且有一种强烈的兄弟情谊，将这些成功抵御宗教裁判所的分散社区联系在一起。直到今天，伦敦的西班牙和葡萄牙犹太教会堂（由葡萄牙"民族"的成员创建）在每个赎罪日都会用葡萄牙语为"我们被宗教裁判所带走的兄弟"（*os nossos irmãos prezos pella Inquisição*）祈祷。

新的葡萄牙贸易网络是在葡萄牙本土王朝灭亡和西班牙国王腓力二世于 1581 年继承葡萄牙王位后形成的。葡萄牙国王塞巴斯蒂昂妄图征服摩洛哥，却在北非的沙漠中丢了性命，这对葡萄牙的商业和政治都造成了打击。两个世纪以来，葡萄牙一直受益于与英格兰的密切贸易关系，而如今葡萄牙与英格兰的死敌西班牙捆绑在了一起。不过，葡萄牙人一马当先地开展海外事业，前几代人已经从香料、糖和奴隶贸易中积累了丰厚的利润，因此他们和热那亚人一样，有能力投资穿越西班牙水域的航行。葡萄牙商人已经向西班牙在加勒比海和美洲大陆的属地输送了大量奴隶，并将注意力转移到西班牙治下大西洋的发达的贸易帝国。这一点得到了腓力二世的认可："发现的所有东西，无论在东方还是西方，都将由卡斯蒂利亚和葡萄牙这两个国家共同经营。"[7]葡萄牙人还成为违禁品走私的主导者，将秘鲁白银从安第斯山脉的波托西矿区运到南美洲平原，再运到布宜诺斯艾利斯这个虽小却热闹的大西洋港口。毕竟，如果办得到的话，在不买许可证的情况下从事贸易会比较便宜。这当然不会让西班牙官员喜爱葡萄牙人，特别是在 17 世纪初，荷兰等欧洲对手的竞争导致西班牙在大西洋上的贸易额明显减少的时候。[8]西班牙人仍然觉得葡萄牙人是外来的插足者，是善于钻空子的投机分子；葡萄牙人并非同族，何况还是犹太教的秘密信徒，并且从未真正忠于哈布斯堡君主。这些都是在近代早期西班牙常见的反犹话术。

这样一来，不管实际上是不是犹太人，葡萄牙人往往都被看作犹太人。并且，由于新基督徒和旧基督徒贸易家庭的成员之间多有通婚，所以界定谁是犹太人并不容易。[9]如果阿姆斯特丹和伦敦的塞法迪犹太人社区的新成员不能按照正统犹太律法的要求证明自己的母系祖先是犹太人，或者他们对犹太习俗几乎一无所知，拉比们也不会太介意。作为葡萄牙"民族"的成员，共同的身份认同已经足够了。他们对犹太习俗的遵守可能局限于避免食用猪肉和贝类，以及偶尔斋戒，这些做法有可能在不引起外界太多注意的情况下保持下去。[10]那么，我们该如何看待努涅斯·达·科斯塔（Nunes da Costa）这样的家族？他们家的一个兄弟死在加利利的犹太教神秘主义中心采法特，另一个兄弟弗朗西斯科·德·维多利亚修士（Fray Francisco de Vitoria）却成为墨西哥城的大主教。[11]新基督徒跨越了犹太教、秘密犹太教和天主教之间的模糊界限。秘密犹太教徒的信仰往往是犹太教和基督教的祈祷、仪式和神学的不神圣的大杂烩，部分原因是他们在有的地方必须冒充基督徒，而在荷兰和意大利这样的地方，如果他们愿意，可以公开作为犹太人生活。[12]

不管是不是犹太人，这些葡萄牙商人都创造了连接三大洋的世界性网络。曼努埃尔·包蒂斯塔·佩雷斯（Manuel Bautista Pérez）在 1618 年将数百名奴隶从非洲南部运到秘鲁后发了财。他感谢上帝和他的叔叔（共同投资人），因为他赚了超过 5 万比索。虽然他的业务中心在利马，但他与美洲的巴拿马、墨西哥城、卡塔赫纳，安哥拉的罗安达，里斯本、马德里、鲁昂和安特卫普的合作伙伴开展业务。在秘鲁，他经营的商品包括中国丝绸、欧洲纺织品、加勒比海珍珠，甚至还有波罗的海琥珀。[13]这样的远程联系绝不算稀罕。1630 年前后，葡萄牙商人也在阿卡普尔科做生意（所以他们与马尼拉大帆船联系起来），在哈瓦那、巴约讷（新基督徒定居的一个重要中心）和汉堡经商，汉堡市民已经开始欢迎葡萄牙犹太商人。[14]他们在汉堡与丹麦和瑞典的统治者建立了联系，特谢拉（Teixeira）家族向这些统治者提供信贷。后来，先在格吕克施塔特（Glückstadt，丹麦王室建立的一座城镇，位于有争议的石勒苏益格－荷尔斯泰因地区），之后在哥本哈根，都出现了塞法迪犹太人定居点。他们在当地的业务拓展到了波罗的海。在 17 世纪，汉堡的塞法迪犹太人与葡属印度、威尼斯和士麦那等地中海港口、休达，以及葡萄牙在摩洛哥的其他属地都有联系，更不用说巴巴多斯（Barbados）、里约热内卢和安哥拉了。[15]

较富裕的葡萄牙商人在阿姆斯特丹和汉堡的城市化商业世界安居乐业，穿着打扮与当地精英别无二致，住在同样雅致的宅邸中。但是，葡萄牙人的网络把他们的伙伴带到了全球各地非常不同的社会。从 1606 年起，在西非达喀尔（Dakar）附近的阿勒港（Porto de Ale）定居的葡萄牙犹太人注意到了当地的风俗习惯，而且，正如他们设法在欧洲各国宫廷赢得青睐一样，他们也获得了塞内加尔及其周边地区的穆斯林国王的庇护。这些葡萄牙犹太人主要是男性，所以他们娶了当地妇女为妻，并设法说服阿姆斯特丹的拉比，他们的家属应当被接受为犹太人。他们遵循犹太教仪式，接受阿姆斯特丹派来的葡萄牙拉比的建议，以满足自己的宗教需求。他们公开信奉犹太教的行为惊动了西非的其他葡萄牙人，据说后者威胁要杀死这些犹太人。然而当地国王告诉这些犹太人的敌人，"他的国度是一个市场，所有人都有权在那里生活"，寻衅滋事的人将被砍头。就像其他地方的葡萄牙商人一样，这些葡萄牙犹太人迅速在自己"民族"的贸易世界里建立了远至巴西的联系网络。[16]到 17 世纪，新基督徒在几内亚海岸和佛得角群岛都兴旺发达。一些新基督徒参与了这些尘土飞扬的岛屿上的主要活动之一：接收非洲统治者卖给葡萄牙商人的奴隶，并通过这些岛屿将奴隶输送到巴西或加勒比地区。不过，如果将奴隶贸易视为犹太人的"专业领域"，那就大错特错了。[17]

※ 三

　　研究葡萄牙商人，特别是犹太裔葡萄牙商人的历史学家，一般将注意力集中于某一个大洋。这反映了历史学家将自己定位为大西洋研究者、太平洋研究者、印度洋研究者和地中海研究者，但这是很令人遗憾的，因为葡萄牙商人的网络真正令人印象深刻的特点是它覆盖了整个地球。当船在非洲和南美之间航行，或者货物被送至南美海岸从而转运到澳门时，葡萄牙本身会从人们的视野中消失。葡萄牙在印度洋的交通也许有一半是新基督徒运作的。事实证明，葡萄牙王室对印度洋贸易的垄断只是纸面上的。新基督徒的财富和影响力成倍增长，因为商行手中的私营贸易成为葡萄牙繁荣的支柱，并且如前文所述，这对哈布斯堡君主国的繁荣也有影响。[18]

尽管有人试图在贸易领域打击新基督徒，但他们还是发达起来。当他们还信奉犹太教时，他们对海外贸易的参与受到了严格的限制。1497 年的大规模皈依使曾经的犹太教徒可以自由地从事海外贸易。不过，在 1501 年，曼努埃尔一世国王试图将新基督徒排除在正在亚洲建立的新贸易站的领导岗位之外，而且法令变得越来越严厉。最终，新基督徒被禁止以任何身份前往亚洲，可他们还是继续去那里，这让果阿的宗教裁判所非常头痛。对新基督徒来说，冒险是值得的，因为收益非常可观：到 1600 年，绕过好望角的年度贸易额约为 500 万克鲁扎多。国王看清了局势发展的方向，于是对沿此路线运输的最贵重的香料，即肉豆蔻、丁香和肉豆蔻皮，征收特别高的关税。然而，私营贸易也把印度钻石、精美的东方布匹、漆盒和瓷器带到了葡萄牙。不用说，所有这些贸易都是由非常强大、四通八达的网络来管理的，而这些网络大体上是围绕家族和婚姻联盟构建的。在墨西哥城也有新基督徒，如瓦兹（Vaaz）兄弟，他们在 1640 年前后主宰了对马尼拉的贸易。在马尼拉同样有新基督徒，他们与澳门和马六甲的新基督徒保持密切联系。[19]这些业务的投资人远在里斯本和塞维利亚。

很重要的一点是，尽管对任何试图信奉犹太教的人来说，西班牙都不是一个安全的地方，但葡萄牙人的侨居地包括马德里。西班牙君主国在过去严重依赖德意志和热那亚的银行家，现在开始将葡萄牙人视为理想的金融代理人。就像之前与热那亚银行家打交道时一样，西班牙王室要求葡萄牙银行家提供款项，王室用将来的收入（主要是美洲白银）偿付。16 世纪 70 年代，热那亚人提供的资金被用来支付在佛兰德服役的西班牙士兵的军饷。1576 年，腓力二世试图撕毁与热那亚人的合同，导致在佛兰德的西班牙军队失去了军饷，这引发了兵变。[20]热那亚人的资金不可能是凭空出现的，随着 17 世纪初塞维利亚和美洲之间跨大西洋贸易的减少，热那亚人满足西班牙王室需求的能力也在下降。热那亚人已经主导了那不勒斯王国的银行业务，因为过度扩张而力不从心。那不勒斯是西班牙的另一个具有重要战略意义的属地，由哈布斯堡家族牢牢掌控。[21]和热那亚人一样，葡萄牙人发现，如果他们作为银行家为国王服务，会招致西班牙人的排外情绪。热那亚人在哥伦布时代就受到了西班牙人的普遍敌视。热那亚人确实对印度洋产生了兴趣，可他们直到 17世纪 40 年代才开始产生这种兴趣，而且他们试图出资创办一家热那亚东印度公司的努力来得太晚了，所以他们无法挑战荷兰或英国。[22]相比之下，葡萄牙已经成为所有大洋的贸易路线的主人，与西班牙的政治联系意味着葡萄牙人也能闯入西班牙的贸易世界。对于寻找大量资本的人来说，葡萄牙人是他们的首选。

　　不过，葡萄牙人对哈布斯堡王朝的政治忠诚度和对天主教会的宗教忠诚度都令人怀疑。在政治层面，葡萄牙商人对斥巨资与尼德兰起义军作战（1621 年再次开战）是否有意义表示怀疑；在商业层面，西班牙与荷兰人的战争使葡萄牙商人与阿姆斯特丹的葡萄牙塞法迪犹太人的联系变得更加困难。更糟糕的是，巴西海岸上盛产蔗糖的葡萄牙殖民地就像一块磁铁，吸引着荷兰海军向南美进发。与西班牙的珍宝船队相比，巴西的葡萄牙贸易站和小城镇以及从非洲出发的葡萄牙船队更容易受到荷兰海军的攻击，因为西班牙人已经从弗朗西斯·德雷克和他的朋友们那里吸取了一些教训，确保西班牙船队有良好的武装。即便如此，葡萄牙人还是非常渴望获得西班牙王室的合同，双方在 1626 年设法达成了一项协议。而国王的宠臣奥利瓦雷斯伯爵兼公爵（Count-Duke Olivares）对雇用新基督徒并不十分担心。他认为，西班牙应该公开鼓励富有的新基督徒在西班牙定居，因为许多新基督徒是西班牙犹太人的后代。

与奥利瓦雷斯一起在马德里的国家财政部门工作的葡萄牙人并不都是新基督徒，但有很多确实是。曼努埃尔·洛佩斯·佩雷拉（Manuel Lopes Pereira）出生于里斯本的一个新基督徒家庭，1621年（在奥利瓦雷斯上台前）去塞维利亚生活。17 世纪 30 年代，他在奥利瓦雷斯手下担任审计师（contador），所以没有时间从事自己的商业活动。[23]在许多方面，新基督徒精英复制了犹太精英在中世纪卡斯蒂利亚和阿拉贡扮演的角色，即担当王室的财务顾问和包税人。新基督徒的公开活动引起了西班牙人的嫉妒，而有些新基督徒住在马德里最时髦的地段，这引来了一些批评者的恶毒攻击。批评者包括诗人弗朗西斯科·德·克维多（Francisco de Quevedo）和剧作家洛佩·德·维加（Lope de Vega）。西班牙王室尽管高度依赖几位主要的新基督徒银行家，但不愿意授予他们贵族头衔或大型骑士团的成员资格，因为据说这些好处是留给血统纯正的老基督徒的。然而即使在这些方面，也有例外。西班牙人难免对新基督徒的政治和金融影响力不断发出抱怨，这在很大程度上是出于对血统"不纯"的人的传统反感，即使没有证据表明这些人对犹太教有兴趣。新基督徒自己也不喜欢被称为"新基督徒"，更不喜欢被称为"玛拉诺人"（Marranos，意思是"猪"，这是很常见的说法）。[24]

　　与热那亚人和德意志人一样，在持续不断的危机面前，葡萄牙人与西班牙王室的亲密关系也无法维持。1643 年，奥利瓦雷斯失宠，于是宗教裁判所能够再次迫害虽有地位但如今缺乏保护者的人。此外，葡萄牙人对哈布斯堡家族的反叛和 1640 年葡萄牙脱离西班牙独立，破坏了新基督徒和王室之间关系赖以存在的强大经济基础。葡萄牙受到荷兰人越来越大的压力，特别是在巴西，而且缺乏有效捍卫其海外帝国的资源。[25]葡萄牙商人已经不限于海上贸易，而是进入了公共财政领域，但他们为西班牙王室提供资金的能力，依赖覆盖全球的葡萄牙贸易网络的运作。面对荷兰和其他国家的竞争，葡萄牙自身影响力的下降加速了葡萄牙商人影响力的消失。许多最有才华的葡萄牙商人当时住在尼德兰联省共和国。由于侨居尼德兰的许多葡萄牙新基督徒回归犹太教，葡萄牙侨民开始围绕阿姆斯特丹（而不是里斯本、塞维利亚或马德里）发展。

※ 四

　　世界各地都有贸易侨民，他们往往是宗教和民族认同都比较特殊的人。宗教和民族少数群体的另一个例子是亚美尼亚人，不过这个例子也很复杂，因为亚美尼亚人分成两派，一派从 1200 年前后开始接受松散的教宗权威，另一派拒绝接受。作为伊斯兰国家和基督教国家中具有异域风情的基督徒，亚美尼亚人能够避免卷入逊尼派和什叶派或天主教和东正教之间的自相残杀。[26]亚美尼亚人的贸易不像塞法迪犹太人的那样完全是海上贸易，这反映了亚美尼亚人被驱逐和从事贸易的漫长历史。他们的主要基地在位于伊朗腹地伊斯法罕郊区的新朱利法（New Julfa）。波斯萨非王朝的伟大统治者阿拔斯（Abbas）在与奥斯曼人的一次战争中征服了一片新土地，那里居住着大约 30 万亚美尼亚人。阿拔斯将这些亚美尼亚人从其家乡驱逐，然后邀请他们去新朱利法。在伊斯法罕定居的许多亚美尼亚人来自高加索地区一个叫朱利法的城镇，朱利法人的丝绸贸易曾经远至阿勒颇，甚至威尼斯。亚美尼亚人在威尼斯发展得很好，在圣拉扎罗岛（San Lazzaro）建立了自己的修道院，今天的人们仍然可去参观。[27]

从新朱利法，亚美尼亚商人可以接触到波斯宫廷，而相对靠近印度洋的地理位置吸引他们去印度开展贸易。印度的马德拉斯［Madras，即金奈（Chennai）］是他们最重要的业务中心。波斯国王授予新朱利法商人商业特权，因为他知道他们在很大程度上依赖波斯国王的善意。对新朱利法商人来说特别有价值的，是出口波斯丝绸的权利。不过，新朱利法商人将业务拓展到了印度纺织品和珠宝。他们没有忽视其他机遇，如锡兰肉桂或阿拉伯咖啡，但丝绸、纺织品和珠宝在他们的业务中占主导地位。所以他们的贸易网络尽管在地理范围的广度上令人肃然起敬，核心业务却始终比塞法迪犹太人贸易网络的要少，后者会经营香料、糖和皮革以及其他许多品种的货物。即便如此，波斯国王阿拔斯还是实现了他的目标，使新朱利法成为"欧亚大陆最重要的商业中心之一"。[28]

亚美尼亚商人活动的地理范围令人印象深刻：从海路，最西到加的斯，最东到墨西哥；从陆路，最北到阿尔汉格尔斯克、伦敦和阿姆斯特丹。正如英格兰人安东尼·詹金森在代表伊丽莎白女王旅行时发现的那样，西欧与俄罗斯的陆路联系通常是可行的。亚美尼亚人甚至在 17 世纪 90 年代到了西藏。[29] 在 16 世纪初，多默·皮列士发现亚美尼亚人通过古吉拉特在马六甲经商。[30] 缅甸和暹罗也是亚美尼亚人熟悉的地方，他们肯定不会忽视暹罗的伟大贸易城市大城的商业吸引力。17 世纪 80 年代，新朱利法商人到了广州，当时印度正在渴求中国茶叶，新朱利法商人将其出口到马德拉斯。新朱利法商人马特奥斯·奥尔迪·奥哈奈西（Mateos ordi Ohanessi）拿着葡萄牙护照在澳门定居，于 1794 年（在新朱利法网络基本瓦解的半个世纪之后）在广州去世。据说他富可敌国，澳门的年度预算只相当于他的资源的一小部分。从澳门出发，新朱利法商人将目光投向重要的贸易伙伴马尼拉，并很好地利用了驶向阿卡普尔科的马尼拉大帆船。1668 年，一个名叫苏拉特（Surat）的亚美尼亚商人将他的船"霍普韦尔号"（Hopewell）派往马尼拉，这是该船的首航。

　　亚美尼亚人去马尼拉的航行是一个骗局。亚美尼亚人派他们自己的船穿越波涛，船上悬挂着亚美尼亚人的红黄红两色旗，上面装饰着上帝羔羊的图像。这实际上是一面中立旗帜，得到西班牙人和葡萄牙人的尊重。亚美尼亚人的船通常是在没有装备大炮的情况下航行的，如果考虑到殖民强国之间的暴力冲突和在印度洋上普遍存在的海盗活动，无武装的航行听起来可能很愚蠢，但这种做法恰恰保障了亚美尼亚船只的不可侵犯性。有时，英国人利用亚美尼亚人的中立地位，请他们代表英国与难缠的势力谈判，如波斯萨非王朝的国王或印度的莫卧儿统治者。不过，亚美尼亚船往往是代表英国人或法国人从事贸易的。英国东印度公司在 1688 年与新朱利法商人签订了一项协议，希望亚美尼亚人将他们的丝绸绕过好望角运往伦敦，而不是使用途经土耳其和地中海的路线。作为回报，东印度公司鼓励亚美尼亚人在英治印度的要塞和贸易站定居，"仿佛他们是英国人"，这是协议中的说法。1698 年，一个名叫伊斯雷尔·迪·萨尔哈特（Israel di Sarhat）的亚美尼亚商人帮助英国东印度公司获得了一座位于孟加拉西南部的租借农场，这里最终成为加尔各答的所在地。亚美尼亚商人还为法国人提供了类似的服务，并在南印度的贸易活动中利用法国在本地治里的长期基地。南印度贸易的油水特别丰厚，因为亚美尼亚人在这个过程中开辟了通往海德拉巴（Hyderabad）钻石矿的商路。

西班牙人已经掌握了亚美尼亚人的情况，并试图打击他们代表英国人和西班牙的其他竞争对手进行的违禁贸易。西班牙人把生活在马尼拉的亚美尼亚人限制在城墙外的区域，那里是专门用来安置中国人、"摩尔人"和西班牙人希望与之保持距离的其他人群的。也许马尼拉的亚美尼亚人从来就不多，但他们确实利用这个港口到了墨西哥。在墨西哥，亚美尼亚基督教的独特性质引起了宗教裁判所的注意。亚美尼亚人是被白银吸引到墨西哥的，通过在那里出售货物并获得美洲白银，他们可以为在澳门或马尼拉购买中国丝绸筹资。偶尔，国际竞争也会使局势变得尴尬。有时亚美尼亚人没有被视为中立者，而是被归类为波斯人，有时则被算作土耳其人。就是因为亚美尼亚人被视为土耳其人，1687 年，法国政府禁止他们将丝绸运到马赛。亚美尼亚人的解决办法是冒充波斯人，因为法国人与波斯国王没有争执。[31]归根结底，关键是新朱利法商人服务的西欧和其他市场的消费者对他们从印度和其他地方带来的货物十分渴望。

在流散的新朱利法商人的各个居住地中，没有一个地方的重要性能与马德拉斯相比。新朱利法商人在1666年就已经来到这里。从1712年起，他们在马德拉斯拥有自己的教堂，甚至有新朱利法商人成为参与市政管理的市议员。由于担心引起基督教当局的怀疑，或者因为人数太少，他们无法在各地都建造教堂，但他们抓住了一切可以抓住的机会。18世纪，他们在缅甸拥有几座教堂，还获得了加的斯一座教堂内一间礼拜堂的使用权，这证明他们（在运气最好的时候）有能力说服西班牙天主教徒，让其相信他们不是异端分子，只是在习俗上与天主教徒非常不同。而且，尽管信奉加尔文宗的荷兰人对天主教崇拜施加了严格的限制，但阿姆斯特丹的亚美尼亚人能够利用他们的独特身份，于1663—1664年获得自己的教堂。在这一时期，阿姆斯特丹当局更倾向于允许犹太教礼拜，而不允许天主教礼拜。阿姆斯特丹的亚美尼亚人大多数是新朱利法商人，一般认为只有大约一百人，世界上其他主要的亚美尼亚人基地的人数也差不多。因此，他们的力量不在于人数。然而，这些数量相当少的商人及其家属能够在阿姆斯特丹建造一座教堂，并在18世纪初将其重建，这表明他们并不缺乏资源。在同一时期，亚美尼亚人在阿姆斯特丹建立了一家印刷厂。建立印刷厂是亚美尼亚人的一个标志性活动，流散的塞法迪犹太人也是这样。在新朱利法世界的各个角落，在威尼斯、加尔各答，甚至利沃夫，都可以看到亚美尼亚人的印刷厂。[32]不过，亚美尼亚侨民社区以男性为主，所以在威尼斯这样的天主教城市，接受天主教往往能给他们带来好处，好处之一是他们可以在当地娶妻。[33]

看看塞法迪犹太人和亚美尼亚人，我们可以发现，这些侨民的流散并不遵循严格的模式。对葡萄牙新基督徒来说，如果深深地融入东道主的社会更为安全（特别是在宗教裁判所虎视眈眈的时候），他们就会这么做。亚美尼亚人的身份很显眼，因为他们面临的威胁不那么严重。即便如此，当有机会走到公开场合时，许多葡萄牙新基督徒，甚至许多混血儿，确实会在阿姆斯特丹、伦敦和其他欢迎他们的地方，甚至在遥远的塞内加尔，宣布自己是犹太人。不过，到目前为止，最大的流散人群是非洲奴隶，其中混合了非常多元化的许多民族，主要来自西非和安哥拉，他们不仅出现在大西洋世界，而且在太平洋海岸露面。与此同时，还有很多其他的流散人群，他们为大洋沿岸的贸易城市增添了多样性和进取心，但并不特别具有异域风情，如布列塔尼人、巴斯克人和苏格兰人，所有这些人（除了奴隶之外）都在追寻近代早期世界的伟大贸易帝国带来的机会。不管是否出于自愿，欧洲和非洲的许多民族都在广阔的海面上奔波。

注　释

1. D. Studnicki-Gizbert, '*La Nación* among the Nations: Portuguese and Other Maritime Trading Diasporas in the Atlantic, Sixteenth to Eighteenth Centuries', in

R. Kagan and P. Morgan, eds., *Atlantic Diasporas: Jews, Conversos, and Crypto-Jews in the Age of Mercantilism, 1500-1800* (Baltimore, 2009), pp. 75-98.

2. D. Eltis and D. Richardson, *Atlas of the Transatlantic Slave Trade* (New Haven, 2010).

3. R. Smith, *The Spanish Guild Merchant: A History of the Consulado, 1250-1700* (Durham, NC, 1940), pp. 103-4.

4. 宗教裁判所的记录，见 L. Wolf, ed., *The Jews in the Canary Islands* (new edn, Toronto, 2001)。

5. Studnicki-Gizbert, '*La Nación* among the Nations', pp. 89-90.

6. D. Studnicki-Gizbert, *A Nation upon the Ocean Sea: Portugal's Atlantic Diaspora and the Crisis of the Spanish Empire, 1492-1640* (New York and Oxford, 2007), p. 11.

7. Cited by Studnicki-Gizbert, *A Nation upon the Ocean Sea*, p. 36.

8. Studnicki-Gizbert, *A Nation upon the Ocean Sea*, pp. 91-2.

9. R. Rowland, 'New Christian, Marrano, Jew', in P. Bernardini and N. Fiering, eds., *The Jews and the Expansion of Europe to the West 1450-1800* (New York, 2001), p. 135.

10. Studnicki-Gizbert, *A Nation upon the Ocean Sea*, p. 72.

11. H. Kellenbenz, *Sephardim an der unteren Elbe: Ihre wirtschaftliche und politische Bedeutung vom Ende des 16. bis zum Beginn des 18. Jahrhunderts* (Wiesbaden, 1958), p. 489.

12. Y. Yovel, *The Other Within: The Marranos, Split Identity and Emerging Modernity* (Princeton, 2009).

13. Studnicki-Gizbert, *A Nation upon the Ocean Sea*, pp. 96-101; 他的贸易网络图见 p. 99, fig. 4:1。

14. 关于汉堡，见 Kellenbenz, *Sephardim an der unteren Elbe*；关于巴约讷，

见 G. Nahon，'The Portuguese Jewish Nation of Saint-Esprit-lès-Bayonne: The American Dimension'，in Bernardini and Fiering, eds. , *Jews and the Expansion of Europe*, pp. 256–67。

15. Studnicki-Gizbert, *A Nation upon the Ocean Sea*, p. 103, fig. 4: 2; Kellenbenz, *Sephardim an der unteren Elbe*, 书末地图 no. 3; 关于摩洛哥，见 pp. 146–9; 关于波罗的海，见 pp. 149–55。

16. P. Mark and J. da Silva Horta, 'Catholics, Jews, and Muslims in Early Seventeenth-Century Guiné', in Kagan and Morgan, eds. , *Atlantic Diasporas*, pp. 170 – 94; P. Mark and J. da Silva Horta, *The Forgotten Diaspora: Jewish Communities in West Africa and the Making of the Atlantic World* (Cambridge, 2011).

17. T. Green, *The Rise of the Trans-Atlantic Slave Trade in Western Africa, 1300–1589* (Cambridge, 2012).

18. J. Boyajian, *Portuguese Trade in Asia under the Habsburgs, 1580 – 1640* (Baltimore, 1993).

19. Ibid. , pp. 30–31, 42, 45–51, 239–40.

20. J. Boyajian, *Portuguese Bankers at the Court of Spain 1626 – 1650* (New Brunswick, 1983), p. 3.

21. C. Dauverd, *Imperial Ambition in the Early Modern Mediterranean: Genoese Merchants and the Spanish Crown* (Cambridge, 2014).

22. T. Kirk, *Genoa and the Sea: Policy and Power in an Early Modern Maritime Republic 1559–1684* (Baltimore, 2005), pp. 127–33.

23. Boyajian, *Portuguese Bankers*, pp. 21–2, 33, 106–7.

24. Ibid. , pp. 108–16.

25. Ibid. , pp. 154–80.

26. S. Aslanian, *From the Indian Ocean to the Mediterranean: The Global Trade*

Networks of Armenian Merchants from New Julfa (Berkeley, 2011), p. xvii.

27. Ibid. , pp. 24−36.

28. Ibid. , pp. xvii, 226 − 7; I. Baghdiantz McCabe, 'Small Town Merchants, Global Ventures: The Maritime Trade of the New Julfan Armenians in the Seventeenth and Eighteenth Centuries', in M. Fusaro and A. Polónia, eds. , *Maritime History as Global History* (St John's, Nfdl. , 2010), pp. 125−57.

29. Aslanian, *From the Indian Ocean to the Mediterranean*, pp. 52−4.

30. Armando Cortesão, transl. and ed. , *The Suma Oriental of Tomé Pires* (London, 1944), vol. 2, p. 269.

31. F. Trivellato, 'Sephardic Merchants in the Early Modern Atlantic and Beyond', in Kagan and Morgan, eds. , *Atlantic Diasporas*, p. 111.

32. Aslanian, *From the Indian Ocean to the Mediterranean*, pp. 48−51, 55−65, 78, 80.

33. Trivellato, 'Sephardic Merchants', p. 110.

第四十章

北欧人的东西印度

※ 一

西欧与美洲和东西印度的接触史主要是从葡萄牙人、西班牙人、荷兰人、英国人和法国人的角度来写的，这很合理：在马六甲、澳门、圣多明各和库拉索（Curaçao）等不同港口，至今仍然可以感受到他们的印记。然而到了17世纪晚期，其他欧洲国家同样想从远途海上贸易中分一杯羹。丹麦人和瑞典人也建立了自己的全球网络，不过其重要性并不在于贸易规模，因为在18世纪晚期，丹麦的奴隶贸易量不超过欧洲奴隶贸易总量的3%，而他们的对华贸易量仅占欧洲和美洲对华贸易总量的5%多一点。羽翼初生的美国的数字也很相似。英国的贸易量最大，在广东贸易中的份额远远超过三分之一，其次是法国。[1]尽管如此，观察丹麦人和瑞典人的海上成就，能够帮助我们从另一个有价值的视角理解葡萄牙人、西班牙人、荷兰人和英国人的活动。无论中立与否，丹麦人发现自己的事务与这些国家都是紧密相连的。

丹麦人和瑞典人见证了海上贸易的重大变革，特别是在17世纪

洋

印度

广州
澳门
马尼拉

太平洋

特兰奎巴 科罗曼德尔海岸
纳加帕蒂南
锡兰 亭可马里

马六甲

毛里求斯

印度洋

和 18 世纪烟草、茶叶和咖啡消费的爆炸性增长。丹麦人和瑞典人不甘寂寞，参与了海运世界在这两个世纪的变革。他们对茶叶贸易的参与尤其重要：英国消费了 18 世纪晚期从中国输送到欧洲的全部茶叶的大约四分之三，而其中大约三分之一的茶叶是由以哥德堡（Gothenburg）为基地的瑞典商人或他们的丹麦对手经营的。茶叶贸易之所以有趣，不仅是因为它的规模很大，是很好的利润来源，而且因为它能帮助我们了解当时欧洲人的品位，以及 18 世纪欧洲正在发生的消费革命，并充分揭示海上贸易的影响：欧洲人对中国风（chinoiserie）的热情，在欧洲开发瓷器或其替代品的尝试，以及在欧洲仿制中国丝绸及其备受推崇的色泽的尝试（无论是通过天然还是人工手段）。就像中世纪法国或意大利的香料商在东方调味品中掺假和对其进行仿制一样，假茶在英国、荷兰和其他消费中心变得非常普遍。当然，加入羊粪等成分并不能满足欧洲人对咖啡因的渴望，因为茶叶和咖啡贸易已经让欧洲人沉迷于咖啡因。[2]

　　斯堪的纳维亚半岛是相互联系的全球业务的中心。[3]通过研究北欧诸民族在这几个世纪里的海上抱负，我们可以看到在西印度群岛发生的事情是如何与远在广州和南印度发生的事情纠缠在一起的。例如，由丹麦船运往西印度群岛的许多布匹如何从印度甚至中国被运抵丹麦港口，然后再沿着丹麦的海上贸易路线传递。丹麦人认为自己的国家是中立国，这使他们能够为在官方层面相互竞争甚至交战的其他欧洲人充当中介。所以在拿破仑战争时期，丹麦人代表英国商人向毛里求斯的法国居民提供货物。[4]从丹麦海上贸易的最早期开始，他们就与其他国家建立了密切的联系：在丹麦东印度公司的创始人中，有过去与荷兰东印度公司有联系的荷兰商人；后来，哥本哈根吸引了葡萄牙新基督徒，他们被允许在那里建立一个小型犹太社区，就像他们在汉堡和丹麦的格吕克施塔特所做的那样。[5]

丹麦成为许多贸易公司的所在地，其中 18 家公司是在 1656—1782 年成立的，这在欧洲创下了纪录：1651 年，在汉堡附近的格吕克施塔特成立了一家"非洲公司"；1755 年成立了一家"摩洛哥公司"；与冰岛及更远地区通商的若干公司；1616 年成立了东印度联合公司，它于 1732 年演变成由丹麦王室直接控制的丹麦亚洲公司。[6]西印度群岛和几内亚海岸也是丹麦人关注的焦点，丹麦人还获得了加勒比海三个岛的控制权，丹麦公司向这些岛屿输送非洲奴隶。[7]丹麦在 1658 年失去了斯科讷地区（今天瑞典的一部分），它在此后的几十年中一直试图收复该地区。此时的丹麦并不是在 19 世纪失去挪威和石勒苏益格-荷尔斯泰因之后变成的那个北欧小国。我们不应当说"丹麦商人"，而应当说"丹麦-挪威商人"，因为挪威人参与了丹麦贸易公司的活动。甚至在获得加勒比海、几内亚和印度的殖民地与贸易站之前，丹麦就已经是一个重要的海上强国，因为它拥有挪威（可以提供渔场、毛皮和其他北极产品），以及法罗群岛、冰岛，还有格陵兰（至少在理论上）。

丹麦人在派船前往印度和中国时，充分利用了北大西洋。他们通常绕过苏格兰的北端，在设得兰群岛和法罗群岛之间航行，从而到达开阔大洋。大西洋那一段是前往东方的航行过程中最危险的部分。全程可能需要七个月的时间，船在 12 月前后出发，这可不是面对大西洋风暴的最佳时机。不过，丹麦人在掌握了穿越大西洋和印度洋的航线后，船只的损失很少。1772 年后，63 艘丹麦船被派往中国，而且都在航行中幸存下来。[8]海上贸易是丹麦王国之繁荣的根基。甚至在莎士比亚将"艾尔西诺"（Elsinore）搬上舞台之前，赫尔辛格的王家城堡就已经作为波罗的海的门户闻名于世，因为它控制着狭窄的厄勒海峡出入口，可以向过往的船征税，获得巨额收入。[9]在波罗的海之内，丹麦人与勃兰登堡－普鲁士的居民有密切联系，后者强行从丹麦人的西印度贸易中分一杯羹。最后，丹麦在印度的贸易的一个突出特点是它非常强调当地的网络，即所谓的在地贸易，以减少对欧洲白银供应的依赖，而用在当地获得的资源为在印度和中国购买的货物买单。对丹麦人来说，中国成为日益重要的关注焦点。丹麦在印度的主要属地，即印度东南部的特兰奎巴（Tranquebar），能够独立于欧洲开展业务。它将自己安插进印度洋诸民族的海上网络，使我们能够瞥见通常看不见的东西，即荷兰和葡萄牙垄断范围之外的海上贸易的巨大规模和丰厚利润。在二十九年的时间里，没有船从哥本哈根抵达特兰奎巴。即便如此，特兰奎巴的商业活动仍在继续，因为该殖民地的生存不依赖丹麦本土。[10]

※ 二

1616 年，丹麦国王克里斯蒂安四世签发了丹麦人前往东方航行的第一份许可证，这些航行将由来自阿姆斯特丹的荷兰企业家扬·德·维勒姆（Jan de Wilem）和来自鹿特丹的赫尔曼·罗森克朗茨（Herman Rosenkrantz）领导。国王希望充分利用荷兰人的经验。维勒姆和罗森克朗茨于 1618 年 12 月底出发前往锡兰，并为此次航行得到免税待遇而高兴。他俩提供了丹麦东印度公司初始资本的 12% 左右，比国王提供的资金还要多。丹麦东印度公司的组织架构与荷兰东印度公司的组织架构相当接近。[11]嗜血的荷属东印度总督扬·彼得斯佐恩·库恩甚至在维勒姆和罗森克朗茨的船离开哥本哈根之前就发布了对法国和丹麦商人的禁令，这种敌意持续了几年，因为荷兰人对丹麦人取得的成功越来越感到惊慌。土著统治者似乎喜欢丹麦人，这让荷兰人很恼火。与荷兰人相比，丹麦人对印度洋各土著民族的态度不那么咄咄逼人，所以大家不仅觉得与丹麦人更容易打交道，而且确实更欢迎丹麦人。锡兰东海岸重要港口亭可马里（Trincomalee）的荷兰东印度公司的一个代理人惊恐地报告说，当地一位统治者愿意允许丹麦人在距离著名的贸易站纳加帕蒂南（Negapatnam）仅 12 英里的特兰奎巴建造一座要塞。[12]

荷兰人的惊恐是有道理的：此时他们仍然没有摆脱英国人的骚扰，偏偏又遇上了新的威胁，即丹麦人。事实证明，丹麦人去锡兰的航行是有利可图的。这个消息传开了，出自德意志和丹麦边境地区的一部拉丁文编年史简明扼要地指出："同年［1622 年］，丹麦国王从东印度的锡兰岛接收了两艘船，船上载满乌木和香料。"在购买大量胡椒之后，丹麦人把目光投向丁香，在 1624 年的一次远航中成功地获得了 9600 公斤丁香，胜过了此时正在安汶岛和伦岛受辱的英国人。[13]如果丹麦人能够把自己的首都变成一个再分配中心，把东方奢侈品送到德意志北部和更远的地方，那么荷兰人就很有理由担心。丹麦人很清楚，他们的核心属地丹麦、石勒苏益格和挪威不可能充分消费他们从东方运来的全部商品。到 18 世纪末，丹麦人从印度运来的商品的 80% 和从中国运来的商品的 90%，都从哥本哈根再出口，往往深入波罗的海。[14]

英国人开始担心他们自己进入南印度的问题。1624 年，一位名叫约翰·比克利（John Bickley）的英国船长抱怨道，丹麦人"已经霸占了纳加帕蒂南和普拉卡特之间属于土著国王的所有海港，供丹麦王国使用和获益；因此丹麦人希望我们尽快离开，否则他们会把我们赶走"。丹麦人对待印度王公彬彬有礼，但对待其他欧洲人就不那么客气了。比克利写道："丹麦人是我们最凶狠和最残忍的敌人。"17 世纪 20 年代晚期，丹麦人在科罗曼德尔海岸（Coromandel coast）① 的贸易额与英国东印度公司的贸易额相当，在最好的年份大约为 3 万塔勒。[15]

然而后来，丹麦的海外贸易发生了一些中断，因为丹麦和它的邻国一样，被卷入了对德意志造成严重破坏的三十年战争。无论如何，投资者对回报并不看好，因为在 1622—1637 年，只有七艘船从东方回来，所以是平均大约每两年一艘。[16]为了达成收支平衡，丹麦国王向丹麦东印度公司注入越来越多的资金。到 1624 年，公司已经欠他 30 万塔勒。这种局面是不可持续的，于是第一家丹麦东印度公司于 1650 年解散。但是，从 1670 年起，一家新的公司开始运行。这并不意味着特兰奎巴殖民地的终结，因为如前文所述，在那里有很好的机会收集印度白棉布，并将它们从特兰奎巴运到摩鹿

---

① 科罗曼德尔海岸指南印度东南沿海地带。

加群岛。丹麦人在 1625 年就已经这么操作了。在印度洋内外都有非常活跃的香料贸易，特别是丁香、肉豆蔻和其他只能在有限区域生产的产品的贸易。只有印度菜巧妙地结合了来自印度洋和南海各地的香料。丹麦人擅长经营香料，也擅长经营布匹。[17] 不过，他们走的是一套标准的路线，在获得特兰奎巴之后，他们并没有成功打入新的市场。17 世纪 40 年代，丹麦在亚洲的"总裁"佩萨特（Pessart，实际上是荷兰人）试图效仿荷兰人进入日本，但在荷兰人的劝阻下，他的努力最终以失败告终。他改为前往菲律宾，在那里被杀害。[18]

　　众所周知，欧洲人大量购买东方商品会耗尽自己的白银。那些追随当时在欧洲流行的重商主义学说的人认为，保留白银对国家的繁荣至关重要，但活跃的对外贸易能够促进国家的繁荣。新的机会来了，大量白银正从秘鲁的矿场涌出，其中一些流向澳门和广州，以购买通过马尼拉运来的中国丝绸。哥本哈根和特兰奎巴之间贸易的暂停实际上给丹麦人带来了好处，因为这刺激了印度的在地贸易。同时，丹麦人对从他们在印度的贸易站获取胡椒和其他香料变得不那么感兴趣，而是开始看到印度棉布是更好的利润来源，无论是将它们运往中国销售还是运回欧洲。到了 18 世纪初，丹麦与东方的贸易进一步多元化：欧洲人对中国瓷器的需求不断增加，对茶叶和咖啡也热情满满。到 1800 年，丹麦的茶叶贸易成为非常大的生意。一份 1745 年的出自广州的报关文件列出了七种不同的茶叶，包括白毫茶，还有糖、西米、大黄和 274791 件带茶碟的茶杯（也许有人会问，谁会数得这么精确?），数万个咖啡杯，以及数千个黄油盘和巧克力杯，外加超过 1000 件茶壶。[19]在欧洲，并非只有丹麦人发现中国瓷器的生意很好做。中国风正在风行整个北欧，欧洲各贸易公司只能勉强满足欧洲消费者对瓷器和其他异域商品的需求，以至于有人试图在英国和欧洲大陆的窑中仿制中国和日本陶瓷。

※ 三

对印度和中国的贸易，只是丹麦更远大抱负的一部分。通过与勃兰登堡-普鲁士和库尔兰（Kurland，相当于现代的拉脱维亚①）的同僚密切合作，丹麦人希望成为波罗的海异域商品贸易的主宰者。丹麦人的势力不容小觑。他们占领几内亚海岸部分地区的时间比葡萄牙人长，而且有一段时间，丹麦人的控制权似乎会超出其主要贸易站的范围，进入今天加纳的腹地。17 世纪，丹麦人在几内亚经营着 14 个贸易站，英国人经营着 7 个，勃兰登堡人经营着 3 个，瑞典人经营着 3 个，不过瑞典人的贸易站都被丹麦人占领了。到 1837 年，即几内亚的那些要塞被卖给英国的十三年前，丹麦人统治着大约 4 万非洲人。[20]丹麦企业家也参与了肮脏的奴隶贸易，但参与程度比荷兰人或英国人要低，因为丹麦人做奴隶贸易的主要目的是为他们的 3 个西印度岛屿提供劳动力，而不是为弗吉尼亚、大加勒比地区或巴西的种植园提供奴隶。而且，丹麦是欧洲第一个废除奴隶贸易的国家。即便如此，在 1696 年，他们的加勒比海岛屿

---

① 原文如此。严格地讲，历史上的库尔兰地区相当于现代拉脱维亚的一部分。

之一圣托马斯岛（St Thomas）的总督吹嘘说："其他所有贸易都比不上奴隶贸易。"[21]

丹麦人能获得多少奴隶，取决于非洲当地国王愿意提供多少。许多奴隶是敌国的臣民，在战争中被俘，其他人则是因为债务而被奴役。在到达丹麦人的要塞或其他欧洲要塞之前，奴隶就已经遭受了残酷的虐待，许多人在穿越乡村到达海岸的艰苦跋涉中死亡。在那些要塞，奴隶被卖给欧洲人，被装入船舱，运往新大陆。这些奴隶不是离欧洲要塞最近的地区的居民，因为这些地区的统治者通常不会把自己的臣民卖给奴隶贩子。大多数运奴船的船长着眼于利润而不是人道待遇，希望尽可能多地运送健康的奴隶。因此，他们不会把条件搞得太差，以至于奴隶成批地死亡。奴隶被允许在甲板上待一小段时间，并且一般会得到足够的食物来维持他们的生命。如果甲板下的条件令人无法忍受，疾病就会蔓延，同时会感染船员。不过，运奴船船长的一些做法会让现代读者感到毛骨悚然，如在因为无风而停船很长时间、食物和水即将耗尽的时候，活的奴隶会被扔到海里。[22]

丹麦在西非的网络的基础实际上是由他们的对手瑞典人在三十年战争期间奠定的。当时，雄心勃勃的瑞典国王古斯塔夫·阿道夫（Gustavus Adolphus）设想，除了征服德意志的大片土地外，他还可以从"亚洲、非洲、美洲和麦哲伦洲（Magellanica）商业总公司"获得收入，麦哲伦洲指的是合恩角以南的所谓南方大陆。这家公司是来自安特卫普的佛兰德企业家威廉·乌瑟林克斯（Willem Usselinx）的创意，他曾到伊比利亚和亚速尔群岛经商，并在荷兰东印度公司的早期就参与了它的工作，但后来被解雇了。他先向丹麦国王克里斯蒂安四世求助，然而没有得到恩准，于是改为向瑞典国王求助。"亚洲、非洲、美洲和麦哲伦洲商业总公司"于 1626 年获得瑞典国王颁发的特许状，运营地点在哥德堡，这座城市在 1621 年才建立，是瑞典在北海的一个基地。古斯塔夫·阿道夫欢迎荷兰和德意志商人来哥德堡，并依靠荷兰建筑师来设计该市的运河和街道网络。[23]乌瑟林克斯的公司在特拉华河（Delaware River）流域建立了一个殖民地，从 1638 年起经营了十七年，直到荷兰人占领它。1667 年，这个殖民地和新阿姆斯特丹一起被英国收购。[24]丹麦国王克里斯蒂安四世无疑知道古斯塔夫·阿道夫要做什么，所以在 1625 年向丹麦商人颁发了特许状，不过在当时和若干年后，这些项目都没有落实。

因此，瑞典人处于有利地位。1648 年，来自列日（Liège）的商人路易·德·海尔（Louis De Geer）打着瑞典的旗号，从几内亚向瑞典运送了五花八门的货物：烟草、糖、靛蓝、象牙、白棉布和一些黄金。所有这些商品都很有前景，只是其中一些货物不是在非洲而是在里斯本买的。[25]德·海尔在船只和水手这两方面都非常依赖荷兰人，而且他在阿姆斯特丹有亲戚，可以帮助他经营。荷兰船东得到的好处在于，他们能够打着外国的旗号开展海外业务，不受荷兰东印度公司和西印度公司垄断政策的影响。根据瑞典国王的特许状的条款，德·海尔能够在很少受干预的情况下经营自己的生意，不过他为瑞典政府在几内亚海岸建立了一座名为卡尔斯堡（Carlsborg）的要塞。奇怪的是，卡尔斯堡是由一个瑞士商人奠基的。在这些海上贸易路线上，瑞士人十分罕见。卡尔斯堡所在的地方过去被葡萄牙人、荷兰人和英国人使用过，但他们都把它空着，没有建设基地，因为这里没有合适的港口，大船不得不停在海上，货物由驳船或非洲划艇艰难地在大船和海岸之间运来运去。

　　丹麦人以多种方式发动了反击。他们也有一个用于进入北海的港口，这就是格吕克施塔特，建于 1615 年。它位于荷尔斯泰因，所以在今天是德国的一部分。格吕克施塔特最重要的定居者中有荷兰商人和葡萄牙犹太商人。其中一个葡萄牙犹太人甚至帮助谈妥了丹麦和西班牙之间的贸易条约，因此丹麦王室欢迎来自伊比利亚和地中海的塞法迪犹太人，"但不欢迎德意志犹太人"，因为丹麦王室的基本原则不是宽容而是追逐利润，塞法迪犹太人被视为更优秀的商人。在 17 世纪 40 年代和 50 年代，一群来自格吕克施塔特的船长成立了自己的公司，在非洲从事贸易，两个葡萄牙犹太人则开辟了一条横跨大洋去巴巴多斯的航线，于是格吕克施塔特的生意开始腾飞。丹麦人计划组建一家业务遍及全球的公司，覆盖范围包括瑞典人想去的麦哲伦洲，此外还有"南方陆地"。这两个词都是对广袤的南方大陆的统称，欧洲人认为它几乎延伸到南美洲，也许包括火地岛。丹麦人的一些活动确实得到了回报，当 1658 年一大批糖运抵哥本哈根时，丹麦人兴办了一家炼糖厂，期望制糖业能够兴旺发达。然而，对丹麦人来说最令人满意的成功是夺取了瑞典在几内亚海岸的若干要塞，首先是卡尔斯堡，但它后来被割让给了荷兰人。荷兰人之所以向丹麦人提供援助，更多是希望驱逐瑞典人，而不是希望出现一个丹麦的要塞网络。[26]

不过，丹麦人确实想建立自己的基地。1659 年底，在当地的费图人（Fetu people）国王的同意下，经营丹麦海上业务的格吕克施塔特公司在今天加纳的弗雷德里克斯堡（Frederiksborg）建立了一座要塞。毫不奇怪，荷兰人很快就对丹麦人大打出手，声称自己曾经控制那片土地。过去的友谊也就到此为止了。[27]但总的来讲，丹麦人能够安抚荷兰人和英国人。而他们能够做到这一点，说明他们被视为无足轻重的小对手。弗雷德里克斯堡的历史是一个为争夺控制权而不断发生冲突的故事，主要是丹麦人与荷兰人的冲突，结果是消耗了原本可以更有利地用于商业的资金。弗雷德里克斯堡的历史也是疾病、英年早逝和总督管理不善的历史，观察家们认为这些总督太喜欢喝酒和开派对了。在丹麦人的钱花光后，弗雷德里克斯堡被典当给了英国人，然而英国人对它没有很大的兴趣，任其衰败。丹麦人前往几内亚，还意味着他们要面对摩洛哥沿海的塞拉海盗（Salé Rovers）和其他巴巴利海盗，以及英国海盗。尽管丹麦人越来越试图表现出政治上的中立，英国海盗仍然认为丹麦人是合理的攻击目标。

1661 年在阿克拉（Accra）地区建造的大型丹麦要塞克里斯蒂安堡（Christiansborg）的历史与上面的故事类似。克里斯蒂安堡的一名指挥官任职仅 11 天，这段时间被用于举行一场盛大的宴会，在此期间，他与一名有非洲血统的混血女子结婚。然而，费图人的国王对此很反感，并将这名指挥官免职（这听起来也许令人惊讶，但并不奇怪，因为这些要塞不是丹麦的主权领土，至少在理论上是从当地国王手中租借的，需要缴纳少量贡品）。葡萄牙人对这些来自北欧的闯入者深感恼火，因为他们仍然认为这个地区是葡萄牙的黄金海岸。不过葡萄牙人在丹麦商人中很活跃，如摩西·约苏亚·恩里克斯（Moses Josua Henriques）于 1675 年前后在几内亚和西印度群岛之间从事贸易，并成为格吕克施塔特和几内亚之间贸易的丹麦王室代理人。同时，丹麦西印度公司与非洲国王们一样，希望从几内亚贸易中分一杯羹。商人必须支付一笔"授权费"，采取利润百分比的形式。例如，以荷兰为基地的葡萄牙犹太人如果打着丹麦的旗号航行到丹麦在非洲的基地，需要支付 2% 的"授权费"。[28]

※ 四

瓜分非洲发生在 19 世纪，然而在 17 世纪也发生了争夺，这次是对几内亚和西印度群岛的争夺。在西印度群岛开发殖民地的部分动力来自一个出人意料的地方，时间是 1648 年缔结《威斯特伐利亚和约》从而结束三十年战争不久之后。这个出人意料的地方就是库尔兰，雅各布·凯特勒（Jakob Kettler）是那里的公爵，他决心促进他那块面积小却具有战略意义的领地的经济发展。他在阿姆斯特丹待过一段时间，这个小国的海上辉煌深深鼓舞了他。瑞典国王曾形容雅各布"作为国王太穷了，但作为公爵又太富"。库尔兰拥有丰富的木材和航海所需的其他物资，所以大家不能无视雅各布。不过事实证明，他的计划过于雄心勃勃了。他有能力建造一支由 44 艘战舰和 60 艘商船组成的舰队。从 1650 年起，他开始在大西洋彼岸建立定居点；1651 年，他在冈比亚河流域建造了一座要塞；三年后，他从囊中羞涩的英国人沃里克勋爵（Lord Warwick）手中买下了南美洲近海的多巴哥（Tobago）。这是加勒比海殖民地历史上最奇怪的事件之一：雅各布把拉脱维亚农民以及德意志和其他民族的定居者送到多巴哥岛。这难免会招致荷兰人的反对，而当时在奥利弗·克伦威尔统治下的英国人对库尔兰比较友好，签订了一项条约，承认冈比亚是库尔兰的财产。最终，库尔兰人没能抵挡住他们的荷兰和法国敌人。荷兰人和法国人决心将库尔兰人赶出多巴哥，并在岛上建立自己的殖民地。起先，荷兰人占领了库尔兰人在多巴哥的要塞，然后库尔兰人光复了要塞。可是，他们的地位并不稳固，多巴哥成了荷兰人和英国人的战场，结束了这位波罗的海公爵的梦想，他在不久之后就去世了。[29]

与此同时，丹麦人试图在更北的地方建立殖民地，就在波多黎各以东，即 1917 年丹麦属地被卖给美国后成为美属维尔京群岛的地方，但只取得了有限的成功。[30]丹麦西印度公司于 1670 年恢复，并于 1672 年获得王家特许状，确定了圣托马斯岛是加勒比海地区一个适合定居而未被占领的岛。英国人曾短暂占领该岛，然而在 1672 年 5 月一艘丹麦-挪威船从卑尔根抵达的几周前放弃了该岛。英国人相当愿意合作，允许丹麦人（或者说是他们的奴隶）在圣托马斯岛附近的一个英属小岛上砍甘蔗。事实证明这件免费的礼物是圣托马斯繁荣的基础，不过其繁荣的程度有限。[31]加勒比海上有很多小岛，顶多只有少量加勒比人居住。只要不理会土著，欧洲人可以随意挑选这些小岛。雅各布·凯特勒把他的心思放在多巴哥而不是一块较小的领地上，也许有点好高骛远。按照丹麦殖民活动的风格，圣托马斯岛不仅成为丹麦人的家园，而且成为荷兰人、德意志人、英国人和葡萄牙人的家园，其中葡萄牙人主要是新基督徒。由于荷兰人太多，圣托马斯岛居民主要使用荷兰语。

丹麦人的到来难免使他们与加勒比海地区其他殖民者的关系紧张起来。英国人一开始很好客，但逐渐变得爱惹麻烦。不过，英王查理二世急于与丹麦宫廷保持良好关系，因此，在背风群岛（Leeward Islands）的英国总督对丹属圣托马斯岛提出主张后，英王将这位总督免职。对丹麦人来说，法国人更危险，因为丹麦在1675年与路易十四开战（以支持荷兰人），所以圣托马斯岛被法国人视为合理的攻击目标。法国人果然发动了袭击。丹麦人的防御工事尚未竣工，可法国人除了抓获一些自由的或受奴役的非洲人外，什么都没做。而且，法国人的袭击刺激丹麦人加速完成了要塞的施工。[32]但是，岛上也有激烈的内部竞争，尤其是丹麦西印度公司未能从它的微型西印度帝国挣到很多钱，这一点更是加剧了内部竞争。1684年，国王罢免了爱争吵的圣托马斯总督，派加布里埃尔·米兰（Gabriel Milan）接替他。米兰是葡萄牙犹太人的后裔，是经验丰富的军人，曾在法国首相马扎然枢机主教（Cardinal Mazarin）手下工作，然后通过阿姆斯特丹从事贸易，成为丹麦在那里的代理人。在17世纪80年代，米兰坚持说自己是忠诚的路德宗教徒，然而，他在加勒比海地区16个月的生涯几乎没有显示出虔诚。他带来了大量随从，包括六七条狗，并带着丹麦国王给他的用于开销的6000塔勒。可是，他把圣托马斯视为自己的私人王国，并特别严酷地对待非洲奴隶：一个逃跑的奴隶被钉死在尖木桩上，另一个奴隶的脚被砍掉。圣托马斯的丹麦定居者向哥本哈根的政府投诉，于是米兰被逮捕并被押回丹麦受审。他因滥用权力而被判处死刑，但有一个好消息，那就是国王同意减轻对他的处罚：原本的判决是先砍掉手，然后斩首，并将其首级插在一根棍子上；现在减刑为不砍手，直接斩首。他于 1689 年 3 月被处决。

正如丹麦的亚洲贸易因不够成功而被一次又一次地重组一样，丹麦在非洲或美洲的活动也都没有像公司或丹麦国王期望的那样带来丰厚的利润。在 18 世纪 50 年代，西印度公司的状态糟糕到了这样的田地：王室觉得有必要接管公司的资产，以及克里斯蒂安堡和弗雷德里克斯堡这两座要塞（它们回到丹麦手中已经有一段时间了）。诚然，丹麦人在西印度有一些值得注意的成功：17 世纪晚期，一个富有的商人从卑尔根派出了几支成功的贸易探险队；1733 年，丹麦人从法国手中获得了圣克罗伊岛（Sainte-Croix），于是在西印度群岛有了更稳固的基地，并且圣克罗伊岛靠近他们已经拥有的两个岛。另外，丹麦和挪威直接运过大西洋的货物（不算从几内亚运出的奴隶）不是昂贵商品，而是基本的必需品，如冰岛的牛油、波罗的海的沥青和焦油、法罗群岛和格陵兰的鲸油、贱金属，以及制糖所需的全套设备，如铜锅炉，这很重要。这确实表明哥本哈根、卑尔根和格吕克施塔特是来自整个丹麦殖民帝国的货物的再分配中心。再有，几内亚主要收到纺织品、食品和武器，如火枪；一半的纺织品根本不是欧洲的，而是从印度，甚至从中国一路运来的。丹麦人建立了一个海上贸易网络，将他们的印度洋业务与大西洋业务联系在一起。[33] 从西印度群岛运回丹麦的首先是糖，这是一种经典的殖民地产品，不过其他一些产品也逐渐进入市场，特别是烟草、咖啡和可可。[34]

丹麦人多次试图通过组建新的公司来重振西印度和非洲的贸易，如18世纪末的"丹麦王家波罗的海与几内亚贸易公司"，它的使命是把哥本哈根的波罗的海贸易和大西洋贸易联系起来，甚至格陵兰贸易局也是该公司的下属机构。这是一个雄心勃勃的项目：这家公司运营着37艘船，在1780年前后的几年里业绩非常好（这是因为正逢美国独立战争爆发，英国与13个殖民地交战，丹麦这个中立的贸易大国获得了强势地位）。不过，当丹麦政府于1792年禁止奴隶贸易时（诚然，在禁令实施之前有十年的宽限期），波罗的海与几内亚贸易公司宣布，它看不到维持海外定居点有什么意义。于是，贸易前所未有地向所有丹麦人和外国人开放。[35]但是，这家公司指向了斯堪的纳维亚人的全球贸易的一个特点。如果管理得当，斯堪的纳维亚的港口完全可以担当北欧大片地区的分销中心。丹麦人从未成功实现这一雄心壮志。然而，瑞典人很好地利用了哥德堡，开始时进展非常缓慢，但从长远来看更为成功。

※ 五

有人提出了一些计划，希望能够改变几个边缘小国的命运。从1715年开始，新成立的奥斯坦德公司（Ostend Company）利用了尼德兰南部从西班牙哈布斯堡王朝治下转移到奥地利哈布斯堡王朝治下的机会，并且在西非和东非都有很大的野心。但是，奥斯坦德公司在 1727 年崩溃了，部分原因是荷兰人的敌意。此时荷兰人自己的世界贸易已经过了高峰，开始走下坡路，所以他们不愿意看到佛兰德的经济复兴。奥地利人同意关闭奥斯坦德公司，作为英国和荷兰承认玛丽亚·特蕾西亚（Maria Theresa）为哈布斯堡王位继承人的条件之一。[36] 苏格兰印度公司于 1695 年获得成立的特许状。在被改组为"达连公司"（Darien Company）之后，它应对灾难性的"达连计划"负责，该计划将公司的资金注入了巴拿马地峡的一个失败的殖民地。巴拿马并不是一个荒谬的选择，因为从智利和秘鲁运来的太平洋货物，以及可能从东印度群岛运来的货物，都是经巴拿马转运到加勒比海的。然而，该计划的设计师佩特森（Paterson）并没有花心思了解巴拿马是怎样一个地方；用麦考莱勋爵（Lord Macaulay）① 的话说：

> 只要这块宝贵的土地被一个聪明、有进取心、节俭的民族占据，几年之内，印度和欧洲之间的整个贸易就会被吸引到那里……的确，被佩特森描述为天堂的地区，却被第一批卡斯蒂利亚定居者发现是一片痛苦和死亡的土地。[37]

---

① 指第一代麦考莱男爵，托马斯·巴宾顿·麦考莱（1800—1859 年），英国历史学家和辉格党政治家，著作颇丰。他撰写的英国历史被认为是杰作。主要是他开始努力将西方的思想引入印度的教育，以英语取代波斯语成为印度的官方语言和教学语言，并培训说英语的印度人为教师。

达连公司是这些小公司中最有名的，在许多方面也是最重要的，因为随后发生的灾难性金融崩溃推动了苏格兰与英格兰完全联合的进程。今天，人们在就苏格兰独立的问题进行辩论时，仍然会谈到达连计划。[38]达连计划和其他一些计划都是基于这样的绝非愚蠢的假设，即当某些国家强迫商人通过荷兰东印度公司和英国东印度公司之类的垄断企业从事贸易时，总会有别的公司愿意承运这些国家的国民的货物，从而绕开垄断。不过，刚才提到的佛兰德和苏格兰公司在其他方面也很重要：奥斯坦德的资本家帮助创办了瑞典东印度公司；而瑞典东印度公司在很大程度上依赖苏格兰企业家的专业知识，他们在18世纪哥德堡留下的印记至少与荷兰人在17世纪哥德堡留下的印记一样深。在哥德堡定居的许多苏格兰人是詹姆斯党①人，同情老僭王（英王詹姆斯二世的儿子）和他的儿子英俊王子查理（Bonnie Prince Charlie）的叛乱。可是，这并不意味着这些苏格兰詹姆斯党人是天主教徒：苏格兰人科林·坎贝尔（Colin Campbell）在哥德堡建立了一个加尔文宗教会。另外也有英格兰人投资瑞典东印度公司。大量英国人的到来使哥德堡获得"小伦敦"的绰号。[39]

　　奥斯坦德公司在几个方面对后来的瑞典东印度公司施加了深刻的影响。英国人和奥斯坦德公司加起来，掌握着欧洲80%的茶叶进口。1731年，瑞典国王授予新成立的瑞典东印度公司对好望角以外地区贸易的垄断权。该特许状的有效期为十五年，并进行了四次续

---

①　詹姆斯党活跃于17世纪到18世纪上半叶，目的是帮助在1688年被废黜的英国国王詹姆斯二世及其后代（斯图亚特王族）复辟。詹姆斯党的基地主要在苏格兰、爱尔兰和英格兰北部，詹姆斯党人发动了多次反对英国汉诺威王朝的武装叛乱。

展，最后一次是在 1806 年。哥德堡将成为瑞典东印度公司的业务中心。与英国人相比，瑞典人有一个优势，这个优势既反映了他们是新来者，也弥补了他们的不足：他们在印度洋没有贸易站。如果他们有的话，维持贸易站会消耗他们收入的很大一部分，还会导致他们与荷兰人、法国人、英国人和丹麦人竞争，这几个民族在 18世纪初就已经在印度海岸扎下根了。[40] 1730 年前后，奥斯坦德商人对应当将注意力转移到哥本哈根还是哥德堡举棋不定，但其中有一两个人，特别是科林·坎贝尔和另一个苏格兰人查尔斯·欧文（Charles Irvine），在哥德堡大量投资，并帮助瑞典东印度公司走上了惊人的成功之路。他们专注于通往广州的贸易路线，知道瑞典人只是在那里从事贸易的多个民族之一，同时知道中国人对外商进入广州有严格的控制，而且一旦瑞典商人到达珠江，就可以指望得到中国官府的保护。

坎贝尔以"首席货运监督"的身份参加了瑞典人前往东方的第一次航行。首席货运监督是一个重要的职位，仅次于船长（坎贝尔憎恨船长），有权监督船上的货物。他还携带了一封信，宣布他是瑞典国王派去觐见中国皇帝的大使。不过，在返航时，他的船在印度尼西亚遇到了七艘荷兰船，荷兰人对坎贝尔的所谓外交豁免权不以为然。然而，他苦口婆心地说服了荷兰人，使他们相信让他、他的船和船员继续旅程是明智的做法。后来，荷兰在巴达维亚的总督也优雅地道歉了。[41] 一个可能使荷兰人非常怀疑的因素是，坎贝尔船上其他的货运监督都是英国人。所以荷兰人有充分的理由认为，正如在丹麦商船队中经常发生的那样，瑞典人是在为对荷兰人的威胁更严重的竞争对手（英国）打掩护。第二艘离开哥德堡的瑞典东印度公司的船甚至在第一艘船回来之前就启程了，它是在英国建造的，载有四名英国货运监督。这艘船带回了有利可图的货物，包括胡椒、丝绸和棉布，但犯了一个错误，即试图在印度和锡兰做生意。这次航行还清楚地表明了直奔澳门、避开有很多更强大欧洲商人的水域的好处，因为当瑞典船到达锡兰时，荷兰人拒绝为瑞典人提供长途跋涉回到好望角所需的淡水。幸运的是，当瑞典人于 1734 年 6 月干渴难耐地抵达毛里求斯时，法国人对他们的接待更加人性化。[42]

大家越来越清楚地看到，欧洲人想要购买的商品是茶叶，而不是胡椒。茶叶有多个品种，质量不一。通过专注于茶叶，瑞典东印度公司在财务上保持了平稳。哥德堡的重要性远远低于哥本哈根。哥本哈根是一座更大的城市，为整个丹麦帝国（从格陵兰延伸到波罗的海，外加西印度群岛和西非）服务。不过，哥德堡较低的地位，以及瑞典整体经济的欠发达，也带来了一些优势：瑞典国内市场很小，所以有动力为北海周围的国度服务，而且，如前文所述，英国是一个极好的市场，因为它渴求中国茶叶。

一个很明显的问题是，瑞典缺乏可以提供给世界，特别是提供给中国人的产品。不过这也不难。西班牙南部的造船厂对瑞典原材料（芬兰的木材、瑞典的铁，等等）的需求量很大。加的斯成为瑞典人前往中国途中的首选停靠港，因为加的斯吸收了大量秘鲁白银。通过在西班牙销售瑞典商品，瑞典人获得了中国人渴望的美洲白银。[43]白银从秘鲁开采出来之后，被运到南美洲的太平洋沿岸，经过巴拿马或墨西哥，横跨大西洋，到了瑞典人手里，然后沿着大西洋东部，通过印度洋（通常完全绕过印度），到达太平洋西部的澳门和广州。18世纪末，在前往中国的瑞典船只的载货中，白银的比例高达96%（丹麦在华贸易的数据与之差不多）。如果带着现金抵达，就无须浪费时间卖掉船舱里被运来的欧洲货物。这样的话，斯堪的纳维亚商人可以直接去茶叶和丝绸市场，在竞争对手之前抢购最好的茶叶，如被称为武夷岩茶的品种。荷兰人往往将这种优质茶叶与劣质茶叶混在一起装箱。[44] 将茶叶进口到英国并不简单：由于英国政府企图充分利用消费者对茶叶的高需求，茶叶的税率往往超过100%。一种非官方的茶叶贸易应运而生。"走私"这个词让人联想到一种戏剧性的，甚至是浪漫的形象，但瑞典人当然懂得如何向英格兰人倾销茶叶。

　　丝绸和陶瓷也有类似的故事。在18世纪，有3000万—5000万件中国瓷器经过了哥德堡。当然，欧洲船携带这么多瓷器的原因之一是把它们当作压舱物，瑞典消费不了这么多瓷器。一位瑞典专家考虑了在除瑞典之外的欧洲获得中国陶瓷的来源。他指出："［瑞典东印度］公司带回来的中国瓷器不仅在相对数量，甚至在绝对数量上都是最多的。"[45] 即便是于1732年启动的第一次中国之行，也带回了43万件瓷器，包括超过2.1万个盘子和6个夜壶，并在哥德堡拍卖。该船还载有165吨绿茶和红茶，以及超过2.3万块丝绸。[46] 在每次航行中，大部分回程货物是为欧洲的茶叶和咖啡消费者提供的茶杯和其他用具。此时，茶叶和咖啡的消费者不仅包括王公贵族，也包括经济条件一般的市民。18世纪的英国和其他地方正在发生一场消费革命，中国青花瓷成为欧洲人普遍迷恋的对象。[47] 欧洲人除了尝试仿制中国陶瓷，还试图仿制中国丝绸。瑞典人在斯德哥尔摩郊外建立了一个名为"广州"（Kanton）的村庄，希望能够发展自己的丝绸业。这受到一套被称为"官房学"（cameralism）的思想的影响，官房学主张建立自给自足的国民经济。瑞典人考虑，也许可以在瑞典种植茶树。伟大的瑞典博物学家卡尔·林奈（Carl Linnaeus，卒于 1778 年）在二十年的时间里尝试了各种试验，但无法替代远东的茶叶，因为茶树无法在寒冷的气候下生长。[48]

　　在此期间，有 132 艘瑞典船被派往东方，除了少数几艘之外，绝大多数都被派往中国。大多数瑞典船返回了，因为与其他欧洲国家相比，瑞典人的航海安全记录非常好。船在冬季从哥德堡出发或在返程中经过北海时，比在温暖的海域更容易发生事故。1745 年，有一艘船在哥德堡群岛触礁沉没，当时它离家几乎只有咫尺之遥。这很可能是在骗保。[49]一系列因素导致瑞典的远航结束：英国政府降低了茶叶的税率，于是茶叶贸易进入自由竞争的状态；新对手美国人带来了竞争压力；1800 年前后的财务管理糟糕；瑞典人积累了大量库存茶叶。不过，直到 19 世纪初，瑞典东印度公司一直很成功。它通过大量进口茶叶和茶具，不仅参与塑造了瑞典文化和社会，而且塑造了欧洲文化和社会。

注　释

1. S. Diller, *Die Dänen in Indien，Südostasien und China（1620 - 1845）*

（Wiesbaden, 1999）, p. 133; O. Feldbæk, 'The Danish Asia Trade 1620–1807', *Scandinavian Economic History Review*, vol. 39 （1991）, pp. 3–27.

2. H. Hodacs, *Silk and Tea in the North: Scandinavian Trade and the Market for Asian Goods in Eighteenth-Century Europe* （Basingstoke, 2016）, pp. 1–20, 48–81.

3. Ibid. , pp. 183, 187.

4. Diller, *Dänen in Indien*, pp. 11, 114, 267–99.

5. Ibid. , p. 39.

6. K. Glamann, 'The Danish Asiatic Company, 1732 – 1772', *Scandinavian Economic History Review*, vol. 8 （1960）, pp. 109–49; K. Glamann, 'The Danish East India Company', in M. Mollat, ed. , *Sociétés et Compagnies de Commerce en Orient et dans l'Océan indien* （Paris, 1970）, pp. 471–9; O. Feldbæk, 'The Danish Trading Companies of the Seventeenth and Eighteenth Centuries', *Scandinavian Economic History Review*, vol. 34 （1986）, pp. 211–13; O. Feldbæk, *India Trade under the Danish Flag 1772–1808: European Enterprise and Anglo-Indian Remittance and Trade* （Odense, 1969）.

7. E. Gøbel, 'Danish Trade to the West Indies and Guinea, 1671 – 1754', *Scandinavian Economic History Review*, vol. 31 （1983）, pp. 21–49; G. Nørregård, *Danish Settlements in West Africa* （Boston, 1966）; W. Westergaard, *The Danish West Indies under Company Rule(1671–1754)* （New York, 1917）.

8. E. Gøbel, 'The Danish Asiatic Company's Voyages to China, 1732–1833', *Scandinavian Economic History Review*, vol. 27 （1979）, p. 43.

9. A. Friis, 'La Valeur documentaire des Comptes du Péage du Sund: La période 1571 – 1618', in M. Mollat, ed. , *Les Sources de l'histoire maritime en Europe, du Moyen Âge au XVIIIe siècle* （Paris, 1962）, pp. 365–82.

10. Feldbæk, 'Danish Trading Companies', p. 204; S. Subrahmanyam, 'The

Coromandel Trade of the Danish East India Company, 1618 – 1649 ', *Scandinavian Economic History Review*, vol. 37 (1989), p. 41; H. Furber, *Rival Empires of Trade in the Orient 1600 – 1800* (Minneapolis, 1976), reprinted in S. Subrahmanyam, ed. , *Maritime India* (New Delhi, 2004), pp. 211, 216; Diller, *Dänen in Indien*, p. 23.

11. Subrahmanyam, 'Coromandel Trade', pp. 43–4.

12. 条约摹本, 见 Diller, *Dänen in Indien*, pp. 155 – 8, doc. 16a – d; Subrahmanyam, 'Coromandel Trade', p. 45。

13. Subrahmanyam, 'Coromandel Trade', p. 47.

14. Feldbæk, 'Danish Trading Companies', p. 207; Diller, *Dänen in Indien*, p. 111.

15. Diller, *Dänen in Indien*, pp. 21, 25 (摹本), 34–5, 39, 61–2, 89, 92–3。

16. Feldbæk, 'Danish Asia Trade', p. 3.

17. Feldbæk, ' Danish Trading Companies ', p. 206; Subrahmanyam, 'Coromandel Trade', p. 51.

18. Subrahmanyam, 'Coromandel Trade', pp. 52–3.

19. Diller, *Dänen in Indien*, pp. 81, 85, 87; T. Veschow, 'Voyages of the Danish Asiatic Company to India and China 1772 – 1792 ', *Scandinavian Economic History Review*, vol. 20 (1972), pp. 133–52.

20. D. McCall, 'Introduction', in Nørregård, *Danish Settlements*, pp. xi, xxii; Nørregård, *Danish Settlements*, pp. 142, 228.

21. Nørregård, *Danish Settlements*, p. 84.

22. Ibid. , pp. 87–9.

23. H. Strömberg, *En guide till Göteborgs historia – An Historical Guide to Gothenburg* (Gothenburg, 2013), pp. 6, 9; Nørregård, *Danish Settlements*, pp. 9–

10; C. Koninckx, *The First and Second Charters of the Swedish East India Company* (*1731–1766*): *A Contribution to the Maritime, Economic and Social History of North-Western Europe in Its Relationships with the Far East* (Kortrijk, 1980), pp. 33–4.

24. Koninckx, *First and Second Charters*, pp. 31 – 3; H. Lindqvist, *Våra kolonier: De vi hade och de som aldrig blev av* (Stockholm, 2015), pp. 11 – 13; Nørregård, *Danish Settlements*, pp. 7–8.

25. Lindqvist, *Våra kolonier*, pp. 90–99, 114, 117.

26. Nørregård, *Danish Settlements*, pp. 11–16.

27. Ibid. , pp. 22–24, 29–34.

28. Ibid. , pp. 33, 52–3, 57.

29. McCall, ibid. , p. xix; H. Mattiesen, ' Jakob Kettler ', *Neue deutsche Biographie*, vol. 10 (Berlin, 1974), p. 314.

30. Westergaard, *Danish West Indies*, pp. 256–62.

31. Ibid. , pp. 31–8.

32. Ibid. , pp. 41–2.

33. Gøbel, 'Danish Trade to the West Indies', pp. 24, 28–30.

34. Ibid. , pp. 33–7.

35. Nørregård, *Danish Settlements*, pp. 143, 176.

36. Hodacs, *Silk and Tea in the North*, pp. 29–32; Furber, *Rival Empires of Trade*, pp. 217–21.

37. G. M. Young, ed. , *Macaulay: Prose and Poetry* (London, 1952), pp. 213, 217.

38. G. Insh, *The Company of Scotland Trading to Africa and the Indies* (London and New York, 1932); Furber, *Rival Empires of Trade*, p. 217.

39. K. Söderpalm, ' SOIC – ett skotskt företag?', in K. Söderpalm et al. ,

Ostindiska Compagniet: *Affärer och föremål*（Gothenburg, 2000）, pp. 36-61, 英文概述见 pp. 281-2; R. Hermansson, *The Great East India Adventure: The Story of the Swedish East India Company*（Gothenburg, 2004）, pp. 31-2。

40. Hodacs, *Silk and Tea in the North*, pp. 29, 31.

41. P. Forsberg, *Ostindiska Kompaniet*: *Några studier*（Gothenburg, 2015）, pp. 90-94; Hermansson, *Great East India Adventure*, pp. 40-45.

42. Hermansson, *Great East India Adventure*, pp. 49-57.

43. Forsberg, *Ostindiska Kompaniet*, pp. 87-90.

44. Hodacs, *Silk and Tea in the North*, pp. 58-61, 64-6, 79-80.

45. K. Söderpalm, ' Beställningsporslin från Kina ', in Söderpalm et al. , *Ostindiska Compagniet*, pp. 168-83, 291-2.

46. Hermansson, *Great East India Adventure*, pp. 42-3.

47. Hodacs, *Silk and Tea in the North*, pp. 10-14.

48. Ibid. , p. 153.

49. K. Söderpalm, 'Svenska Ostindiska Kompaniet 1731-1813: En översikt ', in Söderpalm et al. , *Ostindiska Compagniet*, pp. 9, 277; Hermansson, *Great East India Adventure*, pp. 11, 63, 67-71.

第四十一章

南方大洲还是澳大利亚？

※ 一

有一片广袤的南方大陆存在的想法，可以追溯到非常遥远的年代。前文已述，罗马人认为锡兰是这片神秘大陆的北端，这与托勒密的观点一致，即印度洋是一片封闭的海洋，其南岸将非洲和东南亚连接起来。即使在欧洲人发现托勒密的观点明显有错之后，关于南方大陆的假设仍然让麦哲伦之后的航海家们认为火地岛是南方大陆的北端。16世纪的英国环球航行者德雷克和卡文迪许穿越了麦哲伦海峡，但他们的探索表明火地岛是一个大岛。即使发现了绕过合恩角的路线，那里的暴风和惊涛骇浪长期以来也令航海者望而却步。欧洲人认为，世界需要保持平衡，才能占据它在苍穹中央的位置，因此必须有一块和北半球大陆同样重的南方陆地存在。此外，欧洲人还相信，他们在穿过长期以来被认为不可能有人类生存的炎热地区之后，就会来到"与北半球同样肥沃和宜居"的土地，那里有丰富的宝石、珍珠和精细金属，以及丰富的动植物。这些土地有时被称为麦哲伦洲，不过这个词的含义相当灵活，也可以指太平洋诸岛，甚至南美洲。[1]

为了支撑"存在南方大陆"的观点，16 世纪的地理学家可以自信地给出大量证据：《圣经》文本（稍后会详细解释）；古典文献（最重要的是托勒密的世界地图）；还有秘鲁的传说，即一位名叫图帕克·印卡·尤潘基（Tupac Inca Yupanqui）的印加统治者出海，发现了拥有丰富财富的土地，据说他带回了黄金和奴隶，这鼓励了几个世纪后的托尔·海尔达尔提出关于跨太平洋航行的怪诞理论。尽管第一张提及美洲之名的地图（瓦尔德泽米勒绘制）没有显示南方大陆，但在接下来的三十年里，欧洲人对南方大陆的存在越来越坚信不疑。墨卡托于 1538 年绘制的第一幅世界地图包括一片广袤的南方大陆，对于它，他只能说这么多："这里有一片土地是毋庸置疑的，但其大小和范围是未知的。"不过，墨卡托认为，南方大陆的北端最远延伸至麦哲伦海峡。墨卡托在 1569 年发布一幅更著名的世界地图时，仍然没有改变主意。当亚伯拉罕·奥特柳斯在 1570 年出版自己的世界地图时，他无法在墨卡托的基础上有所改进。奥特柳斯认为，确实存在"未知的南方大陆"（*Terra Australis Nondum Cognita*）。[2]

在西班牙人占领墨西哥和秘鲁之后，西班牙人一系列横跨太平洋的航行使欧洲船深入到波利尼西亚群岛。例如，1542 年，指挥官比利亚洛沃斯从墨西哥太平洋沿岸的纳维达（在阿卡普尔科以北不远处）出发，寻找所罗门王到访过的岛屿，即《列王纪》中提到的遥远的俄斐大陆。当时有越来越多的人认为，所罗门圣殿的金器是用来自俄斐的黄金打造而成的。[3]比利亚洛沃斯的船朝着后来被称

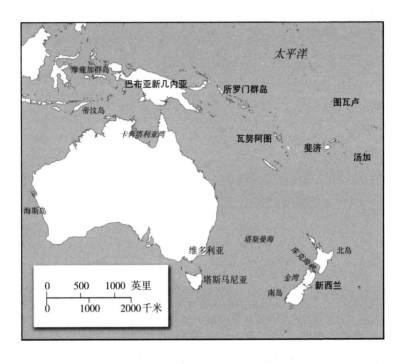

为所罗门群岛的地方前进，在途中遇到了许多危险：一头鲸鱼从旗舰底下游过，几乎将这艘盖伦帆船从水中撞出，然后它又游走，盖伦帆船摇晃着恢复平稳。最后，这次航行在菲律宾结束，只探索到波利尼西亚的边缘地带。"俄斐不在红海或印度洋西部的某个地方，而在世界另一端的南太平洋"的观点在塞维利亚已经得到了一定程度的认同。哥伦布在他的《预言书》（实际上是《圣经》、古典文献和教父语录的剪贴簿）中，曾梦想着通过向西航行找到所罗门到访过的岛屿。1530年广泛流传的《马可波罗行纪》西班牙文译本的那篇博学的导读，将俄斐置于日本和摩鹿加群岛之间的广阔空

间，而这仍然是一个纯猜想的问题。从 1567 年起，西班牙人发起了一系列航行，寻找一块广袤的南方土地，或者说寻找一系列的岛屿，这些岛屿被认为与西印度群岛一样，靠近未知的大陆并能提供巨额的财富。科学探索的精神显然从属于对黄金和香料的贪婪搜寻，不过可能也有希望将天主教信仰传给异教徒。这整个事业让人很容易联想到七十多年前哥伦布的事业。如同在美洲一样，西班牙人的设想是，无论这片南方土地是否有人居住，西班牙都将对其提出主张，并建立殖民地。

第一支探险队的指挥官阿尔瓦罗·德·门达尼亚（Álvaro de Mendaña）带着他的两艘船走保守路线，从秘鲁的卡亚俄（Callao）出发，穿过一片广阔的水域，到达今天的图瓦卢（Tuvalu）和所罗门群岛。门达尼亚不得不面对土著岛民的敌意，同样糟糕的是他的同僚萨尔米恩托（Sarmiento）也敌视他。萨尔米恩托是军人，一直在催促发起这次远航，并对自己没有获得指挥权而感到不满。门达尼亚是秘鲁副王的外甥。副王也希望利用这次远航，把许多混迹于卡亚俄街头的年轻冒险家弄走。探险队的船上载有由西班牙人、混血儿和非洲人组成的杂牌军，之所以有非洲人，是因为跨越大西洋的非洲奴隶最远到了秘鲁。[4] 萨尔米恩托参加了这次航行，但我们不清楚他在船上的确切地位，或许他的地位在当时也是不清晰的。除了在门达尼亚心中埋下对南方大陆和他到访的岛屿的所谓财富的迷恋之外，此次远航并没有取得什么成果。门达尼亚关于此次航行的详细报告并不完全令人鼓舞：探险家们发现，尽管他们设法与岛民进行了少量交易，获得食物却并不总是那么容易。他们对岛民食人的证据大吃一惊，特别是当一个友好的酋长递给门达尼亚一块肉时，门达尼亚确认这是一个男孩的肩膀和手臂（手还连在上面）。当门达尼亚拒绝吃那只手臂时，岛民也大吃一惊：

> 我接受了礼物，并为那里存在这种有害的习俗以及他们竟然认为我们应该吃了它而感到非常难过……我派人在水边挖了一个坟墓，并在他（土著领袖）面前埋葬了这件礼物……看到我们毫不珍惜礼物，他们都在自己的划艇里弯下腰，仿佛被激怒或冒犯了一样，然后低着头驾船离开了。[5]

虽然土著食人和人祭的习俗都可以作为替欧洲霸权辩护的借口，但西班牙人对食人和人祭的反感是真实的。然而正如蒙田所说，西班牙人忘记了，他们自己在西班牙宗教裁判所的烈火中实行的人祭，在某些方面是可以与土著的习俗相提并论的。[6]其他类型的食物很难获得，门达尼亚等人在返回美洲的途中，甚至不得不吃掉大白凤头鹦鹉，而这些鹦鹉也许是他们在艰苦的旅途中获得的唯一奖赏。[7]

令门达尼亚感到遗憾的是，新任副王托莱多对萨尔米恩托的态度要好得多，而对门达尼亚的态度则比他前任的要差得多，于是门达尼亚横跨世界，来到了腓力二世国王的宫廷。在这之前，他已经给国王写了一封哥伦布式的信，夸大了所罗门群岛的吸引力。直到1574 年，门达尼亚才获得了他想要的东西，而且即便在那时，他也不得不学会保持非凡的耐心。几年后，他抵达巴拿马，准备向太平洋的未知角落发起远航。他获得了一项特别大方的王家特权，国王慷慨地允许他担任太平洋新殖民地的总督和侯爵，有权将这些土地传给继承人，并招募土著劳动力（从而分配给他的追随者）。他甚至可以铸造自己的金币和银币，估计要用他的新臣民开采的金属制成。看来西班牙人从未吸取伊斯帕尼奥拉岛的悲惨教训。门达尼亚还将得到绵羊、山羊、猪、牛和马，以及一些西班牙定居者，男女都有。不过，他必须建立三座城市，而且必须缴纳 1 万杜卡特的保证金，以确保他不会违背承诺。[8]

德雷克于 1578 年进入太平洋，阻挠了门达尼亚雄心壮志的实现。西班牙人认为，香料群岛以东太平洋的广阔空间是西班牙的水域，这是教宗早在 1494 年划分世界时就确定的，信奉新教的英格兰私掠船主在这个广阔的空间里没有地位。所以西班牙人的当务之急不是向西发起新的跨洋远航，而是向南派遣一支武装舰队，以阻止外国船溜进这个无人守卫的空间。萨尔米恩托被派往麦哲伦海峡，阻止英格兰船进入。结果他不但没有办法阻止英格兰人，自己反而被俘虏并被押到伦敦。在那里，他和伊丽莎白女王以及沃尔特·雷利一起用拉丁语讨论了太平洋的地理。[9]

无比耐心的门达尼亚直到 1595 年才得以离开秘鲁，这时他交了好运。一位新的副王上任了，他对门达尼亚的计划感到很兴奋，而且国王的批准信函使他很难拒绝门达尼亚的求助。门达尼亚的第一次远航是失败的，而第二次远航则是一场灾难。一个根本性的问题是，在太阳的帮助下，确定纬度是很容易的，但在 18 世纪发明精确的航海钟之前，没办法确定经度。[10]因此，门达尼亚不太清楚自己到了哪里。在经过马克萨斯群岛之后，他在所罗门群岛的外围安营扎寨，建立了圣克鲁斯（Santa Cruz）殖民地，他的追随者在那里坚持了一段时间，然而被疾病和岛民的敌意打败。门达尼亚因病去世。最后，他留下的定居者的残部驶向了安全的菲律宾。不过，新任指挥官，一个名叫基罗斯（Quirós）的能干的葡萄牙人，仍然对存在一片广袤的南方大陆的说法坚信不疑。他提出，太平洋诸岛的居民如果不是来自附近的某个大块的陆地，那么会来自哪里呢？南美洲太远了，所以南方大陆一定就在（太平洋诸岛的）不远处。西班牙人严重低估了他们在所罗门群岛和其他地方经常看到的波利尼西亚划艇的航海能力。他们傲慢地认为欧洲的造船和航海技术比土著的优越得多，而土著的船太小太轻，他们也不了解波利尼西亚人关于海洋的知识是多么博大精深。[11]

基罗斯没有被失败吓倒，他于1605年在西班牙探险家托雷斯（Torres）的陪同下，再次出发。船上有方济各会的修士，所以基罗斯明确表达了他对传教的渴望。在离开卡亚俄之后，他和他的同伴首先体验了广阔大洋的空旷，然后掠过一些无人居住的岛屿，他们认为在那里寻找食物和水是毫无意义的，更不用说寻找可能引导他们前往南方大陆的人了。厚重的云层预示着存在他们寻找的大陆，或者说他们在1606年1月底的时候是这样想象的。最后，他们被迫停泊在植被茂密但仍无人居住的岛屿附近，在那里至少可以找到船上的中国水手知道可以食用的水果和草本植物。不过，淡水仍然是关键问题。在正常情况下，每天要用15罐水，基罗斯不得不将配额减少到3罐或4罐。[12]幸运的是，他们在2月初到达有人居住的岛屿。一开始，他们受到了波利尼西亚人的欢迎，波利尼西亚人对他们的白皮肤充满了好奇。和通常情况一样，西班牙人与土著的关系后来恶化了。穿越东波利尼西亚和美拉尼西亚诸岛的航行并不容易，西班牙人与岛民的交往情况时好时坏。

1606 年 5 月，他们到了今天的瓦努阿图，在那里找到了一个似乎合适的港口，相信肯定可以把它当作西班牙在这些偏远岛屿的定居点的总部。西班牙人为这个港口取的名字是韦拉克鲁斯（Vera Cruz），但给这个岛取的名字则把神圣和世俗结合起来："圣灵的奥斯特里亚利亚"（Austrialia del Espiritú Santo）。也许这里有一个文字游戏，但 Austrialia 并不是直接指 Terra Australis（南方大陆）。Austrialia 纪念的不是南方的土地，而是东方的土地，即奥地利（Österreich，字面意思是"东方的国度"），也就是哈布斯堡王朝的故乡。西班牙的历史书中仍然将哈布斯堡王朝的人称为"奥地利人"（las Austrias）。基罗斯正式宣布这片土地现在属于西班牙国王腓力三世，之后他任命了一个政府，并成立了自己的奇异的"圣灵骑士团"。在随后的仪式中，两名非洲奴隶厨师被公开授予自由，这种显著的慷慨行为并没有让他们的主人感到高兴，因此在庆典结束后，两名厨师被送回了主人那里。[13]

基罗斯坚信自己有了一个伟大的发现，并急于庆祝，这并不令人惊讶。然而随后发生的，是司空见惯的故事：大量的杀戮，偶尔的洗礼，带走几个注定要受洗的年轻人，然后出发去寻找其他岛屿，最后带着发现了一片新大陆的外围的消息回家。军官和船员们对基罗斯的行为怨声载道，抱怨他的决定，并试图在他返回时给他制造麻烦，这也都是见怪不怪的故事。不过最后基罗斯前往马德里，敦促国王继续开展新的远航，并以基督的名义恳求国王这样做，因为国王的首要任务不再是发现巨额财富，而是拯救基罗斯在奥斯特里亚利亚遇到的那些悲惨和赤裸的土著的灵魂。国王礼貌但含糊其词地说了一些关于新的探险计划的话。基罗斯向西前往巴拿马，但于 1614 年或 1615 年死在那里。他的梦想没能实现。[14]

基罗斯的同事托雷斯并没有跟随指挥官回到秘鲁。他认为寻找南方土地的工作才刚刚开始。他向西出发，通过今天仍以他的名字命名的海峡，来到新几内亚以南。澳大利亚近在咫尺，他看到了"非常大的岛屿，南方还有更多的岛屿"，但他继续前进。他穿过托雷斯海峡，途经摩鹿加群岛，向马尼拉前进。他将新几内亚置于腓力三世国王的主权之下，并对此志得意满，可如果他认为新几内亚的那些猎头的土著居民会接受西班牙国王的统治，那就是自欺欺人了。[15]从分布很散的波利尼西亚群岛出发，托雷斯和他的部下已经进入了战场，因为葡萄牙人和荷兰人，更不用说西班牙人和英国人，在这里争夺东方最优质香料的产地。欧洲人想要的产品在这些香料岛屿比在基罗斯和托雷斯发现的岛屿丰富得多。

南方大陆仍然遥不可及。门达尼亚和基罗斯以克里斯托弗·哥伦布的风格来塑造自己的形象。但是，哥伦布并不是最好的榜样。与哥伦布不同的是，门达尼亚和基罗斯认为还有更多的大陆有待发现，东印度群岛的财富与能够从气候温和的南方大陆获得的财富相比不值一提。17 世纪初，欧洲人终于发现了南方大陆。不过，欧洲人花了将近一百七十年的时间才正确地描绘出它的轮廓。与南方大陆最早的接触，不是比利亚洛沃斯、门达尼亚、基罗斯和托雷斯之后的人们刻意寻找的结果，而是因为一系列的意外。

※ 二

格雷厄姆·西尔（Graham Seal）指出："库克船长并没有发现澳大利亚，尽管许多代学童被这样教过，而且许多人至今仍然相信是这样。"西尔还说："现代澳大利亚根本就不是被发现的，而是被揭示的。"[16] 显然需要强调"现代澳大利亚"，因为"它是一块无主之地（*Terra Nullius*），即没有居民的土地，或者至少没有可以对其提出权利主张的居民"的说法，在 19 世纪被用来证明欧洲人占据它并剥夺原住民的权利是合理的。直到 1965 年，原住民才被允许在澳大利亚所有的州和领地投票。[17]

荷兰人是第一个透露他们知道澳大利亚（他们称之为"新荷兰"）存在的民族，但几乎可以肯定，葡萄牙人在荷兰人之前就已经看到澳大利亚海岸了。关于哪个欧洲民族首先到达澳大利亚的争论，并没有像关于哪个欧洲民族首先到达美洲的争论那样激起人们的热情，可在关于澳大利亚的争论中，人们陷入了对粗糙地图的过于轻信的解读。16 世纪的迪耶普地图确实显示了在南美洲以南有一片广阔的南方大陆。一位制图史学家指出，南方大陆是"迪耶普学派的最爱"，在许多迪耶普地图中，"幻想大于现实"。[18] 迪耶普地图通常用当地动植物的图像，甚至南美和非洲原住民村庄的图像进行精美的装饰。这些地图描画的海岸线离欧洲人充分探索过的地方越远，就越不可靠，然而，人们并不总是能深刻地认识到这一点。1977 年，有人试图证明葡萄牙人是第一个到达澳大利亚的欧洲民族，这种说法甚至成为澳大利亚学校的标准教学内容。该论点很直截了当：一些早期地图显示了澳大利亚海岸，而这些地图说到底是以葡萄牙人的地图为基础的。多芬地图（Dauphin Map）或许是最早的迪耶普地图之一，很可能可以追溯到 16 世纪 40 年代，而它显然是基于葡萄牙的海图。有人说多芬地图比较详细地显示了澳大利亚，因为图上有一大块被称为"大爪哇"（*Iave la Grande*）的土地，它在爪哇（*Iave*）以南不远处，靠近帝汶等香料岛屿，一条狭窄的海峡将它与爪哇分开。沿着大爪哇的海岸线，出现了诸如"危险海岸"（*Coste Dangereuse*）和"低海湾"（*Baye Basse*）这样含糊的地名。还有一些分散的小屋和赤身裸体的居民的图像，令人赏心悦目。[19]其他地图也显示了爪哇或新几内亚以南的一块陆地。欧洲人简单地认为，广袤的南方大陆一直向北延伸到热带气候区。至于大爪哇，它在马可·波罗对东印度群岛的记述中已经出现过。姑且不谈他是否真的在中国生活过一段时间，他对自己肯定没有去过的土地做了混乱的描述，把爪哇和苏门答腊混为一谈，还把大爪哇说成是世界上最大的岛。

※ 三

解决这个问题（哪个欧洲民族首先到达澳大利亚）的一个办法是直截了当地指出，欧洲人在实际接触到澳大利亚海岸之前就知道它的存在。从关于南方大陆的理论出发，并以马可·波罗的自信说法为基础，欧洲人确信在香料群岛以南的某个地方一定存在一大块陆地（而哥伦布确信在欧洲和远东之间不可能存在陆地）。也许那是一个巨大的岛，而不是地图绘制者通常喜欢展示的环绕世界的大陆。所以，虽然这听起来很奇怪，但欧洲人先在理论上发现了澳大利亚，后来才实际发现。现代宇宙学也是这样的：部分是为了满足某些数学方程的要求，我们必须认为暗物质和暗能量是存在的，尽管事实上还没有发现暗物质和暗能量。宇宙必须处于完美的平衡状态，就像 1600 年欧洲人的假设是，只有当南方大陆压住南极时，地球才可能处于平衡状态。正如我们在其他案例（如诺斯人到达美洲）中看到的那样，发现是一个渐进的过程，既可能让人了解某事物，也可能导致人们在很大程度上忘记它们。欧洲人对更广阔世界的发现，关键在于就发现的东西获得某种理解，以及对其加以利用。我们下面会清楚地看到，澳大利亚的问题在于，没有人对发现的东西（澳大利亚）非常感兴趣，因为没有人觉得那里的东西有用。

通常认为，克里斯托旺·德·门东萨（Cristóvão de Mendonça）是最早发现澳大利亚的欧洲人，（据说）他早在 16 世纪 20 年代就探索了印度尼西亚以南的水域。据了解，他于 1519 年从里斯本出发，带着 14 艘船前往东南亚。有人说他的使命是阻止麦哲伦的西班牙舰队通过葡萄牙人主宰的水域。这种说法是不成立的，因为如前文所述，麦哲伦并不打算经由印度洋返回西班牙。没有人真正知道门东萨为什么被派去航行，也没有人说得清楚他的船去了哪里。[20]

然而长期以来，人们一直认为，1836 年两个捕海豹的人在澳大利亚维多利亚州一处偏僻海滩发现的一艘沉船，就是门东萨的船之一。据说这艘船是用桃花心木制成的，其木料在 1880 年已经消失了。很多地方都曾被认为有门东萨留下的遗迹，但没有一处能让人信服：悉尼以南的一座石屋、在维多利亚州一处海湾附近发现的一套铁钥匙，等等。在澳大利亚东南部寻找门东萨肯定是找错了地方。后来，荷兰船有时会在澳大利亚西部近海试图穿越印度洋前往东印度群岛时失事，不过，在澳大利亚北部达尔文附近的沙地上发现的一门回旋炮很可能来自一艘葡萄牙船，可其年代不详。[21]这些报告，就像对迪耶普地图的讨论一样，让人们在一知半解的情况下产生了许多幻想。最离奇的说法或许是，在一份 16 世纪的葡萄牙手抄本上有袋鼠的图像。葡萄牙的船极有可能偶尔被吹到澳大利亚海岸，而如果它们失事了，其船员很可能随船一起沉没，或者死在陆地上，他们偶遇澳大利亚的消息没有传到葡萄牙在爪哇和其他地方的基地。

　　当荷兰人开始采用较短的航线穿越印度洋时，关于南方大陆的猜测变成了现实。"咆哮 40 度"的西风将荷兰船带出大西洋，经过好望角，将船进一步向东吹去。从爪哇岛以南的某个地方，船可以穿过巽他海峡，抵达荷兰人的大本营巴达维亚（雅加达）。这在亨德里克·布劳沃（Hendrik Brouwer）于 1611 年航行 4000 英里、从南部非洲直接到达爪哇后成为荷兰人的常规航线。[22]在许多方面，这比更北的路线安全，因为马六甲海峡是一个臭名昭著的海盗出没地，此外，葡萄牙人仍然控制着马六甲，直到 1641 年它落入荷兰人手中（红色的马六甲市政厅是荷兰在远东最古老的建筑）。

荷兰人终结了关于谁最早从欧洲到达澳大利亚的猜测。"小鸽子号"（*Duyfken*）是已知第一艘到达澳大利亚水域的荷兰船。这艘船有 20 米长，荷兰人称之为 *jacht*，它搭载的水手不超过 20 人。在荷兰东印度公司的赞助下，"小鸽子号"曾成功地前往东印度群岛，于 1601 年 12 月在万丹附近与一支葡萄牙小船队交战。在那之后，"小鸽子号"有了成功开展东方香料贸易的记录。它的船长是威廉·扬斯（Willem Jansz），或称扬松（Janszoon），他在 1603 年把船带回了东印度，从那里，它被派往南方，去看看印度尼西亚以南可能有什么。沿着新几内亚海岸，"小鸽子号"与土著居民发生了一些不愉快的遭遇。当船转向南方并在澳大利亚海岸登陆时也发生了同样的情况，一名水手在被原住民的长矛刺穿后死亡。在原住民部族之一的维克人（Wik）中流传的传说讲述了一艘大木船，以及维克人与船上的人相遇的故事。这些外来者在挖井时需要帮助，并向原住民展示如何使用金属工具。荷兰人似乎骚扰了当地妇女，然后维克人认为不能欢迎他们，所以一直看着，直到荷兰人爬到他们正在挖掘的井里，然后将他们杀死。显然，这是根据许多故事和真实到访的经过编织的虚构传说，但这个故事以多个不同版本广泛流传。[23]

随着越来越多的船追随布劳沃的脚步，在事先无计划的情况下在澳大利亚西部海岸或近海岛屿停靠，欧洲人越来越清楚地认定，已经发现了南方大陆，或多个南方大陆之一。荷兰东印度公司的"团结号"（*Eendracht*），由对波罗的海和地中海非常熟悉的老航海家迪尔克·哈尔托赫（Dirk Hartog）担任船长，幸运地于 1616 年 10 月在相对平静的情况下在澳大利亚西部海岸登陆。哈尔托赫甚至在一个扁平的白镴餐盘上刻下了日期以及高级船员和货运监督的名字，并把餐盘留在澳大利亚最西端附近的一个岛上。1697 年，另一位荷兰访客看到了这个餐盘，并用自己的盘子取而代之。今天，哈尔托赫的盘子被保存在西澳大利亚州弗里曼特尔（Fremantle）的一家博物馆。[24]不过，荷兰人觉得没有必要对这片新土地提出主张。随着关于这片荒凉土地的报告传回欧洲（大多数船抵达的是西澳大利亚州荒凉干旱的边缘），大家觉得，在这片南方大陆显然既没有黄金，也没有香料。它的气候酷热难耐，那里还居住着不友好的土著，他们的技术水平是欧洲人能想象到的最原始的，用现代的话说，他们是旧石器时代的原始民族。总之，那是一片"干旱的、受诅咒的土地，没有树也没有草"。[25]

　　荷兰人不是唯一被海浪带到这片海岸的民族。试图加入香料贸易的英国商人也冒着同样的风险，穿越印度洋，偶尔会走得太过偏南，抵达澳大利亚而不是印度尼西亚群岛。英国人知道横跨印度洋的新航线，并试航成功，自信可以顺利地重复使用这些直接航线。然而在 1622 年 5 月，新造的英国东印度公司的船"考验号"（Tryall 或 Trial）在澳大利亚附近开放水域尖锐的暗礁上搁浅，并开始解体。船长和其他一些船员乘两艘小艇逃到爪哇，而船上大约三分之二的人，可能有 150 人，被丢下面对悲惨的命运。事实证明，"考验号"[①] 是

---

　　① 其英文"Trial"兼有"考验"与"审判"两种意思。

一个恰当的名字：船长约翰·布鲁克斯（John Brookes）被指控玩忽职守，因为他没有派人放哨，还隐瞒了船偏航的证据，并将大多数船员丢下等死。他似乎对于暗礁的位置撒了谎，这意味着这些暗礁在随后几个世纪里一直是航运的危险因素。关于事情真相和布鲁克斯在多大程度上负有责任的争议产生了大量的文件，并最终被呈送给英国的最高法庭，即上议院。不过，除了文献证据，还有别的证据：1969 年，一些不太细心谨慎的寻宝者在西澳大利亚州附近发现的一艘沉船，可能就是"考验号"；而在对该遗迹的勘探（有时是用炸药而不是用小铲子进行的）中发现了锚和大炮。如果这不是"考验号"，那么就说明，布鲁克斯拒绝指出危险暗礁的确切位置的行为，在他默默无闻地死于贫困之后的很长时间里，又酿成了更多的悲剧。发现沉船的小组负责人艾伦·罗宾逊（Alan Robinson）被称为"炸药海盗"。他因破坏"考验号"的考古现场而被捕，被判定无罪，后来又因谋杀而被捕。那时他已经厌倦了生活，在狱中上吊自杀。[26]

随着欧洲人绘制了澳大利亚北部卡奔塔利亚湾（Gulf of Carpentaria）周围海岸的地图，他们对这片大陆的了解逐渐增加。但是，没有一个欧洲访客认为在这片荒凉的土地有利可图。在这里居住的土著往往对欧洲人充满敌意，并且完全没有欧洲人在爪哇遇到的土著统治者那样奢华而精致的生活方式。

在澳大利亚海岸，最著名的沉船是"巴达维亚号"，因为在它失事后发生了非常戏剧性的事情。这是一艘荷兰东印度公司的船，于 1628 年 10 月从荷兰出发，在一支由 8 艘船组成的船队中前往爪哇。船上有货运监督弗朗索瓦·佩尔萨特（François Pelsaert），他是布劳沃的姻亲。布劳沃就是发现了通往爪哇的快速航线的人，此时他已经成为备受尊敬的荷兰东印度公司董事。"巴达维亚号"上载有 600 吨货物，包括 12 个装满白银的箱子，用来购买东印度群岛的香料。佩尔萨特正准备成为巴达维亚总督、脾气暴躁的扬·彼得斯佐恩·库恩的幕僚。船上有的乘客带着全家老小，一共有大约 300 人。[27]

1629 年 6 月，"巴达维亚号"与船队中的其他船分离，自信地劈波斩浪，驶往爪哇。在一次夜间值班期间，船上的瞭望员觉得自己看到了海水拍击岸边形成的浪头。船长知道他们离陆地很远，所以认定这只是月光在作怪，他们应该继续前进。结果"巴达维亚号"撞上了一处珊瑚礁。佩尔萨特能感觉到龙骨和船舵在礁石上摩擦。他后来记述道："我从床铺上摔了下来。"[28]这艘船的希望已经断绝，船员没有办法让它重新浮起或将其修复，可它还没有沉向海底，所以有时间利用小艇，对那些还没有被冲到海里的人进行适当的救援。好消息是，随着黎明的到来，零星的珊瑚岛映入眼帘，于是大家一整天都在用小艇把船员和乘客送往这些岛屿中的几个。这是一个缓慢的过程，到了晚上，仍有 70 人被困在正在解体的大船上。少数人游向珊瑚岛以自救，但许多人淹死了。而且在那些珊瑚岛上没有什么资源可供利用：有野生动物，包括小袋鼠和蟒蛇，却没有淡水。

在对淡水的供应感到绝望之际，佩尔萨特和"巴达维亚号"的船长雅各布斯（Jacobsz）发现了似乎是大陆的地方，便乘一艘长艇来到澳大利亚的西海岸。他们看到了一些原住民，但几乎没有发现任何可以饮用的水：

> 我们开始在不同的地方挖掘，可水是咸的。一队人去了高地，幸运地在岩石上发现了一些洞，洞里积着可饮用的雨水……在这里我们稍稍解了解渴，因为我们的忍耐力几乎到了极限。自从离船后，我们每天只喝一两小杯的水。[29]

问题是，船长、货运监督和他们的一小群人离在"巴达维亚号"残骸附近扎营的幸存者越来越远。他们决定不返回"巴达维亚号"所在地，而是乘长艇前往巴达维亚，向库恩总督报告并请求救援幸存者。库恩对所发生的事情不以为意，把船长关进了监狱，而把佩尔萨特派回"巴达维亚号"所在地。问题不仅是人的生命，因为船上载着巨额白银，不能让外人随意偷窃。然而，佩尔萨特和雅各布斯刻意优先救人，而不是抢救货物。他们以上帝的名义起草了一份协议，在协议中，他们向总督呼吁，说他们"肩负义不容辞的责任，去帮助我们处于困境中的可怜同伴"。[30]

佩尔萨特并不清楚沉船的位置，而且天气也对救人不利，所以他的船花了几个月时间才找到幸存者，于 1629 年 9 月抵达那些珊瑚岛。此时，一些船员和乘客仍然活着。不过，他们的生活条件令人震惊，不仅是因为食物和水的供应不足。佩尔萨特的副手杰罗尼慕斯·科内利斯（Jeronimus Cornelisz）担任幸存者的领导人，将他认为最可靠的人聚集在最大的环礁上。其他人被发配到外围的珊瑚礁，大家认为在那里生存的机会很渺茫（但他们中的一些人在不久之后找到了相当充裕的食物和水）。于是科内利斯手下只剩 140 名男子、妇女和儿童。他把每一张需要喂养的嘴都视为累赘，便开始了一场变态的恐怖统治。有人认为，科内利斯的狂暴是因为他属于再洗礼派（一个不服从荷兰国教的新教教派）的一个极端派别，而且他认为杀死不敬神的人是合法的。[31] 然而，这似乎不足以解释他的疯狂暴行。他穿着从佩尔萨特的储物箱里偷来的花哨长袍，仿佛他是一个小王国的君主。他的追随者则穿上镶有金蕾丝的红布制服，这些衣服都是从失事船只的船舱里找到的。

科内利斯的追随者丧心病狂地杀害了所有反抗他命令的人。"巴达维亚号"的乘客中有一名荷兰归正会的牧师以及他的妻子和 7 个孩子，他们大多被科内利斯的部下屠杀了，但牧师和他的一个女儿被饶了性命，条件是他们不对目睹的一切表现出悲痛。牧师的女儿被迫与科内利斯手下的一个暴徒"结婚"，这至少保证她能生存下去。其他妇女被当作该团伙的共同财产。估计被谋杀的人数达到了 115 人。后来，科内利斯发现被他"发配"到另一个岛〔今天被称为海斯岛（Hayes' Island）〕的人中有大约 50 人生存得相当好，就发动了一次入侵。不过在战斗中，他自己被俘，他的手下几乎全部丧命。尽管如此，他的追随者还是对另一个岛上的人发动了新的战争。当佩尔萨特到达时，他发现这里一片混乱，死伤枕藉，而且听到了许多关于恐怖暴行的故事。[32]

查明真相并不难。佩尔萨特找到了被囚禁在海斯岛的科内利斯。在那里，科内利斯仍然穿着佩尔萨特之前带到"巴达维亚号"

上的华丽长袍。不过，长袍现在已经很脏了。他被关在一个地洞里，不得不捕捉鸟类然后拔掉其羽毛，把鸟作为食物。因此，华丽的长袍沾满了海鸟粪和碎羽毛。他受到的刑罚是被砍掉双手，然后被处决，他的大部分追随者被绞死。有 77 个被认为忠于荷兰东印度公司的人被带到巴达维亚。佩尔萨特还有另一项任务要执行：打捞沉船中的白银。出乎意料的是，12 个箱子中的 10 个被从海中打捞上来。犯有骇人听闻罪行的罪犯佩尔格罗姆（Pelgrom）和卢斯（Loos），不知何故得到了佩尔萨特的怜悯，也许是因为他想表明自己与睚眦必报且凶狠残忍的科内利斯完全不同。佩尔格罗姆和卢斯被送上了澳大利亚的海岸，同时还有一些不值钱的小玩意儿被送上岸，包括铃铛、珠子、木制玩具、镜子，用来与土著居民交易。佩尔萨特命令他们寻找关于金银来源的信息，并注意有没有荷兰东印度公司的船经过，如果发现有船就发送烟雾信号，向其求助。这表明在澳大利亚海岸已经有了定期的交通，只是荷兰人不相信在这块新大陆上能获得利润。[33]佩尔萨特对"巴达维亚号"事件的处置理应为他赢得一些荣誉，但他失去了在总督议事会的位置，被派去苏门答腊与葡萄牙人作战，不久之后就死了。而佩尔格罗姆和卢斯始终未能搭上荷兰东印度公司的船，肯定死在了西澳大利亚海岸的某个地方。他们是第一批在这片陌生土地上居住的欧洲人。

　　"巴达维亚号"的故事还不算完：1963 年，有人发现了它的残骸，并探索了那些岛屿，在海斯岛找到了枪支、钱币和其他零碎物品。岛上还有一个简单的石头废墟，它在今天被誉为"澳大利亚最早的欧洲建筑"。考古学家发现了一些骨架，大多是在集体墓穴内，许多骨骸上留下了科内利斯及其亲信的极端暴力的证据。例如，其中一具骨骸上的痕迹显示，受害者的头部遭到剑的劈砍，凶手就站在受害者的正前方，右手持剑；剑在受害者的头骨上留下了两英寸的痕迹；受害者无法举起手臂来自卫（他的臂骨上没有劈砍痕迹），这表明他是被捆绑起来接受处决的。凶手最喜欢的处决手法是劈碎受害者的头骨。[34]"巴达维亚号"沉船和被谋杀者的遗骸并不是殖民活动的证据，相反，它们见证了那些抵抗科内利斯的人的热切希望：他们希望尽快远离澳大利亚，越远越好。

※ 四

"巴达维亚号"的失事和欧洲人在澳大利亚的其他早期经历，都不会鼓励他们对这块大陆产生兴趣，尽管它在不久之后就会被称为"新荷兰"。另外，欧洲人对绘制澳大利亚海岸地图和查清可能对沿布劳沃航线航行的船构成威胁的暗礁和浅滩有相当浓厚的兴趣，所以他们沿澳大利亚海岸进行了更多的探险。荷兰船甚至沿着澳大利亚的南海岸航行；1626 年，一艘名为"金海马号"（'t Gulden Zeepaert）的船到达今天的南澳大利亚州，其航线被正式记录在荷兰东印度公司的地图上。这意味着澳大利亚南部海岸线的一半已经被测绘出来。[35]此外，欧洲人仍然认为，在澳大利亚以南肯定存在一片巨大的南方大陆，它将是比澳大利亚更有吸引力的地方，拥有温和的气候和大量值得开发的财富。而澳大利亚被视为欧洲人渴望开发和殖民的那种地方的反面：澳大利亚是一个居住着黑人的噩梦世界，这些黑人被蔑称为劣等人和食人族，而且他们完全不了解在东印度群岛，甚至在波利尼西亚群岛相对不发达的社会中都可以找到的先进技术（至少这一点是真的）。

所以，17世纪中叶两次著名的澳大利亚探险的目的，不是进一步探索这块贫瘠的大陆，而是继续为荷兰人寻找可以进行有利可图的贸易的地方，特别是一块据说盛产黄金的土地，它被称为"海滩"，这个名字的由来可以追溯到马可·波罗对印度的幻想。[36]40岁的加尔文宗信徒阿贝尔·扬松·塔斯曼（Abel Janszoon Tasman）于1642年从巴达维亚出发，探索了南方的广大区域。他喜欢喝酒；在后来的职业生涯中，他被剥夺了指挥权，因为他在醉酒后绞死了一个惹麻烦的水手，而不屑于走恰当的审判程序。[37]塔斯曼看到了塔斯马尼亚岛（Tasmania），没有认识到这是一个位于澳大利亚近海的大岛。他绕着塔斯马尼亚岛的南部海岸线航行，证明了它不是南方大陆的一部分。他热衷于纪念荷属东印度的总督，因此以总督的名字将这片土地命名为"安东尼奥·范·迪门斯之地"（Anthonio van Diemens Landt），还宣称这是荷兰的领土。塔斯曼没有看到居民，即最终被澳大利亚白人消灭的塔斯马尼亚原住民，但有很好的证据表明在这片土地上有人居住：上岸的水手报告说森林中升起了浓烟。出于某种原因，塔斯曼得出结论，"这里一定有人类，其身材魁梧不凡"。这属于探索者常用的关于巨人、怪兽和野蛮人的套路式描述。[38]坦率地说，南澳大利亚和西澳大利亚一样，十分令人失望。

塔斯曼在东方更远处，即后来被称为塔斯曼海（Tasman Sea）

的海域的另一侧，有了一个似乎更有潜力的意外发现。1642 年 12 月底，他的小舰队到达奥特亚罗瓦（新西兰）南岛的北端。荷兰船一到，两艘毛利划艇就靠近了。船上的毛利勇士不断挑战荷兰人，向他们呼喊，并吹响螺号。荷兰人以牙还牙，高声呐喊，吹奏喇叭，并试图开炮吓唬毛利人。夜间的局势很平静，但第二天早上，毛利人的一艘双体船出发去查看荷兰船只。不久，毛利人的 8 艘船就围着荷兰船转来转去。第一艘双体船载有 13 名裸体男子，他们的模样一定很吓人，浑身都是文身，显然满怀敌意。荷兰人试图派一艘小船上岸，但其中一艘毛利划艇径直冲向荷兰小船，并撞了上去。毛利船员与荷兰水手扭打成一团，用棍子打死了 4 个荷兰人，还把他们的尸体带走了。荷兰人认为这些尸体被带走吃掉了，这并非不可能。愤怒的塔斯曼给发生这些事件的海湾取名为"杀人湾"，今天它被更客气地称为"金湾"（Golden Bay）。[39] 这次血腥的"会面"达到了毛利人想要的效果：陌生的访客乘坐大船离开，向北航行，懒得深入探索奥特亚罗瓦。

　　塔斯曼意识到，他面对的土著在外表和生活方式上与澳大利亚原住民有很大的不同。但是，他没能摸清奥特亚罗瓦两个大岛的轮廓，并误以为将北岛和南岛分开的库克海峡只是一个大海湾。然而，他在一路向北航行到斐济和汤加时，确实意识到在澳大利亚和新西兰之间有广阔的海面，因此澳大利亚肯定有一个东海岸，它可以与荷兰人已经发现的地区（澳大利亚西海岸）连接起来。换句话说，澳大利亚是一片大陆，而不是南方大陆的一个凸出部分。塔斯曼对新西兰的形状一无所知，因为他只看到了南岛的一小部分和北岛的西海岸，而且他在新西兰的痛苦经历一定不会鼓励他在那里停留更长时间。[40]但到了 17 世纪中叶，新西兰开始在荷兰地图上被标记出来，以荷兰的泽兰省（Zeeland）命名，具有爱国主义色彩。塔斯曼认为自己已经到了南方大陆的海岸，海岸线再往南一直延伸到南美洲。不过不知为何，他的报告没有说服荷兰东印度公司，让公司相信有必要进行更深入的探索。公司显然更重视澳大利亚和新西兰之间的相似之处，而不是这两块土地和两群居民之间的差异。

　　虽然第一次航行没有取得什么像样的成果，但荷兰东印度公司还是委托塔斯曼进行第二次航行，希望能了解所有已经考察过的不同海岸线是如何连起来的（如果能连起来的话）。在又一次平淡无奇的旅行结束后，公司得出了这样的结论：

　　　　因此，他们没有找到任何有价值的东西，只发现一些可怜人赤身裸体地在海滩上行走，那里没有财富，也没有任何值得注意的水果，非常贫穷，许多地方的居民是天性恶劣的歹人……同时，塔斯曼在两次航行中绕过了这片广袤的南方土地，据估计它有纵深 8000 英里的土地，我们寄给诸位大人的海图显示了这一点。如此广袤的土地有着多种不同的气候条件……却没有任何有价值的资源，这几乎是令人不可接受的。[41]

所以，荷兰东印度公司的目标完全是追求物质利益。公司分配给塔斯曼的任务之一是找回与"巴达维亚号"一起沉没的宝箱。不过，他没有找到沉船，也没有找到在陆地上失踪的海难漂流者。然而，公司的上述结论是不公正的，因为正是由于塔斯曼和他的前辈的努力，荷兰人对澳大利亚的规模和轮廓才有了相当深入的了解。问题是，澳大利亚不是他们想找的那个大陆。在托雷斯的航行结束很久之后，人们对澳大利亚和新几内亚是否连在一起仍然很迷惑。一幅于1690年前后绘制在精美的日本纸上并保存在悉尼的地图（因其出处而被称为波拿巴地图）显示，荷兰人在前往澳大利亚的航行之后确实绘制了其西部、北部和南部海岸的地图，而且荷兰人显然有一种假设，认为澳大利亚东海岸的形态与其他海岸的差不多。

　　塔斯曼的航行对于绘制南太平洋和南冰洋北部边缘的地图非常重要，但他的航行是基于关于南方大陆的错误前提，而他对塔斯马尼亚和奥特亚罗瓦的发现都是偶然的，他只是碰巧来到了这些地方。这与一百多年后库克船长的航行形成了鲜明的对比。库克的航行是一次科学考察：船上载着约瑟夫·班克斯和其他一些科学家；科考的一个目的是观察金星凌日，另一个目的是准确地绘制太平洋的地图。库克仔细考察了自荷兰人到达澳大利亚后一直被忽视的澳大利亚海岸地区。他判断，奥特亚罗瓦不是从一片巨大的南方大陆伸出来的一个凸起，而是两个有大量毛利人居住的大岛。库克的一个动机是为英国殖民活动寻找土地，但他也奉命寻找南方大陆，即使寻找叫"海滩"的黄金王国的梦想早已烟消云散。[42]

　　欧洲人最早与澳大利亚和新西兰相遇的故事，与欧洲人抵达世界其他地方的历史有明显的不同。在欧洲人发现澳大利亚与新西兰的过程中，贪欲仍然是探险的强有力动机，然而这种贪欲是澳大利亚和新西兰都无法满足的：在奥特亚罗瓦是因为毛利居民的敌意，在澳大利亚是因为土地过于贫瘠、干燥和不具生产性，所以无法引起欧洲人的兴趣。可是，塔斯曼在航行到奥特亚罗瓦时，已经到达欧洲人到访的最后一条重要且有人居住的海岸线。在更远的南方，仍有荒无人烟的冰天雪地等待发现，还有更多海岸线需要制图，但欧洲人在塔斯曼时代已经真正"囊括"了整个世界，尽管毛利人没有理由对他们的到来表示感激。

注　释

1. M. Edmond, *Zone of the Marvellous: In Search of the Antipodes* (Auckland, 2009), p. 85; A. Stallard, *Antipodes: In Search of the Southern Continent* (Clayton, Vic., 2016).

2. M. Estensen, *Terra Australis Incognita: The Spanish Quest for the Mysterious Great South Land* (Crows Nest, NSW, 2006), pp. 8-12, 14; N. Crane, *Mercator: The Man Who Mapped the Planet* (London, 2002), p. 97, fig. 12; M. Camino, *Exploring the Explorers: Spaniards in Oceania, 1519-1794* (Manchester, 2008), p. 83, fig. 2:3; Edmond, *Zone of the Marvellous*, pp. 32-4; H. Kelsey, *The First Circumnavigators: Unsung Heroes of the Age of Discovery* (New Haven, 2016), pp. 134-5; Stallard, *Antipodes*, pp. 86-111.

3. Camino, *Exploring the Explorers*, p. 36.

4. Ibid., p. 38; Stallard, *Antipodes*, pp. 120-24.

5. 门达尼亚的报告，引自 Estensen, *Terra Australis Incognita*, p. 27; Camino, *Exploring the Explorers*, pp. 48-9。

6. D. Abulafia, *The Discovery of Mankind: Atlantic Encounters in the Age of Columbus* (*New Haven*, 2008), pp. 267-8.

7. Edmond, *Zone of the Marvellous*, p. 86.

8. Estensen, *Terra Australis Incognita*, pp. 19 - 56; Camino, *Exploring the Explorers*, pp. 39-61; Kelsey, *First Circumnavigators*, pp. 70-74.

9. Estensen, *Terra Australis Incognita*, pp. 57-8.

10. Camino, *Exploring the Explorers*, p. 19.

11. Ibid. , pp. 75 - 8, 80, 101; M. Estensen, *Discovery: The Quest for the Great South Land* (London, 1999), p. 101.

12. Estensen, *Terra Australis Incognita*, pp. 129-33.

13. Ibid. , pp. 159 - 60; Camino, *Exploring the Explorers*, pp. 84, 95; Stallard, *Antipodes*, p. 130.

14. Estensen, *Terra Australis Incognita*, pp. 182-3.

15. Ibid. , pp. 197-204.

16. G. Seal, *The Savage Shore: Extraordinary Stories of Survival and Tragedy from the Early Voyages of Discovery* (New Haven, 2016), p. ix.

17. Australian Electoral Commission, *History of the Indigenous Vote* (Canberra, 2006).

18. P. Whitfield, *Charting of the Oceans: Ten Centuries of Maritime Maps* (London, 1996), pp. 55, 57-8.

19. K. McIntyre, *The Secret Discovery of Australia: Portuguese Ventures 200 Years before Captain Cook* (Medindie and London, 1977); A. Sharp, *The Discovery of Australia* (Oxford, 1963), pp. 2, 4-15, and plate 3.

20. Estensen, *Discovery*, pp. 53-8; Seal, *Savage Shore*, p. 15.

21. Estensen, *Discovery*, pp. 56-8; Seal, *Savage Shore*, pp. 16-18.

22. Seal, *Savage Shore*, p. 27.

23. Ibid. , pp. 22-5, 265 n. 8; Estensen, *Discovery*, pp. 119-22.

24. Seal, *Savage Shore*, p. 28; Estensen, *Discovery*, pp. 128 - 9; Sharp, *Discovery of Australia*, p. 32.

25. 引语出自"巴达维亚号"的货运监督弗朗索瓦·佩尔萨特，见 Estensen, *Discovery*, p. 158。

26. Seal, *Savage Shore*, pp. 30-34; Estensen, *Discovery*, pp. 140-41; Sharp, *Discovery of Australia*, pp. 42-5.

27. M. Dash, *Batavia's Graveyard* (London, 2002), pp. 53-7, 62-5.

28. 'The Journals of Francisco Pelsaert', transl. E. Drok, in H. Drake-Brockman, *Voyage to Disaster: The Life of Francisco Pelsaert* (London, 1964), p. 122.

29. 佩尔萨特的航海日志，见 Sharp, *Discovery of Australia*, p. 61; 'Journals of Francisco Pelsaert', p. 130。

30. Text in Seal, *Savage Shore*, p. 65; also 'Journals of Francisco Pelsaert', p. 128.

31. Seal, *Savage Shore*, p. 70; Dash, *Batavia's Graveyard*, pp. 30-35, 277-81; 'Journals of Francisco Pelsaert', pp. 158-77.

32. Seal, *Savage Shore*, pp. 67 - 73; 'Journals of Francisco Pelsaert', pp. 142-4; Dash, *Batavia's Graveyard*, pp. 205-11.

33. Seal, *Savage Shore*, pp. 78-80; Estensen, *Discovery*, pp. 160-61.

34. Dash, *Batavia's Graveyard*, pp. 264-75, 其中 p. 273 提出了一种略微不同的解释; Seal, *Savage Shore*, pp. 82-4。

35. Seal, *Savage Shore*, p. 85; Estensen, *Discovery*, pp. 154 - 5; Sharp, *Discovery of Australia*, pp. 55-6.

36. Estensen, *Discovery*, pp. 9, 87, 131, 148, 230; Sharp, *Discovery of Australia*, p. 39.

37. Seal, *Savage Shore*, p. 97.

38. Sharp, *Discovery of Australia*, pp. 70-79.

39. A. Salmond, 'Two Worlds', in K. R. Howe, ed., *Vaka Moana-Voyages of the Ancestors: The Discovery and Settlement of the Pacific* (Auckland, 2006), pp. 251-2.

40. Estensen, *Discovery*, pp. 179-81.

41. Sharp, *Discovery of Australia*, pp. 87-8; Seal, *Savage Shore*, p. 96.

42. P. Edwards, 'The First Voyage 1768-1771: Introduction', in James Cook, *The Journals* (2nd edn, London, 2003), p. 11.

第四十二章

网络中的节点

※ 一

16 世纪和 17 世纪的地图夸大了大西洋中央诸岛的规模。人们很难相信佛得角群岛、亚速尔群岛和圣赫勒拿岛等地仅仅是大洋上的一个个小点。它们非常重要，因为它们是穿越大西洋或在印度洋与大西洋之间通行的船队所必需的补给站。因此，在 16 世纪和 17 世纪的地图上，马德拉岛可能看起来与今天纽约州的面积一样大。不过，从航海的角度来看，这些岛屿并不小：亚速尔群岛绵延 360 英里（580 公里）。所以，寻找避风港的船并不完全是在大海捞针。在这些岛屿，也比较容易收集到来自世界各地的商品。水手们在从摩鹿加群岛或印度经好望角和大西洋上葡属岛屿回家的途中，希望通过私下买卖东方香料来赚点小钱。这样一来，位于温带的亚速尔群岛就成了它本身无法生产的热带香料的一个出人意料但很有价值的来源；巴西蔗糖也很容易在亚速尔群岛获得，因为巴西在 1600 年后成为高品质糖的主要产地。荷兰和葡萄牙商人建立了复杂的贸易网络，以利用葡萄牙官方相对松散的管控体系中的每一个漏洞。

离开巴西的葡萄牙船会抵达亚速尔群岛的两个主要岛屿，特塞拉岛和圣米格尔岛，并自称是为了躲避风暴而进入这些港口的，或者是为了躲避海盗。然后，它们会卸下蔗糖，用其他船将蔗糖直接运往低地国家，而无须在里斯本缴纳关税。[1]

大西洋诸岛拥有非常多元化的社区：除了葡萄牙和西班牙定居者，还有来自英格兰、苏格兰、爱尔兰、荷兰、佛兰德、意大利、德意志和西非的居民，其中最后一个群体主要由奴隶组成。不过在佛得角群岛，西非奴隶与葡萄牙人和其他人结合，形成了部分自由的混血儿群体。[2]但是，大规模的甘蔗种植园在巴西（然后在加勒比海）的发展，使马德拉岛和其他大西洋岛屿大受挫折。巴西的奴隶制经济，很适合在甘蔗种植园的田间和火炉旁进行的那种极其艰苦的劳动。通过使用大批量建造的卡拉维尔帆船来运输巴西的糖，葡萄牙人使运输成本保持在低位。荷兰人在这一贸易中占有一定份额，与葡萄牙人合作经营，也利用造价低廉的船来减少日常管理费用。因此，巴西完全可以取代马德拉或圣多美，因为这两地的糖是出了名的质量低劣。衡量马德拉制糖业衰落的一个标准是，奴隶从岛上消失了，因为在大西洋世界里，奴隶的存在必然意味着正在进行制糖或其他高度劳动密集的生产。[3]

在马德拉，人们开始寻找替代的产业，但经过蔗糖种植者两个世纪的深度利用，该岛肥沃的土壤正变得贫瘠。拯救马德拉的，是该岛至今仍然闻名遐迩的产品：葡萄酒。17 世纪的马德拉葡萄酒与今天生产的浓郁的甜点酒相当不同。它既没有经过强化，也没有经过多年的积淀而成为一种优质的葡萄酒。17 世纪的大部分马德

上：马丁·瓦尔德泽米勒的世界地图将新大陆的部分地区标为"亚美利加"，以纪念亚美利哥·韦斯普奇的航行

下：克拉科夫雅盖隆大学收藏的一个制作于约1510年的地球仪，它错误地将锡兰以南的想象中的大陆标注为"新发现的美洲"

上：根据马丁·倍海姆的地球仪（1492 年），从欧洲向西航行可以到达日本、中国和香料群岛。哥伦布也是这么认为的

下：1503 年，在瓦斯科·达·伽马第二次印度远航期间，"埃斯梅拉达号"遭遇风暴后脱离锚地，在阿曼近海沉没。它的残骸于 1998 年被发现

上：16世纪早期圣多明各的西班牙殖民政府所在地，这是美洲最古老、规模最大、保存最完好的殖民地时代建筑群

下：塞维利亚城的景致，约1600年。从大西洋来的船只驶入瓜达尔基维尔河，前往塞维利亚的码头。摩尔人建造的吉拉达塔巍然耸立

左：残酷无情的葡萄牙海军将领阿方索·德·阿尔布开克（卒于 1515 年）的画像，17 世纪印度人创作

右：阿曼湾之滨巴蒂亚的葡萄牙瞭望塔，俯瞰一座 15 世纪建造的清真寺

土耳其海盗皮里雷斯于 1513 年绘制的第一(
地图，表明他对西班牙人前往新大陆的远航(
非常详细的了解，这些知识可能是从西班牙(
虏那里获得的

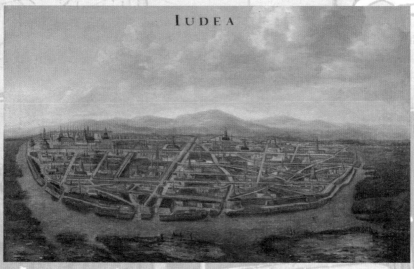

上：1642年，阿贝尔·塔斯曼的船队抵达新西兰南岛，在那里遇见了一些充满敌意的毛利人，四名荷兰水手在冲突中死亡。

下：暹罗大城建于1350年，是连接印度洋与南海的重要贸易中心，荷兰人从大城获取了大量象牙和犀角

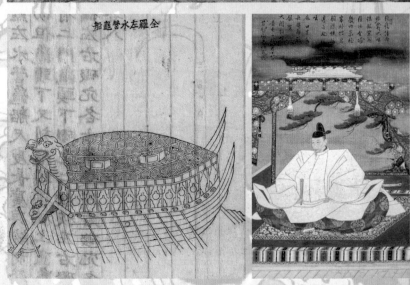

上：澳门地图，偏左的地方有巍峨的圣保禄教堂，它后面是要塞和耶稣会学院。主要港口在地图底部的西侧

下左：1597—1598年，朝鲜海军将领李舜臣运用龟船，以少胜多，打败了日本海军

下右：日本的实际统治者丰臣秀吉对耶稣会传教士和日本基督徒的态度时冷时热

上：墨卡托的世界地图，想象北极被四个大岛环绕，并且从欧洲穿过北冰洋驶往中国是不可能的。这个版本的时间为 1595 年

下：1596—1597 年，威廉·巴伦支及其探险队在北极熬过了一个酷寒的冬天，在那里留下了白镴烛台和若干商品。一位挪威船长在 1871 年发现了这些物品

上：日本碗，约 1800 年，展现了荷兰船只与商人，当时只有荷兰人获准访问日本。图中的荷兰人穿着一百五十年前的服装

下：长崎出岛的荷兰人定居点，貌似一座微型荷兰城镇，有花园，但没有教堂，因为日本人不准他们建教堂

上：1692 年 6 月 7 日正午，严重的地震和海啸摧毁了英属牙买加的首府皇家港，导致 4000 人死亡

下：17 世纪初，丹麦东印度公司从一位南印度统治者那里获得了特兰奎巴要塞。公司的大部分生意是印度洋与南海范围内的"在地贸易"

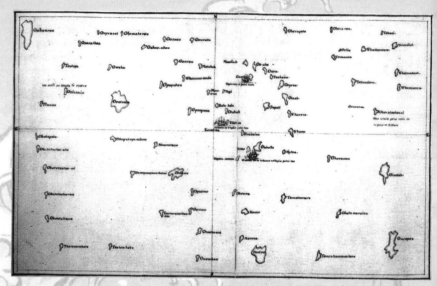

上：波利尼西亚航海家图帕伊亚陪伴库克船长周游了太平洋诸岛。图帕伊亚根据记忆绘制了非常详细的地图，但他不知道夏威夷和新西兰

下：夏威夷国王卡美哈梅哈一世建立了一支由欧式船只组成的舰队。1791 年，他在红嘴炮之战中打败了竞争对手。此时大多数夏威夷人用的还是传统船只。注意卡美哈梅哈一世的对手使用的爪形帆与上册第一张彩图中的帆类似

上：1658 年，奥利弗·克伦威尔的儿子和短暂继承者理查德·克伦威尔授权英国东印度公司拓殖圣赫勒拿岛，该岛后来成为英国跨大洋行动的补给站

下：广州洋行展示各自的旗帜。这幅画的时间约为 1820 年，图中可见英国、瑞典、美国和其他国家的国旗

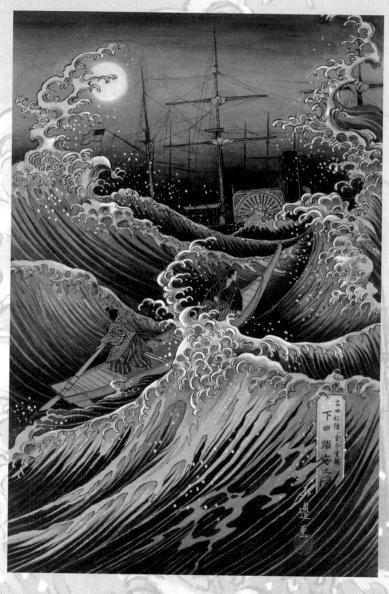

1853 年，海军准将佩里叩关，仅仅将日本的大门打开了一条小缝，但他的铁甲明轮船让日本人兴趣盎然

上：新加坡河的河口两侧有许多仓库，存放着印度洋与南海之间通过新加坡港运输的各种商品

下：右侧的白色房屋是摩加多尔（索维拉）犹太商人的家宅。他们掌控着从英国到摩洛哥的茶叶贸易。他们可以从王宫区的窗户眺望码头，他们的货物就在那里卸载

上：20世纪初在利物浦港建造的宏伟建筑包括皇家利物浦大厦和冠达大厦。那时是利物浦的黄金时代

下：上海外滩的街道熙熙攘攘，风格与利物浦码头区类似，有许多银行和贸易公司，最右侧是沙逊大厦

上：即便在轮船普及之后，运送茶叶、粮食和邮件的飞剪式帆船仍然在航行，驶向位于中国和澳大利亚的装货港，然后返回欧洲。图中是 19 世纪 50 年代正在向澳大利亚航行的"海洋酋长号"

下：冠达白星公司的骄傲——"玛丽王后号"于 1938 年 8 月 8 日抵达纽约。两次世界大战之间，远洋客轮兴盛

上：在写作本书时全世界最大的游轮"海洋魅力号"，可搭载超过 7000 名乘客

下：在写作本书时全世界最大的集装箱船"中海环球号"，可运载超过 1.9 万个标准集装箱

拉葡萄酒是红色的劣质酒，在酿造后的一年内被喝掉，但它非常受水手的欢迎。马德拉有一些用马尔瓦西亚［Malvasia，或称马姆齐（Malmsey）］和其他品种的葡萄少量酿造的高级葡萄酒，然而都很难买到。不过，马德拉葡萄酒有一些显著的特点：它似乎不受高温或运输的影响，高温或运输甚至可能改善其品质，所以 19 世纪英国的马德拉葡萄酒爱好者往往会要求购买先被运到加勒比海或南美洲然后才运到英国的葡萄酒。[4]而且，在巴西和西印度群岛有很多消费者喜爱马德拉葡萄酒，英国商人向这些地区不仅供应奴隶，还供应葡萄酒。巴巴多斯居民特别爱喝马德拉葡萄酒，而牙买加的英国定居者在该岛于 1655 年被英国统治后成为马德拉葡萄酒的主要消费者。[5]

对马德拉葡萄酒贸易有利的一点是，该岛距离英国较近，同时处于大西洋贸易路线上，所以是前往北美或南美的船只的一个有用的装货点。马德拉和英国之间的亲密关系就这样开始了，至今仍未断绝。从 16 世纪晚期的罗伯特·威洛比（Robert Willoughby）开始，英国的商业机构开始在马德拉蓬勃发展。威洛比在马德拉的安全可以得到保障，因为他是天主教徒，还成了葡萄牙基督骑士团的成员。17 世纪在马德拉的英国侨民包括大量新教徒，他们经常与宗教裁判所发生摩擦。但是，对葡萄牙当局来说，英国侨民显然是一笔宝贵的资产，因此，英国新教徒主要是遭受言语侮辱，而不会受到真的迫害。[6]在许多方面，英国新教徒侨民的地位与葡萄牙新基督徒相似，在做生意时大家可以方便地忽略新基督徒的犹太身份。在马德拉的英国商人的生活往往相当奢侈，他们在远离首府丰沙尔

纽芬兰

缅因
波士顿
新泽西
纽约 罗得岛
特拉华

亚速尔
法亚尔
比

北卡罗来纳
南卡罗来纳

百慕大

大西洋

哈瓦那
圣地亚哥

牙买加

佛

巴巴多斯

卡塔赫纳

巴西

太平洋

大

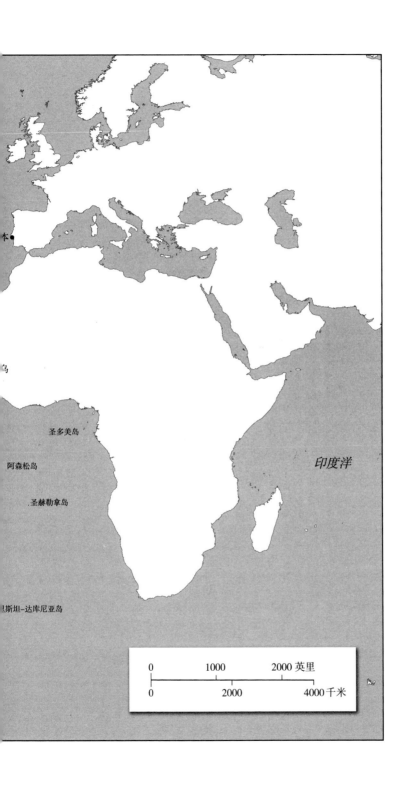

本●

乌

圣多美岛

阿森松岛

圣赫勒拿岛

印度洋

斯坦–达库尼亚岛

0	1000	2000 英里
0	2000	4000 千米

的地方拥有宜人的庄园（*quintas*）。英国人带来了布匹，这有助于平衡他们从马德拉买走的葡萄酒的开支，双方的联系也由此变得更加紧密。此时，德文郡和埃塞克斯郡的织布机嗡嗡地忙碌不停，因为英国的布匹取代了法国和佛兰德的产品。英国与马德拉建立起了一种牢固的关系。[7]

　　1700 年前后，来自沃里克（Warwick）的英国商人威廉·博尔顿（William Bolton）在马德拉与西印度群岛以及英国之间开展了活跃的贸易，他写的信件偶然存世，有助于我们了解英国人在马德拉的生存状况。博尔顿是罗伯特·希舍姆（Robert Heysham）在马德拉的代理人。希舍姆是伦敦的一位银行家兼商人，在非洲有生意，在巴巴多斯有土地，他的兄弟兼合伙人威廉在巴巴多斯担任英国种植园主的官方代表。[8]这一时期的"非洲贸易"首先是指奴隶贸易，即把奴隶输送到西印度群岛，令其在甘蔗种植园劳动。不过，虽然博尔顿发往巴巴多斯和牙买加的货物无疑是用糖厂和奴隶贸易的利润换来的，但奴隶贸易并非他的专长。博尔顿的职业生涯能够让我们了解，马德拉是如何被锁定在一个比大西洋东部大得多的广阔世界中的。除了与希舍姆兄弟和巴巴多斯的关系，博尔顿还在波士顿、纽约、罗得岛和百慕大（Bermuda）找到了客户，并将马德拉葡萄酒装上途经马德拉岛前往巴西、印度和东印度群岛的船。[9]他的活动也揭示了马德拉在基本物资供应方面对欧洲的依赖程度，因为马德拉先是专攻制糖，然后转向酿酒，这使该岛变成了一个单一栽培的地方，由此需要从荷兰、英国、北美和亚速尔群岛获取小麦，从苏格兰和爱尔兰获取肉类和乳制品，从苏格兰和纽芬兰获取鱼类，从英国获取羊毛制品、丝绸和棉制品。特别令人惊讶的是，马德拉依靠西印度群岛供应的产品，恰恰是在 15 世纪使马德拉声名鹊起的糖。而木材，在航海家恩里克的时代是马德拉岛的另一种重要的出口产品，如今却需要从北美的英国殖民地运来。[10]

1695 年 12 月中旬，威廉·博尔顿报告了马德拉岛附近船只的情况。一艘葡萄牙船正在装载大量的葡萄酒，准备将其运往巴西；一艘布里斯托尔船正准备将葡萄酒运往西印度群岛；一艘来自纽约的船"带着大约 100 桶葡萄酒回家"，约合 5700 升。[11]1696 年 7 月，博尔顿说"发生了一桩奇怪的事情"，"我被逮捕了，被关进了一座潮湿的地牢"。他受到的指控很能说明马德拉的葡萄牙政府优先考虑哪些事项：总督亲自告诉他，英国船在最近一次到访马德拉时停留的时间太短，导致没有运出足够多的葡萄酒，现在还有 2000 桶没有售出。博尔顿解释说，有些船是去西印度群岛的，所以没有足够的空间运载大量葡萄酒。[12]1700 年 7 月，他已经开始提前考虑，并向在伦敦的合伙人通报情况："我们很可能迎来一个丰收的年份：天气很好，一半以上的葡萄树已脱离危险，因此，在 12 月底或 1 月初派船来这里对你们有利。"他认为："我们的葡萄会大丰收。天气再好不过了。现在我们只希望有合适的条件来采摘。"[13]博尔顿观察到的一位访客是伟大的天文学家埃德蒙·哈雷（Edmund Halley）：一艘船于 1699 年 1 月抵达马德拉，"船上有数学家哈雷先生，他打算去巴西海岸和好望角以南；他的计划是观察指南针的变化"。[14]博尔顿的信件能够让我们了解途经马德拉岛的整个商路网络，马德拉岛成为往返于葡萄牙、荷兰、英国、北美、西印度群岛和巴西的船只的集合点。

※ 二

与马德拉岛一样，亚速尔群岛也特别受到英国人的青睐。在
1620—1694 年，已知有 279 艘船在圣米格尔岛（今天的亚速尔群岛
首府所在地）停靠。其中超过一半是英国船，不到 10% 是葡萄牙
船。不仅大部分船是英国的，亚速尔群岛的主要航线也都指向英
国，因为亚速尔群岛甚至比马德拉岛更依赖在英国西南部生产的布
匹，如汤顿棉布（Taunton cottons，虽然叫棉布，其实是由羊毛制
成的）。[15]亚速尔群岛的港口，如特塞拉岛的英雄港，可以接待大型
商船和战舰，条件比马德拉岛的丰沙尔好得多，丰沙尔几乎没有港
口可言。亚速尔群岛不仅与英国密切联系，英国的美洲殖民地也从
与亚速尔群岛的联系中获益良多。亚速尔群岛中法亚尔岛（Faial）
上的奥尔塔（Horta）在 17 世纪与英国的北美属地建立了密切的联
系。附近皮库岛（Pico）的葡萄酒（葡萄生长在火山的陡峭山坡
上）可以与马德拉葡萄酒媲美，很有吸引力。随着奥尔塔的发展，
它与新英格兰的联系也越来越多。奥尔塔的繁荣经济正是建立在其
北美业务，而不是欧洲业务的基础上的，因为波士顿人购买的亚速
尔葡萄酒往往多于马德拉葡萄酒。随后，波士顿人将亚速尔葡萄酒
分销给正在沿着北美东海岸建立起来的英国殖民地（缅因、纽约、
新泽西、特拉华、北卡罗来纳和南卡罗来纳），赚取丰厚的利润。
纽约和波士顿的早期报纸刊登了从亚速尔群岛运来的葡萄酒的广
告。奥尔塔还是从英国前往西印度群岛的航运的重要停靠点。[16]如果

不充分考虑亚速尔群岛的作用，就无法理解英国人在创建跨大西洋海路网络方面的成功。

　　不过，亚速尔群岛有一个美中不足之处。从东印度来的船会在亚速尔群岛补充食物，然后进行漫长旅程的最后一段，前往里斯本。如前文所述，葡萄牙法律禁止船上的人在亚速尔群岛卸下他们的东方香料和奢侈品。如果亚速尔人仍然想要这些商品，它们应该被一直送到里斯本，然后再出口到亚速尔群岛。人们自然有办法绕过这个规定，如走私、贿赂或者公然违抗法律。1649 年，一艘名为"圣安德烈号"（*Santo André*）的大船被葡萄牙人的英国和荷兰盟友护送到特塞拉岛的英雄港，因为它载有非常贵重的大宗肉桂，并且受到了海盗的威胁。葡萄牙人获得了在英雄港卸下香料的特别许可，但这批货物最终仍然需要运往里斯本。而"圣安德烈号"的船龄已经有二十六年了，从东印度群岛长途跋涉来到英雄港后，适航性已经很差；并且当时还刮起了强风，使"圣安德烈号"几乎无法前进。因此，葡萄牙人雇用了两艘英国船，贵重的货物被平分给这三艘船。它们安全地到达特茹河入海口，然而又一次遇到强风。两艘英国船比较小，可以驶入里斯本港，"圣安德烈号"却是一艘笨重的盖伦帆船，它的船长看到刮起了大风，就驾船逃到了加利西亚海岸的海湾，即著名的溺湾（*rías*）。但那里是西班牙的土地，西班牙国王仍在试图镇压他眼中的葡萄牙人的无耻叛乱，葡萄牙人在九年前摆脱了哈布斯堡王朝的统治。结果，"圣安德烈号"及其货物被扣押，三分之一的肉桂被西班牙人抢走了。[17]

　　葡萄牙敢于直面它的西班牙敌人，部分原因是葡萄牙得到了英国和荷兰的支持。英雄港成为欧洲各地商人的基地；荷兰领事也代表其他一些国家行事，包括丹麦、瑞典和汉堡①。17世纪的英雄港被描述为"大西洋贸易的节点之一"。[18]它拥有宽敞的港口，在港口附近的巨大海角上有过去西班牙哈布斯堡王朝建造的固若金汤的防御工事。英雄港在紧张时期是安全的避难所，在和平时期则是备受重视的港口。

※ 三

郁郁葱葱的亚速尔群岛和贫瘠的佛得角群岛形成了鲜明的对比。不过，在那个还没有发明轮船的时代，没有人能够预测与风浪搏斗需要多长时间，船上的食物供应很可能在航行途中就耗尽了，所以这两个群岛的存在使远洋航行成为可能。佛得角群岛可以提供山羊肉，山羊对岛上植被的破坏极大；有用山羊奶制成的奶酪和黄油；可以提供大量的盐，几乎没有成本；还有柑橘类水果，尽管欧洲水手较晚才认识到酸橙或柠檬与治疗坏血病之间的联系。佛得角群岛在向新大陆传播非洲和欧洲植物（包括山药和水稻）方面同样发挥了重要作用。佛得角群岛与巴西之间的联系早在16世纪上半叶就已经形成。植物的流动是双向的，通过佛得角群岛到达西非的美洲玉米与木薯成为在西非深受欢迎的作物。有人指出，这种传播是在短短几年内发生的，而"一旦发生了一定程度的传播，传播就

---

① 当时汉堡是神圣罗马帝国框架内的一个城市共和国。

会自我延续".[19]这种传播也是不可逆转的，是改变大西洋沿岸各大陆本土经济的更广泛进程的一部分。马铃薯的例子及其在 19 世纪爱尔兰经济中的重要性几乎无须强调。[20]

到了 17 世纪 80 年代，锐意进取的英国商人向纽芬兰定居者出售亚速尔小麦和佛得角盐，纽芬兰定居者用这些盐来加工大西洋那一带极为丰富的鳕鱼，然后盐渍鳕鱼（bacalao）被运回大西洋对岸的西班牙和葡萄牙。在这两个国家，盐渍鳕鱼至今仍然是国菜。前往东印度群岛的商船也到过佛得角群岛，船员在绕过好望角前往东印度群岛之前，会在佛得角储备一些物资。因此，从 16 世纪开始，佛得角群岛有了一定的战略意义。弗朗西斯·德雷克于 1585 年抵达佛得角的主岛圣地亚哥，蹂躏了它小小的首府大里贝拉。[21]葡萄牙的哈布斯堡王朝统治者的回应是建造了圣费利佩堡（Fort of São Felipe），这座雄伟的建筑至今仍耸立在大里贝拉老城的遗迹之上，远眺大海。[22]但是，圣费利佩堡并不能保护圣地亚哥岛海岸线上更东边的海湾，并且其他国家的掠夺者也来到了佛得角，特别是荷兰人，他们曾短暂地占领普拉亚。不过，这里没有什么可占领的。佛得角岛民的生活依靠从欧洲进口的小玩意、廉价的陶瓷和纺织品、简单的金属制品以及非洲陶器。这些东西有些是佛得角当地生产的，有些是从非洲西海岸的葡萄牙贸易站运过来的。

对居住在圣地亚哥或通过圣地亚哥做生意的欧洲人来说，佛得角繁荣的真正源头仍然是非洲奴隶。[23]随着巴西制糖业在 16 世纪晚期兴起，经过圣地亚哥的航线更显得重要。在 1609—1610 年，13 艘船将大约 5900 名非洲奴隶从大里贝拉运往不同的目的地，现代哥伦比亚的卡塔赫纳是其中最受欢迎的目的地。不过，这只是官方的奴隶贸易，我们可以确定，私下还有更多的非洲人被装上船、运往大西洋彼岸。所以，佛得角群岛依旧是有用的中转站，可以在这里关押奴隶一段时间，直到奴隶贩子来接他们。关于这一点的证据是，有记录的抵达圣地亚哥的奴隶人数低于离开圣地亚哥的奴隶人数，而且在剑桥大学的考古学家于大里贝拉发掘的奴隶墓地里有许多奴隶的骸骨，他们在被出口之前就死在岛上。[24]到 17 世纪末，有人做了一些努力去保护奴隶，使其免受虐待。根据新的法规，奴隶在抵达佛得角后的六个月内必须接受洗礼，否则奴隶将被政府没收，而且奴隶在周日应当有休息时间。再者，前往美洲的奴隶在船上应当有一定的活动空间，有时间在甲板上锻炼，也有时间接受新信仰的教育。葡萄牙人认为，奴隶的灵魂有机会得到救赎。因此，与当自由的多神教徒相比，当基督徒奴隶有明显的优势。[25]

在佛得角群岛而不是在非洲海岸获取奴隶，有明显的好处。在葡萄牙位于西非的贸易基地，如卡谢乌，居住着所谓"被抛弃的人"（Lançados），他们往往是被怀疑有犯罪或异端行为的葡萄牙人。这些贸易基地与非洲统治者的宫廷建立了密切的联系。许多"被抛弃的人"被非洲社会深度同化了：母亲是非洲人，或娶了非洲女子为妻，因此他们对欧洲和非洲文化都很了解。有些"被抛弃的人"是新基督徒的后裔，当地的穆斯林统治者保护他们，使其免受宗教裁判所的迫害。"被抛弃的人"的存在对葡萄牙的经济利益有利，这对他们同样是一重保护。由于佛得角群岛的许多葡萄牙定居者也是新基督徒，佛得角和非洲海岸上的殖民者之间存在天然的亲属关系，这有助于培养互信，从而促进贸易。[26]"被抛弃的人"获得了贸易特权，知道非洲国王希望得到什么样的礼物作为帮助葡萄牙人的回报，因为国王们对武器或黄铜制品的要求可能非常具体。与非洲国王打交道是一门艺术，而欧洲奴隶贩子和船长只是这些水域的匆匆过客，不可能指望他们掌握这门艺术。

　　佛得角居民与"被抛弃的人"打交道，这带来了另一个好处："被抛弃的人"向佛得角群岛提供了当地难以生产的基本物资，如棕榈酒和小米。至少养活奴隶需要这些东西。而"被抛弃的人"也很乐意送来这些货物，换取西非精英喜爱的来自世界各地的产品：从欧洲送来的葡萄牙红布、金属手镯、纽扣、威尼斯玻璃珠，从新大陆送来的银币，从东印度群岛送来的珊瑚、丁香和棉花。不过，这些货物经常通过里斯本转口。[27]所有这些货物都要经过佛得角，这就加强了佛得角作为非洲和世界其他地区之间关键转运港的作用。非洲裔的佛得角岛民开始按照非洲的方式纺织棉布，通常以蓝色和白色为主色调，并模仿非洲的传统设计。这些布被称为"巴拉弗拉布"（*barafulas*），样式与西非的布相似，但质量往往更好。巴拉弗拉布是为非洲市场生产的，所以葡萄牙人能用佛得角产品交换西非奴隶。对这整个交换过程更加有利的是，佛得角种植了蓝染植物，蓝染植物在那里长势极好。巴拉弗拉布被用作标准货币（美洲的银币在西非被熔化，做成首饰）。使用布匹作为货币，商人就通过税收上的漏洞打败了里斯本的官僚，因为官僚希望商人用钱币来支付关税，结果是许多商人根本没有纳税。[28]

　　葡萄牙人在 1640 年对哈布斯堡统治的反叛带来了一个常见的

问题，即政治自由是一回事，而经济繁荣蒙受的风险是另一回事。解决办法很简单：在这一年，葡萄牙政府颁布法令，允许西班牙船继续到访佛得角群岛和几内亚，条件为它们必须是从新大陆来的，且需要在里斯本缴纳一笔保证金，并用美洲白银购买奴隶。于是佛得角与哈瓦那等地之间开始了一种有利可图的贸易。1640 年前后，奴隶贸易继续给欧洲人带来利润（并给奴隶造成巨大的痛苦）。在整个 17 世纪，已知有 2.8 万名奴隶经过佛得角群岛，但这绝对不是全部。[29]

前文探讨的几个群岛不仅是葡萄牙网络的一部分，也是全球网络的一部分。如果没有亚速尔群岛和佛得角群岛，很难想象在 17 世纪，不只是葡萄牙人，还有西班牙人和英国人的商业网络能够比较有效地运作。同时，我们不能忘记，这种贸易对途经佛得角被运往美洲的无辜之人造成了恐怖的摧残。

※ 四

在佛得角群岛之外很远的地方，有其他一些孤立的山峰从南大西洋的海面伸出来，在欧洲人到来之前，没有人类或哺乳动物在那里居住。这就是圣赫勒拿岛、阿森松岛（Ascension Island）和特里斯坦-达库尼亚岛（Tristan da Cunha）。研究圣赫勒拿岛的历史学家注意到，这个主要因为是拿破仑最后的居所而为世人熟知的岛，其重要性与面积完全不相称；圣赫勒拿岛真正重要的一点，是它位于往返印度的海路上。英国东印度公司对该岛的接管反映了一项精心构建的政策，即铺设跨洋远航的踏脚石，因为公司意识到，如果没有补给基地，穿越远海的航线就无以为继。说来也怪，早在 1502 年 5 月的圣海伦娜瞻礼日（Feast of St Helen）①，欧洲航海家就知道这个岛；1503 年，瓦斯科·达·伽马在第二次印度之行返航途中又到访了这个岛。圣赫勒拿岛可能很小，但水手们不可能错过它，因为从好望角出发穿越大西洋，"风非常稳定，十六天就能到达圣海伦娜之路"。³⁰

葡萄牙人意识到，无须在圣赫勒拿岛建立像马德拉或亚速尔那样的殖民地，它就可以很好地为葡萄牙的印度舰队服务。葡萄牙政府实际上不鼓励人们在圣赫勒拿岛长期定居，因为他们知道，从里斯本不可能控制这样一个偏远的地方。葡萄牙人希望圣赫勒拿岛远离公众的视线，而随着英国人和荷兰人开始往返于东印度群岛，这种希望就更是强烈。葡萄牙人没有从佛得角群岛的经验中吸取教训，他们在圣赫勒拿岛放养了许多山羊。至少有一名葡萄牙居民在 1516 年自愿在圣赫勒拿岛定居。他叫费尔南多·洛佩斯（Fernando Lopez），出身于上层社会，在果阿因为当逃兵而被捕，受到残酷的惩罚，耳朵、鼻子、左手拇指和整个右手被砍掉。不足为怪的是，他避免与人交往，更喜欢他的宠物鸡。不过，他与来访的船做了一些生意，出售他用仅剩的四根手指捕获的山羊的皮（羊肉被他吃掉了）。³¹

---

①　圣赫勒拿岛得名自圣海伦娜（St Helena），她是君士坦丁大帝的母亲，据说她找到了真十字架。

荷兰人认识到圣赫勒拿岛作为新鲜食物来源的价值，于 16 世纪末开始在它附近掳掠葡萄牙船只。1613 年，荷兰东印度公司的"白狮号"（*Witte Leeuw*）在圣赫勒拿岛附近袭击了葡萄牙船只。荷兰人的狂妄行为没有好结果："白狮号"的一门大炮发生爆炸，火药室被炸毁，导致 100 吨胡椒和一大批精美的中国瓷器坠入大海，其中一些后来被从海里打捞出来，保存在岛上的博物馆里。[32]这是荷兰尝试将葡萄牙人赶出圣赫勒拿岛的序幕，但荷兰人没有直接控制它。这种想法仍然受到青睐：该岛可以继续担当补给中心，实际上保持中立。不过英国人不是这么想的。1656 年，英国东印度公司说服奥利弗·克伦威尔，一旦英国控制圣赫勒拿岛，公司与东印度的贸易就会腾飞。正如一位法国旅行者在 1610 年描述的那样，圣赫勒拿岛是"大洋的一个中途站"。卡文迪许在环游世界期间返回大西洋时到访过圣赫勒拿岛，并对其印象深刻，因为他很高兴看到那里有瓜、柠檬、橘子、石榴、无花果、淡水溪流、肥硕的雉和鹌鹑以及葡萄牙人带来的山羊和猪。[33]奥利弗·克伦威尔的儿子兼短暂的继承人理查德·克伦威尔（Richard Cromwell）授予英国东印度公司一份特许状，授权它在圣赫勒拿岛"殖民、设防和经营"。英国东印度公司认为可以把圣赫勒拿岛当作基地，向遥远的摩鹿加群岛的伦岛发起远征。在 1667 年签署以伦岛换取曼哈顿的交换协议之前，英国人一直梦想着从荷兰人手中夺回伦岛。[34]

虽然在摩鹿加群岛落败，但英国东印度公司还是不愿意放弃圣赫勒拿岛，因为公司认为该岛具有很好的潜力。岛上淡水的质量极好，令人赞叹，使得圣赫勒拿岛成为"人间天堂"。[35]人们认为，

"植物、根茎、谷物和种植业所需的其他所有东西"将改变圣赫勒拿岛郁郁葱葱的自然环境，而鱼类在周围的水域成群结队，甚至野草也能为"刚刚死于坏血病的水手"提供神奇的治疗，他们会"奇迹般地恢复"，死而复生。利用从佛得角群岛带来的植物，英国人把圣赫勒拿岛改造成花园，种植来自世界各地的水果和根茎植物：来自美洲的木薯和土豆，来自欧洲的橘子和柠檬，来自非洲的大蕉，来自印度的水稻。这都是为了使圣赫勒拿岛自给自足，因为定居人口需要的资源比过往船只所需的补给物资要多。通过运送牛、羊和鸡到岛上，动物数量增多了。即便如此，在英国殖民圣赫勒拿岛的初期，很难获得农业知识。17 世纪 60 年代，岛上有 4 个自由的种植园主。种植和收获新作物的艰苦工作当然是由非洲黑奴完成的，他们被允许耕种自己的土地，并得到了可观的收获。这是一个人口不足而不是人口过剩的岛：1666 年，岛上有 50 名男性居民、20 名女性居民和 6 名奴隶。英国人经常从佛得角群岛运送男女奴隶到圣赫勒拿岛。马达加斯加的奴隶特别受到英国人的珍视，被带到巴巴多斯，在那里接受培训并成为熟练工匠。英国人希望这些奴隶在圣赫勒拿岛同样有用。[36]1673 年，在荷兰入侵圣赫勒拿岛失败后，119 名殖民者从英国出发前往该岛。他们中的一些人相当富裕，有自己的仆人或黑奴。到 1722 年，全岛人口达到 924 人，其中一半以上是自由人，自由人中的大多数是妇女和女孩。[37]

　　圣赫勒拿岛的殖民者并不是一个消极被动、愿意听从英国东印度公司差遣的群体。在 17 世纪晚期和 18 世纪，圣赫勒拿岛是一个动荡的地方，因为它的总督、驻军、自由种植园主和奴隶相互冲突。在一些年里，殖民者在岛上的议会中占据多数，但从英国人控制该岛的那一刻起，总督就不愿意过多理睬议会，而在伦敦的英国东印度公司董事们也很清楚，对定居者的高压手段会适得其反。1684 年，总督在镇压定居者起义时，命令士兵向起义者开枪，杀死了一些人；然后其他起义者被俘虏并遭处决。另一位总督遇刺身亡。岛上还发生过奴隶起义。研究圣赫勒拿岛的历史学家指出，它只是纸上的乌托邦，理论和现实相差甚远。[38]

英国东印度公司希望将圣赫勒拿岛专供自己使用，这不仅意味着保卫该岛不受荷兰或其他外国对手的侵犯，甚至英国其他公司也被禁止使用该岛。虽然圣赫勒拿殖民地是根据护国公本人的特许状建立的，但圣赫勒拿岛是英国东印度公司与印度的联络站，而不是英国与印度的联络站。圣赫勒拿岛被称为"公司之岛"并非没有道理。1681 年，英国东印度公司决定，如果有从马达加斯加或其附近的非洲海岸来的奴隶贸易船在圣赫勒拿岛停靠以获取补给或者在附近海域遇险，应当欢迎它们。不过，圣赫勒拿岛总督禁止不属于东印度公司的船到圣赫勒拿岛从事贸易。1681 年春，英国奴隶贸易船"罗巴克号"（Roebuck）到达圣赫勒拿岛，船上 346 名奴隶中有 40 人病死，有些船员也生病了。圣赫勒拿岛的殖民者为其提供了医疗援助，但总督禁止"罗巴克号"的水手上岛做生意，这让种植园主们非常恼火。[39]然而，这一政策与公司的垄断方针是一致的。

东印度公司还希望控制另一个偏远的南大西洋岛屿——特里斯坦-达库尼亚岛，从而进一步提高公司的垄断地位，尽管那里的天气甚至比圣赫勒拿岛的还要糟糕，而且那里更加贫瘠。[40]东印度公司这么做的动机是控制进入印度洋的海路，并朝西看向巴西，即便特里斯坦-达库尼亚岛位于好望角以南一点的纬度，与圣赫勒拿岛相距甚远，后者大致位于现代安哥拉和纳米比亚之间的纬度。特里斯坦-达库尼亚岛直到 1816 年才被英国人占领，不过他们第一次尝试殖民该岛是在 1684 年，当时英国船"学会号"（*Society*）被派往那里开展调查。东印度公司很想知道特里斯坦-达库尼亚岛的港口有多好。"学会号"的船长奉命在特里斯坦-达库尼亚岛或其他有潜力但空旷的岛上留下一头公猪和两头母猪，以及一封装在瓶子里的信，这被认为足以确立英国人对该领地的主张。到 19 世纪初，英国人对这个极其偏远的火山岛充满了热情，认为它比马德拉岛的主要城镇丰沙尔更好，"因为那里的海岸是笔直的"；在特里斯坦-达库尼亚岛上有足够的土地可供耕种，而且有良好的淡水供应。[41]

圣赫勒拿岛和特里斯坦-达库尼亚岛，甚至更北的几个群岛，都不仅是大西洋基地，它们与印度洋的关系同样密切。正如各大洋相互交融一样，它们的贸易路线也必然会交织在一起。

※ 五

将世界第四大岛马达加斯加与上述几个地图上的小点相提并论似乎很奇怪，但这样做有很好的理由：沿着马达加斯加海岸的几个点最初被视为潜在的船只补给站；而且，马达加斯加虽然不在大西洋，却被视为印度洋和大西洋之间的宝贵纽带。这让我们更加强烈地感受到，当时的商人、海盗乃至政府都不会像今天的人们（尤其是历史学家）那样，对几大洋做生硬的划分。[42]后来，随着在马达加斯加的大片土地定居的想法深入人心，欧洲人逐渐认为它是亚洲（而不是非洲）的一个更具吸引力的翻版。"商人理查德·布思比（Richard Boothby）"于1646年在伦敦出版并于次年重印的一本广为流传的小册子的全称是《对最著名的靠近东印度的马达加斯加岛或圣劳伦斯岛的简明介绍或描述，介绍了该地区的卫生、娱乐、丰饶和财富以及土著的状况，还有适合那里的种植园主的绝佳资源和条件》。另一本由熟悉该岛的英国人撰写的小册子，题目也充满热情：《马达加斯加，世界上最富饶和最丰产的岛》。小册子的作者尤其被马达加斯加民众"有爱且友善的性情"所吸引。在又一本小册子中，他称他们是"世界上最幸福的人"。[43]赞美这个岛的宣言书有很多，上面举的例子只是其中一部分。当时的欧洲人并不了解马达加斯加，然而从好望角出发，这个岛比苏门答腊（更不用说摩鹿加群岛了）更容易到达。欧洲人希望马达加斯加能成为东印度群岛的替代品，成为亚洲之外的新亚洲。像通常情况一样，当欧洲人遇到马达加斯加似乎延绵不绝的干燥红土地时，乐观情绪变成了大失所望。另外，欧洲人认为马达加斯加是一个与非洲不同的世界，是一片微型大陆，有自己不寻常的野生动物，并与整个印度洋有历史联系。这种想法倒是有几分真实。

葡萄牙人于1500年到达马达加斯加，发现该岛处于好几个国王的统治之下。葡萄牙人还发现，通过蒙巴萨等东非主要港口，马达加斯加已经与外界有了很好的联系。1506年，葡萄牙人突袭了该岛的一个港口，他们在那里没有得到黄金或象牙，却得到了大量的大米，可以装满 20 艘船。与外界的接触给马达加斯加带来了货物，也带来了伊斯兰教。尽管穆斯林的一些习俗，如割礼和不吃猪肉，变得相当普遍，但伊斯兰教未能对该岛产生强烈的影响。印度教也是如此，它的影响沿着在中世纪将第一批马来水手带到马达加斯加的贸易路线逐渐传播开来，可印度教在岛上的影响仍然很弱。马达加斯加的主要宗教信仰包括祖先崇拜（根据某些说法，这可能涉及对祖先遗体的仪式性展示，甚至将其吃掉）。[44] 虽然征服马达加斯加显然是不可能的，但欧洲人利用当地几个国王之间的战争（就像欧洲人在西非一贯的做法），以确保奴隶的供应。当地国王用奴隶来交换欧洲的纺织品和牛。一些国王有更高的品位：戴安·拉马赫（Dian Ramach）曾在葡属果阿受教育，所以他炫耀自己拥有中国制造的漆器宝座、日本花瓶以及波斯和欧洲长袍也就不足为奇了。[45]

在马达加斯加，奴隶是让欧洲人感兴趣的主要"商品"。与西非的情况一样，马达加斯加本土的奴隶制与被出口（到印度洋殖民地或大西洋彼岸）的奴隶受到的严酷待遇之间有天壤之别。马达加斯加本土的奴隶制比较宽松，只有在统治者和贵族决定将无自由的臣民卖给欧洲人的时候，奴隶们的命运才会变得悲惨。[46]马达加斯加奴隶在欧洲商人运过远海的奴隶中只占很小的比例，在欧洲人于印度洋交易的奴隶中不到 5%，于大西洋交易的奴隶中只占极小的部分。与之相比，据我们所知，在 17 世纪和 18 世纪，有超过 280 万名奴隶被英国船运出西非和中非。[47]不过，马达加斯加人因其智慧和技能而受到重视（他们的远亲马来人则被欧洲人认为过于懒惰和不可靠）。巴巴多斯的英国种植园主认为，马达加斯加奴隶是"所有黑人中最聪明的”，很适合被训练成木匠、铁匠或箍桶匠。所以东印度公司在马达加斯加寻找"身强体健的男孩"。[48]

不过，除了提供补给和奴隶贸易，马达加斯加还有另一个"优势"：海盗。在 17 世纪末，马达加斯加土著国王们纵容欧洲海盗以及来自英属北美殖民地的海盗来到马达加斯加的沿海港口。土著国王们招募装备精良的海盗来参加与敌对国王的战争。海盗之所以装备精良，是因为在遥远的大西洋（远至纽约）可以找到友好的商人，他们热衷于向海盗提供武器和烈酒。尽管东印度公司和伦敦的皇家非洲公司反对，但一桶桶的啤酒和烈酒还是从北美一路运到马达加斯加。同时，由英国人、荷兰人、法国人和非洲人构成的海盗向买家提供马达加斯加奴隶。[49]

这些海盗的北美支持者是纽约的一些重要人物。荷兰裔的弗雷德里克·菲利普斯（Frederick Philipse）是纽约最富有的市民之一。他听说一个名叫亚当·鲍德里奇（Adam Baldridge）的海盗放弃了自己的老本行，即加勒比海的海盗活动，并在马达加斯加东北近海的圣马利亚岛（St Mary's Island）定居。菲利普斯看到了一个黄金机会，于是向鲍德里奇提供物资以换取马达加斯加的奴隶。可以说菲利普斯和鲍德里奇买到了一张中奖彩票：在圣马利亚岛的基地开始运作并有数百人居住之后，所有活跃于印度洋西部的海盗船都开始在那里停靠以获取补给。鲍德里奇以相当高的价格出售朗姆酒和啤酒，生意特别好。不过，他也从北美进口《圣经》。这提醒我们，许多海盗认为，在远海杀人越货或做奴隶生意与基督教生活之间没有矛盾。随着圣马利亚岛定居点的扩大，马达加斯加的人口也在增长。1697 年末，当鲍德里奇离开圣马利亚岛、参加当地一次抓捕奴隶的探险时，住在镇上的岛民起来反抗，拆毁了他建造的要塞，杀死了大约 30 名海盗。鲍德里奇放弃了圣马利亚，后来他抱怨说，之所以发生叛乱，是因为欧洲人不懂得如何温和地对待岛民。但是，后来因犯罪而被绞死的著名苏格兰海盗威廉·基德（William Kidd）说，鲍德里奇是在为自己虐待镇上的马达加斯加居民找借口，因为他将男人、女人和孩子骗上船，把他们掳走，并作为奴隶卖给毛里求斯的荷兰人和留尼汪岛（当时被称为波旁岛）的法国人。这两个属于马斯克林群岛（Mascarene Islands）的岛位于马达加斯加的东面，正好在这一时期被欧洲人殖民。[50]这样看来，也许还有其他像基德一样的海盗，他们确实读过《圣经》，而且确实有良知。

有些海盗很器重马达加斯加奴隶，任命他们为船上的厨师，这是负有一定责任的岗位。船上厨师的一项重要任务是确保食物不被吃光，并尽可能多地为船员提供新鲜食物。马拉米塔（Marramitta）就是这样一位厨师，他被他的主人（不是别人，正是菲利普斯）任命为"玛格丽特号"上的厨师。他的真名不详，因为"马拉米塔"似乎是马达加斯加语中"烹饪锅"一词的变形，在现代法语中是 marmite。马达加斯加的奴隶被分散到世界各地。17 世纪末，英国东印度公司在苏门答腊明古连（Bencoolen）的胡椒贸易站建造要塞时，就使用了马达加斯加劳工。到了苏门答腊之后，相当多的马达加斯加奴隶逃进丛林。他们的语言与马来-印度尼西亚语接近，这肯定有助于他们逃亡。大西洋地区也有了越来越多的马达加斯加奴隶，其流动往往以圣赫勒拿岛为中转站。[51]早在 1628 年，一个来自马达加斯加的奴隶就来到了法国的新殖民地魁北克。在 17 世纪末，满载奴隶的船经常到达纽约。不过，与加勒比海的岛屿，特别是巴巴多斯和牙买加，或弗吉尼亚和卡罗来纳的英国定居点相比，北美那些正在蓬勃发展的城市较少接收马达加斯加奴隶。1678 年，三艘从马达加斯加出发的船向巴巴多斯运送了 700 名奴隶，那里制糖业的蓬勃发展（以及该行业造成的高死亡率）导致对奴隶的需求越来越大，而且不仅是对来自西非的奴隶的需求。在 1700 年，巴巴多斯岛上有大约 1.6 万名奴隶是马达加斯加人，约占总数的一半。据我们所知，在 17 世纪，仅马达加斯加的一个港口就出口了 4 万—15 万名奴隶。[52]好消息（如果可以这么说的话）是，英国船上的马达加斯加奴隶死亡率很低。[53]这可能反映了英国人在马达加斯加、好望角或圣赫勒拿岛获取然后提供给奴隶的食物质量较高；也可能反映了运送马达加斯加奴隶的船通常较小，这减少了流行病暴发的风险，如在 18 世纪，一艘船平均仅载有 69 名奴隶。1717 年，东印度公司董事会指示圣赫勒拿岛的公司代理商"人道地"对待奴隶，说"他们也是人"。[54]而且，毕竟奴隶贩子希望将他们的"货物"活着运到目的地，奴隶死亡意味着经济损失。

注 释

1. C. Ebert, *Between Empires: Brazilian Sugar in the Early Atlantic Economy 1550- 1630*（Leiden, 2008）, pp. 140 - 41; G. Scammell, 'The English in the

Atlantic Islands c. 1450-1650', *Mariner's Mirror*, vol. 72（1986）, pp. 295-317.

2. T. B. Duncan, *Atlantic Islands: Madeira, the Azores and the Cape Verdes in Seventeenth-Century Commerce and Navigation*（Chicago, 1972）, p. 5.

3. Ebert, *Between Empires*, pp. 104 - 5; F. Mauro, *Le Portugal, le Brésil et l'Atlantique au XVIIe siècle (1570 - 1670)*［Paris and Lisbon, 1983; 修订本见 *Le Portugal et l'Atlantique au XVIIe siècle: Étude Économique*（Paris, 1960）］, pp. 209-12。

4. A. Simon, ed., *The Bolton Letters: The Letters of an English Merchant in Madeira 1695-1714*, vol. 1: *1695-1700*（London, 1928）, pp. 17-19, and p. 56, letter 16; Duncan, *Atlantic Islands*, pp. 38-9.

5. Simon, ed., *Bolton Letters*, p. 20; Duncan, *Atlantic Islands*, p. 42; Mauro, *Le Portugal, le Brésil*, pp. 411-21.

6. Duncan, *Atlantic Islands*, pp. 38-9, 46, 52, 54-60.

7. Simon, ed., *Bolton Letters*, p. 14.

8. 他们的传记见 ibid., pp. 6-7 脚注。

9. 关于东印度群岛, 见 Simon, ed., *Bolton Letters*, p. 132, letter 62。

10. Ibid., p. 8; 亚速尔群岛的小麦见 ibid., p. 29, letter 4, p. 76, letter 27, p. 87, letter 34, p. 119, letter 55; 荷兰小麦见 ibid., p. 49, letter 12; 苏格兰牛肉、黄油和鲱鱼见 ibid., p. 65, letter 21; 在马德拉岛卸载的糖见 ibid., p. 82, letter 31; Mauro, *Le Portugal, le Brésil*, p. 352; A. Vieira, *O comércio inter-insular nos séculos XV e XVI: Madeira, Açores e Canárias*（Funchal, 1987）。

11. Simon, ed., *Bolton Letters*, pp. 24-5, letter 2.

12. Ibid., pp. 41-4, letter 10.

13. Ibid., p. 172, letter 88, p. 174, letter 90.

14. Ibid., p. 124, letter 58.

15. Duncan, *Atlantic Islands*, pp. 88–9, 108–10, tables 16–18.

16. Ibid., pp. 111, 124, 140, 147, 151–3, 156.

17. Ibid., pp. 125–7.

18. Ibid., pp. 135–6; *Angra, a Terceira e os Açores nas Rotas da Índia e das Américas* (Angra do Heroísmo, 1999).

19. Duncan, *Atlantic Islands*, pp. 168–71.

20. A. Crosby, *Ecological Imperialism: The Biological Expansion of Europe, 900–1900* (Cambridge, 1986).

21. Duncan, *Atlantic Islands*, pp. 167, 176, 188.

22. A. J. d'Oliveira Bouças, *Apelo em pró das ruínas da antiga cidade da Ribeira Grande em Santiago–C. Verde 1533–1933* (Praia, 1933; new edn as *Cidade velha: Ribeira Grande de Santiago*, Praia, 2013).

23. T. Green, *The Rise of the Trans-Atlantic Slave Trade in Western Africa, 1300–1589* (Cambridge, 2012); A. Carreira, *Cabo Verde: Formação e Extinção de uma Sociedade escravocrata(1460–1878)* (3rd edn, Praia de Santiago, 2000).

24. Mauro, *Le Portugal, le Brésil*, pp. 188–9; Duncan, *Atlantic Islands*, pp. 199–200; M. L. Stig Sørensen, C. Evans and K. Richter, ' A Place of History: Archaeology and Heritage at Cidade Velha, Cape Verde ', in P. Lane and K. McDonald, eds., *Slavery in Africa: Archaeology and Memory* (Proceedings of the British Academy, vol. 168, 2011), pp. 421–42.

25. Duncan, *Atlantic Islands*, pp. 230–31; 受洗: Carreira, *Cabo Verde*, pp. 259–80。

26. P. Mark and J. da Silva Horta, *The Forgotten Diaspora Jewish Communities in West Africa and the Making of the Atlantic World* (Cambridge, 2011); Green, *Rise of the Trans-Atlantic Slave Trade*; Carreira, *Cabo Verde*, pp. 55–78, 146.

27. Duncan, *Atlantic Islands*, p. 215.

28. Ibid., pp. 219-24.

29. Ibid., pp. 207, 210.

30. S. Royle, *The Company's Island: St Helena, Company Colonies and the Colonial Endeavour* (London, 2007), pp. 9, 11 (引语来自 17 世纪)。

31. A. R. Azzam, *The Other Exile: The Remarkable Story of Fernão Lopes, the Island of Saint Helena, and a Paradise Lost* (London, 2017); Royle, *Company's Island*, p. 12; 小礼拜堂见 ibid., p. 19, fig. 2:7。

32. Royle, *Company's Island*, p. 14, fig. 2:3.

33. 'Prosperous voyage of the worshipful Thomas Candish', in J. Beeching, ed., *Hakluyt: Voyages and Discoveries* (Harmondsworth, 1972) pp. 276-97.

34. Royle, *Company's Island*, pp. 11 - 19; P. Stern, *The Company-State: Corporate Sovereignty and the Early Modern Foundations of the British Empire in India* (New York and Oxford, 2011), p. 21; J. McAleer, *Britain's Maritime Empire: Southern Africa, the South Atlantic and the Indian Ocean, 1763-1820* (Cambridge, 2017), p. 74.

35. McAleer, *Britain's Maritime Empire*, pp. 73-7.

36. Ibid., pp. 34-5; Royle, *Company's Island*, pp. 85-7.

37. Royle, *Company's Island*, pp. 23-4, 27-8, 46, 51 (fig. 3:1), 175-7 (tables 3:2, 3:3, 3:4 对该著中的数字略加调整，将"自由黑人"理解为非奴隶)。

38. Ibid., pp. 39-41.

39. Ibid., pp. 101-2.

40. McAleer, *Britain's Maritime Empire*, pp. 78 - 9; Royle, *The Company's Island*, pp. 53-4.

41. McAleer, *Britain's Maritime Empire*, pp. 78-80.

42. Ibid. , pp. 2, 9-10, 17, 24-7.

43. W. Hamond, *Madagascar, the Richest and most Fruitfull Island in the world* ［London, 1643; 标题页转载于 K. McDonald, *Pirates, Merchants, Settlers, and Slaves: Colonial America and the Indo-Atlantic World*（Oakland, 2015）, p. 73, fig. 8］; W. Hamond, *A Paradox Prooving that the Inhabitants of the Isle called Madagascar or St Laurence(in Temporall things) are the happiest People in the World*（London, 1640）。

44. S. Randrianja and S. Ellis, *Madagascar: A Short History*（London, 2009）, pp. 54-66.

45. Ibid. , pp. 110-11.

46. Ibid. , pp. 4, 102, 226.

47. R. Allen, *European Slave Trading in the Indian Ocean, 1500-1850*（Athens, Oh. , 2014）, p. 59; D. Eltis and D. Richardson, *Atlas of the Transatlantic Slave Trade*（New Haven, 2010）, pp. 4-5, map 1; pp. 18-19, map 11; pp. 154-5, maps 107-9.

48. Allen, *European Slave Trading*, pp. 37, 49.

49. McDonald, *Pirates, Merchants*, pp. 82-3.

50. Ibid. , pp. 84-92; Allen, *European Slave Trading*, pp. 72-8.

51. Allen, *European Slave Trading*, pp. 36, 48; also p. 58, table 8. .

52. McDonald, *Pirates, Merchants*, pp. 116 - 21; Randrianja and Ellis, *Madagascar*, p. 106.

53. Allen, *European Slave Trading*, pp. 47-56, and p. 54, table 7.

54. Ibid. , pp. 50, 75-6; and p. 75, table 10 计算了 1718—1809 年从马达加斯加发出的货物的平均数额。

第四十三章

地球上最邪恶的地方

※ 一

在审视哥伦布和达·伽马之后的几个世纪时，本书将重点放在了大洋之间的联系上。人员和货物从一个大洋流向另一个大洋，形成了一系列的联系。这些联系环绕着世界，我们有理由将其描述为一个全球网络。然而，可否将其称为全球经济，则是一个不那么容易回答的问题，因为"全球经济"这一术语可能表示这样一种经济：所有主要的经济中心（从中国到英国，再到新大陆的西班牙城市）很高比例的商人、工匠和消费者的活动，都被全球联系所塑造。尽管加勒比海盗对电影制作人和电影观众有巨大的吸引力，但17世纪中叶骚扰加勒比海的英国海盗和其他海盗的活动似乎是一个相当不重要的问题。不过，运宝船通过加勒比海不仅是加勒比海历史的一部分，也不仅是大西洋历史的一部分。考虑到大部分金银的来源是秘鲁的波托西银矿（今天在玻利维亚境内），并且白银在运抵巴拿马地峡之前已经在太平洋水域被运输了数百英里，白银航线的历史清楚地表明，在16世纪和17世纪，多个大洋是如何联系在一起的。我们也不应该忘记，这些白银大部分是向西输送的，通过马尼拉到达澳门。可是，在 17 世纪，波托西白银产量在下降，而且西班牙由于深度参与欧洲和地中海的冲突，财政上已经捉襟见肘。如果一支西班牙珍宝船队遭到英国海盗的袭击而未能抵达西班牙，这对一个步履蹒跚的帝国来说将是沉重的打击。

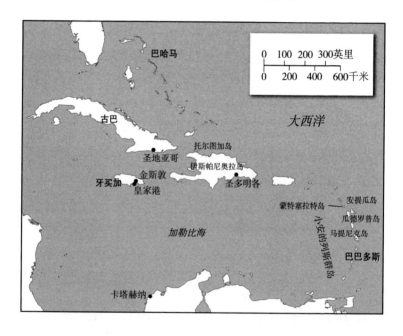

加勒比海盗当然存在，不过他们中的许多人其实不是自由的海盗，而是官方授权的私掠船主，持有正式的私掠许可证，有权攻击敌国的船只。[1] 描述加勒比海盗的术语 buccaneers 源自法语单词 *boucan*，指的是海盗用来熏烤大块肉的烤架，这些肉通常是从他们在伊斯帕尼奥拉岛和其他西属岛屿掳掠的牲口身上切下来的，此时

这些岛上已经没有台诺印第安人，而是有很多游荡的牛群，这些牛很容易猎取，牛肉也很健康。另一个用来称呼海盗的词是 corsairs，源自 corso，意思是"旅行"，通常指另一群海盗，即在地中海西部和大西洋东部海域肆虐的巴巴利海盗。[2]加勒比海盗确实在头上缠着红布，挥舞短弯刀，嗜饮朗姆酒。他们也的确喜欢一种相当民主的指挥制度，根据这种制度，船长与他的手下同吃同住，并通过协商做出决定。[3]

尽管如此，海盗和私掠船主还是在为更高权力的利益服务，即使他们像因袭击巴拿马而闻名的亨利·摩根（Henry Morgan）那样，在没有获得上级直接指示的情况下自作主张。从 17 世纪中叶开始，海盗和私掠船主是英国在加勒比海地区建立永久性势力的重要工具。他们与护国公奥利弗·克伦威尔以及后来的国王查理二世一样，都渴望阻止西班牙珍宝船队从墨西哥的韦拉克鲁斯和巴拿马的波托韦洛（Porto Bello）向加的斯和西班牙哈布斯堡国王的国库运送白银。然而，海盗活动要想成功，就需要在捕获西班牙运宝船和允许运宝船于加勒比海自由通行之间保持谨慎的平衡。一位经济学家解释过这种基本原则，即"抢劫的纯粹理论"。正如捕鱼船队必须注意不要过度捕捞，免得资源枯竭一样，抢劫犯或者海盗必须确保街道或海路足够通畅，允许大多数人安全通过。海盗赢得太多的战利品，会导致商船放弃这条路线。如果路线太危险，比如凌晨 3 点的纽约中央公园，潜在的受害者就会选择避开。同理，海盗或抢劫犯，甚至渔民，都必须遏制自己的竞争对手，防止他们竭泽而渔。[4]

有人认为海盗活动在加勒比海地区一直是个祸害，我们需要对这种观点加以限定。1655—1671 年，得到英国政府授权、针对西班牙船只的海盗活动给西班牙人造成了严重的困扰，但在 1671 年之后，这个问题就大幅缓解了，部分原因是英国人和西班牙人达成了和平协议，部分原因是运宝船的通行变得断断续续，在几年里没有运送白银的船离开墨西哥或巴拿马。此时，西班牙海军在国内得到的支持如此之少，以至于西班牙有时无法提供将金银运往西班牙的船，有时甚至不得不雇用荷兰船来完成这项工作。因此，袭击西班牙运宝船的回报率在不断下降。此外，英国在加勒比海地区的主要基地——位于牙买加海岸的皇家港（Port Royal），在 1692 年 6 月被地震和海啸基本摧毁。然而，海盗活动还是会不时地暴发。海盗活动就像瘟疫一样，一波接一波，但通常威胁不大。举个例子：在 18 世纪的头几年，巴哈马成为海盗巢穴，并被描述为"海盗共和国"。可是，在巴哈马有了英国总督（他自己曾是私掠船主）之后，他对愿意改过自新的海盗施行大赦，而且让他们对抗那些不愿意改邪归正的海盗。几年之内，海盗的灾祸就结束了。[5]

※ 二

英国人获得牙买加，是印证约翰·西利爵士（Sir John Seeley）那句名言（大英帝国是在"不经意间"建立起来的）的一个绝佳的例子。牙买加虽然后来成为英国最重要的殖民地之一，但它并不是英国在大西洋西部水域的第一个殖民地。16 世纪 80 年代，沃尔特·雷利爵士试图在北卡罗来纳海岸的罗阿诺克（Roanoke）建立一个殖民地，可他留下的定居者后来神秘失踪，罗阿诺克殖民地就终结了。[6]更持久的是于 1607 年在弗吉尼亚建立的詹姆斯敦殖民地，它使英国人在北美有了第一个永久的立足点，这比卡博特的第一次航行晚了一个多世纪，然而仅在禁止向外移民的法律被废除的一年之后。[7]詹姆斯敦的建立带来的一个意外的副产品是对百慕大的殖民。一个世纪前，一个叫贝穆德斯（Bermudez）的葡萄牙海员短暂到访过这里。1609 年，一艘英国船在前往弗吉尼亚的途中遭遇飓风，在百慕大附近触礁。没有人淹死，不过一些水手和乘客表示，哪怕在船修复之后，他们也宁愿待在百慕大，而不愿回家。百慕大甚至还有肉食供应，因为岛上有野猪出没，它们是在先前的海难中幸存下来的家猪的后代。英国的弗吉尼亚公司在听到这个消息时，立即意识到了百慕大的吸引力。百慕大以前没有居民（与弗吉尼亚不同），其轮廓已经被海难幸存者仔细描绘下来，而弗吉尼亚腹地的大部分地区仍然是未知之地。

从 1612 年开始，英国人花了三年时间，用 9 艘船向百慕大派遣了 600 名定居者。事实证明，百慕大非常适合种植烟草，而龙涎香，即来自鲸鱼胆管的极其贵重的分泌物，有时会被冲到百慕大的海岸上。在开始定居不久之后，人们发现了一块价值 1.2 万英镑的龙涎香，这保障了新殖民地的财政前景。百慕大是第一个将非洲奴隶作为劳动力的英国殖民地。不过，其他英属岛屿上的种植园主学会了生产质量更优的烟草，于是百慕大岛民将注意力转移到食品生产上，首先是养牛，然后是制糖。由此，到 18 世纪初，在百慕大出现了一个繁忙的交易市场，北美的谷物和木材途经百慕大运往加勒比海，加勒比海的糖和朗姆酒则经过百慕大运往北美。百慕大人使用的船是在岛上组装的，由奴隶和自由人建造和驾驶。这些主要是小型但快速的单桅纵帆船，成为北美各港口的常见景象。这些港口，而不是英国本土，很快成为百慕大贸易的重点。百慕大人还把他们的船开到荷属库拉索岛和整个荷属加勒比海地区。百慕大作为交易中心的成功是非同寻常的：它的船运量落后巴巴多斯一些，但与纽约和牙买加相比毫不逊色。关于巴巴多斯，我们后文再讲。[8]

詹姆斯·埃文斯（James Evans）指出，在 17 世纪，有将近 38 万名英格兰男子和妇女移民到美洲；其中大多数人，即 20 万人，前往加勒比海。这远远超过了竞争对手的移民数量。移民到美洲的西班牙人的人数约为英格兰移民的一半，而法国移民的人数很少，仅相当于英格兰移民的四十分之一。考虑到还有类似规模的人口从英格兰流向爱尔兰，上述数字就更显得引人注目。[9]这些数字也比 18 世纪的数字要大。推动人们跨越大西洋移民的因素有很多：国内的贫困，希望不受干扰地实践自己的宗教信仰，寻找财富（尽管弗罗比舍上了愚人金的大当，但关于黄金的谣言不断传播）。拥有 100 多名乘客的“五月花号”的航行，已经成为美国民族神话的一部分，因此我们必须记住，大多数殖民者并不是清教理想主义者。那些至今仍然对美国的“感恩节”崇拜感到不解的英国人和欧洲大陆人有理由怀疑“五月花号”的航行究竟有多重要。[10]

在弗吉尼亚出现了赚钱的机会，但不是因为掘金：烟草流行起来了，当时的人们相信它有利于健康，所以对它的需求似乎是无穷无尽的。[11]起初，北美的劳动力包括契约劳工，这些英国移民为了摆脱贫困，签约让渡自己的自由，换取食物、衣服和住宿。因此，在17世纪中叶，弗吉尼亚的定居者人口中有三分之一是契约劳工。在因寒冷而臭名昭著的17世纪，特别是在其30年代，欧洲发生了几次严重的饥荒，这鼓励了移民。不过，这个"小冰期"是全球现象：在欧洲移民抵达北美时，这一时期北美的气候也异常寒冷。有大约一半的移民在抵达北美几年之后，因陌生的凶险疾病而死亡。即便如此，漂洋过海，到一片新土地生活的风险似乎仍然是值得承担的。[12]

　　加勒比海的成功故事与弗吉尼亚的不同。英国在1625年获得了位于加勒比海最边缘的巴巴多斯，当时约翰·鲍威尔（John Powell）船长到达那里，将英国国旗插在巴巴多斯。那里曾经是一个繁荣的土著定居点，但在那时已经没有人了：西班牙人不屑于占领该岛，而是将其作为奴隶的来源，因为他们称为加勒比人的民族好战且可能吃人，所以这些人被西班牙王国视为敌人。愤怒的岛民逃到小安的列斯群岛其他不那么暴露的地方，在那里可以更好地保护自己。[13]然而，逃亡并没有解决他们的问题，因为英国人已经于1624年在圣基茨（St Kitts）定居，不过英国人不得不与加勒比人打仗，以争夺该岛的控制权。圣基茨被英国人划为烟草种植区。一场飓风毁掉了第一批作物，殖民者要学习的东西很多。英国人在八年后占领了安提瓜岛（Antigua）和蒙特塞拉特岛（Montserrat）。与此同时，法国人占领了瓜德罗普岛（Guadeloupe）和马提尼克岛（Martinique）。西班牙人之前未能控制这些较小的岛屿，在西班牙之后到来的每一个欧洲国家都争先恐后地利用这一点。殖民者与好战的加勒比人不可避免地发生了激烈战斗，加勒比人社区惨遭灭绝。[14]

在巴巴多斯，种植烟草的尝试不太成功。在詹姆斯·德拉克斯爵士（Sir James Drax）观察到遍布南美洲的荷兰和葡萄牙殖民地的甘蔗种植园有多么成功之后，巴巴多斯也开始发展制糖业，经济才开始腾飞。德拉克斯从荷属巴西带了一些塞法迪犹太人，他们帮助他在巴巴多斯建立这个产业。在制糖业繁荣起来之后，巴巴多斯吸引了大量的英国定居者。到 1657 年，仅在新首府布里奇顿（Bridgetown）就有 2000 人，这引起了一位法国天主教传教士的赞叹：布里奇顿的"房屋外观庄重、精致而有序，这在其他岛屿是看不到的，实际上在任何地方都很难找到"。[15]在这个时期，巴巴多斯已经能够每年向英国出口 8000 吨糖。在 18 世纪初，英国统治下的这些加勒比海小岛的糖产量超过了巴西的糖产量。巴巴多斯成为英国的糖岛，恰似马德拉曾经是葡萄牙的糖岛。在早期，巴巴多斯制糖业的人道代价不像后来的那么沉重。从英国来的人中约有一半是契约劳工。1652 年，巴巴多斯有 1.3 万名仆人，大部分是年轻男子，也有一些妇女。每年有 1500—3000 人移民到该岛。把一个仆人从英国带到大西洋彼岸的费用为 8 英镑，这在 17 世纪中叶是比购买奴隶更便宜的选择，购买奴隶的价格在 35 英镑上下浮动。不过，契约劳工不是奴隶，他们受到的待遇比黑奴的好得多。随着奴隶价格下降并且自愿成为契约劳工之人的人数减少，奴隶种植园成为常态，接着出现了一批新的种植园主精英，其中 74 人出现在

1673 年提交给伦敦的正式名单中。[16]

在整个 18 世纪，巴巴多斯继续满足英国人对糖的渴望，并继续进口大量奴隶。这些奴隶在极其恶劣的条件下劳动，让英国人能享用到糖。英国人对甜茶的喜好促进了蔗糖生产的扩张。因此，在一定程度上，巴巴多斯的制糖商是在回应中国茶叶贸易带来的需求，这是又一个例子，说明在一个大洋发生的事情可以对在另一个大洋发生的事情产生深刻的影响。巴巴多斯成为其他产糖岛屿的典范，如英属牙买加，以及 1665 年在伊斯帕尼奥拉岛西端建立的法国定居点圣多明戈（Saint-Domingue），它是现代海地的直系祖先。奇怪的是，除了这些例子，加勒比海地区的"蔗糖革命"不是在哥伦布殖民的岛屿，而是在英国人、法国人和荷兰人的新殖民地开始的。哥伦布曾在伊斯帕尼奥拉岛尝试种植甘蔗，但在葡萄牙人把甘蔗引进到巴西之后，伊斯帕尼奥拉岛的甘蔗种植业就失败了。西属古巴和波多黎各到 19 世纪才成为主要的蔗糖产地（尽管还是要感谢当时在这些岛屿仍然存在的奴隶制）。[17]在这些岛屿，奴隶劳动成为殖民者的经济繁荣的基础。不过，奴隶在政治上并不是消极被动的。在 1675 年和 1692 年，奴隶策划夺取布里奇顿，控制该岛和港内的船只。两次密谋都被及时发现，93 名密谋者在 1692 年被处决。[18]

※ 三

皇家港短暂而动荡的历史是一系列错误的结果。1655 年，英格兰、苏格兰和爱尔兰共和国的护国公奥利弗·克伦威尔支持对伊斯帕尼奥拉岛首府圣多明各发动一次远征。[19]作为大不列颠的统治者，克伦威尔有一种非凡的能力，在必要时可以暂时搁置他深刻的宗教信念，与西班牙等天主教国家交朋友，而与荷兰等加尔文宗国家为敌。因此，一年前，他正是本着温和威胁的精神召见了西班牙大使，要求西班牙准许英国商船自由前往新大陆，以换取英国的友谊。大使断然拒绝，但克伦威尔早有准备，因为有段时间他一直在考虑，可以通过向加勒比海派遣舰队来利用西班牙的弱点。在敦促护国公采取行动的人中，据说有一个名叫卡瓦雅尔（Carvajal）的葡萄牙商人，他在加那利群岛被宗教裁判所困扰，之后到伦敦避难。据说他是设法在禁止犹太人入境的伊比利亚土地上活动的秘密犹太教徒之一，并且他继续从事美洲白银贸易，将银条从塞维利亚输送到英国。根据对非常零散的证据的解读，卡瓦雅尔是说服克伦威尔准许在伦敦的葡萄牙新基督徒公开作为犹太教徒生活的关键人物，不过克伦威尔在支持重新接纳犹太人进入英国时，不得不面对如威廉·普林（William Prynne）这样爱惹是生非的名人的激烈反对。普林曾因持续辱骂政敌而受到惩罚，被割掉了双耳。在一份非常夸张的叙述（基于一个在加勒比海被西班牙人俘虏的英国男孩的证词）中，克伦威尔承诺将伦敦的一座教堂改为犹太会堂，以换取支持此次远征的葡萄牙犹太人提供的资金。[20]

　　克伦威尔于 1654 年 10 月向指挥英国远征舰队的海军将领威廉·佩恩（William Penn，宾夕法尼亚殖民地创始人的父亲）发出指示时，列举了西班牙人对加勒比海土著居民和其他民族的残酷暴行。克伦威尔所说的"其他民族"是指那些像英国人一样试图在西属美洲大陆（Spanish Main）① 从事贸易的人（他显然忘了自己对另一个英国殖民地爱尔兰的居民的严酷态度）。克伦威尔的观点得到了认为西班牙帝国很孱弱的政论小册子作者们（包括约翰·弥尔顿）的大力鼓励。英国远征军采用的一种话术是，对抗信奉天主教的西班牙人，推广福音派新教；而西班牙人以相反的方式看待他们与英国人的斗争。英国人的立场是："就像西班牙人从印第安人手中夺取牙买加一样，我们英国人要从他们手中夺取它。至于教宗，他既不能把土地授予他人，也不能把征服土地的权利下放。"21

毫无疑问，一些新基督徒乐于惩罚西班牙，因为西班牙宗教裁判所持续迫害葡萄牙商人。但是，克伦威尔的计划出现了偏差。他派了60艘船和8000人去攻打圣多明各，根据一位现代西班牙历史学家的说法，这支英军是"由罪犯和流浪汉组成的乌合之众"。克伦威尔发现这次行动执行得很差。不管是什么原因，英军在离圣多明各城有一段距离的地方扎营，很快就被赶出了伊斯帕尼奥拉岛。弗朗西斯·德雷克爵士几十年前胜利占领圣多明各的情景并没有轻易重现，而德雷克当年只有1000人。22英国指挥官内部的争吵也无助于此次行动，但他们决心不能空手而归。这是在历史上许多国家的陆军和海军中反复上演的老故事：舰队司令佩恩与负责指挥地面部队的将军罗伯特·维纳布尔斯（Robert Venables）不和。他们把

---

① 西属美洲大陆指的是位于北美洲或南美洲大陆，并且在加勒比海或墨西哥湾有海岸线的西班牙殖民地，而西班牙在加勒比海的殖民地被称为"西属西印度"。

注意力转移到西班牙人控制的牙买加，这是一个防守不力和被忽视的岛。西班牙人后来会了解到，在古巴以南和伊斯帕尼奥拉岛以西的牙买加的战略位置比他们认为的要有价值得多。与此同时，克伦威尔也不知道发生了什么，充其量只是对牙买加的存在有一个模糊的概念。[23]当征讨伊斯帕尼奥拉岛失败的噩耗传到英国时，克伦威尔身边的虔诚人士震惊了：也许万能的上帝认为英国的德性不够，所以无法在加勒比海击败西班牙天主教势力？然而，如果是这样的话，这肯定是一个神圣的考验，所以英国人应当抓住机遇，更加努力地实现上帝的设计，去击败天主教势力。在英国人的想象中，西班牙人被赋予非利士人的角色，而英国人则被比作古代的以色列人。正如《圣经》中《撒母耳记》记载的那样，以色列人的不良行为导致了他们在艾城（Ai）的失败。[24]

不过，后来想想，上帝似乎没有抛弃英国人。牙买加并不是微不足道的战利品。以前没有人考虑过这个被忽视的岛的战略意义。准确地说，没有位高权重的人考虑过这个问题。一位西班牙神父在英国人征服牙买加的几年前做出了高瞻远瞩的评论：

> 该岛的防务非常差……如果敌人占领了该岛，毫无疑问，他们将迅速侵占所有地区，成为贸易和商业的主宰。由于该岛位于从这些王国［指西班牙本土］前往新西班牙的船队和前往哈瓦那的盖伦帆船的必经之路上……可以看出，如果敌人占据该岛，对从事这种贸易的船是多么有害。[25]

西班牙对牙买加的兴趣如此之弱，以至于该岛被作为永久世袭领地授予哥伦布的后裔，他们在名义上以侯爵身份统治该岛，可以获得一些经济上的好处，而且无须经常去那里。哥伦布的孙子堂路易斯·德·哥伦布被指控参与违禁品贸易，他在 1568 年设法阻止了进一步的调查，这似乎恰恰证明他是有罪的。[26]人们很早就认识到牙买加缺乏丰富的金矿或银矿，而且牙买加制糖业在西班牙人统治时期仍然很弱，在英国人入侵时只有七家糖厂在运作。[27]曾有人说："虽然牙买加不能满足任何具体的需求，但仍然不能允许别人夺走它。"[28]

从英军在金斯敦湾（Kingston Bay）登陆的那一刻起，西班牙人就处于守势，因为他们在牙买加的驻军兵力很少，而且内陆的要塞对英军的抵抗效果不佳。英国人取得了他们想要的战果，在今天金斯敦湾的海岸上占领了西班牙人的要塞，建立了自己的基地，从那里可以干扰通过加勒比海的航运。西班牙人误以为英国人是来袭掠该岛并为船补给物资的，完事之后肯定会起锚驶离。[29]克伦威尔听说了英军在圣多明各附近的可耻失败，因此对来自牙买加的捷报不以为意。罗伯特·维纳布尔斯在回到英国后身败名裂，并被短暂地囚禁在伦敦塔，而佩恩为了逃避护国公的愤怒，逃到了爱尔兰。[30]不足为奇的是，英国人过了一段时间才认识到此次征服的意义和好处。克伦威尔得到了西印度群岛专员委员会的辅佐，后者立即意识到牙买加需要适当的防御和人口。委员会建议把克伦威尔在苏格兰战役中俘获的苏格兰高地人尽可能多地送去牙买加当仆人。[31]

从长远来看，西班牙未能控制整个加勒比海地区，这使得英国人、法国人和荷兰人等外来插足者可以自由占领小安的列斯群岛中的一些小岛。1623 年，荷兰对加勒比诸岛的袭击扰乱了古巴的贸易。毫无疑问，荷兰人注意到了英国对巴巴多斯的占领，于是在1634 年占领了库拉索岛，在那里，他们同样没有遇到西班牙人的抵抗。参与殖民库拉索岛的许多人是葡萄牙犹太人，他们还积极参与了 1630—1654 年荷兰人在巴西部分地区的殖民活动。而且如前文所述，丹麦人在 17 世纪 70 年代也闯入了加勒比海。[32]西班牙已经变得十分羸弱，无法阻挡这些海上强国的进入。

※ 四

　　加勒比海岛屿中的大多数被用来生产糖和烟草，而牙买加从穷乡僻壤变成了 17 世纪加勒比海地区的主要商业中心之一。看到里窝那和阿姆斯特丹那样欢迎所有宗教信仰的人的贸易中心取得了成功，牙买加也向所有宗教和民族的定居者开放，包括新教徒、贵格会教徒和天主教徒。而且，正如阿姆斯特丹和里窝那一样，这个新殖民地吸引了葡萄牙犹太人前来定居，他们的存在使牙买加进入了一个包括伦敦、荷兰诸城市和巴西在内的网络。[33]这些犹太定居者摆脱了他们表面上的天主教徒身份，在牙买加建立自己的犹太会堂，并被称为"加勒比海的犹太海盗"。然而在这里，耸人听闻的说法又一次影响了我们对证据的解读。牙买加的犹太定居者为私掠船主提供资金；他们投资贸易，包括避开西班牙人、走私违禁品的生意；他们与英国王室建立了友好的关系，这能保护他们免受牙买加其他定居者的敌视。不过，认为犹太版摩根船长在远海航行的想法纯粹是幻想。

查理二世希望能在牙买加发现产金、银或铜的矿场，一些犹太企业家乐观地鼓励他这种想法。本哈明·布埃诺·德·梅斯基塔（Benjamin Bueno de Mesquita），又名马斯克特（Muskett），于 1663 年 3 月与一些热衷于寻找矿藏的葡萄牙犹太同行一起登上"厚礼号"（Great Gift）。他对矿藏可能是认真的，但他的时间主要用来开展从牙买加跨越海峡到古巴的违禁弹药贸易。后人在他于皇家港拥有的一所房子附近发掘出了一个可能是偷来的西班牙宝箱，钥匙孔上印有西班牙王室纹章。英王查理二世对发展牙买加的经济寄予厚望，所以在发现那里没有矿藏之后很生气，并考虑把犹太人从牙买加驱逐出去（不过他太依赖葡萄牙犹太人的贷款了，因此不会想把他们逐出英国）。[34] 尽管牙买加成为重要的产糖中心，但英国人在征服它的时候抱有的发现矿藏的愿望没有实现。由此，牙买加仍然能够繁荣起来，是一件令人欣慰的事情。繁荣的原因不是它本身的资源，而是它靠近西班牙人的主要航道。牙买加成功地挑战了西班牙在加勒比海地区的贸易垄断地位。英国人寻求的不仅是偶尔截获西班牙珍宝船队、发一笔横财，他们想要的是在远海的航行权，因为他们相信（正如格劳秀斯已经向律师界保证的那样）远海应该对所有人自由开放。[35]

在被英国人占领了四年之后，牙买加已经成为袭击西班牙航运的基地。起初，唱主角的不是海盗，而是英国海军。渐渐地，私掠船主的参与越来越多，而海军的参与越来越少。有人认为这是一场未经英国政府许可就向西班牙人发动的海盗战争，这种观点是基于西班牙人一直轻蔑地使用海盗（*pirata*）一词，他们急切地将加勒比海地区的所有敌人斥为人类公敌。这种观点为今天流行的鲁莽而嗜血的"加勒比海盗"形象提供了基础。加勒比海盗在不同时期的存在是毋庸置疑的，但他们在这一时期的存在被大大夸张了，特别是因为牙买加周围的海域是由英国海军监管的。英国海军即使在财政非常拮据的情况下，也将资源投入牙买加。[36] 所以真相要复杂得多：克伦威尔愿意鼓励海盗来到牙买加，条件是他们在一定程度上接受英国的指挥。他认为海盗是对抗西班牙船只的理想力量：海盗的船相对较小，比重型运宝船更具机动性；海盗惯于在加勒比海岛屿的大小海湾中寻找藏身之处；尽管从英国总督的角度来看，海盗是不守规矩的团伙，但他们积极性很高，并且自给自足。加勒比海盗并不都是英格兰人。第一批为牙买加服务的海盗来自伊斯帕尼奥拉岛附近的托尔图加岛（Tortuga），该岛已成为形形色色的海盗的巢穴，有英格兰人、爱尔兰人、苏格兰人、法国人、荷兰人，还有一些非洲人和土著印第安人。[37]

第一个混出名堂的私掠船主是克里斯托弗·明斯（Christopher Myngs），他的出身非常低微，父亲是个鞋匠。但是，明斯气度不凡，不怒而威。1659 年，他率领一支舰队洗劫了加勒比海的四个西班牙城镇，带着 150 万枚西班牙银元回到了皇家港。可事实证明，与其说他是私掠船主，不如说他是海盗，因为他拒绝将部分收益交给牙买加总督。这导致明斯被捕，并被押送回英国，好在刚登基的英王查理二世释放了他。查理二世自信可以驯服这样一个有天赋的船长，明斯也没有辜负英王对他的信任：1662 年，他领导了对古巴第二大城市圣地亚哥的攻击，这似乎是极其莽撞的行为。圣地亚哥与牙买加隔水相望，是一个显而易见、诱人却戒备森严的目标。明斯成功地驱散西班牙人，率领部下来到圣地亚哥市中心，在那里进行了五天的肆意抢劫。他的船员包括年轻的威尔士私掠者亨利·摩根，摩根在未来的几十年里会更有效地恐吓西班牙人，而且还在有执照和无执照的袭掠行动之间来回切换。[38]

摩根生于 1635 年，他的家庭比明斯的要富裕。这让人们不禁对其海盗生涯的浪漫版本产生了怀疑，这个版本是为他立传的荷兰人埃克斯克梅林（Exquemeling）于摩根在世时就写下的。根据埃克斯克梅林的说法，摩根早年从布里斯托尔出海，显然希望在巴巴多斯发财。他在那里没有成为富有的种植园主，而是成为契约劳工，当时英国契约劳工仍然在甘蔗种植园从事许多艰苦的劳动。他再次出海，恰逢克伦威尔的舰队抵达巴巴多斯，正在前往圣多明各。[39]摩根更有可能以绅士的身份花钱搭乘了前往巴巴多斯的英国船。他参加了伊斯帕尼奥拉战役，不久之后登上了明斯的船。[40]1666 年，他加入一支由 15 艘船组成的规模相当大的舰队，在一个名叫曼斯菲尔德（Mansfield）的英国私掠船主指挥下出海，前往波托韦洛，去搜寻负责将秘鲁白银运过大西洋的满载财宝的西班牙船只。曼斯菲尔德意识到波托韦洛的西班牙总督早有防备，于是选择了一个较小的目标，在今天的尼加拉瓜。不过，摩根攻击巴拿马的胃口被吊起来了。在其他战区，特别是在古巴取得胜利之后，摩根于 1668 年领导了一次对白银转运站波托韦洛的攻击，出人意料的是这里的防备极其薄弱。战利品有大约 25 万枚西班牙银元，并且在袭击过程中缴获的商品和抓住的奴隶也能带来利润。普通船员可望得到白银的约千分之一，这足以让他们过上舒适的生活，或者在皇家港的酒吧和妓院里狂欢好几个月。[41]摩根最著名的一次远征是在三年后向巴拿马的西班牙人发动的。这一次，他率领部下穿越地峡，烧毁了巴拿马城，然而，这里的战利品比波托韦洛的少。问题是，在这件事发生时，西班牙和英国刚刚媾和，所以他被送回了英国，名义上是被贬黜了，但国王还是忍不住给了他一个骑士头衔。[42]没过多久，他就返回牙买加，集中力量镇压而不是从事海盗活动。

摩根是一个很好的例子，我们仔细观察就会发现，他并不像海盗。有人指出，他与妻子保持了二十年的婚姻关系；他从未在没有获得牙买加总督授权的情况下发动远征；尽管巴拿马被毁，但他赢得了英国王室的大力支持；他甚至成为牙买加的副总督；据了解，他只参加过一次有参与者被英国政府指控为海盗的远征，时间是 1661 年。[43]此外，在 1671 年之后的岁月里，他一直在确保加勒比海地区的海盗活动受到遏制，以维护英国与西班牙的和平，同时维护英国王室在牙买加殖民地的权威。他节省而不是挥霍钱财，并成为牙买加重要的种植园主。[44]有些资料，如埃克斯克梅林对摩根生涯丰富多彩的描述，试图辩称摩根不曾用酷刑折磨俘虏，这不太令人信服。不过如果他曾经刑讯俘虏，那么肯定是想到了西班牙宗教裁判所的手段，因为西班牙人有时用残酷手段折磨新教徒水手。摩根在 1684 年读到埃克斯克梅林所写传记的两个相互抵牾的英译本时，试图封杀此书。他甚至打赢了一场诽谤官司，并从两个出版商那里获得了400英镑的赔偿。他非常讨厌别人说他曾经是契约劳工，也讨厌别人指控他曾经用酷刑折磨俘虏。[45]可是，埃克斯克梅林的书还是广泛传播，有了荷兰、西班牙和德国版本，这证明亨利·摩根爵士已经闻名遐迩。相较于他在加勒比海清剿海盗的更体面的生涯，他作为私掠船主的岁月，自然更加受到读者重视。

　　"私掠船主"一词是在英国人夺取牙买加之后才在英语中出现的，这清楚地表明了特许袭击和牙买加之间的联系。英国人在加勒比海地区的存在和袭击西班牙珍宝船队的具体情况使"私掠船主"这个词得以产生，这个词描述了一种古老的做法，但现在赋予了它合法的形式。1671年，英国议会通过了《防止商船被掳掠并促进良好和有益航运的法案》，其中有涉及"私掠船主获得的捕获赏金（Prize money）①"如何分配的条款。[46]但是，私掠活动已经过了高峰期，开始走下坡路了。17世纪60年代的成功突袭，使私掠船主在加勒比海地区获利的前景越来越黯淡。抢劫者要想找到猎物，就不能过度抢劫，这一规则开始发挥作用。甚至在西班牙和英国于1671年议和之前，英国私掠船主就开始放弃袭击西班牙城镇，转而航行到空旷的海岸线，在那里，他们可以不受干扰地装载墨水树的木材。也就是说，他们变成了无趣的正经商人。[47]

---

　　①　捕获赏金一般指在俘获敌船或运输物资之后，根据相关法律向己方人员发放的赏金。

※ 五

　　据说，水手们对捕获赏金的挥霍以及走私活动使皇家港成为"地球上最邪恶的城市"。皇家港的商人参与了一些处于灰色地带或完全不合法的活动。前文已经提到牙买加与西属岛屿之间的违禁品贸易。在 17 世纪 70 年代和 80 年代，随着私掠活动的衰落和公开的海盗活动被镇压，违禁品贸易提供了最好的挣钱机遇。在 1692 年大地震前不久，来自皇家港的遗嘱表明大约一半的死者是商人，尽管在这个阶段，牙买加出口的糖比巴巴多斯的少得多。[48] 走私很容易，因为在西班牙人将伊斯帕尼奥拉岛变成一座巨大的养牛场（从那里可以轻松地获得牛和肉制品）之后，有许多小海湾和水道可供走私者使用。私掠船主在海上俘获的船只，如果不自己保留的话，可以交给皇家港的商人转卖。战利品船只，即使是那些获得特许的私掠船主俘获的船只，也于牙买加总督的监视下在皇家港出售，而不是被送回英国。这些战利品船只相当便宜：1663 年，当明斯结束远征回来之后，他有 9 艘船要出售，总价为 797 英镑，平均价格为 89 英镑；而在伦敦，每艘船的价钱可能高达 2000 英镑。[49] 打捞沉船上的财物也是牙买加岛民从事的一项重要活动。他们善于寻找沉船，设法从海里捞出大量的西班牙金银，这让他们的西班牙邻居感到很沮丧。有一艘船是人们关注的焦点，它被简单地称为"沉船"。它于英国人首次到达牙买加的几年前在伊斯帕尼奥拉岛附近沉没，但一直躺在海床上没有被打扰，直到一个又一个私掠船主发现一些值得从沉船里拿走的东西。[50]

皇家港的一个不寻常之处在于流通银币的数量极大（在皇家港的遗址发现了来自秘鲁的钱币）。[51]其他英国殖民地在此时仍然高度依赖以物易物。即使英国人不再袭击西班牙的盖伦帆船，牙买加人的口袋里也有很多钱币，因为他们很容易潜入波托韦洛附近或哥伦比亚海岸上卡塔赫纳两侧的小港口，在那里做半地下的生意。牙买加成为英国和不断发展壮大的英属北美殖民地的重要白银来源。船在牙买加和北美殖民地之间来回穿梭，五年内（1686 年起）有 363 艘从北美殖民地抵达牙买加。这些都是相对较小的船，平均排水量约为 25 吨，但这些小船的数量比同一时期从大西洋另一端的英国和西非抵达牙买加的大船的数量要多。[52]这些船给牙买加带来了形形色色的货物和人员：在蒙茅斯公爵（duke of Monmouth）反叛国王詹姆斯二世①并被镇压之后，未被杰弗里斯（Jeffreys）法官和他的同事处决的罪犯；非洲奴隶，不过其中大多数后来被重新出口；还有大宗货物，包括市场上的每一种酒精饮料，如马德拉葡萄酒和加那利葡萄酒，以及松脂制品、枪支、瓷砖、砖块、锅碗瓢盆，外加腌制肉类、奶酪和谷物。然而，牙买加岛民更喜欢当地的新鲜海龟肉，而不是咸猪肉。[53]

---

① 1685 年的蒙茅斯叛乱是反对英国国王詹姆斯二世的一场叛乱。在查理二世驾崩后，他的弟弟詹姆斯二世继承王位，但詹姆斯二世是天主教徒，所以受到已经成为主流的英国新教徒的反对。查理二世的私生子蒙茅斯公爵詹姆斯·斯科特是新教徒，于是他利用许多国民反对詹姆斯二世的情绪，自称王位的合法继承人，反对自己的叔父。叛乱很快在正规军的镇压下失败，蒙茅斯公爵被处决。约翰·丘吉尔（后来的名将马尔伯勒公爵）参加了平叛作战，后来成为著名小说家的丹尼尔·笛福则加入了叛军。

牙买加成为西班牙在中美洲和南美洲殖民地重要的奴隶来源地。西班牙没有直接的奴隶供应来源，因为西非海岸的贸易站由葡萄牙人控制，后来荷兰人和丹麦人也加入进来。由此，西班牙在美洲的殖民地在获取奴隶时依赖中间人，他们持有供应奴隶的合同（*asientos*）。热那亚人通常处于这个链条的顶端，但他们没有船只和奴隶站，而英国皇家非洲公司可以提供这些。西班牙奴隶贩子很乐意到牙买加购买英国皇家非洲公司运过大西洋的奴隶，加价幅度为35%。到牙买加购买奴隶，使整个奴隶生意对西班牙人来说更为容易。到此时为止，牙买加本身对奴隶的需求仍然相当有限，因为制糖业还没有发展起来。[54]

一些利润被重新投入这个岛，因为（值得注意的是）来自英国的投资非常少。牙买加甘蔗种植园缓慢但可靠的发展所需的资金，来自违禁品贸易和当地其他合法或非法活动的收益。牙买加经济的自给自足程度相当惊人。这一切足以使皇家港成为英国殖民地最重要的港口，实际上是加勒比海地区最重要的港口，这让其西班牙邻居感到恐惧，因为他们可以看到牙买加的财富并不都是靠诚实的手段获得的。当时的记载描述了较富裕的牙买加商人的生活是多么富足，就连他们的奴隶也穿上了精美的制服，而且从来没有缺少过肉类和水果。据说牙买加的生活水准比英国的高，即使工匠也是如此。大量的奢侈品在牙买加的市场上出售。在皇家港的考古发现包括中国瓷器，它们一定是通过澳门、马尼拉和墨西哥运来的，还有模仿中国陶瓷青花装饰的英国代尔夫特陶器（Delftware）。[55]经济条件较好的牙买加人有足够的银质餐具。在皇家港众多酒馆之一的遗址发掘出了一个银质品酒器，还发现了大量由黄铜和白镴制成的英国进口餐具。[56]但是，我们必须考虑到生活在热带环境中的危险性，因为那里流行疟疾和其他疾病。第一批英国入侵者在未能占领圣多明各的战役中像苍蝇一样纷纷病死。与哥伦布的说法相反，牙买加并不是天堂的一个分支。

在某些观察家看来，牙买加恰恰是地狱的一个分支。对加勒比海盗较为丰富多彩的描述喜欢说皇家港是"一个喧闹的城镇，那里几乎人人痛饮朗姆酒，以至于朗姆酒似乎流遍了整个城镇"，更不用说玛丽·卡尔顿（Mary Carleton）那样的妓女了，她坦言，"他们几乎把这个地方灌满了酒"。她于 1673 年在伦敦被绞死。她的恶名与皇家港联系在一起，这也许是不公平的，因为皇家港可能并不比其他拥有大量烈酒和"热辣的阿玛宗女人"的港口城市更腐化堕落。实际上，皇家港有大量的礼拜场所，从贵格会堂到犹太会堂都有，这表明有相当多的居民至少努力在表面上过教会眼中的体面生活。[57]

皇家港位于一个地势低洼的岛上，坐落在封闭了金斯敦港（Kingston Harbour）的那个狭窄半岛的末端。虽然强风和地震总是让人担心，但港口本身的条件极好。在这个有限的空间里，房屋鳞次栉比：1660 年有 200 间；1664 年，随着城镇的繁荣，增加到 400 间；到 1688 年可能有 1500 间；在 1692 年人口达到顶峰时有约 6500 人，包括 2500 名奴隶。[58]尽管许多文献描述了皇家港的生活有多么奢华，但这里没有真正宏伟的建筑，街道没有铺石子，只是用沙子覆盖；不过城里有严格的建筑规定，要求用石头做地基，用砖砌墙。[59]因为所处位置暴露，皇家港完全听任大自然的摆布。在 1692

年 6 月 7 日星期三的中午之前，大自然向皇家港发动了猛烈的打击：剧烈的地震将圣公会教堂的塔楼震塌，房屋纷纷倒塌，大地开裂，许多人被巨大的裂缝吞没。这仅仅是开始。随后，汹涌的潮水冲进皇家港，冲走了人、建筑和物品。就连城里的墓地也被震碎了，以至于腐烂的尸骸和刚刚被淹死的人一起漂浮在水面上。石头和砖块不足以保护这块脆弱土地上的居民，城镇的大部分区域至今仍被海水淹没。皇家港至少有 90% 的建筑被毁。6 月 7 日，有大约 2000 人丧生。在随后的日子里，由于疾病在幸存者中蔓延，又有 2000 人丧生。[60]

皇家港并未因此而终结。人们重建了城镇的一部分，特别是要塞（为了防备西班牙人或法国人进攻）；贸易也恢复了。但是，从距离海岸稍远的地方（金斯敦）管理牙买加岛似乎更有道理，因为没人能预测下一场地震和海啸何时会发生。不管怎么说，皇家港真正的辉煌时代结束了。1671 年，在英国与西班牙达成和约之后，私掠的时代正式结束；甚至转口贸易也开始减少，因为英国居民逐渐将兴趣从航运转向对岛屿本身的开发。在 18 世纪，牙买加将作为产糖岛屿而重生。真正为此付出代价的是成千上万的非洲奴隶，他们在恶劣的条件下被运过大洋，然后在条件同样恶劣的糖厂和种植园里劳作。

注 释

1. N. Zahedieh, ' "A Frugal, Prudential and Hopeful Trade": Privateering in

Jamaica, 1655 – 89 ', *Journal of Imperial and Commonwealth History*, vol. 18 (1990), p. 149.

2. S. Talty, *Empire of Blue Water: Henry Morgan and the Pirates Who Ruled the Caribbean Waves* (London, 2007), pp. 39 – 40; David Abulafia, *The Great Sea: A Human History of the Mediterranean* (London, 2011), pp. 415 – 20; 伊斯帕尼奥拉岛的牛见 J. del Rio Moreno, *Ganadería, plantaciones y comercio azucarero antillano, siglos XVI y XVII* (Santo Domingo, 2012)。

3. Talty, *Empire of Blue Water*, pp. 131 – 2.

4. P. Neher, 'The Pure Theory of the Muggery', *American Economic Review*, vol. 68 (1978), pp. 437 – 45; 感谢彼得·厄尔（Peter Earle）提醒我注意这篇作品，让我能够在讨论海盗时用到它。另见 Zahedieh, ' "Frugal, Prudential and Hopeful Trade" ', p. 145。

5. J. Rogoziński, *A Brief History of the Caribbean from the Arawak and the Carib to the Present Day* (New York, 1992), pp. 101 – 2.

6. K. O. Kuperman, *Roanoke, the Abandoned Colony* (2nd edn, Lanham, 2007).

7. K. O. Kupperman, *The Jamestown Project* (Cambridge, Mass., 2007); J. Evans, *Emigrants: Why the English Sailed to the New World* (London, 2017), p. 4; J. Butman and S. Targett, *New World, Inc.: How England' Merchants Founded America and Launched the British Empire* (London, 2018), pp. 260 – 74.

8. M. Jarvis, *In the Eye of All Trade: Bermuda, Bermudians, and the Maritime Atlantic World, 1680 – 1783* (Chapel Hill and Williamsburg, Va., 2010), pp. 11 – 18, 26 – 32, 37 – 50, 105, 111, 113, and table 3, p. 114.

9. Evans, *Emigrants*, pp. 5 – 6.

10. R. Fraser, *The Mayflower Generation: The Winslow Family and the Fight for*

the New World (London，2017）.

11. Evans，*Emigrants*，pp. 84-91.

12. S. White，*A Cold Welcome: The Little Ice Age and Europe's Encounter with North America* (Cambridge，Mass.，2017）；G. Parker，*Global Crisis: War, Climate Change and Catastrophe in the Seventeenth Century* (New Haven，2013）；Evans，*Emigrants*，pp. 246-58，268.

13. H. Beckles，*A History of Barbados from Amerindian Settlement to Caribbean Single Market* (Cambridge，2006），pp. 8-9；P. Drewett，ed.，*Prehistoric Barbados* (Bridgetown and London，1991）.

14. Rogoziński，*Brief History of the Caribbean*，p. 67.

15. Cited by T. Hunt，*Ten Cities That Made an Empire* (London，2014），p. 72.

16. Beckles，*History of Barbados*，pp. 18-20，31，36-8，50-51，53-8.

17. B. Higman，*A. Concise History of the Caribbean* (Cambridge，2011），pp. 87-8，169-70.

18. Rogoziński，*Brief History of the Caribbean*，p. 69；Higman，*Concise History of the Caribbean*，pp. 98 - 109；P. Jones，*Satan's Kingdom: Bristol and the Transatlantic Slave Trade* (Bristol，2007），pp. 12-13.

19. C. G. Pestana，*The English Conquest of Jamaica: Oliver Cromwell's Bid for Empire* (Cambridge，Mass.，2017）；L. H. Roper，*Advancing Empire: English Interests and Overseas Expansion, 1613-1688* (Cambridge，2017），pp. 154-6.

20. F. Morales Padrón，*Spanish Jamaica* (Kingston，Jamaica，2003），p. 183；E. Kritzler，*Jewish Pirates of the Caribbean* (New York，2008），pp. 183 - 5；cf. L. Wolf，*Jews in the Canary Islands, being a Calendar of Jewish Cases Extracted from the Records of the Canariote Inquisition in the Collection of the Marquess of Bute* (London，1926；new edn，Toronto，2001），pp. xxxviii-xl.

21. B. Vega, *La derrota de los Ingleses en Santo Domingo*, *1655* (Aranjuez, 2013), pp. 24, 27-9, 94-6; Pestana, *English Conquest of Jamaica*, pp. 66-92; 关于英国人立场的引文来自 Kritzler, *Jewish Pirates*, p. 191; 另见 M. Hanna, *Pirate Nests and the Rise of the British Empire*, *1570-1740* (Chapel Hill, 2015), pp. 98-101。

22. Vega, *Derrota de los Ingleses*, pp. 37 - 102; Morales Padrón, *Spanish Jamaica*, p. 184.

23. Roper, *Advancing Empire*, pp. 156-7.

24. Pestana, *English Conquest of Jamaica*, pp. 98-105.

25. Cited by Kritzler, *Jewish Pirates*, p. 189.

26. Morales Padrón, *Spanish Jamaica*, pp. 51 - 121, 172; P. Hoffman, *The Spanish Crown and the Defense of the Caribbean, 1535 - 1585: Precedent, Patrimonialism, and Royal Parsimony* (Baton Rouge, 1980), p. 121.

27. N. Zahedieh, 'Trade, Plunder and Economic Development in Early English Jamaica, 1655-89', *Economic History Review*, ser. 2, vol. 39 (1986), pp. 205- 22.

28. Pestana, *English Conquest of Jamaica*, p. 119.

29. Ibid. , pp. 119-21.

30. Vega, *Derrota de los Ingleses*, p. 107; Pestana, *English Conquest of Jamaica*, p. 138; Kritzler, *Jewish Pirates*, p. 192.

31. Roper, *Advancing Empire*, p. 159.

32. W. Westergaard, *The Danish West Indies under Company Rule(1671-1754)* (New York, 1917), pp. 31 - 42; Higman, *Concise History of the Caribbean*, pp. 91-4; Rogoziński, *Brief History of the Caribbean*, pp. 57-82.

33. Kritzler, *Jewish Pirates*, p. 194; S. Fortune, *Merchants and Jews: The*

Struggle for British West Indian Commerce, 1650–1750 (Gainesville, 1984).

34. Kritzler, *Jewish Pirates*, pp. 216–19, 233–4, 257–63; N. Zahedieh, 'The Merchants of Port Royal, Jamaica, and the Spanish Contraband Trade, 1655–1692', *William and Mary Quarterly*, vol. 43 (1986), pp. 579–80; 宝箱见 R. Marx, *Pirate Port: The Story of the Sunken City of Port Royal* (London, 1968), pp. 177–80; Hanna, *Pirate Nests*, pp. 109–10。

35. Zahedieh, 'Merchants of Port Royal', pp. 574–5; Zahedieh, ' "Frugal, Prudential and Hopeful Trade" ', p. 146.

36. Pestana, *English Conquest of Jamaica*, p. 255; C. Pestana, 'Early English Jamaica without Pirates', *William and Mary Quarterly*, vol. 71 (2014), pp. 321–60.

37. D. Pope, *Harry Morgan's Way: The Biography of Sir Henry Morgan 1635–1684* (London, 1977), pp. 76–81.

38. Talty, *Empire of Blue Water*, pp. 41–5; Pope, *Harry Morgan's Way*, pp. 90–99.

39. J. Beeching, 'Introduction', in A. Exquemeling, *The Buccaneers of America*, transl. A. Brown (Harmondsworth, 1969), pp. 14–15; cf. Hanna, *Pirate Nests*, p. 104.

40. Pope, *Harry Morgan's Way*, pp. 67, 73.

41. Talty, *Empire of Blue Water*, pp. 101–21; Zahedieh, 'Trade, Plunder and Economic Development', p. 216 指出，大约每人 60 英镑，相当于种植园年薪的三倍。

42. P. Earle, *The Sack of Panamá* (London, 1981); Pope, *Harry Morgan's Way*, pp. 212–47.

43. G. Thomas, *The Buccaneer King: The Story of Captain Henry Morgan*

（London，2014），pp. ix，7；Hanna，*Pirate Nests*，pp. 103-4.

44. Zahedieh，'"Frugal，Prudential and Hopeful Trade"'，p. 152.

45. Pope，*Harry Morgan's Way*，pp. 333-5；Hanna，*Pirate Nests*，pp. 138-40.

46. Hanna，*Pirate Nests*，pp. 106-7.

47. Zahedieh，'"Frugal，Prudential and Hopeful Trade"'，pp. 155-6.

48. Zahedieh，'Merchants of Port Royal'，pp. 570-71；Zahedieh，'"Frugal，Prudential and Hopeful Trade"'，pp. 158，161.

49. Zahedieh，'"Frugal，Prudential and Hopeful Trade"'，p. 148.

50. M. Pawson and D. Buisseret，*Port Royal Jamaica*（2nd edn，Kingston，Jamaica，2000），p. 94.

51. Marx，*Pirate Port*，p. 175.

52. Pawson and Buisseret，*Port Royal Jamaica*，p. 87.

53. Ibid.，p. 89.

54. Zahedieh，'Merchants of Port Royal'，pp. 583-4，589-92；Pawson and Buisseret，*Port Royal Jamaica*，p. 92.

55. Zahedieh，'Trade，Plunder and Economic Development'，p. 220；Marx，*Pirate Port*，pp. 158-9.

56. Marx，*Pirate Port*，pp. 122，134，153，etc.

57. Pawson and Buisseret，*Port Royal Jamaica*，pp. 158-61；cf. Talty，*Empire of Blue Water*，pp. 130，132-5.

58. Pawson and Buisseret，*Port Royal Jamaica*，pp. 135-6.

59. Ibid.，pp. 109-11，120-21.

60. Ibid.，pp. 165-8.

第四十四章

前往中国的漫漫长路

※ 一

正如阿姆斯特丹、伦敦或哥本哈根的居民对东方香料产生了兴趣，并喜爱从中国和东印度运来的异域商品一样，欧洲人在大西洋彼岸建立的殖民地的居民也对中国和印度商品产生了热情。如前文所述，在 17 世纪晚期，北美东岸的英国定居者试图通过马达加斯加闯入印度洋贸易，不管是用公平的手段，还是肮脏的手段。不过，他们这么做的主要结果是发展了将马达加斯加俘虏运往西印度群岛的奴隶贸易。[1]在这一时期，人口仅有数万的波士顿、纽约和费城发展成为紧凑但繁忙的贸易城市，其市民获得了大量的中国瓷器。不仅纽约的菲利普斯家族等富有的精英家庭每天都在使用中国瓷器，中产阶级市民也在使用。17 世纪末，纽约有大约三分之一的资产清单提到了中国瓷器，而在美国独立战争之前的十年里，这个比例上升到了四分之三。西属墨西哥的居民已经通过马尼拉熟悉了中国丝绸，现在中国丝绸通过印度洋和大西洋到达北美殖民地。总的来说，北美定居者依赖从伦敦、阿姆斯特丹或西印度群岛进口这些货物（西印度群岛的货物也是从欧洲运来的）。1651 年的《航海法案》规定，北美殖民地应当通过伦敦获得东方的货物，而这些货物是由东印度公司运到伦敦的，所以公司不断获得新业务。然而在大西洋的另一边，这就增加了商品的成本，因为北美殖民地民众是通过中间商交易的，中间商也要赚钱。[2]

18 世纪初，在纽约罗腾街（Rotten Row）做广告出售的商品包括："优质熙春茶、绿茶、工夫红茶和武夷岩茶，咖啡和巧克力，单糖和双糖，糖粉和黑砂糖，糖果……丁香、肉豆蔻皮、肉桂和肉豆蔻，姜、黑胡椒和多香果……"在这份清单的开头就是茶（分多种类型和等级），这种东亚产品在纽约的每个家庭中都占有一席之地。在 18 世纪 20 年代，新英格兰地区已经开始饮茶。顾客中不仅有纽约或波士顿市民，还有莫霍克人（Mohawks）和他们的美洲土著邻居，富有进取心的费城商人塞缪尔·沃顿（Samuel Wharton）向他们出售茶叶。[3]

奉行垄断政策的东印度公司面对持续的挑战，决心控制这些异域商品的流动。挑战不仅来自欧洲的竞争对手，中国人也不顾朝廷的禁令，派帆船到马六甲和更远的地方。随着中国陶艺家逐渐熟悉西方人的品位，他们调整了设计，以适应被他们视为蛮夷的远方民族的喜好。[4]然而在北美，人们仍然搞不清楚哪些货物源自哪里。"东印度群岛"这一术语是个统称，描述了整个印度洋和太平洋西部。北美人把中国茶称为"印度茶"，而瓷器被称为"印度瓷器"。北美殖民者几乎完全不理解中国陶艺家在龙、花或乡村场景的图像中试图传达的信息。这些图像传达了中国及其周边国家的客户可以

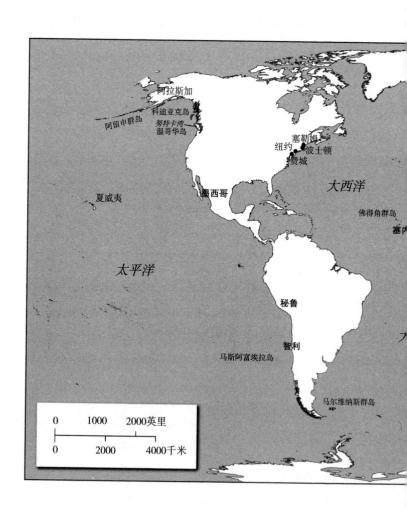

阿拉斯加
科迪亚克岛
阿留申群岛
努特卡湾
温哥华岛

塞勒姆
纽约　波士顿
费城

大西洋

夏威夷

墨西哥

佛得角群岛
塞内

太平洋

秘鲁

智利

马斯阿富埃拉岛

马尔维纳斯群岛

0	1000	2000英里
0	2000	4000千米

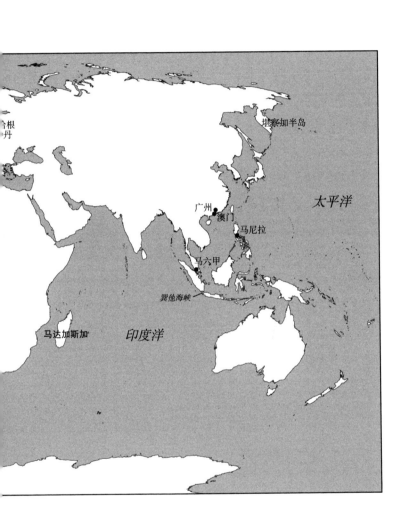

根
丹

堪察加半岛

太平洋

广州
澳门
马尼拉

马六甲

巽他海峡

马达加斯加   印度洋

理解的信息，特别是如果他们知道中国的传说或阅读过最流行的中国经典名著的话。后来，比较富有的北美人会订制带有家族姓名首字母交织图案或其他与中国文化无关的装饰的陶瓷。在美国独立之后的几年内，中国陶瓷上可能装饰着美国国徽和 E PLURIBUS UNUM（合众为一）字样。[5]富裕的美国人购买瓷器的标准组合是：270 件餐具，101 件"长"茶具，49 件"短"茶具。[6]随着时间流逝，比较粗糙的瓷器（设计较差、粗笨而廉价）被大量运抵美国。它们的作用一方面是在船运载很轻的茶叶时作为压舱物，另一方面是满足美国的国内需求，这些大宗的廉价货物常常是亏本出售的。[7]

　　在越来越多的关于美国对华通商的文献中，人们倾向于从 1783 年英国承认美国独立后美国派遣的远航船队开始讲起。这时，北美和中国各港口之间建立了直接的联系。不过，在这之前的一个世纪，北美的"红海商船"就把异国货物带到了北美。此处的"红海"是指印度洋。1698 年 4 月，有五六艘船从"红海"到达宾夕法尼亚，还有一些船在同一时间到达康涅狄格附近。富有的雅各布·莱斯勒（Jacob Leisler）是派遣这些船的商人之一，他是一个精明的经营者，有违禁品贸易和私掠方面的黑历史，后来当上纽约殖民地的副总督。1689 年，他把"雅各布号"（用自己的名字给船命名，真是不谦虚）派往马达加斯加和印度。莱斯勒出生于德意志，他关于大西洋的经验极其丰富，但不全是愉快的经验，如在 1678 年，他和他的船在大西洋的一个群岛装酒时被巴巴利海盗扣押，不得不支付超过 2000 英镑的巨额赎金。[8]1691 年，莱斯勒因反叛英王威廉三世和玛丽二世而被处决，他跌宕起伏的生涯结束了，此时"雅各布号"仍在海上。"雅各布号"的船员们于 1693 年回到北美之后，递出了几十份金银作为贿赂，以"防止纽约的新总督找他们的麻烦"。船员们讲了这样一个故事：当他们听到莱斯勒的遭遇之后，就把船上的东方货物扔到了海里。这种说法在当时不可能有人相信，今天也没有人相信。

　　走私的标准操作是在一片荒芜的北美海滩卸下货物，让大多数水手带着自己的份额消失，然后大船驶入港口，那里的官员在受贿之后会对走私睁一只眼闭一只眼。水手们在分道扬镳之前凑份子拿出来一些银币，作为贿金。许多货物中有大量的茶叶，对于那些想要规避英国海关规定的人来说，在荷属西印度很容易获取茶叶。荷兰人对出售茶叶给北美走私者毫无顾忌，他们还向北美殖民者出售了大量的中国瓷器，这些瓷器也是通过西印度群岛走私而来的。[9]通过非官方渠道进入北美的茶叶，比通过波士顿、纽约或费城的海关合法进口的茶叶多得多。在走私如此普遍的情况下，茶叶居然成为反抗英国税收的催化剂，并最终激励殖民地民众起来反抗英国的统治，这似乎很奇怪。

　　从 13 个殖民地爆发反英起义开始，对华贸易就很成问题。1773 年 12 月，342 箱茶叶被倾倒在波士顿的港口（"波士顿倾茶事件"），这是一系列长期抗议活动（反对英国征收茶叶税，反对英国企业在茶叶贸易中实行垄断）的高潮。在波士顿倾茶事件之前的几周，满载 2000 箱或大约 9 万磅茶叶的英国船已经抵达北美。到 1770 年，北美每年消费的以合法渠道进口的茶叶有约 20 万磅。这些事件的复杂历史可以直接追溯到 1651 年的具有限制性的《航海法案》，以及英国议会在波士顿倾茶事件几年前对茶叶税的调整。英国议会关于茶叶税的立法的高潮，是在波士顿倾茶事件几个月前颁布的《茶叶法案》，该法案将向北美出口茶叶的垄断权交给了东印度公司。当时东印度公司正处于日益严重的财政危机之中，并且在通往东方的航线上面临越来越多的竞争，所以公司迫切需要英国政府的帮助。北美殖民者对新茶叶税的反抗有几种形式：殴打海关官员；谣传英国茶叶中有天花病菌；发动抵制饮茶运动，推荐用北美本地的覆盆子叶制成的草药茶。然而最终，草药茶仅对茶叶市场产生了微不足道的影响，因为咖啡因才是王道。[10]

英国政府的新税制降低了北美殖民地的茶叶价格。但是，如果价格降到某个点以下，走私茶商就会受到影响，因为合法进口的茶叶会比他们在荷兰或荷属西印度采购的茶叶更便宜。英国东印度公司还编制了一份北美港口的合作伙伴名单，其中不包括某些茶商，而对这些茶商来说，被排除在外意味着破产。波士顿和其他沿海港口被卷入了一些运动，这些运动的主要目的不是压榨北美殖民地，而是拯救东印度公司。所以，在印度洋以及通往澳门和广州的航线上发生的事情，对大西洋另一边的局势产生了影响。[11]

在美国与英国签订和平协议后，茶叶仍在美国人的菜单上。美国人立即抓住机会，探索通往中国的海路。1783 年，耶鲁学院院长埃兹拉·斯泰尔斯（Ezra Stiles）在歌颂星条旗（不过当时星星的排列方式就像今天欧盟旗帜上的一样）的一篇早期文章中，清楚地表达了这个新生国家的雄心壮志：“航海会把美国国旗带到全球各地，并在孟加拉和广州、印度河和恒河、黄河和长江展示我们的星条旗。"[12] 美国人下定决心要直接前往中国。他们派往中国的第一艘船"中国皇后号"（*Empress of China*）于 1784 年 2 月从纽约起航。与此同时，另一艘船从纽约出发，前往伦敦，送去了美国和英国之间的"最终和约条款"。然而，前景并不像耶鲁学院院长乐观断言的那样光明。英国继续阻挠美国与英国在加勒比海的宝贵属地之间的贸易，美国人从这些属地获取来自远东的违禁品。而更广泛的欧洲市场（很可能包括欧洲在非洲、亚洲和南美的殖民地）是否会向美国人开放，暂时还不清楚。美国人的应对办法是，利用美国已经摆脱了东印度公司的权威这一简单事实，自力更生，走向全球。[13]

向中国派船是一件危险而代价高昂的事情。"中国皇后号"是在波士顿建造的，长约 100 英尺，排水量 360 吨。船体底部有一层铜，以防止藤壶和海蛞蝓在长途航行期间侵蚀木材。"中国皇后号"只是由罗伯特·莫里斯（Robert Morris，出生于英国）和丹尼尔·帕克（Daniel Parker）领导的投资者计划派往中国的多艘船之一，据说船上货物和金钱的总价值为 15 万英镑。这些船将沿着风险最大的路线航行，即绕过合恩角，进入太平洋，然后兵分两路，其中两艘船将沿着南美洲和北美洲的海岸航行，直到抵达有海豹和海獭聚集的岛屿和浮冰。美国人的目标是杀死尽可能多的海豹和海獭并剥去它们的皮毛，然后将皮毛运往广州，与此同时，第三艘船应该已经到达那里。

一切迹象都表明，中国商人会抓住机会购买所有这些毛皮。莫里斯和帕克依靠的是一个名叫莱迪亚德（Ledyard）的美国人提供的信息。莱迪亚德参加过库克船长的一次航行，并且亲眼看见过英国船载着中国人渴望的毛皮抵达广州时的情形。美国人也许可以利用英国人对在太平洋遥远的北方发展毛皮贸易的疑虑。库克船长在1778 年第三次也是最后一次太平洋航行的日志中记录了他的想法，当时他正沿着阿拉斯加海岸前进："毫无疑问，与这一广阔海岸的居民进行毛皮贸易是非常有益的，但除非找到一条北方通道，否则这里距离英国似乎太遥远了，英国人无法从中获益。"[14]英国水手发现，中国人对海獭毛皮的需求量非常大，因为每平方英寸的海獭毛皮有大量的毛发，海獭毛皮是中国人能找得到的最温暖的毛皮。此外，一个人所穿的毛皮类型是身份的象征，而海獭毛皮是财富和地位的标志。传统上，中国人主要从俄国毛皮商人手中购买来自北太平洋的毛皮。俄国人来到了温哥华岛（Vancouver Island），还冒险前往堪察加半岛（Kamchatka Peninsula）和阿拉斯加以西的阿留申群岛（Aleutian Islands）。[15]如果美国人能够闯入这门生意，他们就有了一些可以卖给中国人的有价值的商品，因为美国人不清楚中国人还愿意从美国购买什么。

莫里斯和帕克梦想另外派三艘船经好望角前往中国，但这个想法没能吸引投资者的兴趣，而向北太平洋的海豹栖居地派船的计划也开始变得不那么有吸引力。第一批投资者早期的乐观情绪很快就消散了。可用的资金只够派一艘船，即"中国皇后号"，而且不得不放弃派它穿越太平洋的想法，转而采用葡萄牙人开辟的绕过非洲最南端的安全路线。"中国皇后号"装载了 30 吨人参，它们是阿巴拉契亚山脉的产品。众所周知，人参是一种中药，中国人对它的需求量很大。船上还载有价值相当于 2 万美元的西班牙钱币，以及毛皮和其他货物。[16] 尽管原先的计划不得不缩水，但"中国皇后号"的起航仍被当作一件盛事来庆祝，人们鸣响了代表联邦 13 个州的 13 响礼炮。[17]

纽约的一家报纸刊登了多产诗人菲利普·弗瑞诺（Philip Freneau）的一首诗，其中明确指出了这次航行的政治和商业意义，并在一开始就提到罗马的战争女神贝罗那（Bellona）：

> 赢得了贝罗那的许可，
>
> 她［"中国皇后号"］张开翅膀，迎接太阳，
>
> 去探索那些之前被
>
> 乔治［英王乔治三世］禁止航行的黄金区域……
>
> 不再局限于满腹嫉妒的
>
> 英国宫廷分配的旧航道。
>
> 她将绕过波涛汹涌的好望角，
>
> 乘着香风，向东航行。
>
> 驶向气候炎热的国度，
>
> 和上古时代的岛屿。
>
> 她热切地探索新航路，
>
> 很快将抵达中国的海岸。
>
> 从那里，无须英王的许可，
>
> 运来芳香的中国茶叶；
>
> 还有镶金的瓷器，
>
> 那精妙绝伦的产品……[18]

弗瑞诺在美国独立战争期间曾在海上服役。他和其他美国人热切地等待着这次航行的结果。在这次航行中，美国打入新市场的能力将受到考验。换句话说，此次航行的结果不仅对莫里斯、帕克和其他投资者有意义，对新生的整个美国都有意义。

※ 二

"中国皇后号"的航行主要是在平静的海域进行的，这让那些想在远海找刺激的日记作者和写信者感到恼火。船上的事务长抱怨道："抬眼望去，尽是沉闷无趣的天空和水，没有令人高兴的景象让我们振作起来。"很多人出海是为了找刺激，而旅途中发生的唯一惊险事件是船长在跌倒时撞上了栏杆，擦伤了头部和胳膊。[19]当"中国皇后号"到达通往南海的巽他海峡时，美国人发现了一艘停泊在那里的法国船。法国船员很高兴听到美国独立战争的故事，因为法国在这场战争中支持美国。由此，这艘名为"特里同号"（Triton）的法国船同意陪同"中国皇后号"前往澳门和广州，为其带路，并帮助抵御可能遭遇的攻击。在澳门，葡萄牙人欢迎这些新来者，不过他们以前从未见过美国国旗。美国人无须恐惧：1784年8月，当他们沿着蜿蜒曲折的珠江水道向广州进发时，迎接他们的不仅有法国人、荷兰人和丹麦人，还有英国人。美国的货运监督塞缪尔·肖（Samuel Shaw）对英国人的彬彬有礼印象深刻，而肖曾在美国革命军中服役，且表现出色，所以他对英国人的正面评价就更值得注意了：

　　船上的绅士们的举止是非常有礼貌和令人满意的。在船上，英国人不可能不谈及最近的战争。他们承认那是他们国家犯的一个大错误，说他们很高兴看到战争结束了，很高兴在世界的这个角落遇见我们，希望大家能放下所有的偏见，并补充说，如果英国和美国联合起来，就可以向全世界发出挑战。[20]

　　与此同时，法国人允许美国人使用他们的仓库，或"贸易站"，直到美国人自己的仓库准备就绪。欧洲各国代表之间的关系非常和谐；他们知道，只有相互支持才能保障安全，因为中国政府有时令人捉摸不透，与之谈判可能会很棘手。因此，当一名中国人被"休斯夫人号"（*Lady Hughes*，一艘往返于印度和广州之间的英国船）的礼炮意外炸死，导致一个名叫史密斯的货运监督被逮捕时，所有的外国货运监督都向中国政府提出了抗议。但是，只有美国人自始至终站在英国人那边，即便在争吵最激烈的关头，中国人短暂地中止了与美国人的贸易。[21]令中国人感到困惑的是，这些新来的人来自一个他们没有听说过的国家，所以中国人需要看看地图才能相信美国的存在。在中国人看来，一切似乎都表明，所谓的美国人其实就是英国人。最终，中国人称美国人为"新人"，后来还称他们为"花旗鬼子"，因为中国人认为美国国旗上的星星是花①。美国人早有准备，"中国皇后号"的船长在起航前得到了一封辞藻很华丽的

---

　　① 见裨治文《美理哥合省国志略》："夫美理哥合省之名，乃正名也。或称米利坚、亚墨理驾、花旗者，盖米利坚与亚墨理驾二名，实土音欲称船主亚美理哥之名而讹者也；至花旗之名，则因国旗之上，每省有一花，故大清称为花旗也。"

信，准备呈送给他可能遇到的任何"皇帝、国王、共和国、王公、公爵、伯爵"等。信中明确指出他是美利坚合众国的公民，美国国会请求外国政府给予他"体面的待遇"并允许他自由地从事贸易。[22]

根据中国政策的严格规定，"中国皇后号"停泊在距广州十几英里的黄埔岛，而不是在这座繁华的城市。货运监督史密斯描述了外商在黄埔不得不忍受的条件：

> 广州十三行的正面，长度不到四分之一英里，位于河岸边。码头由栏杆围起来，上面有楼梯和一扇大门，大门从水面开向每个商行，所有的商品都在这里被接收和运走。欧洲人的活动范围非常有限，除了码头，只有郊区的几条由商贩占据的街道，欧洲人被允许经常出入那里。[23]

就像中世纪的商人聚居区（fonduks）一样，广州商行的一楼是货物仓库；二楼是进行交易的客厅和办公室；三楼是商人居住的宿舍。[24]按照规定，他们不能带女人进入商行，但他们偶尔会偷带妻子或情妇来。有时，中国商人会邀请他们的欧洲同行共进晚餐，然而，欧洲人没办法从他们口中获取任何有用的信息。在湿热的河岸边，欧洲商人每天工作长达 15 个小时，生活枯燥乏味，解闷的方式是乘船去附近的花园游玩。在 19 世纪初，尽管中国官方试图禁止，但欧洲人会在河上举办划艇比赛。

到 18 世纪末，在广州的欧洲人决定更大张旗鼓地宣传他们的存在。个别商人声称他们是代表本国的领事，而领事一定要打出国旗，因此，从 1779 年的奥地利领事（实际上是苏格兰人）开始，十三行区出现了一片色彩斑斓的景象。普鲁士人、丹麦人、热那亚人和瑞典人紧随其后，描绘欧洲商行的画作被这些国家的旗帜点缀得更加生动。在贸易界也有非欧洲血统的人，如亚美尼亚人、帕西人①和孟买穆斯林，不过在 19 世纪初，规模最大的群体是英国人和美国人。在 1812 年与英国海军的短暂冲突结束之后，美国人利用他们在拿破仑战争期间的中立地位，将茶叶运回欧洲，而没有受到每个欧洲国家都要面临的干扰，因为当时联盟的建立和破裂之快令人眼花缭乱。[25]

　　尽管欧洲商人自称本国的领事，但对他们来说真正重要的是与十三行的中国商人维持良好关系，这些中国商人是在 18 世纪中叶为管理与外国人的贸易而（在更早的基础上）创办的"公行"的成员。1831 年，中国人以皇帝的名义颁布了一套复杂的规则（经常有人违反）。根据这些规则，外商不得在广州长期居住；不得带妇女进入十三行区；不得乘轿旅行；只能通过十三行商人与中国政府沟通。[26] "广州体系"（Canton System，一口通商）应运而生，并由皇帝的一个有权有势的代理人监督，他被称为"粤海关监督"

---

　　① 　帕西人（意为"波斯人"）是印度的琐罗亚斯德教徒。他们的祖先是信奉琐罗亚斯德教的波斯人，为摆脱迫害，于 8—10 世纪移民到印度。17 世纪末，英国东印度公司统治了孟买，并在那里给予民众宗教自由，帕西人陆续迁往孟买；到 19 世纪，很多帕西人成为富有的商人。帕西人至今仍主要居住在孟买，也有部分居住在印度的班加罗尔和巴基斯坦的卡拉奇。

（Hoppo），这一官职可追溯到 1645 年①。在珠江的航行中，最令人难忘的时刻之一是精心设计的测量仪式，这时粤海关监督会上船，用长长的丝带检查进港船只的尺寸。但是，仪式的目的不仅是记录船只的长度和宽度。外商向粤海关监督赠送礼物，奉承他，粤海关监督回赠礼物，包括几头牛、一批小麦和一些烈酒。这些实用的礼物表明，皇帝很关心来到天朝的蛮夷的福利，不过我们知道欧洲人在内部会抱怨这些牲口太老或太瘦，无法食用。欧洲人会演奏音乐，发表长篇大论，并分发大量的葡萄酒，同时一次又一次地鸣炮致敬。这种仪式在举行了很多次之后会变得乏味，所以粤海关监督会把入港的船积攒起来，试图在一天内完成六七艘的测量。27

　　外商与十三行商人的关系往往很融洽。双方都知道，这种关系可能非常有利可图。一个叫浩官（1769—1843 年，即伍秉鉴）的人据说因此成了世界首富，在 1824 年的身价高达 2600 万美元。伍秉鉴喜欢的一个费城鸦片商欠了他 7.2 万美元，伍秉鉴毫不犹豫地放弃索要这笔钱款。对他们之间对话的记载未必可信："你我都是一号人物，*olo flen*［老朋友］，你是诚实的人，只是运气不好。"这样的洋泾浜英语是外国人和中国人交流的标准方式。美国人对伍秉鉴很着迷，在无数寄回美国的画作中纪念他。这些画作展现的是一个身穿丝质长袍的苦行僧般的瘦削男子。他的投资政策很明智：为了保护自己不受国际茶叶贸易波动的影响，他既做茶叶生意，也是

---

　　①　原文如此，应为 1685 年。

地产大亨，拥有外国商行所在的一些土地；他直接与茶农联络，甚至自己种茶，砍掉了昂贵的中间商。他与来自波士顿的朋友建立了密切的伙伴关系，并投资美国新的铁路网。他依靠美国商人帮他向国外写信。他有许多美国朋友。有一次，他为在广州做了十年贸易的美国商人沃伦·德拉诺（Warren Delano，富兰克林·德拉诺·罗斯福的祖先）送行，准备了 15 道菜的丰盛晚宴，包括燕窝汤、鱼翅、鲟鱼唇和其他中国美食。也有些美国人在中国发了大财：1831年，约翰·库欣（John Cushing，中文名为顾新）在回到美国时，财富增加了 70 万美元，不过能够与他相比的人几乎没有。[28]

美国人很快就适应了这一切，通过十三行商人在中国市场从事贸易。"中国皇后号"返航时满载着茶叶、丝绸、瓷器和以南京命名的紫花布（nankeen），这种棉布在北美非常受欢迎。"中国皇后号"于 1785 年 5 月回到纽约，为投资者带来了至少 25% 的利润，这比他们希望的要少，但对未来的对华贸易而言仍然是好兆头。次年，包括"中国皇后号"在内的 5 艘船出发前往中国，这次，费城和塞勒姆也派了船。到 1790 年，已经有 28 艘美国船到访广州，不过它们的尺寸往往只有东印度公司从欧洲派出的船的三分之一。19世纪初，美国人派往广州的船比英国人的多（但吨位较小）。美国船速度快、重量轻，可以更轻松地应对在缺乏海图的海域航行的风险。美国船的航程比英国船的远，周转速度却更快，这再次提出了一个问题，即美国人是否采用了前往中国的最佳路线，特别是如果中国人希望他们从太平洋或（如后文所述）大西洋的遥远南方带来毛皮的话。[29]

※ 三

在太平洋东北部寻找毛皮的活动，为美国公民开辟了新的世界。他们探索了今天的俄勒冈州、不列颠哥伦比亚省和阿拉斯加州的海岸。这些探索也为美国人提供了远航至夏威夷、斐济和其他波利尼西亚岛屿的启动平台，他们在那些地方收集檀木，这种木材在中国很受欢迎。美国人面临的挑战在于，他们需要找到中国人有兴趣购买的商品，这样美国人就不必用白银来支付货款。早期的美国缺乏白银，这导致交易量下降，于是在新生的美国发生了严重的经济萧条，对商船航运产生了严重影响。[30]因此，白银之外的资源是必不可少的，而猎取毛皮的巨大吸引力在于不需要购买海豹，不过对于杀死它们的恶心手段还是少说为妙。在太平洋以外的一些地方也能找到海豹，但中国市场是吸引美国人去太平洋的原因。美国人在太平洋捕海豹的地点包括遥远的北方，以及智利附近的马斯阿富埃拉岛（Más Afuera）①，那是一个主要的海豹猎场，被称为"毛皮海豹②的麦加"。美国人还在其他地方寻找海豹。库克船长已经知道，不久前发现的马尔维纳斯群岛是一个很好的毛皮来源。库克船长的日志于 1785 年在伦敦印刷出版，八年后在费城印刷了一个缩略版。在美国出版商印刷该书的前一年，美国船已经开始获取马尔维纳斯

---

① 它在今天被称为亚历山大塞尔扣克岛（Alejandro Selkirk Island），以苏格兰水手、《鲁宾逊漂流记》主人公的原型亚历山大·塞尔扣克的名字（Alexander Selkirk）命名。

② 即海狗。

群岛的毛皮。[31]

美国人在太平洋东部（从美国的角度，一般称为"太平洋西北地区"）的行动遇到了两个主要障碍。一个障碍是其他国家的船只。俄国人沿着海岸线一直来到今天被称为温哥华岛的地方；西班牙人沿着加利福尼亚海岸一路北上，也对温哥华岛非常感兴趣；英国人在库克船长第三次航行后开始了解这些水域，并再次看到温哥华岛上有诱人的可能性；传到美国的报告也使这个岛听起来是理想的捕猎海豹的基地。另一个障碍是绕过合恩角的路线的巨大风险。"中国皇后号"选择避开这条路线。它的恐怖和危险在小理查德·亨利·达纳（Richard Henry Dana Jr）的畅销书《桅杆前两年》（*Two Years before the Mast*）中得到了绘声绘色的描述。该书叙述了于 1840 年从纽约出发的一趟旅程：

11 月 5 日，星期三……就在 8 点之前。

　　然后，大约在日落时分（在那个纬度），"全体船员注意！"的呼喊声从前舷窗和后舱门响起。我们匆匆忙忙地跑到甲板上，看见一大片乌云从西南方朝我们滚来，使整个天空变得阴暗。大副说："合恩角到了！"我们几乎没来得及紧急落帆，乌云就到了我们头顶。几分钟后，我见过的最高的海浪涌了上来。由于它就在正前方，这艘比游泳更衣车强不了多少的小双桅横帆船陷入了海浪，它的前部完全被淹没了。海浪从舷窗口和锚链孔涌入，越过艏副肋材，威胁要把所有东西都冲下船。在背风那一边的甲板排水孔里，海水已经有齐腰深……双

> 桅横帆船在顶头浪中艰难地挣扎，狂风也越来越猛了。同时，
> 雨夹雪和冰雹在疯狂地袭击我们……天亮时（大约凌晨 3 点），
> 甲板上铺满了雪。[32]

这还是南半球的夏季。

在达纳乘坐这艘船航行之前，也有许多美国船在太平洋上遇险。1787 年，"华盛顿夫人号"（*Lady Washington*）和"哥伦比亚号"（*Columbia*）从波士顿出发，希望能在北美的太平洋沿岸获取毛皮。这两艘船即将远航的消息激起了巨大的热情。新成立的马萨诸塞州铸币厂铸造了大约 300 枚白镴纪念章，以纪念这两艘船，还制作了银制和铜制纪念章，准备送给乔治·华盛顿和托马斯·杰斐逊等大人物。白镴纪念章同样是礼物，准备送给船预计到访的地区的土著，至于他们会如何看待这些纪念章就是个谜了。库克船长也获得了伦敦皇家学会为他铸造纪念章的荣誉，但这是在航行结束之后，而不是在航行开始之前发生的。[33]

从两艘船到达佛得角群岛的普拉亚开始，发生了很多充满戏剧性的故事。"哥伦比亚号"的外科医生罗伯茨（Roberts）受够了肯德里克（Kendrick）船长的专横跋扈，于是离开了船。肯德里克在普拉亚的大街上找到罗伯茨，并用剑威胁他，但他仍然不肯回到船上。罗伯茨坚持表示，肯德里克必须承诺不因他弃船而鞭打他，否则他就留在普拉亚。肯德里克拒绝做出这样的承诺。奇怪的是，他表现得仿佛船上不需要外科医生，轻易地放罗伯茨走了。这场争吵和其他一些争吵使两艘船在佛得角群岛停留的时间过久。他们如果

不尽快离开，将会遇上合恩角附近水域的季节性飓风。不管怎么说，这是指挥吨位较小的"华盛顿夫人号"的格雷（Gray）船长的预言。他们刚起程，一个名叫哈斯韦尔（Haswell）的军官就打了一个不服从命令、不肯到甲板上来的水手。肯德里克站在水手那边，威胁哈斯韦尔说，如果他再踏上后甲板（军官专用区域），就会被枪毙。于是哈斯韦尔不得不睡在集体宿舍。[34]哈斯韦尔记录的这些事件证实，肯德里克是一位霸道的船长，不过或许并不比同时代的许多人更霸道。当时很多人认为，维持船上的秩序需要冷酷无情的决定；当一艘船沿着不熟悉的路线航行，面对危险的大自然和对手时，就更需要船长的杀伐决断。

两艘船向合恩角以南航行了数百英里，绕过合恩角，经历了狂风和雨夹雪的洗礼，然后迎头撞上哈斯韦尔所说的"货真价实的飓风"。两艘船被飓风吹散，格雷关于在普拉亚浪费了太多时间的观点似乎得到了证实。[35]两艘船在到达温哥华岛的努特卡湾（Nootka Bay）之前，将分别单独行驶数千英里。在此期间，他们在智利、秘鲁和墨西哥的海岸附近面临着西班牙船只的不断骚扰。1788年8月，"华盛顿夫人号"到达北美海岸，开始与那里的美洲原住民做生意。但是，正如经常发生的那样，原本友好的关系没过多久就变得很糟糕。起初，印第安人带来了煮熟的螃蟹、鱼干和浆果，并对美国人作为报酬提供的纽扣和铃铛等廉价的小物品表示满意。格雷船长也很高兴，因为新鲜食物是治疗在船上肆虐的坏血病的最好药品。然而，当一个印第安人偷了格雷船长的仆人（一个在普拉亚登船的非洲人）留在沙滩上的短弯刀后，气氛就变了。这个名叫马尔库斯·罗皮乌斯（Marcus Lopius）的仆人试图找回那把弯刀，却被抓住了。印第安人向美国入侵者射箭，并用刀和矛刺穿了罗皮乌斯的身体。即使美国人匆忙逃回船上，他们的麻烦也没有结束，因为"华盛顿夫人号"搁浅在沙洲上，必须等待涨潮才能浮上海面。[36] 不过，这艘船和船员得以幸存，最终设法在温哥华岛附近与"哥伦比亚号"会合。

与此同时，西班牙人沿着同一条海岸线不断向北推进，于 1788 年 6 月底到达科迪亚克岛（Kodiak Island）。另一艘西班牙船沿着太平洋最北部的阿留申群岛的海岸线行驶，遇到了乌纳拉斯卡岛（Unalaska Island）唯一的俄国居民波塔普·扎伊科夫（Potap Zaikov），他依靠当地的阿留申猎人获取皮毛，然后出售。扎伊科夫虽然与世隔绝，但不知何故，他知道，或者说相信自己知道祖国的宏图大略：四艘俄国军舰预计将经由好望角抵达阿留申群岛。俄国人也决心要争夺这条海岸线，因为"特莱赫·斯维亚蒂特莱号"（*Trekh Sviatitelei*）载有木桩和铜牌，这些东西可以作为界桩，提出俄罗斯帝国对这些土地的正式主张。此外，俄国人知道英国船就在不远处，他们决心阻止英国人建立自己的定居点。[37]

冲突的爆发点是努特卡湾，那里是公认的狩猎海豹的好地方。美国人在到达时，发现了一个正在建造的英国定居点，劳动力有一部分是进口的，因为有中国木匠在劳动。美国人还目睹了愤怒的西班牙人的到来，西班牙人将努特卡湾据为己有，扣押了四艘英国船，并逮捕了所有的中国工人。这些事件很容易引发英国和西班牙之间的战争，但此刻大家的注意力都转向了其他地方，因为法国的政治危机演变成了革命。西班牙指挥官对美国人不像对英国人那样担心。在西班牙人看来，美国人极不可能企图在这片大陆的西海岸建立自己的定居点，因为美国显然是东海岸的国家。波士顿的报纸在报道西班牙人和美国人的指挥官在努特卡湾的友好接触时，为"欧洲强国对美国旗帜的保护和尊重"感到高兴，并幸灾乐祸地看到"另一个国家［英国］的旗帜被禁止在这片海岸升起"。[38]最后，英国人愿意与西班牙讲和，于1790年10月签署了《努特卡公约》，这是外交对战争的胜利，也是西班牙对英国的胜利。不过，从长远来看，在1846年加拿大和美国的边界确定后，这一地区将落入英国统治之下。[39]

美国人抓住机会，找到了他们知道中国人渴望拥有的海獭皮。格雷船长在广州卖掉了他运去的毛皮，然后决定继续环游世界，经好望角返回美国，这使他成为第一位环游地球的美国船长，全程耗时三年。而肯德里克还在太平洋时就在一次悲惨的事故中丧生：礼炮出了问题，炮弹穿透他的船舱，把他炸成了碎片。[40]与此同时，人们对努特卡湾的兴趣继续增加，但方式更加和平。过去人们多次提出的一个问题是，是否可以找到一条绕过北美洲顶端的水道。在大西洋一侧寻找西北水道的多次尝试都失败之后，从太平洋一侧寻找似乎是有意义的。这并不是一个新的想法，如前文所述，弗朗西斯·德雷克在环球航行期间来到加利福尼亚时，可能一直在寻找这样一条航道。这也是英国和其他国家的船在阿拉斯加和加拿大西部附近水域四处探索的一个原因。受雇于西班牙的意大利人亚历杭德罗·马拉斯皮纳（Alejandro Malaspina）于1791年带领两艘大船进入这些水域。在他的探险队出发时，恰好有一个西班牙出版商出版了名叫马尔多纳多（Maldonado）的人于 1588 年从太平洋到大西洋的旅行记录，不过这部记录可能纯属捏造。因此，马拉斯皮纳实际上是被派去进行一场徒劳的搜索。然而，他绘制了未知海岸线的地图，研究了当地印第安人的生活，并为在太平洋建立一个整合起来的贸易网络（包括俄国、中国、墨西哥和菲律宾）提出了详尽而明智的建议，但西班牙朝廷中没有人表示出太大的兴趣。毕竟，马拉斯皮纳没有找到从欧洲通往太平洋的门户，所以在马德里被视为失败者。[41]

羽翼初生的美国的商人从南大西洋和"太平洋西北地区"运送毛皮到中国。1792 年，丹尼尔·格林（Daniel Greene）船长率领"南希号"（*Nancy*）经马尔维纳斯群岛前往中国。五年后，他在回到马尔维纳斯群岛时，装载了大约 5 万张毛皮，然后在太平洋东南部的马斯阿富埃拉岛又获得了一些。马尔维纳斯群岛在当时是一个基本无主的空间。1764 年，法国人在东福克兰岛建立了一个定居点，一两年后，英国人在西福克兰岛建立了一个定居点。然后，法国人同意将这些岛屿移交给西班牙，西班牙派出两名神父，"他们看到这个定居点，不禁悲痛万分"。由于分属不同国家，这两个岛被水手们称为"英国马龙"和"西班牙马龙"，"马龙"（Maloon）是西班牙文名字 Las Malvinas（马尔维纳斯群岛）的讹误形式。[42]然而在这个阶段，对探索马尔维纳斯群岛贡献最大的是美国人，他们扫荡了那里的海豹。英国人和西班牙人在 19 世纪初先后撤出了马尔维纳斯群岛，虽然它后来被英国重新占领，但其所有权问题一直

在发酵。在南大西洋之外，美国船经常到印度洋南部的圣保罗岛
（St Paul）等岛屿寻找海豹。没有人类居住的地方是最理想的，因
为那里的海豹还没有理由害怕人类，当猎人进行血腥的工作时，它
们消极地躺在岩石上。后来，海豹有时会变得聪明起来，不过在陆
地上逃跑几乎是不可能的，因为这些动物是为海洋而生的。[43]

　　因此，来自遥远阿拉斯加的毛皮促进了早期美国和中国之间海
上联系的发展。美国的毛皮贸易是真正的全球性贸易，从两个方向
（分别绕过好望角和合恩角）向中国延伸。这一贸易的利润，以及
更广泛的对华贸易的利润，促进了美国经济的复苏和大企业的繁
荣，如德意志移民约翰·雅各·阿斯特（John Jacob Astor）的企
业。第一代美国百万富翁诞生了，他们构成了一个以财富而非血统
为标志的贵族阶层，他们的财富是由对华贸易以及与之水乳交融的
其他所有业务创造的，包括毛皮贸易、檀木贸易，还有我们将要看
到的鸦片贸易。[44]

注　释

　　1. K. McDonald, *Pirates, Merchants, Settlers, and Slaves: Colonial America and
the Indo-Atlantic World* (Oakland, 2015); R. Allen, *European Slave Trading in the
Indian Ocean, 1500–1850* (Athens, Oh., 2014).

　　2. J. Goldstein, *Philadelphians and the China Trade 1682–1846: Commercial,
Cultural, and Attitudinal Effects* (University Park, Pa., 1978), p. 17;

M. Christman, *Adventurous Pursuits: Americans and the China Trade 1784 – 1844* (Washington DC, 1984).

3. C. Matson, *Merchants and Empire: Trading in Colonial New York* (Baltimore, 1998), pp. 142 – 3, 146 – 8; 引文来源见 p. 183; C. Frank, *Objectifying China: Chinese Commodities in Early America* (Chicago, 2011), p. 56, table 1:2; Goldstein, *Philadelphians and the China Trade*, pp. 17–20。

4. Frank, *Objectifying China*, pp. 5, 1, 12.

5. Ibid., pp. 13–22, 92; 18 世纪 90 年代饰有 E PLURIBUS UNUM 字样的中国陶瓷的例子，见罗得岛设计学院美术馆（普罗维登斯，罗得岛州）的藏品。

6. Christman, *Adventurous Pursuits*, p. 22.

7. J. Fichter, *So Great a Proffit: How the East Indies Trade Transformed Anglo-American Capitalism* (Cambridge, Mass., 2010), pp. 93–4, 209.

8. Frank, *Objectifying China*, pp. 31, 34–7.

9. Ibid., pp. 31, 34 – 7; Goldstein, *Philadelphians and the China Trade*, pp. 18, 20.

10. He Sibing, *Macao in the Making of Sino-American Relations, 1784 – 1844* (Macau, 2015), p. 42.

11. E. Dolin, *When America First Met China: An Exotic History of Tea, Drugs, and Money in the Age of Sail* (New York, 2012), pp. 65–71. （此书已有中译本，〔美〕埃里克·杰·多林：《美国和中国最初的相遇：航海时代奇异的中美关系史》，朱颖译，北京：社会科学文献出版社，2014。）

12. Cited by Frank, *Objectifying China*, p. 203.

13. Dolin, *When America First Met China*, pp. 4–6.

14. James Cook, *The Journals* (2nd edn, London, 2003), p. 559.

15. Dolin, *When America First Met China*, pp. 9 – 11; J. Kirker, *Adventures to*

China: Americans in the Southern Oceans 1792 – 1812 (New York, 1970), pp. 8, 13–19.

16. Dolin, *When America First Met China*, pp. 12 – 13; He, *Macao in the Making of Early Sino-American Relations*, p. 43.

17. Dolin, *When America First Met China*, pp. 20–21.

18. Text in Goldstein, *Philadelphians and the China Trade*, p. 32.

19. Cited by Dolin, *When America First Met China*, p. 22.

20. 引自 Dolin, *When America First Met China*, p. 74; 关于肖, 见 He, *Macao in the Making of Sino-American Relations*, p. 44。

21. Dolin, *When America First Met China*, pp. 80–84.

22. Ibid. , p. 78; 信的内容见 He, *Macao in the Making of Sino-American Relations*, p. 43; "新人" 见 p. 45。

23. Cited by He, *Macao in the Making of Sino-American Relations*, p. 45.

24. J. Downs, *The Golden Ghetto: The American Commercial Community at Canton and the Shaping of American China Policy, 1784–1844* (Bethlehem, Pa. , and Cranbury, NJ, 1997), pp. 26–9.

25. R. Nield, *The China Coast: Trade and the First Treaty Ports* (Hong Kong, 2010), pp. 48–55, 124–6; Downs, *Golden Ghetto*, pp. 29, 37, 45, 48, 65–6.

26. W. E. Cheong, *The Hong Merchants of Canton: Chinese Merchants in Sino-Western Trade* (Richmond, Surrey, 1997), pp. 193–213; Downs, *Golden Ghetto*, pp. 73–4.

27. P. Van Dyke, *The Canton Trade: Life and Enterprise on the China Coast, 1700–1845* (Hong Kong and Macau, 2005), pp. 19–33; Christman, *Adventurous Pursuits*, p. 23; P. Van Dyke, *Merchants of Canton and Macao*, vol. 1: *Politics and Strategies in Eighteenth-Century Chinese Trade* (Hong Kong, 2011), pp. 49–66, and vol. 2: *Success*

and Failure in Chinese Trade (Hong Kong, 2016) ; Downs, *Golden Ghetto*, p. 77.

28. Downs, *Golden Ghetto*, pp. 81-5, 151-4; Nield, *China Coast*, pp. 48-50; Dolin, *When America First Met China*, pp. 173-6; Christman, *Adventurous Pursuits*, pp. 85-91.

29. He, *Macao in the Making of Sino-American Relations*, pp. 46-7.

30. Fichter, *So Great a Proffit*, pp. 31-5.

31. Kirker, *Adventures to China*, pp. 13-23, 35-47; J. Harrison, *Forgotten Footprints: Lost Stories in the Discovery of Antactica* (Cardigan, 2012).

32. R. Dana Jr, *Two Years before the Mast: A Personal Narrative of Life at Sea* (New York, 1840, 以及之后的版本), ch. 5。

33. Fichter, *So Great a Proffit*, pp. 49-5; Christman, *Adventurous Pursuits*, p. 35; S. Ridley, *Morning of Fire: John Kendrick's Daring American Odyssey in the Pacific* (New York, 2010), p. 23.

34. Ridley, *Morning of Fire*, pp. 30-34.

35. Ibid., p. 33.

36. Ibid., pp. 61-3.

37. Ibid., pp. 67-8.

38. Fichter, *So Great a Proffit*, pp. 51-2.

39. D. Pethick, *The Nootka Connection: Europe and the Northwest Coast 1790-1795* (Vancouver, 1980), p. 5.

40. Christman, *Adventurous Pursuits*, pp. 34-5.

41. Pethick, *Nootka Connection*, pp. 56-61.

42. Kirker, *Adventures to China*, pp. 35-6.

43. Ibid., pp. 19-21, 50-64.

44. Fichter, *So Great a Proffit*, pp. 272-7.

第四十五章

毛皮和火焰

将世界海洋史划分为三大洋和几片较小海域的历史，困难之一是，大洋本身就是海的复合体。大西洋包含了北海、加勒比海、格陵兰附近的冰冷水域和巴西附近的温暖水域。太平洋甚至更复杂，这不足为怪，因为它覆盖了全球三分之一的面积。南海，有时还有黄海和日本海，是连接东亚与印度洋的走廊，而不是朝东面向开阔的太平洋；波利尼西亚、美拉尼西亚和密克罗尼西亚的岛屿世界隔着很远的距离联系在一起，但它们与太平洋周围的大洲很少有联系，或几乎完全没有。在遥远的北方有另一个岛屿世界，居住着阿伊努人（日本北部的原住民）、阿留申人和其他民族，其中许多人的生活方式与加拿大北部和格陵兰的因纽特人的生活方式大致相似。这是一种高度依赖海洋资源的生活，海洋为他们提供食物（鱼）、房屋照明所需的油（海豹脂肪）、衣服（鸬鹚皮），甚至温暖的大衣（展开的海豹肠子）。[1]在千岛群岛和阿留申群岛，有一定体量的贸易是通过船进行的。沿着阿拉斯加海岸，划艇航行的技艺

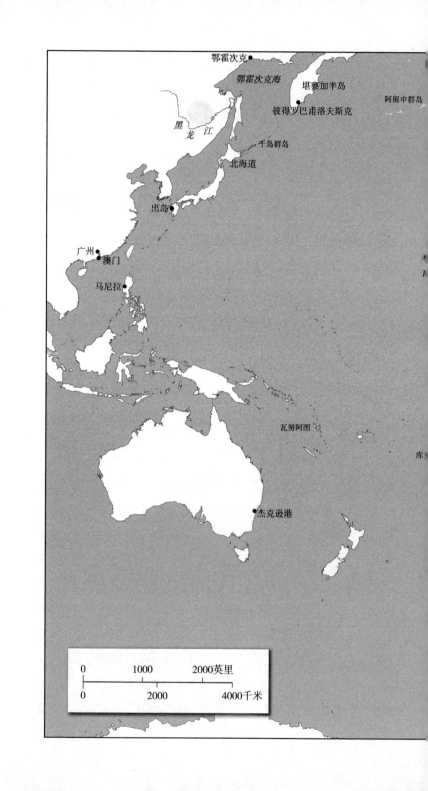

鄂霍次克

鄂霍次克海   堪察加半岛   阿留申群岛

彼得罗巴甫洛夫斯克

黑
龙
　江   千岛群岛

北海道

出岛

广州
　澳门

马尼拉

瓦努阿图

杰克逊港

| 0 | 1000 | 2000英里 |
| 0 | 2000 | 4000千米 |

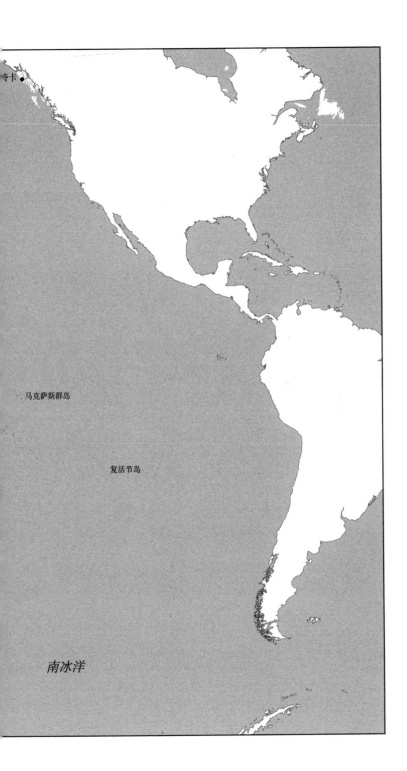

特卡 ●

马克萨斯群岛

复活节岛

南冰洋

被提升到非常高的水平，当地居民可以轻松地应对波涛汹涌的海面、强风和浮冰。不过，这个海洋世界是与太平洋其他地区隔绝的。就我们目前所知，日本人和朝鲜人没有探索这些水域。直到17世纪欧洲人到来时，这一地区才开始引起人们的兴趣。

这个偏远的角落之所以吸引人们的注意，有几个原因。最重要的是毛皮供应，因为可以用毛皮换取中国茶叶。第一批来到太平洋偏僻北方的欧洲人并不是从海上抵达的，不过他们开始的时候是在太平洋上航行的。俄国人不断向东扩张，跨越西伯利亚，来自遥远西方的苏兹达尔（Suzdal，莫斯科大公国的古老母城）的毛皮商人就这样来到了太平洋岸边。随着对西伯利亚东部海岸线的了解越来越多，俄国人对这些新征服的土地如何与大洋相连的问题也越来越好奇。俄国统治者，特别是彼得大帝，渴望了解备受推崇的绕过西伯利亚顶部进入太平洋的海路是否可行。英格兰人曾试图向伊凡雷帝推销的东北水道仍然很有诱惑力，当俄国人接近美洲大陆时更是如此。西伯利亚和北美之间是否存在一条水道？如果有，它可否通航？从俄国通往中国和日本的定期海上交通，有可能给俄罗斯帝国带来不可估量的利益。

俄国人如何以及何时探索了西伯利亚的海岸，仍然是个谜。一个名叫谢苗·杰日尼奥夫（Semen Dezhnev）的哥萨克说，他早在1648年就沿着西伯利亚的太平洋海岸进行了海上旅行。[2]一位爱国的苏联历史学家写道，杰日尼奥夫表现出了"非凡的勇敢和大无畏精神"。这位历史学家将任何对杰日尼奥夫航行真实性的怀疑抛到了一边，说他从白令海峡进入了北冰洋。[3]杰日尼奥夫肯定到了某些地方，但可能没走多远。他于 1662 年从雅库茨克（Yakutsk）写信给沙皇，恳求沙皇为他的工作提供酬劳。他使用的应当是一条最多 70 英尺长的平底船，帆是用驯鹿皮做的，船是用绳索、带子和钉子固定在一起的，因为西伯利亚东部的土著民族没有铁，就连船锚也是用木头做的。在 18 世纪，这是俄国人在北太平洋使用的标准船型。这种船被称为"缝合船"（shitik，源自动词 shit，即"缝制"），由多达 40 名俄国人和当地人操作。[4] 它们是否像历史学家认为的那样"摇摇欲坠"，我们并不清楚。不过，缝合船自古以来就在印度洋上航行，并且在某些时候，恰恰是它们的柔韧性使得它们非常坚固。杰日尼奥夫试图获得沙皇谋臣们的支持，并可能影响了另一位北极探险家弗拉基米尔·阿特拉索夫（Vladimir Atlasov），后者曾住在雅库茨克，也曾与杰日尼奥夫一起待在莫斯科。据说阿特拉索夫发现了向南延伸、指向日本的堪察加半岛。到 1697 年，堪察加已经成为毛皮和其他贡品的来源地，阿特拉索夫绘制了它的地图，并对当地居民做了详细描述。他对日本的描述肯定是基于道听途说的，却赢得了彼得大帝的欣赏。[5] 即使对这些早期航行的描述并不可靠，但它们确实表明俄国人对通往太平洋的路线的好奇心越来越强。

随着俄罗斯帝国的快速扩张，俄国官员和殖民者来到了大清帝国的北部边境。大清帝国在 1644 年明朝灭亡后控制了全国。起初，俄国获得的好处似乎是可以向西伯利亚的原住民征收贡品，不过有传言说，在雅库茨克以外的某条河道上有银矿。[6] 对华贸易的益处也很明显：如果哥萨克（他们是主要的殖民者）能够打入中国市场，他们将为自己和沙皇带来巨大利润。早在 17 世纪 50 年代，清朝与俄国就在黑龙江沿岸发生了冲突，从那时起，黑龙江流域一直是双方之间紧张气氛的来源。当地民族向清朝求救，于是清朝军队来到这里。俄国人发现很难与清朝军队对抗。[7]

※ 二

1714 年，彼得大帝手下颇有影响力的谋臣和航海专家费奥多尔·斯捷潘诺维奇·萨尔蒂科夫（Fedor Stepanovich Saltykov）住在伦敦。他写了一系列"建议书"（*Propozitsii*），发给正在圣彼得堡的沙皇。萨尔蒂科夫曾与他的父亲一起在西伯利亚旅行。他清楚地意识到，现在有机会在远东为俄国建立帝国霸业。他认为，有可能在鄂毕河和叶尼塞河（这两条河在西伯利亚中部汇入北冰洋）的河口附近建立一支船队，然后派船到西伯利亚各地寻找可以纳入俄国主权范围的岛屿。俄国也对东方香料和黄金垂涎欲滴：

> 如果能找到一条通往中国和日本海岸的开放航道，陛下的帝国将获得巨大的财富和利润，原因如下。英国和荷兰等所有国家都派船到东印度，这些船必须穿越赤道两次，去时一次，回来时一次。由于这些地方气候炎热，水手减员严重。如果他们长期在海上航行，会发生严重的食物短缺。因此，一旦发现这样的［北方］海路，他们都希望使用它……就贸易而言，陛下的帝国比其他任何王国都更接近［亚洲］。

萨尔蒂科夫认为，俄国应当监控使用这条航线的外国航运，当然也要对其征税，因为这条航线要经过北冰洋的新地岛。萨尔蒂科夫观察到，类似的税收在厄勒海峡和直布罗陀都产生了巨额收入。另外，在日本和西伯利亚都可以获取白银，萨尔蒂科夫在西伯利亚确实看到了废弃的银矿。与中国和东印度群岛的"水路"贸易将成为可能，为俄国带来黄金、瓷器、丝绸和其他许多奢侈品，俄国将变得像荷兰或英国一样富有。沙皇当然也考虑过这些建议，他在1711年表示：

> 一旦他［沙皇］有空闲来考虑这个问题，他将研究有无可能让船途经新地岛进入鞑靼海；或者寻找鄂毕河以东的某个港口，在那里造船，如果可行的话，派船前往中国和日本的海岸。[8]

有种错觉一直存在，那就是与欧洲船在前往东印度的途中必须经过的热带水域相比，北极水域更安全、更容易忍受。[9]

彼得大帝确实找到了空闲来考虑北极航道的问题，不过是在他生命的最后阶段。他在1725年去世前的最后举措之一是命令为他服务的丹麦船长维图斯·白令（Vitus Bering）在堪察加造船，并"乘坐这些船，沿着向北延伸的海岸航行，该海岸（由于其界限不详）似乎是美洲海岸的一部分"。白令的任务是"确定它［亚洲海岸］与美洲的连接点"，如果可能的话，探访美洲海岸的欧洲定居点，更多地了解该地区的地理情况，并绘制一张准确的海图。彼得大帝还按照他一贯的做法，命令元老院"在学徒或助理造船师中选拔一个能在那里［堪察加］参考此处的大船造船的人"；如果在俄国找不到对太平洋有经验的航海家，那就从荷兰找两个"了解北方和远至日本的海域"的人。白令曾在荷兰东印度公司工作，所以对东印度群岛有经验，并得到了俄国元老院和两位海军将领的力挺。[10]彼得大帝是一位了不起的沙皇，据说他曾在荷兰造船厂工作（他肯定观察过那里的工作），希望把俄国变成一个海军强国。

但是，彼得大帝对于海洋的野心的重点仍然远离太平洋。黑海是他希望扩张俄国海军力量的地区之一，可他的主要兴趣在波罗的海。在他建立新首都圣彼得堡之后，波罗的海就成了他的家。更重要的是，他决心击退控制波罗的海大片地区的瑞典。在 18 世纪初的大北方战争中，经过一些挫折，俄国最终获得对波罗的海的统治权。[11]白令曾在大北方战争中服役，不过，担任一支微不足道的小舰队的司令并被派往西伯利亚，不是他想要的回报。然而，在彼得大帝去世后，即使白令旅程的第一部分（在某些方面也是最艰苦的部分）需要跋涉万水千山穿越西伯利亚、前往新建立的俄国要塞和贸易站鄂霍次克（Okhotsk），白令还是服从了沙皇的命令。从鄂霍次克可以进入鄂霍次克海，这片海位于堪察加半岛以西，以千岛群岛为界，而千岛群岛从日本北海道岛的北端向东北方向延伸。[12]鄂霍次克也有足够的设施建造一艘缝合船，即前文提到的那种船。白令又在堪察加建造了第二艘船。考虑到当时鄂霍次克贸易站的俄国人数量还很少，只有几百人，将这些船组装起来的工程即使很难赢得荷兰或英国船长的赞誉，也仍然是了不起的。白令设法驶入了后来以他的名字命名的海峡，但他仍然不确定自己发现的是进入北冰洋的水道，还是仅为连接亚洲和美洲的连续海岸线上的一个大海湾。因为大雾弥漫，继续前进很困难，所以白令不顾他的俄国副手奇里科夫（Chirikov）的建议，掉头折返。奇里科夫因此赢得了苏联历史学家的赞誉，被认为是一个真正有远见卓识的人。1729 年的第二次探险没有取得更大的成功，可是，白令的船员的工作，包括对以前未到访过的海岸的测绘，不应该被低估。[13]

关于北太平洋的形态，仍有很多东西需要了解。直到 18 世纪，北太平洋依然是最不为人所知的大洋区域之一。白令的副手之一斯庞贝里（Spanberg）船长应邀去探索通往日本的岛链，当时日本仍旧不愿意向除荷兰人之外的任何外商敞开大门。[14]斯庞贝里于 1735 年在鄂霍次克建造了两艘船，并改装了第三艘更旧的船。1738 年 6 月，斯庞贝里的小舰队出发了，在一年后抵达日本近海。尽管日本幕府对外国人有敌意，但当地居民和登船的官员都相当友好，俄国人能够获得金币、大米、鱼和烟草。官员们把日本民族的礼貌发挥到了极致，向俄国人鞠躬和下跪。他们跪了很久，船长最后觉得必须叫他们起来。在进了斯庞贝里的船舱之后，日本官员对提供给他们的俄国食品大为欣赏，高兴地痛饮俄国白兰地。然而，斯庞贝里知道这些短暂的接触有可能从友好交流变成暴力冲突，所以很快就启程返回堪察加半岛。[15]虽然进一步接触日本的努力失败了，但斯庞贝里帮助俄国人大幅增进了对北太平洋的了解，使俄国有可能为在千岛群岛及其他地区建立统治制订更精确的计划。

在圣彼得堡，太平洋并不是重要事项，因此在 18 世纪下半叶，俄国对北太平洋的渗透在很大程度上取决于个别商人的积极主动性。其中一些俄国商人出身贫寒，出生在农民或哥萨克军人家庭，设法在社会阶梯上攀登；也有一些商人是居住在莫斯科的希腊人。[16] 一些小公司获得了船只，派船从西伯利亚的太平洋海岸前往国外寻找毛皮。俄国元老院对可以从毛皮贸易中获得的税收越来越感兴趣。1748 年，商人们向元老院请愿，要求获得盛产毛皮的若干土地的垄断权。元老院非常乐意接受这些计划，其中一些计划被证明是非常有利可图的：一次探险活动为帝国国库带来了近 2.2 万卢布的收入，相当于毛皮货物价值的三分之一。[17] 大多数探险活动能为国库带来超过 1000 卢布的收入，而且探险家越来越深入到欧洲人以前没有去过的地区，一直到阿拉斯加。很多船在极北地区的困难条件下失事沉没，但到 1770 年，利润越来越丰厚。部分是因为女皇叶卡捷琳娜二世的政策，她从 18 世纪 60 年代开始鼓励自由贸易。研究这些商人的苏联历史学家从中看到了"资产阶级经济发展的力量"，不过她承认私营贸易在 1760 年之前就已经建立起来了。毕竟，西伯利亚东部主要居住着没有沦为农奴的原住民，那些地区距离政府权力中心或大贵族庄园非常遥远。偏远的边疆为人们提供了自由和创造财富的机会，无论是从土地还是从贸易中创造财富。[18]

不仅是需求大增，人们的信心也在增长。有一艘在海上航行数年的船叫"圣保罗号"（Sveti Pavel），由三名商人经营。它于 1770 年前往千岛群岛，1771 年前往阿留申群岛，在那里，俄国人结识了当地的萨纳克（Sannakh）岛民。正如经常发生的那样，俄国人与土著的关系在开始时很好，但后来变坏了。俄国译员被发现死在自己的毡帐里。岛民发动了攻击。船长索尔维耶夫（Solviev）赶紧深入阿留申群岛，在那里，船员们收集了关于许多毛茸茸的动物的信息，包括海狸、熊、鹿、狼、松鼠和水獭。1775 年 7 月，船员们带着价值 15 万卢布的毛皮回到了鄂霍次克，不过在当初启程的 71 名毛皮猎手中，有 30 人在航行期间死亡。[19]俄国人一再进行这样的远航，其间发生了一些特殊的事件，如库克船长和俄国人相遇，库克送给俄国人一架望远镜，作为"他们到访这些岛屿的特殊纪念"。[20]

※ 三

正如西班牙人最初将他们的美洲帝国视为与土耳其人斗争的军费来源，沙皇将他们对西伯利亚东部以及阿留申群岛和阿拉斯加的许多民族的主权主张，视为资助他们在欧洲范围内建立帝国霸业的手段。声称俄国统治着欧洲、亚洲和美洲的部分地区，这种说法有一定的吸引力，使俄国在名义上可以与西班牙和葡萄牙的跨大洲帝国相提并论。沃龙佐夫（Vorontosov）伯爵和别兹博罗德科（Bezborodko）伯爵于 1786 年写的一份备忘录明确指出了这一点："美洲的西北海岸和那里与堪察加半岛之间的群岛，以及堪察加半岛与日本之间的群岛，很早以前就被俄国航海家发现了……根据公认的规则，第一个发现未知土地的国家有权要求占有它。"[21]俄国人拥有的最大优势是，他们是欧洲人渗透到该地区的先驱；最大的劣势是，陆路贸易缓慢而烦琐，比起大宗货物，更适合运送贡品和税款，而在确立东北水道（如果能确立的话）之前，走海路去太平洋似乎是不可行的。尽管如此，俄国人还是在 1797 年创办了一家"联合美洲公司"，并在两年后将其改为"俄美公司"。[22]它处于"皇帝的保护"之下，得到了沙皇保罗一世的批准，但其基本模式仍然是多家东印度公司的模式。俄国人在与波罗的海和北海邻国的接触中对那些东印度公司非常了解。鉴于沙俄政府的专制制度，参加这一冒险的商人的行动自由被政府部门的严密监督抵消了。

为俄美公司的诞生做出最大贡献的商人格里戈里·伊凡诺维奇·舍利霍夫（Grigory Ivanovich Shelikhov）当时已经去世。他曾是太平洋地区的毛皮商人，在科迪亚克岛生活了几年，该岛今天是美国阿拉斯加州的一部分。当然，那时人们对阿拉斯加的理解并不是今天阿拉斯加州那块大致呈方形的冰雪土地。俄国人感兴趣的是沿着海岸线向南到锡特卡（Sitka）以外猎取海獭的机会，锡特卡这条600 英里长的陆地在今天仍然是加拿大和太平洋之间的屏障。在叶卡捷琳娜大帝在位时期，舍利霍夫敏锐地向一位同事描述了他的计划：

> 我的事业的主要目的，是在其他国家占领和索取之前，将新发现的水域、土地和岛屿纳入我们的帝国，并开展新的冒险，以增进我们女皇的荣耀，为她和我们的同胞带来利益。[23]

叶卡捷琳娜大帝，以及后来的保罗沙皇，对俄国与西欧关系的关注远远超过了对太平洋的关注。然而他们认识到，在太平洋发生的事情可能会对西方产生重大影响：英国人和西班牙人在加利福尼亚海岸的存在，意味着俄国在巩固其对北美北部的控制以及维持对中国和其他市场的高质量毛皮供应时，肯定会与欧洲船只和贸易站发生接触。到1800年，英国和美国商人正通过他们的海上渠道向澳门输送大量的毛皮，而俄国人仍在试图通过黑龙江沿岸的站点与中国人通商。但是，从阿拉斯加到黑龙江贸易站的运输成本令人望而却步。对于中国北方的毛皮商人来说，一路跋涉到广州去获取毛皮比去黑龙江更有意义，因为英国人、美国人和西班牙人把大量海獭皮运到了广州，导致海獭皮价格大跌。此外，通过海路将茶叶运往欧洲的成本比从陆路运往圣彼得堡的成本低得多。[24]

所以，去东方的俄国水手的素质就格外重要。不过，使鄂霍次克和其他定居点诞生的那种希望最终落空了。一位俄国海军将领愤恨地抱怨说，驻扎在鄂霍次克的水手对他们要航行的复杂海域了解得太少了，鄂霍次克本身对他们来说就很困难，那里不断变化的沙地和浅水使进入港口成为一种挑战。他说，鄂霍次克的造船技术也远远低于波罗的海或黑海的标准。到18世纪90年代，在鄂霍次克已经建造了大约50艘船，那时已经可以找到铁钉将船板钉在一起，但这些船都没有达到彼得大帝一直试图建立的标准。到了19世纪初，在鄂霍次克的船厂里还有一些腐烂的船，一位俄国评论家把鄂霍次克比作一家海军博物馆。[25]

在鄂霍次克海建立商船队的宏图大略，似乎超出了俄罗斯帝国的能力。那么，也许俄国人将不得不咬紧牙关，派船从波罗的海经大西洋一路到北太平洋。幸运的是，俄国海军部找到了一个有非凡技能和经验的人，来领导前往远东的探险队。亚当·约翰·冯·克鲁森施滕（Adam Johann von Krusenstern）是一个来自爱沙尼亚的波罗的海德意志人①，他曾被借调到英国海军，与法国革命军作战，并打着英国国旗航行到加勒比海。但是，他对大洋世界了解得越多，他的注意力就越是转向远东。他写道：

> 在 1793—1799 年的革命战争中，我在英国海军服役期间，英国与东印度群岛和中国的贸易的重要性特别引起我的注意。在我看来，俄国参与对中国和印度的海上贸易绝非不可能。[26]

1797 年，克鲁森施滕乘坐一艘英国船出发，在加尔各答和广州停靠，这增强了他的信念，即如果不从海上抵达中国的世界之窗，俄国的毛皮贸易就不会成功。回到俄国后，克鲁森施滕的声音终于被朝廷听到了，他奉命率领两艘船从波罗的海一直航行到太平洋。不过，第一个问题是找到合适的船只。俄国缺乏能够进行如此长途航行的船只。就连汉堡和哥本哈根也没有可用的船只。最后，俄国人在英国找到了两艘合适的船，450 吨的新船"勒安得耳号"（*Leander*）和 370 吨的更新的船"泰晤士号"（*Thames*）。它们被更

---

① 12—13 世纪，德意志十字军和商人开始往波罗的海东岸（主要是今天的爱沙尼亚和拉脱维亚）移民和定居。在 13 世纪的立窝尼亚十字军东征（在教皇支持下，德意志人和丹麦人进攻今天爱沙尼亚和拉脱维亚的多神教徒原住民）之后，德意志人在波罗的海地区逐渐取得政治、经济、文化上的主导地位，成为精英阶层和统治阶级，可人口始终不超过总人口的 10%。他们统治着非德意志裔的原住民。从 18 世纪起，很多波罗的海德意志人在俄罗斯帝国的军事、政治和文化生活中攀升到很高的地位。值得注意的是，来自东普鲁士和立陶宛的德意志人，虽然在文化上与波罗的海德意志人相似，但不能算波罗的海德意志人，因为他们生活的地区是普鲁士王国的一部分。

名为"娜杰日达号"（*Nadezhda*）和"涅瓦号"（*Neva*），并被送往位于喀琅施塔得（Kronstadt）的波罗的海海军基地，准备进行一次航行，希望能远至日本。船上有一个叫列扎诺夫（Rezanov）的人，他被光荣地任命为俄国派往江户幕府的大使。[27]

克鲁森施滕的路线是沿着巴西海岸航行，然后绕过合恩角，事实证明这是相当容易的，可不久之后两艘船就分开了。"涅瓦号"前往复活节岛，"娜杰日达号"则向马克萨斯群岛前进。当然，这样的航行不会有什么新发现，而克鲁森施滕曾仔细阅读库克船长的著作。不过，这是俄国船首次进入南太平洋。克鲁森施滕决心与土著岛民保持友好的关系，他在马克萨斯群岛停靠的目的是获取补给。他允许部下以物易物，但不准在船上交易。这并不妨碍裸体土著女人爬上船来，正如一位现代历史学家腼腆地指出的那样，"她们可以卖给俄国人的不只是水果"。[28]两艘船在马克萨斯群岛会合，途经夏威夷进入太平洋的最北部，由于时间不够，绕过了日本。克鲁森施滕答应向堪察加半岛的彼得罗巴甫洛夫斯克（Petropavlovsk）运送一批铁和其他海军建材，而"涅瓦号"则驶向科迪亚克岛和阿拉斯加海岸的俄国新定居点锡特卡。

俄国人在到达时惊恐地发现，锡特卡已被该地区的原住民特林吉特人（Tlingits）洗劫一空。俄美公司犯了一个根本性的错误：公司派人在阿拉斯加海岸定居并驱赶特林吉特人，这就让特林吉特人产生了"对俄国人不可逆转的敌意"，这是当时一位观察家的说法。特林吉特人一直依靠海岸线的资源生活，不仅包括鱼类，还包括海獭，而俄国人现在企图垄断海獭的毛皮。与俄国人相反，英国人和美国人小心翼翼地不在该地区定居，而是倾向于在特定季节前来。特林吉特人是令人生畏的武士，他们在打仗时穿着皮革和骨头制成的铠甲，这种铠甲能够抵御火枪的射击。不久之后，他们还获得了自己的枪支。因此，"涅瓦号"驶入了一个战区，在那里，俄国人和特林吉特人简直是在殊死搏斗。俄国人得出结论，如果他们要控制海岸线及其毛皮资源，就需要很好地武装自己。[29]而如果他们不建立定居点，就会向英国人、美国人和西班牙人敞开大门，这些人在加利福尼亚和更北的地方仍然有相当强的势力。

"娜杰日达号"于 1804 年 9 月从堪察加半岛出发，好不容易抵达日本，但也遭受了挫折。俄国大使列扎诺夫在出岛登陆，日本人却斥责他在分配给荷兰人的领地上偷猎，尽管这块领地很小。日本人批评他的另一个原因是，他是乘坐装备精良的军舰而不是商船抵达的。列扎诺夫在出岛逗留了三个月，然后收到了来自幕府将军的简短消息："我们政府的意愿是不开放这个地方。不要再徒劳无功地来了。请迅速启程回家。"为了鼓励列扎诺夫离开，日本当局送来了大量的大米、盐和其他食品，可他拒绝接受这些礼物，并表明了他对吃闭门羹的愤怒。日本官员认为他以极其尴尬的方式违反了礼节。他们解释说，如果他不收礼物，他们将不得不承担责任，甚至需要进行集体切腹。列扎诺夫很明智地在 1805 年 4 月带着礼物离开了。

虽然访日使团已经彻底失败，但克鲁森施滕还有其他计划。在对日本以北的萨哈林岛（Sakhalin，即库页岛）进行测绘后，他前往澳门。他早先在广州逗留时就知道这个地方。"涅瓦号"摆脱了令人恐惧的特林吉特人，在澳门与克鲁森施滕会合。但是，进入广州市场并不容易。其他国家有他们的领事馆和仓库，俄国人什么也没有。克鲁森施滕最终说服了一个名叫比尔（Beale）的英国商人代表他与一个名叫六官（Lucqua）① 的十三行商人谈判。除了最好的海獭皮外，两艘俄国船上的货物都卖掉了。众所周知，海獭皮在莫斯科可以卖出天价。回国之前，两艘船装载了茶叶、紫花布和瓷器。这次他们向西行驶，穿过东印度群岛，绕过好望角，其中一艘船在圣赫勒拿岛停靠。经过三年多一点的航行，两艘船于 1806 年 8 月回到喀琅施塔得。[30] 此次远航的利润十分微薄，可俄国人有理由感到高兴。俄国船首次成功地环游地球，并搜集了关于鄂霍次克海和阿拉斯加海岸的宝贵信息。俄国人知道，这种先驱性的探险的结果必然是喜忧参半的，然而，未来的成功都将建立在这两艘船搜集的信息之上。

说到这两艘船搜集的信息，历史学家倾向于称之为此次远航的"科学"方面。其他的远航，如库克船长和法国人拉彼鲁兹（La Pérouse）的航行也有"科学"方面。不过，这种说法掩盖了更平凡无奇的现实：即使关于阿拉斯加的特林吉特人或北海道的阿伊努人日常生活的信息确实引起了科学界的兴趣，但这些航行的主要目的是发现财富的来源，并抢在与俄国竞争的欧洲列强之前到达那里。这对俄国沙皇来说尤其重要，因为他们一直需要资金，从而在波罗的海和黑海周边开展雄心勃勃的战争。俄国人未能获得太平洋

---

① 指西成行的黎颜裕，他被称为六官。

毛皮贸易的绝大部分份额，可重要的是，俄国先驱者不断深入未知的水域，在距离俄国本土非常遥远、缺乏潜力的地方建造质量堪忧的船只，并年复一年地前往冰封的岛屿。

※ 四

俄国人率先认识到北太平洋的潜力，不过他们最重要的动机是促进对华贸易。在俄国人取得这些显著进展的时期，其他欧洲人与波利尼西亚群岛居民之间的接触也更加密切，特别是在 18 世纪 60 年代和 70 年代。这里同样有一个问题：这些岛屿有什么东西可以提供给欧洲吗？椰子并不能吸引大量的商船。波利尼西亚岛民食人和进行人祭的恶名，被高更（Gauguin）时代的浪漫形象（在这些岛屿上可以得到自由的爱情和无欲无求的简单生活）所抵消。这也是波利尼西亚现实的一部分：欧洲水手对当地妇女愿意献出自己的身体（既是出于礼节，也是为了狂欢）感到惊讶和高兴。塔希提成为"浓缩了欧洲人对南太平洋的印象的岛屿，无论是正面的还是负面的印象"。[31]另外，这些岛屿的居民主要靠自己的资源生活，他们的自给经济很难满足欧洲水手对食物和其他基本物资的需求，更何况这里缺乏奢侈品。

谈论这一时期欧洲人对"塔希提岛和夏威夷岛的发现"显然是错误的，有一本在其他方面都很有启发性的书就犯了这样的错误。[32]欧洲人"发现"的东西，早在几个世纪前就被波利尼西亚人发现了。欧洲人来到波利尼西亚群岛，产生了活跃的信息交流，因为双方都开始看到可以向对方学习。在某些地区，如夏威夷，学习发生得非常迅速，岛民采用了欧洲的服装甚至航运技术。波利尼西亚人在注意到他们与欧洲人的差异的同时，也在寻找相似之处。一个极端的例子是一名前往英王乔治三世宫廷的塔希提人的经历，英国人在船上不得不说服他，他在船上看到的基督教仪式不会最终导致人祭。这个塔希提人并不反对人祭，只是担心自己会被选作祭品。他对自己在剑桥的见闻比较满意。在那里，当他看到身披猩红长袍的教授走过剑桥大学评议会大楼（Senate House）时，他想起了家乡的大祭司的队伍。[33]

用来描述欧洲人与塔希提第一次相遇的最恰当的词是"机缘巧合"。1767 年 6 月，来自康沃尔的塞缪尔·沃利斯（Samuel Wallis）船长驾驶着"海豚号"（*Dolphin*）抵达塔希提。远方的山脉在雾中若隐若现，他相信这个（相对而言）很大的岛一定是他寻找已久的南方大陆。土著挤在数百只划艇中，看上去似乎很友好，"特别是那些妇女，她们来到海滩上，脱光衣服，努力用许多放荡的姿态引诱他们，这些姿态的含义不言自明"。[34]但是，我们不知道她们引诱英国水手上岸的目的是不是将他们诱入陷阱然后杀掉。大家试图进行"无声的贸易"，双方都在海滩上留下货物，可英国水手只拿了他们想要的东西（若干头猪），没有拿走对方提供的树皮布。塔希提人则无视英国人留下的斧头和钉子。英国人意识到自己冒犯了塔希提人，所以在第二次到访时收下了树皮布和岛民为他们准备的其他东西。

即便如此，双方的关系在一开始很紧张。面对大量的划艇，

"海豚号"向聚集在海滩上的人群开火，这些人逃进了森林。之后，"海豚号"派遣一些木匠在武装护卫下将 50 多艘留在岸边的划艇劈成了碎片。木匠们有充分的理由感到愤怒，因为土著妇女最终被允许登上"海豚号"，但她们把发现的一箱箱钉子搜刮一空，甚至把钉子从船的横梁上拔下来，这有可能使船变得不安全。面对欧洲人的暴力，塔希提人认为是神灵在发怒，于是向英国人赠送一头猪和一片大蕉叶，表达对超自然力量的服从。塔希提人认为，即使英国人，以及后来的法国人，是和塔希提人一样的血肉之躯，也仍然需要安抚他们，因为如果不这样做的话，这些新来者将造成严重的破坏，会比塔希提武士能够造成的破坏严重得多。[35]最后，沃利斯船长与土著女王结交，双方互访。他对自己被引领参观的会客厅印象深刻，它有大约 100 米长。"海豚号"起航时，奥比阿雷娅（Obearea）女王流下眼泪。[36]

欧洲人渐渐明白，塔希提并不是南方大陆的一部分，但仍然认为它肯定是位于南方大陆近海的一个岛，就像伊斯帕尼奥拉岛或古巴与美洲大陆的关系一样。在沃利斯到达塔希提的一年之后，出身高贵的法国船长路易·德·布干维尔（Louis de Bougainville）抵达塔希提的另一个地方，他对英国人之前的到访一无所知。布干维尔熟读古典文学，他想起了维纳斯在海中出生并被冲上基西拉岛（Kythera）的故事，于是将该岛称为"新基西拉"（Nouvelle Cythère）。[37]布干维尔描述了一个塔希提女孩如何在甲板上脱光衣服，并说，"在这里，维纳斯是好客的女神"，这让他的男性读者血脉偾张。塔希提人的裸体让人想起古希腊运动员的裸体。对布干维尔来说，他发现的不仅是一个天堂，而且是一个古典的天堂。他认为自己已经回到过去，体验到了"世界的真正青春"。他的经历比沃利斯的要愉快得多：塔希提人已经知道欧洲人的火力是不可抗拒的，所以他们热切地与新一批欧洲人合作，可能没有意识到英国人和法国人之间有什么真正的区别。布干维尔在塔希提的经历的和平性质使他的读者，包括狄德罗，对岛民的优雅和纯真感到欣喜。正如马特·松田（Matt Matsuda）所说，"在一个万物共享的世界里，即使偷窃也似乎是一种纯真的象征"，在这里共享的不仅是物品，还有性关系。这次航行的影响很大，因为布干维尔把一位名叫阿胡托鲁（Ahutoru）的塔希提王子带回了巴黎。在那里，阿胡托鲁成了布干维尔的支持者、有权势的政治家和廷臣舒瓦瑟尔公爵（Duc de Choiseul）的宠儿，并且爱上了歌剧。[38]

　　舒瓦瑟尔公爵之所以支持布干维尔的远航，还有一些不那么浪漫的动机：法国不能允许自己落后于英国。这两个国家都热衷于寻找太平洋诸岛的资源，而且都仍然对南方大陆念念不忘。他们对陌生植物也确实很有兴趣：18 世纪晚期的法国探险家拉彼鲁兹在船上带了博物学家；库克的同伴约瑟夫·班克斯如饥似渴地收集太平洋手工艺品，并不断填充 1775 年在大英博物馆设立的南海厅（South Sea Room），迫使博物馆在短短六年后就扩建该厅。[39]不过，库克不仅是在寻找新的土地，他也在研究法国人的探索报告，尽管其中一些发现，如名字很恰当的"荒凉岛"，可以被认为没有什么意义。[40]英国人的好奇心有了更实际的转变：库克船长和他的手下不再研究"高贵的野人"，而是奉命从塔希提观察金星凌日，并继续寻找南方大陆。库克接到的指示是牢记"我国作为海上强国的荣誉"，这"可能对我国贸易与航海事业的进步极有裨益"。[41]库克在 1772 年的第二次航行和 1776 年的第三次航行的一个重要任务，是测试约翰·哈里森（John Harrison）的航海钟。事实证明这台钟足够精确，可以测量经度。测量纬度比较简单，但测量地球转动方向上的距离要复杂得多。库克使用哈里森的航海钟，能够以令人肃然起敬的精确度绘制南海诸岛的地图。据说，当库克船长在夏威夷遇害的那一刻，航海钟停了。[42]然而在这里我们也要记住，科学是为贸易和帝国霸业服务的。

库克和布干维尔一样，很欣赏波利尼西亚航海家的技能。他说服了一位名叫图帕伊亚（Tupaia）的技艺高超的航海家、祭司和土著贵族登上他的船。图帕伊亚陪着库克在波利尼西亚群岛走了一圈，甚至凭记忆画了一张著名的太平洋大片区域的地图，画到了马克萨斯群岛和库克群岛等地。对库克来说，图帕伊亚就像哈里森的航海钟一样有帮助。虽然图帕伊亚是一个非常聪明的人，但热衷于搜集标本的班克斯把他视为又一个标本。库克对玩这种游戏不太感兴趣，而对图帕伊亚掌握的知识印象深刻："我们没有理由怀疑他在这方面的准确性，由此可以看出他关于这些海洋的地理知识［原文如此］相当广博。"图帕伊亚知道 74 个岛的名称，他画的地图涵盖了太平洋的广大地区，面积与欧洲（包括俄罗斯的欧洲部分）相当。最重要的是，他解释了太平洋复杂的风系，而欧洲人在太平洋航行了几个世纪之后，对其风系的了解仍然很有限。[43]

波利尼西亚人对欧洲风俗的适应性十分惊人。他们特别擅长商业交易。19 世纪初，塔希提岛的统治者波马雷一世（Pomare I）与英国在新南威尔士的定居点通商，并与伦敦传道会（London Missionary Society）联手（他于 1812 年皈依基督教），于 1817 年向杰克逊港（Port Jackson，悉尼港是其一部分）派出一艘船。波马雷一世提供的主要货物是猪和檀木。他的商船队在后来的航行中，在其他岛屿采集了珍珠，并将其运往悉尼。他的船员大多是塔希提人。[44]阿胡托鲁和图帕伊亚都已经表现出愿意与来自陌生世界的人合作，而且对欧洲文化兴趣盎然。在欧洲人（包括俄国人）和美国人对夏威夷产生兴趣之后，太平洋岛民对欧洲文化的兴趣就会以出人意料的方式发展。

※ 五

　　图帕伊亚为库克提供的航行指南不包括波利尼西亚世界的最偏远部分，即夏威夷、新西兰和复活节岛。[45]他关于太平洋的知识经过了许多个世纪的积累和口口相传，所以很多细节在波利尼西亚航海家定居夏威夷、奥特亚罗瓦和拉帕努伊岛之前就已经到位了。正如这些航海家花了很长时间才穿过分隔南太平洋和北太平洋的风带一样，欧洲人也花了很长时间才到达偏远的火山群岛夏威夷，尽管马尼拉大帆船或其他西班牙船很可能曾在被风暴吹离航线时经过夏威夷群岛，或者曾被夏威夷岛上活跃至今的火山喷出的烟和火吸引。有少量考古发现（包括在一处 16 世纪晚期的坟墓中发现的编织布）表明在库克船长抵达夏威夷之前，那里的人就已经与欧洲人有过零星接触。[46]1777 年，库克的目标不再是南方大陆，而是欧洲各国政府热衷的另一个目标，即开辟便捷和有利可图的西北水道。英国议会为能够找到这条路线的船员提供了 2 万英镑的奖金。库克从塔希提向北走，穿越 3000 英里的开阔大洋，到达瓦胡岛和考艾岛。他于 1778 年 1 月在考艾岛登陆。如同在塔希提一样，土著看到英国人到来时得出的结论是，这些人不是普通人，而是生活在地平线之外的神灵。[47]

欧洲人与夏威夷的首次相遇是一个我们已经熟悉的故事：土著妇女向欧洲水手献身，新鲜的食物被带上了船。库克在几个星期后扬帆起航。同年 11 月，他结束了对西北水道的毫无建树的搜寻，返回夏威夷群岛。国王在主岛夏威夷迎接库克，向他赠送了羽毛头饰和一件华丽的斗篷，这两件东西今天保存在新西兰惠灵顿的蒂帕帕国立博物馆（Te Papa National Museum）。这表明国王对库克非常尊重，因为这些礼物特别贵重，一件御用斗篷需要 40 万根红色和黄色的小羽毛，取自 8 万只鸟。一名船员报告称："我们现在生活在最奢华的环境中，可以尽情挑选和享用数量极多的美女，在这方面，我们几乎每个人都可以和土耳其苏丹相提并论。"[48]但是，向英国人馈赠大量食品给夏威夷经济造成了压力，因为夏威夷的经济是自给经济，很难应对库克的探险队产生的额外需求。在英国船离开后，国王对库克曾经停泊的海湾周围的土地宣布了禁忌（taboo）。这是在土地肥力枯竭、需要恢复时的正常做法，就像《圣经》中的安息年一样。由于天气恶劣，库克被迫返回，又一次进入海湾，却发现自己不再受欢迎。夏威夷人开始从英国船上偷东西，甚至带着

"发现号"的救生艇偷偷溜走，使库克的旗舰没了救生艇。库克上岸，希望与日益暴躁的岛民讲和，然而双方动用了枪支和匕首，库克被土著用棍棒打死了。不过，这不是土著要蓄谋杀害他，而是一场争吵严重失控造成的。土著将库克的尸体除去骨骼之后送回，英国船员在悲伤之余更对土著的行为感到厌恶。[49]

库克船长的突然惨死，是他在英国获得永恒声誉的通行证，他是像纳尔逊勋爵一样没有活到亲眼看见自己的贡献产生结果的民族英雄之一。夏威夷岛民接受了这样一个事实，即英国人不是神灵，因为夏威夷人很早就参与了英国人的贸易。1787年，约翰·米尔斯（John Meares）船长来到考艾岛，同意带一个岛民——名叫凯亚纳（Kaiana）的王子——去中国。凯亚纳有6英尺半高，他的魁梧身材给英国人留下了深刻的印象。在广州的英国商人送了他很多礼物，其中最宝贵的是枪械。凯亚纳在乘坐另一艘英国船回到夏威夷之后，就开始用枪械为自己谋利益。他得知考艾岛发生了政变，于是投奔主岛夏威夷的国王。这位卡美哈梅哈一世（Kamehameha I）国王有自己的雄心壮志：他已经统一了夏威夷岛，现在他的目标是征服所有较小的岛屿。凯亚纳将成为他的强大盟友，但英国人也同样有用，他们拥有配备强大火炮的巨型船只，这些船还能运载很多武士，比最长的波利尼西亚船能够运载的人更多。[50]

于是，太平洋航海史上最不寻常的故事之一拉开了帷幕。卡美哈梅哈一世国王需要很多船只，但英国商人不愿意为他提供。国王只能通过讨价还价或者派人登船劫船来获取少量船只。因此，卡美哈梅哈一世打算建立自己的舰队。1789年，在与两艘寻求补给的美国船的船员发生血腥冲突后，卡美哈梅哈一世获得了"埃莉诺号"（*Eleanor*）和一艘随行的双桅纵帆船。他任命船上的一些美国军官为酋长，从而掌控这些航海人才。然后，在1792年，他的臣民在一名美国船舶木匠的指导下，建造了一艘欧式船。到1803年，他已经拥有了至少20艘船，其中一些船的龙骨裹了铜，这是最先进的防虫措施。随着越来越多地参与对华檀木贸易，他下令建造更多的船只。因此，在太平洋上除了英国、法国、美国、俄国和西班牙舰队，还有一支欧式的夏威夷舰队。据了解，在1800—1832年，有3艘夏威夷船定期走从美国西北部到中国的整条航线，不过大多数夏威夷船驶往瓦努阿图或其他群岛，以获取檀木、生猪和珍珠，这些东西不仅可以输入波利尼西亚的网络，而且可以输送到更广阔的太平洋。然而，前往中国的航行在经济上是一场灾难，因为夏威夷人依赖广州的无良代理商，后者抓住了剥削这些天真的新来者的好机会。[51]

　　新一代的波利尼西亚航海家熟悉了欧洲的航运而不是太平洋的航运，并成为外国船和夏威夷船的重要船员。美国船在经过这些岛屿时，往往需要带上夏威夷的货运监督。1810年10月，281吨的双桅船"新风险号"（*New Hazard*）携带枪支、印度棉布、金属制品、烟草和糖等货物，从其母港波士顿出发，绕过合恩角，于第二年2月底抵达夏威夷。这些货物大部分是为居住在北美西海岸的人们准备的。不过，檀木、土豆、大蕉和一些愿意"献身"的波利尼西亚年轻女性也被带到了夏威夷。"新风险号"后来前往温哥华岛，寻找美洲土著奴隶和毛皮。任务完成后，它回到了夏威夷，写报告的人又一次疲惫地强调："今天下午，船上有一些姑娘，所以我们没有完成多少工作。"此次航行的高潮是前往澳门和广州，在黄埔停泊。"新风险号"在那里停留了4个月，离开时船上装载了价值30万美元的茶叶、紫花布和瓷器。因此，通过反复停靠在夏威夷，连接北美大西洋沿岸和美国的太平洋地区以及中国的航线连接在了一起。[52]

卡美哈梅哈一世将自己置于英国王室的保护之下，因为他知道夏威夷距离伦敦极其遥远，臣服于英国不会削弱反而会加强他的权威。19世纪初，他决定与阿拉斯加的俄国人做一笔有利可图的生意，因为他们总是缺乏给养。夏威夷国王给在阿拉斯加经营俄国业务的亚历山大·巴拉诺夫（Alexander Baranov）写了一封信，说卡美哈梅哈一世可以每年从夏威夷运送一批货物，来解决巴拉诺夫的困难。后来，卡美哈梅哈一世允许俄国人在瓦胡岛建立一个贸易基地。[53]卡美哈梅哈一世很谨慎，没有把所有鸡蛋放在一个篮子里。除了英国人和俄国人，他还必须与美国的航运打交道。到1800年，美国人，而不是英国人，最频繁到访他的群岛。这反映出美国人参与了太平洋东岸和北岸的毛皮贸易，以及西南岸的茶叶和丝绸贸易（通过广州）。卡美哈梅哈一世饶有兴趣地注意到太平洋檀木贸易对中国的影响，因此他决定不仅要建立王室对檀木贸易的垄断，而且要鼓励檀木种植，甚至不惜牺牲粮食生产。这一政策偶尔导致了饥荒，而过度开发使夏威夷的檀木供应枯竭了，以至于他不得不发布命令，对幼树宣布禁忌，以保证它们充分生长。这些措施是革命性的：夏威夷群岛的自给经济正在转变为商业经济，这对过去一直依靠土地的自然产品轻松生活的土著劳动力提出了苛刻的要求。[54]卡美哈梅哈一世愿意赊购美国进口产品，这就造成了更多困难。这些进口商品中有许多是用于装饰王宫的华丽奢侈品，如中国瓷器、欧洲水晶和美国银器，更不用说国王喜欢穿着供人画像的精美西式服装。

在卡美哈梅哈一世于 1819 年去世后，夏威夷遇到的困难层出不穷。他的儿子卡美哈梅哈二世认为，解决办法是继续扩张。他的第一艘新船是名为"克利奥帕特拉号"（*Cleopatra*）的美观而陈设雅致的游艇。这艘游艇非常昂贵，供王室在岛屿周围巡游玩乐，而且据说"从船长到服务员，所有船员都是醉醺醺、放荡、不负责任的"。1825 年，这些船员把"克利奥帕特拉号"弄得彻底损毁了。[55]在接下来的几年里，王室试图通过在瓦努阿图开展檀木贸易来恢复王室的财富和夏威夷的财富（夏威夷此时已经没有檀木了），但事实证明这又是一场灾难。他们派出去的船消失得无影无踪。[56]到 19世纪中叶，夏威夷国王已经放弃了经营船队的尝试。然而在卡美哈梅哈一世统治下，夏威夷有过一个辉煌时期，其间，夏威夷以惊人的速度成功地学习了欧洲的商业惯例。

美国，而不是英国或俄国，正在迅速成为夏威夷群岛最强大的经济力量，不过美国到 19 世纪末才成为夏威夷的主人。美国商人的成功，部分反映了这样的事实，即美国的航运不受公司规则的限制，而只要东印度公司和俄美公司坚持在太平洋上发放航运许可证（从而垄断生意），就会阻碍英国和俄国的贸易发展。[57]1778—1818

年，至少有 31 艘美国船抵达夏威夷群岛，甚至可能多达 43 艘，而英国船（包括军舰和商船）有 39 艘，俄国船有 11 艘。[58]夏威夷在地理上很适合担当北太平洋中部的补给站。它作为亚洲和美国海岸之间中间人的角色，很好地展现了从 18 世纪末开始，整个太平洋如何被吸纳进复杂的海上商路网络。

注 释

1. R. Makarova, *Russians on the Pacific 1743–1799* (Kingston, Ont., 1975), ed. and transl. R. Pierce and A. Donnelly from the original edition (Moscow, 1968), pp. 78–84 是苏联时代历史阐释的一个有趣例证。

2. 穆勒（Muller）对杰日尼奥夫旅行的记述，见 F. Golder, *Russian Expansion on the Pacific 1641–1850* (2nd edn, New York, 1971), pp. 268–81，然后是杰日尼奥夫自己的报告，pp. 282–8。

3. Makarova, *Russians on the Pacific*, pp. 31–2.

4. Ibid., p. 107; J. Gibson, *Feeding the Russian Fur Trade: Provisioning of the Okhotsk Seaboard and the Kamchatka Peninsula 1639–1856* (Madison, 1969), p. 131.

5. Golder, *Russian Expansion on the Pacific*, pp. 71–95, 98–9; Makarova, *Russians on the Pacific*, p. 32.

6. Golder, *Russian Expansion on the Pacific*, p. 33.

7. Ibid., pp. 40–55.

8. B. Dmytryshyn, E. Crownhart-Vaughan and T. Vaughan, eds., *To Siberia*

and Russian America: Three Centuries of Russian Eastward Expansion, vol. 2: Russian Penetration of the North Pacific Ocean 1700–1797: A Documentary Record（Portland, Ore. , 1988）, doc. 12, pp. 59–63, 规范了引文中的拼写。

9. G. Barratt, Russia in Pacific Waters, 1715–1825: A Survey of the Origins of Russia's Naval Presence in the North and South Pacific（Vancouver, 1981）, pp. 7–9.

10. 1724 年 12 月 23 日的命令，1725 年 1 月 26 日签署，见 Golder, Russian Expansion on the Pacific, p. 134; Dmytryshyn et al. , eds. , Russian Penetration of the North Pacific Ocean, doc. 15, pp. 66–7; also Barratt, Russia in Pacific Waters, pp. 13–14。

11. M. North, The Baltic: A History（Cambridge, Mass. , 2015）, pp. 146, 180.

12. Barratt, Russia in Pacific Waters, pp. 18–19.

13. Dmytryshyn et al. , eds. , Russian Penetration of the North Pacific Ocean, p. xxxvii, and doc. 22, pp. 96–100.

14. Ibid. , doc. 22, p. 99.

15. Golder, Russian Expansion on the Pacific, pp. 220–26.

16. Makarova, Russians on the Pacific, p. 69: Egor Peloponisov.

17. Makarova, Russians on the Pacific, pp. 45–6.

18. Ibid. , pp. 66, 96–7.

19. Ibid. , pp. 67–9.

20. Ibid. , pp. 71–2.

21. Dmytryshyn et al. , eds. , Russian Penetration of the North Pacific Ocean, doc. 50, p. 321.

22. Ibid. , doc. 86, pp. 510–15.

23. Shelikov cited by Barratt, Russia in Pacific Waters, pp. 100–101;

Makarova, *Russians on the Pacific*, p. 4.

24. J. Gibson, *Otter Skins, Boston Ships, and China Goods: The Maritime Fur Trade of the Northwest Coast, 1785 – 1841* (Seattle and Montreal, 1992), p. 16; Barratt, *Russia in Pacific Waters*, p. 110.

25. Barratt, *Russia in Pacific Waters*, pp. 102, 110.

26. Cited ibid. , p. 109.

27. Barratt, *Russia in Pacific Waters*, pp. 114-15.

28. Ibid. , pp. 119-20.

29. Ibid. , pp. 123-9; Gibson, *Otter Skins*, pp. 14-16.

30. Barratt, *Russia in Pacific Waters*, pp. 131-8.

31. J. Gascoigne, *Encountering the Pacific in the Age of Enlightenment* (Cambridge, 2014), pp. 133, 408.

32. T. Lummis, *Pacific Paradises: The Discovery of Tahiti and Hawaii* (Stroud, 2005).

33. Gascoigne, *Encountering the Pacific*, p. 195; N. Thomas, *Islanders: The Pacific in the Age of Empire* (New Haven, 2010).

34. Cited in Lummis, *Pacific Paradises*, p. 5; M. K. Matsuda, *Pacific Worlds: A History of Seas, Peoples, and Cultures* (Cambridge, 2012), pp. 133 – 4; A. Couper, *Sailors and Traders: A Maritime History of the Pacific Peoples* (Honolulu, 2009), pp. 64-5; Gascoigne, *Encountering the Pacific*, pp. 134-7.

35. Gascoigne, *Encountering the Pacific*, pp. 134-7.

36. Lummis, *Pacific Paradises*, pp. 7-10.

37. A. Salmond, *Aphrodite's Island: The European Discovery of Tahiti* (Berkeley and Los Angeles, 2009), pp. 20-21.

38. Lummis, *Pacific Paradises*, pp. 13-14; Matsuda, *Pacific Worlds*, pp. 134-

6; Gascoigne, *Encountering the Pacific*, pp. 146 - 8, 203 - 4; D. Igler, *The Great Ocean: Pacific Worlds from Captain Cook to the Gold Rush* (Oxford and New York, 2013), pp. 49-51.

39. Gascoigne, *Encountering the Pacific*, p. 233.

40. Ibid. , pp. 141, 265.

41. Ibid. , pp. 110, 137.

42. D. Sobel, *Longitude: The True Story of a Lone Genius Who Solved the Greatest Scientific Problem of His Time* (London, 1995), pp. 138-51.

43. Matsuda, *Pacific Worlds*, pp. 136-7; Gascoigne, *Encountering the Pacific*, pp. 138-9; Salmond, *Aphrodite's Island*, pp. 36 - 8, 174 - 7, 203 - 35; Thomas, *Islanders*, pp. 17- 19 （图帕伊亚的地图见 fig. 4, p. 18）; Couper, *Sailors and Traders*, pp. 1-2, 67-8。

44. Couper, *Sailors and Traders*, pp. 1-2.

45. Ibid. , pp. 36-7.

46. Lummis, *Pacific Paradises*, pp. 77-8.

47. Ibid. , pp. 64-5.

48. Cited in Lummis, *Pacific Paradises*, p. 70; 羽毛斗篷: ibid. , p. 78。

49. Ibid. , pp. 71-6.

50. Couper, *Sailors and Traders*, pp. 83-4.

51. Ibid. , pp. 83-5, 88.

52. S. Reynolds, *The Voyage of the New Hazard to the Northwest Coast, Hawaii and China, 1810 - 1813*, ed. F. Howay (2nd edn, Fairfield, Wash. , 1970); Couper, *Sailors and Traders*, pp. 86-8.

53. Lummis, *Pacific Paradises*, pp. 80-86, 95-7.

54. Ibid. , pp. 87-91.

55. Cited by Couper, *Sailors and Traders*, p. 88.

56. Matsuda, *Pacific Worlds*, p. 189.

57. Couper, *Sailors and Traders*, p. 83.

58. Lummis, *Pacific Paradises*, pp. 94–101.

第四十六章

从狮城到香港

※ 一

　　在 19 世纪初，尽管那些最早与中国和东印度群岛建立联系的欧洲国家不再主宰东方贸易，但远东市场的竞争并没有减弱。荷兰人经过一系列尝试，于 1641 年从葡萄牙人手中夺取马六甲，然而不得不在 1795 年将该城割让给英国。英国利用与拿破仑的战争以及荷兰被纳入波拿巴帝国的机会，将马六甲保留了一段时间，却不知道该如何处理它。[1] 荷兰人从来没有把他们在东印度的政府机关设在马六甲，而是更喜欢巴达维亚（今天的雅加达）。巴达维亚位于爪哇岛，距离香料群岛更近。不过，在马六甲海峡建立基地，对任何渴望通过南海从事贸易的欧洲国家来说都是很有意义的：当一个季风季节让位于另一个季风季节时，马六甲是观察风向变化的最佳地点，同时为航运业开辟了一条向西航行的安全路线。[2]

　　据传说，马六甲是由一位来自淡马锡或新加坡（Singapura，意

为"狮城"① ）的流亡王子建立的。从新加坡加冷河（Kallang
River）中找到的 16 世纪青花瓷碎片显示，马六甲的建立并不意味
着新加坡的终结。马来半岛最南端的王国柔佛的苏丹在新加坡设立
了一名港务总长（shahbandar），他于 1574 年上任。几年后，在
1611 年，新加坡定居点被烧毁；整个地区都陷入了葡萄牙人与马来
人和印度尼西亚人统治者之间的战争，荷兰人最终也插手进来。
1703 年，当比较亲英的柔佛苏丹将旧的新加坡定居点的所在地提供
给一位名叫亚历山大·汉密尔顿（Alexander Hamilton）的苏格兰船
长时，新加坡岛可能还没什么可看的。虽然获得新加坡是免费的，
但开发它就超出了汉密尔顿的财力，因为他被期望用自己有限的资
源来开发这个地方。不过，英国东印度公司开始认识到，新加坡处
于俯瞰印度洋和南海之间主要通道入口的绝佳位置；而新加坡对面
的岛屿，今天是印度尼西亚的一部分，在当时是布吉族（Bugi）海
盗的出没地，英国人需要镇压这些海盗。令人惊讶的是，英国过了
很久才在新加坡建立基地。³

　　这要感谢东印度公司的两名雇员——托马斯·斯坦福·莱佛士
（Thomas Stamford Raffles）和威廉·法夸尔（William Farquhar）少
校的愿景和努力。法夸尔曾是马六甲的行政管理者，直到拿破仑战
争结束后英国将马六甲归还给荷兰人。他有赢得当地统治者信任的
才能，这对英属新加坡的建立至关重要。我们对莱佛士的了解要全
面得多。他是大英帝国历史上最不平凡的人物之一，而且一般被认

---

① 原文误为"狮门"（Lion's Gate）。新加坡并无狮门一说，应为狮城。

为比绝大多数帝国建设者都更有魅力。[4]他出生于1781年，出身相当低微，在十四岁时就以文员身份加入了东印度公司。他的早期生涯是在东印度公司位于伦敦利德贺街（Leadenhall Street）的阴暗办公室里度过的。但是，他学得非常快，赢得了上司的青睐。1805年，他满怀热情地奉命前往马来半岛印度洋海岸的槟榔屿，在当地的英国行政部门中担任助理秘书。当时英国人希望槟榔屿能成为足以与加尔各答和孟买抗衡的英国基地。莱佛士做了一件不寻常的事情，那就是他花费力气学习了基本的马来语。他还对他被派往的地方的历史文化产生了浓厚的兴趣，并意识到现在英国在远东有了新的机会，东印度公司不应当执迷于它与印度王公的关系，而是应当放眼于更广阔的地区；如果能赶走荷兰人及其法国盟友的话，东印度公司甚至可能掌控经过东印度的香料贸易。在英国成功控制荷属爪哇之后，莱佛士于1811年被任命为爪哇总督，可他在那里推行土地改革的尝试没有成功，部分原因是缺乏支持。莱佛士思想的一个重要线索是，他认为"政府在考虑居民的时候，不应仅仅考虑商业利润，而应将收入来源与殖民地的总体繁荣联系起来"。[5]他对奴隶制的存在深表遗憾，认为"所有种类的奴役都应被废除"。然而，位于伦敦的英国东印度公司总部对如此遥远地方的社会改革不感兴趣。莱佛士被召回伦敦。在拿破仑倒台后，1816年，英国将东印度群岛归还荷兰，莱佛士对此感到失望。不过，他在国内挽回了自己的声誉。在夏洛特王后的支持下，他的学术兴趣得到了认可，他成为皇家学会会员并获得了骑士身份。他很好地利用了被召回伦敦之后的时间，撰写了两卷本《爪哇史》。这既是传统意义上的史书

（有点凌乱），也是地理学、博物学、民族学和考古学的大杂烩。《爪哇史》被献给了英国摄政王①，它是一部非凡的学术著作，建立在近乎执迷的研究和无限好奇心的基础之上。⁶

在东方尚有工作要做，而且英国依然保留着一个位于苏门答腊明古连的被忽视的小据点，荷兰人对此容忍了多年。1818 年，斯坦福·莱佛士爵士（他现在喜欢别人这么称呼他）被派往那里。他失望地发现，荷兰人正在大力重建他们在东印度群岛的网络，而英国在印度以东的资源却微不足道：

> 荷兰人掌握着船进入东印度群岛仅有的两条通道，即巽他海峡和马六甲海峡。而英国人如今在好望角和中国之间没有一寸土地可以立足，也没有一个友好的港口可以补充淡水和给养。⁷

当然，这种说法未免有些夸张（当时槟榔屿仍在英国手中），但莱佛士设法说服了印度总督黑斯廷斯勋爵（Lord Hastings），让他相信需要在马六甲海峡附近建立某种形式的基地。可是，实现这一目标的唯一途径是与马来王公们进行微妙的谈判。而在英国，人们认为最重要的是不要得罪荷兰政府，因为荷兰现在是英国的盟国。所以，莱佛士如履薄冰。荷兰人注意到莱佛士试图将英国的影响力扩

---

① 即后来的英王乔治四世（1762—1830 年）。他的父亲乔治三世在晚年患有精神病，1811—1820 年由他摄政。

展到明古连之外的苏门答腊岛的另一边，也是更有价值的那一边。莱佛士考虑的对象是巨港，即三佛齐的旧都。荷兰人向加尔各答的英国东印度公司投诉，于是莱佛士收到了警告。黑斯廷斯勋爵认为，莱佛士只应尝试获得一块土地作为贸易基地，"而不是扩大领地范围"；如果荷兰人在附近建立了自己的基地，莱佛士就应该去别的地方。[8]荷兰人确实在附近建立了据点，就在廖内群岛，不过这没有吓退莱佛士和他的亲密伙伴法夸尔少校（他后来成为新定居点的总督）。莱佛士对新加坡早在几个世纪前就有辉煌历史的证据很感兴趣，所以保留了该地的传统名称，而当时英国人的标准做法是选择一个王室成员的名字或能够回顾大不列颠历史的名字。[9]莱佛士对往昔的兴趣，只是他选择这个地点的部分原因。其他理由是，这是一个理想的地点，可以安置英国东印度公司的一支驻军；而且位于新加坡河入海口的港口和马六甲一样优秀，甚至更好。

法夸尔已经与柔佛苏丹侯赛因建立了良好的关系。1819年，第一项条约允许英国人在他们于新加坡租赁的一小块土地上建立一个基地。条约得到了隆重的庆祝，以斯坦福·莱佛士爵士为首的东印度公司官兵在一座装饰华丽的帐篷里接待了柔佛苏丹，帐篷的地面上铺了猩红色的布。英国观察家们对这位苏丹的印象不佳：他半裸着身子，而他隆起的肚腩和满脸的汗水受到了尖锐的批评，但我们很难想象在那种潮湿的环境中，无论是马来人还是英国人，有谁不是大汗淋漓的。这项条约为苏丹带来了每年5000西班牙银元的丰厚租金。几年后，即1824年，双方又签订了另一项条约，苏丹将新加坡的主权完全割让给英国。这是因为苏丹的统治权受到了他同父异母兄弟的挑战，侯赛因需要英国人的帮助。最后，在同一年，荷兰和英国同意瓜分地盘，英国占领马来半岛上的若干地方（"海峡殖民地"），荷兰保留东印度群岛，尽管马来半岛和东印度群岛在文化、经济和政治上早就是同一个世界，并且至今仍然使用同一种马来–印度尼西亚语言的不同方言。[10]

促进新定居点的蓬勃发展，是很有挑战性的工作。虽然荷兰人热情地引用他们的同胞格劳秀斯的话来鼓吹海洋自由，但这通常仅仅意味着荷兰人自己的海洋自由。莱佛士看到，新加坡的未来取决于它作为自由港的作用："海上只要有一个自由港，最终就一定会摧毁荷兰人垄断的魔咒。"在指示法夸尔"目前没有必要对港口的贸易征收任何关税"之后，莱佛士启程前往明古连，而没有提出任何关于如何筹资开发新定居点的建议。他需要找到赶走荷兰人的手段，因为后者封锁了新加坡港口。然而，封锁也不能阻止这样一个了不起的社区建立起来。[11]新加坡一向的特色是，那里的居民是多民族的混合体。在与侯赛因签订第二项条约时，新加坡人口已经有约5000人，其中许多是从马六甲迁来的。这与四百多年前的移民流动方向相反，中世纪的时候，人们从新加坡移民到新建立的马六甲。

1822年，到访新加坡的莱佛士感叹道："在这里，一切都充满生机和活力。在地球上很难找到一个前景更光明或更令人满意的地方。"他负责城市规划，为华人、印度人和其他民族分配居住区，并规划了政府大楼的位置。莱佛士将他的城市划分为政府区和商业区。政府区至今仍然是权力的所在地，位于港口的右侧，延伸到福康宁山（莱佛士自己的别墅就建在那里）。港口的左侧则是商人的仓库区，吸引了华人、印度人和马来人的交通。莱佛士对这座城市的未来有一个设想，不过这是一个夸张的设想，因为当他于 1826 年在伦敦去世时，新加坡仍有许多困难需要克服。[12]

新加坡殖民地继续吸引着大量的混杂人群。然而在早期，新加坡主要是一座华人城市。到 19 世纪 30 年代，它已经成为华人在南海和其他地区的贸易网络的中心，这让巴达维亚的荷兰人感到震惊，因为在那之前，巴达维亚一直是主要中心。1822 年，有 1776 艘船到访新加坡，其中大部分是亚洲人的船只。[13] 1819 年，新加坡的人口只有 1000 人，但从 1824 年起，它的人口大幅增长。到 1871 年，它的人口超过了 9.7 万人。1867 年，在新加坡建城还不到半个世纪的时候，已经有 5.5 万名华人居住在那里。他们主要来自华南，占新加坡总人口的 65%。此外，还必须加上在新加坡过境的华人，他们中的许多人在东南亚的其他地方成为苦力，有的妇女成为家奴或妓女。莱佛士一定不希望看到这种人口贩运活动的发展。[14] 在新加坡社会等级的另一端是富裕、懂得多种语言的"峇峇"，或峇峇娘惹（Peranakan）家族，他们主要是华人血统，但长期接触马来文化。Peranakan 一词的意思是"本地出生"。这使他们稳稳地处于中间商的位置，往往能够赚取巨额财富，过上相当有格调的生活。"峇峇"陈笃生在马六甲出生，随着法夸尔担任总督期间马六甲华人向新加坡流动，他来到了新加坡。陈笃生最初是个卖鸡和蔬菜水果的商人，后来成为英国商人的商业伙伴，这使他在 19 世纪 40 年代达到了财富的顶峰。精心安排的与中国人的婚姻联盟，进一步增加了他的财富和影响力。他乐于赚钱，也乐于在有价值的项目上花钱：1844 年，他斥资 7000 美元创办了至今仍在运营的陈笃生医院；他大力支持当地主要的华人庙宇之一（在一场奢华的公共仪式后，他帮助支付了安装妈祖塑像的费用）；他被英国当局任命为治安法官，是新加坡乃至马来半岛第一个担任这一职务的亚洲人。[15]陈笃生和他的同行，部分通过慈善事业，部分通过贸易，为新加坡逐渐发展为一座繁荣的城市做出了很大贡献。

其他族裔的贡献也非常大。马来水手在新加坡周围的水域纵横驰骋，将这个新殖民地与马六甲海峡另一边的岛屿和马来半岛连接起来，并为新加坡供应生活必需品，因为除了鱼，新加坡自己几乎什么资源都没有。[16]有一个特殊的马来人群体，即布吉海盗，居住在离新加坡不远的廖内群岛。在与廖内群岛的荷兰主人发生争执后，布吉人于 1820 年离开了廖内群岛，其中 500 人到英属新加坡定居。[17]19 世纪，新加坡吸引了印度泰米尔人、亚美尼亚人（他们的小教堂是现代新加坡城的一座重要的纪念性建筑）、东方犹太人（如孟买的沙逊家族），以及阿拉伯定居者，如亚拉卡（Alkaff）家族，他们在 19 世纪中叶从阿拉伯半岛南部来到这里，在新加坡河沿岸拥有大量仓库。这些阿拉伯商人活跃在马六甲和爪哇附近的水域，他们中的一些人选择新加坡作为业务中心，这证明在新加坡建立自由贸易区的想法是成功的关键。到 19 世纪 80 年代，已经有800 名阿拉伯人在新加坡生活。[18]莱佛士明白，新加坡的繁荣依赖它作为转口港的作用，货物在这里流动和交换；随着轮船的使用，新加坡还将成为一个补给站，提供煤炭和食物，因为早期的轮船对燃料的消耗极大。从长远来看，新加坡也将作为马来商品在马来半岛之外的再分配中心而蓬勃发展，马来商品中最著名的是英国殖民者建立的种植园生产的橡胶。

※ 二

"狮城"的确是通往东方的大门，但它离英国想要获得的货物的来源地仍有一段距离。英国肯定需要一个离广州更近的基地，这样英国（或者说东印度公司）才能在面对老对手——澳门的葡萄牙人、荷兰人和法国人时抢得先机。此外，中国人渴望白银，东印度公司却发现越来越难以供应白银，所以英国商人正在寻找一种更好的支付手段来购买中国商品。东印度公司有理由对自己的未来感到担忧：1833 年，它失去了对东方贸易的垄断，因为议会认定英国繁荣的关键在于自由贸易；而且无论如何，东印度公司已经深深卷入了印度的内部事务，由此，它不再是一个简单的大型贸易卡特尔。

随着英国东印度公司垄断权的丧失，它在广州的贸易站被私贸商占据。其中几位私贸商后来主导了香港的商业事务：渣甸（William Jardine）与他的搭档马地臣（James Matheson）；托马斯·丹特（Thomas Dent）；来自印度、从事鸦片贸易的帕西人化林治·考瓦斯治（Framjee Cowasjee）。渣甸是到处寻找机遇的英国商人的绝佳例子。他是苏格兰人，毕业于爱丁堡大学的医学专业。他在以外科医生的身份乘坐东印度公司的船来到东方之后，开始意识到靠香料贸易发财是多么容易。他开始积极参与孟买和广州之间的贸易。[19]此时，对自由贸易的热情已经促使莱佛士重建了新加坡。对自由贸易的热情植根于英国经济学先驱——苏格兰人亚当·斯密（Adam Smith）和塞法迪犹太人大卫·李嘉图（David Ricardo）的思想。马地臣是这两位经济学家的读者，他在中国收到了他们的书，并成为自由贸易的倡导者。马地臣和他的同行渣甸将自由贸易哲学推向了一个极端。渣甸将他的加尔文宗原则发挥到了极致，比如，他的办公室只有一把椅子，任何来见他的人都必须保持站立，这意味着事情处理得非常快。[20]

　　面对重重困难，东印度公司转向鸦片贸易。鸦片的来源一开始是阿拉伯半岛南部，但孟加拉的罂粟田更近，而且处于东印度公司的控制之下，公司也很乐意通过加尔各答把货物运出去。因此，使欧洲人能够在印度洋维持其商业帝国的"在地贸易"，达到了新的高度。1820 年，东印度公司出口了 5000 箱鸦片，每箱中有多达 40 块球状鸦片；十一年后，东印度公司经营的鸦片数量几乎达到上面数字的 4 倍。当时，5000 箱鸦片的价值约为 800 万美元。渣甸认为，鸦片比酒精好得多。鸦片在中国起初被视为具有异域风情的娱乐性药物，但随着价格的下降（部分是为了应对来自印度西部罂粟田的竞争），鸦片在中国社会中蔓延开来。结果是出现了各种阶层和背景的中国人都经常光顾的鸦片馆。在这一时期，在欧洲人眼中，中国人的形象是生活在鸦片烟雾中的瘾君子，这种现象与中国的官方政策完全抵触。但是，这一形象符合英国人对更古老的中华帝国的傲慢态度。在英国人看来，中国之前过于孤立，不与世界各国通商，现在鸦片为获得中国的所有产品提供了机会，这才是最重要的。这导致出现了一个悖论（几个世纪以来，荷兰人一直与这个悖论舒适地共存）：当一个欧洲国家在亚洲拥有自己的港口，而不必依赖当地统治者或欧洲对手的恩惠时，自由贸易就最容易进行。这在广州成为一个特别尖锐的问题，在那里，清朝的海关官员对英国商人及其货物施加干预。不过，他们这么做无疑有充分的理由，因为大清帝国对鸦片贩运感到不满。[21]

尽管清廷认为中国不需要鸦片，而且鸦片对使用者有潜在的恶劣影响，"以厚其毒，臭秽上达，天怒神恫"[①]（这是清廷派往广州的钦差大臣林则徐的勇敢论断），但鸦片贸易仍在继续大肆发展。林则徐大怒，他向维多利亚女王投诉，并没收了2万箱鸦片，还把外商关进商行。伦敦方面认为林则徐的行为是"无耻"的高压手段，于是爆发了中英冲突，即第一次鸦片战争。在这场战争期间，英国军队占领了中国沿海的多个港口：厦门、宁波，甚至上海。事实证明，英国海军的力量是不可阻挡的。这是一支配备了铁制轮船的海军，船上载有数千名官兵，他们决心表明英国永远不会屈服于中国官员。1842年的《南京条约》结束了这场短暂但激烈的冲突，该条约完全偏向英国的利益，其中一项条款是将香港岛割让给英国。[22]

英国人确信，他们需要在珠江口建立一个永久基地，在那里他们将完全不受中国人的干扰。维多利亚港的地理条件很好，岛上有被称为太平山的陡峭山峰。与平坦的新加坡相比，香港岛能提供的

①　［清］林则徐：《拟谕英吉利国王檄》，收入《林文忠公政书三十七卷·使粤奏稿卷四》，清光绪三山林氏刻林文忠公遗集本。

建筑空间很小，但英国人在当时筹建的是贸易站，而不是后来出现的繁华都市。《南京条约》的英方谈判代表之一璞鼎查爵士（Sir Henry Pottinger）表示，他想获得的是"贸易集散地以及可以保护和控制女王陛下在华臣民的地方"。[23] 1829 年，英国船已经来到与澳门隔海相望的小海湾和岛屿，当时东印度公司派出了至少六七艘船进入后来的维多利亚港。

于 1841 年 1 月在香港岛升起英国国旗的船长查理·义律（Charles Elliot）是自由贸易的另一个热情倡导者。他奉命在中国沿海寻找合适的岛屿或其他地点。作为海军军官，他主要被香港岛的港口吸引，不过伦敦方面有许多疑虑。帕默斯顿勋爵（Lord Palmerston）① 大感困惑，因为香港岛是"一个荒芜的岛，上面几乎没有房屋"，而且"似乎很明显，香港岛不会成为贸易市场"，而只是英国商人的休闲胜地，他们仍然会去广州做生意。尽管维多利亚女王的名字与该地联系在一起，可她对香港岛没有什么印象。然而，如果帕默斯顿勋爵和女王亲眼看到了香港岛，就可能会有不同的反应。到香港岛的早期访客很喜爱这个地方，因为虽然这里的夏天很潮湿，但他们对香港岛郁郁葱葱的自然美景、山脉和水路印象深刻，有几位作家将其比作苏格兰高地。[24] "香港"这个名字的起源不详，它在粤语里的字面意思是"芬芳的海港"。

就像在新加坡一样，英国人在香港岛指定了一些土地作为仓

---

① 亨利·坦普尔，第三代帕默斯顿子爵（1784—1865 年，旧译巴麦尊子爵）两次担任英国首相，在三十多年里主宰了英国的外交政策，其间，他的外交举措颇有争议。他极受民众欢迎，擅长运用舆论推动英国民族主义和爱国主义的发展。

库，但对购买土地的人都有严格的要求：租约限于七十五年，而且在六个月内，租赁者必须花费 1000 英镑用于建设。这保证了香港岛的飞速发展。因为遭到激烈的抗议，政策有所改变：租约在 1847 年被延长到九百九十九年，不过，唯一的永久产权财产仍然是圣公会主教座堂（圣约翰座堂）。怡和洋行（Jardine, Matheson & Co.）在香港特别活跃，为商人建造货仓，为定居者建造房屋。怡和洋行拥有一个货仓，"其规模之大，几乎构成一座城镇"。据说，在英国管治香港岛的一年内，那里的华人集市就发展得比澳门的集市还要大。我们可以从这样的事实中了解到英治时期香港的基调：香港岛最早的建筑之一是非常高档的香港俱乐部，当时仅供英国白人定居者使用，渣甸和马地臣是白人定居者中最卓越的商人。担任英治香港立法会成员的弗雷德里克·沙逊（Frederick Sassoon）非常担心自己会因为是犹太人而被香港俱乐部排除在外，于是他没有申请加入。[25]

从 1843 年开始，港英当局也鼓励华人到英国国旗下生活。到 19 世纪中叶，香港岛至少有 3 万华人，是欧洲人、印度人和美国人的 75 倍。就像在新加坡一样，最富有的华人往往也是最慷慨的慈善家。香港的贸易日新月异，令人振奋：根据文献记录，在 1844 年，即英国管治香港仅三年之后，就有 538 艘船到访香港岛。尽管《南京条约》使得英国人可以进入上海和其他"通商口岸"，但香港岛迅速成为英国商人的业务中心，这缘于其作为英国皇家管治地区的特殊地位。香港岛与通商口岸的租界不同，清政府对香港岛完全没有影响力。此外，由于打赢了鸦片战争，英国不需要为香港岛参与鸦片贸易感到担忧。鸦片贸易完全主导了香港岛早期的贸易，以至于人们将鸦片饼作为货币，澳门的鸦片生意也输给了香港。英国在中国沿海的地位如此稳固，以致鸦片商可以轻松地将这种毒品分销给大陆的买家。[26]第二次鸦片战争巩固了英国人在中国沿海的地位。1856 年，第二次鸦片战争爆发。英国军队与法军合作，占领广州，袭击北京，中国人再次被迫签署屈辱的和约。英国人通过和约获得了更多的通商口岸，以及在中国内地通商的权利；条约还将九龙的一部分置于英国的管治之下，这是英国对中国大陆南端的统治逐步扩大的开始。

香港和新加坡成了从伦敦和利物浦一直延伸到远东的商业链条上的重要环节。那些通过香港推动鸦片贸易的英国人的物质主义和犬儒主义，与莱佛士和法夸尔的理想主义相去甚远。不过，香港和新加坡作为主要的国际贸易中心持续发挥着作用，并从贫富差距极大的地方转变为非常富有的两座城市；这都是海上贸易从根本上改变世界的绝佳例子。

注　释

1. M. R. Frost and Yu-Mei Balasingamchow, *Singapore: A Biography* (Singapore and Hong Kong, 2009), pp. 34 - 5; J. C. Perry, *Singapore: Unlikely Power* (New York, 2017), pp. 29, 34.

2. Perry, *Singapore*, p. 5.

3. K. C. Guan, D. Heng and T. T. Yong, *Singapore: A 700-Year History* (Singapore,

2009），pp. 53-82；Frost and Balasingamchow, *Singapore*, pp. 34-7；Perry, *Singapore*, p. 27.

4. 但是，还有一种较负面的观点：N. Wright, *William Farquhar and Singapore: Stepping Out from Raffles' Shadow*（Penang, 2017）。

5. Cited by V. Glendinning, *Raffles and the Golden Opportunity*（London, 2012），p. 111.

6. Glendinning, *Raffles*, pp. 176-9；Perry, *Singapore*, p. 34；Sir Stamford Raffles, *The History of Java*（2 vols., 2nd edn, London, 1830）；cf. Wright, *William Farquhar*, pp. 7-13.

7. Cited by Guan et al., *Singapore*, p. 85, and in Frost and Balasingamchow, *Singapore*, p. 47.

8. Frost and Balasingamchow, *Singapore*, pp. 54-5.

9. Perry, *Singapore*, p. 39；also K. C. Guan, 'Singapura as a Central Place in Malay History and Identity', and C. Skott, 'Imagined Centrality: Sir Stamford Raffles and the Birth of Modern Singapore', both in K. Hack, J.-L. Margolin and K. Delaye, eds., *Singapore from Temasek to the 21st Century: Reinventing the Global City*（Singapore, 2010），pp. 133-54, 155-84.

10. Frost and Balasingamchow, *Singapore*, pp. 41-6, 73-5；Perry, *Singapore*, pp. 37, 41.

11. Perry, *Singapore*, p. 40.

12. Frost and Balasingamchow, *Singapore*, pp. 63, 65-9.

13. Guan et al., *Singapore*, p. 111；Wright, *William Farquhar*, p. 119.

14. Guan et al., *Singapore*, p. 113；C. Paix, 'Singapore as a Central Place between the West, Asia and China: From the 19th to the 21st Centuries', in Hack et al., *Singapore from Temasek to the 21st Century*, p. 212.

15. 峇峇娘惹也被称为"海峡华人",见新加坡峇峇娘惹博物馆中的展品;
Frost and Balasingamchow, *Singapore*, pp. 93-8。

16. Perry, *Singapore*, pp. 13-14, 35

17. Guan et al. , *Singapore*, pp. 108-9; Wright, *William Farquhar*, p. 108.

18. Guan et al. , *Singapore*, pp. 116-20.

19. F. Welsh, *A History of Hong Kong* (2nd edn, London, 1997), pp. 52-5;
R. Nield, *The China Coast: Trade and the First Treaty Ports* (Hong Kong, 2010),
pp. 127-8; T. Hunt, *Ten Cities That Made an Empire* (London, 2014), pp. 233-4.

20. Hunt, *Ten The Cities*, pp. 232, 234.

21. Welsh, *History of Hong Kong*, pp. 43, 79; R. Nield, *China Coast*, p. 129.

22. 林则徐写给维多利亚女王的信,引自 Hunt, *Ten Cities*, p. 235; J. Lovell,
The Opium War: Drugs, Dreams and the Making of China (London, 2011)。

23. Quoted by Hunt, *Ten Cities*, p. 238.

24. Welsh, *History of Hong Kong*, pp. 106-12 (关于帕默斯顿, 见 p. 108);
Hunt, *Ten Cities*, p. 240。

25. Nield, *China Coast*, pp. 175-8, 181; Hunt, *Ten Cities*, pp. 239, 242,
245, 255-6.

26. Nield, *China Coast*, pp. 179-80, 184.

第四十七章

马斯喀特人和摩加多尔人

※ 一

历史学家正确地认为，我们看待世界历史时强烈的欧洲中心主义观念扭曲了现实。我们是史料的囚徒，但有时也可能挣脱束缚，记述非欧洲民族的较少得到史料记载的活动。不过，即使在这些方面，乍看上去似乎是自主的海上贸易网络，也往往笼罩在欧洲的阴影之下。阿曼苏丹的历史是一个重要的例子，他们的政治和商业力量在其巅峰时期从东非桑给巴尔以南和以西的地方，经过他们在阿曼的古老都城马斯喀特，延伸到今天巴基斯坦和印度的海岸，包括瓜德尔贸易站。阿曼统治者直到1958年才将瓜德尔割让给巴基斯坦，换取55亿卢比。阿曼的"帝国"主要包括一串横跨印度洋西部广阔海域的岛屿。到19世纪中叶，这些岛屿中最有价值的是小岛桑给巴尔，它在过去是一个不重要的地方。桑给巴尔是那个时代另一个新的成功的贸易城镇。尽管英国和法国参与了桑给巴尔的最初发展，真正的动力却来自阿曼苏丹。他们的成功基于三种商品：丁香、象牙和奴隶。阿曼苏丹的奴隶贸易蓬勃发展，而与此同时，世界其他地区的奴隶贸易正遭到英国海军的大力镇压。

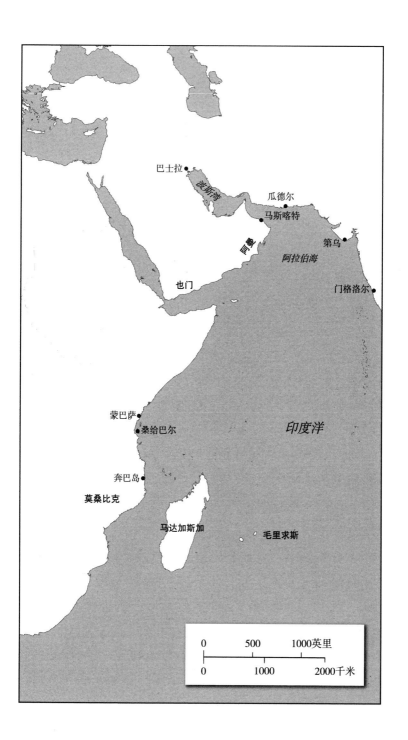

巴士拉

波斯湾

瓜德尔

马斯喀特

阿曼湾

第乌

也门

阿拉伯海

门格洛尔

蒙巴萨

桑给巴尔

印度洋

奔巴岛

莫桑比克

马达加斯加

毛里求斯

| 0 | 500 | 1000英里 |
| 0 | 1000 | 2000千米 |

在 17 世纪，阿曼已经是活跃的海军活动中心。到 17 世纪中叶，阿曼人从葡萄牙人手中夺回了马斯喀特。在摆脱了外国的束缚之后，阿曼人就为自己建立了作为可怕海盗的声望。他们袭击了葡萄牙在东非沿海的基地，最南到达莫桑比克，1652 年开始袭击桑给巴尔，1661 年袭击蒙巴萨，并在 1698 年将其占领。阿曼人还将目光投向东方，于 1668 年洗劫了位于印度第乌的葡萄牙贸易站。[1] 不过，阿曼的崛起并非一帆风顺的，因为发生了无休止的内战和王位争夺战，这使蒙巴萨在很长一段时间内处于不同王公的统治之下。阿曼人在 18 世纪获得了桑给巴尔及其附近的奔巴岛，此后将其势力范围扩展到斯瓦希里海岸的大部分地区，并通过阿拉伯商人在非洲内陆建立商业联系。从非洲内陆，阿曼人不仅获得了象牙（西欧对其需求不断增长），还获得了大量奴隶，然后将其卖给法国人。这些奴隶在毛里求斯和留尼汪岛的法国甘蔗种植园里劳动。[2]

同时，阿曼的船成功地参与了也门的咖啡贸易，所以阿曼一派欣欣向荣。据一名英国见证者说，到 1774 年，沿波斯湾运往巴士拉的大部分摩卡咖啡是由以马斯喀特为基地的阿曼船运输的。英国人从未远离这一地区。在巴士拉有一位英国"常驻代表"，根据与伊拉克的奥斯曼政府的协议，这位"常驻代表"有权获得咖啡进口税的一部分。英国人称赞了"我们与马斯喀特人的友谊"。1780 年前后，随着"马斯喀特人"对欧洲贸易网络的参与加深，他们也渗透到了印度市场，最南到达门格洛尔。阿曼人为印度带来了阿拉伯半岛的产品，如珍珠、香、椰枣，并从荷兰人手中购买糖和香料，包括东印度群岛的产品。随着阿曼人与印度的关系越来越密切，印度人（被称为 Banyans）被吸引到阿曼海岸，在马斯喀特开始形成印度商人的社区，印度人的社区后来扩张到阿曼人统治的东非海岸的港口。1800 年前后，一个名叫毛吉（Mowjee）的印度人担任马斯喀特的海关包税人。根据一名英国见证者的说法，"他是个狡猾的胖子，是这个地方的头号富翁"。[3]1762 年，在孟买的英国人需要获取大量奴隶，并将其送往东印度公司正在苏门答腊建立的新基地。东印度公司求助于一名在马斯喀特的印度商人，他以 1 万卢比的价格提供了一批非洲奴隶。马斯喀特开始以安全和便利闻名，特别是与欧洲人过去一直使用的波斯湾地区的港口相比。在马斯喀特，小偷会受到《古兰经》规定的砍手的惩罚，因此，"商品经常堆在大街上，丝毫不用担心被盗"。[4]

阿曼人并不仅仅依靠尺寸不一、种类繁多的传统阿拉伯三角帆船。到了 18 世纪末，阿曼苏丹在印度委托建造欧式的横帆帆船。据说在 1786 年，他拥有八艘战舰，因为除了和平贸易，苏丹还与他的叛乱臣民进行海战。在 18 世纪的最后二十五年里，阿曼舰队的规模翻了一番，马斯喀特人经手的咖啡体量也翻了一番。[5]因此，在 1800 年之前，阿曼人已经成为印度和印度尼西亚的欧洲殖民地与奥斯曼人、波斯人、非洲统治者和阿曼自己的土地之间重要的中间商。阿曼人的活动范围一直延伸到英国在印度的新基地加尔各答，不过这意味着他们必须绕南亚次大陆航行。然而在到了加尔各答之后，他们可以与来自几乎所有航海国家的商人和水手互通有无。[6]他们还可以利用葡萄牙人在印度洋的政治和商业地位不断下降的机会，以及利用其他欧洲人之间的竞争，成功地闯入印度洋的海上贸易。[7]

马斯喀特的崛起，只是阿曼海洋帝国的非凡故事的一部分。就像古代腓尼基人的商业帝国一样，阿曼的海洋帝国是围绕着港口、岛屿和贸易站建立起来的。像腓尼基人的贸易帝国一样，阿曼的重心从故乡转移到遥远的基地。桑给巴尔之于阿曼，恰似迦太基之于腓尼基。1800 年前后，在一名英国访客眼中，桑给巴尔仍然"只有几座房子，其余的都是茅草棚户"。不过，它很快就成为欧洲人、阿拉伯人、印度人和非洲人在印度洋西部的主要交会点，并以供应象牙而闻名。[8]到 1744 年，有一位阿曼总督在桑给巴尔主持工作。到 1822 年，当阿曼苏丹与代表英国的费尔法克斯·莫尔斯比（Fairfax Moresby）船长在马斯喀特签署条约时，阿曼人的强势地位已经很明显。根据该条约，阿曼人承诺停止向西欧人或印度人出售奴隶。这是英国在全世界打击奴隶贸易的伟大征程的一部分。[9]

这产生了一个意想不到的结果，即刺激了阿曼的东非奴隶贸易，因为奴隶的其他供应来源已经枯竭，而阿曼仍有大片地区（包括桑给巴尔岛和奔巴岛）可以买卖数以万计的奴隶。这种本身已经很恐怖的贸易所采取的最恶劣形式是，在苏丹的杰贝勒-埃特山（Jebel-Eter）上一家专门从事阉割的科普特修道院里，许多非洲男孩受到了冷酷无情的对待，实际上可以说是谋杀。受害者被固定在一张桌子上，他们的阴茎和阴囊被快速切除，留下"一个巨大的、不容易愈合的伤口"。由于执行手术的人几乎没有试图止血，所以情况更是危险。然后，这些男孩被埋在沙子里，使他们无法动弹。"据估计，每年为了完成向苏丹提供 3800 名阉人的指标，要牺牲 3.5 万名非洲儿童"。[10]即使关于死亡率接近 90% 的假设是夸张的（我们无法确定），印度洋周边的王公宫廷对阉人的需求也没有减少。

桑给巴尔的吸引力对阿曼苏丹来说越来越明显。桑给巴尔的一个很实际的优势是，它的深水港得到良好的保护，另一个优势是绝佳的淡水供应，并且它是一个靠近非洲海岸的小岛，拥有天然的防御。[11]阿曼苏丹赛义德·本·苏尔坦（Sayyid Said bin Sultan）决定将其政府中心从马斯喀特转移到桑给巴尔。他是一位了不起的旅行家，在 1802 年年仅十一岁时就到访了桑给巴尔。1828 年，当阿曼人再次试图征服蒙巴萨时，他又一次到访了桑给巴尔。此时，他似乎已经制订了迁都的计划，在桑给巴尔建造了一座新的宫殿，并最终于 1832 年在那里定居。根据传统，他乘坐一艘由他最喜爱的印度商人拥有的船启程前往桑给巴尔。在这之后他又活了二十四年，所以他有足够的时间来巩固自己在东非的利益，并主持桑给巴尔城的发展。桑给巴尔成为他的首选住所，但他继续在自己的多块领地之间来回旅行，特别注意不因他的主要基地现在远在东非就忽视祖先的土地。最后，赛义德·本·苏尔坦在前往桑给巴尔的途中去世，这应当是他的第九次旅行。[12]

到此时，《莫尔斯比条约》已经开始生效。但是，这并不妨碍苏丹想出新的办法来发财。新的巨大变化是在桑给巴尔岛和奔巴岛发展丁香种植园，这是到那时为止在摩鹿加群岛以外培植丁香的最成功的尝试。据说苏丹命令他的臣民在他们的土地上每种植一棵椰子树就要种植三棵丁香树，如果他们不遵守，就没收他们的农场。[13]马达加斯加、毛里求斯和其他地方的殖民者一直梦想着在距离欧洲较近的地方种植丁香。此外，在非洲腹地有大量的大象被宰杀，以满足欧洲人对高质量象牙的需求。阿拉伯和斯瓦希里商人深入内陆，远至尼亚萨湖（Lake Nyasa），寻找非洲商品。在美国出现了一个非常活跃的象牙市场，因为象牙被用来制造钢琴键、梳子和台球，而桑给巴尔人渴望得到美国的棉布。1828 年，当赛义德在桑给巴尔时，他接待了一个名叫埃德蒙·罗伯茨（Edmund Roberts）的美国商人，并鼓励罗伯茨请求美国政府与阿曼签订贸易条约。在该条约正式签署之后，阿曼人获得的好处不只是简单的原材料销售：1840 年，阿曼船"苏丹娜号"（Sultanah）一直航行到美国，苏丹的大使就在船上。象牙的价格持续上涨，与此同时，从欧洲和美国发来的制成品的成本持续下降。这使桑给巴尔处于一个非常有利的位置。赛义德苏丹在 1856 年去世前，从在东非和阿曼征收的关税和赋税中获得了超过 50 万玛丽亚·特蕾西亚塔勒（MT\$）①。到 1890 年，马斯喀特的收入急剧下降，但桑给巴尔的收入飙升到了 80 万玛丽亚·特蕾西亚塔勒。[14]

※ 二

　　赛义德苏丹和他的继任者庇护印度商人（其中很多是印度教徒或帕西人），而在非洲的另一端发生了类似的事情，十分有趣。异

---

　　① 玛丽亚·特蕾西亚塔勒（Maria Theresa thaler）是自 1741 年起在国际贸易中常用的一种银币，得名自奥地利、匈牙利、波希米亚等国的女性统治者玛丽亚·特蕾西亚。在阿拉伯世界、非洲和印度经常能看到玛丽亚·特蕾西亚塔勒。

教徒可能受到歧视，但同样可能与关心他们的统治者建立特别牢固的联系。在非洲大陆的西北角，另一个急于从贸易中赚取巨额利润的由穆斯林统治的王朝为犹太商人提供了保护，也使得一座新城市诞生。[15]今天，摩洛哥西南部的索维拉靠旅游业（那里的强风吸引了大量的冲浪者）和摩洛哥坚果油赚钱，那里是世界上唯一的摩洛哥坚果油产地。不过，在第一次世界大战之前，索维拉是摩洛哥通往世界的窗口。在这里，来自英国、法国和西班牙的商人，以及来自摩洛哥本土的塞法迪犹太商人，还有摩洛哥苏丹的政府，通力合作，使索维拉成为摩洛哥大西洋沿岸最富有的港口。一般来说，在摩洛哥于20世纪50年代恢复独立之前，索维拉被称为摩加多尔，本章将使用这个旧名字。

像香港、新加坡和桑给巴尔一样，摩加多尔是一座新兴城镇，尽管腓尼基人曾在摩加多尔近海的岛屿做生意，葡萄牙人和其他外国势力也曾短暂占领该地。摩加多尔的优势在于它有一条直达马拉喀什的道路。曾与非斯争夺摩洛哥首都地位的马拉喀什是横跨撒哈拉沙漠的大部分商队交通的门户。虽然摩加多尔在规模上不能与亚历山大港或贝鲁特相提并论，但它的中介作用使它的重要性与其实际规模和人口完全不成比例。在19世纪末，摩加多尔居民只有不到2万人，有时多达一半的人口是犹太人。这个贸易中心的发展改变了整个地区的社会和经济，产生了一个由地主和商人构成的"资本家"阶级，也使摩加多尔日益依赖外国而非本地生产的商品。遥远的撒哈拉以南非洲、英国，甚至中国，都感受到了摩加多尔的发展造成的涟漪。[16]

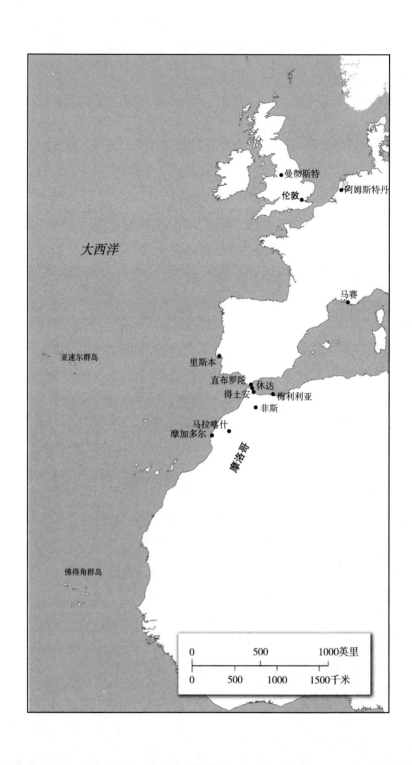

大西洋

曼彻斯特
伦敦
阿姆斯特丹

马赛

亚速尔群岛

里斯本
直布罗陀 休达
得土安 梅利利亚
非斯
马拉喀什
摩加多尔
摩洛哥

佛得角群岛

| 0 | | 500 | | 1000英里 |
| 0 | 500 | 1000 | 1500千米 |

摩洛哥苏丹穆罕默德·伊本·阿卜杜勒（Muhammad ibn Abdallah）于 1764 年建立了摩加多尔，希望它成为摩洛哥与欧洲贸易的首要中心，这也意味着它可以利用欧洲的跨洋贸易。丹麦人在 1751 年获得了沿摩洛哥大西洋海岸经商的慷慨的特许权，从而垄断了摩洛哥的对外贸易。然而苏丹意识到，自己掌管对外贸易更符合他的利益，因为他想控制贸易的收入，也想增强他在摩洛哥南部的权威。尽管摩加多尔的风很猛烈，但人们认为这个港口很有前途，比这条相当荒凉的海岸线上的其他港口要好。穆罕默德很乐意在摩加多尔大量投资，并聘请外国建筑师营造建筑，他们采用类似于欧洲新城市的方形布局来设计摩加多尔的街道、广场和主要建筑。摩加多尔优雅的"葡萄牙"要塞据说是 16 世纪的，但实际上是热那亚人在 18 世纪建造的。[17]穆罕默德苏丹还需要让摩加多尔的人口增长起来，不过，当地的柏柏尔人无法提供他想要的有经验的商人阶层。因此，根据犹太谋臣撒母耳·苏姆巴尔（Samuel Sumbal）的建议，穆罕默德从摩洛哥王国各地的十个富有的犹太家族中提名成员，其中有几个家族来自首都马拉喀什，如科科斯（Corcos）、麦克宁（Macnin）和塞巴格（Sebag）等家族。他们将在 19 世纪摩加多尔的繁荣发展中发挥重要作用，其中几个名字后来在伦敦和巴黎的商业圈子里很出名，因为这些家族在欧洲创办了贸易公司。他们中的许多人来自 15 世纪末从西班牙和葡萄牙来到摩洛哥的犹太家族。摩洛哥的犹太社区被划分为泾渭分明的两个部分，一部分是由自称出身于西班牙的若干富裕家族组成的小集团，另一部分是大批较贫穷的犹太人，他们自古以来就在摩洛哥的城镇和村庄生活，有的是皈依犹太教的古代柏柏尔人的后代。[18]

用穆罕默德苏丹自己的话来说，他与犹太人关系的一个重要方面是，他们是"属于他的"犹太人。这并不意味着他们是他的财产，就像在中世纪欧洲使用类似的说法并不意味着犹太人是基督教国王的奴隶一样。但是，伊斯兰教规定了伊斯兰政府与犹太人（或基督徒，可摩洛哥没有本土基督徒）之间的特殊关系。犹太人被接受为伊斯兰社会结构的一部分，用伯纳德·刘易斯（Bernard Lewis）的简明表述来说就是"二等公民，但毕竟是公民"。犹太人是"齐米"（dhimmis），意思是"受保护的人"，然而他们不能对穆斯林行使直接的权威。对摩洛哥犹太人施加的限制如果严格执行的话，往往具有侮辱性，并且十分严酷：如果一个穆斯林打了一个犹太人，犹太人无权以牙还牙；他们还被命令穿上沉闷单调的黑色衣服，等等。[19]不过，犹太人享有宗教信仰自由，而且主要的犹太家族能够想办法回避那些严酷的限制，或者获得豁免权。正因为犹太人处于摩洛哥的部落和派系政治的丛林之外，统治者将他们视为中立却依赖君主的可靠代理人，在贸易领域更是如此。在商界，犹太人的语言知识和跨越广阔空间的家庭关系对苏丹非常有价值，所以苏丹愿意庇护他们。

因此，像科科斯这样的家族（他们是途经葡萄牙和非斯到达马拉喀什的西班牙犹太难民的后代）能够成为摩洛哥苏丹的亲信，就农村的政治发展向朝廷提供建议。科科斯家族的代理人在摩加多尔和内地的市场之间旅行时会观察农村的情况，然后向上汇报。[20]科科斯家族和其他几个主要家族成为"苏丹御用商人"（tujjār as-

Sultān）。这不只是一个头衔，因为他们实际上是用苏丹的账户进行交易的，至少在理论上用的是苏丹的钱，而不是他们自己的钱。"苏丹实际上是这个国家最显赫的商人。"[21] 幕后的真相是，苏丹依赖从"苏丹御用商人"手中获得贷款、税金和馈赠。所有这些都是精心安排的，因为伊斯兰教法禁止直接支付利息，于是商人向苏丹支付其利润的一部分，而不是向苏丹支付政府委托给商人的贸易金额的利息。在亚伯拉罕·科科斯（Abraham Corcos）的父亲于1853年去世后，苏丹给科科斯写了几封信说："你的父亲是我们的朋友，是我们当中的一员。他的去世让我们感到非常悲痛。"几年后，苏丹的宫廷发来了一封信，提醒亚伯拉罕的兄弟雅各（Jacob），苏丹已经为军队订购了美国亚麻布，并要求提供更多的亚麻布来为军马制作马毯。苏丹军队的制服供应在很大程度上依赖科科斯家族与外界的联系。[22]

在苏丹的庇护下，犹太商人于摩加多尔占据主导地位，并从那里与外界建立联系。他们被允许住在设防的王宫区（casbah），而较穷的犹太人则被命令在1806年于摩加多尔建立的犹太区（mellah）居住。[23] 在19世纪末，犹太商人能够住在王宫区，说明他们得到了苏丹的特别恩惠，而贫穷的犹太人从农村进城，导致犹太区严重拥挤，那里因为疫病流行而臭名昭著。位于城市另一端的王宫区有漂亮的联排别墅，它们按照传统的摩洛哥风格围绕着阴凉的庭院而建，其中一些已被改造成供游客使用的花园式（riyad）酒店。[24] 从俯瞰王家广场的豪宅中，苏丹御用商人能够俯瞰步行不到五分钟距离之外的港口，看他们的货物被卸下。他们之间的合伙人关

系与一千年前开罗经家文献中商人的合作关系如出一辙：他们签订
书面合同，然后隐名合伙人投入资金，派旅行的合伙人去做生意，
期待在他回来时能分红。犹太商人的合作关系也采取了另一种形
式：主要的商业家族互相通婚，或者偶尔与在伦敦、里窝那、里斯
本、直布罗陀、马赛或阿姆斯特丹跟他们合作的塞法迪犹太人家族
联姻。[25] 这是一个内部关系紧密的小圈子，但地理分布很广泛。

摩洛哥犹太商人的对外联系还采取了另一种形式。1862 年，亚
伯拉罕·科科斯成为美国驻摩加多尔的副领事。他将他在摩洛哥各
地的贸易代理人都置于美国领事馆的保护之下。这使摩洛哥当局感
到不安，因为将犹太人置于外国保护之下，损害了苏丹作为犹太人
保护者的权利。科科斯的举措被摩加多尔的其他名誉领事效仿，在
亚历山大港、萨洛尼卡和士麦那也发生了这种情况。我们不清楚科
科斯的英语水平怎么样，但外国政府想要的是一个能在当地沟通的
人，英语水平不是最重要的要求。科科斯在 1880 年的一张照片显
示，他是一个穿着欧式长外衣（frock coat）的秃顶老人，此时欧式
长外衣越来越成为摩加多尔犹太商人的制服。[26] 这是他们接纳欧洲
（而不是摩洛哥的）风俗的更广泛的涵化（acculturation）过程的一
部分。尽管这些犹太商人的宅邸是摩洛哥传统家宅建筑的杰出典
范，但他们在家中的生活越来越具有西欧特色。摩加多尔的犹太人
精英就像萨洛尼卡或亚历山大港的塞法迪犹太人精英一样，能说流
利的法语和英语，甚至还建立了一所讲英语的学校。

在意大利、土耳其、大西洋诸岛、加勒比海甚至印度从事贸易
的早先几代葡萄牙商人给这些地方带去了塞法迪犹太侨民。随着摩

加多尔的崛起，塞法迪犹太侨民继续保持团结。在摩加多尔也有一些富裕的穆斯林商人，犹太商人与他们的关系似乎非常融洽。除了犹太人，摩洛哥最重要的商业群体包括来自英国、荷兰、丹麦、西班牙和其他地方的外商。这些外商在 1800 年之前特别重要，摩洛哥人甚至建造了一座方济各会教堂来满足西班牙商人的需求。在 1845—1886 年的四十多年里，英国领事约翰·德拉蒙德·海（John Drummond Hay）在摩加多尔发挥了巨大的影响力。[27]到 1800 年，英国成为摩洛哥最大的贸易伙伴。这意味着摩加多尔和其他摩洛哥城镇的犹太人是满足约翰·德拉蒙德·海的需求的理想人选，因为这些摩洛哥犹太人与伦敦的西班牙和葡萄牙犹太会堂有密切的联系，而且他们往往在直布罗陀有亲戚。[28]摩洛哥和英国签订了一系列贸易协定，最终于 1856 年签署了一项条约，废除或降低了许多税收，为英国今后在世界其他地方的贸易协定制定了标准。该条约促进了通过摩加多尔进行的茶叶、糖和西方制成品贸易的蓬勃发展。[29]

如前文所述，摩洛哥苏丹热衷于购买美国纺织品，但对在曼彻斯特生产的英国纺织品的需求量更大。摩加多尔的犹太家族往往在曼彻斯特有代理人、亲属和投资。摩洛哥犹太商人亚伦·阿弗里亚特（Aaron Afriat）于 1867 年开始在英国经商，专门经营茶叶和布匹。"阿弗里亚特茶"（*at-Tay Afriat*）相当于摩洛哥的川宁茶（Twinings）或泰特莱茶（Tetley），通过摩加多尔的分销，在摩洛哥各地都能买到，而阿弗里亚特的亚麻布则直接销往撒哈拉以南地区。[30]茶是摩加多尔犹太人对摩洛哥，乃至对摩洛哥文明的最大贡献。茶是印度和中国的产品，从太平洋，或至少从印度洋，一路运到英国，然后再转口到北非。虽然茶在摩洛哥的冲泡和饮用方式（不加牛奶，而是加几片新鲜薄荷）与英国的不同，但茶成功地占领了马格里布的市场，就像它已经占领了英国、瑞典或美国的市场一样。与茶叶贸易相关的是西印度群岛的蔗糖贸易，因为摩洛哥人喜欢喝非常甜的茶，通常会在茶壶口放一大块糖，然后透过它倒热水。喝烧开的水改善了整个北非人群的健康状况。随着茶的热潮席卷摩洛哥，富裕家庭对中国和日本瓷器的需求也在增加，这些瓷器是通过伦敦或阿姆斯特丹运来的。[31]

摩洛哥能为外界提供的东西很少。1799 年 7 月，自称是摩洛哥苏丹派往圣詹姆斯宫的大使（这种说法很可疑）的迈尔·麦克宁（Meir Macnin）乘坐“黎明女神号”（Aurora）驶往伦敦，船上运载的山羊皮、小牛皮、杏仁和阿拉伯胶等货物对英国人来说并不新鲜。皮革是摩洛哥最著名的产品，通过英国或其他中间商远销至俄国市场。摩洛哥的骡子被运往西印度群岛。摩洛哥苏丹有时会禁止出口可能有利可图的产品，如橄榄油和蜂蜜。不过，直布罗陀对摩洛哥牛有很大需求，主要是为了给那里的英国驻军提供肉食。摩洛哥苏丹在 1796 年或更早就在直布罗陀有了领事。牛的生意（主要从得土安而不是摩加多尔发货）为苏丹挣了不少钱。[32]然而，苏丹对直布罗陀的兴趣不仅是经济层面的：穆罕默德苏丹有时认为自己可以赢得英国的信任，在英国的支持下去控制休达和梅利利亚的西班牙要塞。此外，摩洛哥与直布罗陀的贸易还涉及军事层面：穆罕默德通过直布罗陀获得了火药和海军建材。[33]1784 年，在直布罗陀大围攻①之后，一些以直布罗陀为基地的商人在一份报告中提到，现在有金粉、象牙和鸵鸟羽毛从摩洛哥运达，这表明摩洛哥可能有更多的商品可以提供。后来，通过摩加多尔，摩洛哥与英国、法国和其他地方的鸵鸟羽毛贸易在 19 世纪和 20 世纪初发展成为一门非常活跃的生意，由欧洲不断变化的时尚所驱动。但是，这三种产品的另外一层重要意义在于，它们来自撒哈拉以南非洲，由骆驼商队一路运到大西洋沿岸，再转运到西欧。正如桑给巴尔是非洲东南部产品的门户一样，摩加多尔是西非大片地区产品的门户。

※ 三

摩洛哥犹太人在整个葡萄牙岛屿世界抓住新的贸易机会的方式，进一步证明了塞法迪犹太人的贸易网络在大西洋地区并没有丧失活力。此时里斯本已经是新基督徒的家园，他们在私密场合信奉其旧宗教。里斯本还吸引了来自摩加多尔和摩洛哥其他城镇的定居者。1816 年，葡萄牙政府同意重新接纳公开信奉犹太教的人。[34] 来自葡萄牙和摩洛哥的犹太人向大西洋彼岸进军。19 世纪，葡属亚速尔群岛开始进行重要的经济活动，这要归功于本萨乌德（Bensaúde）家族，该家族的一位成员成为葡萄牙学术界的领军人物（还是研究地理大发现的专家），并且该家族的公司至今仍然主

---

① 直布罗陀大围攻（1779—1783 年）发生在美国独立战争期间，法国和西班牙联手，企图从英国手中夺取直布罗陀。英军最终获胜。这是英军经历过的时间最长的围城战（三年七个月十二天）。

导着亚速尔群岛的经济。本萨乌德家族于 1818 年到达亚速尔群岛，利用与英国的商业联系，开发了将亚速尔群岛与葡萄牙、英国、摩洛哥，以及纽芬兰和巴西连接起来的航线。埃利亚斯·本萨乌德（Elias Bensaúde）是一个特别显赫的犹太商人，他的生意非常多元化，涉及烟草业和岛际贸易等。他对橙子情有独钟，与伦敦、曼彻斯特和其他地方的伙伴密切合作，把橙子送到世界各地，并从外界获得铁器和其他必需品，在亚速尔群岛销售。尽管本萨乌德家族为将亚速尔群岛从葡萄牙的一个昏昏欲睡的前哨转变为大西洋的一个中心做了很多贡献，但该家族绝非孤军奋战。从摩洛哥前往亚速尔群岛的犹太移民络绎不绝，因此到了 19 世纪中叶，亚速尔群岛首府蓬塔德尔加达（Ponta Delgada）的商会的 167 名成员中，有 15 名是犹太移民。[35]

再往大西洋深处看，摩洛哥犹太人还在佛得角群岛定居，那里曾经是新基督徒的聚集地。随着英国对其"最古老的盟友"葡萄牙施加越来越大的压力，要求葡萄牙废除过于活跃的奴隶贸易，从 1818 年起，佛得角群岛受到越来越多的关注，因为它是葡萄牙将非洲奴隶运往西印度群岛的主要中转站。为了寻找奴隶贸易以外的收入来源，葡萄牙殖民政府在佛得角设立加煤站，特别是 1838 年在圣维森特岛（São Vicente）的明德卢市（Mindelo）设立了加煤站。随着轮船的推广使用，为轮船供应煤炭成为新的商机。但是，这意味着佛得角要进口煤炭，因为在这些火山岛完全没有煤矿。1890年，据说有 156 艘船在佛得角卸下了总计超过 6.57 亿吨的煤炭，而这一年共有 2264 艘船到访明德卢。我们很难相信这个数字，但即使它被夸大了，这些船仍然运载了近 34.4 万人，他们的货物（除煤炭外）远远超过 400 万吨。[36]无论正确的数字是多少，明德卢都吸引了来自丹吉尔的犹太商人，他们急于与来自英国的煤炭商一起为这种贸易服务。[37]

　　桑给巴尔和摩加多尔这两个成功的例子具有特殊的意义，因为在这两个例子中，非欧洲的统治者采取了重要的经济举措，充分利用了其境内外的非穆斯林社区。但是，与欧洲和美国的联系对这两个港口的成功至关重要，而且桑给巴尔和摩加多尔的统治者都明白与欧洲大国签订贸易条约的重要性。其他一些边缘群体也有类似的成功故事，他们的成员利用大洋彼岸的商业扩张，在出人意料的地方建立了贸易站，这些边缘群体包括亚美尼亚人、叙利亚基督徒、希腊人（其中一些人深入非洲中部）、印度人（在南非）。水手的背景也多种多样。自 16 世纪以后，印度洋就为欧洲船提供人力。帮助操作欧洲船只的"拉斯卡水手"（Lascar）来自索马里兰、也门、印度、锡兰、马来半岛和菲律宾等地，不过他们有时因受到虐待而掀起针对欧洲船长的反叛。不过，如果没有拉斯卡水手，很难想象跨越印度洋和其他所有大洋的航线是如何维持的。[38]另一个犹太人群体，不是源自西班牙和葡萄牙的塞法迪犹太人，而是来自巴格达的米兹拉希（Mizrahi，"东方"）犹太人，在香港的经济发展中发挥了重要作用。在轮船的时代，机遇是无穷无尽的，遥远的距离似乎更容易应对。如果能开辟通过苏伊士和巴拿马的航道，人们或许能更轻松地跨越万水千山。

注　释

1. M. Pearson, *Port Cities and Intruders: The Swahili Coast, India, and Portugal in the Early Modern Era* (Baltimore, 1998), p. 159; N. Bennett, *A History of the Arab State of Zanzibar* (London, 1978), pp. 11−12.

2. Pearson, *Port Cities and Intruders*, p. 162.

3. Cited by P. Risso, *Oman and Muscat: An Early Modern History* (London, 1986), p. 192; M. R. Bhacker, *Trade and Empire in Muscat and Zanzibar: Roots of British Domination* (London, 1992), pp. 12, 67−74.

4. Risso, *Oman and Muscat*, pp. 78−85; Bennett, *History of the Arab State*, pp. 14−15.

5. Risso, *Oman and Muscat*, pp. 101, 106, 170−72; Bhacker, *Trade and Empire*, p. 26.

6. T. Hunt, *Ten Cities That Made an Empire* (London, 2014), p. 202.

7. Risso, *Oman and Muscat*, pp. 198−9.

8. Cited by Bennett, *History of the Arab State*, p. 14.

9. Bennett, *History of the Arab State*, pp. 19−21.

10. 引自一份 19 世纪的法文史料，见 W. Phillips, *Oman: A Short History* (London, 1967), p. 127。

11. A. al-Maamiry, *Omani Sultans in Zanzibar (1832 − 1964)* (New Delhi, 1988), pp. 3−4.

12. J. Jones and N. Ridout, *A History of Modern Oman* (Cambridge, 2015), pp. 53−4; Bennett, *History of the Arab State*, pp. 57−8; Bhacker, *Trade and*

Empire, pp. 71, 92-3; UNESCO, *World's Heritage* (4th edn, Paris and Glasgow, 2015), p. 612.

13. A. Sheriff, *Slaves, Spices and Ivory in Zanzibar: Integration of an East African Commercial Empire into the World Economy, 1770-1873* (London, Nairobi and Dares-Salaam, 1987), pp. 49, 62-5; al-Maamiry, *Omani Sultans in Zanzibar*, p. 6.

14. Jones and Ridout, *History of Modern Oman*, pp. 61-2; Sheriff, *Slaves, Spices and Ivory*, pp. 77, 91-9; al-Maamiry, *Omani Sultans in Zanzibar*, p. 5; Bennett, *History of the Arab State*, p. 43; Bhacker, *Trade and Empire*, pp. 77-8 (图表显示了马斯喀特和桑给巴尔的收入情况), also pp. 108-10, 121。

15. D. Cesarani and G. Romain, eds., *Jews and Port Cities 1590 - 1990: Commerce, Community and Cosmopolitanism* (London, 2006).

16. D. Schroeter, *Merchants of Essaouira: Urban Society and Imperialism in Southwestern Morocco, 1844-1886* (Cambridge, 1988), pp. 1, 219-21.

17. Ibid., pp. 7-12, and map 3, pp. 16-17.

18. D. Schroeter, *The Sultan's Jew: Morocco and the Sephardi World* (Stanford, 2002), pp. 44-5.

19. P. Fenton and D. Littman, *Exile in the Maghreb: Jews under Islam, Sources and Documents, 997-1912* (Madison, 2016).

20. Schroeter, *Merchants of Essaouira*, pp. 34-42.

21. Quoted from Schroeter, *Sultan's Jew*, p. 86; see also J. A. O. C. Brown, *Crossing the Strait: Morocco, Gibraltar and Great Britain in the 18th and 19th Centuries* (Leiden, 2012), p. 45.

22. M. Abitbol, *Les Commerçants du roi-Tujjār al-Sultān: Une élite économique judéo-marocaine au XIXe siècle* (Paris, 1998), letters 5-6, pp. 30-31, and letter 11, p. 37; M. Abitbol, *Témoins et acteurs: Les Corcos et l'histoire du Maroc*

contemporain-Mishpahat Qorqos: *ve-ha-Historiya shel Maroqo bizemanenu* （Jerusalem, 1977）; Schroeter, *Merchants of Essaouira*, pp. 21, 23.

23. D. Corcos, 'Les Juifs du Maroc et leurs mellahs', in D. Corcos, *Studies in the History of the Jews of Morocco* （Jerusalem, 1976）, pp. 64 - 130; cf. S. Deshen, *The Mellah Society: Jewish Community Life in Sherifian Morocco* （Chicago, 1989）.

24. Schroeter, *Sultan's Jew*, p. 110, fig. 14.

25. 例如，见 Schroeter, *Merchants of Essaouira*, p. 49。

26. Ibid. , pp. 40-41; Schroeter, *Sultan's Jew*, p. 19.

27. Schroeter, *Merchants of Essaouira*, pp. 19, 79, 95-120.

28. Brown, *Crossing the Strait*, pp. 125-7.

29. Schroeter, *Merchants of Essaoiura*, pp. 125-8.

30. Ibid. , p. 50.

31. Brown, *Crossing the Strait*, p. 129.

32. Ibid. , pp. 94-120, 127, 129-30.

33. Schroeter, *Sultan's Jew*, pp. 46, 78; Brown, *Crossing the Strait*, pp. 17, 49-51.

34. Schroeter, *Sultan's Jew*, pp. 44-5.

35. F. Sequeira Dias, 'Os empresários micaelenses no séclo XIX: O exemplo de sucesso de Elias Bensaúde （1807 - 1868）', *Análise Social*, vol. 31 （1996）, pp. 437-64, 详见她的博士论文, *Uma estratégia de sucesso numa economia periférica: A Casa Bensaúde e os Açores, 1800-1873* （Ponta Delgada, 1993）。

36. 数据来自 T. B. Duncan, *Atlantic Islands: Madeira, the Azores and the Cape Verdes in Seventeenth-Century Commerce and Navigation* （Chicago, 1972）, pp. 1-4, 22, 162-3; A. Prata, 'Porto Grande of S. Vicente: The Coal Business on an Atlantic Island', in M. Suárez Bosa, ed. , *Atlantic Ports and the First Globalisation c. 1850-*

1930 (Basingstoke, 2014), pp. 49-69。

37. M. Serels, *The Jews of Cape Verde: A Brief History* (Brooklyn, 1997), pp. 21-4, 38.

38. A. Jaffer, *Lascars and Indian Ocean Seafaring, 1780-1860: Shipboard Life, Unrest and Mutiny* (Martlesham, 2015).

第五部

人类主宰下的
大洋

1850—2000 年

第四十八章

分裂的大陆，相连的大洋

自哥伦布和卡博特的时代以后，寻找从欧洲到远东更直接路线的努力一直没有中断。当约翰·富兰克林爵士于 1845 年前往加拿大以北的冰封海域（他这次探险以灾难告终，令人长期为之扼腕叹息）时，欧洲人仍在考虑北极航线的可能性。[1]美国东海岸港口在国际贸易中的作用越来越大，这也刺激了人们对获取东方财富的新路线的思考，因为从美国东海岸绕过合恩角或经过好望角去亚洲的航程很长，而且有时很危险。除了太平洋毛皮贸易，美国人还大量参与捕鲸活动，从楠塔基特（Nantucket）派出船只，经印度洋进入太平洋。1694 年，人们开始在楠塔基特建造适合捕鲸的船只，其他新英格兰城镇纷纷效仿。到 1775 年，新贝德福德（New Bedford）拥有 80 艘大型捕鲸船。起初，这些捕鲸船在寒冷的北方水域（寻找抹香鲸时）或在大西洋中部较温暖的水域捕鲸，但它们也开始经合恩角深入太平洋。1850 年，捕鲸船"汉尼拔号"（Hannibal）一直航行到当时仍然难以接触的日本西北海岸，这比海军准将佩里

（Commander Perry）闯入日本贸易的著名尝试早了三年。[2]赫尔曼·
梅尔维尔（Herman Melville）在他关于美国捕鲸业的小说《白鲸》
（*Moby-Dick*）中热情洋溢地描写了太平洋：

> 对于任何一个沉思修行的波斯袄教的游方僧来说，他只要
> 一见这沉静的太平洋，就从此把它当作自己的故土。它浩浩荡
> 荡，处于世界海洋的中心，印度洋和大西洋不过是它的两臂。
> 它的潮水拍击着加利福尼亚新建城镇新近才来的人修造的防波
> 堤，冲洗着比亚伯拉罕还要古老的亚洲各个国度的虽已失去昔
> 日的繁华但仍华丽的郊区；而在北美和亚洲之间浮动着由珊瑚
> 小岛和低洼的看不见尽头的不知名的群岛组成的一道道银河，
> 还有那闭关锁国的日本。由此，这神秘而又神圣的太平洋环绕
> 着这世界的整个躯干，把所有海岸变成它的一个海湾，使自己
> 成为地球的有潮水跳动着的心脏。[1][3]

在 1848 年美国从墨西哥手中获得加利福尼亚之后，美国人对
太平洋的兴趣进一步增加。然而，横贯北美大陆的铁路仍然只是梦
想，而通过墨西哥或巴拿马地峡将亚洲货物运往纽约，要比穿越落
基山脉和美洲原住民居住的大片土地容易得多。另外，有传言说日
本拥有丰富的煤炭。海军战略家们可以看到，既然轮船已经开始发

---

[1] 译文借用〔美〕赫尔曼·梅尔维尔《白鲸》第一百一十一章，成时译，北京：人民文学出版社，2004，第 495—496 页。

挥作用，那么在全球范围内建立加煤站就显得至关重要，正如英国人在明德卢和其他地方做的那样。是煤炭，而不是丝绸，把美国人引到了日本。1853年，当美国人到达江户湾时，日本人被佩里准将的冒着浓烟的"黑船"吓了一跳。这一幕被夸张地看作日本在几个世纪的闭关锁国之后向更广阔世界开放的时刻。

就像《白鲸》中的以实玛利一样，佩里是从美国东海岸出发的，而不是从加利福尼亚出发。佩里大部分时间乘坐一艘蒸汽动力的明轮船，绕过非洲最南端，到达澳门、上海和琉球群岛，然后厚颜无耻地强行进入江户湾（今天称为东京湾），展示他的铁制轮船和强大火力，并断然拒绝遵循日本人的指示。在日本人看来，只有在长崎这一个地方，外国人可以从事贸易。尽管佩里在1854年的第二次访问期间与日本成功签署了一项条约，但该条约的重点是为受困的水手提供领事代表，而不是贸易，并且日本幕府中强大的利益集团仍然对开放日本各港口的想法非常敌视。在短期内，佩里准将到访的主要影响是，荷兰人为他们以出岛为基地的贸易索取更优厚的条件，而俄国人和英国人获得了与美国人类似的权利。

西方人的进展不多，但通往日本的大门打开了一条缝。1858年，日本与美国签署了一项商业条约，允许美国人通过江户附近的横滨通商。从美国人的角度来看，与日本直接通商的好处仍然有限，而从美国去日本的旅程十分艰辛。从日本人的角度来看，与外界通商充其量是喜忧参半。此时美国与日本的贸易额可能还不算大，但总的来说，对外贸易对日本的经济产生了巨大的影响。外国商品开始与日本本国产品竞争。外国对丝绸、茶叶和铜的高需求使得这些产品涨价，这对日本消费者不利。日本国内黄金相对于白银的低价创造了外国对日本黄金的高需求，黄金持续流出，并被外国白银取代。日本经济要妥善地应对这些变革并不容易，因为它们发生得很快，而且规模惊人：1854—1865 年，日本生丝的价格涨到原先的三倍，茶叶的价格翻了一倍，甚至连主食大米的价格也急剧上升。[4] 不足为怪的是，"蛮夷"的到来在日本国内引起了新的争论：是应该（如忠于幕府的一方坚持的那样）欢迎这些入侵者，还是应该将"蛮夷"全部驱逐，并开始回归传统价值观（包括尊崇天皇而不是将军）？用很受欢迎的作家贺茂真渊（他于 1769 年去世）的话说，就是"神的道路优于外国的道路"吗？关于"蛮夷"的争论，以及其他关于日本政府改革的争论，最终导致幕府于 1868 年被废除，以天皇为中心的明治政权建立，并致力于以日本的方式实现现代化。正如麦克弗森（Macpherson）所说，"佩里的黑船象征着潜在的西方殖民的挑战。日本的反应不是进一步退回到孤立主义的姿态，而是效仿和追赶西方"。日本人与佩里舰队和其他外国船只的相遇，帮助创造了一个将日本文明与欧洲技术相结合的奇怪混合体。日本人开展了积极而富有想象力的改革，试图使日本社会适应新的外向型生活。各项改革取得了不同程度的成功，特别是设立了商务省，向生产者提供政府贷款。[5]

外国人并没有被从日本驱逐。美国人开始热衷于利用新的机遇。如果通过中美洲狭窄颈部的过境交通能够变得更容易，那么从美国到达亚洲将变得更轻松。长期以来，巴拿马一直是来自中国和菲律宾的货物的转运点。巴拿马这个名字的意思是"许多鱼被捕获的地方"。它最初指的是太平洋岸边的一个小镇，它在 1671 年被亨利·摩根摧毁，随后人们建立了一个新的定居点，即现代的巴拿马城。两个巴拿马都通向"王家道路"，但它勉强只能算是骡子道，货物通过它被运往加勒比海之滨非常简陋的小港口农布雷德迪奥斯，该港口始建于 1510 年。由于墨西哥的较大城镇韦拉克鲁斯被选作运载亚洲和中美洲货物前往欧洲的船只的主要出发点，农布雷德迪奥斯未能发展起来。可是，在 19 世纪的观察家眼中，这个地方看起来正适合修建一条连接两大洋的铁路，或者甚至开凿一条直接穿过中美洲的运河。这似乎是一个不可能实现的梦想。[6]

※ 二

虽然经过几十年的挫折，巴拿马运河（20 世纪晚期之前，人类历史上最庞大的工程）最终由美国建造，但巴拿马运河的先驱不是美国人，而是法国人。法国人对穿越中美洲的运河的热情，部分出于他们成功地开凿了表面上看起来类似的苏伊士运河。[7]在 19 世纪中叶，跨越大片土地的雄心勃勃的运河项目很流行：其他大规模且非常成功的运河工程的例子包括连接北美五大湖和哈得孙河的伊利运河（Erie Canal），以及穿越苏格兰的 60 英里长的喀里多尼亚运河（Caledonian Canal）。[8]实际上，在非洲和亚洲之间开凿运河的挑战比开凿巴拿马运河的挑战要小，原因有以下几点：苏伊士运河所在的土地相当平坦；那里没有大河穿过；不会有影响施工的大雨；有几个咸水湖，可以从中挖出一条水道；有更古老的运河的痕迹，证明这条路线是可行的；埃及的农民可以提供劳动力。不过，与印度洋相比，地中海的水位较低，人们对此有些担心；而且，与在巴拿马一样，在苏伊士运河项目中，除了实际开凿运河的技术问题，建造者还必须应对政治和财政的挑战。

修建苏伊士运河激发了欧洲人关于使"东方和西方结合"的浪漫想法，而修建巴拿马运河不会让人产生这样的想法。19 世纪 30 年代，巴泰勒米·普罗斯珀·昂方坦（Barthélemy-Prosper Enfantin）自命为世界新秩序的使徒，在这个新秩序中，东方和西方将在一张"婚床"上结合，"通过在苏伊士地峡开凿一条运河"来"圆房"。[9] 无论以任何标准来看，昂方坦都是一个形象多变的怪人，他披着天蓝色的斗篷，穿着夸张的伪东方风格服装。但是，巴黎人喜欢他。他以圣西蒙（Saint-Simon）的思想为指导，主张尽快进行物质和道德改良。这不仅吸引了法国人，也吸引了埃及的统治者，首先是令人敬畏的穆罕默德·阿里（Muhammad Ali）。然而，阿里对开凿运河不是很感兴趣，他主要对埃及的现代化，甚至工业化感兴趣。通过亚历山大港和其他港口的贸易为埃及国库带来了急需的收入，而且阿里至少在名义上只是君士坦丁堡的奥斯曼苏丹的总督。奥斯曼苏丹反对开凿苏伊士运河的计划，正如英国人起初也反对一样，他们重视亚历山大港和英国之间现有的联系：每月有一艘邮政轮船从康沃尔的法尔茅斯（Falmouth）出发，驶向马耳他和亚历山大港。英国最不希望法国势力扩张到印度洋上属于英国的水域。如果有一条运河能让法国船从马赛直接驶往印度，法国人就比较容易染指英国在印度洋的利益。[10]

在穆罕默德·阿里去世后，法国人逐渐说服了新任的埃及总督，修建运河能给埃及，或者说给埃及统治者，带来巨大的经济利益。运河的伟大倡导者斐迪南·德·雷赛布（Ferdinand de Lesseps）对新总督赛义德（Said）发起了魅力攻势。赛义德酷爱通心粉，所以非常肥胖，但他是一位足够聪明的政治家，参与了德·雷赛布出售运河股份的尝试。最后的结果对赛义德来说不是特别有利：当股票被低价抛售时，赛义德不得不接盘剩余的股份。不过至少在赛义德于 1863 年去世时，苏伊士运河项目已经顺利进行，赛义德也得到了一个特别的奖励：位于运河北端的新港口已经开始施工，为了纪念他，该港口被命名为塞得港（Port Said）。赛义德通过对埃及农民强加徭役，集结了一批劳动力，他的臣民对此十分怨恨。他的继任者伊斯梅尔（Ismail）一直不喜欢使用徭役，而废除徭役使雷赛布陷入两难境地。解决办法是使用机器而不是人工。一家法国机械厂抓住机会，设计了一系列适合不同土壤的挖掘机和挖泥船。因此，到 1869 年底竣工时，大部分艰苦工作是由机器完成的。

但是，苏伊士运河的财务状况不那么令人满意。伊斯梅尔在运河上花了 2.4 亿法郎，在政治上付出的代价也很高：苏伊士运河公司对该项目和生活在运河区的欧洲人的事务拥有越来越大的控制权，这让伊斯梅尔很震惊。埃及总督得到的承诺是 15% 的利润，可当运河开通时，伊斯梅尔的钱已经花光了，他还要为雷赛布在巴黎借的贷款支付高额利息。今天我们回顾苏伊士运河和巴拿马运河的案例，不禁感到惊讶：投资者居然愿意将资金投入那些只能在较远的未来产生收益的项目，而且这些项目是否可行还要另说。这揭示了当时人们根深蒂固的乐观态度，他们相信进步是好事，而且甚至是必然的，他们也坚信人类能够主宰大自然。在运河运营的第一个完整年度，即 1870 年，只有不到 500 艘船通过苏伊士运河，而且它们的载货量不到伊斯梅尔预期的 10%。过了一段时间，苏伊士运河上的交通才繁忙起来。运河的财务前景黯淡，以至于巴黎的苏伊士运河公司宣布不分红。[11]这也不奇怪：航运公司需要一段时间才能适应一条与好望角航线几乎完全不同的崭新的东方航线。令人悲哀的是，伊斯梅尔并没有获得苏伊士运河公司向他承诺的回报。他债台高筑，用于偿还债务的费用（每年大约 500 万英镑）超过了他从运河获得的收益。这位赫迪夫（khedive，这是奥斯曼苏丹授予他的伟大头衔）无奈地决定出售他的股份。本杰明·迪斯雷利（Benjamin Disraeli）抢在法国竞争对手前头，于 1875 年以 400 万英镑的价格买下了苏伊士运河 44% 的股份。他完全理解苏伊士运河的重要性（它能让英国人快速抵达英属印度），并向维多利亚女王保证："在这个关键时刻，苏伊士运河应当属于英国，这对陛下的权威和权力至关重要。"[12]十年后，通过苏伊士运河的船舶数量达到高峰，平均每天有 10 艘船通过，载货量也轻松超过了伊斯梅尔预期的 500 万吨。

苏伊士运河不仅是连接地中海和红海的纽带，也是一条从大西洋到印度洋和太平洋的新的、更短的航线。从英国到远东的航线缩短了超过 3000 英里，在时间上缩短了 10 天或 12 天。[13]苏伊士运河的主要受益者是英国，不仅在政治上如此，在商业上也是如此：

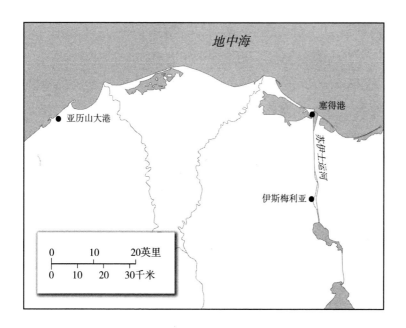

1889 年，通过苏伊士运河运输的货物有 70% 以上是用英国船舶运输的，法国船舶大约占 5%。在伦敦，贸易委员会（Board of Trade）①报告称："欧洲和东方之间的贸易越来越多地通过苏伊士运河流动，而英国在这一贸易中所占的比例越来越大。"[14]地中海周边城市是否从苏伊士运河中受益匪浅，是一个有争议的话题。的里雅斯特（Trieste，当时在奥地利统治下）确实派船通过苏伊士运河，但与英国船相比数量很少；而亚历山大港此时失去了作为印度洋和地中海之间桥梁的重要性，因为船舶可以通过塞得港绕行。英国在地中海扩大了它的权力和影响，却始终着眼于从英国通往印度的航线，

---

① 贸易委员会是英国政府的一个主管商务和工业的机构，现隶属国际贸易部。

沿途的直布罗陀、马耳他和塞浦路斯等殖民地都成为英国人去印度的踏脚石。对于英国、德国和其他欧洲北部国家的船来说，地中海不再是一片本身就很有意义的海洋，而是成为两个大洋之间的通道。

※ 三

同理，巴拿马运河的建设不是为了满足加勒比海的需要，而是为了满足北美大西洋沿岸地区和欧洲对远东有野心的贸易公司的利益诉求。从纽约出发经合恩角到旧金山的行程为 1.3 万英里，可能需要几个月。如果有一条巴拿马运河，航程可缩短到 5000 英里。[15]不过，西班牙和英国之间的战争使巴拿马变得不安全，甚至比合恩角航线（西班牙珍宝船队从 1748 年起就开始使用这条航线，希望能避开加勒比海上的英国掠夺者）更不安全。与此同时，法国人从 1735 年起就一直在考虑，是否有可能开辟一条穿越中美洲的水路，并派出了一位天文学家，希望能找到一条合适的路线。经过五年的探索，他建议的是一条穿越尼加拉瓜，然后穿过尼加拉瓜湖的通道。这将最大限度地减少穿越崎岖地域的需要，但这是一条很长的路，而且前提是河流可以一直承载船只；再加上英国在尼加拉瓜的莫斯基托海岸（Mosquito Coast）建立了自己的势力，与西班牙竞争，所以政治敏感性使上述计划无法实施。英国人与居住在河口周围的印第安人结盟，这使该计划夭折。纳尔逊勋爵（当时他还没有获得这个头衔）被授予一支小舰队的指挥权。他写道，这支小舰队的任务是"占领尼加拉瓜湖，就目前而言，这个湖可以算作西属美洲的内陆直布罗陀"。可是，热带疾病（而不是敌国）挫败了英国人坚守尼加拉瓜的企图。[16]尽管如此，人们普遍认为，穿越中美洲的最佳路线是通过尼加拉瓜，而当伟大的德意志地理学家亚历山大·冯·洪堡（Alexander von Humboldt）在 1811 年宣布没有别的合适选择时，上述观点得到了确认。大家非常重视洪堡的意见，因为他对南美洲非常熟悉，然而其实他从未亲身去过巴拿马和尼加拉瓜。[17]

事实证明，对于在何处开凿运河将两大洋连接起来的问题，政治条件是至关重要的。在 1820 年前后，西班牙失去了对其在南美洲北部的殖民地的控制，导致出现了一个"大哥伦比亚"（Gran Colombia）。它有一段时间被称为新格拉纳达，包括狭窄的巴拿马颈部，以及现代的哥伦比亚及其几个邻国。新格拉纳达的居民和政府都非常希望看到一条穿过巴拿马地峡的运河，所以对勘测许可证公开招标。在安德鲁·杰克逊（Andrew Jackson）总统的鼓励下，美国人参与了巴拿马路线的竞标，尽管杰克逊更希望他们竞标尼加拉瓜路线。而且，虽然运河的规划和建设显然需要很多年，但横跨中美洲的铁路可以更快地建成。

在中美洲，法国人、英国人和美国人都在争夺主导地位。美国很想把英国人、法国人和荷兰人排除在中美洲之外，于是在 1848 年与新格拉纳达签订了条约。该条约授予美国人在其他外国势力开始干涉时向巴拿马派兵的权利。这个时期的美国人避免卷入外国事务，却决定履行与新格拉纳达的条约，这表明美国是多么重视中美洲作为进入太平洋的战略通道的潜力。最后，1849 年，英国外交大

臣帕默斯顿勋爵承认英国与美国的紧张关系已经升级到危险的地
步，并与美国谈判，双方达成一项协议。根据该协议，英美双方都
不会试图获得对横跨中美洲的运河的独家权利。然而这项协议的效
果是，双方都无法真正推进自己的项目。这并不妨碍来自纽约的美
国商人威廉·阿斯平沃尔（William Aspinwall）购买在巴拿马城和
加勒比海之间修建铁路（可能还有运河）的权利。他的目的是满足
他从旧金山到巴拿马的新航运所服务的乘客的需求，乘客在到了巴
拿马之后可以从那里继续前往新英格兰。[18]

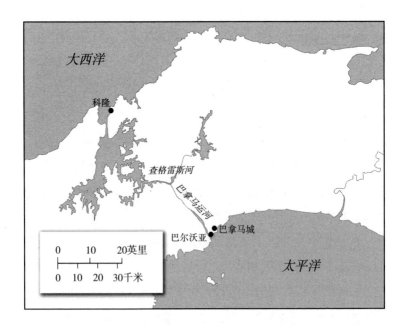

但是，阿斯平沃尔还没来得及落实自己的计划，局势就发生了
急速变化。1848 年，美国东部传来消息，在刚刚从墨西哥手中获得

的加利福尼亚发现了黄金。这一年的年底，一艘名为"猎鹰号"（*Falcon*）的汽船经路易斯安那州南下，前往巴拿马地峡。在那里，几百名乘客将在极其恶劣的条件下被运过陆地。他们在乘坐"猎鹰号"起航前没有停下来考虑过巴拿马地峡这段艰难的路上旅程。这就是梦想在加利福尼亚金矿区一夜暴富的人潮中的第一波。即使是那些驾驶着将容易受骗的美国人从巴拿马运往旧金山的船只的水手，在到达加利福尼亚后也往往弃船而去，这就在旧金山湾留下了大量腐烂的船只，而在巴拿马可以载客的船越来越少。与此同时，巴拿马城的发展速度远远超过了其非常有限的基础设施能够承受的程度。它变成了一个由妓院和酒吧组成的棚户区，街头充斥着暴力。有部分西印度血统的英国寡妇玛丽·西科尔（Mary Seacole）是巴拿马的善良先驱之一，她创办了"英国旅馆"，努力提供说得过去的食物，同时为枪击和刺伤的受害者，更不用说为黄热病和疟疾的大量受害者提供医疗服务。[19]然而，这些贪婪和血腥的景象更加清楚地表明，如果美国要充分利用它的西海岸提供的机遇，就必须尽快开辟横跨中美洲的路线。

在数千名劳工于丛林中劈砍出一条路线之后，铁路确实建起来了。许多劳工来自牙买加，那里的工作机会很少，工资很低。巴拿马地峡的物质条件比牙买加的要差得多，但西印度人对黄热病有更强的天然免疫力，并且被普遍认为是优秀的工人，不过他们得到的待遇不如白人。这条铁路于1855年2月开通。一位研究巴拿马运河的历史学家指出："巴拿马就是铁路。"欧洲各国政府，特别是英国政府，不禁考虑美国是否在巴拿马地峡变得过于强大了，这不仅是因为美国对于巴拿马铁路的大量投资，还因为美国的精英阶层已经在那里定居，而崭新的科隆镇（Colón）虽然有一种极端狂野的西部风味，却是一个货真价实的美国定居点，并且长期以来一直是美国在巴拿马的主要基地。这条铁路的竣工证明洪堡是错误的：尽管开凿一条水路比建造能够应对较陡峭坡度的铁轨要复杂得多，但巴拿马的山区并非不可逾越的。[20]而且，尽管这条铁路主要是靠人力铺设的，可它与从新英格兰到科隆以及从巴拿马城到旧金山的航运路线一样，利用了蒸汽动力。在这几十年内，蒸汽动力改变了交通方式。

已有一条运行良好的铁路穿过巴拿马，但人们仍然热情地希望在尼加拉瓜开凿运河。选择尼加拉瓜似乎很有意义，而选择巴拿马的决定不仅关系到中美洲的未来走向，而且影响了美国作为世界强国的历史。美国富翁科尼利厄斯·范德比尔特（Cornelius Vanderbilt）在 1851 年就想开凿一条尼加拉瓜运河，可他筹不到足够的资金。四分之一个世纪之后，美国政府收到一份报告，报告认为尼加拉瓜是唯一合适的路线，因此尼加拉瓜而不是巴拿马成为美国人同意的前进方向。[21]于是巴拿马路线空了出来，可供其他国家的人士考虑，其中法国人处于前列，他们受到了雷赛布的言论和"一切皆有可能"的感觉的激励。雷赛布甚至认为有可能在突尼斯开凿一条水道来淹没撒哈拉沙漠。[22]由于美国人仍在谈论尼加拉瓜，而没有实际行动，法国人得以在 1876 年派自己的探险家进入巴拿马，由年轻的吕西安·拿破仑·波拿巴－韦斯（Lucien Napoleon Bonaparte Wyse）领导，他是法国皇帝的亲戚。韦斯的第一个发现是巴拿马地峡丛林的自然条件十分糟糕，那里疟疾猖獗，持续的大雨意味着很难勘测土地。他的报告大部分是猜测。不过，韦斯赢得了哥伦比亚总统的支持，此时巴拿马地峡仍在其共和国境内。如果法国的计划得以实施，法国将获得运河的九十九年租约，而哥伦比亚将从运河的总收入中获得 5% 的收益。韦斯明显倾向于建造一条与海平面齐平的运河，这意味着直接穿过山脉，有个办法是让船通过一条巨大的隧道。然后，当运河与在科隆附近注入加勒比海的查格雷斯河（River Chagres）汇合时，就会出现严重的问题，因为查格雷斯河在洪水泛滥时势不可当。[23]然而，布鲁内尔①那一代超人般的 19 世纪工程师自信可以完成任何伟业。

这就是为什么法国人试图在巴拿马地峡建造一条运河（主要是沿着铁路）的故事是如此悲惨。即使欧洲人已经在该地区打探了几十年，他们也没有考虑到疾病的威胁，特别是黄热病，其死亡率为 50%。人们对巴拿马运河计划充满了热情，所以筹资不成问题，到 1883 年筹得 7 亿法郎，届时需要支付 1 万名工人的工资，这个数字在 15 个月内翻了一番。大部分劳动力仍然是牙买加人，他们被高薪吸引到巴拿马。每四天就有一艘载着牙买加劳工的船抵达科隆。在金斯敦，牙买加人为获得一张去巴拿马的船票而争斗。[24]与此同时，工程师们面临着可怕的命运，他们眼睁睁看着自己的家人死于黄热病，如运营总监儒勒·当雷（Jules Dingler）的妻子、女儿、

---

① 即伊桑巴德·金德姆·布鲁内尔（Isambard Kingdom Brunel，1806—1859 年），英国工程师，工业革命的重要人物。他设计建造的著名作品包括布里斯托尔的克利夫顿吊桥、伦敦的帕丁顿火车站、大西部铁路和"大东方号"轮船等。

儿子和未来的女婿都死于黄热病。当雷下令杀死他最心爱的马匹，以表达绝望。[25]法国官员经常把自己的棺材带到巴拿马，以便在他们死于中美洲猖獗的疾病之后可以把遗体送回国。[26]观察家们越来越怀疑运河计划是否可行。在巴黎，政论作者德吕蒙（Drumont）对雅克·德·雷纳克男爵（Baron Jacques de Reinach）发起了恶毒的反犹主义攻击，这使气氛变得更加阴暗。雷纳克男爵是一位富有的犹太银行家，为巴拿马运河公司提供咨询。与德雷福斯（Dreyfus）事件一样，巴拿马事件也助长了法国的反犹主义。雷纳克男爵被指控行贿和腐败，他受到调查，并在此期间去世，很可能是自杀的。[27]到了 1890 年，尽管已经投入了大量的资本和体力劳动，巴拿马运河项目显然已经失败。巴拿马运河公司的倒闭是整个 19 世纪最大的一次金融崩溃。[28]

※ 四

法国的金融灾难导致巴拿马运河项目终止。此时，部分水道已经挖好，机器已经运往巴拿马，大量的劳工没了工作，领不到工资。一位美国记者在 1896 年参观了运河的遗迹，描述了几乎完全被遗弃的机器。奇怪的是，在荒废的院子里，仍然有人为这些机器上油和做维护。[29]这场灾难并没有让人们彻底放弃在两大洋之间开凿运河的想法。法国人对这个项目已经没有兴趣了，但美国人正在仔细研究他们自己在加勒比海和太平洋的战略利益。通过巴拿马或尼加拉瓜直接连接两大洋的想法，现在变得非常有吸引力。19 世纪末，美国的海军力量飞速增长。1898 年，美国为保护寻求独立的古巴革命者而与西班牙开战。开战的理由是，美国战列舰"缅因号"（*Maine*）在哈瓦那港停泊时被炸毁，近 300 名水手丧生。虽然爆炸的原因仍然是个谜，但这足以让麦金利（McKinley）总统行动起来。西班牙必败无疑，这场短暂冲突的结果是美国占领了古巴数年，然后强行签订条约，严重限制了这个新共和国的主权。同时，美国还获得了波多黎各，它至今仍然在美国手中。[30]

美国在太平洋地区的收获同样重要。在美西战争期间，1898 年5 月，美军在马尼拉湾击败西班牙海军，占领了菲律宾。美国也获得了夏威夷和关岛。这些成绩，连同在加勒比海的收获，标志着美国外交政策的重大变化。美国建立帝国的过程开始了，这个过程将以获得巴拿马运河区为高潮。美国人否认他们在建立帝国，我们当然不敢苟同。冉冉升起的新星、纽约州州长西奥多·罗斯福（Theodore Roosevelt）表示："我希望看到美国成为太平洋沿岸的主导力量。"同时，他坚决否认他的观点有帝国主义色彩。一位美国历史学家精辟地解释道："扩张是不同的；它是增长，它是进步，它是美国天性的一部分。"[31] 我们不能指责罗斯福对海军事务无知：他写了一本关于 1812 年英美战争的书，并且是新海军政策的"先知"阿尔弗雷德·塞耶·马汉（Alfred Thayer Mahan）的崇拜者。

马汉上校（后来晋升为海军少将）的著作《海权对历史的影响：1660—1783 年》（*The Influence of Sea-Power upon History*, *1660-1783*）于 1890 年在波士顿首次出版，在第一次世界大战前夕对伦敦、柏林和华盛顿的战略思想产生了重大影响。它是美国和欧洲各大海军学院的必读书。尽管孤立主义在当时早已成为美国的主流，而且即使是美国的商船队，也只是在世界贸易中发挥着较小的作用，但马汉的目的是揭示积极进取的海军政策对美国的重要性。他指出了在他那个时代大幅扩张的美国的三个海上边疆：太平洋、大西洋，以及墨西哥湾和加勒比海的广大地区。[32]不过，他对未来政策方向最具启发性的评论之一，乍看上去似乎是关于地中海而不是关于大洋的：

> 在世界历史上，无论是从商业还是从军事的角度来看，地中海都比任何其他同等大小的水域发挥了更大的作用。一个又一个国家曾经努力控制地中海，而且争斗仍在继续。因此，研究在地中海的优势地位在过去和现在依赖的条件，以及研究其海岸上不同地点的相对军事价值，将比在其他领域花费的努力更具有启发性。此外，目前地中海在许多方面与加勒比海有非常明显的相似性。如果巴拿马运河航线能够完成，这种相似性将更大。[33]

他对地中海边缘的那些咽喉要地（直布罗陀海峡、达达尼尔海峡，现在还有苏伊士运河）的战略价值有深刻的了解。所有这些都指向一个显而易见的结论：美国需要开凿穿过巴拿马的运河。马汉的思想是建立在对国际关系的特殊看法之上的，即认为国际关系是一场大博弈，各国在其中争夺权力和影响力，通过控制海路来彰显权力，并利用权力来促进贸易。竞争是基本的概念。他的著作呼吁美国政府在经过一个世纪的沉睡后，对全球的现实情况有所觉悟。

马汉的论点得到了一些事件的支持。当"缅因号"在哈瓦那被炸沉的消息传来时，美国海军的"俄勒冈号"（*Oregon*）已经奉命从旧金山前往大西洋，加入战斗。"俄勒冈号"绕过合恩角，到达佛罗里达州的棕榈滩（Palm Beach），这趟极其缓慢的航行花了 67 天。这难道不是开凿穿越中美洲的运河的绝佳理由吗？另外，此时担任海军部副部长的罗斯福在 1897 年写信给马汉，说他相信应当在尼加拉瓜开辟运河。在 1901 年麦金利遇刺身亡后，副总统罗斯福出人意料地成为总统，此时国会仍在热烈地讨论尼加拉瓜方案。可是，一些关于其他路线可行性的新报告，再加上有机会买下接管了沉寂的巴拿马运河项目的法国公司，导致华盛顿的政策突然改变。哥伦比亚政府对这一想法也很赞成。美国付出了大约 4000 万美金，但换来的是对横穿整个巴拿马的运河两岸区域的永久控制权。[34] 这是一个机会，可以实现马汉一贯坚持的理念，即美国需要在其海洋后院（加勒比海地区）维持主导地位，同时开辟一条通往其在太平洋的新属地和远东市场的快速通道。不过，尽管我们可以将此解读为建立美利坚海外帝国的意愿，当时的美国人却不是这么看待巴拿马运河项目的。恰恰相反，当时的美国人认为，它证明了美国这个本质上善良有德的国家正在代表全人类采取行动，美国"比帝国更大、更好"，因为完美的共和国怎么可能是帝国主义国家呢？[35]

这是延续十多年的精彩戏剧的开幕，而不是结尾。在这期间，美国支持巴拿马的革命政权，于是巴拿马地峡从哥伦比亚分离出来，可美国人仍然对运河区拥有完全的权威，这表现在不久后美国船只的派遣和美国军队的登陆，以控制跨越地峡的铁路线。这也是一个持续争论最佳路线的时期，因为法国人显然犯了太多的错误：驯服查格雷斯河是最重要和最困难的问题之一，但可以通过建造一座大坝和创造加通湖（Gatun Lake，在运河区的大片区域延伸）来解决，而一系列的船闸可以将船带过巴拿马的山脊（不知为何，早先的挖掘者相信他们可以从这些山脊中挖出一条路来）。与此同时，美国政府建造了巴尔沃亚（Balboa）和科隆这两个地地道道的美式城镇，以满足美国人在运河区的需求。运河区需要并获得了学校、医院、邮局、教堂、监狱、公共餐馆、洗衣店、面包房、路灯、道路和桥梁。大部分的女性劳动力受雇于新建的医院。[36]

美国人来到巴拿马，有时被视为美国登上世界性舞台的关键时刻，但在这之前，美国在加勒比海和太平洋地区都有一些帝国主义的扩张行动，而对巴拿马运河区的收购在许多方面是这些新责任和野心的结果。罗斯福认为，巴拿马运河的修建是人类进步的一大步。在一个重要的方面，这种观念被证明是正确的：经过在当地的艰苦工作，确定疟疾和黄热病为昆虫传播的疾病；通过彻底熏蒸和清除受污染的水来消灭蚊子和其他疾病载体的大规模行动取得了令人印象深刻的结果；一些简单的行为，如清除生长在装满水的盆中的观赏性树木，就能破坏昆虫的滋生地。[37]巴拿马运河的修建是人类医学史的一个关键时刻。

尽管要到十年之后运河才会竣工，但罗斯福将获得巴拿马运河区视为自己的第一届政府的最伟大成就。1906 年 11 月，他成为第一位在任期内离开美国的总统，当时他乘坐美国最大的战列舰"路易斯安那号"驶向巴拿马。还有其他一些原因让罗斯福的访问具有重要意义。他选择在雨季，在条件不好的时候来，这样他就可以目睹工程师和工人面对的困难。他在没有预先通知的情况下看望了病人。他得以乐观地向国会做报告，同时非常享受这次访问产生的正面宣传效果。[38]巴拿马运河的所有工作都是由美国政府出资进行的，开销高达3.52亿美元，是苏伊士运河成本的四倍。[39]美国政府投巨资于能够在新建的铁路上运行的大型新机器，以及大量的劳动力。这次，不是牙买加，而是巴巴多斯提供了许多最好的工人。劳动力被分为"金"和"银"两类，美国公民算作"金"，不过有色人种的美国人经常发现自己被降级，至少是非正式的降级；而许多巴巴多斯人被贬为"银"。"银"显然是一种委婉的说法，可随着时间的推移，条件确实有所改善。[40]在巴拿马运河于第一次世界大战前夕开通时，法国人施工时期的可怕死亡率已成为遥远的记忆。战争的爆发限制了巴拿马运河的交通量，每天只有四五艘船通过。然而，在战争结束后，巴拿马运河就兴旺发达起来，赶上了苏伊士运河。最终，在第二次世界大战前夕，每年通过巴拿马运河的船舶超过了7000艘。[41]

与苏伊士运河一样，巴拿马运河在通航前最后一刻也遇到了麻烦，不得不用大量的大西洋海水来填充新湖。然而到了1914年4月，轻型货船已经开始被拖过巴拿马运河，首先是一船来自夏威夷的菠萝罐头。罐头很不起眼，却是工业时代新技术的另一个重要象征。巴拿马运河的开通仪式相当低调，不像苏伊士运河开通时那么大张旗鼓（法国皇后欧仁妮和奥地利皇帝弗朗茨·约瑟夫出席了苏伊士运河的开通仪式）。不过，参加巴拿马运河开通仪式的不仅有美国总统，还有"俄勒冈号"。大家公认，这艘船于 1898 年从加利福尼亚经合恩角到佛罗里达的航行最有力地证明了美国迫切需要一条连通太平洋与大西洋的运河。[42]随着苏伊士运河与巴拿马运河的竣工，亚洲和非洲被一条水道分隔开，北美洲和南美洲也被实际分隔开，但现在，三大洋连为一体了。

注 释

1. G. Williams, ed. , *The Quest for the Northwest Passage* (London, 2007), pp. 433–58.

2. I. Sanderson, *A History of Whaling* (New York, 1993), pp. 213 – 17; A. Dudden, 'The Sea of Japan/Korea's East Sea', in D. Armitage, A. Bashford and S. Sivasundaram, eds. , *Oceanic Histories* (Cambridge, 2018), pp. 197–8.

3. H. Melville, *Moby-Dick; Or, The Whale* (New York, 1851), ch. 111.

4. T. Toyoda, *History of pre-Meiji Commerce in Japan* (Tokyo, 1969), pp. 92–4.

5. W. Beasley, *The Japanese Experience: A Short History of Japan* (London, 1999), pp. 191–3; B. Walker, *A Concise History of Japan* (Cambridge, 2015), pp. 145–6; W. J. Macpherson, *The Economic Development of Japan 1868–1941* (2nd edn, Cambridge, 1995), p. 70, and also pp. 23–4; Toyoda, *History of pre-Meiji Commerce*, pp. 95–100.

6. D. McCullough, *The Path between the Seas: The Creation of the Panama Canal 1870–1914* (New York, 1977), p. 112.

7. 下面的内容基于拙著 *Great Sea*, pp. 545-55，其中对苏伊士运河的开辟做了更详细的阐述。

8. M. Parker, *Hell's Gorge: The Battle to Build the Panama Canal* [2nd edn of *Panama Fever* (London, 2007), London, 2008], p. 15.

9. Z. Karabell, *Parting the Desert: The Creation of the Suez Canal* (London, 2003), pp. 28-37; J. Marlowe, *The Making of the Suez Canal* (London, 1964), pp. 44-5.

10. Karabell, *Parting the Desert*, pp. 131-2; Lord Kinross, *Between Two Seas: The Creation of the Suez Canal* (London, 1968), pp. 98-9.

11. Karabell, *Parting the Desert*, p. 260; Kinross, *Between Two Seas*, p. 287.

12. Marlowe, *Making of the Suez Canal*, pp. 255-75; Karabell, *Parting the Desert*, pp. 262-5; R. Blake, *Disraeli* (London, 1966), pp. 581-70.

13. F. Hyde, *Blue Funnel: A History of Alfred Holt and Company of Liverpool from 1865 to 1914* (Liverpool, 1956), pp. 20, 24.

14. G. Lo Giudice, *L'Austria, Trieste ed il Canale di Suez* (Catania, 1981), pp. 180-81; Marlowe, *Making of the Suez Canal*, p. 260.

15. McCullough, *Path between the Seas*, p. 34.

16. *Index to the Reports of the Chief of Engineers, U. S. Army (including the Reports of the Isthmian Canal Commission, 1899-1914), 1866-1912*, vol. 2: *Fortifications, Bridges, Panama Canal, etc.*, *February 16 1914* (63rd Congress, 2nd Session, House of Representatives, Document no. 740, Washington DC, 1916), p. 2551; Parker, *Hell's Gorge*, pp. 11-12.

17. McCullough, *Path between the Seas*, pp. 28-30.

18. Parker, *Hell's Gorge*, pp. 18-19.

19. McCullough, *Path between the Seas*, p. 33; Parker, *Hell's Gorge*, pp. 20-24.

20. Parker, *Hell's Gorge*, p. 32, 更全面的论述，见 pp. 27-33。

21. Parker, *Hell's Gorge*, pp. 38-9.

22. McCullough, *Path between the Seas*, pp. 61 - 7; Parker, *Hell's Gorge*, p. 46.

23. Parker, *Hell's Gorge*, pp. 55-6.

24. Ibid. , pp. 107, 109-10.

25. McCullough, *Path between the Seas*, pp. 160 - 61; Parker, *Hell's Gorge*, pp. 119-23.

26. J. Greene, *The Canal Builders: Making America's Empire at the Panama Canal* (New York, 2009), p. 42.

27. McCullough, *Path between the Seas*, pp. 205 - 12; Parker, *Hell's Gorge*, pp. 160-62.

28. Parker, *Hell's Gorge*, p. 159.

29. McCullough, *Path between the Seas*, pp. 240-41.

30. Ibid. , p. 254.

31. Ibid. , p. 255, 这也是罗斯福的话。

32. J. Davis, *The Gulf: The Making of an American Sea* (New York, 2017).

33. A. T. Mahan, *The Influence of Sea-Power upon History, 1660-1783* (Boston, 1890), p. 33.

34. McCullough, *Path between the Seas*, pp. 253, 254-5, 259, 262-3, 268-9; Parker, *Hell's Gorge*, p. 173.

35. Greene, *Canal Builders*, pp. 10, 19-20.

36. Greene, *Canal Builders*, pp. 46-7, 111-16.

37. McCullough, *Path between the Seas*, pp. 409 - 21; Parker, *Hell's Gorge*, pp. 238-48.

38. McCullough, *Path between the Seas*, pp. 492-50, 428-9 （illustrations）; Parker, *Hell's Gorge*, pp. 211, 306-9; Greene, *Canal Builders*, pp. 15-18.

39. McCullough, *Path between the Seas*, p. 610.

40. Greene, *Canal Builders*, pp. 51, 95-107, 123-58.

41. McCullough, *Path between the Seas*, pp. 611-12.

42. Parker, *Hell's Gorge*, pp. 368-70.

第四十九章

轮船驶向亚洲，帆船驶向美洲

※ 一

苏伊士运河和巴拿马运河的先后开凿，以及轮船的使用增多，并没有终结那些更传统的跨洋方式。飞剪式帆船（Clippers）和大型铁身帆船（Windjammer）继续远航，运送茶叶、谷物和其他基本货物。毕竟风是免费的，煤是要花钱的。尽管如此，到19世纪晚期，船舶使用方面的巨大变化已经很明显。跨越大西洋的客运越来越多地由大型远洋轮船承载。随着逃离爱尔兰的饥荒、意大利的贫困或俄国的迫害的移民排队等候经过在纽约新落成的自由女神像（上面有埃玛·拉撒路欢迎移民的诗文），跨洋客运量大增。自由女神像是在法国而不是美国铸造的，于1885年由一艘法国轮船分块运到纽约。不言而喻，这股移民潮的规模远远超过了过去欧洲人跨越大西洋的涓涓细流。除了移民，跨洋来到美国的还有商人和较富裕的访客，不过他们通常待在船上更舒适的地方。他们愿意在一艘遵守相当可靠的时间表、具有高标准的舒适性和安全性的船上度过一个星期左右。然而在1912年，"永不沉没"的"泰坦尼克号"沉没了，证明轮船的安全标准没有公众认为的那么好。但是，在这场灾难之后，人们更密切地关注安全标准，特别是救生艇的配备。

早期的轮船有很多风险。1840 年，塞缪尔·丘纳德（Samuel Cunard）因为坚持"安全第一，利润第二"而获得了一份跨大西洋的航运合同。有一家航运公司失去了两艘轮船，因为船长（似乎）试图证明他们能以多快的速度穿越大洋。[1]1866 年，按计划前往墨尔本的轮船"伦敦号"在从普利茅斯出航不久后沉没，导致 270 人丧生。除了 69 名船员，这艘船还载了 220 名渴望在澳大利亚开始新生活的乘客。"伦敦号"装载了太多的重物，可能有多达 1200 吨的铁和 500 吨煤，以至于在风平浪静的条件下，它的甲板只高出水面 3.5 英尺。[2]这是一个骇人听闻的例子，可类似的事故很常见：在这一时期，每六艘从欧洲驶往美国的客运船中就有一艘最终沉没（这并不等同于说每六次航行中就有一次以海难告终）；据说在 1873—1874 年，有超过 400 艘船在英国附近沉没。[3]正如 21 世纪的跨地中海移民潮表明的那样，人们有时非常愿意将自己的生命托付给不安全的船只；19 世纪晚期和 20 世纪初的移民也是如此。19 世纪海上交通（特别是跨大西洋交通）的大幅增长，导致了越来越多的海难。快速的工业化既带来了新的便利，也带来了新的危险。批评者认为，无良的船主非常乐意向劳埃德保险公司（Lloyd's）索赔："富商兴旺发达，但无价的人命怎么办？"[4]

当时的英国即将成为世界上最强大的海军强国和横跨三大洋的大帝国的主人，并且高度依赖海上贸易，所以英国不能容忍这种状

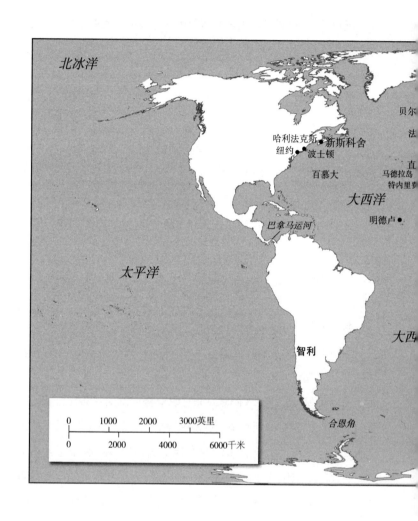

北冰洋

贝尔

法

直

哈利法克斯 新斯科舍

纽约 波士顿

百慕大

马德拉岛

特内里费

大西洋

巴拿马运河

明德卢

太平洋

大西

智利

合恩角

| 0 | 1000 | 2000 | 3000英里 |
| 0 | 2000 | 4000 | 6000千米 |

北冰洋

奥兰群岛

敖德萨

符拉迪沃斯托克（海参崴） 萨哈林岛

君士坦丁堡 旅顺港 北海道

腊

士运河 上海 太平洋

吉达 麦加 加尔各答 广州

孟买 香港

仰光

斯里兰卡 槟榔屿

马六甲 新加坡

巴达维亚

毛里求斯 澳大利亚

印度洋

斯潘塞湾

新西兰

况。显然，议会需要密切关注海上安全问题，而这场运动的领导者
是塞缪尔·普利姆索尔（Samuel Plimsoll）。他以煤炭商人的身份起
家，根本没有航海背景。他设法为自由党赢得了下议院的一个席
位，并为改善海员的安全条件进行了长期而激烈的宣传。他获得了
大批追随者：1873 年，一艘运送羊毛的飞剪式帆船以他的名字命
名，人们还为他创作了歌曲和诗篇：

> 向普利姆索尔致以英国式的欢呼，
> 他是水手的诚实朋友。
> 尽管有人反对，
> 他还是敢于捍卫水手们的权利。
> 有权有势的人联手，
> 企图打倒他，
> 但他的勇气打败了
> 反对他的势力。[5]

有人指控本杰明·迪斯雷利屈从于航运巨头的意志，起初对普
利姆索尔的立法申请持敌视态度。普利姆索尔猛烈攻击一个名叫贝
茨（Bates）的船东（他的船经常出事故），这差点导致普利姆索尔
被告上法庭。[6]但是，普利姆索尔当然是对的。最后，在 1876 年，
也就是在"伦敦号"沉船事故发生十年后，英国政府承认有必要进
行改革。在这一年通过的《商船法》第 26 条要求（对小型船只和
游艇有一些豁免）：

> 每艘英国船舶的船东……应在其船舶从英国的任一港口驶出并开始航行之前，（或者，如果这不可行）应尽快在其船舷中部或尽可能靠近船舷中部的地方，在深色底色之上用白色或黄色，或在浅色底色之上用黑色，标出一个直径为 12 英寸的圆盘，穿过其中心画上一条水平线。在该圆盘的中心应标明船东打算在本航次中装载货物的最大海上载重线。[7]

即便如此，又过了三十年，到访英国港口的外国船才被勒令效仿，而人们熟知的普利姆索尔线在 1930 年才成为国际标准。在美国，国会犹豫不决，所以普利姆索尔标准直到 1929 年才被用于国际航运，到 1935 年被用于美国国内航运。这是美国在很长一段时间内特立独行的诸多例子之一。为了感谢塞缪尔·普利姆索尔为英国水手做出的贡献，一些英国城镇长期以来都在庆祝普利姆索尔日。[8]他的确是一位值得被铭记的英国民族英雄，也是国际英雄。

与此同时，新技术正在改变世界，它对大洋的影响以另一种方式体现出来：第一条跨大西洋电缆于 1858 年铺设，但它很快就断裂了，直到 19 世纪 60 年代才铺设了运行良好的跨大西洋电缆（在铺设电缆时，部分使用了伊桑巴德·金德姆·布鲁内尔的宏伟轮船"大东方号"，它的尺寸是今天保存在布里斯托尔的令人肃然起敬的"大不列颠号"的两倍）。即便如此，按照后来的标准，通过大西洋电缆联络的速度还是慢得令人痛苦，因为摩尔斯电码是在电缆上发送信号的唯一可行方式。制造长数千英里的盘状电缆，这本身就是一项了不起的成就。维多利亚女王和美国总统在跨大西洋电缆运行的第一天交换了信息，这标志着英国和美国以新的方式联系在一起。其他电缆被铺设在地中海和红海，而伦敦仍然是全球的电缆运营中心。这是英国与海外殖民地以及美国沟通的一种手段，伦敦发给殖民地总督的信息在送抵之前就已经过时的时代即将结束。后来，当马可尼（Marconi）证明可以通过无线电波而不是电缆进行联系时，跨越大洋的联络变得更加迅速，通信几乎可以到达任何地方。

※ 二

如前文所述，从欧洲北部到远东的苏伊士航线比绕过好望角的航线更短、更快，而就在苏伊士运河开通之际，随着更坚固的蒸汽轮船的研发，出现了使旅程变得更短的机会。阿尔弗雷德·霍尔特（Alfred Holt）是这些新轮船航线的先驱之一，他的"大洋轮船公司"（Ocean Steamship Company）在他的家乡利物浦运营。他在建立自己的商船队时，研究了铁制船体、蒸汽锅炉和螺旋桨，确信可以将轮船的长途运输成本降到比帆船更低。轮船的改良必须通过试错来实现，有时需要付出巨大的代价：船沉没，货物和人员也随之沉没。他提出的蒸汽压力可以提高到每平方英寸 60 磅的想法，将当时的技术推向了极限。他决定建造更长的铁船，以增加载货量，"因为承载货物和带来收益的，主要是船的中段"。[9]铁当然比木头强得多，但如何确保铆钉将船固定在一起是个问题。早期的铁制轮船有时会断裂成两截。因此，霍尔特绞尽脑汁，将安装了实验性高压发动机的船派到了巴西和阿尔汉格尔斯克。[10]

霍尔特所在的利物浦在18世纪是奴隶贸易和蔗糖贸易的主要基地，后来充分利用兰开夏（Lancashire）正在进行的快速工业化，转变为英格兰北部的出口中心。铁路将利物浦的码头与曼彻斯特、切斯特和其他地方连接起来。利物浦的港口很大，位置很好。早年臭名昭著的奴隶贸易为利物浦创造了资本基础，使其可以从事奴隶贸易以外的航运业务。在1807年英国议会禁止奴隶贸易后，利物浦与奴隶制的联系并没有消失：该市继续与西非进行繁忙的贸易，而且该市的主要业务之一是进口美国棉花，这些棉花产自美国南方腹地的奴隶种植园。[11]与其他港口城市一样，利物浦成为混合人群的家园，人口包括大量爱尔兰人、威尔士人和苏格兰人，也包括非洲人和华人，其中许多人是乘坐阿尔弗雷德·霍尔特的船抵达的。[12]利物浦也面临着一些源自本国的挑战：曼彻斯特在1894年修建了曼彻斯特运河之后，成为利物浦的竞争对手，但经营棉花进口生意的主要经纪人仍在利物浦。[13]到20世纪初，利物浦商人对该市的首要地位有足够的自信，所以建造了宏伟的爱德华时代风格的办公大楼，这是利物浦建筑的一大骄傲。

1866年，阿尔弗雷德·霍尔特宣布成立他的轮船公司，有三艘姊妹船，即"阿伽门农号"（Agamemnon）、"埃阿斯号"（Ajax）和"阿喀琉斯号"（Achilles），每艘都超过2000吨。这年4月，"阿加门农号"出发前往上海，途经好望角、毛里求斯、马来半岛的槟榔屿、新加坡和香港。霍尔特的第一份公开班次表估计去程时间为77天，回程时间略长，为90天，因为船要在中国东南部停靠，装载货物中最重要的部分——茶叶。但是，这仍然比帆船所需的单程4个月要好得多。再减去苏伊士运河通航后可以节省的约10天时间，霍尔特的公司似乎一定会成功。然而，霍尔特为了收回成本，不得不收取更高的运费，因为轮船的建造和运营成本比帆船高，而且人们对轮船的可靠性仍有怀疑——如果没有建立和维持加煤站，轮船就会止步不前。不过早期轮船确实携带了大量的帆，以防万一。[14]可是，至少在永久性的加煤站建立之前，轮船的长途航行是很复杂的。1842年，当霍尔特的竞争对手"铁行轮船公司"（P&O）将"印度斯坦号"派到加尔各答时，在直布罗陀、佛得角群岛的明德卢、阿森松岛、开普敦、毛里求斯和斯里兰卡都有煤炭补给船在等待它。[15]在很多商人眼中，传统的帆船既熟悉又美观。在运送茶叶的飞剪式帆船投入使用之后，这一点变得更加明显。今天仍保存在格林尼治的"卡蒂萨克号"（*Cutty Sark*）是最著名的一艘运送茶叶的飞剪式帆船。到了19世纪50年代，帆船又逐渐成为一种时尚。早在1828年，英国的第一海军大臣就果断地表达了自己的观点："蒸汽轮船的发明将对帝国的统治地位造成致命的打击。"而英国皇家海军与商船队不同，对制定客运和货运的班次表和日程表不感兴趣。[16]

因此，苏伊士运河改变了整个局势。它为无法使用好望角航线的小型船开辟了前往东方的航线。霍尔特勇往直前，以惊人的速度建造轮船，粉碎了竞争。他得到了回报：到1875年，他的经理们认为公司的载货空间已经用完了，所以还需要3艘船。霍尔特公司承运的货物主要是兰开夏的棉布和羊毛织物（棉布主要用进口的印度棉花制成，现在作为成品出口）。霍尔特公司的船也运载乘客：回程时，运送穆斯林朝觐者到吉达，从那里他们可以前往麦加朝觐，这成为几家英国航运公司的大生意。1914 年有超过 1.3 万名穆斯林朝觐者乘坐蓝烟囱航运公司（Blue Funnel）的船从新加坡和槟榔屿出发。[17] 从英国去东方的航行时间大幅缩短，减少到 55 天，甚至 40 天。当霍尔特公司的船参加一年一度的运茶竞赛时，轮船航行的优势变得非常明显，它们能以最快的速度将新鲜茶叶运到伦敦。霍尔特公司轮船的速度不仅超过了运送茶叶的飞剪式帆船（这是可以预料的），而且打败了竞争对手的轮船。1869 年，他的船运了近 900 万磅茶叶到英国。并且，在击败所有竞争对手之后，霍尔特能够利用卖方市场高价出售他的茶叶，比晚来的对手的茶叶每磅贵 2 便士。[18]1914 年，霍尔特的公司（名为蓝烟囱航运公司）在利物浦码头使用的泊位比任何其他货运公司的都多，而且是苏伊士运河最频繁的使用者，主导了英国纺织品向东亚的出口。[19]

霍尔特决定与一家设在中国的英国商行"太古洋行"（Butterfield and Swire）合作，这推动了霍尔特在中国的业务。太古洋行于 1867 年 1 月 1 日在上海设立了办事处，不仅经营茶叶，还经营美国原棉。几周后，"阿喀琉斯号"在离开上海时运载的大部分货物是原棉。[20] 与约翰·施怀雅（John Swire）的关系使蓝烟囱航运公司能够从中国内地获取货物，因为施怀雅的汽船深入长江，将中国货物运到上海，转运出口。施怀雅是"会议制度"（Conference System）的热情拥护者。"会议制度"是相互竞争的多家航运公司之间的协议，它们将为外运货物规定相同的运费。这让霍尔特感到不安，因为这既有好处也有坏处，特别是因为他遇到了比他的船更快的船的竞争。在开创性的开端之后，蓝烟囱航运公司的经理们有时会显得保守，正是这种保守精神让其他航运公司迟迟没有引进蒸汽动力。而如今，蓝烟囱航运公司没有及时跟上从铁船向钢船的转变，并且忽视了新型发动机的应用。[21]尽管蓝烟囱航运公司早就不存在了，但施怀雅家族至今仍是与中国（含台湾和香港）的贸易中的一支强大力量，不过该家族在今天最有名的不是船舶，而是国泰航空（Cathay Pacific）的飞机。

霍尔特对来自铁行轮船公司的竞争感到不安。铁行轮船公司的创办，是为了服务于通往西班牙、直布罗陀和地中海东部的航线，公司甚至在苏伊士运河建成之前就开始在苏伊士两边部署明轮船。这使铁行轮船公司获得了从英国到印度和锡兰的邮件服务合同。铁行船队的骄傲是"印度斯坦号"（前文提到过），它于 1842 年被派往印度洋，为苏伊士和英属印度之间的航线服务。它甚至能为乘客提供冷热淋浴，这是一项了不起的创新。它还能应对季风，在 1845年轻而易举地顶着季风从加尔各答航行到苏伊士，仅用了 25 天。苏伊士运河的修建本应使往来印度的邮件传递更加方便，然而合同坚持要求，邮件必须从地中海经陆路运往红海，也就是说，邮件在亚历山大港卸下，经陆路运往苏伊士，然后在那里再度装船，反之亦然。尽管铁行轮船公司反对，但这种怪异的喜剧还是维持了好几年，直到官僚们意识到这是多么无意义。[22]

铁行轮船公司和冠达邮轮公司（Cunard）的一个主要区别是餐饮的质量。1862 年 1 月，从苏伊士到锡兰的铁行轮船公司"西姆拉号"（*Simla*）的菜单包括能想象到的几乎所有肉类，如火鸡、乳猪、羊肉、鹅肉、牛肉、鸡肉，除了使用咖喱，这些肉类都是以英国风格烹调的。不过奇怪的是，菜单上没有鱼。活的动物被养在船上，这样就可以随时提供新鲜的肉。葡萄酒品种之多，让铁行轮船公司的官员感到自豪。[23]铁行轮船公司明白，面对竞争，有必要进行多元化发展，于是开发了辅助性的短途航线："广州号"在香港和广州之间的珠江上渡运货物，但在 1849 年，它也被用来打击乘坐中式帆船袭击欧洲船只的中国海盗。在这一时期，香港周围的水域以及维多利亚岛上的新城市是出了名的不安全，海盗对航运的袭击耽误了香港的发展。[24]

铁行轮船公司在早期获得丰厚收入的另一类业务是游轮旅游。该公司的历史学家声称，铁行轮船公司在 1844 年就发明了远洋游轮旅游。这种旅游包括从大西洋进入地中海的旅行，最远到达奥斯曼帝国的巴勒斯坦海岸，不过随着克里米亚战争的爆发而结束了。然后，在 19 世纪末，一些航运公司将游轮乘客带到了距离英国很遥远的西印度群岛："东方公司"（Orient Company）宣传加勒比海的"快乐游轮"，游轮于 1898 年 1 月出发，中途在马德拉岛、特内里费岛和百慕大停靠，在海上停留 60 天。"东方公司"还经营到挪威峡湾的游轮。轮船的使用意味着人们可以遵守或努力遵守固定的时间表，这使游轮旅游变得可行。[25]

除了中国，铁制轮船还改变了远东其他地区的业务。在英国人的鼓励下，槟榔屿成为去往马六甲海峡的船只的一个新的停靠港。由于它吸引了那些在帆船时代可能绕过苏门答腊岛并通过巽他海峡进入南海的船只，生意从荷属东印度转回了传统路线，即经过沉寂的马六甲，到达繁荣的新加坡港。1870 年，一艘船从马赛经苏伊士到达新加坡，只用了 29 天。这不仅仅是一部从欧洲到远东的快速航行的历史，因为在印度洋上，"英印轮船公司"（British India Steam Navigation Company）将新加坡与爪哇岛的巴达维亚连接起来，并将印度与波斯湾连接起来。现在，轮船沿着四千年前将美索不达米亚与印度河诸城市联系在一起的路线航行。[26]霍尔特在马来半岛开展了业务。在英国人引进橡胶树后，马来半岛正在成为橡胶生产的重要中心，同时是锡的宝贵来源地。

※ 三

从英国向西看，利物浦也是塞缪尔·丘纳德的"英国与北美皇家邮政轮船公司"（British and North American Royal Mail Steam Packet Company）的基地。该公司成立于 1840 年，有 4 艘船承担英国与纽约、波士顿和哈利法克斯之间的航运。不过，丘纳德的冠达邮轮公司在早期使用的是木制船身的明轮船，公司试图改善其性能，但最后接受了绕不过去的事实，从 1852 年开始采用螺旋桨驱动的铁制轮船。与霍尔特的公司一样，冠达邮轮也是"会议制度"的受害者，该制度旨在统一跨大西洋交通的票价和运费。这里的问题不在于货物，而在于乘客。统舱票很便宜，可希望前往纽约的人很多，所以客运生意很好。在早期，冠达邮轮的轮船是旅行的廉价选择：公司假设乘客总是选择最便宜的票价，船上的设施是很基本的，头等舱乘客得到的设施也很简单。船上提供餐饮，然而头等舱的餐饮并不特别，统舱的食物则特别糟糕。冠达邮轮没有执行英国贸易委员会制定的标准，就连股东也认为公司忽视这些标准很可耻。没有一家现代航空公司能够像冠达邮轮那样操作而不受罚。在新世纪开始的时候，冠达邮轮终于做出了努力来改善三等舱的住宿条件，此时其船只的三等舱因为过度拥挤和卫生条件差，已经臭名昭著。冠达邮轮在前往美国的航行中勉强实现了收支平衡，而建造新船的费用始终是公司的一大开支。1886 年，速度较快的"伊特鲁里亚号"（*Etruria*）的利润超过了 7000 英镑，但这是个例外。在一些名气较小的船上，只有靠运货的利润才能使航行的财务状况保持稳定。[27]

随着 19 世纪末交通量的增加，这个问题变得越来越重要。波兰人、瑞典人、俄国犹太人、爱尔兰人、意大利人纷纷跨洋前往北美。过去那种邪恶的人口贩运已被逃避迫害的难民和寻求更好生活条件的移民的客运取代。随着东欧移民的增加，以及欧洲的反犹迫害和经济苦难的进一步加剧，冠达邮轮遇到了充满活力的竞争对手：德国的航运公司。1891 年，汉堡-美洲航运公司（HAPAG，英文名 Hamburg-Amerika Line）运送了近 7.6 万名统舱乘客跨越大西洋，这占据乘客总人数的 17%；冠达邮轮运送了 6%，超过 2.7 万人。[28]去北美的移民潮的规模远远超过从欧洲去其他方向（如澳大利亚和新西兰）的客运量，而且到了 1900 年，几乎每个欧洲民族都有人移民到北美。这构成了更广泛的发展的一部分，因为客运变得更加重要，无论乘客是移民、商人还是游客，而货运（即使它对冠达邮轮的利润有很大的影响）往往不是开辟新航线的动机。在轮船时代，这些航线由"班轮"（liners）提供服务，这个词的意思是它们按照时间表沿着固定的路线行驶；后来，这个词被用来指称大型国际航运公司的大型远洋轮船。

在不列颠群岛，随着金属船体轮船的发展，造船业繁荣起来，这改变了如格拉斯哥下游的克莱德赛德（Clydeside）等地区的经济。克莱德赛德成为主要的造船中心，英格兰东北部的泰恩赛德（Tyneside）也是如此。然而，最引人注目的成功例子是贝尔法斯特，此时它已成为世界亚麻布之都和爱尔兰唯一的繁荣工业城市。但是，不可能用亚麻布来造船，而贝尔法斯特在 19 世纪 40 年代之前只能提供很一般的造船设施。贝尔法斯特的造船匠明白，他们的手艺正在变成一门重要的产业，因为造船匠更多地使用了钢铁，并在船上安装了蒸汽机。尽管贝尔法斯特当地缺乏铁或煤，而且一开始缺乏新的造船技术所需的熟练工人，可先进的思想（钢制船体和蒸汽机）还是让贝尔法斯特占了上风。[29]其中有一家造船公司占据了主导地位。爱德华·哈兰（Edward Harland）于 1858 年买下了他在贝尔法斯特的第一家造船厂，三年后与他的副手、德意志犹太人古斯塔夫·沃尔夫（Gustav Wolff）联手创办了一家公司，其巨大的门式起重机已成为贝尔法斯特的象征。"泰坦尼克号"、"奥林匹克号"和"不列颠号"这三艘巨轮是有史以来最大的船，需要全新的船坞。即使"泰坦尼克号"遇到了灾难，也没有妨碍"哈兰与沃尔夫造船厂"（Harland and Wolff）的业务，就像撕裂爱尔兰的政治麻烦没有影响公司的业务一样。不过因为爱尔兰政局变得更加不稳定，该公司确实在英国建造了额外的船坞。新的安全标准的执行，意味着在贝尔法斯特有大量工作要做，以便使现有的船舶符合新标准。在第一次世界大战前夕，贝尔法斯特的造船厂比以往任何时候都要繁忙，建造了近 10% 的英国商船，而英国皇家海军的订单也使它在第二次世界大战期间非常活跃，并使贝尔法斯特成为德军空袭的目标。[30]

※ 四

　　航运史和海上贸易史的一个有趣特点是，表面上的小角色有时发挥了人们一般意想不到的重要作用。例如，挪威和希腊的国内资源匮乏，所以挪威人和希腊人远赴他乡，建立了庞大的商船队。这两个国家虽然很小，在政治或经济上也不算重要，但拥有非常强的航运力量。挪威和希腊的人口超过了本国资源能够承受的范围，因此劳动力成本很低，并且两国都与海洋有历史悠久的联系，这是由两国的地理环境决定的：挪威的海岸线犬牙交错而多山，希腊的岛屿很分散，所以两国的居民都高度依赖海上旅行。[31]衡量哪些国家的航海实力最强的一种办法是计算每千人的载重吨位（dwt）。2000年，挪威和希腊位居榜首，每千人的载重吨位超过 1.2 万吨；而世界平均值仅为每千人 121 吨。在 1890 年，挪威每千人的载重吨位已经达到 1100 吨，是第二名（人口比挪威多得多的英国）的 2 倍，是邻国瑞典的 7 倍（在 19 世纪末，瑞典是挪威的宗主）。

　　前文已经介绍过瑞典人如何在 19 世纪的国际茶叶贸易中变得

非常活跃。瑞典国王的挪威臣民特别受益于瑞典领事在亚洲诸港口的存在，并慢慢地、毫不张扬地建立了他们自己的令人肃然起敬的航线网络。挪威与英国的古老联系仍在继续维持，斯堪的纳维亚移民前往美国的标准路线是先穿过北海到达英国的赫尔（Hull），然后挤上开往利物浦的火车，从那里登船。[32]但是，挪威成功的秘密在于它的行动是全球性的。随着苏伊士运河的开通，挪威船开始出现在远东。到 1882 年，挪威船的停靠港包括爪哇、新加坡和仰光。在二十年内，随着亚洲的商业轴心从马来半岛和印度尼西亚转向中国，挪威船来到了菲律宾和上海。挪威的国内市场微不足道，这促使他们加入海运业，将大米从越南运到香港和中国其他沿海地区。有人说挪威人在这一行业占据了主宰地位。到 1902 年，这种亚洲内部贸易占挪威在亚洲贸易额的 50% 以上。[33]他们能够取得这样的成就，是因为他们迅速适应了在苏伊士运河开通和长途轮船服务建立之后海上贸易的全新条件。

　　到 19 世纪末，挪威船已成为印度洋和太平洋上一道熟悉的风景线，而 1905 年挪威王国的重建加速了这一发展。阿蒙森（Amundsen）和南森（Nansen）在极地探险方面的成就进一步提高了挪威人的特殊声誉。随着利润增长，挪威的新商业精英委托建造了全新的船只，并获得了太平洋西部的几个大国——俄国、日本和中国的信任。这几个国家都在争夺太平洋西部的首要地位，而且都急于寻找新的商业伙伴，来取代以英国为首的传统的且往往是来势汹汹的欧洲入侵者。挪威是中立国，但仍然相当重要：到 20 世纪初，挪威的船舶吨位排名世界第三。[34]20 世纪之初，在 1904—1905 年短暂的日俄战争（对俄国来说是一场灾难）的刺激下，挪威的业务量激增。日俄战争开始时，俄国人企图在太平洋上获得一个常年不冻港，可结果不仅算盘落空，还丧失了他们的大部分舰船以及对旅顺港的控制，甚至失去了库页岛（位于北海道以北）的一半。日俄战争这样的冲突，为挪威人这样中立的商人群体进入亚洲市场提供了完美的条件。[35]

　　哈康·瓦勒姆（Haakon Wallem）是利用这些新机遇的人之一。这个出生在卑尔根的挪威巨人于 1896 年抵达俄国的符拉迪沃斯托克（海参崴）港，然后前往中国，在上海站稳脚跟，于 1905 年购买了他的第一艘船"奥斯卡二世号"（Oscar II）。瓦勒姆在日俄战争期间交了好运，海运运费的直线上升让他收益颇丰，此外，他还因为向日本提供的神秘帮助（我们不清楚具体是什么帮助）收获了日本人的感激。日本人给他发了 10 万日元奖金，如果他愿意的话，也可以给他颁发大勋章。不过，他是个商人，所以拿了钱而没有要勋章。他表现出非凡的韧性，在日益困难的时期维持了公司的正常运转。他经历了中国的革命和他的第一艘船的损失，但依旧坚韧不拔，不仅成为著名的船东，而且成为主要的船舶经纪人，为客户购买船舶，并在第一次世界大战期间设法开展业务（战争期间，挪威保持中立）。[36]他的商业生涯有许多起伏，可每当遇到挫折（特别是在战后的经济萧条期间），他总是决心重新站起来。正如他的传记作者所言，他的"生命力极强"。整个挪威航运业也是如此。[37]

　　希腊人是大力参与海上贸易的另一个显著的例子。在 19 世纪，"希腊人"一词是个种族标签，或者说它指的是来自今天被称为希腊的相当有限地区的一些家族群体，因为有些地区，如伊奥尼亚群岛，在当时并不属于新兴的希腊王国，而且希腊人活跃于远远超出希腊本身范围的港口，特别是黑海之滨的敖德萨。这是一个更长的、非常精彩的故事的一部分：1894 年，世界航运的 1% 由希腊人拥有，到 20 世纪末，这个数字已经上升到 16%（3251 艘），希腊人拥有的商船队成为世界上最大的商船队，何况绝大多数希腊船都是挂着方便旗（利比里亚、巴拿马等国的旗帜）而不是希腊或塞浦路斯的旗帜航行。[38]

19 世纪初，随着希腊商船航运的规模扩大，其重点主要在地中海，包括马赛、亚历山大港、的里雅斯特和里窝那，主要航运家族来自希俄斯岛（Chios），这个岛在爱琴海东部的位置有助于解释为什么出自敖德萨和其他港口的黑海谷物贸易成为希腊商人的主要生意。伦敦当然也在希腊商人的视线范围内，希俄斯的贸易家族在伦敦有代理，往往先将醋栗等货物运到利物浦，并将曼彻斯特的棉布运出英国，分销到世界各地。然而，这并不是说运载这些货物的船属于希腊人。最强大的希俄斯商业世家——拉利（Rallis）家族在纽约、孟买和加尔各答、敖德萨、特拉布宗（Trebizond）以及君士坦丁堡都有代理，他们是经销商而不是航运商。为了运送货物，他们经常从自己的圈子之外租船。他们经常取得奥地利、法国或英国的国籍，扮演各国领事的角色，就像摩加多尔的犹太商人那样。他们的商业伙伴可能是其他希腊人，也可能是敖德萨的犹太人或黎巴嫩的亚美尼亚人。

拉利家族自称是 11 世纪为拜占庭效力的诺曼骑士拉乌尔

（Raoul）的后裔。他们在锡罗斯岛（Syros）经营，这是一个如今相当沉闷的爱琴海小岛，在现代因为黏糊糊的牛轧糖而出名，但（正如其富丽堂皇的 19 世纪市政厅所显示的）它曾经处于希腊贸易世界的中心。在 1870 年之后的几年里，权力和影响力转移到以伊奥尼亚群岛为基地的船东身上，他们把目光投向了地中海和黑海之外。在第一次世界大战之前的几年里，希腊拥有的船舶吨位逐渐增加，而轮船的数量增长更快，1864 年有 4 艘，1900 年增加到 191艘，1914 年有 407 艘。此外，在 20 世纪的头几年，希腊船舶的吨位增长迅猛，从 1900 年的 32.7 万吨增长到 1914 年的 59.25 万吨。在 1910 年，以总吨位计算，希腊船队已经是欧洲第九大船队，而英国船队遥遥领先，占世界总吨位的 45%。[39]第一次世界大战对希腊的影响较为轻微，因此在从战争的混乱中恢复元气之后，希腊仍然拥有足够的基础设施和技术，这也是为什么希腊船东能够展翅高飞，走向全球，而其他商船队，如英国的商船队，要想恢复就困难得多。这就留下了一个真空，希腊人与挪威人，以及在一定程度上还有日本人，非常乐意填补这个真空。[40]希腊人成功的根源在于他们愿意充当不定期船队，在海上持续漫游，在一个地方接收各种货物，又在另一个地方卸下货物。

※ 五

在 19 世纪末及之后的一段时间，在欧洲的一些角落，比冠达邮轮公司的明轮船更老式的船仍然很活跃。最好的例子是奥兰群岛

（Åland Islands），它位于瑞典和芬兰之间，自 1921 年以后是芬兰主权下的自治领土。奥兰群岛的首府玛丽港（Mariehamn）建立于 1861 年，当时奥兰群岛处于俄国人的统治之下。在其历史上的大部分时间里，玛丽港是个安静的地方，但它拥有一座深水港，内陆地区可以供应优质的造船用的木材。在 1850—1920 年，有近 300 艘船在奥兰群岛竣工，还有 60 艘是从芬兰的造船厂购买的。其中最大的是雄伟的帆船。1865 年，奥兰人将他们的第一艘船派往美国。1882 年，一艘奥兰船环游世界，在萨摩亚装载货物。同时，奥兰人抓住了在国际市场上购买廉价帆船的机会，因为当时帆船正在被轮船淘汰，所以能够以拆旧的低价买到大量帆船（有现代的铁制或钢制船体）。在苏伊士运河开通之后，出现了一条从欧洲到东印度的新的快速航线，导致大量帆船被淘汰，奥兰人就更容易买到便宜的帆船。这些船是在格拉斯哥、不来梅哈芬、利物浦和新斯科舍等地建造的。[41]就这样，奥兰人建立了一个非凡的航线网络，由奥兰群岛的公司管理，打着芬兰国旗从事木材、谷物和其他基本商品的贸易，远至智利、加拿大、澳大利亚和南非。

这些公司不是由大资本家创办的。到当时为止，最成功的奥兰商人是古斯塔夫·埃里克松（Gustaf Erikson）。他出生于 1872 年，10 岁时就开始了他的职业生涯，先是当船上的服务员，然后是厨师，逐步升为水手长、二副和船长。埃里克松拥有自己运营的第一艘船——三桅帆船"奥兰号"的部分产权。这艘船在太平洋撞上珊瑚礁后沉没，因为船长没有意识到附近的灯塔失灵了。埃里克松从这场灾难中振作起来，但从不为他的船投保："我有这么多船，哪怕每年损失一艘也比为所有的船投保更便宜。"[42]在职业生涯中，他曾拥有 29 艘船，在 1930 年前后经营其中的 20 艘。他对自己的船了如指掌，在奥兰群岛的办公室里掌控着航行的每一个环节，专营谷物运输。他不屑于争取别人的好感，给员工支付尽可能低的工资，一心只想让自己的生意成功。然而在几十年里，他是一位很受尊敬的航运商人，领导着一家了不起的世界性的航运公司，将波罗的海与大西洋、印度洋、太平洋和南冰洋连接起来。

用帆船从世界的另一端运送粮食到欧洲，这听起来似乎不是靠谱的生意，尤其是许多船在从欧洲出航时没有货物，只携带压舱物航行，这是因为缺乏可以在澳大利亚销售的货物。但是，盛行风能够让帆船以与汽船相当的速度航行到澳大利亚，并且可以直接穿过大洋，而不像汽船那样需要补充燃料。这些帆船的旅程特别令人印象深刻的一点是，它们是环游世界的航行，只有一个主要的停靠点，即澳大利亚。通常的路线是驾驶大型铁身帆船绕过苏格兰的顶部，然后横跨大西洋，途经佛得角群岛，向巴西海岸驶去。在那里，水手们以经典的方式寻找合适的风向，经过好望角，穿越广阔的南印度洋，到达南澳大利亚的斯潘塞湾（Spencer Gulf）。这片水域与阿德莱德湾（Adelaide Bay）之间有一段陆地相隔，港口设施非常简陋，与墨尔本、悉尼甚至阿德莱德的繁华相去甚远。然而斯潘塞湾离谷物产地更近，而且使用帆船可以轻松应对海湾的风和水流，避免了将谷物运到约 100 英里之外的阿德莱德再用汽船运走的麻烦。水手们在斯潘塞湾装好粮食，然后从新西兰以南向合恩角进发。一般来说，从太平洋向东航行时，驶往合恩角比驶往其他方向更容易应对：埃里克·纽比（Eric Newby）报告说，他在 1939 年乘坐埃里克松的大型铁身帆船"莫舒鲁号"（*Moshulu*）绕过合恩角时遇到了雨雪天气，可他也说，"海浪并不汹涌，水面却像巨大的跷跷板一样颠簸"，而且天气"寒冷刺骨"。此后，大型铁身帆船沿着一条曲折的路线向北穿过大西洋，到达康沃尔的法尔茅斯或爱尔兰南部的科夫［Cobh，女王镇（Queenstown）］。这些都是"订货港"，在那里，船长会收到关于谁购买了粮食的信息（因为粮食是提前出售的，有时还会转卖和再转卖），以及他应该把船开到哪里去卸货的指示，可能是布里斯托尔、利物浦、格拉斯哥、都柏林或者其他英国或爱尔兰港口。抵达最终目的地后，他们卸下粮食。这是一个缓慢的过程，因为粮食装在袋子里，一艘大型铁身帆船上可能有多达 5 万袋粮食。[43]

奥兰人对这些航行感到非常自豪：在 20 世纪 30 年代，奥兰人的大型铁身帆船在从澳大利亚到不列颠群岛的航行中互相比赛，1933 年的记录是 83 天，有一艘船用了几乎两倍的时间，是倒数第一名。[44]这些比赛也有实际意义：晚到意味着没有时间回奥兰群岛去看望家人，就不得不再次启程前往澳大利亚。埃里克松船队以餐饮质量相对较好而闻名，甚至还吸引了少量的乘客。[45]虽然有竞争对手，包括德国和瑞典的大型铁身帆船，但埃里克松商船队非常成功。

这些业务随着 1939 年战争爆发而结束，在战后也只有短暂的复苏。总的来说，奥兰群岛航运网络令人印象深刻的一点是，岛民能够以纯粹外来者的身份，使用久经考验的老式技术打入英国和爱尔兰的粮食贸易。奥兰群岛航运网络留存至今的遗迹不多：令人印象深刻且被精心保存的大型铁身帆船"波美拉尼亚号"（*Pommern*），今天是位于玛丽港的奥兰海事博物馆的一部分；而德国建造的"帕萨特号"（*Passat*）由埃里克松于 1932 年购得并一直使用到 1949 年，今天是年轻人用的训练船，一动不动地停在从特拉沃明德（Travemünde）通往吕贝克的河口。

注　释

1. N. Jones, *The Plimsoll Sensation: The Great Campaign to Save Lives at Sea* (London, 2006), p. 10.

2. Jones, *Plimsoll Sensation*, pp. 1-3.

3. 我认为这就是 L. Paine, *The Sea and Civilization: A Maritime History of the World* (London, 2014), pp. 531-2 中评论的意思。

4. Jones, *Plimsoll Sensation*, 'Appendix: Songs and Poems', p. 314.

5. Quoted in Jones, *Plimsoll Sensation*, 'Appendix: Songs and Poems', p. 315, from 1875.

6. Jones, *Plimsoll Sensation*, pp. 201-10.

7. Cited in Jones, *Plimsoll Sensation*, p. 236.

8. Jones, *Plimsoll Sensation*, pp. 283-5.

9. F. Hyde, *Blue Funnel: A History of Alfred Holt and Company of Liverpool From 1865 to 1914* (Liverpool, 1956), pp. 13-16; F. Hyde, *Liverpool and the Mersey: An Economic History of a Port 1700-1970* (Newton Abbot, 1971), pp. 54-

5，关于利物浦航运的很大一部分文献出自这位学者之手。

10. Hyde, *Blue Funnel*, p. 19; M. Falkus, *The Blue Funnel Legend: A History of the Ocean Steamship Company* (Basingstoke, 1990), pp. 92–8.

11. G. Milne, 'North of England Shipowners and Their Business Connections', in L. Fischer and E. Lange, eds. , *International Merchant Shipping in the Nineteenth and Twentieth Centuries: The Comparative Dimension* (St John's, Nfdl. , 2008), pp. 154–7.

12. T. Hunt, *Ten Cities That Made an Empire* (London, 2014), pp. 387–94; Hyde, *Liverpool and the Mersey*, pp. 31–4; F. Hyde, *Cunard and the North Atlantic 1840–1973: A History of Shipping and Financial Management* (London, 1975), pp. 129–30.

13. Milne, 'North of England Shipowners', pp. 153, 159–64.

14. Falkus, *Blue Funnel Legend*, p. 102, fig. 10, steamship *Nestor I*; A. Prata, 'Porto Grande of S. Vicente: The Coal Business on an Atlantic Island', in M. Suárez Bosa, ed. , *Atlantic Ports and the First Gobalisation c. 1850 – 1930* (Basingstoke, 2014)', pp. 49–53.

15. D. Howarth and S. Howarth, *The Story of P&O: The Peninsular and Oriental Steam Navigation Company* (2nd edn, London, 1994), pp. 33–4.

16. Hyde, *Liverpool and the Mersey*, pp. 51–2; Howarth and Howarth, *Story of P&O*, pp. 15, 94.

17. Falkus, *Blue Funnel Legend*, pp. 37–9.

18. F. Hyde, *Far Eastern Trade 1860–1914* (London, 1973), p. 22; Hyde, *Blue Funnel*, pp. 37–9; also Howarth and Howarth, *Story of P&O*, pp. 94–5.

19. Falkus, *Blue Funnel Legend*, p. 4.

20. Hyde, *Blue Funnel*, pp. 24–5, 32–3, 182 （船队中船只的表格）; Hyde,

Liverpool and the Mersey, pp. 57, 59 - 61; Hyde, *Far Eastern Trade*, pp. 25 - 7; Falkus, Blue Funnel Legend, pp. 60-66。

21. Falkus, *Blue Funnel Legend*, pp. 105 - 7, 111; Hyde, *Blue Funnel*, pp. 56-70; Hyde, *Far Eastern Trade*, pp. 23, 28-32.

22. Howarth and Howarth, *Story of P&O*, pp. 30-35, 101.

23. Ibid. , pp. 60-62.

24. Ibid. , p. 80; F. Welsh, *A History of Hong Kong* (2nd edn, London, 1997), p. 162.

25. Ibid. , pp. 54-5.

26. Hyde, *Far Eastern Trade*, pp. 17-19.

27. Hyde, *Cunard and the North Atlantic*, pp. 75, 84-6.

28. Ibid. , pp. 15-16, 28-9, 77, 94-101.

29. R. Gillespie, *Early Belfast: The Origins and Growth of an Ulster Town to 1750* (Belfast, 2007) ; S. Royle, *Portrait of an Industrial City: Changing Belfast 1750-1914* (Belfast, 2011) ; J. P. Lynch, *An Unlikely Success Story: The Belfast Shipping Industry 1880-1935* (Belfast, 2001) , pp. 2-9, 67.

30. M. Moss and J. Hume, *Shipbuilders to the World: 125 Years of Harland and Wolff, Belfast, 1861 - 1986* (Belfast, 1986) , pp. 12 - 14, 144, 146; Lynch, *Unlikely Success Story*, p. 61.

31. S. Tenold, 'Norwegian Shipping in the Twentieth Century', in Fischer and Lange, eds. , *International Merchant Shipping*, p. 57.

32. Hyde, *Cunard and the North Atlantic*, pp. 61-2.

33. C. Brautaset and S. Tenold, 'Lost in Calculation? Norwegian Merchant Shipping in Asia, 1870 - 1914', in M. Fusaro and A. Polónia, eds. , *Maritime History as Global History* (St John's, Nfdl. , 2010), pp. 206, 217, 219-20.

34. Tenold, 'Norwegian Shipping', pp. 59-60.

35. Brautaset and Tenold, 'Lost in Calculation?', p. 207.

36. A. Hardy, *Typhoon Wallem: A Personalised Chronicle of the Wallem Group Limited* (Cambridge, 2003), pp. 1-2, 21-3, 25, 37-8.

37. Ibid. , p. 45.

38. G. Harlaftis, *A History of Greek-Owned Shipping: The Making of an International Tramp Fleet, 1830 to the Present Day* (London, 1996), p. xx; G. Harlaftis, 'The Greek Shipping Sector, c. 1850-2000', in Fischer and Lange, eds. , *International Merchant Shipping*, p. 79.

39. Harlaftis, *History of Greek-Owned Shipping*, pp. 52-4, 108-9, table 4; Harlaftis, 'The Greek Shipping Sector', p. 80, and table 2, p. 81.

40. Harlaftis, 'The Greek Shipping Sector', pp. 82-4.

41. Åland Maritime Museum, *The Last Windjammers: Grain Races round Cape Horn* (Mariehamn, 1998), pp. 10-11, 15; E. Newby, *The Last Grain Race* (3rd edn, London, 2014), p. xx.

42. Åland Maritime Museum, *Last Windjammers*, p. 14; Newby, *Last Grain Race*, pp. xx - xxi; H. Thesleff, *Farewell Windjammer: An Account of the Last Circumnavigation of the Globe by a Sailing Ship and the Last Grain Race from Australia to England* (London, 1951), pp. 2-3.

43. Thesleff, *Farewell Windjammer*, pp. 3, 134; Newby, *Last Grain Race*, pp. 201-3; Åland Maritime Museum, *Last Windjammers*, pp. 22-6, 30.

44. Newby, *Last Grain Race*; Thesleff, *Farewell Windjammer*, pp. 4-5.

45. Thesleff, *Farewell Windjammer*, p. 9; Åland Maritime Museum, *Last Windjammers*, pp. 22, 41-2.

第五十章

战争与和平，以及更多的战争

※ 一

历史学家从 20 世纪 90 年代才开始探讨"全球化"，他们对这个概念的含义和适用性的看法也不尽相同。有些经济史学家认为全球化这个概念具有误导性，将人们的注意力从真正重要的问题上转移走了。我们很难不同意这种意见。如果全球化这个词有那么多的含义，那么关于"全球化从何时开始"的辩论就不可能产生令人满意的结果。[1]连接埃及与南印度的古希腊-罗马贸易是否意味着，早在公元 1 世纪就有了某种形式的全球化？当我们看到一些相距甚远的地区的经济相互依存时，使用全球化这个词才是最有意义的，例如，当中国中部的陶艺家不遗余力地满足荷兰或丹麦客户对商品特定设计的要求时。即便如此，有些贸易也比其他贸易更加全球化：罗马的胡椒贸易、中国的瓷器贸易，以及蔗糖贸易或茶叶贸易的巨大规模和影响范围就是很好的例子，说明贸易关系是全方位的，不仅影响精英，也影响地位不高的人，包括工匠和奴隶。因此，我们或许可以将全球化描述为跨越巨大空间的经济一体化过程。不过，无

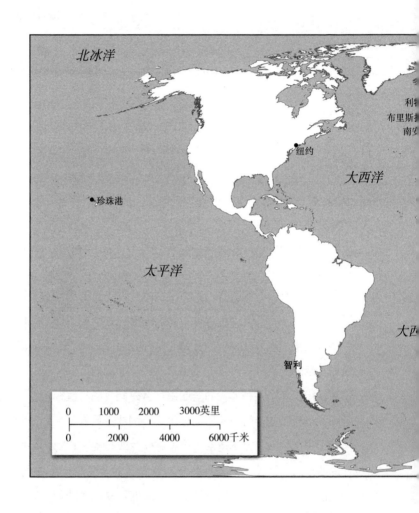

北冰洋

利物[?]
布里斯[?]
南安[?]

纽约

大西洋

珍珠港

太平洋

智利

大西[?]

| 0 | 1000 | 2000 | 3000英里 |
| 0 | 2000 | 4000 | 6000千米 |

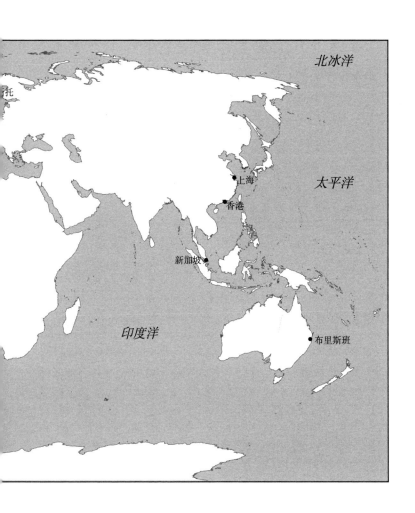

论人们对 18 世纪晚期和 19 世纪的工业革命之前的几个世纪有什么说法，19 世纪和 20 世纪的全球一体化是更复杂的现象。20 世纪初，观察家认为，"铁路、汽船和电报正在迅速地动员地球上的各民族"。[2]通信革命不仅发生在海上，而且发生在与汽船出发的海港取得联系的方式上。与此同时，还有其他的跨海通信手段，起初是前文已经提到的洲际电缆。

在经济史学家凯文·奥罗克（Kevin O'Rourke）看来，"多个市场发生一体化的一个标志是，它们的价格相互关联起来"。他观察了 1900 年前后的跨大西洋小麦贸易，并分析在英国出售的小麦和在北美出售的小麦之间的价格差距，得出结论：在 20 世纪初可以观察到程度显著的全球化。部分原因是人们使用轮船运输货物，以及总体运输成本的下降。英国对美国小麦的需求在第一次世界大战期间"爆炸式增长"（这是奥罗克的说法）。不过，这场战争标志着世界范围内经济收敛（economic convergence）时期的结束，直到第二次世界大战之后，随着对资本流动的管控在市场压力下被放松，一体化进程才得以成功恢复。从人类的视角来看，19 世纪晚期是一个自由流动的时期，这是全球化的另一个可能的迹象。然而在 20 世纪初，自由流动受到了挑战，一些国家的政府（不一定是出于经济原因）施加限制，特别是美国政府，它忘记了写在自由女神像上的话。[3]奥罗克的论点虽然有说服力，但依赖对全球化的某种特殊定义，而 2000 年前后的新全球化是基于计算机时代惊人的技术成就，无疑与 1900 年前后的全球化有不同的特点。

　　不过，在 20 世纪，远洋运输的性质发生了彻底的转变：在 20 世纪初，游轮公司得到了发展；在喷气式飞机跨洋交通变得安全之后，远洋轮船的客运服务就消失了；最重要的是，集装箱革命使得通过港口发送货物成为可能，而不需要在港口卸货，其结果之一是鹿特丹和费利克斯托（Felixstowe）等老港口的复兴或新港口的崛起，而利物浦和伦敦等老港口则被淘汰。随着海上贸易规模的成倍增长，世界各地人们（大部分在远离海岸的地方）的生活也发生了决定性的变化。

　　如果不考虑铁路和港口，就无法理解这些变化。在 19 世纪末，从内陆运输货物越来越容易，再加上汉堡、安特卫普和鹿特丹靠近深入欧洲的河流系统的入海口，这几座港口城市有了明显的优势。当荷兰人建造了一条新的出海水道时，它们的优势就更大了。比利时的解决方案是建立一个至今仍是欧洲最密集的铁路网。[4]安特卫普最宏伟的建筑之一就是火车站，这并非没有道理。航运给比利时和荷兰带来的利益几乎是不可估量的，因为安特卫普、鹿特丹和汉堡一起成为德国重工业产品的出口点，鹿特丹至今仍然如此。因此，比利时和荷兰这两个到当时为止还不算特别富裕的小国得到了极大的经济激励。[5]鹿特丹更适合联系德国西部的城市中心和工厂，而汉堡更依赖德国东部和更东方的土地，那些地方的工业化程度较低，或者根本没有工业化。不过，汉堡本身就是一个繁忙的工业中心，拥有兴旺的冶炼业。在希特勒上台时，汉堡的人口接近 200 万。

　　汉堡的贸易联系远至智利。早在 1847 年，汉堡的福尔韦克（Vorwerk）贸易公司就在智利开展业务，同时，汉堡与巴西和阿根廷也有非常密切的联系。1924 年，汉堡建造了一座被称为"智利大楼"（Chilehaus）的大型办公楼，其前卫的风格被称为"砖块表现主义"。[6] 荷兰人也不甘示弱，在鹿特丹大量投资，疏浚新航道，建造供船停泊和卸货的大型内港。[7] 在激烈的竞争中，这三个港口（汉堡、安特卫普和鹿特丹）飞快地改良了自己的设施，决心尽可能地吸引最大的交通量。越来越大的港口吞吐量刺激了福尔韦克等公司，它们努力增加与南美、南非和远东的贸易额。

尽管纽约也是一个非常成功的港口，处理的货物体量也很大，但北欧的几个港口加在一起，主导了全世界的海上交通。如果考虑到英国的作用，这一点就更清楚了：1914 年，英国拥有超过 8500 艘轮船，总吨位达 1900 万吨，占全世界总吨位的五分之二。在 20 世纪上半叶，伦敦一直是欧洲最大的港口，可这个"最大"的衡量标准是港口的规模，而不是它处理的货物量。不过，在 20 世纪初，特别是如果算上利物浦的话，英国在海上的主导地位是不可撼动的。英国拥有规模最大和最强的海军；拥有规模最大和最成功的商船队；英国是极负盛名的客运公司的所在地（尽管荷美邮轮公司和德国的汉堡-美洲航运公司发展迅速），英国的客运公司在第一次世界大战前夕比世界上其他任何航运公司都大，拥有百万吨级的船队。[8] 在战争爆发之前的几十年里，这些情况已经让德国人深感不安。德国海军将领冯·提尔皮茨（von Tirpitz）决心建造一支超越英国的舰队。他在 1897 年表示："对德国来说，目前海上最大的敌人是英国。（*Für Deutschland ist zur Zeit der gefährlichste Gegner zur*

See England.）"[9]然而，我们或许可以说，英国之所以成为德国的敌人，只是因为提尔皮茨希望如此。

※ 二

我们可以从许多角度来审视两次世界大战的海洋史，最明显的是从海战的角度。不过，本章采用的是航运公司的视角，特别是那些总部设在英国的航运公司，如蓝烟囱航运公司、冠达邮轮公司和铁行轮船公司。这样我们能够看到战争是如何给航运业带来灾难和利润的。对战争之前和之后的情况做比较，有助于解释这些公司的生存、危机和复兴。尽管第一次世界大战极大地扰乱了英国的海外贸易，但德国潜艇（U 艇）攻击英国航运所产生的影响小于英国舰队持续控制海洋的影响，英国对德国的海上封锁使德国难以获得战争所需的物资。英国的物资供应能力在很大程度上取决于海运，而英国继续统治着大海。1914 年，英国 79% 的粮食和 40% 的肉类是进口的，而一些产品，如糖，仍然完全在海外生产。英国政府保留了征用商船用于军事的权力，并逐渐更严格地执行这一规则。然而很明显，商船的主要作用必须是为英国提供物资，包括从加拿大和美国运来大量的小麦。航运公司被指责从战争中获得了过多的利润，部分原因是它们开始收取更高的运费。一些公司，如利物浦的蓝烟囱航运公司，利润激增，损失相对较小。冠达邮轮在 1909—1919 年将其船队的吨位增加了一倍，其资产飙升至 1500 万英镑。即便如此，英国船舶三分之一的吨位还是消失在海浪之下，特别是在德国人开发了攻击力很强的携带致命鱼雷的潜艇之后。一位英国海军将领对使用隐藏在海面下的船只的评价是："真该死，太违背英国人的习惯了。"潜艇并不是唯一的威胁，敌人的水雷也挡住了商船的去路。[10]

海军史学家可能会争论在 1916 年 5 月底的日德兰海战中哪一方占了上风，但关键的考虑是战役的结果：事实证明，德国无法取代英国在海上的统治地位。德国既不能扼制英伦三岛，也无法为自己的帝国舰队和商船队开辟大西洋水域。德国人需要仔细考虑的是，他们不仅对英国航运，而且对美国航运构成了威胁。伍德罗·威尔逊（Woodrow Wilson）很不愿意让美国卷入这场可能太容易被算作欧洲事务的战争，可如果德国人攻击美国船只，肯定会促使美国参战。1915 年 5 月，"卢西塔尼亚号"（*Lusitania*）在爱尔兰附近沉没，造成 1000 多人死亡，其中许多是美国人，这使美国的舆论变得强硬起来。德国的反驳是，它已经宣布大西洋的大部分海域为战区；它已经警告过美国公民，他们在大西洋的安全无法得到保证。即便如此，又过了两年时间，美国才加入战斗。美国人担心的事情成为现实：商船遭受了人类历史上从未有过的无情攻击。1917 年 2—5 月，有 250 万吨位的船被击沉，铁行轮船公司在这一年损失了 44 艘船。大西洋是最危险的海域，受到德国潜艇的骚扰。而在印度洋和太平洋经营的英国公司在战争期间获得了可观的利润。[11]德国人因为缺乏钨和镍等重要金属，不得不让机器闲置。普通德国人的食物摄入量虽然勉强足够，但更多的是在吃芜菁，而不是吃香肠，这使民众士气低落。

第一次世界大战表明，全球经济体（大英帝国是其中的典范）在战时是很脆弱的。人们还发现，一旦敌人掌握了制造潜艇的技术，重型战列舰就非常脆弱了。对德国来说，海上的失败是灾难性的。在战争期间，德国失去了一半的商船，在《凡尔赛条约》的苛刻条款下，又失去了剩余的大部分商船。战争结束几年之后，挂着魏玛共和国旗帜的船舶甚至不到全世界总数的 1%。不过，这些数字提醒了英国，它自己的损失也是非常严重的：37% 的商船，总吨位至少有 700 万吨，也许有 900 万吨。[12] 从这个角度来看，经济史学家认为战后的全球化程度低于战争爆发前的时期，就并不奇怪了。1920 年，全球海上贸易总额已经下降到比战前低五分之一的水平。[13]

※ 三

战后的情况并不全是暗淡的。航运业确实发生了缓慢的复苏，不过它又遭到大萧条的沉重打击。有一个受益的国家是日本。在第一次世界大战期间，日本是英国的盟友，甚至向地中海派遣了军舰，但一战对日本的重要性还在于它给日本帝国带来的经验。日本的舰队和商船队规模继续增长，总吨位从一战前夕的 170 万吨上升到战争结束时的近 300 万吨。在接下来的二十年里，日本商船队的规模成倍增长。到 1939 年，日本商船队占世界总吨位的 13%。[14] 其他国家的情况要差得多：1932 年，德国和荷兰的商船有约三分之一不能运作。有一两个地方在大萧条期间甚至出现了繁荣。香港在大萧条最严重的时期接收了总计 2000 万吨位的船舶，而新加坡在马来橡胶工业持续扩张的帮助下，也发展得很好。参与航运业的各方，包括政府和公司，竭尽全力投资新的港口设施，甚至（如后文所示）通过订购和建造新的客船和货船来刺激航运业。[15]

从英国航运公司的角度来看，战后出现了一些重大变化。一些航运公司合并了，新企业经营着庞大的船队。1929 年，凯尔森特皇家邮政公司（Kylsant Royal Mail）拥有超过 700 艘船，总吨位超过 250 万吨。但是，该公司已经过度扩张。次年，凯尔森特皇家邮政公司在丑闻中倒闭了。凯尔森特勋爵（Lord Kylsant）被指控篡改账目，使公司的财务状况看起来比实际情况好得多。在一场轰动全国的审判之后，他被投入一座英国监狱。他是全球商业不景气的受害者，也是一个误入歧途、野心膨胀的董事长。风暴将至，全球商船队的承运能力严重过剩，使航运业特别脆弱。预示着大萧条的不景气现象使问题更加严重。1931 年 11 月，铁行轮船公司的董事长英奇凯普勋爵（Lord Inchcape）写道："我从未见过像我们在过去 18 个月里经历的那样的萧条。看到轮船持续地离开伦敦……带着数千吨的闲置空间，与过去的日子大相径庭，真令人心痛。"[16]

在航运技术方面有一个积极的发展。柴油引擎投入使用，它消耗的燃料更少，不过需要的燃油更贵。但是，这减少了航运业对分散于全球各地的煤仓的依赖。人们并不急于使用石油：丹麦东印度公司在第一次世界大战之前就使用了燃油驱动的船只，可在英国，继续使用煤炭的诱惑力特别大，因为廉价的威尔士煤唾手可得。1926 年，冠达邮轮的管理层在考虑，如果油价继续上涨，是否将公司的一些船改回使用煤炭。降低燃油船成本的一个办法是在机房雇用中国人或远东其他地区的劳工，因为公司付给这些工人的工资只有欧洲工人的一半。这种情况至今在游轮上仍然普遍存在。[17]另一个办法是在油料特别便宜的地方获取燃油，如在亚丁。

　　航运业的一些部门也受到战后世界的政治变革的冲击。冠达邮轮面临的最严重的情况之一是美国对移民的政策性限制越来越严格。美国的立国之本在于它的所有公民（不包括被无视的美洲原住民）都是移民的后裔，但美国搞起了种族主义，特别是反犹主义的政策：1921 年，国会下令，移民人数将被限制在 1910 年人口普查时居住在美国的每个民族人口的 3%。来自东欧部分地区的移民特别受影响，因为从这些地区流向纽约东区廉价公寓的移民越来越多。1923 年，美国国会颁布了一项新的法律。根据这项法律，移民标准不是由 1910 年的人口普查来确定，而是由 1890 年的人口普查来确定，这就进一步限制了来自东欧的人数。这给航运公司造成的结果是，长期以来由乘坐统舱的移民主导的客运量急剧下降。1921 年，冠达邮轮满意地将近 5 万名三等舱乘客从不列颠群岛运往美国；次年，统舱乘客连 3.5 万人都不到。据报道，"我们许多航次的三等舱空间都比较空"。不用说，航运公司向英国政府施加压力，要求它劝说华盛顿方面减少限制性措施，而且如果以 1890 年的人口普查为参照，意味着美国可以接纳稍多的英国和爱尔兰移民。在 1929 年，美国国会重新斟酌。这一次，1920 年的人口普查成为衡量标准，这大大有利于来自英国的移民，却大幅削减了来自新成立的爱尔兰自由邦和德国的移民的配额。冠达邮轮一直以来不仅运载来自不列颠群岛的移民，还运载了许多从欧洲大陆和斯堪的纳维亚半岛到英国过境去美国的移民。因此，冠达邮轮不得不想办法实现多样化。其他国家的竞争对手也是如此，特别是德国的汉堡-美洲航运公司，它开发了旅游部门。热情的德国游客可以乘船前往美国、古巴或墨西哥进行探险和学习之旅，而法国大西洋海运公司（CGT）则开始在法国统治下的马格里布的大片地区投资酒店。[18]

冠达邮轮看到这一切，明白其竞争对手在另一种形式的大西洋客运中具有明显的优势：更专注于头等舱和二等舱住宿与服务的特快班轮服务。因此，冠达邮轮决定开始建造新船，这也意味着有机会用燃油来取代煤炭。这个建造计划在 1922 年顺利展开，在三年内，该公司就开通了十条航线，将南安普敦、利物浦、伦敦和布里斯托尔与美国连接起来，甚至还有从汉堡和荷兰港口去美国的航线。冠达邮轮的旧船，包括以前的德国船"皇帝号"［*Imperator*，一艘巨轮，现在被称为"贝伦加丽亚号"（*Berengaria*）］，改造了头等舱，使乘客可以享受私人浴室和随时不限量供应的热水。但是，大西洋航线上的竞争仍然很激烈。冠达邮轮也没有忽视那些不太富裕的乘客，他们过去一直在船身深处的宿舍里忍受着统舱的住宿条件。一种新的三等舱（"旅游舱"）出现了，部分是针对越来越多的到美国旅游的人。"旅游舱"提供了比三等舱更好的住宿条件，相当于现代飞机的优质经济舱。[19]

大萧条结束后，冠达邮轮的财务状况仍然险象环生。拯救它的，是新造的"玛丽王后号"（*Queen Mary*），尽管这最初看起来似乎是一场巨大的潜在灾难。该船的建造工程于 1936 年开始，不过当时所谓"534 号船体"的建造是从 1930 年底开始的。计划是要推出一艘不同凡响的船：它将比任何竞争对手都更大、更快、更豪华、动力更强，而且它将与一艘姊妹船一起，实现南安普敦、瑟堡（Cherbourg）和纽约之间的每周服务［姊妹船"伊丽莎白王后号"（*Queen Elizabeth*）到第二次世界大战爆发时仍未完工］。从长远来看，使用一艘大船而不是几艘小船可能是比较经济的，法国大西洋海运公司在推出自己的超大型客轮"诺曼底号"（*Normandie*）时也有同样的考虑。"玛丽王后号"的建造工程在大萧条期间停止了，直到英国政府提供了高达 450 万英镑的贷款才得以恢复。英国政府将其视为一种威望产品，使冠达邮轮能够在跨大西洋客运航线上超越德国和法国的竞争对手。然而，英国政府出资有一个重要的条件：冠达邮轮将与白星航运公司（White Star Line）合并。白星航运公司是冠达邮轮的老对手，也是命运悲惨的"泰坦尼克号"的运营商。白星航运公司当时正处于财务困境中，它与"534 号船体"竞争的工程也已暂停。两家公司于 1934 年合并，成为冠达白星公司（Cunard White Star），这一年，"玛丽王后号"在克莱德河（Clyde）下水。[20]这不是政府深度干预航运公司事务的孤例：荷兰和德国的航运公司也得到了政府的支持，而在德国，政府的干预更进一步，犹太人被强迫离开他们在汉堡-美洲航运公司的职位。"犹太人的身份被从该公司的集体记忆中清除，但实际上如果没有犹太人的参与，该公司就不会有任何有意义的历史。"[21]

冠达白星公司的主席珀西·贝茨爵士（Sir Percy Bates）回顾了"玛丽王后号"在 1941 年的表现，当时它和"伊丽莎白王后号"都被改装成了运兵船。他对"玛丽王后号"短暂而辉煌的战前生涯充满了自豪和怀念：

> 我想，现在是时候对"玛丽王后号"的财务业绩做更多的介绍了。它作为英国造船工业的杰作而广为人知。人们可能没有意识到，在财务上，它从一开始就非常成功，因为航海工程技术方面的进步让"玛丽王后号"成功参与了跨大西洋运输的新经济。1922 年，美国移民配额法的全部影响力首次显现出来，自那以后，没有一艘轮船像"玛丽王后号"这样在连续 12 个月内赚了这么多钱。[22]

不过，这不单纯是利润的问题。"玛丽王后号"展示了建造它和驾驶它航行的那个海洋国家的威望。这也促使英国政府为其建造投入巨款，更不用说这两艘巨轮的建造给苏格兰西部经济带来的刺激了。不仅在英国，而且在法国、德国和其他地方，人们为走出经济萧条的深渊做出了巨大的努力。到第二次世界大战前夕，这些努力已经取得了一些效果。诚然，利物浦正逐渐丧失其作为一个英国港口的卓越地位，但这意味着港口业务正被分散到英国的其他地方，如南安普敦和布里斯托尔。[23]现在需要研究的是，真正涵盖了几乎整个地球的第二次世界大战的爆发，将如何影响这一局面。

※ 四

　　与第一次世界大战相比，第二次世界大战的海洋史呈现出一种悖论。即使第一次世界大战是由发生在巴尔干半岛深处的事件触发的，但正如提尔皮茨的英国威胁论表明的那样，海权一直是德国人在一战前夕主要关心的问题。在一战期间，尽管商船损失惨重，可海上的冲突基本上局限于大西洋。而 1939 年，英国绥靖主义者认为，英国应该抓住机会，让希特勒在欧洲大陆为所欲为，这样的话，他就不会干扰英国对海洋的控制。当英国与德国之间真的爆发战争，而且日本站在德国一边投入战争时，这场战争变成了一场真正的全球性冲突，囊括了三个大洋，并见证了英国在远东最宝贵的几个基地的沦陷，特别是香港（1941 年圣诞节）和新加坡（1942 年 2 月 15 日）。在一战期间，在远东经营的英国航运公司的贸易网络往往是繁荣的，而在二战期间，它们被彻底粉碎了，甚至澳大利亚也遭到了日本的攻击。蓝烟囱航运公司失去了它的远东基地，而这些基地是它长久以来成功的源泉。[24]

　　二战期间的海上冲突也比第一批德国潜艇时代的海上冲突更加凶险：不仅潜艇技术突飞猛进，而且强有力的空中力量的加入意味着对船只的攻击不再仅由其他船只（无论是水面舰艇还是潜艇）发起。不仅是盟国的商船队，而且中立国（包括迟迟没有参战的美国）的商船队也大规模地暴露在德国和日本的火力之下。这意味着，英国的食品和基本工业品供应受到了持续和严重的威胁，受威胁程度远远高于 1914—1918 年的程度。在二战初期，一些完善的供应路线无法使用，如英国向埃及派遣军队需要进行绕过非洲的远程航行。[25]

　　法国沦陷后，德国人征用了法国的大部分商船。被德国人征服的其他国家的商船的命运很复杂。在希特勒入侵挪威后，大部分挪威商船转移到了英国，许多荷兰船也是如此，毕竟水手们有机动性强的优势。在某种程度上，盟军在海上的损失得到了美国的补偿，先是美国帮助维持通往英国的补给线畅通，然后在珍珠港事件之后，美国造船厂疯狂地建造船舶，将其租借给英国。即便如此，二战期间盟国仍有 2100 万吨位的商船被毁，其中约 1500 万吨位（近4800 艘）是德国潜艇攻击所致。商船水手们表现出了非凡的勇气，他们充分意识到巨大的风险，于是在大洋上以“之”字形行驶，试图避开德国潜艇。[26]在太平洋，争夺海路控制权的斗争的形态与在大西洋的不同。在这里，美国舰队决心封锁日本在其强行建立的“大东亚共荣圈”内的贸易。到珍珠港事件发生时，“大东亚共荣圈”已经囊括了日本统治下的中国部分地区和东南亚的大片海岸。美国人利用潜艇和空中力量，摧毁了从中国运输铁、煤和石油到日本，或者从马来半岛占领区运输橡胶到日本的船只。美国人还攻击了从德国前往日本的满载机器和化学品的长途运输船。

　　英国航运公司在战争中发挥了重要作用，即使它们的船舶处于政府的运营控制之下。根据在 1939 年 8 月 26 日即战争实际爆发一个多星期之前发布的命令，英国海军部“对商船的航行进行强制控制”，最初是在北海、波罗的海、地中海和大西洋。德国人也做好了准备。他们将"施佩伯爵号"（*Graf Spee*）和"德意志号"（*Deutschland*）袖珍战列舰派往大西洋，并将自己全部 57 艘潜艇中的 39 艘部署到英国沿海。在战争的第一天，德国潜艇对一艘英国远洋客轮的致命攻击让英国政府意识到，德国人并不打算遵守任何保护非战斗人员的战争规则。于是英国人立即组织了武装护航船队，但英国缺乏足够的资源来护送船舶深入大西洋。这个问题由于前一年英国放弃了在爱尔兰自由邦海岸的两个海军基地而变得更加复杂，这意味着英国船不得不在没有保护的情况下驶过爱尔兰水域的危险地带。德国水雷（其中一些是磁性水雷，可以吸附在船体上）是比潜艇更大的威胁，仅在 1939 年就有 78 艘船（总吨位超过 25 万吨）被德国水雷炸毁。

当德国空军于 1939 年 12 月开始攻击英国航运时，英国海军部努力为商船配备高射炮。在这方面英国人的确有远见，但真正有效的高射炮是从瑞士订购的，而在法国沦陷后，英国人就无法从瑞士获得高射炮了。这意味着英国不得不自己制造高射炮，或从美国购买，可局势是如此糟糕，以至于一些商船仅仅得到了由历史悠久的布洛克公司（Brock's）制造的烟花，希望德国飞行员（从来不擅长识别在海上漂浮的东西）会把它们看成是高射炮的炮火。另一个问题是，英国皇家空军似乎并不热衷于与海军部协调配合，传统的军种竞争在这里也产生了影响。这意味着没有英国飞机为英国海岸以外的船提供掩护。另外，英国人对商船航行的预先筹划确保了有足够的船从 1939 年 9 月 9 日起将英国远征军渡过海峡运往法国。再者，英国人在追踪和摧毁德国潜艇方面取得了一些成功，不过德国的造船厂疯狂地制造新的潜艇来补充。[27]然后，英国皇家海军的一部分不得不部署到地中海，去对付墨索里尼；他利用法国战败的机会加入希特勒阵营。[28]上述只是战争开始时的困难条件。英国商船队在面对通常看来具有压倒性力量的强大敌人时表现出的坚韧不拔，是世界航海史上无与伦比的典范。

　　四家航运公司（三家是英国公司，一家源自挪威）的经历说明了航运公司在二战期间面临的困难。我们已经看到，英国政府征用了"玛丽王后号"和"伊丽莎白王后号"作为运兵船。在战争爆发之前，英国政府就已经征用了冠达邮轮公司的 10 艘较小的船。"玛丽王后号"的问题是它被困在了纽约，而"伊丽莎白王后号"还在格拉斯哥郊外的造船厂里，等待对其船舱和公共空间的大量施工。"伊丽莎白王后号"的首航是非同寻常的事件：它被送到纽约进行装配，然后前往悉尼，与"玛丽王后号"会合。这两艘船都运送了数十万官兵，起初是运送澳大利亚人前往中东，然后从 1942 年起，运送美国大兵前往欧洲。研究冠达邮轮公司的历史学家称这是"军队运输史上无与伦比的成就"。当这两艘船穿越大西洋时，每艘船都能承载 1.5 万人，相当于一个步兵师，所以不足为奇的是，德国潜艇指挥官竞相追捕这些巨轮，而敌方特工则密谋破坏它们。[29]

　　铁行轮船公司还不得不向英国政府移交那些配备了布尔战争之前时代的 8 英寸或 6 英寸口径大炮的船只。这种老式火炮对德国潜艇没有什么用。到 1939 年底，第一批被征用的铁行公司船只之一，"拉瓦尔品第号"（Rawalpindi），在冰岛和法罗群岛之间的一次绝望的交锋中，勇敢地试图攻击强大的德国巡洋舰"沙恩霍斯特号"（Scharnhorst）。这当然是无望的，但并非徒劳，首相在下议院称赞"拉瓦尔品第号"的水手"激励了后来人"。后来，仅铁行轮船公司的船队就损失了很多人。铁行轮船公司的运兵船大量参与了1942年11月的北非登陆作战，即"火炬行动"。不过显然，该公司的远东业务已经停摆。[30] 那些在位于远东的英国基地运营的公司更是如此。

在香港和上海运营的瓦勒姆航运公司被迫向日本人交出了6艘船，但其他船逃到了印度或澳大利亚。事实证明，该公司的挪威渊源和员工部分由挪威人组成是优势，因为挪威人起初可以自由地去做他们的生意，不过当然，生意比以前少多了。瓦勒姆公司在香港的办事处关闭了，它的一些工作人员被日本人抓走。总会计师肯尼斯·纳尔逊（Kenneth Nelson）是一个运气绝佳的幸存者：他被安置在一艘载有超过1800名俘虏的船上，可日本人没有在这艘船上涂上红十字标志，盟军向它发射了鱼雷。纳尔逊通过鱼雷留下的缺口冲出了沉船，游上岸后才发现自己到了日本占领区。他被送回香港，在那里越狱，遭到日本巡逻队射击，却仍然设法找到了他最喜欢的酒吧，在那里点了他最喜欢的饮料，并提出了额外的要求："来杯双份的！"[31]

蓝烟囱航运公司的船分散在全球各地，为盟军服务。1939年由利物浦的阿尔弗雷德·霍尔特公司管理的87艘船的船队在战争结束时减少到了36艘。该公司在三大洋都有损失，一艘船在澳大利亚布里斯班附近被鱼雷击沉，而德国的鱼雷在西非或北大西洋击毁了一艘又一艘蓝烟囱航运公司的船。以船队形式航行有很多好处，但阿尔弗雷德·霍尔特公司的第一次海上损失发生在 1940 年 2 月，当时一支船队在强风中分散，导致"皮洛士号"（*Pyrrhus*）被一艘潜伏在加利西亚外海的德国潜艇击沉。[32] 不过，随着人们（更多是英国人，而不是美国人）越来越怀疑日本即将袭击珍珠港，阿尔弗雷德·霍尔特公司开始将其船舶从香港转移出去。他们有预见性地意识到，日本的威胁不仅针对美国，而且针对德国的敌人英国。日本人在太平洋上推进的速度使蓝烟囱航运公司的一些船深陷火线。停靠在香港接受改装的"坦塔罗斯号"（*Tantalus*）被偷偷弄走，然而其船长错误地认为当时在美国统治下的菲律宾会是一个安全的避难所。此时日本人正在无情地轰炸马尼拉，"坦塔罗斯号"被炸成了碎片，可幸运的是船员当时已经上岸了。但是，这些水手后来被日军逮捕，并被投入战俘营。[33]

战争对航运的损害只是故事全景的一部分。港口也遭受了巨大的损失。1940 年秋季德军对伦敦港和利物浦的空袭是直接针对航运业的，对布里斯托尔、南安普敦和克莱德河上的大型造船中心的袭击也是如此。德军空袭的目的远远不只是打击英国人的士气。温斯顿·丘吉尔将德军对默西河（Mersey）和克莱德河的攻击视为 1940 年最重要的时刻。在伦敦港被摧毁后，英国更加依赖利物浦，因此德军对这座城市发动的攻击极其猛烈。1940 年的空袭只是一个开始。到第二年夏天，利物浦已经损失了 70% 的港口吞吐量，此时德军的攻击停止了。1941 年 5 月，只使用了九年的蓝烟囱航运公司总部毁于空袭。一旦码头被毁，保持港口开放肯定是一项不可能完成的任务，但利物浦人设法做到了。到战争结束时，利物浦的港口吞吐量已恢复到 1939 年的水平。随着战争局势转为对英国有利，在北海的另一边发生了大规模的破坏。汉堡被炸得几乎荡然无存，而鹿特丹先是遭受入侵的德军的轰炸，然后遭到盟军的轰炸，在多次攻击后化为瓦砾堆。到战争结束时，汉堡-美洲航运公司只拥有一艘不值一提的船。[34]

因此，在战后的岁月里，如果要恢复全球的海上联系，就必须进行大规模的重建。必须建造船只，修复港口，安排资金。在 20 世纪 40 年代和 50 年代新的政治和经济环境下，不列颠是否能继续统治大海，是一个未知数。

注　释

1. K. O'Rourke, 'The Economist and Global History', in J. Belich, J. Darwin, M. Frenz and C. Wickham, *The Prospect of Global History* (Oxford, 2016), p. 47, especially n. 11.

2. Cited by S. Conrad, *What is Global History?* (Princeton, 2016), pp. 93-4.

3. O'Rourke, 'Economist and Global History', pp. 48-9, 55 (and n. 30); also K. O'Rourke and J. Williamson, *Globalization and History: The Evolution of a Nineteenth-Century Atlantic Economy* (Cambridge, Mass., 1999).

4. M. Miller, *Europe and the Maritime World: A Twentieth-Century History* (Cambridge, 2012), pp. 25-9, 35-49, and map 2, p. 42.

5. Ibid. , pp. 56-9.

6. Ibid. , pp. 39-40, 107 fig. 2 (*Chilehaus*).

7. Ibid. , p. 45.

8. Ibid. , pp. 49-55, 75-9.

9. Cited in J. Steinberg, *Yesterday's Deterrent: Tirpitz and the Birth of the German Battle Fleet* (London, 1965), p. 208.

10. Miller, *Europe and the Maritime World*, pp. 213, 217-18; M. Falkus, *The Blue Funnel Legend: A History of the Ocean Steamship Company* (Basingstoke, 1990), pp. 157-61; F. Hyde, *Cunard and the North Atlantic 1840-1973: A History of Shipping and Financial Management* (London, 1975), p. 169; D. Howarth and S. Howarth, *The Story of P&O: The Peninsular and Oriental Steam Navigation Company* (2nd edn, London, 1994), p. 117.

11. Miller, *Europe and the Maritime World*, pp. 217, 231; Falkus, *Blue Funnel Legend*, p. 173; Howarth, *Story of P&O*, p. 124; F. Hyde, *Liverpool and the Mersey: An Economic History of a Port 1700-1970* (Newton Abbott, 1971), p. 147.

12. Miller, *Europe and the Maritime World*, pp. 235-7.

13. O'Rourke, ' Economist and Global History ', p. 55; Falkus, *Blue Funnel Legend*, p. 203.

14. Howarth and Howarth, *Story of P&O*, p. 125; W. J. Macpherson, *The Economic Development of Japan 1868-1941* (2nd edn, Cambridge, 1995), p. 31.

15. Miller, *Europe and the Maritime World*, pp. 247, 269.

16. Cited in Howarth, *Story of P&O*, p. 129; Falkus, *Blue Funnel Legend*, p. 229; Hyde, *Liverpool and the Mersey*, p. 149.

17. Falkus, *Blue Funnel Legend*, pp. 175, 190-92; Hyde, *Cunard and the*

North Atlantic, p. 181.

18. Hyde, *Cunard and the North Atlantic*, pp. 171 – 3, 180; Miller, *Europe and the Maritime World*, pp. 254-5.

19. Hyde, *Cunard and the North Atlantic*, pp. 173-6, 180, 227-34.

20. Ibid. , pp. 191 – 218; 贷款数字见 pp. 214 – 15; Miller, *Europe and the Maritime World*, pp. 253-4。

21. Miller, *Europe and the Maritime World*, p. 248.

22. Quoted by Hyde, *Cunard and the North Atlantic*, p. 255; also pp. 264-7, 280.

23. Hyde, *Liverpool and the Mersey*, pp. 160-77.

24. Falkus, *Blue Funnel Legend*, pp. 240, 245.

25. Miller, *Europe and the Maritime World*, pp. 277 – 8; Falkus, *Blue Funnel Legend*, p. 236.

26. Miller, *Europe and the Maritime World*, pp. 282-3.

27. S. Roskill, *A Merchant Fleet in War: Alfred Holt & Co. , 1939 – 1945* (London, 1962), pp. 19, 23-8.

28. Ibid. , p. 47.

29. Hyde, *Cunard and the North Atlantic*, pp. 260-67.

30. Howarth, *Story of P&O*, pp. 138-40, 145-6.

31. A. Hardy, *Typhoon Wallem a Personalised Chronicle of the Wallem Group Limited* (Cambridge, 2003), pp. 64-6; F. Welsh, *A History of Hong Kong* (2nd den, London, 1977), pp. 412-23.

32. Roskill, *Merchant Fleet in War* 的卷首页是战争中船只被击沉地点的地图；87 艘船的数字来自 p. 11；关于 "皮洛士号"，见 pp. 29-33；Falkus, *Blue Funnel Legend*, p. 237 给出的数字是 77 艘。

33. Falkus, *Blue Funnel Legend*, pp. 237–40, 245.

34. Hyde, *Liverpool and the Mersey*, pp. 178 – 80; Miller, *Europe and the Maritime World*, pp. 281, 284, 304 – 6; Falkus, *Blue Funnel Legend*, pp. 247 – 8 (Churchill).

第五十一章

集装箱里的大洋

※ 一

到二战结束时，不仅许多船只，而且许多港口也变成了废墟，如伦敦港、利物浦、鹿特丹、汉堡，还有新加坡、香港和横滨。将世界贸易从这样的低谷中解救出来是一项艰巨的挑战，但人们做到了。随着新的紧张局势开始困扰全世界，橡胶等重要原材料持续供应的问题成为经济复苏的刺激因素。从远东的情况来看，复苏之路上满是障碍。在日本战败后的四个月内，一些英国公司就开始探查马来橡胶的产地。砂拉越轮船公司（Sarawak Steamship Company）在战前的小船队损失殆尽，然而公司董事会在 1945 年 12 月 13 日的会议上，庄严地确认了 1941 年 12 月 4 日的会议记录，仿佛这之间的所有苦难都没有发生过。铁行轮船公司发现，他们的新加坡办事处已被摧毁，可他们的香港办事处被日本人搞得很漂亮。[1]在荷兰人从印度尼西亚撤走后，远东的局势变得更加复杂。这次大撤退涉及数万名滞留在日本控制区多年的欧洲人。世界各地的船被召集起来，这些幸存者不知何故被运到了红海，荷兰政府在那里建立了一家临时的百货商店，甚至向这些往往很憔悴的移民提供荷兰美食。[2]
但是，随着东南亚国家纷纷独立，欧洲生产商倾向于撤离。很明
显，马来橡胶将成为马来西亚政府的关注点，而马来西亚政府预计
不会对欧洲公司有特别友好的态度。

　　中国的局势进一步复杂化，使香港地区陷入困境。不过，在国
共冲突当中，香港可以充当监听站，所以有其价值。言语直率的外
交大臣欧内斯特·贝文（Ernest Bevin）说，他希望香港成为"中
东的柏林"，但他似乎把中东和远东混淆了，这很奇怪，因为他深
度参与了巴勒斯坦事务。香港的复苏受到了两个因素的阻碍。一个
因素是大量难民从中国内地涌入香港，港英当局无力应对。另一个
因素是在朝鲜战争期间和之后，通过香港的贸易大幅下滑。朝鲜战
争部分是由美国主导的，美国试图对中华人民共和国实施全面贸易
禁运，而联合国禁止向中国输送战略物资。然而，欧洲公司在上海
和中国内地沿海地区其他贸易基地的办事处的关闭对香港有好处，
因为此时从中国内地出去的贸易都是通过香港进行的。但是，这种
情况在 20 世纪 50 年代初不能持续下去。美国禁运官员来到了香
港，以不可阻挡的热情开始了工作。虾被列入了禁运货物清单，因
为不清楚它们是否来自香港，也许它们曾栖息在中国政府控制的珠
江水域。[3]

　　英国的另一个贸易基地新加坡预计不会继续忍受殖民统治很长
时间。伦敦很同情马来半岛的独立运动，但马来半岛游击队（其中
有很多华裔共产党员）的出现，使情况变得非常复杂。此外，新加
坡的人口猛增，很快就达到了 100 万（是战前数字的两倍），因为

这里和香港一样，在当时吸引了贫穷的中国内地人。新加坡与香港一样，在美观的殖民统治核心周围出现了贫穷、疾病肆虐和犯罪猖獗的棚户区。由于缺乏足够的港口设施（一个巨大的浮动码头在战争期间沉没了），新加坡的经济复苏受阻。新加坡殖民地在接下来的几年里抓住机遇，自力更生，成为世界上最大的橡胶市场，并且不仅从马来半岛，而且从印度尼西亚的橡胶树中提取橡胶。因此，新加坡能够很好地利用它在亚洲大陆和东印度群岛之间以及印度洋和太平洋之间的绝佳位置，不过它还是花了更多的时间才从战后的贫民窟发展为一个繁荣与和平的经济强国。当马来亚联合邦成立时，它的竞争对手印度尼西亚共和国试图对新加坡的橡胶出口实施禁运，希望这能扼杀新加坡仍不稳定的贸易。然而出口商很快就知道，只要从印度尼西亚出发，前往香港，然后在南海足够远的地方改变方向去新加坡即可。由此，走私成了一桩好生意。[4]

　　这实际上是海盗经济，新加坡无法靠它生存。人们对新加坡能否发展起来表示怀疑。1960 年，联合国非常担心新加坡的未来，于是派了一个小组去新加坡，由在航运界有丰富经验的荷兰经济学家阿尔伯特·魏森梅斯（Albert Winsemius）领导。他非常悲观，表示"新加坡正在走向衰败"。他对新加坡的港口设施不以为意，但他和新加坡富有魅力的领导人李光耀一样，都是新加坡的救星：魏森梅斯看到，如果新加坡学会处理一种新型货物——集装箱，就能掌握主动权。关于集装箱，后文会做更多介绍。魏森梅斯显然是一个有远见卓识的人。另一条成功之路是利用新加坡在几大洋之间的优越位置，开展船舶维修的业务；这使它成为日本、挪威和希腊船东最

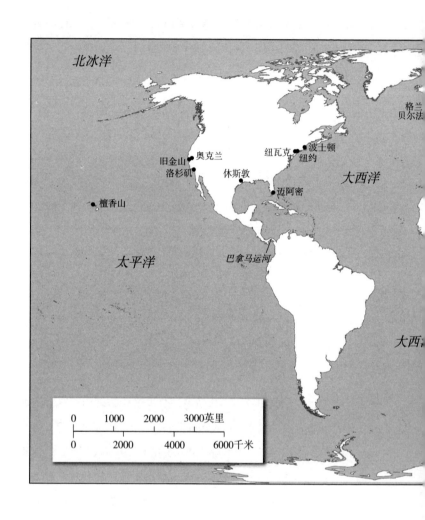

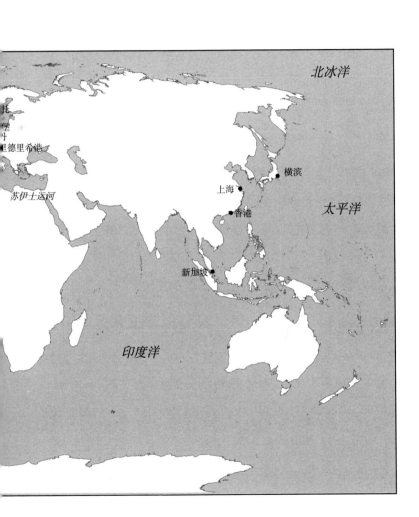

北冰洋

托
堡寸
里德里希港

苏伊士运河

横滨

上海

香港

太平洋

新加坡

印度洋

喜欢的港口。如果新加坡要成为主要的海上贸易中心，这些船东正是新加坡需要吸引的那类人。[5]新加坡于 1965 年被逐出马来西亚联邦（新加坡的人口以华人为主，所以在马来西亚联邦内如坐针毡）后获得独立，这就造成了令人生畏的新挑战。现在，发展新加坡本地工业的努力因更难获得大陆的原材料而受阻。解决办法是以魏森梅斯提出的想法为基础，将新加坡变成商业和金融的中间商。这是亚洲最了不起的成功故事之一。[6]

※ 二

如果要全面描述欧洲的经济复苏，就要考察许多有时会拖慢复苏速度的因素，这些因素在远东也存在：基础设施遭受的严重破坏，特别是在伦敦港；外部竞争，特别是日本成为主要的造船中心，并以更大的规模重建其商船队；与此同时，英国造船业在衰退。恶劣的劳资关系（特别是海员的工资问题和码头工人在日益机械化的世界中的作用）是另一个因素，随着港口对人力依赖程度的降低（这一点后文再谈）而变得更加重要。1955 年、1960 年和 1966 年的海员罢工，每一次都比前一次更具破坏性，严重扰乱了英国的贸易。由于 1966 年的罢工，铁行轮船公司损失了 125 万英镑，它的 5 艘船停工。[7]

在苏伊士运河被埃及政府收归国有后，英法两国试图恢复欧洲人对运河的控制，导致苏伊士运河于 1956 年 11 月关闭，此事使英国航运公司阵脚大乱。当以色列军队在 1967 年再次大败埃及军队并占领西奈半岛时，英国航运公司又一次受到负面影响。[8]不过，吃亏的不仅是低薪劳工。新的经营方式不再有利于在之前几十年里发挥关键作用的中间商。由于外国客户越来越倾向于直接与英国境内的生产商交易，作为中间商的船舶代理公司被排挤出去。这在一定程度上反映了工业产品（如重型机械）在技术上的日益复杂化，而中间商不一定能够了解和解释新技术。[9]英国公司也宁愿直接去找茶叶种植园或者其他能够获得原材料的地方，20 世纪 50 年代和 60 年代的电视广告里经常有这样的自豪吹嘘。然而，从全球来看，在战后的若干年里，英国经济有了明显的恢复。在二战期间，铁行轮船公司失去了战前 371 艘船的一半以上，损失的总吨位为 220 万吨。但是，到 1949 年，它运营的货船数量已经和 1939 年的一样多；至于客船，它拥有的数量比以前少，可船的尺寸更大。此外，铁行轮船公司认识到，油轮对未来很重要。该公司以前没有经营过油轮，却在 1955 年向英国造船厂下了油轮的订单。[10]在二十年内，伦敦的海运业务增加到了 1939 年的 1.5 倍。20 世纪 50 年代，利物浦的航运公司在缓慢起步后也恢复得不错，而这些成功被海员罢工打断，于是业务逐渐开始收缩。随着集装箱船驶向更适合其需求的其他港口，利物浦的失业率也在升高。如前文所述，集装箱是 20 世纪晚期海运界真正伟大的变革之一。[11]

　　欧洲最令人印象深刻的成功故事发生在鹿特丹。鹿特丹在战争中几乎完全被毁，这一点刺激了雄心勃勃的重建和扩张。鹿特丹本身距离海岸有 50 公里，但它的港口，包括巨大的新"欧洲港"（Europoort），现在一直延伸到北海。按照荷兰人一贯的锐意进取精神，鹿特丹港囊括了马斯弗拉克特（Maasvlakte）的多个内港，它们建在大海中，能够接待巨大的油轮，这是鹿特丹成功故事的一部分。作为一个集装箱港口，鹿特丹在欧洲取得了新加坡在东南亚取得的成就。另一个成功的秘诀是鹿特丹在石油工业中的关键作用。在20世纪60年代，主导鹿特丹业务的是被运往鹿特丹并在那里精炼的石油，以及代表荷兰皇家壳牌公司和其他公司向欧洲内陆输送石油的管道。[12]鹿特丹的经历与新加坡的类似，因为鹿特丹能够作为位置优越的转口港发挥关键作用：它的港口位于莱茵河、默兹河和斯海尔德河等深入德国、法国和瑞士境内的长而复杂的河流体系的入海口。"欧洲港"不仅是欧洲最大（在一段时间内还是世界最大）港口的一部分，也是一个真正的欧洲港口，满足欧盟内外的欧洲国家的需求。

※ 三

鹿特丹和新加坡一样，已经看到了未来，并适应了它，利物浦却没有。在20世纪，跨洋旅行的方方面面都在发生变化。现在，跨越大洋不一定需要乘船。在30年代，泛美航空（Pan American Airways）这家在北美和南美运营的泛大陆航空公司，将美国与巴拿马、利马、圣地亚哥、布宜诺斯艾利斯、蒙得维的亚（Montevideo）、里约热内卢和加勒比海地区联系起来。这些城市都是港口，但现在可以通过航空更快地到达这些港口。泛美航空还有从旧金山到夏威夷再到马尼拉的航空服务，这两个目的地都是美国的属地。另外，德国的跨大西洋航空服务由飞艇承担，通常从欧洲心脏位置的康斯坦茨湖（Lake Constance）① 畔的弗里德里希港（Friedrichshafen）开始，有的航线穿越美国，到达洛杉矶。这是一种连接大洋和陆地的新方式，不过飞艇项目随着 1937 年"兴登堡号"（Hindenburg）的坠毁而化为乌有。此后，飞机占领了天空。[13]不管怎么说，能够乘坐飞艇的人很少："兴登堡号"载有 50 名乘客（后来是 72 名），这是一个创纪录的数字。荷兰皇家航空公司的一些早期航班在有 6 名乘客时就算满员了。[14]在第二次世界大战之前，很少有旅客乘坐飞机。乘坐英国帝国航空公司（Imperial Airways）或德国汉莎航空公司的飞机从欧洲到亚洲的旅行往往需要在酒店过夜。

一些远程飞机，如帝国航空公司和澳大利亚航空公司联合运营的"帝国"船身式水上飞机（Empire Flying Boats），装配得相当像一艘小船，有供乘客使用的床铺。这些飞机在前往远东和澳大利亚的途中，会在莫桑比克或克里特岛附近的水域，甚至在开罗的尼罗河上降落。类似的美国飞机，即波音 314 "飞剪船"，能够以比较舒适的条件搭载 74 名乘客。这些是小型化的豪华游轮，座位可以转换为床，其服务标准或许只有在 21 世纪最好的头等舱中才能体验。不用说，这也是一种非常昂贵的旅行方式：从伦敦到香港或布里斯班的往返机票在 1939 年要花费 288 英镑，超过了许多人一整年的工资。航空公司有限的利润大部分来自运送英国皇家邮政的邮件。与现代飞机的商务舱一样，这个时期很大一部分旅客是有报销

————————————

①　即博登湖（Bodensee）。

账户的，如殖民地的高级或至少是中级公务员。[15]如果要比较有效地治理帝国，那么以这种比轮船快得多的方式运送这样的乘客是合理的。

20 世纪 50 年代初，随着专门运营欧洲以外航班的英国海外航空公司（BOAC）的成立，洲际航空旅行被越来越广泛地接受，这侵蚀了海运公司的利润。航空旅行也变得更加安全，最大的突破是喷气式客机投入使用。英国人生产了第一架"彗星"（Comet）喷气式客机，它们于 1952 年开始飞行，但事实证明它们有致命的设计缺陷，于是被召回。所以直到 1958 年，在西雅图制造的波音 707 才开始为泛美航空提供定期的跨大西洋服务。不久之后，由英国海外航空公司运营的"彗星 4"也开始运营。这些飞机不仅速度快，而且平稳。旅客越是在空中感觉舒适，就越不愿意乘船，哪怕是最好的船。"伊丽莎白王后号"和"玛丽王后号"在远海的颠簸是有名的，因此，乘船横渡大西洋不一定是五天的幸福之旅。随着旅行者向空中转移，海运公司的一个选择是与航空公司建立密切的联系。铁行轮船公司开始收购航空公司，包括有点怪异的银城航空公司（Silver City Airways），该公司用球形小飞机载着度假者和他们的汽车飞越英吉利海峡。[16]从 1962 年起，冠达邮轮与英国海外航空公司联合经营跨大西洋的航空服务，乘客可以选择在去程坐飞机，在回程乘船。如果不是很着急的话，在欧洲港口和纽约之间的海上旅行仍然被认为是一种非常合理的旅行方式。然而，航空旅行变得越来越普及，也越来越便宜，飞机从轮船那里夺走了顾客，所以横跨大西洋的海上旅行变得无利可图。1966 年，冠达邮轮和英国海外航空公司停止合作。[17]

冠达邮轮把希望寄托在另一艘"王后号"上，即"伊丽莎白王后 2 号"（QE2），它在克莱德河上建造，于 1969 年投入使用，直到 2008 年才退役。和"玛丽王后号"一样，它既是一种声望的体现，在财务上也很稳健。当"伊丽莎白王后 2 号"投入使用时，冠达邮轮只经营三艘客轮，甚至卖掉了位于利物浦的令人肃然起敬的老总部大楼。"伊丽莎白王后 2 号"的现代设计并没有传达出老"玛丽王后号"那种帝国晚期的奢华感，但它在整个生涯中，一直被用于往返纽约的客运。不过，由于"伊丽莎白王后 2 号"没有姊妹船，所以无法提供每周的定期服务。冠达邮轮意识到，公司的主要业务必然在其他地方，在游轮旅游业；甚至在"伊丽莎白王后 2 号"第一次出海之前，"伊丽莎白王后号"和"玛丽王后号"就已经在巴哈马和地中海巡游了。[18] 美观的"堪培拉号"（Canberra）是在贝尔法斯特的哈兰与沃尔夫造船厂建造的，成本为 1600 万英镑。铁行轮船公司最初计划让"堪培拉号"在连接英国和澳大利亚的客运航线上航行，但到了 1974 年，来自航空公司的竞争已经非常激烈，于是"堪培拉号"成了一艘游轮。[19] 海上客运世界发生了深刻的变化：游轮早已存在，可直到 20 世纪末，它们才开始主导所有的海上长途客运。即使在那时，游轮也常常与航空旅行结合在一起，因为（比方说）乘客可能需要从伦敦飞往迈阿密，在迈阿密登船。

现代游轮业可以追溯到泰德·阿里森（Ted Arison），他是以色列的投机家，在 1966 年抓住机会获得了一艘挪威船的控制权，并将其转移到迈阿密。他以"挪威加勒比海航运公司"（Norwegian Caribbean Lines）的名义逐步建立了自己的船队，不过他大多数的船是经过改装的渡船，而且他巧妙地利用船的下层甲板在迈阿密和牙买加之间提供滚装船的运输服务。阿里森的所有船加起来有大约3000名乘客的空间，在当时的佛罗里达是不可能填满这么多位置的。解决办法是在美国各地做广告，使迈阿密成为北美的游轮之都。他的成功促使其他人，特别是真正的挪威人进入游轮市场，使用专门建造的船只，并进一步加强迈阿密在游轮业务中的作用。竞争对手之一歌诗达游轮公司（Costa）决定将波多黎各作为其主要基地，并开始让乘客飞往那里，把机票包括在游轮的船票价格中。这样，游轮旅游就成了完整的套餐。比广告效果更好的是电视连续剧《爱之船》（The Love Boat），该剧从1977年起播了九年，在世界各地播放，为游轮旅游业披上了玫瑰色的浪漫外衣。[20]

所有这些都让人怀疑游轮旅游的真正目的。在加勒比海旅游是为了观赏16世纪圣多明各的奇妙建筑和参观巴巴多斯的布里奇顿博物馆（根据维客旅行的说法，游客很可能会有机会独享这家博物馆）吗？在那些每天从游轮转移到加勒比海岸的人中，大多数会去购物，或者也许会体验一下当地的美食。像"天鹅希腊"（Swan Hellenic）这样的专业公司是作为高品质海上旅游的组织者而成名的，它们研究人类历史和自然历史，并希望乘客听一听那些可能激动人心也可能沉闷无聊的讲座。这在载有300名或更少乘客的船上是可行的；但如今，在大洋上游荡的巨轮往往载有3000名或更多的乘客，这些游轮从方方面面来说都是设施齐全的度假中心，与周围的世界分离，是吃饭、沐日光浴、睡觉和享受轻松娱乐的地方。2017 年海上最大的游轮是由皇家加勒比国际游轮公司（Royal Caribbean Lines）运营的"海洋魅力号"（*Allure of the Seas*），它最多可以容纳 7148 名乘客。"海洋魅力号"于 2010 年下水，加上它的两艘姊妹船，可承载乘客的总数约为 2.1 万人。皇家加勒比国际游轮公司由阿里森的挪威对手创办，和"诺唯真邮轮"（Norwegian Cruise Line）公司一样，还经营着另外几艘非常大的船。挪威在游轮业中的突出地位是冠达邮轮无法比拟的，冠达邮轮的"玛丽王后 2 号"最多可载 3090 名乘客，与挪威的巨轮相比只是个小不点。这些大船对环境造成的破坏很大，这让威尼斯为之烦恼。而且，当可能多达 6000 名乘客同时从游轮下来时，小的城镇或历史遗迹完全无力应对。不过，撇开游轮不谈，跨大洋和大洋之间的长途海上客运已经消亡了。

※ 四

飞机对船舶并没有大获全胜。货运飞机的使用成本很高，但它们可以运送一些船舶无法处理的新鲜货物（例如，在以色列种植的鲜花在采摘后 24 小时内就在英国市场上销售）。在我们这个时代，绝大多数远途出口的货物都是通过集装箱船在各大洲和各大洋之间运输的。联合国贸易和发展会议（UNCTAD）估计，世界贸易体量的 80%（近 100 亿吨）和贸易额的 70% 是通过海运进行的。用集装箱船将一罐啤酒从亚洲运到欧洲的成本大约为每罐 1 美分，一包饼干为 5 美分，每台电视仅有 10 美分。

这是集装箱带来的好处。集装箱的历史可以追溯到 20 世纪 20 年代，当时美国的铁路公司尝试使用钢制集装箱，并用强有力的叉车在卡车和火车的货运车厢之间来回转移这些集装箱。使用集装箱装船的明显的制约因素是，码头工人是一个强大的、有工会组织的工人群体，他们认为进一步的机械化对他们的生计构成了威胁；这是可以理解的。在 20 世纪 50 年代初，这并不是大问题，因为当时的集装箱必须被小心翼翼地与散装货物一起装入船舱，所以码头工人的技能仍有很大市场。港口劳动力的成本可能是实际将一艘货船运过大西洋的成本的 3 倍，特别是在美国那一端，港口劳动力成本很高，因为在 20 世纪 50 年代，美国码头工人的薪资大约是德国码头工人的 5 倍。此外，使用集装箱似乎并不经济：集装箱一般不是绝对装满的，所以使用集装箱的托运人等于是花钱在船上租了一些空荡荡的空间；相比之下，散装货物可以塞进船舱的每个角落。[21] 也就是说，只有在建造了专门用来运载集装箱的船，或者对现有的船进行改造使其适应集装箱之后，集装箱才能成为运输的标准形式。

一般认为，集装箱的发明要归功于富有创造力的商人马尔科姆·麦克莱恩（Malcolm McLean）。他长期以来一直对货物装船的烦琐方式感到沮丧：从美国腹地运来的货物必须由码头工人卸下车，然后在船舱中小心翼翼地码放整齐；船到达目的地之后，上述过程又必须反过来重复一遍。有人认为麦克莱恩是灵机一动地产生了集装箱革命的想法，但他参与发明集装箱运输的过程其实是渐进的，不过肯定是连续多次灵机一动的产物。集装箱的基本概念并不是全新的，可麦克莱恩倡议的标准化为海上运输带来了巨大的革命。他从陆地开始：1954 年，他名下有一家拥有 600 多辆卡车的货运公司；在 50 年代，他努力削减成本，与竞争对手打价格战。作为不断创新的企业家，他在北卡罗来纳州建立了一个自动化终端，采用柴油发动机，并重新设计了卡车，使其侧面有锯齿形护栏，以减少风阻。然而，他在美国东海岸的卡车运输服务（经常运送大量烟草）受到了另一种竞争的威胁。市场上有很多便宜的货船，都是战争时期留下的。从美国南方腹地通过海路向北运输货物是有意义的，因为当时长途高速公路尚未建成，一般公路经常堵塞，特别是在新英格兰的大城市周围。[22]麦克莱恩不尝试与货船竞争，而是将其纳入自己的体系。1953 年，他设计了与能够接待卡车拖车的港口合作的计划：拖车可以直接开上船，与驾驶室分离，拖车（连同车轮和所有货物）被船运到目的地，然后从船上开走。纽约港务局对国内货运量的减少感到担忧，所以愿意合作。

麦克莱恩的根本性创见是，货运是为了移动货物，而不是为了移动船舶。部分问题在于，在老式的装载方式下，船舶在可以而且应该移动的时候没有移动。麦克莱恩解释说："船舶只有在海上的时候才赚钱。在港口待着，只会让成本上升。"[23]用卡车从美国内陆运来的货物，或通过铁路运到沿海地区的货物，通过集装箱，不用拆包就可以运到其他腹地，这是非常合理的。不过，集装箱运输成为国际化业务的日子还遥遥无期。必须先建立统一的体系。麦克莱恩设计了一种更高效的货运方式：船舶应该运载拖车的车体，而不是拖车。也就是说，这些大箱子可以被运到船边，抬上船，然后堆叠在一起并锁定（这在有轮子的拖车上是不可能的）。他的公司分析了将啤酒从新泽西州纽瓦克运到迈阿密的成本。在两端的传统处理方式的成本是每吨 8 美元，而集装箱处理的成本是每吨 50 美分。他花了不少时间才买到一艘合适的旧油轮，并获得许可将其作为一艘经过改装的非常特殊的货轮派出海。直到 1956 年，麦克莱恩才得以在他的"泛大西洋轮船公司"（Pan-Atlantic Steamship Company）旗下启动他的新业务。这年 4 月底，"理想 X 号"（*Ideal-X*）装载了从卡车拖车上卸下的 58 个铝箱，从纽瓦克驶往得克萨斯州的休斯敦。为了做到这一点，麦克莱恩不得不专门订购这些箱子（他订了 200 个，可见他信心十足），甚至不得不重新设计起重机，以便能够通过一次快速操作，把集装箱从岸上吊到船上。这种起重机是如此之大，如此之重，以至于它们所用的铁轨也必须得到加强。这不是简单的业务，而是巨大的投入，好在很快就证明了它的价值："理想 X 号"的装载成本是传统装载方式成本的三十七分之一。"理想 X 号"和它的姊妹船一起，在新泽西和休斯敦之间提供每周一次的服务。随着麦克莱恩购置了更多船只，这种服务很快增加到每四天一次。[24]

　　有人认为，从安全的角度来看，集装箱是最好的。在远海，传统船只上的货物可能会在更大的空间内移动并受损；而且，密封的集装箱内货物失盗的可能性更小。[25]另外，还能在集装箱内安装冰柜，并将许多集装箱堆叠起来。麦克莱恩自己的集装箱有 35 英尺长。但是，随着越来越多的人认识到集装箱是未来的发展方向，新的标准建立起来了。1958 年（也就是在"理想 X 号"首航的不久

之后），美国国家标准学会就开始考虑这个问题，后来，国际协议
颁布，规定集装箱的长度为 10 英尺的倍数，而标准集装箱（Trailer
Equivalent Unit，缩写为 TEU）① 的长度是 20 英尺。[26] Trailer Equivalent
Unit（字面意思为"相当于拖车的单元"）这一名称的使用，让人
想起集装箱的起源就是美国大型卡车所用的拖车。到 1960 年，美
国的其他运输公司开始对麦克莱恩的业务艳羡不已。"夏威夷公民
号"（*Hawaiian Citizen*）可承载 356 个集装箱，从这一年开始在旧
金山和檀香山之间运营。不过，麦克莱恩的事业并非一帆风顺：波
多黎各的码头工人拒绝卸载他的集装箱，他的公司不得不同意雇用
大批码头工人，尽管工作原本可以用更少的人手通过机械完成。这
只是一部长篇传奇的开始：在纽约和美国大陆的其他港口，码头工
人工会对集装箱化的反对有时非常激烈。集装箱确实对码头工人的
工作岗位构成了威胁。没了那些工作岗位，处理散装货物的传统技
能也失传了。最终，在肯尼迪、约翰逊和政府代表的调解下，劳资
双方达成了妥协，为保护码头工人的工作岗位做了一些努力。[27]

　　麦克莱恩的公司更名为"海陆航运公司"（Sea-Land Service），
将业务范围拓展到太平洋，甚至阿拉斯加。起初，麦克莱恩的公司
对跨越大西洋（更不要说太平洋）犹豫不决。在"理想 X 号"首
航的十年之后，麦克莱恩才有一艘船到达鹿特丹，运去了 226 个集
装箱。回程时，这艘船在苏格兰的格兰奇茅斯（Grangemouth）停

---

　　① 此处说法存疑。一般认为，TEU 代表 Twenty-foot Equivalent Unit，即 20 英尺标准
集装箱。

靠，装载苏格兰威士忌。这是历史上第一次用集装箱运送威士忌。麦克莱恩认为，这些威士忌通过集装箱到达美国的景象，使航运界相信集装箱才是未来所系。无论如何，集装箱船的跨大西洋航线已经成功开辟，并迅速发展，欧洲公司（如汉堡－美洲航运公司）也很快参与其中。[28]在越南战争期间，有一条特殊的航线比威士忌酒瓶更能让世人相信集装箱的作用。麦克莱恩成为美军的固定供应商，他认为集装箱是运送关键物资的最佳选择，否则这些物资就会从越南的港口流入越共手中。他还指出，集装箱可以有多种用途，如作为办公室和储藏室。1968 年，从美国运往太平洋彼岸的军用物资有五分之一是用集装箱运送的。同样明显的是，通过使用集装箱为驻越美军提供补给，可以大幅削减成本，尽管美国军方高层对这一事实的认识比较迟钝。不过很快，美国发往欧洲的军用物资就有一半是用集装箱船运输的了。毫无疑问，集装箱船使美国在欧洲的基地更容易为官兵提供牛奶与奶油混合制品、美式比萨饼、美式甜甜圈和其他至今仍令参观这些基地的欧洲游客感到惊讶的"奇珍异宝"，但这也是走向全球集装箱化的重要一步。

到 20 世纪 80 年代，麦克莱恩的业务遍及全球，包括南美洲和北美洲。他的公司起初是一家中等规模的卡车运输公司，后来成为国际巨头。不仅如此，麦克莱恩公司的创新决定性地塑造了国际贸易的方式。鹿特丹、新加坡和香港等大型集装箱港口的吞吐能力终于赶上了现代集装箱船的运载能力。与旧金山一水之隔的奥克兰（Oakland）是集装箱革命的美国受益者之一，1969 年，奥克兰的货物吞吐量达到 300 万吨，不包括运给大洋彼岸的美国军队的物资。

这是奥克兰四年前处理的集装箱运输量的 8 倍。集装箱革命不利的一面是，就像美洲大陆另一端的波士顿一样，旧金山的海上运输量萎缩了。同样，在英国，新的港口取代了旧的港口。伦敦的码头关闭了，在经历了多年的荒芜和衰败之后，伦敦码头区才得以复兴，但它如今变成了金融中心，建有奥运场馆，甚至机场（可见世界发生了多么大的变化）。与此同时，费利克斯托，以前是一个无趣的沿海小镇，如今却成为英国主要的集装箱运输中心，拥有一座非常长的码头和一个足以接待最大货轮的深水港。到 1969 年，费利克斯托的年吞吐量已接近 200 万吨。它的业主"和记港口信托"（Hutchison Ports）起源于 19 世纪的"黄埔船坞"公司（Hong Kong and Whampoa Dock Company），在世界各地拥有大量的集装箱港口，或在港口拥有权益。和记港口信托的市场份额超过 8%，在 2005 年处理了超过 3300 万个标准集装箱。费利克斯托繁荣发展的受益者之一是剑桥大学三一学院，它拥有费利克斯托的一些土地，并相应地增加了对费利克斯托原本就数额惊人的投资。[29] 2017 年，全世界最大的集装箱船，中国籍的"中海环球号"（CSCL Globe），在费利克斯托投入使用，可以运载惊人的 1.91 万个标准集装箱。同时，全世界最大的集装箱航运公司马士基（Maersk）是一家丹麦企业，经营着 600 艘船，这些船加在一起，马士基的集装箱承载能力远远超过 300 万个标准集装箱。这只是个开始。未来很可能要看东方的某个大国，它对自己在世界上的地位有新的憧憬。从哥伦布和达·伽马开始的西方主宰世界（包括北美）的时代，即将落下大幕。

注 释

1. D. Howarth and S. Howarth, *The Story of P&O: The Peninsular and Oriental Steam Navigation Company* (2nd edn, London, 1994), p. 151.

2. M. Miller, *Europe and the Maritime World: A Twentieth-Century History* (Cambridge, 2012), pp. 290–93.

3. F. Welsh, *A History of Hong Kong* (2nd edn, London, 1997), pp. 442, 444, 451-2.

4. Miller, *Europe and the Maritime World*, pp. 299–300.

5. J. C. Perry, *Singapore: Unlikely Power* (New York, 2017), pp. 165-8, 171.

6. M. R. Frost and Yu-Mei Balasingamchow, *Singapore: A Biography* (Singapore and Hong Kong, 2009), pp. 322 – 35; Perry, *Singapore*, pp. 148 – 9, 163; Miller, *Europe and the Maritime World*, pp. 67–8.

7. F. Hyde, *Liverpool and the Mersey: An Economic History of a Port 1700–1970* (Newton Abbot, 1971), p. 191; Howarth and Howarth, *Story of P&O*, p. 173；关于造船厂工人，见 A. Reid, *The Tide of Democracy: Shipyard Workers and Social Relations in Britain, 1870–1950* (Manchester, 2010)。

8. Howarth and Howarth, *Story of P&O*, pp. 165–6, 174.

9. Hyde, *Liverpool and the Mersey*, p. 187.

10. Howarth and Howarth, *Story of P&O*, pp. 151, 156-7.

11. Miller, *Europe and the Maritime World*, p. 306; Hyde, *Liverpool and the Mersey*, pp. 192-3, 197.

12. Miller, *Europe and the Maritime World*, pp. 311-13; p. 312 可见鹿特丹港

的地图。

13. K. Hudson and J. Pettifer, *Diamonds in the Sky: A Social History of Air Travel* (London, 1979), pp. 58, 61.

14. Ibid., p. 67.

15. Ibid., pp. 69, 79, 81, 84-7.

16. Howarth and Howarth, *Story of P&O*, p. 163.

17. F. Hyde, *Cunard and the North Atlantic 1840-1973: A History of Shipping and Financial Management* (London, 1975), pp. 296-302.

18. Ibid., pp. 309, 313.

19. Howarth and Howarth, *Story of P&O*, pp. 160-61.

20. B. Dickinson and A. Vladimir, *Selling the Sea: An Inside Look at the Cruise Industry* (2nd edn, Hoboken, 2008), pp. 21-2.

21. M. Levinson, *The Box: How the Shipping Container Made the World Smaller and the World Economy Bigger* (2nd edn, Princeton, 2008), pp. 29-30, 34.

22. Ibid., pp. xi, 36-49, 53; B. Cudahy, *Box Boats: How Container Ships Changed the World* (New York, 2006), pp. 20-25.

23. Levinson, *The Box*, pp. xi, 53; quotation cited by Cudahy, *Box Boats*, p. 35.

24. Ibid., pp. 50-53, 57; Cudahy, *Box Boats*, pp. 26-32.

25. Levinson, *The Box*, p. xiii.

26. Ibid., pp. 55-7; Cudahy, *Box Boats*, pp. 35-6, 40-41.

27. Levinson, *The Box*, pp. 58, 101-26.

28. Cudahy, *Box Boats*, pp. 69, 75, 84-9（观察力敏锐的人会发现这艘船运载的是 whisky，而不是该著说的 whiskey），100-106。

29. Levinson, *The Box*, pp. 171-88, 196, 201, 204-5; Cudahy, *Box Boats*, pp. 106-8, 153.

结　语

　　"结语"这样的小标题，通常不过是为一本书画上句号的一种方式。但是，在研究大洋史时，"结语"这个词具有额外的力量。不仅是这本书，大洋史本身也即将终结，或者至少它的传统形式即将终结。在今天的世界里，即使考虑到大体量的海上贸易，跨海联系的性质也已经发生了根本性的变化。这种变化从电报电缆的铺设开始，然后电报被无线电部分地继而完全地取代，最后是航空旅行的胜利。海岸不再是英国或意大利与美国之间旅行的关键地点。过去的典型港口已被集装箱港口取代，许多港口不再是有来自各种背景的不同肤色的人群居住的贸易中心，而是货物处理中心，在那里，机器（而不是人）在做繁重的工作，没有人看到那些往往被从远方运来并封在大箱子里的货物。费利克斯托实际上是一台巨大的机器，而不是在早期的亚丁或马六甲，或甚至较近期的波士顿和利物浦能看到的那种喧嚣繁华的商业交易中心。游轮会在一些地方停留，但乘船不再是有目的地从一个地方到另一个地方的旅行方式。游轮上的乘客最终会结束旅行并回家。

　　不过，今天大多数的船是运送货物的。如今通过集装箱港口的贸易规模之大，令人惊愕。香港每天有 1000 艘船通过它的 9 个集装箱码头；香港的港口每年处理 2000 万个集装箱，单个最重为 20

吨。总计每年有 3 亿吨货物通过香港，主要是进出中华人民共和国的货物。但是，香港只是一个更大的、拥有 6800 万人口的复合城市的组成部分之一：除了香港还有澳门，澳门的大部分收入来自博彩业；另有工业城市深圳，直到 1980 年，它仍是一个只有 30 多万人口的小渔村，如今（2019 年）则是一座拥有 1300 多万人口的大都市，紧邻香港，致力于高科技产业。从香港一直到广州，工业发展改变了农村的面貌。长期以来，珠江是中国通往世界的主要窗口，如今，珠江不仅对中国，而且对世界经济也变得比以往任何时候都重要。中国已经开始以自宋代或郑和下西洋以来从未有过的热情展望海洋。"一带一路"倡议通过铁路重建陆上丝绸之路，并建立中国与欧亚非之间的长途海路，必将使中国对其现在生产的工业产品的流动拥有越来越多的主动权。

全球变暖正在使绕过加拿大和俄罗斯北端的旅行变得可行，从而以伊丽莎白一世女王时代梦想的方式连接太平洋和大西洋。如果冰层消退，正常的交通能够沿着这条路线流动，那么从远东到欧洲的时间可能会减少 20%。但是，这条北极航线和绕过加拿大北端的航线将主要由集装箱船使用，也许偶尔会有游轮到此，因为或许有些乘客喜欢冰天雪地而不是热浪。与此同时，人类对大洋环境造成了严重的破坏。向大洋倾倒塑料垃圾的行为对海洋生物构成威胁，一些塑料进入鱼类的食物链，导致已经受到过度捕捞威胁的鱼类资源枯竭，更不用说几种鲸鱼的数量大幅减少。[1]联合国教科文组织在全球大多数国家提名了世界遗产。然而，有一个巨大的世界遗产也需要被提名，那就是包罗万象的大洋，它

的历史正在进入全新的阶段。在 21 世纪初，过去四千年的大洋世
界已经不复存在。

注　释

1. A. Antonello, 'The Southern Ocean', in D. Armitage, A. Bashford and
S. Sivasundaram, eds., *Oceanic Histories* (Cambridge, 2018), pp. 301-8.

有海事馆藏的博物馆

　　撰写这样一本述及全球、跨越千年的大书，不可能仅仅依靠细读现有的数百万份档案资料。我还大量参考了许多国家的博物馆藏品，包括专门的海事博物馆的藏品，拥有地图和文献、沉船上发现的陶瓷、出口到欧洲的瓷器等相关材料的综合性博物馆的藏品，以及船舶本身的实物残骸。下面是为我提供了最丰富的材料和最有价值的启发的博物馆的名录。这些博物馆并不都是庞大或豪华的。有时，装有当地藏品的小屋和庞大的收藏库一样有帮助。

佛得角

　　圣地亚哥岛上的普拉亚：考古博物馆（Museu de Arqueologia）、普拉亚民族志博物馆（Museu Etnográfico da Praia）。

中国

　　香港特别行政区：香港历史博物馆、香港海事博物馆。
　　澳门特别行政区：澳门博物馆。
　　杭州：杭州博物馆。

丹麦

哥本哈根：丹麦国家博物馆（Nationalmuseet）。

赫尔辛格：丹麦海事博物馆（M/S Museet for Søfart）。

斯卡恩：斯卡恩城镇与区域博物馆（Skagen By-og Egnsmuseum）。

多米尼加共和国

圣多明各：哥伦布宫（Alcázar de Colón）、加西亚·阿雷瓦洛博物馆（Fundación García Arévalo）的前西班牙时代藏品、王家府邸博物馆（Museo de la Casas Reales）、多米尼加人民博物馆（Museo del Hombre Dominicano）。

芬兰

奥兰群岛的玛丽港：奥兰海事博物馆（Ålands Sjöfartsmuseum）。

德国

不来梅哈芬：德国海事博物馆（Deutsches Schiffahrtsmuseum）、德国移民博物馆（Deutsches Auswandererhaus）。

吕贝克：汉萨博物馆（Hansemuseum）。

意大利

　　热那亚：加拉塔海事博物馆（Galata-Museo del Mare）。

日本

　　东京：东京国立博物馆。

马来西亚

　　马六甲：郑和文化馆、海事博物馆（Muzium Samudera）、荷兰红屋博物馆（Stadthuys）、马六甲苏丹国宫殿博物馆（Muzium Istana Kesultanan Melaka）。

荷兰

　　阿姆斯特丹：阿姆斯特丹国家博物馆（Rijksmuseum）、荷兰海事博物馆（Het Scheepvaartmuseum）。

新西兰

惠灵顿：新西兰蒂帕帕国立博物馆（Museum of New Zealand Te Papa Tongarewa）、惠灵顿博物馆（Wellington Museum）。

挪威

卑尔根：卑尔根博物馆、汉萨博物馆。

奥斯陆：维京船博物馆、国家博物馆。

葡萄牙

亚速尔群岛特塞拉岛上的英雄港：当地博物馆。

法鲁：考古博物馆。

里斯本：国立古代美术馆（Museu Nacional de Arte Antiga）、古尔本基安美术馆（Museu Calouste Gulbenkian）。

卡塔尔

多哈：伊斯兰博物馆。

新加坡

亚洲文明博物馆、历史博物馆、海事博物馆、新加坡土生文化馆（Peranakan Museum）。

西班牙

休达：休达研究所（Instituto de Estudios Ceutíes）博物馆。

拉比达（La Rábida）：修道院和博物馆。

瑞典

哥德堡：海事博物馆。

斯德哥尔摩：瑞典历史博物馆（Historiska Museet）、瓦萨博物馆。

哥得兰岛上的维斯比：哥得兰博物馆。

土耳其

伊斯坦布尔：海事博物馆。

阿拉伯联合酋长国

富查伊拉：富查伊拉博物馆。

沙迦：考古博物馆、海事博物馆、伊斯兰博物馆。

英国

贝尔法斯特：贝尔法斯特"泰坦尼克号"（*Titanic* Belfast）博物馆。

布里斯托尔：M 仓库博物馆（M Shed）、"大不列颠号"（*Great Britain*）轮船博物馆。

利物浦：海事博物馆。

伦敦：国家海事博物馆（格林尼治）。

延伸阅读

　　本书的章后注释给出了我参考的大量专著和原始资料。下面列出了以更广阔的视角探讨各大洋的图书。其中一些书涉及本书没有详细探讨但肯定值得深入研究的话题，如大洋环境。我引用的绝大多数书都是在 21 世纪出版的，有不少甚至是在我写作期间问世的，这反映了过去几十年里海洋史研究的爆炸式增长。

全球视角

　　海洋史的一部鸿篇巨制是 C. Buchet general ed. , *The Sea in History—La Merdans l'histoire*（4 vols. , Woodbridge，2017），作者是一大群知识渊博的学者。这部著作实际上是用法文和英文写的大量五花八门论著的综合体，重点是欧洲和地中海。俗话说"人多手杂"，这部著作缺乏统一的研究方法；尽管它自称"全面"，但对世界某些区域的探讨很少。D. Armitage，A. Bashford and S. Sivasundaram, eds. , *Oceanic Histories*（Cambridge，2018）由多位作者撰写的许多较短的章节组成，涉及全世界绝大多数的主要海域，包括红海、南海和日本海，以及各大洋。可是，该书用的是史学史的写法，有时滥用术语；它的参考书目很长，很有价值，却有一些令人惊讶的遗漏，比如遗漏了博雅尔（Beaujard）研究印度洋的巨著。该书的大多数章节忽视了古代和中世纪，这是现有大部分文献的缺点。

　　L. Paine，*The Sea and Civilization: A Maritime History of the World*（New York，2013；London，2014）可读性很强，清楚而有力地论证了海上联系在人类文明发展中的作用。该书对航海技术的描写特别精彩。P. de Souza，*Seafaring and Civilization: Maritime Perspectives on World History*（London，2001）对类似的话题做了非常简短但有思想深度的论述。德国的一位卓越的经济史学家写了一部虽短但涉及面广泛的世界海洋史：Michael North，*Zwischen Hafen und Horizont: Weltgeschichte der Meere*（Munich，2016）。R. Bohn，*Geschichte der Seefahrt*（Munich，2011）更短一些。

　　考古学家布莱恩·费根（Brian Fagan）写过一些发人深思的书，展示人类如何从上古时代开始与海洋互动。这些书包括 *Beyond the Blue Horizon: How the Earliest Mariners Unlocked the Secrets of the Oceans*（London，2012）和 *Fishing: How the Sea Fed Civilization*（New Haven，2017），后者探讨的是本书基本上没有涉及的海洋史的一个方面。J. Gillis，*The Human Shore: Seacoasts in History*（Chicago，2012）是一本精练、生动而很有现实意义的书。海洋考古学是可读性极强的 S. Gordon，*A History of the World in Sixteen Shipwrecks*（Lebanon，NH，2015）一书的基础。Geoffrey Scammell，*The World Encompassed: The First European Maritime Empires, c. 800－1650*（London，1981）对中世纪和近代早期的大洋做了精彩概述；该书作者还主编了一套丛书，包含四本简短但很有价值的涉及海洋的书，下面会在合适的地方谈到。三部关于跨越大洋边界的航海帝国的经典著作

是：C. Boxer, *The Portuguese Seaborne Empire 1415−1825*（London, 1969）；C. Boxer, *The Dutch Seaborne Empire 1600−1800*（London, 1965）；J. H. Parry, *The Spanish Seaborne Empire*（London, 1966）。三本书都被收入 J. H. Plumb, *The History of Human Society* 这套具有开拓性的丛书。

B. Lemire, *Global Trade and the Transformation of Consumer Cultures: The Material World Remade, c. 1500 − 1820*（Cambridge, 2018）很有价值，该书的主题是世界贸易（很大一部分是海上贸易）和人们对优质商品越来越高的需求。M. Miller, *Europe and the Maritime World: A Twentieth-Century History*（Cambridge, 2012）是对20 世纪海洋史（远远不只是欧洲）的精彩介绍。对海军史的研究与本书这样的海洋史（强调海上贸易）研究，已经有些分道扬镳。R. Harding, *Modern Naval History: Debates and Prospects*（London, 2016）探讨了海权的性质以及各国海军架构等问题。海军史的经典起点是 A. T. Mahan, *The Influence of Sea Power upon History, 1660−1783*（Boston, 1890），然后是同一作者的其他作品。海军史研究的绝佳典范是 N. A. M. 罗杰（N. A. M. Rodger）的多卷本 *A Naval History of Britain: The Safeguard of the Sea 660−1649* 和 *The Command of the Ocean 1649−1815*（London, 1997 and 2004）。

大洋的环境史往往涉及人类出现以前的时代，如 D. Stow, *Vanished Ocean: How Tethys Reshaped the World*（Oxford, 2010）；J. Zalasiewicz and M. Williams, *Ocean Worlds: The Story of Seas on Earth and Other Planets*（Oxford, 2014）。Callum Roberts, *Ocean of*

Life: How Our Seas are Changing（London，2012）和同一作者较早的 *The Unnatural History of The Sea: The Past and Future of Humanity and Fishing*（London，2007）对人类及其造成的气候变化，以及过度捕捞和其他短视政策对海洋的影响发出了警告。还有一部关于岛屿的（非人类）生物种群衰退和灭绝的著作：D. Quammen，*The Song of the Dodo: Island Biogeography in an Age of Extinction*（London，1996）。

地中海的面积不到地球水域总面积的 1%，本书基本上没有谈地中海。关于地中海的著作汗牛充栋，此处仅介绍几本。对于长时段的地中海史，可参考 David Abulafia，*The Great Sea: A Human History of the Mediterranean*（London and New York，2011）（中译本参见〔英〕大卫·阿布拉菲亚《伟大的海：地中海人类史（全 2 册）》，徐家玲等译，北京：社会科学文献出版社，2018），本书是它的姊妹篇；另见 David Abulafia，ed.，*The Mediterranean in History*（London and New York，2003）；关于人类在地中海的最早活动，见 C. Broodbank，*The Making of the Middle Sea*（London，2013）；关于古代和中世纪早期（同时涉及其他时段）的"连通性"，见 Peregrine Horden and Nicholas Purcell，*The Corrupting Sea*（Oxford，2000）和更新的 J. G. Manning，*The Open Sea*（Princeton，2018），这两本书探讨的是古代地中海的经济；关于 16 世纪的地中海，见 Fernand Braudel，*The Mediterranean and the Mediterranean World in the Age of Philip II*，translated by Siân Reynolds（2 vols.，London，1972-3），该书对所有海洋史的写作都有意义。

太平洋

这是三大洋当中受到研究最少的大洋，不过研究文献很清楚地认识到了有必要仔细研究太平洋的原住民族群。对于长时段的太平洋史，可参考 M. Matsuda, *Pacific Worlds: A History of Seas, Peoples and Cultures*（Cambridge, 2012）; D. Armitage and A. Bashford, eds. , *Pacific Histories: Ocean, Land, People*（Basingstoke, 2014）; 以及斯卡梅尔（Scammell）丛书中的 D. Freeman, *The Pacific*（Abingdon and New York, 2010）。对于较短时段的研究，见 A. Couper, *Sailors and Traders: A Maritime History of the Pacific Peoples*（Honolulu, 2009）, and D. Igler, *The Great Ocean: Pacific Worlds from Captain Cook to the Gold Rush*（Oxford and New York, 2013）。

印度洋

菲利普·博雅尔（Philippe Beaujard）在他的重量级（书本身也很重）著作 *Les Mondes de l'Océan Indien*（2 vols. , Paris, 2012）中试图描绘更广阔背景中的印度洋。在布罗代尔的启迪下，博雅尔有时写到了亚洲深处的戈壁滩，所以该书不像是海洋史，倒更多是与印度洋相接的几个大洲的极其丰富多彩的历史。关于印度洋历史的一部可读性较强的概述性著作是 R. Hall, *Empires of the Monsoon: A History of the Indian Ocean and Its Invaders*（London, 1996）。

R. Ptak, *Die maritime Seidenstrasse: Küstenräume, Seefahrt und Handel in vorkolonialer Zeit*（Munich, 2007）聚焦于通过南海和印度洋的贸易。K. N. Chaudhuri, *Trade and Civilisation in the Indian Ocean: An Economic History from the Rise of Islam to 1750*（Cambridge, 1985）这本生动有趣的书也强调贸易，而该书作者和博雅尔一样，深受布罗代尔的影响。斯卡梅尔丛书中的 M. Pearson, *The Indian Ocean*（Abingdon and New York, 2003）是一部大师之作。

大西洋

关于大西洋的著作比关于地中海的还多。下面几本手册较好地将丰富多彩的话题（从北美早期殖民地的生活到奴隶贸易）结合起来。然而这些书的共同缺点是，除了稍微提及在文兰的诺斯人和在大西洋岛屿上的葡萄牙人，很少关注 1492 年之前的大西洋。这些书包括：N. Canny and P. Morgan, eds., *The Oxford Handbook of the Atlantic World c. 1450 - c. 1850*（Oxford, 2011）；J. Greene and P. Morgan, eds., *Atlantic History: A Critical Appraisal*（New York, 2009）；D. Coffman, A. Leonard and W. O'Reilly, eds., *The Atlantic World*（Abingdon and New York, 2015）。

另外一些关于大西洋的书（有的是单个作者，有的是两人合著）的问题也是类似的：B. Bailyn, *Atlantic History: Concept and Contours*（Cambridge, Mass., 2005）；C. Armstrong and L. Chmielewski, *The Atlantic Experience: Peoples, Places, Ideas*（Basingstoke and New

York，2013）；F. Morelli，*Il mondo atlantico: Una storia senza confini* (*secoli* *XV* - *XIX*) (Rome，2013)；不过，C. Strobel，*The Global Atlantic 1400-1900* (Abingdon and New York，2015) 和斯卡梅尔丛书中的 P. Butel，*The Atlantic* (London and New York，1999) 要好一些。贝林（Bailyn）的书特别有影响力，但他眼中的大西洋的重点在北方，而且大西洋是在哥伦布和卡博特之后才形成的。

关于前哥伦布时代大西洋的最佳研究是 Barry Cunliffe，*On the Ocean: The Mediterranean and the Atlantic from Prehistory to AD 1500* (Oxford，2017) 和同一作者较早的 *Facing the Ocean: The Atlantic and Its Peoples*，*8000 BC to AD 1500* (Oxford，2001)。关于前哥伦布时代的加勒比海，新近（不过写得比较难懂）的著作是 W. Keegan and C. Hofman，*The Caribbean before Columbus* (Oxford and New York，2017)。关于随后几个世纪的加勒比海，可参考多米尼加共和国的卓越历史学家的著作 Frank Moya Pons，*History of the Caribbean: Plantations*，*Trade*，*and War in the Atlantic World* (Princeton，2007)，或本书章后注释中提到的其他加勒比海史书。关于现代墨西哥湾，见 J. Davis，*The Gulf: The Making of an American Sea* (New York，2017)。

本书和巴里·坎利夫（Barry Cunliffe）著作中的大西洋包含北海，而如果排除波罗的海，我们就无法理解北海。关于波罗的海的最权威的通史是 Michael North，*The Baltic: A History* (Cambridge，Mass.，2015；original edition：*Geschichte der Ostsee*，Munich，2011)。斯卡梅尔丛书中的 D. Kirby and M. -L. Hinkkanen，*The Baltic and the*

North Seas（London and New York，2000）是按照主题来安排的，所以并不总是能够轻松地确定长时段的变化。M. Pye，*The Edge of the World: How the North Sea Made Us Who We Are*（London，2014；此书已有中译本，〔英〕迈克尔·派伊：《世界的边缘：北海的文化史与欧洲的演变》，宋非译，北京：社会科学文献出版社，2023）这本关于中世纪北海的很生动的史书颇有争议地提出，对于欧洲文明的发展，北海甚至比地中海更重要。英吉利海峡的通史可参考 P. Unwin，*The Narrow Sea*（London，2003）。最后，*The Routledge Handbook of Maritime Trade around Europe 1300–1600*（Abingdon and New York，2017），edited by W. Blockmans，M. Krom and J. Wubs-Mrozewicz 的优点是涉及的地理范围极广，不过该书覆盖的时段比上述绝大多数书都要短。

北冰洋

理查德·沃恩（Richard Vaughan）因为写了一些关于瓦卢瓦家族的勃艮第公爵的书而闻名，他也写了一本 *The Arctic: A History*（Stroud，1994）。然而，他这本书涉及的范围远远不只是北冰洋。J. McCannon，*A History of the Arctic: Nature，Exploration and Exploitation*（London，2012）也是这样。前文提到的 *Oceanic Histories* 中有一个关于北冰洋的章节，也有关于南冰洋或南极洋的一章〔作者分别是 S. 索林（S. Sörlin）和 A. 安东内洛（A. Antonello）〕。

译名对照表

Aaron 亚伦

Abacan 阿巴罕

Abbas, Shah of Iran 阿拔斯，伊朗国王

Abbasids 阿拔斯王朝

'Abdu'l-'aziz, Sa'id 赛德·阿都尔·阿席

Aborigines 澳大利亚原住民

Abu Dhabi 阿布扎比

Abu Mufarrij 阿布·穆法里季

Abu Zayd Hassan of Siraf 锡拉夫的阿布·宰德·哈桑

Abzu 阿勃祖

Acapulco 阿卡普尔科

Aceh, Sumatra 亚齐，苏门答腊岛

Achilles, SS "阿喀琉斯号"

Achnacreebeag 阿克纳克里比格

Adam of Bremen 不来梅的亚当

Adams, William (MiuraAnjin) 威廉·亚当斯（三浦按针）

Aden 亚丁

Admiralty Islands 阿德默勒尔蒂群岛

Adulis 阿杜利斯

Angles 盎格鲁人

Anglesey 安格尔西

Anglo-Saxon Chronicle《盎格鲁-撒克逊编年史》

Anglo-Saxons 盎格鲁-撒克逊人

Ango，Jean the Elder 老让·安戈

Ango，Jean the Younge 小让·安戈

Ango family of Dieppe 迪耶普的安戈家族

Angola 安哥拉

Angra，Azores 英雄港，亚速尔群岛

Annals of Ulster《阿尔斯特编年史》

Annam 安南

Anne（cog）"安妮号"（柯克船）

Annia family 安尼家族

Annunciada "圣母领报号"

Ansip，Andrus 安德鲁斯·安西普

Antarctic Ocean 南极洋

Anthony of Padua，St 帕多瓦的圣安东尼

Antigua 安提瓜岛

Antilles 安的列斯群岛

Antiochos III 安条克三世

Antwerp 安特卫普

Aotea "白云号"

Aotearoa see New Zealand 奥特亚罗瓦，即新西兰

Arrian 阿里安

Arsinoë 阿尔西诺伊

Ascension Island 阿森松岛

Ashab Mosque 艾苏哈卜大寺

Ashikaga shoguns 足利幕府

Aso, Mount 阿苏山

Aspinwall, William 威廉·阿斯平沃尔

Assyrians 亚述人

Astakapra/Hathab 阿斯塔卡普拉/哈塔卜

Astor, John Jacob 约翰·雅各·阿斯特

Atlantic Ocean 大西洋

Atlas Mountains 阿特拉斯山脉

Atlasov, Vladimir 弗拉基米尔·阿特拉索夫

Atrahasis 阿特拉哈西斯

Aubert, Jean 让·奥贝尔

Auðun 奥敦

Augsburg 奥格斯堡

Augustinians 奥斯定会

Augustus Caesar 奥古斯都·恺撒

Aurora "黎明女神号"

Australian continent 澳大利亚大陆

Austrialia del Espiritú Santo 圣灵的奥斯特里亚利亚

Austronesian languages 南岛语系

Baghdad 巴格达

Bahadur Shah of Gujarat 古吉拉特的巴哈杜尔·沙

Bahamas 巴哈马群岛

Bahrain 巴林

Baiões 巴约伊斯

Baitán 拜丹

Balboa, Juan Núñez de 胡安·努涅斯·德·巴尔沃亚

Balboa, Vasco Núñez de 巴斯科·努涅斯·德·巴尔沃亚

Balboa (town), Panama 巴尔沃亚，巴拿马

Baldridge, Adam 亚当·鲍德里奇

Bali 巴厘岛

Baltic 波罗的海

Baluchistan 俾路支斯坦

Banks, Joseph 约瑟夫·班克斯

Bantam, Java 万丹，爪哇岛

Bantam Island 万丹岛

Bantus 班图人

Baranov, Alexander 亚历山大·巴拉诺夫

Barbados 巴巴多斯

Bridgetown see Bridgetown, Barbados 布里奇顿，巴巴多斯

Barbar 巴尔巴尔

Barbarikon 巴尔巴里孔

Barbarossa, Hayrettin 海雷丁·巴巴罗萨

Beirut 贝鲁特

Belém 贝伦

Belfast 贝尔法斯特

Belgium 比利时

Belitung wreck 勿里洞沉船

ben Yiju，Abraham 亚伯拉罕·本·伊朱

ben Yiju family 本·伊朱家族

Bencoolen，Sumatra 明古连，苏门答腊

Bengal 孟加拉

Benin 贝宁

Bensaúde，Elias 埃利亚斯·本萨乌德

Bensaúde family 本萨乌德家族

Beowulf《贝奥武甫》

Berardi，Giannetto 詹奈托·贝拉尔迪

Berbers 柏柏尔人

Berenice（daughter of Herod Agrippa）贝勒尼基（希律·阿格里帕的女儿）

Bereniké Troglodytika 贝勒尼基·特罗格洛底提卡

Bergen 卑尔根

Bryggen（wharves）布吕根（码头）

Bering，Vitus 维图斯·白令

Bermuda 百慕大

Bertoa "贝托阿号"

Costa Rica 哥斯达黎加

Courthope，Nathaniel 纳撒尼尔·考托普

Cousin，Jean 让·库桑

Couto，Diogo do 迪奥戈·都·科托

Coventry 考文垂

Covilhā，Pero da 佩罗·达·科维良

Cowasjee，Framjee 化林治·考瓦斯治

Crawford，Harriet 哈丽雅特·克劳福德

Creole 克里奥尔人

Cresques family 克雷斯克斯家族

Crete 克里特岛

Croker Island 克罗克岛

Cromwell，Oliver 奥利弗·克伦威尔

Cromwell，Richard 理查德·克伦威尔

Crosby，Alfred 阿尔弗雷德·克罗斯比

Crown Jewels 王室珠宝

CSCL Globe "中海环球号"

Cuba 古巴

Cunard 冠达邮轮

Cunard，Samuel 塞缪尔·丘纳德

Cunliffe，Barry 巴里·坎利夫

Curaçao 库拉索

Curonian raiders 库尔兰袭掠者

East Anglia 东英吉利

East China Sea 东海

East India Company, Danish 丹麦东印度公司

East Indies 东印度群岛

Easter Island 复活节岛

Edo, Japan 江户，日本

Edo Bay 江户湾

Edward I of England 爱德华一世，英格兰国王

Edward II of England 爱德华二世，英格兰国王

Edward III of England 爱德华三世，英格兰国王

Edward IV of England 爱德华四世，英格兰国王

Edward VI of England 爱德华六世，英格兰国王

Eendracht "团结号"

Egbert of Wessex 韦塞克斯的埃格伯特国王

Egede, Niels 尼尔斯·埃格德

Egeria 埃吉里亚

Egil's Saga《埃吉尔萨迦》

Egypt/Egyptians 埃及/埃及人

Eirík the Red 红发埃里克

Eisai 荣西

El Dorado 黄金国

El Piñal 松树林

Elcano, Juan Sebastian 胡安·塞巴斯蒂安·埃尔卡诺

Eleanor of Aquitaine 阿基坦的埃莉诺

Eleanor "埃莉诺号"

elephantegoi 象船

Eliezer，son of Dodavahu 以利以谢，多大瓦的儿子

Elizabeth I 伊丽莎白一世

Ellesmere Island 埃尔斯米尔岛

Elliott，Charles 查理·义律

Elmina 埃尔米纳

Elsinore see Helsingør 艾尔西诺

Elyot，Hugh 休·埃利奥特

Empire Flying Boats "帝国"船身式水上飞机

Empress of China "中国皇后号"

Endo，Shusaku：*The Samurai* 远藤周作：《武士》

Enfantin，Barthélemy-Prosper 巴泰勒米·普罗斯珀·昂方坦

England/English 英格兰/英格兰人

Enki（god）恩基（神）

Enkidu 恩奇都

Ennin（Jikaku Daishi）圆仁（慈觉大师）

Enrique（Sumatran servant/interpreter）恩里克（苏门答腊仆人和译员）

Eratosthenes 埃拉托色尼

Eridu 埃利都

Erie Canal 伊利运河

Exquemeling, Alexandre 亚历山大·埃克斯克梅林

Ezekiel 以西结

Fabian, William 威廉·费边

Faleiro, Rui 鲁伊·法莱罗

Falkland Islands 马尔维纳斯群岛

Falmouth, Cornwall 康沃尔的法尔茅斯

Fan-man/Fan Shiman 范蔓/范师蔓

Fan Wenhu 范文虎

Faroe Islands 法罗群岛

Farquhar, William 威廉·法夸尔

Fatimid Empire 法蒂玛帝国

Faxien（Shih Fa-Hsien）法显

Fei Xin 费信

Felixstowe 费利克斯托

feng shui 风水

Ferdinand II of Aragon 阿拉贡国王斐迪南二世

Fernandes, Valentim 瓦伦廷·费尔南德斯

Fernando de Noronha Island 费尔南-德诺罗尼亚岛

Ferrand, Gabriel 加布里埃尔·费朗

Ferrer, Jaume 豪梅·费雷尔

Fetu people 费图人

Fez, Morocco 非斯，摩洛哥

Frederick II, Holy Roman Emperor 弗里德里希二世，神圣罗马皇帝

Frederick II of Denmark 弗雷德里克二世，丹麦国王

Frederiksborg Fort 弗雷德里克斯堡

Freneau, Philip 菲利普·弗瑞诺

Freydis 弗蕾迪丝

Frisia/Frisians 弗里斯兰/弗里斯兰人

Frobisher, Martin 马丁·弗罗比舍

Frobisher Bay 弗罗比舍湾

Fuerteventura 富埃特文图拉岛

Fuggers banking house, Augsburg 富格尔家族，奥格斯堡的银行世家

Fujiwara clan 藤原氏

Fujiwara no Tsunetsugu 藤原常嗣

Fukoaka see Hakata（Fukoaka）福冈，见：博多

Funan, southern Vietnam 扶南，越南南部

Funchal, Madeira 丰沙尔，马德拉

Gabriel "加百列号"

Gadir see Cádiz 加地尔，即加的斯

Galápagos Islands 加拉帕戈斯群岛

Galicia 加利西亚

Gallia Belgica 比利时高卢

Ghana 加纳

Ghent 根特

Gibraltar 直布罗陀

Gilbert, Humphrey 汉弗莱·吉尔伯特

Gilgamesh 吉尔伽美什

Glasgow 格拉斯哥

Glob, P. V. P. V. 格洛布

glottochronology 语言年代学

Glückstadt 格吕克施塔特

Glückstadt Company 格吕克施塔特公司

Glueck, Nelson 纳尔逊·格卢克

Goa 果阿

Godfred of Denmark 古德弗雷德，丹麦国王

Godijn, Louis 路易斯·霍代恩

Godmanchester 高德曼彻斯特

Goitein, S. D. S. D. 戈伊坦

Gokstad ship 戈科斯塔德船

Golden Hind "金鹿号"

Gomes, Diogo 迪奥戈·戈梅斯

Gomes, Fernão 费尔南·戈梅斯

Gonneville, Binot Paulmier de 比诺·波尔米耶·德·戈纳维尔

Gonville Hall, Cambridge 剑桥大学冈维尔学院

Gothenburg 哥德堡

Grijalva, Juan de 胡安·德·格里哈尔瓦

Grim Kamban 格里米尔·坎班

Grimaldo, Juan Francisco de 胡安·弗朗西斯科·德·格里马尔多

Grotius, Hugo 胡果·格劳秀斯

Guadeloupe 瓜德罗普岛

Guam 关岛

Guanches 关切人

Guangdong 广东

Guangzhou/Canton 广州

Guatemala 危地马拉

Guðrið, wife of Þorfinn Karlsefni 古德丽德，托尔芬·卡尔塞夫尼的妻子

Guðroð Crovan 戈德雷德·克洛万

Guðrum 古斯鲁姆

Guerra, Luis 路易斯·格拉

Guerra brothers 格拉兄弟

Guinea 几内亚

Guinea Bissau 几内亚比绍

Gujarat/Gujaratis 古吉拉特/古吉拉特人

Gulden Zeepaert, 't "金海马号"

Gulf Stream 墨西哥湾流

Gunnbjorn Ulf-Krakuson 贡比约恩·乌尔夫-克拉库松

Hazor 夏琐

Heaney, Seamus 谢默斯·希尼

Hebrides 赫布里底群岛

Hedeby see Haithabu 海泽比，即海塔布

Heian see Kyoto/Heian 平安京，即京都

Hekataios 赫卡塔埃乌斯

Hellenization 希腊化

Helluland 海鲁兰/平石之地

Helsingborg 赫尔辛堡

Helsingør（Elsinore）castle 赫尔辛格城堡

Henriques, Moses Josua 摩西·约苏亚·恩里克斯

Henry I of Schwerin 什未林伯爵海因里希一世

Henry II of England 亨利二世，英格兰国王

Henry III, Holy Roman Emperor 亨利三世，神圣罗马皇帝

Henry III of England 亨利三世，英格兰国王

Henry IV of England 亨利四世，英格兰国王

Henry V of England 亨利五世，英格兰国王

Henry VI, Holy Roman Emperor 亨利六世，神圣罗马皇帝

Henry VII of England 亨利七世，英格兰国王

Henry VIII of England 亨利八世，英格兰国王

Henry the Impotent, king of Castile 卡斯蒂利亚国王，无能的恩里克四世

Henry the Lion 狮子亨利

Henry of Navarre 纳瓦拉的亨利

Henry the Navigator，Prince Henry 航海家恩里克，恩里克王子

Herjólfsnes，Greenland 赫约尔夫斯尼斯，冰岛

Hermapollon "赫玛波隆号"

Herodotos 希罗多德

Heyerdahl，Thor 托尔·海尔达尔

Heyn，Piet 皮特·海因

Heysham，Robert 罗伯特·希舍姆

Heysham，William 威廉·希舍姆

Hideyoshi Toyotomi 丰臣秀吉

Himilco 希米尔科

Himyar 希木叶尔

Hindenburg "兴登堡号"

Hindostan，SS "印度斯坦号"

Hinduism/Hindus 印度教/印度教徒

Hine-te-aparangi 希内-蒂-阿帕兰吉

Hippalos 西帕路斯

Hirado，Japan 平户，日本

Hiram，king of Tyre 推罗国王希兰

Hispaniola 伊斯帕尼奥拉岛

Hitler，Adolf 阿道夫·希特勒

Hjǫrleif 希约莱夫

Hoëdic 埃迪克岛

Iran 伊朗

Iraq 伊拉克

Ireland 爱尔兰

Irian 伊里安岛

Irish Channel 爱尔兰海峡

Irish Sea 爱尔兰海

Irvine，Charles 查尔斯·欧文

Isaac the Jew 犹太人以撒

Isabella of Castile 伊莎贝拉，卡斯蒂利亚女王

Isadora，Aelia 艾莉亚·伊萨多拉

Isbister，Orkney 艾斯比斯特，奥克尼群岛

Isfahan 伊斯法罕

Isidore of Seville 塞维利亚的伊西多尔

Isis 伊西斯

Iskandar Shah 伊斯坎德尔·沙

Islam/Muslims 伊斯兰/穆斯林

Íslendingabók《冰岛人之书》

Ismail Pasha 伊斯梅尔帕夏

Israel，Jonathan 乔纳森·伊斯雷尔

Israel，Six-Day War（1967）以色列六日战争（1967 年）

Ivan III of Russia 俄国的伊凡三世

Ivan IV，the Terrible 伊凡四世，即伊凡雷帝

Ívar Bárdarson 伊瓦尔·鲍扎尔松

Java/Javans 爪哇/爪哇人

Jefferson，Thomas 托马斯·杰斐逊

Jeffreys，George，1st Baron 乔治·杰弗里斯，第一代杰弗里斯男爵

Jehosaphat 约沙法

Jelling，Jutland 耶灵，日德兰

Jenkinson，Anthony 安东尼·詹金森

Jerónimo de Jesús de Castro 赫罗尼莫·德·赫苏斯·德·卡斯特罗

Jeronymites 圣哲罗姆会

Jerusalem 耶路撒冷

Jesuits 耶稣会

Jian-wen 建文帝

Jiddah 吉达

Jikaku Daishi（Ennin）慈觉大师（圆仁）

Jingdezhen 景德镇

João I of Portugal 若昂一世，葡萄牙国王

João II of Portugal 若昂二世，葡萄牙国王

John，king of England 约翰，英格兰国王

John I of Portugal 若昂一世，葡萄牙国王

John，Prester 祭司王约翰

Johnson，Lyndon B. 林登·B. 约翰逊

Johor 柔佛

Kamehameha I of Hawai'i 卡美哈梅哈一世，夏威夷国王

Kamehameha II of Hawai'i 卡美哈梅哈二世，夏威夷国王

Kané 卡内

Kane（god）凯恩（神）

Kangp'a see Chang Pogo 张保皋

Kanton 广州

Karachi 卡拉奇

Karelians 卡累利阿人

Karl Hundason, king of the Scots 卡尔·亨达森，苏格兰国王

Katharine Sturmy "凯瑟琳·斯特米号"

Kathāsaritsāgara 《故事海》

Kattigara 卡提加拉

Kaua'i 考艾岛

Kaundinya 憍陈如

Kaupang, Norway 考邦，挪威

Kawano Michiari 河野通有

Kayaks 皮艇

Keats, John 约翰·济慈

Kedah 吉打

Kemal Reis 凯末尔雷斯

Kempe, Margery 玛杰丽·肯普

Kendrick, John 约翰·肯德里克

Ken'in（Buddhist monk）兼胤（佛教僧人）

Koguryō 高句丽

Kola Peninsula 科拉半岛

Kolkata see Calcutta 加尔各答

Kollam 奎隆

Komr 科姆尔

Kon-Tiki "康提基号"

Kongo slaves 刚果奴隶

Konstantin of Novgorod 诺夫哥罗德的康斯坦丁

Koptos 科普特斯

Korea 朝鲜

Koguryō kingdom 高句丽王国

Koryō 高丽

Kōrokan，Japan 鸿胪馆，日本

Kos，Greek Island 科斯岛，希腊

Kosh，Socotra 科什，索科特拉岛

Kosmas Indikopleustes 科斯马斯·印迪科普勒斯特斯

Kowloon 九龙

Kra Isthmus 克拉地峡

Krakatoa 喀拉喀托火山

Kronstadt，Baltic 喀琅施塔得，波罗的海

Kruzenshtern，Adam Johann von 亚当·约翰·冯·克鲁森施滕

Kulami "库拉米号"

Kumiai Indians 库米艾印第安人

Lagash 拉格什

Lagos，Algarve 拉古什，阿尔加维

Lancaster，James 詹姆斯·兰开斯特

Langdon Bay，Kent 兰登湾，肯特郡

Lanzarote 兰萨罗特岛

Laodicea 老底嘉

lapis lazuli 青金岩

Lapita people/culture 拉皮塔人/文化

Lapps/Sami 拉普人/萨米人

Las Casas，Bartolomé de 巴尔托洛梅·德·拉斯·卡萨斯

Las Coles 拉斯科雷斯

Lasa 腊萨

Latin 拉丁文

Latvia 拉脱维亚

Lavenham 拉文纳姆

Lavrador，João Fernandes 若昂·费尔南德斯·拉夫拉多尔

Lazarus，Emma 埃玛·拉撒路

Le Havre 勒阿弗尔

Leander “勒安得耳号”

Lebanon 黎巴嫩

Ledyard，John 约翰·莱迪亚德

Lee Kuan Yew 李光耀

Legázpi，Miguel López de 米格尔·洛佩斯·德·莱加斯皮

Liubice 柳比策

Liujiagang 刘家港

Liverpool 利物浦

Livonia/Livs 立窝尼亚/立窝尼亚人

Livorno 里窝那

Lixus 利索斯

Lloyds 劳埃德保险公司

Lo Yueh 雒越

Loaísa，Garcia Jofre de 加西亚·霍夫雷·德·洛艾萨

Lodestones 天然磁石

Lomellini family 洛梅利尼家族

London 伦敦

London Missionary Society 伦敦传道会

Long Melford 朗梅尔福德

Longe，William 威廉·朗格

Loos，Wouter 沃特·卢斯

Lopes Pereira，Manuel 曼努埃尔·洛佩斯·佩雷拉

Lopez，Fernando 费尔南多·洛佩斯

Lopius，Marcus 马尔库斯·罗皮乌斯

Lothal 洛塔

Lotus Sutra《法华经》

Louis the Pious 虔诚者路易

Louis XI 路易十一

Lyons 里昂

Ma Huan 马欢

Maasvlakte 马斯弗拉克特

Mabuchi Kamo 贺茂真渊

Macaronesia 马卡罗尼西亚

Macassar 望加锡

Macau（Macao）澳门

Macaulay，Thomas Babington，1st Baron 托马斯·巴宾顿·麦考莱，第一代麦考莱男爵

Macnin，Meir 迈尔·麦克宁

Macnin family 麦克宁家族

Macpherson，W. J. W. J. 麦克弗森

Mactan 麦克坦岛

Madagascar 马达加斯加

Madanela Cansina "马达内拉·坎西纳号"

Madeira 马德拉岛

Madras（Chennai）马德拉斯（金奈）

Madrid 马德里

Mælbrigte 梅尔布里格特

Maersk 马士基

Maes Howe 梅斯豪

Magan 马干

Markland 马克兰

Marquesas Islands 马克萨斯群岛

Marrakesh，Morocco 马拉喀什，摩洛哥

'Marramitta'（Malagasy slave cook）马拉米塔（马达加斯加的奴隶厨师）

Marseilles 马赛

Marshallese people 马绍尔人

Martinique 马提尼克岛

Martyr，Peter 彼得·马特

Maru（god）马鲁（神）

Marxism 马克思主义

Mary I of England 玛丽一世，英格兰女王

Mary II of England 玛丽二世，英格兰女王

Más Afuera Island 马斯阿富埃拉岛

Massalia 马萨利亚

Mas'udi，al- 马苏第

Matheson，James 马地臣

Matsuda，Matt 马特·松田

Matthew "马修号"

Mauritius 毛里求斯

Maurits，Prince，Stadhouder 毛里茨亲王，尼德兰联省共和国执政

Maximilian of Austria 奥地利的马克西米利安

Mimana 任那

Mina coast 米纳海岸

Minamoto clan 源氏

Mindelo，Cape Verde 明德卢，佛得角

Mindoro Island 民都洛岛

Mingzhou 明州

Minnagar 明纳加

Minoans 米诺斯人

Mitchell，David 大卫·米切尔

Mizrahi Jews 米兹拉希犹太人

Mleiha 穆雷哈

Moa 恐鸟

Mogadishu 摩加迪沙

Mogador（Essaouira）摩加多尔（索维拉）

Mohawks 莫霍克人

Mohenjo-daro 摩亨佐-达罗

Moluccas/Spice Islands 摩鹿加群岛/香料群岛

Mombasa 蒙巴萨

Mon-Khmer people 孟-高棉人

Mongols 蒙古人

Monmouth Rebellion 蒙茅斯叛乱

Monmu of Japan 文武天皇

Montaigne，Michel de 米歇尔·德·蒙田

Myos Hormos 密俄斯赫耳摩斯

Nabataeans 纳巴泰人

Naddoð 纳多德

Nadezhda "娜杰日达号"

Nagasaki 长崎

Naha，Okinawa 那霸，冲绳

Nakhom Si Thammarat 那空是贪玛叻

Namibia 纳米比亚

Nancy "南希号"

Nanhai I wreck "南海一号"沉船

Nanjing 南京

Nanking，Treaty《南京条约》

Nanna（god）南纳（神）

Nansen，Fridtjof 弗里乔夫·南森

Nantes 南特

Nantucket 楠塔基特

Naples 那不勒斯

Napoleonic Wars 拿破仑战争

Nara，Japan 日本奈良

Narva，Baltic port 纳尔瓦，波罗的海的港口

Nasrid dynasty 纳斯尔王朝

Navarre 纳瓦拉

Newfoundland 纽芬兰

Newport 纽波特

Nicaragua 尼加拉瓜

Nicobar Islands 尼科巴群岛

Niðaros 尼达洛斯

Niederegger family 尼德艾格家族

Niger，River 尼日尔河

Nigsisanabsa 尼吉萨纳布萨

Nijál's Saga《尼亚尔萨迦》

Nikanor archive 尼卡诺尔档案

Niklot 尼克洛特

Nile 尼罗河

Niña"尼尼亚号"

Ningal（goddess）宁伽勒（女神）

Ningbo 宁波

Nissim，Abu'l-Faraj 阿布-法拉吉·尼西姆

Nobunaga Oda 织田信长

Noli，Antonio da 安东尼奥·达·诺里

Nombre de Díos，Panama 农布雷德迪奥斯，巴拿马

Nootka Convention《努特卡公约》

Nootka Sound 努特卡海峡

Normandie"诺曼底号"

Normandy/Normans 诺曼底/诺曼人

Obearea，Polynesian queen 奥比阿雷娅，波利尼西亚女王

Obodrites 奥博德里特人

Oc-èo 澳盖

Ocean Steamship Company，Liverpool 大洋轮船公司，利物浦

Odessa 敖德萨

Ohanessi，Mateosordi 马特奥斯·奥尔迪·奥哈奈西

Okhotsk 鄂霍次克

Okinawa 冲绳

Okinoshima Island 冲之岛

Olaf the Tranquil 和平的奥拉夫

Olaf Tryggvason 奥拉夫·特里格维松

Olivares，Gaspar de Guzmán，Count-Duke of 加斯帕尔·德·古斯曼，奥利瓦雷斯伯爵兼公爵

Olmen，Ferdinand van 斐迪南·范·奥尔曼

Olympias，Aelia 艾莉亚·奥林匹亚斯

Olympic，RMS "奥林匹克号"

Oman 阿曼

Omana 阿曼纳

Omura Sumitada 大村纯忠

Ophir 俄斐

Order of Christ 基督骑士团

Order of the Knights of the Holy Ghost 圣灵骑士团

Order of the Temple 圣殿骑士团

Pacific Ocean 太平洋

Paekche，Korea 百济，朝鲜

Pakistan 巴基斯坦

Palembang，Indonesia 巨港，印度尼西亚

Palermo 巴勒莫

Palermo Stone 巴勒莫石碑

Palmerston，Henry John Temple，3rd Viscount 第三代帕默斯顿子爵（约翰·亨利·邓波尔）

Pan-Atlantic Steamship Company 泛大西洋轮船公司

Pan American Airways 泛美航空

Panama 巴拿马

Pané，Ramon 拉蒙·帕内

Panpan 盘盘国

Panyu 番禺

Papey Island 帕佩岛

Papua New Guinea 巴布亚新几内亚

Parameśvara 拜里迷苏剌

Parekhou 帕勒霍

Parhae 渤海国

Paris 巴黎

Parker，Daniel 丹尼尔·帕克

Parsees 帕西人

Parthians 帕提亚人

Pérez de Castrogeríz, Andrés 安德烈斯·佩雷斯·卡斯特罗赫里斯

Periplous（source of Avienus）《周航记》（阿维艾努斯的资料来源）

Periplous（Kosmas Indikopleustes）《周航记》（科斯马斯·印地科普勒斯特斯）

Periplous tēs Eruthras thalassēs《厄立特里亚海周航记》

Perry, Matthew C. 马修·C. 佩里

Persia/Iran 波斯/伊朗

Pessart, Bernt 伯恩特·佩萨特

Peter I, the Great 彼得一世，大帝

Peter IV of Aragon 佩德罗四世，阿拉贡国王

Peter the Deacon 执事彼得

Petra 佩特拉

Petrarch 彼特拉克

Petropavlovsk 彼得罗巴甫洛夫斯克

Pevensey, England 佩文西，英格兰

Philadelphia 费城

Philip I of Spain 腓力一世，西班牙国王

Philip II of Spain 腓力二世，西班牙国王

Philip III of Spain 腓力三世，西班牙国王

Philip the Bold, duke of Burgundy 勇敢的腓力，勃艮第公爵

Philippa of Lancaster 兰开斯特的菲利帕

Philippines 菲律宾

Plimsoll line 普利姆索尔载重线

Pliny the Elder 老普林尼

Plymouth 普利茅斯

Pô，Fernando 费尔南多·波

Poduké 博杜凯

Poland 波兰

Polo，Marco 马可·波罗

Polybios 波利比乌斯

Polynesia／Polynesians 波利尼西亚／波利尼西亚人

Pomare I of Tahiti 波马雷一世，塔希提国王

Pomeranians 波美拉尼亚人

Pommern 波美拉尼亚

Ponce de León，Juan 胡安·庞塞·德·莱昂

Pondicherry 本地治里

Port Arthur 旅顺港

Port Royal，Jamaica 皇家港，牙买加

Port Said 塞得港

Portchester 波切斯特

Portinari family 波尔蒂纳里家族

Portland，Dorset 多塞特郡的波特兰

Porto 波尔图

Porto Bello，Panama 波托韦洛，巴拿马

Porto de Ale 阿勒港

Pu Luoxin（Abu'l-Hassan）蒲罗辛（阿布·哈桑）

Pu Shougeng 蒲寿庚

Puerto Rico 波多黎各

Puhar 普哈尔

Pula Run see Run，Moluccas 伦岛，摩鹿加群岛

Punt 蓬特

Punta de Araya 阿拉亚角

Puteoli 普泰奥利

Pyongyang 平壤

Pyrrhus 皮洛士

Pytheas of Marseilles 马赛的皮西亚斯

Qala'at al-Bahrain 巴林堡

QANTAS 澳大利亚航空公司

Qatar 卡塔尔

Qayrawan 凯鲁万

Qian Hanshu《前汉书》

Qing Empire 大清帝国

Qingjing（mosque）清净寺（清真寺）

Qos 库斯

Quanzhou（Zaytun）泉州（刺桐）

Quechua Indians 克丘亚印第安人

Queen Elizabeth，RMS "伊丽莎白王后号"

St Mary's Island（off N-E coast of Madagascar）圣马利亚岛（马达加斯加东北近海）

St Paul Island，Indian Ocean 圣保罗岛，印度洋

St Paul's School 圣保罗公学

St Thomas，Virgin Islands 圣托马斯岛，美属维尔京群岛

Sainte-Croix Island，West Indies 圣克罗伊岛，西印度群岛

Sakai 堺市

Sakhalin Island 萨哈林岛（库页岛）

sakimori 防人

Sal Island，Cape Verde 盐岛，佛得角

Salazar，António de Oliveira 安东尼奥·德·奥利维拉·萨拉查

Saldanha，António de 安东尼奥·德·萨尔达尼亚

Salé，Morocco 塞拉，摩洛哥

Salem 塞勒姆

Salim the son of the cantor 领诵者之子萨利姆

Salonika 萨洛尼卡

Saltykov，Fedor Stepanovich 费奥多尔·斯捷潘诺维奇·萨尔蒂科夫

Samarkand 撒马尔罕

Sami/Lapps 萨米人（或拉普人）

Samoa 萨摩亚

San-fo-chi 三佛齐

San Antonio "圣安东尼奥号"

São Felipe，Cape Verde 圣费利佩堡，佛得角

São Jorge da Mina see Elmina 米纳圣若热，见：埃尔米纳

São Miguel 圣米格尔岛

São Pedro "圣佩德罗号"

São Tomé 圣多美岛

'Saracens' 撒拉森人

Sarangani Island 萨兰加尼岛

Sarapis（god）塞拉比斯（神）

Sarawak Steamship Company 砂拉越轮船公司

Sardinia 撒丁岛

Sargon of Akkad（Sargon the Great）阿卡德的萨尔贡（萨尔贡大帝）

Sargon of Assyria 亚述的萨尔贡

Sarhat，Israel di 伊斯雷尔·迪·萨尔哈特

Saris，John 约翰·萨里斯

Sarmiento de Gamboa，Pedro 佩德罗·甘博阿·德·萨尔米恩托

Sasanid Persia/Empire 萨珊波斯/帝国

Sassoon，Frederick 弗雷德里克·沙逊

Sassoon family of Bombay 孟买的沙逊家族

Sataspes 萨塔斯佩斯

Satavahana Empire 百乘王朝

Satingpra 沙廷帕

Satsuma 萨摩

Sindbad the Sailor 水手辛巴达

Singapore 新加坡

Singapore Stone 新加坡古石

Singhasari 信诃沙里

Sinthos see Indus River 辛索斯河，即印度河

Siraf 锡拉夫

Sitka，Alaska 锡特卡，阿拉斯加

Skania 斯科讷

Skara Brae 斯卡拉布雷

Skrælings 斯克赖林人

Skuldelev ships 斯库勒莱乌船

Skye 斯凯岛

Skylax 斯凯拉克斯

Skýr 斯基尔

Slavs 斯拉夫人

Slovenia 斯洛文尼亚

Smaragdus，Mons 翡翠山

Smith，Adam 亚当·斯密

Smyrna 士麦那

Snefru 斯尼夫鲁

Snorri 斯诺里

Society Islands 社会群岛

Socotra 索科特拉岛

Spinola family 斯皮诺拉家族

Spitsbergen 斯匹次卑尔根岛

Sri Lanka see Ceylon 斯里兰卡，见：锡兰

Śri Vijaya，Sumatra 三佛齐（苏门答腊岛），又称室利佛逝

Stamford Bridge，battle of 斯坦福桥战役

Staraya Ladoga 旧拉多加

Statue of Liberty 自由女神像

stegodons 剑齿象

Sterling silver 英格兰标准纯银

Stettin（Szczecin）斯德丁（什切青）

Stiles，Ezra 埃兹拉·斯泰尔斯

Stockholm 斯德哥尔摩

Störtebeker，Klaus 克劳斯·施多特贝克

Strabo 斯特拉波

Stralsund 施特拉尔松德

Stuart，Charles Edward，'Bonnie Prince Charlie' 查尔斯·爱德华·斯图亚特，英俊王子查理

Stuart，James Francis Edward，the 'Old Pretender' 詹姆斯·弗朗西斯·爱德华·斯图亚特，老僭王

Sturmy，Robert 罗伯特·斯特米

Sudan 苏丹

Suez Canal 苏伊士运河

Sugawara no Michizane 菅原道真

Tell Qasile 卡西勒台形遗址

Temasek 淡马锡

Tenerife 特内里费岛

Tengah/Muhammad 拉惹登加/穆罕默德

Terceira，Azores 特塞拉岛，亚速尔群岛

Ternate 特尔纳特

Tétouan，Morocco 得土安，摩洛哥

Teutonic Knights/Order 条顿骑士团

Thailand 泰国

Thaj 萨吉

Thames "泰晤士号"

Thames，River 泰晤士河

Theodoric，king of Metz 提乌德里克，梅斯国王

Thirty Years War 三十年战争

Thomas（cog）"托马斯号"（柯克船）

Thomas，Hugh 托马斯·休

Thomas Aquinas 托马斯·阿奎那

Thorne，Robert，the elder 老罗伯特·索恩

Thorne，Robert，the younger 小罗伯特·索恩

Thousand and One Nights see *Arabian Nights*《一千零一夜》，即《天方夜谭》

Three Kings，battle of the 三王之战

Thule 图勒

Umm an-Nar 乌姆纳尔

Unalaska Island 乌纳拉斯卡岛

UNCTAD（United Nations Conference on Trade and Development）联合国贸易和发展会议

United American Company 联合美洲公司

United East India Company, Danish（later Danish Asiatic Company）丹麦联合东印度公司（后称丹麦亚洲公司）

United East India Company, Dutch see VOC（United East India Company）荷兰联合东印度公司，即荷兰东印度公司

United Nations 联合国

UNESCO 联合国教科文组织

Upēri 乌佩里

Uppsala 乌普萨拉

Ur 乌尔

Ur-Nammu 乌尔纳姆

Ur-Nanše of Lagash 拉格什的乌尔南塞

Urdaneta, Andrés de 安德烈斯·德·乌尔达内塔

Urnfield Culture 骨灰瓮文化

Usipi tribe 乌西皮部落

Usque, Samuel 萨穆埃尔·乌斯克

Usselinx, Willem 威廉·乌瑟林克斯

Uti-napishtim 乌特纳匹什提姆

Utrecht, Peace of《乌得勒支和约》

Venice/Venetians 威尼斯/威尼斯人

Vera Cruz harbour, Austrialia del Espiritú Santo 韦拉克鲁斯港，圣灵的奥斯特里亚利亚

Veracruz, Mexico 韦拉克鲁斯，墨西哥

Verrazano, Giovanni da 乔瓦尼·达·韦拉扎诺

Verrazano, Girolamo da 吉罗拉莫·达·韦拉扎诺

Vespucci, Amerigo 亚美利哥·韦斯普奇

Viana do Castelo, Portugal 维亚纳堡，葡萄牙

Viborg 维堡

Victoria, Queen 维多利亚女王

Victoria 维多利亚

Victoria Harbour 维多利亚港

Vienna 维也纳

Vietnam 越南

Vikings 维京人

Village of the Two Parts, Mina 两部村，米纳

Villalobos, Ruy López de 鲁伊·洛佩斯·德·比利亚洛沃斯

Villena 比列纳

Vínland 文兰

Virgin Islands, US 美属维尔京群岛

Virginia 弗吉尼亚

Virginia Company 弗吉尼亚公司

Visby, Sweden 维斯比，瑞典

Wurst 香肠

Wuzung 唐武宗

Wyse, Lucien Napoleon Bonaparte 吕西安·拿破仑·波拿巴-韦斯

Xerxes 薛西斯

Xia Yuan-ji 夏原吉

Xuan-de 宣德帝

Yangtze River 长江

Yangzhou 扬州

Yanyuwa people 延羽瓦人

Yarhibol（god）亚希波尔（神）

Yaroslav III of Novgorod 雅罗斯拉夫三世，诺夫哥罗德大公

Yavan 雅完

Yavanas 耶槃那人

Yazd-bozed 亚兹德-博泽德

yellow fever 黄热病

Yellow Sea 黄海

Yemen 也门

Yepoti 耶婆提

Yi Sun-sin 李舜臣

Yijing 义净

Yin Qing 尹庆

Zheng He（Cheng Ho）郑和

Zhengde Emperor 正德帝

Zhenla 真腊

Zhou Man 周满

Zhu Cong 朱聪

Zimbaue 津巴

Ziryab 齐里亚布

Ziusudra 朱苏德拉

Zoroastrianism 琐罗亚斯德教

Zoskales 佐斯卡列斯

Zuhrī，az- 祖赫里

Zuider Zee 须德海

Zurara，Gomes Eanes de 戈梅斯·埃亚内斯·德·祖拉拉

Þorfinn，Earl 托尔芬，奥克尼的雅尔

Þorfinn Karlsefni 托尔芬·卡尔塞夫尼

Þorkell the Far-Travelled 远行者托基尔

Þorvald 托尔瓦尔德

图书在版编目（CIP）数据

无垠之海：世界大洋人类史：全2册／（英）大卫
·阿布拉菲亚（David Abulafia）著；陆大鹏，刘晓晖
译．--北京：社会科学文献出版社，2024.10
书名原文：The Boundless Sea：A Human History
of the Oceans
ISBN 978-7-5228-3003-2

Ⅰ．①无… Ⅱ．①大… ②陆… ③刘… Ⅲ．①海洋-
文化史-通俗读物②世界史-通俗读物 Ⅳ．①P7-091
②K109

中国国家版本馆 CIP 数据核字（2024）第 011329 号

审图号：GS（2024）2594号。书中地图系原文插附地图。

无垠之海：世界大洋人类史（全2册）

著　　者／〔英〕大卫·阿布拉菲亚（David Abulafia）
译　　者／陆大鹏　刘晓晖

出 版 人／冀祥德
组稿编辑／董风云
责任编辑／沈　艺　王　敬
责任印制／王京美

出　　版／社会科学文献出版社·甲骨文工作室（分社）（010）59366527
　　　　　地址：北京市北三环中路甲29号院华龙大厦　邮编：100029
　　　　　网址：www.ssap.com.cn
发　　行／社会科学文献出版社（010）59367028
印　　装／三河市东方印刷有限公司

规　　格／开本：889mm×1194mm　1/32
　　　　　印张：52.125　插页：1　字数：1142千字
版　　次／2024年10月第1版　2024年10月第1次印刷
书　　号／ISBN 978-7-5228-3003-2
著作权合同
登 记 号　／图字01-2022-3959号
定　　价／288.00元（全2册）

读者服务电话：4008918866